Neumayer, Georg von.

Anleitung zu wissenschaftlichen Beobachtungen auf Reisen

Band 2: Erdbebenbeobachtungen, Magnetismus an Land und auf See,
Nautische Vermessungen, Allgemeine Meeresforschung, Meteorologie,
Klimatologie

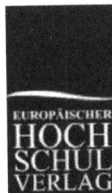

EUROPÄISCHER
HOCH
SCHUL
VERLAG

Neumayer, Georg von
Anleitung zu wissenschaftlichen Beobachtungen auf Reisen
Band 2: Erdbebenbeobachtungen, Magnetismus an Land und auf See,
Nautische Vermessungen, Allgemeine Meeresforschung, Meteorologie,
Klimatologie

ISBN: 978-3-86741-239-1

Auflage: 1
Erscheinungsjahr: 2010
Erscheinungsort: Bremen, Deutschland

Bei diesem Titel handelt es sich um den Nachdruck eines histori-
schen, lange vergriffenen Buches aus der Verlagsbuchhandlung Dr.
Max Jänecke, Hannover (3. Auflage 1906). Da elektronische Druck-
vorlagen für diese Titel nicht existieren, musste auf alte Vorlagen
zurückgegriffen werden. Hieraus zwangsläufig resultierende Quali-
tätsverluste bitten wir zu entschuldigen.

Neumayer, Georg von

Anleitung zu wissenschaftlichen Beobachtungen auf Reisen

Band 2: Erdbebenbeobachtungen, Magnetismus an Land und auf See,
Nautische Vermessungen, Allgemeine Meeresforschung, Meteorologie,
Klimatologie

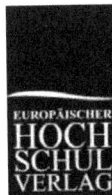

EUROPÄISCHER
HOCH
SCHUL
VERLAG

Erdbebenbeobachtungen.

Von
Prof. Dr. G. Gerland.

Was Frhr. v. Richthofen in der zweiten Auflage dieses
Werkes im Gegensatz zur ersten sagt, daſs die sehr rasch weiter
entwickelte Erdbebenforschung eine ganz andere Behandlung
erfordere, als ihr in der ersten Ausgabe durch K. v. Seebach
zuteil geworden sei: das gilt in noch höherem Grade auch
heute, 17 Jahre nach der zweiten, bei dieser dritten Auflage.
Die Seismologie hat sich in wissenschaftlicher, in instrumenteller, in geographischer Hinsicht zu etwas ganz anderem
entwickelt, als sie früher war: sie ist jetzt ein selbständig und
wissenschaftlich reich ausgebildeter Wissenszweig, sie besitzt
eine Reihe vorzüglicher makro- wie mikroseismischer Be-
obachtungsinstrumente, welchen alle früheren gewichen sind.
Und während noch in den achtziger Jahren Italien und Japan
die einzigen Länder waren, wo wirklich systematisch und ununterbrochen beobachtet wurde, so ist jetzt in Ostasien, auf
den Philippinen, auf Java, in Australien und Neuseeland, in
Indien, Turkestan und Sibirien, in Ruſsland und in einer
groſsen Reihe europäischer Staaten und an verschiedenen
Punkten Amerikas ein förmliches System von Beobachtungsstationen entstanden, welches sich immer weiter ausbreitet.
John Milne hat an 40 Punkten der englischen Kolonien über
die Welt hin sein Horizontalpendel in fortwährender Tätigkeit;
das Deutsche Reich hat seine sämtlichen Konsulate beauftragt,
möglichst viele und genaue Nachrichten über Erd- und Seebeben möglichst rasch nach dem Eintreten des Bebens einzusenden, und in den deutschen Kolonien sind schon oder
werden in nächster Zeit Seismonometer aufgestellt.
Aber auch die Weltkenntnis ist eine andere geworden.
Die Kolonien, die Schutzgebiete haben sich immer weiter aus-

gebreitet, die unbekanntesten Länder sind erschlossen, und dadurch ist auch die Art zu reisen eine andere geworden; die Aufgaben, welche die Reisenden sich stellen, haben sich erweitert und vertieft: Gesamterkenntnis der Erde, räumlich und wissenschaftlich, wird immer mehr angestrebt.

Die Erdbeben sind räumlich über die Erde hin verbreitet; wie, wissen wir noch nicht genau, aber gerade dies, die räumliche Verbreitung der Erdbeben, zu erkunden, ist eine der Hauptaufgaben der modernen Forschung und also auch der modernen Reisenden. Stehen die Erdbeben doch auch in erster Linie für die physikalische Erkenntnis der Erde, denn sie belehren uns über Bau und Beschaffenheit der Erdrinde, über die Art ihres Übergangs in das Erdinnere: ferner können wir durch sie manchen Aufschluß über das bisher noch ganz unbekannte Erdinnere erhoffen, so daß unsere Anschauungen über die Beschaffenheit und Tätigkeit desselben, die bisher fast nur auf Hypothesen beruhen, durch Tatsachen bestätigt werden. Auch über den Einfluß von Sonne und Mond auf Inneres und Rinde der Erde, über die Wirkungen der athmosphärischen Verhältnisse auf beide Teile können wir bei genügend lang andauernder Beobachtung — aber auch nur bei dieser — allmählichen Aufschluß erhoffen.

Wichtig genug ist also die Erdbebenforschung. Aber können Reisende, auf ihren Reisen, Beobachtungen anstellen, die der Seismologie wirklichen Nutzen bringen? Sind Erdbeben nicht „zufällige" Erscheinungen, deren Eintreten wir nie vorhersagen können, die also auch den Reisenden nur zufällig und jedem einzelnen nur selten begegnen werden? Und ferner, der Reisende kann doch nur makroseismisch beobachten: die jetzige Erdbebenforschung aber legt, und muß es tun, ein ganz besonderes Gewicht auf die mikroseismische Forschung, die nur vermittelst sehr komplizierter und Raum bedürfender Instrumente angestellt werden kann.

Können also Erdbebenbeobachtungen, die für die heutige Forschung wirklichen Wert haben sollen, von Reisenden gemacht werden? Da Reisen gegenwärtig nur noch selten zu bloß äußerer, topographischer, ethnographischer usw. Erschließung der Länder unternommen werden; da bei der erleichterten Zugänglichkeit der Erdräume die Reisenden in den Gebieten, die sie aufsuchen, zu wissenschaftlichen oder auch praktischen Zwecken und Studien länger verweilen: so ist es sehr wohl denkbar, daß auch sie, trotz dem schnellen Vorübergehen der Erdbeben, Gelegenheit finden, manche wertvolle Beobachtungen zu machen, die desto wertvoller sind, je unbekannter die Gegend der Beobachtung ist. Zu diesen Beobachtern können wir auch die Männer rechnen, welche in den Schutzgebieten oder sonst in fremden, wenig untersuchten Gegenden lange und stets in wissenschaftlichem Zusammenhang mit der Heimat verweilen. Es ist ja rühmlich bekannt, daſs die in der Kolonie tätigen Beamten sich neben ihrem Beruf gern mit Untersuchungen und Beobachtungen der Landesnatur beschäftigen oder Unterbeamte haben, denen sie die betreffenden Aufträge geben können. Auch die Missionen sind hier mit dankbarster Anerkennung zu nennen: unsere Kenntnis des seismischen Verhaltens der für die Erdbeben-forschung so wichtigen Philippinen verdanken wir den Jesuiten, ebenso die Berichte aus dem südöstlichen China (Zi-ka-wei). Auch einzelne Missionare, denen keine Stationen, keine In-strumente zur Verfügung stehen, können dennoch wertvolle Beobachtungen machen und haben es getan. Dabei ent-wickelten sich drei Gruppen von Erdbebenbeobachtungen für die in fernen Gegenden Reisenden oder Verweilenden:

1. die direkten Beobachtungen der seismischen Tätigkeit des Festlandbodens;

2. des Meeresbodens der Erde;

3. allgemeine Untersuchungen der Erdgebiete auf ihr seismisches Verhalten.

Wir müssen auf diese drei Punkte einzeln eingehen.

1. Die direkten Beobachtungen der Erdbeben.

Bei der weiten Ausbreitung der Erdbeben über die Erde hin können Reisende, Kolonialbeamte, Missionare u. a. sehr wohl in die Lage kommen, auch in Gegenden, wo es keine Kultur, keine Stationen oder sonstige wissenschaftliche Hilfsmittel gibt, wo sie also mehr oder weniger auf sich selbst angewiesen sind, wertvolle Beobachtungen über Erdbeben zu machen. Bei allen Berichten und Schilderungen von etwa (und stets plötzlich) eintretenden Erdbeben kommt es in erster Linie auf genaue Angabe der Zeit an. Sie muſs möglichst genau (womöglich bis auf die Minute oder Sekunde) nach der Uhr des Reisenden angegeben werden, deren Gang für den betreffenden Tag er kennt und durch Sternbeobachtungen desselben Tages noch nachträglich fixieren kann. Er würde so die Ortszeit erhalten, zunächst für den Beginn der Störung, dann womöglich auch für die einzelnen (genau zu zählenden) Stöſse oder Bewegungs-gruppen.

Sodann ist die Stärke des Bebens von Wichtigkeit. Sie läfst sich auch in einsamen Gegenden aus den Erscheinungen, welche die Bäume, die Felsen, Berge usw. zeigen, wenigstens ungefähr berechnen und auf die Intensitätsskala Rossi-Forel, Grad 1—12, zurückführen. Der Beobachter mufs danach streben, aus der Umgegend womöglich noch andere Nachrichten über die Intensität der Stöfse zu bekommen, denn aus mehreren derartigen Angaben kann er vielleicht den Teil der Gegend herausfinden, in welchen die Störungen am heftigsten waren, die pleistoseiste Fläche; hat er aber diese, so läfst sich vielleicht auch das Epizentrum, der eigentliche Stofspunkt des Erdbebens, mehr oder weniger genau bestimmen, der für die Kenntnis eines jeden Erdbebens von besonderer Wichtigkeit ist. Dies setzt allerdings eine dichtere Bevölkerung voraus, die mit intelligenteren Elementen gemischt ist. Lassen sich von letzteren zuverlässige örtlich bestimmte Angaben über die Zeit des Bewegungseintrittes in verschiedenen Entfernungen gewinnen, so berechnet sich hieraus ein weiterer wichtiger Punkt, die Geschwindigkeit der ersten Bewegung. Sollte das Beben deutlich sichtbare Bodenwellen aufwerfen, so ist neben ihrer Länge namentlich Amplitude (Höhe) und Periode (Dauer) derselben und die Richtung, in der sie sich bewegen, möglichst genau anzugeben.

Auch die Art der Stöfse (Stärke; succussorisch? rotatorisch? unter einem Winkel austretend? einzeln? in rasch verlaufender Wiederholung? usw.) ist von Wichtigkeit und ferner ihre Richtung. Woher kamen sie? Sind Gebäude vorhanden, so läfst sich aus Lage und Himmelsrichtung der beschädigten Gebäude, aus Richtung und Lage der veranlafsten Spalten, Sprünge, Abbrüche usw. (welches alles genau zu beobachten ist) die Richtung und Herkunft der Stöfse ungefähr beurteilen, wobei jedoch gröfste kritische Vorsicht nötig ist. Mallet hat die Regeln für diese Beobachtungen gegeben; nach ihm Faidiga, Dutton u. a. Leichter und sicherer lassen sich Richtung und Herkunft der Stöfse aus dem Fall umgestürzter Pfosten, Felsen, Mauern, Bäume usw. geben. In Häusern ist die Richtung der Schwankung oder Verschiebung von Gegenständen, die an der Decke, an den Wänden hängen oder stehen, anzugeben. Auch die Lage und Richtung etwa eintretender Risse, Abbrüche oder Verschiebungen im Erdboden selbst ist für die Bestimmung der Herkunftsrichtung der sie veranlassenden Bodenbewegungen von Wichtigkeit. Bei allen diesen Beobachsungen kommt es sehr auf den Standpunkt des Beobachters an, der genau anzugeben ist, namentlich nach der Höhe über dem Erdboden; bei Beobachtungen in Häusern ist stets das Stockwerk anzugeben.

Ein vorzügliches Beispiel der Beobachtung und Beschreibung von Erdbeben der verschiedendsten Art hat Jul. Schmidt in seinen Studien über Vulkane und Erdbeben (Leipzig 1881) bezüglich griechischer Erdbeben von 1837—1873 gegeben.

Es liegt auf der Hand, daß ein Reisender, wenn er nicht länger an einzelnen Orten verweilen kann und keine Unterstützung in seiner Tätigkeit hat, die im vorstehenden geschilderten Beobachtungen nicht alle anzustellen vermag. Aber was immer er von den Elementen der Erdbebenbeobachtung gibt, kann von Wert sein, namentlich in Gegenden, wo noch wenig oder nichts beobachtet ist. So treten z. B. an einzelnen Vogesenbruchlinien bisweilen ganz schwache, lokal sehr eng begrenzte Erdbeben auf, die nicht etwa durch menschliche Tätigkeit, auch nicht durch natürliche oberirdische Vorgänge (Bergstürze usw.) veranlaßt sind. Derartige Erscheinungen sind wohl zu beachten. Ebenso auch Erdbeben, die beschränkt sind auf einzelne Gebirgstäler (Faltengebirge? Einbruchsgebiete?). Da wir über die Natur der Erdbeben noch keineswegs sicher unterrichtet sind, so ist jeder Vorgang, mag er auch noch so unbedeutend erscheinen, möglichst scharf in Obacht zu nehmen.

Aber neben diesen direkten Beobachtungen makroseismischer Störungen bleibt noch vieles andere zu tun übrig. Zunächst ist auf die Nachbeben, d. h. auf die nach einem Erdbeben an gleicher Stelle eintretenden, mit der Zeit immer schwächer und seltener werdenden Stöße genau zu achten, ihre Verbreitung, Häufigkeit, Stärke, kurz ihre ganze Art zu beschreiben. Außerdem ist bei allen Bebenbeobachtungen die Stellung des Mondes, der Sonne zu berücksichtigen, und namentlich sind die atmosphärischen Verhältnisse aufzuzeichnen: Wie war Luftdruck und Temperatur während des Erdbebens? Hat sich beides kurz vor dem Erdbeben rasch geändert; treten solche Änderungen bei den Nachbeben ein? Zeigt sich bei letzteren ein Einfluß der Stellung von Mond und Sonne? Und ferner muß der durch das Beben erschütterte Boden genau studiert werden. Aus welchem Material besteht er? Aus geschichtetem, aus massigem Gestein, aus kompakten Geröllen? Zeigt er starke Verwerfungen, bildet er selbst vielleicht eine Senkung, wie die Umgegend von Laibach, von Nördlingen, die oberrheinische Ebene? Tritt das Gestein fest und ganz zutage, unverwittert, oder ist es mit Verwitterungsprodukten, mit Trümmermassen (Geröll, Sand, Moräne usw.) bedeckt? In

Küstengegenden tritt die Frage, ob Steil-, ob Flachküste-
hinzu, und der Meeresboden, der sich anschliefst, kommt nach
Tiefe, Böschung und Beschaffenheit in wichtigen Betracht.
Sind rezente oder archäische Vulkankegel oder Lakkolithen
vorhanden, und gehen die seismischen Bewegungen etwa von
ihnen aus? Welche Störungen hat das Erdbeben in dem Boden
hervorgebracht? Etwa Spaltenbildung, und von welcher Gröfse?
Absenkungen, an Gebirgen, am Strande, von dem wohl gar
gröfsere Teile versanken? Wie tief etwa? Sind bei diesen
Störungen Exhalationen eingetreten? Sandkraterbildung? Wie
war das Verhalten etwaiger Quellen, namentlich warmer? Sind
sie gestört, haben sie vielleicht ganz zu fliefsen aufgehört?
Wie war die Temperatur des Wassers vor und nach dem Beben?

Ist die seismische Bewegung vielleicht an einzelnen Stellen
nicht gespürt, während sie in der ganzen Umgegend fühlbar
war, zeigten sich also sogenannte Erdbebenbrücken? Wie war
ihre Lage zur Richtung der seismischen Bewegung? Wie ihre
Bildung? Aus welchem Material bestanden sie? Aus welchem
die bewegten Gebietsteile?

Waren sonstige Hindernisse der Erdbewegung vorhanden,
setzte sich dieselbe z. B. hinter einem Bergzug, gegen den
sie herankam, nicht fort? Welche Bildung hatten diese
hemmenden Züge? Hochgebirge? Gebirge archäischer Bildung?
Horst? Faltengebirge? Welche Richtung hatte das hemmende
Gebirge im Verhältnis zu der Richtung der herankommenden
seismischen Wellen? Wurden letztere wohl gar durch einen
Stromlauf aufgehalten? Oder umgekehrt, zogen die Wellen
unter auflastenden Gebirgsmassen hin, ohne diese selbst zu
erschüttern, und setzten sich dann jenseits wieder fort, wie es
bei der Schwäbischen Alp beobachtet ist?

Auch die oft sehr mächtigen Detonationen, welche den
Erdbeben meist unmittelbar vorausgehen oder sie begleiten,
seltener ihnen nachfolgen, sind genau zu beobachten. Wann
traten sie ein? Welche Stärke hatte der Schall bei seinem
Eintreten; bis zu welcher Stärke wuchs er an; wie lange
dauerte er nach dem Beben? Schien er aus dem Boden, aus
der Luft, aus den Gebäudemauern zu kommen? War es ein
Sausen, ein Donnern, Rollen oder ein weiches Geräusch, wie ein
fallender Wollsack, oder ein Krachen, Knallen, Poltern, Heulen,
Brüllen? Auch Detonationen ohne Beben, oft von langer Dauer,
kommen vor. Wurden die Geräusche etwa im Innern der
Erde (Bergwerke, Spalten usw.) beobachtet? Ob aber die
sogenannten Bodenknalle, kurze Detonationen ohne Erdbewegung, die Mistœpffers, und wie man sie sonst nennt, eine

seismische Erscheinung sind, ist sehr fraglich und deshalb
besonders darauf acht zu geben. In den meisten Fällen sind
sie es nicht. Für die Schallstärke ist eine Skala von fünf Graden
aufgestellt, von den schwächsten Geräuschen, zu deren Vernehmen gröfste Stille, ja das Auflegen des Ohres auf den
Boden nötig ist, bis zu dem stärksten Donnern und Krachen.
Die eigenen Beobachtungen lassen sich leicht in die fünf Grade
einteilen.

Allen diesen Aufgaben gegenüber ist der Beobachter, der
sich längere Zeit in einer Kolonie aufhält, in weit günstigerer
Lage als der ambulante Reisende. Er kann dauernde Beobachtungen anstellen, Fragen behandeln, zu deren Beantwortung solche Beobachtungen nötig sind, wie etwa die Frage,
ob dafs betreffende Gebiet habituelle Stofslinien hat, d. h. ob
sich in ihm Gegenden, Striche befinden, in welchen die Erdbeben gewöhnlich auftreten, von welchen sie sich verbreiten,
so dafs sie an dieselben gebunden zu sein scheinen. Folgen
diese Stofslinien einer Verwerfung, einer Gebirgsfalte?

Der in einer Kolonie sich länger aufhaltende Beobachter
ist auch sonst in einer für die Beobachtung weit günstigeren
Situation als der Reisende, wenn auch ihm, wie diesem, derselbe
Kreis von Beobachtungen obliegt. Denn es ist jetzt das Bestreben der Kulturstaaten, auch in den Kolonien, also in oft
sehr abgelegenen Gegenden, tunlichst die Seismizität der Erde,
das Wesen der Erdbeben zu erforschen. Zu diesem Zweck
werden von ihnen an verschiedenen Punkten der Erde seismische Instrumente zu täglicher Beobachtung aufgestellt, wobei
die Wahl des Ortes besonderer Überlegung bedarf. Die vom
Deutschen Reich teils schon gegründeten, teils beabsichtigten
Stationen, Samoa, Kiautschou, Blanchebai (Bismarck-Archipel),
Amani (Usambara) sind vorzüglich gewählt, wie ein Blick auf
die Karte sofort beweist. Die bisher vorhandenen Instrumente
sind von einer wissenschaftlichen Gesellschaft und von zwei
deutschen Erdbebenstationen zur Verfügung gestellt. Ein
Reisender kann ein solches Instrument nicht mitbringen. Sehr
erfreulich und im hohen Grade wünschens- und dankenswert
aber wäre es, wenn ein reicher und wissenschaftlich interessierter
Mann, von denen ja oft Reisende ausgestattet werden, eine
oder die andere Station mit dem nötigen Instrument aus-
stattete und dadurch Beobachtungen in Gegenden ermöglichte,
welche noch nicht erforscht, ja welche vor noch nicht allzu-
langer Zeit zuerst von den Reisenden erschlossen wurden, und
deren Erforschung wissenschaftlich so bedeutsam ist.

2. Das seismische Verhalten des Meeresbodens.

Zu den direkten seismischen Beobachtungen, die ein Reisender (und gerade ein solcher am leichtesten) machen kann, gehören die Seebeben, d. h. die Erdbeben, deren Stofs- gebiet im Meer, im Boden des Meeres liegt. Die Seebeben gehören für die Erkenntnis der Seismizität der Erde, für die Erkenntnis der Natur der Erdbeben und ihrer Entstehung zu den wichtigsten Erscheinungen, wie dies schon aus der gröfseren Dichtigkeit des Meeresbodens hervorgeht. So hat die Reichs- verwaltung im Eingehen auf den öfters von den deutschen Erdbebenforschern ausgesprochenen Wunsch, dafs für die See- beben das gleiche geschehe wie für die Erdbeben auf festem Land, die deutschen Konsulate, deren Sitz an der Meeresküste ist, zu regelmäfsiger, methodischer Sammlung von Nachrichten über beobachtete Seebeben angeregt; ebenso aber auch zu Samm- lung von Nachrichten über Küstenbeben (Erd- und Seebeben). Letztere sind ebenfalls und besonders zu beachten, teils aus rein wissenschaftlichen Gründen — haben doch die Erdbeben ihren Ursprung oft im Meere, von wo aus sie auf das Land fortschreiten (Japan; Guam, Beitr. zur Geophys. 2, 585) —, teils aber aus praktischem Interesse, weil die Küstenbeben so oft die mächtigen Flutwellen erregen, welche von gleicher Wichtigkeit für den Seismiker, den Hydrographen, den Schiffsführer sind.

So wurden auf Verlangen der Reichsverwaltung von der Direktion der Kais. Hauptstation der Erdbebenforschung zu Strafsburg auch Anweisungen, Fragebogen zur Beobachtung von Seebeben ausgegeben (Beitr. zur Geophys. Band VII), die hier (mit der Intensitätsskala von Prof. Rudolph) mitgeteilt werden müssen, weil naturgemäfs alles, was ein Reisender für ihre Beobachtung tun kann, in denselben ausgesprochen ist. Sie lauten:

1. **Schiffsort** zur Zeit des Seebebens.
   Welchen Kurs segelte das Schiff, und wieviel Seemeilen Fahrt machte es in der Stunde?
2. **Aufenthalt** des Beobachters.
   Wurde das Seebeben vom Beobachter unter Deck oder auf Deck verspürt?
3. **Zeitpunkt** des Seebebens.
   In welchem Augenblicke wurde das Seebeben verspürt?
4. **Art der Bewegung.**
   a) Blofses Erzittern oder Erschütterung oder Stöfse?
   b) War die Bewegung vertikal oder wellenförmig?
   c) Ging den Stöfsen eine zitternde Bewegung voraus, und folgte ihnen eine solche nach?
   d) Womit läfst sich die Bewegung vergleichen, und welchen Eindruck machte sie auf den Beobachter?

5. **Fortpflanzungsrichtung** der Bewegung.
   Ging die Bewegung vom Bug zum Stern bezw. umgekehrt, oder ließ sich eine bestimmte Himmelsrichtung in der Fortpflanzung bemerken?

6. Die **Intensität** des Seebebens ist in Graden der nachfolgenden Skala anzugeben:
   I. Ganz schwaches Erzittern, mehr ein Geräusch, das meistens nur unter Deck hörbar. (III. der Skala Rossi-Forel.)
   II. Schwaches Erzittern, geeignet, die schlafende Mannschaft zu wecken. (IV. der Skala Rossi-Forel.)
   III. Erzittern im ganzen Schiff, welches den Anschein erweckt, als wenn große Fässer über Deck gerollt würden. (IV. der Skala Rossi-Forel.)
   IV. Mäßig starke Erschütterung, ähnlich derjenigen, welche man empfindet, wenn die Ankerkette rasch ausläuft. (IV. der Skala Rossi-Forel.)
   V. Ziemlich starke Erschütterung, wie wenn das Schiff über rauhen Boden fahre. (IV. der Skala Rossi-Forel.)
   VI. Starke Erschütterung, geeignet, leichte Gegenstände in Bewegung zu setzen; das Rad stößt in den Händen des Steuermanns. (V. und VI. der Skala Rossi-Forel.)
   VII. Recht starke Erschütterung durch Stöße, so daß das Gebälk kracht und es unmöglich ist, sich auf den Füßen stehend zu halten. (VII. der Skala Rossi-Forel.)
   VIII. Sehr starke Erschütterung durch Stöße. Masten und Takelwerk sowie schwere Gegenstände auf Deck werden erschüttert. (VIII. der Skala Rossi-Forel.)
   IX. Außerordentlich starke Erschütterung durch Stöße. Das Schiff wird auf die Seite gestoßen, verliert im Gange oder wird in der Fahrt aufgehalten. (IX. der Skala Rossi-Forel.)
   X. Zerstörende Wirkung. Leute werden an Deck niedergeworfen, die Fugen des Decks springen auf, das Schiff wird leck. (X. der Skala Rossi-Forel.)
   War die Intensität verschieden bei den einzelnen Stößen oder im Verlaufe der ganzen Erscheinung?

7. **Dauer** des Seebebens.
   a) Welches war die Gesamtdauer der Erschütterung ohne das dieselbe begleitende Geräusch?
   b) Ließen sich einzelne Phasen in der Erscheinung unterscheiden?

8. **Schallerscheinungen.**
   a) Wurde ein Geräusch vernommen, und womit ließ sich dasselbe vergleichen?
   b) Ging das Geräusch der Erschütterung voran, war es gleichzeitig mit derselben, oder folgte es ihr nach?

9. **Erscheinungen an der Meeresoberfläche.**
   a) Welches war der Zustand vor dem Seebeben?
   b) Blieb der Zustand derselbe, oder traten Veränderungen während des Seebebens ein?
   c) Wurde eine einzelne besonders hohe Welle oder eine aufeinander folgende Reihe von solchen beobachtet (Höhe und Länge derselben)?
   d) Wurde bei glatter See der Meeresspiegel gehoben, oder wallte derselbe auf wie bei kochendem Wasser?

10. **Kompafs.**
Trat eine plötzliche Abweichung der Magnetnadel während des Seebebens ein?

11. **Meteorologische Verhältnisse.**
a) War die Temperatur des Seewassers nach dem Seebeben eine höhere als vor demselben?
b) Wie hoch war der Luftdruck?

12. **Ausdehnung** des Seebebens.
a) Waren andere Schiffe in der Nähe zur Zeit des Seebebens, eventuell in welcher Entfernung?
b) Haben dieselben das Seebeben verspürt oder nicht?

13. **Erdbeben und Seebeben.**
Liegt das Schiff in einem Hafen, so sind Erkundigungen am Lande einzuziehen über:
a) Anfang
b) Intensität
c) Dauer des Erdbebens.
Welcher Unterschied besteht in Bezug auf diese drei Punkte zwischen dem Erd- und Seebeben?

14. **Zustand des Meeres im Hafen** bei einem Erd- und Seebeben.
a) Wurde das Hafenwasser durch die Erschütterung in irgendeiner Weise beeinflufst?
b) Traten im Augenblicke der Erschütterung oder unmittelbar nach derselben Wellen am Strande auf, eventuell wieviel, wie hoch, in welchen Zeitintervallen?
c) Trieb das Schiff vor Anker, und waren Strömungen bemerkbar?
d) Traten sogenannte Erdbebenflutwellen auf, eventuell wie lange Zeit nach dem Beginn des Erdbebens, wieviel Wellen, in welcher Höhe, in welchen Zwischenräumen?

Einiges sei noch zugefügt. Wenn auf E. Rudolphs Übersichtskarte der submarinen Erdbeben und Eruptionen sowie der Erdbebenflutwellen (Beitr. zur Geophys. Band I) die gröfste Anzahl von Seebeben in der Zone der Azoren und St. Pauls Felsen gegeben ist, so beruht dies, im Gegensatz zu den leeren Flächen anderer Ozeane, nicht oder nur zum Teil auf der gröfseren Schiffsfrequenz im Atlantik, sondern auf tatsächlich gröfserer Bebenfrequenz dieser Gegenden. Hervorzuheben ist, dafs alle ozeanischen Inseln und Inselgruppen (auch die Koralleninseln) vulkanischen Ursprungs sind. Dazu kommt, dafs die Verbreitung der Seebeben auch sonst erdwissenschaftlich sehr merkwürdig ist: sie gehören den zwei grofsen Bruchzonen des Erdplaneten an, deren eine die Erde in eine nördliche und südliche Hälfte teilt, vom Antillenmeer an, zwischen Azoren und St. Pauls Felsen hin — die Südküste von Portugal (Lissabon) gehört noch zum Azorengebiet — durch Mittel- und Rotes Meer an Südasien vorbei durch Malaisien bis zu den Fidschiinseln; deren zweite eine östliche und westliche Halbkugel der Erde abgrenzt, ausgehend von der Meereszone, welche die Westküste Amerikas von 40° S bis zu Vancouver

begleitet, dann an den Aleuten vorüber an Kamtschatka,
Kurilen und Japan hin zu den Philippinen, den melanesischen
Inseln, bis nach Auckland hin. Dagegen fehlen die Nachrichten
von Seebeben aus dem Nord- und Südmeer so gut wie ganz,
mit Ausnahme vereinzelter Vorkommen vor der Südküste Islands
und vor der norwegischen Abbruchsküste (61° N); während
doch Erdbeben in Island und im Baltischen Schild (Skandinavien, Finnland) nicht allzu selten vorkommen, während doch
tätige und zu verschiedenen Zeiten erloschene Vulkane in beiden
Polgebieten der Erde verbreitet sind. Auf der Südhalbkugel
reichen die beobachteten Seebeben etwa bis zum 57° S. Land-
beben sind auch aus dem Norden nicht bekannt. Es leuchtet
ein, daß es von größtem Interesse wäre, wenn Reisende, zu
Schiff oder zu Lande, in den so wenig besuchten Polargegenden
die seismische Tätigkeit möglichst scharf beobachteten. Es ist
möglich, daß die seismischen Erscheinungen auch dort vorhanden, aber wegen ihrer Seltenheit noch nicht bemerkt sind.
Höchst erwünscht wäre es, wenn eine spätere länger in den
Polargegenden verweilende wissenschaftliche Expedition ein
leicht zu behandelndes Seismonometer während ihres Aufenthaltes arbeiten ließe und die mechanischen Aufzeichnungen,
denen es an Genauigkeit des Aufzeichnens, der Zeitangaben usw.
nicht zu fehlen brauchte, nach Europa mitbrächte. Auch das
Verhalten der Polargebiete gegen Fernbeben (Mikroseismen)
wäre von höchstem Interesse. Bisher ist es, trotz mancher
Bemühungen, nur einmal geglückt, die Mitnahme und Aufstellung eines seismischen Apparates in Polargegenden zu
erreichen: des Pendels von Milne, welches die englische Südpolarexpedition 1902 und 1903 arbeiten ließ. Seismische
Aufzeichnungen in hochpolaren Gegenden, auch nur von einem
Jahre, haben den größten Wert. — In den an Seebeben
reichen Gebieten ist im Anschluß an N 12 des abgedruckten
Fragebogens die Frage zu beachten, ob die Seebeben stets
punktuell, einzeln auftreten, oder ob auch Seebebenreihen,
Seebebengruppen (letztere gleichzeitig auftretend) beobachtet
werden. Einzelne hierher gehörige Tatsachen erwähnt Rudolph
in den Beitr. zur Geophysik.

3. Allgemeine Untersuchungen.

Neben den bisher besprochenen direkt zu beobachtenden
Erscheinungen gibt es noch andere Aufgaben für die Reisenden
und für alle, welche länger in Europafernen und daher noch
wenig erforschten Gegenden verweilen. Es sind dies die all-

gemeinen Untersuchungen und Beobachtungen der Landes-
beschaffenheit selber. Jede noch unbekannte Gegend läfst sich
zunächst durch geologische Betrachtung, ferner durch Erkundigungen, wo sie möglich sind, auch für die Erdbebenforschung einigermafsen erschliefsen. Ist den Bewohnern etwas
von Erdbeben aus eigener Anschauung oder aus Überlieferungen
bekannt? Zeigt das Gebiet auch vulkanische Berge und in
welchem Zustand, aus welcher Erdepoche? Auch längst erloschene, uralte Berge sind nicht unwichtig. Läfst sich erfahren, ob von diesen längst untätigen Bergen noch jetzt Erderschütterungen, wenn auch ganz schwache, ausgehen? Finden
sich Mythen oder Sagen, die auf eine solche Tätigkeit hinweisen?
Gehen diese etwaigen Störungen vielleicht von einzelnen Gebirgs-
linien aus? Von alten Verwerfungen vielleicht? Sind solche vorhanden? Zeigen sich Spuren von rascheren Hebungen oder Senkungen, vielleicht auch von Wiederholungen dieser Erscheinungen,
von einem Wechsel derselben? Diese Frage führt uns zu den
ozeanischen Inseln zurück, wo wir im Stillen Ozean im Gebiet
der Koralleninseln, die nicht selten auch direkte Erdbeben
zeigen, diese mehr oder weniger langsamen Schwankungen
sehen. Zunächst ist natürlich das seismische Verhalten dieser
Inseln im einzelnen zu betrachten, sodann jede einzelne auf
etwaige Hebungen oder Senkungen genau zu untersuchen,
welche die ozeanischen Koralleninseln, namentlich die Atolle,
ja alle zeigen. Auch die einzelnen im Meer isolierten Vulkan-
berge, wie der Gunung Api der Bandasee müssen auf diese
Schwankungen hin untersucht, beobachtet werden. Zeigt die
vom Reisenden besuchte Insel, oder ein Teil von ihr, eine
frühere Hebung? Wie hoch? Mit welcher Einwirkung des
Meeres (Strand-, Nischenbildung)? Läfst sich irgendeine, wenn
auch noch so ungefähre Bestimmung der Zeit geben, wann und
wie lange die Bewegung eingetreten war? Ist neben der Hebung,
vielleicht mit ihr wechselnd, auch irgendwelche Senkung zu
konstatieren? War die Hebung eine einmalige oder mehrfach wiederholte? Eine perpendikuläre oder wohl auch schiefe?
Zeigen sich Spuren einer einmaligen oder wiederholten Senkung? Findet man auf einer solchen gehobenen Koralleninsel
vulkanische Materialien, vielleicht vulkanische Schichten in der
Kalkbedeckung? Oder gehobene Rollblöcke, vielleicht aus vulka-
nischem oder gar der Erdrindenbildung angehörigem Material?
Zeigen sich sonstige Meeresreste, und in welcher Höhe? Hat die
betreffende Insel Nachbarinseln, oder steht sie isoliert? Wie
steil ist, bis zu welchen Tiefen, ihre submarine Böschung?

Zeigen die etwaigen Nachbarinseln die gleichen Erscheinungen, oder trat der Wechsel der Höhe auf einer Insel isoliert ein? Diese Fragen gelten auch für die Festlandinseln des Pacifik, wie z. B. für Melanesien.

Im vorstehenden ist nach vielem gefragt, vieles durch Fragen nur angedeutet worden, was weiter auszuführen nicht nötig war. Nach einem bekannten Sprichwort ist Fragen leichter als richtig Antworten; es könnte scheinen, als ob auch hier vielleicht zu viel gefragt wäre. Jedenfalls bedürfen wissenschaftlich genügende Antworten langer Zeit und oft wiederholter, vielleicht veränderter Fragestellung, wie die Versuche der Beantwortungen sowie die weiteren Forschungen der Reisenden ergeben werden. Handelt es sich doch um eine der wichtigsten Eigenschaften unseres Planeten, um seine Seismizität, um eine der wichtigsten seiner physikalischen Tätigkeiten, die, vollständig bekannt, uns die Gesamtnatur der Erde, der Rinde wie des Innern, völlig erschliefsen würde. Denn nicht blofs als Rindenvorgänge lassen sich die Erdbeben auffassen; ihre Sphäre ist bedeutender, tiefer greifend, sie gehören dem Gesamtplaneten an, aus dessen Gesamtnatur sie erfolgen. Das werden die Folgegeschlechter der Reisenden, der Beobachter durch unablässige Forschungen im Laufe der Zeiten erkennen und darlegen. Für uns ist es zunächst eine der Hauptaufgaben, eine möglichst vollständige Topographie der Erdbeben, der Makroseismen zu erlangen, wobei auch negative, richtig dargelegte Antworten denselben hohen Wert haben wie die positiven. Zur allmählichen Lösung aber dieser so bedeutenden wie schwierigen Aufgabe ist niemand geeigneter als die stets opferwilligen und auch vor dem Schwierigsten nicht zurückweichenden wissenschaftlichen Reisenden.

Anleitung zu magnetischen Beobachtungen an Land.

Von

Dr. G. von Neumayer und Dr. J. Edler.

Eine der wichtigsten Aufgaben der Physik der Erde ist die genaue Feststellung des magnetischen Zustandes unseres Planeten. Im Verfolge der hier zu gebenden Ausführungen soll eine Erörterung darüber gegeben werden, was man unter dem magnetischen Zustande der Erde versteht. Hier sei soviel gesagt, dafs diese Feststellung aus Beobachtungen erdmagnetischer Natur abgeleitet werden mufs, die über die ganze Erdoberfläche, d. i. auf dem Festlande und auf dem Ozean, ausgeführt werden. Die beiden Arten der Beobachtung unterscheiden sich dem Wesen nach nicht, wohl aber in Beziehung auf die dabei anzuwendenden Methoden und Instrumente. Die allgemeine Einleitung, die sich auf mehr theoretische Betrachtungen über Erdmagnetismus bezieht, ist begreiflicherweise die gleiche, d. h. sie ist in beiden Fällen in demselben Sinne anzuwenden.

Zur Ersparung von Wiederholungen sollen in diesem Abschnitt die allgemeinen Gesichtspunkte niedergelegt werden, und es bedarf nach dem Gesagten in dem Abschnitte über „Magnetische Beobachtungen an Bord" keiner weiteren Erörterungen dieser Art, vielmehr kann man sich bei den letzteren auf die nun folgenden Auseinandersetzungen beziehen.

Es erscheint am zweckmäfsigsten, den Gegenstand der „Anleitung" nach Eschenhagens Vorgang[1]) in folgenden Abschnitten zu behandeln:

I. Allgemeine Grundbegriffe des Erdmagnetismus.

II. Örtliche und zeitliche Verschiedenheit des Erdmagnetismus.

---

[1]) In Kirchhoffs „Anleitung".

I. Allgemeine Grundbegriffe.

1. Ein Magnetstab übt auf Magnete oder magnetisierbare Gegenstände eine gewisse Wirkung aus, indem er in seiner Umgebung ein magnetisches Feld, Kraftfeld genannt, erregt. Weiches Eisen wird im magnetischen Feld durch Induktion selbst magnetisch. Durch ein einfaches Experiment mit Eisenpulver kann man die Partikelchen desselben unter dem Einflusse eines Magnetpoles, wie bekannt, in gewissen Linien angeordnet erhalten, die mehr oder minder dicht beisammen sind. Derartige Linien nennt man Kraftlinien und die Dichte derselben Feldintensität oder Feldstärke. Kraftlinien haben stets einen vollständigen Schlufs in sich; es können von einem Magnetpol nicht mehr Kraftlinien ausgehen, als davon den andern Pol erreichen. Die Intensität des magnetischen Feldes kann man ganz wie jede andere Kraft behandeln, sie in Komponenten zerlegen und zu solchen zusammensetzen. Die von gleichen Polen zweier Magnete ausgehenden Kraftlinien wirken wie entgegengesetzte Kräfte, die gleichen Pole stofsen sich ab, ungleiche Pole ziehen sich an. Befindet sich eine frei im Raume bewegliche Magnetnadel in einem Kraftfelde, das im Verhältnisse zu den Dimensionen des Magneten als vollkommen gleichmäfsig anzusehen ist, so werden auf die beiden Pole Kräfte von entgegengesetzter Richtung, aber gleicher Stärke wirken. Die Nadel kann des-

halb nur eine Drehung erfahren, bis sie die Richtung der
Kraftlinien eingenommen hat. Diese Eigenschaft einer freien
Nadel, dafs sie mit einer der Intensität des Feldes entsprechenden Kraft in die Richtung der Kraftlinien hineingezogen wird
und so als Zeiger für diese Richtung dient, findet bei den
erdmagnetischen Messungen eine wesentliche Verwertung. Der
Einfachheit halber mag ein Magnet, der sich in der horizontalen Ebene frei um eine vertikale Achse bewegen kann, als
Kompafsnadel und ein Magnet, der in einer vertikalen Ebene
frei beweglich um eine horizontale Achse ist, als Inklinations-
oder Neigungsnadel bezeichnet werden. Denjenigen Pol einer
Kompafsnadel, der im Erdfeld nach Norden zeigt, nennt man
den Nordpol der Nadel. Da die Kraftlinien mit gleicher
Polrichtung nebeneinander herlaufen und gegenseitig wie
Magnete wirken, so werden sie sich naturgemäfs nach Möglichkeit abzustofsen suchen. Es ist deshalb klar, dafs die
Intensität des Feldes an den Polen, wo die Kraftlinien zwangs-
weise austreten, am gröfsten, dagegen seitlich zur Mitte des
Magneten am kleinsten sein wird.

2. Die ganze Erde verhält sich nun wie ein grofser Magnet.
Von dem Verlauf der Kraftlinien über die Erdoberfläche gewinnt man näherungsweise eine Vorstellung, wenn man mit
einer runden, magnetischen Stahlscheibe, deren Pole sich
diametral gegenüberliegen, den analogen Versuch mit dem
Eisenpulver anstellt. Die erdmagnetischen Kraftlinien nach
Richtung und Intensität, sowie auch nach Ort und Zeit zu
messen, ist die erste Aufgabe des Erdmagnetismus.

Das Studium dieser Erscheinungen hat zur Einführung
folgender Bezeichnungen geführt:

1. Der magnetische Meridian ist die Richtung der
   magnetischen Achse einer Kompafsnadel.

2. Die magnetische Deklination oder Mifsweisung
   ist der Winkel d, welchen der magnetische Meridian
   mit dem astronomischen am Beobachtungsort bildet. Man
   unterscheidet eine westliche und eine östliche Deklination, je nachdem die Nordrichtung des magnetischen
   Meridians westlich oder östlich zum astronomischen Meridian verläuft. Neuerdings pflegt man wohl nur von einer
   östlichen Deklination zu sprechen, indem man die Deklination durch Ost von 0—360° zählt oder, was dasselbe
   ist, die östliche Deklination von 0—180° als negativ
   bezeichnet. Dies ist bedingt durch die rechnerische
   Weiterverwendung der Resultate.

3. Die Inklination oder Neigung ist der Winkel J, welchen die Richtung der Kraftlinien mit dem Horizont bildet.
4. Die Totalintensität T ist die Feldstärke in der Richtung der Kraftlinien.
5. Die Horizontalintensität H ist die horizontale Komponente von T.
6. Die Vertikalintensität V ist die vertikale Komponente von T.
7. Die Nord-Süd-Komponente X.
8. Die Ost-West-Komponente Y.

Zwischen diesen Größen bestehen die einfachen trigonometrischen Beziehungen:

$$H = T \cos J \quad\ldots\ldots\quad 1)$$
$$V = T \sin J \quad\ldots\ldots\quad 2)$$
$$X = H \cos d = T \cdot \cos J \cos d \quad 3)$$
$$Y = H \sin d = T \cdot \cos J \sin d \quad 4)$$

J und d sind als Winkelgrößen durch Grade und deren Teile definiert. Die weiterhin benutzte Einheit der Intensität entspricht dem sogen. absoluten Maßssystem (C. G. S.-System), in dem als Einheit der Länge das Zentimeter, als Einheit der Maße das Gramm und als Einheit der Zeit die Sekunde mittlerer Sonnenzeit gilt. Gaußs verwandte zu seinem absoluten System (G. E.) Millimeter, Milligramm und Sekunde als Einheiten. Die hiernach berechneten Intensitäten sind zehnmal größer als die entsprechenden C. G. S.-Werte[1]. Die magnetische Intensität hat die Dimension $C^{-\frac{1}{2}} Gr^{\frac{1}{2}} S^{-1}$. Da man Intensitätswerte von der Größenordnung 0.00001 C. G. S. häufig benutzt, hat Eschenhagen hierfür die Bezeichnung 1γ eingeführt. Für 1 C. G. S. empfiehlt Schmidt die Bezeichnung 1Γ.

Fig. 1.

Ein magnetisches Feld ist vollständig bestimmt, wenn wir imstande sind, für jeden Punkt desselben 1. die Richtung und 2. die Intensität der Kraftlinien anzugeben. Um diese Größen für einen Ort zu bestimmen, wird stets die Beobachtung der Deklination notwendig sein, dagegen können wir unter den von 3—6 genannten Elementen zwei beliebige auswählen und

---

[1] Wegen der in England gebräuchlichen Einheit siehe Erläuterungen und Ergänzungen zu diesem Werke.

diese messen, da sich alles übrige durch die in den Gleichungen 1 und 2 angeführten Beziehungen daraus berechnen läfst. Bisher hat man dazu meist die Inklination und die Horizontalintensität benutzt, aus dem einfachen Grunde, weil dafür die Mefsmethoden am besten durchgebildet sind, so dafs sie am leichtesten die richtigen Werte geben.

Die Gröfsen X und Y sind mehr in theoretischer Erörterung gebraucht; für praktische Zwecke sind die drei erstgenannten, H, V und T, von gröfserer Bedeutung.

Aus den bisherigen Ausführungen können wir schon einige nützliche Folgerungen ziehen, namentlich, wenn wir uns das Bild des Kraftlinienverlaufes vergegenwärtigen, wie es ein Versuch mit dem Eisenpulver und der magnetischen runden Stahlscheibe ergibt. Unmittelbar an einem magnetischen Pol der Erde treten die Kraftlinien senkrecht und am dichtesten aus derselben; die Totalintensität fällt mit der Vertikalintensität zusammen und erreicht ihren gröfsten Wert; die Inklination beträgt 90°, die Horizontalintensität ist nach Gleichung 1) $= T \cos 90° = 0$. In der näheren Umgebung des Poles bleiben diese Verhältnisse nahezu bestehen: Totalintensität, Vertikalintensität und Inklination ändern sich nur wenig; die Horizontalintensität ist sehr klein, nimmt aber mit der Entfernung vom Pol schnell zu; die Deklination nimmt rings um den Pol — da derselbe nicht mit dem geographischen Pol zusammenfällt — alle möglichen Werte an, ändert sich also mit einer Ortsveränderung ebenfalls sehr schnell. Infolge der geringen horizontalen Richtkraft wird sich daselbst eine Kompafsnadel nur mäfsig einstellen. Auf dem Wege zum Äquator nimmt die Neigung der Kraftlinien gegen den Horizont sowie ihre Dichte erst langsam, dann stetig schneller ab. Am magnetischen Äquator selbst verlaufen die magnetischen Kraftlinien horizontal und sind am wenigsten dicht. Vertikalintensität und Inklination sind also daselbst 0. Totalintensität und Horizontalintensität fallen zusammen; erstere hat dabei ihren kleinsten, letztere dagegen ihren gröfsten Wert.

Stellen wir uns nun vor, dafs die ganze Erde überall vollkommen genau magnetisch vermessen wäre, so könnten wir an einem beliebigen Punkte der Erde den Ort, wo wir uns befinden, allein durch magnetische Messungen ermitteln. Und zwar würde eine solche magnetische Ortsbestimmung um so bessere Resultate geben, je schneller sich die gemessenen magnetischen Werte in der betreffenden Gegend ändern. Wenn sich z. B. nicht weit vom magnetischen Pol der Deklinationswert für ein Kilometer um einen Bogengrad ändert, und es

wird daselbst die Deklination auf eine Bogenminute genau
bestimmt, so ist dadurch der Beobachtungsort in einer Richtung
von $\frac{1000}{60}$ oder rund 17 m festgelegt; ändert sich dagegen viel
weiter zum Äquator die Deklination für 1 km nur um 1', so
gibt eine gleich genaue Deklinationsmessung den Ort in der
entsprechenden Richtung nur auf 1 km genau an.

In der Nähe der magnetischen Pole werden demnach für
eine magnetische Ortsbestimmung Deklination und Horizontalintensität am wichtigsten sein; die Messung der Inklination
hat daselbst nur geringe Bedeutung, und zwar nicht nur deswegen allein, weil sich die Inklination in dem Gebiete nur
wenig ändert, sondern schon aus dem Grunde, weil sie aus
den ganz roh gemessenen Werten von V und H immer noch
genauer zu berechnen als zu beobachten ist. Zu einer sehr
genauen Bestimmung von V fehlen vorläufig noch die Methoden;
solche Messungen müßten aber schon mit größter Schärfe ausgeführt werden, weil dort die charakteristische Änderung der
Vertikalintensität von Ort zu Ort nur einen geringen Teil des
hohen absoluten Wertes von V ausmacht.

Soll umgekehrt eine magnetische Messung erst Material
liefern für unsre Kenntnis der erdmagnetischen Verhältnisse,
so müssen wir wissen, wo auf der Erde die Messung geschah.
Die Verwertung der magnetischen Resultate bedingt ja, daß
wir sie in eine bestimmte Beziehung setzen zu dem durch
Länge und Breite definierten Beobachtungsort, d. h. zu dessen
geographischen Koordinaten. Diese gegenseitige Beziehung
führt dazu, den Grundsatz aufzustellen, daß bei jeder Beobachtung die geographische Ortsbestimmung der
magnetischen Messung mindestens gleichwertig
sein muß.

Nachdem Gauß durch grundlegende Arbeiten die theoretische Anschauung über den Erdmagnetismus auf festere
Grundlagen gebracht hatte, wäre es unschwer, die magnetischen
Verhältnisse der Erde durch Messungen an wenigen Orten
klar zu stellen, wenn die ganze Masse der Erde mit Einschluß
ihrer Atmosphäre sowohl für elektrische Ströme, die magnetische Wirkungen in der Erde hervorrufen können, als auch
namentlich für den magnetischen.Kraftlinienfluß selbst überall
vollkommen gleichmäßig beschaffen wäre. Jeder Mangel an
Gleichmäßigkeit wird dagegen bewirken, daß die Kraftlinien
nicht normal verlaufen und sich an der Oberfläche der Erde
bald mehr zusammendrängen, bald ihre normale Dichte nicht
erreichen. Da nun ganz besonders Eisen und seine mag-

netischen Verbindungen einerseits eine sehr bedeutsame Rolle
spielen, anderseits diese Erze aber ganz ungleichmäfsig über
die Erde verteilt sind, so ist es klar, dafs schon hierin ein
Grund für beträchtliche Abweichungen der erdmagnetischen
Kraftlinien von ihrem normalen Verlauf liegen kann. Umgekehrt werden dann aber die durch erdmagnetische Messungen
gefundenen Abweichungen besonders geeignet sein, uns auch
da noch wertvolle Fingerzeige über die geologischen Verhältnisse im Erdinnern zu geben, wo andre Mittel hierzu vollkommen versagen. Gewifs ein mächtiger Anreiz zur erdmagnetischen Forschung! Zur Beleuchtung des Gesagten mag
nur angeführt werden, dafs im Königreich Preufsen die bei
weitem stärksten magnetischen Störungen, was Ausdehnung
und Intensität betrifft, in Gegenden vorkommen, die sonst das
gar nicht vermuten lassen, nämlich in Ost- und Westpreufsen
und an der hinterpommerschen Küste. Die Bedeutung dieser
Erkenntnis für die geologischen Verhältnisse jenes Gebietes
liegt auf der Hand.

Die erdmagnetischen Karten. Infolge der starken
Unregelmäfsigkeiten im Verhalten der erdmagnetischen Kraftlinien sind solche Karten von gröfstem Werte, welche die
magnetischen Verhältnisse der Erde zur Darstellung bringen.
Indem man auf diesen Karten jene Orte, die für ein bestimmtes
erdmagnetisches Element denselben Wert haben, durch Linien
miteinander verbindet, erhält man ähnliche Liniensysteme wie
die Linien gleicher Länge und gleicher Breite auf den geographischen Karten. Nur sind die magnetischen Linien vielfach sehr unregelmäfsig. Man nennt

Isogonen   die Linien gleicher Deklination,
Isoklinen   „   „   „   Inklination,
Isodynamen   „   „   „   Intensität.

Die Isogonen sind mit den Längenlinien, die Isoklinen
und Isodynamen mit den Breitenlinien vergleichbar. Gaufs
selbst hat im Verein mit W. Weber den ersten derartigen
Atlas des Erdmagnetismus für das Jahr 1830 herausgegeben.
Da jedoch, seitdem das Beobachtungsmaterial andauernd ganz
bedeutend vermehrt und verbessert wird, und da die erdmagnetischen Werte — wie wir gleich sehen werden — beträchtliche zeitliche Veränderungen erfahren, so ist es notwendig, stets die neuesten Karten zu benützen: als solche sind
die von Dr. von Neumayer für verschiedene Epochen entworfenen Karten von allen Fachleuten geschätzt. Für den
Forschungsreisenden haben solche Karten den grofsen Nutzen,
dafs er sich schon im voraus über die magnetischen Ver-

hältnisse in seinem Beobachtungsgebiete genügend orientieren und sein Instrumentarium dem anpassen kann. Für ein solches Gebiet lassen sich dann vorher bequeme Reduktionstabellen aufstellen, mit deren Hilfe die Endresultate aus den Beobachtungswerten leicht abzuleiten sind. Da es in erster Linie darauf ankommt, für ein Forschungsgebiet magnetische Werte von allgemeiner Bedeutung zu erhalten, werden solche Orte, an denen starke, aber eng begrenzte magnetische Lokalstörungen, die durch eisenhaltige Teile im Erdinnern bedingt sind, für eine Messung nicht geeignet sein. Es ist deshalb gut, bei der Auswahl eines Beobachtungsortes eine geologische Karte zu Hilfe zu ziehen, wenn dies möglich ist. Andernfalls wird es in solchen Gegenden, welche derartige Störungen erwarten lassen, gut sein, die Horizontalintensität an einigen Punkten der näheren Umgebung zu beobachten. Die Horizontalintensität ist deswegen dazu besonders geeignet, weil die Messungsmethode recht genaue und leicht übersehbare Ergebnisse liefert. Sehr anzuempfehlen ist, sich durch in der Gegend bekannte Geologen, die über die Anwesenheit von basitischen Gesteinen, Basalten, Melaphyren usw., auch nach der Tiefe hin Aufschluß erteilen können, des näheren beraten zu lassen.

II. Örtliche und zeitliche Verschiedenheit des Erdmagnetismus.

Aus dem Vorhergehenden ergibt sich schon, daß die Werte der erdmagnetischen Elemente, wie sich das aus dem Verlauf der Kraftlinien und der in den Karten niedergelegten magnetischen Linien ergibt, auf der Erdoberfläche sehr verschieden sind. Es wurde schon der Beziehungen der magnetischen Linien zu den geographischen Koordinaten gedacht und hervorgehoben, daß das Wesen einer erdmagnetischen Vermessung darin besteht, daß man die erdmagnetischen Elemente für einen bestimmten Punkt der Erde genauestens bestimmen kann. Auch die Ähnlichkeit zwischen dem Verlauf der geographischen Breitengrade und den magnetischen Linien wurde hervorgehoben. Es mögen nun noch einige andere. Linien erwähnt werden, die namentlich in theoretischer Beziehung eine bestimmte Bedeutung haben. Duperrey hat zuerst magnetische Meridiane, d. h. Meridianlinien des Magnetismus, für die ganze Erde entworfen. Wenn man von einem Punkte der Erde, stets der Magnetnadel folgend, über dieselbe fortschreitet, bis man wieder zum Ausgangspunkte zurückkehrt, so hat man einen magnetischen Meridian beschrieben, der die magnetischen Pole der Erde durchschneidend wieder in sich zurückkommt. Der Winkel zwischen dem magnetischen und astronomischen Meridian gibt also in einem jeden Punkte der Erde die Deklination für denselben an. Mit diesem Kurvensystem hängen die magnetischen Parallelen zusammen; es sind das Linien, die allenthalben auf der Erde, wo sie einen magnetischen Meridian durchschneiden, auf diesem senkrecht stehen. Wenn man daher von einem Punkte ausgeht und auf einem so beschriebenen magnetischen Parallelkreis weitergeht, kehrt man wieder zu dem Ausgangspunkt zurück. Diese Linien, deren man sich begreiflicherweise eine unendliche Anzahl auf der Erdoberfläche denken kann, nennt man auch magnetische Gleichgewichtslinien oder magnetische Äquipotentiallinien. Es wird bei der Verwertung magnetischer Beobachtungen im Schlußkapitel auf diese Linien zurückgekommen werden, da wo von den bezeichneten Liniensystemen der Karten die Rede sein wird.

Aber nicht nur in diesen allgemeinen terrestrischen Beziehungen liegt die örtliche Verschiedenheit begründet, es gibt vielmehr auch noch andre örtliche Abweichungen der magnetischen Elemente, die von der geologischen Gestaltung der Erdkruste, der Konfiguration der Kontinente und dem Verlauf großer Gebirgsmassen bedingt sind. Das Endziel einer magnetischen Aufnahme im weiteren Sinne liegt erstens in dem Feststellen der Beziehungen zwischen Erdgestaltung und Erdinnern überhaupt, zweitens in dem Feststellen der Beziehungen der Einflüsse, die von, nennen wir es Lokalgestaltungen, abhängen.

Was nun die Sicherheit der magnetischen Reisebeobachtungen in dem Verfolgen des genannten Endzieles beeinträchtigt, sind die ständigen zeitlichen Veränderungen der erdmagnetischen Verhältnisse. Die beste Messung an einem scharf bestimmten Orte verliert sehr an Wert, wenn wir nicht zugleich über die an dem Orte stattfindenden Schwankungen in den Werten der Elemente Bescheid wissen. An einem magnetischen Observatorium ist es die Hauptaufgabe, diese Schwankungen andauernd auf das genaueste zu verfolgen. Zu dem Zweck werden dieselben mittels geeigneter Instrumente fortlaufend beobachtet oder registriert und die absoluten Beträge der Elemente bestimmt. Bis auf beträchtliche Entfernung vom Observatorium verlaufen die Variationen sehr ähnlich; es treten aber allmählich wesentliche Abweichungen auf. In den entlegenen

Gegenden, die häufig das Ziel der Forschungsreisenden sind, wird man die Variationen meist nur mit geringer Annäherung aus den Ergebnissen entfernter Observatorien ableiten können. Dadurch kommen ganz unvermeidliche Fehler in die Resultate. Es ist deshalb im allgemeinen zwecklos, die Messungen genauer auszuführen, als es unsrer Kenntnis der Variationsverhältnisse im Forschungsgebiete entspricht. Die Variationen in den Elementen des Erdmagnetismus sind erstens solche, die sich in langen, oft über Jahrhunderte sich erstreckenden Perioden vollziehen, zweitens solche, die in der Periode des Erdumlaufes um die Sonne alljährlich sich kundgeben und drittens solche, die in Beziehung stehen zur Umdrehung der Erde um ihre Achse. Eine besondere Stellung unter den zeitlichen Veränderungen der Erdelemente nehmen die sogenannten magnetischen Störungen ein, deren Ursachen zum Teil noch in völliges Dunkel gehüllt sind.

Die ersteren, die sogenannten Säkularvariationen kennzeichnen sich durch langsame, aber fortdauernde und ziemlich stetige, periodische Veränderungen, und ihre Perioden umfassen einen sehr grofsen Zeitraum. Isogonenkarten für Epochen, die um ein Jahrhundert auseinander liegen, weichen gewöhnlich sehr stark voneinander ab. Für verschiedene Punkte der Erde kann der Verlauf der Säkularvariation ein ganz verschiedener, ja geradezu entgegengesetzter sein.

Es sind Karten entworfen, welche die Änderung der Deklination, bezogen auf ein bestimmtes Jahr, wie dies auf den Karten des Atlasses von Dr. Neumayer geschieht, darstellen. Für wenige Jahre wird man diese Art der Variation als proportional mit der Zeit ansehen können. Ein Extrapolieren, d. h. ein Ableiten über die Epoche hinaus, ist bei dem gänzlichen Mangel an Kenntnis eines Gesetzes bedenklich. Für längere Zeiten kann man sich wohl durch Hinzunehmen quadratischer Glieder in die Formeln etwas helfen; aber auch selbst in einem solchen Falle ist die Beschränkung auf eine kürzere Epoche geboten, indem alle Formeln, die sich auf sehr lange Zeiträume beziehen, sich bisher nicht als zuverlässig erwiesen haben. Dagegen läfst sich beispielsweise der Verlauf der magnetischen Elemente innerhalb des Zeitraumes von 1890 bis 1901 für Potsdam nach Professor Schmidt durch folgende Formeln darstellen:

$$d = -10° 17.24' + 5.14' (\text{Jahr} - 1896.0) - 0.104' (\text{Jahr} - 1896.0)^2$$
$$H = 18732.2^\gamma + 23.2^\gamma (\text{Jahr} - 1896.0) + 0.19^\gamma (\text{Jahr} - 1896.0)^2$$
$$J = 66° 39.12' - 1.60' (\text{Jahr} - 1896.0)$$

Diese Säkularvariationen werden dem Gebrauche gemäfs für ein Jahr berechnet und spricht man daher von einem jährlichen Betrag der Säkularänderung oder schlechthin von einer jährlichen Säkularänderung des Elements.

Die Werte der magnetischen Elemente zeigen auch eine regelmäfsige Veränderung im Lauf des Jahres, wie dies unter 2 hervorgehoben ist, und man spricht von einer periodischen Schwankung innerhalb eines Jahres. Diese Schwankung der Deklination ist im allgemeinen sehr gering und pflegt 0.5′ nicht zu übersteigen. Bei der Horizontalintensität beträgt diese Schwankung etwa 10 γ und bei der Inklination ist sie in mittleren Breiten nicht viel gröfser als 1′.

Man erkennt bei der jährlichen Variation durch die Zeit, wann die Extreme auftreten, schon einen gewissen Zusammenhang zwischen dem Stande der Erde zur Sonne; noch deutlicher tritt dies aber bei der täglichen Periode, wie unter Nummer 3 aufgezählt, hervor. Die tägliche Amplitude ist angenähert am gröfsten, wenn die tagsüber von der Sonne zugestrahlte Energiemenge am gröfsten ist und umgekehrt. In Potsdam beträgt die mittlere tägliche Amplitude nach Professor Ad. Schmidt

für Deklination	im Januar	5.2′	im Juli	11.1′
„ Horizontalintensität	„ „	15 γ	„ „	43 γ
„ Inklination	„ „	1.0′	„ „	2.5′

Unter Zugrundelegung der Ortszeit ist der tägliche Verlauf an allen Orten der Erde insofern ein ähnlicher, als die Zeiten der schnellsten und langsamsten Änderungen, somit auch die Extreme übereinstimmen; die Gröfse der Amplitude kann sehr verschieden sein. Die Richtung der Änderung ist, aufserhalb der Tropen, auf der Süd-Hemisphäre die entgegengesetzte wie auf der Nordhalbkugel. Die Deklination erreicht von 8 bis 9 Uhr den einen extremen Wert und von 1 bis 3 Uhr den andern; am schnellsten ändert sie sich von 11 bis 12 Uhr vormittags. Etwa zur Zeit dieser stärksten Änderung erreichten die Horizontalintensität und die Inklination einen besonders ausgeprägten extremen Wert. Während der Nacht ist diese Schwankung sehr gering und wenig regelmäfsig.

Wir geben hier (Fig. 2) eine Darstellung der täglichen Schwankungen der erdmagnetischen Elemente in Wilhelmshaven, wodurch die vorher gegebenen Erklärungen einigermafsen zur Anschauung kommen.

Streng genommen gelten solche allgemeine Resultate — welche sich auf die ganze Erde beziehen — nicht für die

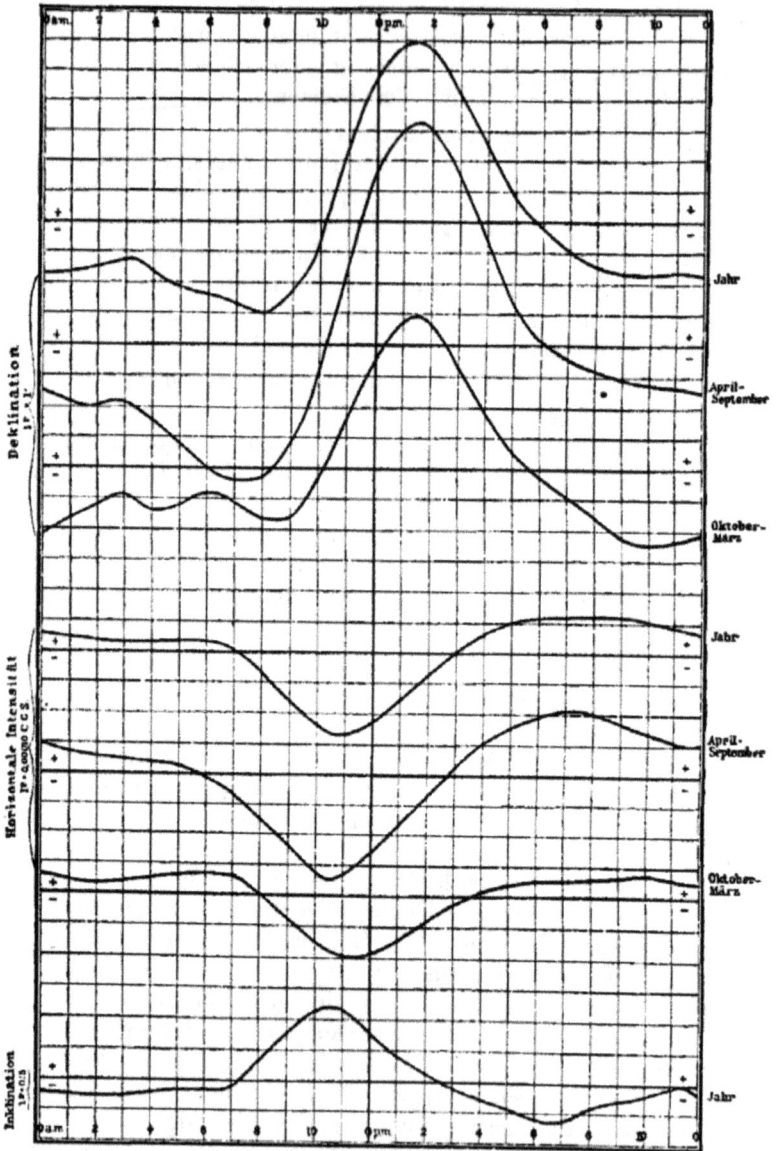

Tägliche, regelmässige Schwankung der erdmagnetischen Elemente zu Wilhelmshaven
im Jahre 1883 (Abweichungen vom Tagesmittel).

Liegt die Kurve oberhalb der stark ausgezogenen zugehörigen Abscissenlinie, so ist der jeweilige Wert
des betreffenden erdmagnetischen Elementes grösser als das Tagesmittel, liegt sie unterhalb, so ist er kleiner.

Fig. 2.

Deklination, Horizontalintensität und Inklination, sondern nur für die X-, Y- und V-Komponenten. Hat aber die Deklination einen kleinen Wert, so wird der Unterschied nicht grofs sein. In einzelnen Fällen mufs man jedoch auf die Komponenten zurückgreifen. Ein solcher Fall kann z. B. eintreten, wenn es darauf ankommt, sehr genaue Messungen an einem stark eisenhaltigen Basaltkegel mittels der Variationen eines nicht sehr entfernten und ungestörten Observatoriums weiter zu reduzieren. Die Deklination am Observatorium sei verschwindend klein, dagegen erreiche sie an einem Punkte des Basaltkegels 90^0, was durchaus möglich ist[1]). Man übersieht hier nach dem Gesagten sofort, dafs die Schwankungen der Deklination an letzterem Punkte nicht denjenigen der Deklination im Observatorium entsprechen können, sondern denen der Horizontalintensität. Indem man aber für alle Beobachtungspunkte am Basaltfelsen die X-, Y- und V-Komponenten berechnet und an diese die Variationen der entsprechenden Elemente am Observatorium anbringt, erhält man korrekte Resultate.

Ganz anders geartet sind die magnetischen Störungen. Sie treten oft ganz plötzlich und mit einer beträchtlichen Stärke auf. Um sich ein Bild davon zu machen, möge Fig. 3, der Verlauf der östlichen Deklination zu Fort Rae vom 15. Dezember 1882, dienen. Bei der bekannten grofsen Störung am 31. Oktober 1903 wurden zu Potsdam folgende gröfste Abweichungen von den normalen Werten beobachtet:

bei der Deklination . . . . . $1^0\,28'\,W$ und $1^0\,38'\,E$
„   „   Horizontalintensität . . $+\,200\,\gamma$ „ $-\,700\,\gamma$
„   „   Vertikalintensität . . . $+\,780\,\gamma$ „ $-\,180\,\gamma.$

Oft treten starke Störungen auf, wenn grofse Sonnenflecken vorhanden sind, und zeigen wie diese eine 11jährige Periode. Das gleiche gilt von den Polarlichtern, die gewöhnlich mit „magnetischen Ungewittern" in Verbindung stehen und mit diesen des Abends ungefähr um 9 Uhr am häufigsten auftreten[2]). Deshalb ist es wahrscheinlich, dafs der Ursprung

---

[1]) Siehe Neumayer, Eine erdmagnetische Vermessung der bayerischen Rheinpfalz, Seite 70, Mount Useful, wo die magnetische Deklination $23^0\,27'$ West war, während die ungestörte Kurve dort dieselbe zu $9^0\,26'$ Ost ergeben hatte. (Magnetical Survey of Victoria.)

[2]) Während der grofsen Störungsepoche vom 28. August bis 3. September 1859 waren grofse elektrische Störungen am Observatorium in Melbourne und an der Sternwarte in Bogenhausen zu gleicher Zeit, während Carrington in England auffallende Vorgänge auf der Sonnenoberfläche beobachtete.

eines magnetischen Gewitters vielfach in der Nordlichtzone auf der Stelle liegt, die beim Ausbruch etwa 9 Uhr nachmittags Ortszeit hat. Es ist, als ob dort in das Meer der elektrischen Erdströme plötzlich ein gewaltiger elektrischer Strom aus den obersten Schichten der Atmosphäre herabstürzt, welcher in dem Meer zur Bildung eines mächtigen

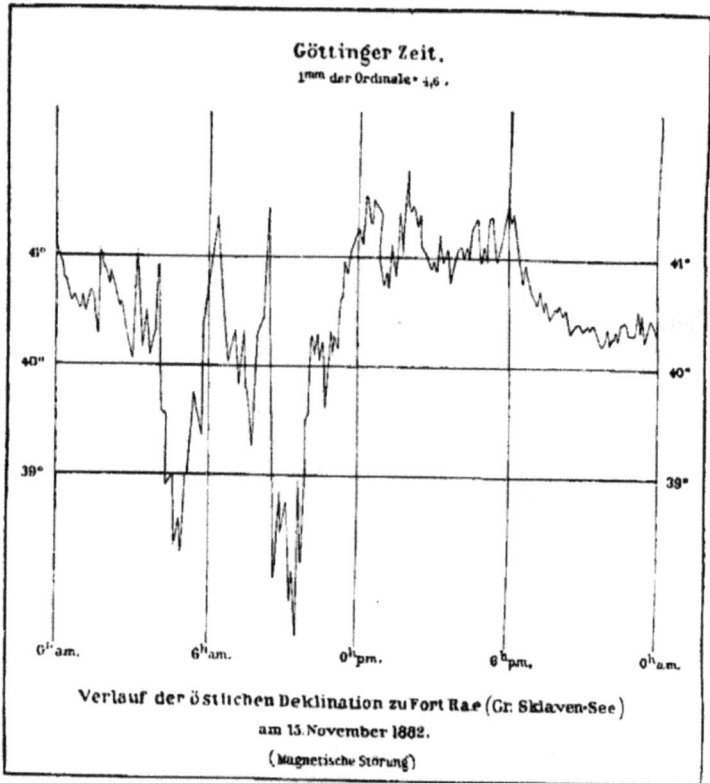

Fig. 3.

Wirbels und von ringförmigen Wellen Veranlassung gibt. Erreichen nun die Wellen einen Ort, so wird im wesentlichen nur die Horizontalintensität und die Deklination stark gestört; geht aber der Wirbel über den Ort hinweg, so übertrifft oft die Störungsamplitude der Vertikalintensität die übrigen. Im allgemeinen wird die Stärke der Störung mit der Entfernung vom Ursprungsort abnehmen. Am Äquator sind die Störungen am geringsten. Da in dem Gebiete der magnetischen

Pole nur kleine Kräfte der Kompafsnadel die Richtung geben, so werden auch kleine Kräfte genügen, um diese Richtung stark zu verändern. Bei magnetischen Störungen werden deshalb dort ganz aufserordentliche Schwankungen der Deklination zu erwarten sein. Will man den Einflufs einer Störung auf eine magnetische Messung eliminieren, so wird man die Richtung der Störung und die Abnahme der Intensität in dieser Richtung zu bestimmen haben, was nicht einfach ist und wozu stets die Resultate mehrerer Registrier-Observatorien verwendet werden müssen.

Winke für die Wahl der Beobachtungszeiten. Aus diesem Verhalten der Schwankungen und Störungen läfst sich der Schlufs ziehen, dafs die Zeiten starker magnetischer Störungen für magnetische Messungen ungeeignet sind. Es wird deshalb gut sein, bei den Sonnenbeobachtungen zu Azimutbestimmungen auf Sonnenflecke zu achten, sowie schätzungsweise ihre Gröfse und ihren Verlauf festzustellen; man gewinnt dadurch einigen Anhalt, wann magnetische Störungen zu erwarten sind. Auch während einer Messung selbst erkennt man eine Störung an den schnellen und starken Änderungen der Einstellungen der Magnete. Dann ist es besser, die Messung selbst zu unterbrechen; es kann aber wohl von Nutzen sein, wenn man dann den Verlauf eines Elementes möglichst andauernd mit dem Reiseinstrument verfolgt. Weniger Bedeutung für die Beobachtungszeit haben die verschiedenen Variationen. Die günstigste Zeit würde immer die sein, zu welcher die geringsten Änderungen stattzufinden pflegen. Dies wird besonders die Nachtzeit sein, und zwar — mit Rücksicht auf die magnetischen Störungen — hauptsächlich die Zeit von 2 Uhr nachts bis zum Morgen. Diese Zeit böte aufserdem noch den erheblichen Vorteil einer verhältnismäfsig konstanten Temperatur. Aus andern praktischen Gründen wird aber diese Zeit nicht leicht benutzt werden können. Am Tage selbst wird es vorteilhaft sein, die Zeiten der Extreme der täglichen Schwankungen zu benützen. Zu diesen Zeiten ändern sich die magnetischen Werte ebenfalls nur schwach, und man erhält so noch einen wertvollen Anhalt für die Amplitude der täglichen Schwankung am Beobachtungsort. Auch sonst wird es gut sein, den Verlauf der Tagesschwankung, wo es nur geht, recht genau mit den Reiseinstrumenten festzustellen. Demnach eignet sich als Zeit zur Beobachtung:

für die Deklination 8 Uhr vorm. und von 1—3 Uhr nachm.
„ „ Horizontalintensität 10—12 Uhr vorm. und 8 Uhr nachm.
„ „ Inklination 10—12 Uhr vorm. und 6—8 Uhr nachm.

Unter allen Umständen ist es aber infolge dieser zeitlichen Veränderungen erforderlich, im Protokoll einer Messung nicht nur das Datum, sondern auch für jede Einstellung S t u n d e und M i n u t e anzugeben.

III. Allgemeine Vorschriften beim Beobachten.

Die erste von den beiden Hauptaufgaben einer vollständigen magnetischen Messung besteht darin, die Richtung der Kraftlinien zu ermitteln. Die bisherigen Ausführungen lassen den Weg hierzu klar erkennen. Am Beobachtungsort P wird zuerst eine Kompafs-nadel zur Einstellung gebracht, und so unter der Voraussetzung, dafs die Nadel keine Kollimation (siehe unten) hat, der magne-tische Meridian PM gefunden. In der Ver-tikalebene dieses Meridians (Fig. 4) läfst man dann eine Inklinationsnadel sich ein-stellen, deren magnetische Achse die Richtung der Kraftlinien PF am Orte ergibt. Um diese Richtung zahlenmäfsig festzustellen, müssen wir noch den astronomischen Meridian PN kennen. Der Winkel MPN ist die Deklination d, der Winkel $M'PF$ die In-klination J. Sind diese Winkel bekannt, so können wir — vom astronomischen Meridian ausgehend — die Richtung der Kraftlinien unmittelbar finden. Hier diente die frei be-wegliche Nadel als Zeiger für die Richtung der Kraftlinien; es könnte aber auch diese Richtung mittels eines elektrischen Stromes in einem Metalldraht ermittelt werden, worauf wir aber, als nicht unmittelbar zu den Reise-beobachtungen gehörig, hier nicht näher ein-gehen können. Es mag genügen, darauf hin-gewiesen zu haben.

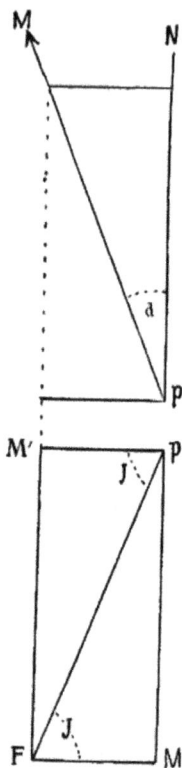

Fig. 4.

Es ist schon genugsam betont worden, dafs die Wahl eines Ortes für magnetische Beobachtungen mit besonderer Rücksicht auf die geologische Formation und die Verteilung von Eisen oder sonstigen magnetischen Metallen in der Umgebung ge-schehen mufs. Allein noch in anderer Hinsicht erfordert diese Auswahl besondere Rücksichtnahme. Da die Beobach-tungen auf Reisen im allgemeinen im Freien angestellt werden müssen und klugerweise auch, wenn keine besonderen mag-

netischen Observatorien vorhanden sind, angestellt werden, so
hat man besonders Bedacht darauf zu nehmen, dafs am Be-
obachtungsorte die Möglichkeit gegeben ist, die geographischen
Koordinaten oder doch ein astronomisches Azimut zu bestimmen, Rücksichten, die in Wegfall kommen, wenn man
Position und Azimut aus terrestrischen, wohlbestimmten Punkten
ableiten kann. Die Forderung der Möglichkeit, Himmelsobjekte
für den bezeichneten Zweck benützen zu können, bedingt, dafs
man eine freie Himmelsansicht hat, während anderseits Schutz
gegen die Elemente, gegen direkte Sonnenbestrahlung, eine
für das Gelingen der Beobachtung nicht unwesentliche Vor-
bedingung ist. Aus dem Gesagten geht hervor, dafs es nicht
unter allen Umständen leicht ist, einen für die Beobachtungen
geeigneten Ort zu wählen. Eine der ersten Erwägungen ist
mit Rücksicht hierauf die Frage, ob es nicht förderlicher ist,
wenn das Instrument zur Bestimmung von Zeit, Breite und
Azimut ganz von dem magnetischen Theodoliten getrennt zu
halten ist, was den grofsen Vorteil bietet, dafs man den Theodoliten unter Bäumen im Schatten und gegen die Ungunst
der Witterung geschützt, aufzustellen vermag, ferner dafs
keinerlei Stahlteile, auch nur zeitweise, an den Theodoliten
für magnetische Bestimmung gebracht werden. Die besonderen
Eigenschaften astronomischer Instrumente erheischen ein härteres
Material, wodurch nur allzuleicht die Möglichkeit der Ein-
mengung von Eisen- und Nickelspänen gegeben wird. Auch
sonst hat das Getrennthalten beider Instrumente für den Fortgang der Arbeit erheblichen Vorteil. Jeder in solchen Beobachtungen Erfahrene weifs, dafs man nur allzuleicht, wartend
auf die Gelegenheit astronomischer Beobachtungen, durch vorübergehende Bewölkung usw. in der Arbeit gestört wird, welche
Lücken durch Ausführung magnetischer Beobachtungen sehr
leicht ausgenützt werden können. Das Übertragen des Azimuts
auf den in passender Entfernung aufgestellten Theodoliten ist
aufserordentlich einfach und sicher. Es wird später noch auf
diesen Gegenstand zurückgekommen werden müssen.

In den meisten Fällen wird es erforderlich sein, die magnetischen Beobachtungen unter einem zweckmäfsig eingerichteten
Zelte auszuführen. Der Schutz, der durch ein solches Zelt
gegen Sonnenschein, Regen und Wind gewährt wird, ist für
die Güte der Beobachtungen von hohem Werte; namentlich
können Schwingungsbeobachtungen zu Intensitätsbestimmungen
ohne einen solchen Schutz nur schwer ausgeführt werden.
Dem magnetischen Beobachter ist es auch von hohem Werte,
durch die Zudringlichkeit Neugieriger nicht in dem Fortgang

der Arbeit gestört zu werden. Diese störende Neugierde ist
selbst unter Naturvölkern recht hindernd für den Fortgang
und muſs dagegen mit Takt und Verständnis der Natur dieser
Völker vorgegangen werden. Auch in Kulturländern ist es
oft recht schwierig, sich gegen Eindringlinge zu schützen, ebenso
wie es schwierig ist, die störenden Einflüsse des gewöhnlichen
Verkehrslebens auszuschlieſsen. Alles dieses zu erwägen und
die entsprechende Fürsorge zur Abhilfe zu treffen, muſs eine
der ersten Aufgaben des vorsichtigen Beobachters sein. Als
selbstverständlich darf wohl angenommen werden, daſs man
bei Aufstellung des Statives alle Sorgfalt darauf zu verwenden
hat, damit die Beständigkeit der Aufstellung und namentlich
die Unveränderlichkeit der Kollimation (Nordpunkt des Kreises)
des Instrumentes während der Messung gewährleistet wird.
Daſs man sich stets durch Anvisierung gut einzuschneidender
Gegenstände von der Unverändertheit der Aufstellung zu versichern hat, ist ebenso selbstverständlich. Bei der Besprechung
der Beobachtungsmethoden und der Beschreibung der Instrumente wird noch Gelegenheit geboten sein, auf die einzelnen
hier berührten Punkte zurückzukommen.

Der Reisende hat vor allem, gerade bei dem Transport
der magnetischen Apparate, Sorge dafür zu tragen, daſs die
Magnete in keiner Weise durch Feuchtigkeit oder durch
Induktion, ausgeübt von in der Nähe liegenden Eisenmassen,
in der Konstanz ihrer Eigenschaften beeinträchtigt werden.
Was im allgemeinen von astronomischen Instrumenten gesagt
werden kann, daſs sie nicht durch übermäſsiges Erschüttern
und Herumwerfen beschädigt werden dürfen, gilt ganz besonders
für Apparate zu erdmagnetischen Zwecken.

IV. Die Beobachtungsmethoden.

1. Die magnetische Deklination.

Die einfachste Methode der Bestimmung der Deklination
geschieht mit Hilfe eines guten Azimutalkompasses, wie derselbe schon in dem Abschnitt von Aufnahmen des Reiseweges
und Geländes beschrieben worden ist (S. 86 und 87). Dieser
Apparat kann auch in einer viel vollkommeneren Weise hergestellt werden, wenn es sich darum handelt, genauere Beobachtungen zu machen. Bei diesen Instrumenten ist es vor
allem von Wichtigkeit sich zu versichern, daſs die mechanische
Achse der Nadel, nach welcher die Ablesung geschieht, zusammenfällt mit der magnetischen Achse der Nadel. Ist dies

nicht der Fall, so ist eine Kollimation der Achse vorhanden, welche bestimmt oder eliminiert werden muſs, um ein durchaus zutreffendes Ergebnis zu erhalten. Um dies zu erreichen, d. h. um die Ablesung der Nadel frei von der Kollimation zu haben, muſs die Nadel umlegbar gemacht sein: man muſs eine Ablesung nehmen mit der einen Seite der Nadel nach oben und eine zweite Ablesung mit der andern Seite nach oben. Aus Figur 5 ist ersichtlich, daſs, wenn die Achse in

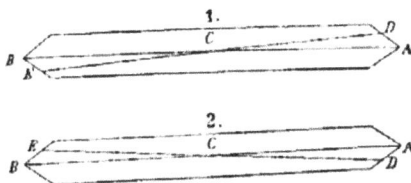

Fig. 5.

der einen Lage (1 oben) von *A* nach *D* links abweicht, sie in der andern Lage (2 oben) um genau ebenso viel von *A* nach *D* rechts abweichen muſs. Dabei ist vorausgesetzt, daſs die Teilung stets in demselben Sinne rund um den Kreis angenommen wird. Nimmt man von zwei solchen Ablesungen das Mittel, so erhält man eine mittlere Ablesung, die frei ist von dieser Kollimation; die halbe Differenz solcher Ablesungen ist der Wert der Kollimation, der entweder plus oder minus ist, d. h. im Sinne der Teilung die Ablesung entweder zu klein oder zu groſs gibt und an jede Lage der Ablesung je nachdem mit plus oder minus anzubringen ist, um die Ablesung der kollimationsfreien Lage zu erhalten. Um dies zu ermöglichen, ist es nötig, die Einrichtung zu treffen, daſs man die Ablesung der Nadel in jeder der beiden Lagen einfach und leicht bewirken kann. Ist der Magnet zu Zwecken der Beobachtung an einem Faden aufgehängt, so kann dies durch zweckentsprechende Einrichtung ermöglicht werden; jedoch hat man darauf zu achten, daſs der Wert der Torsion des Fadens in jeder der Lagen die gleiche ist, was immerhin einige Schwierigkeiten hat. Ist die Aufhängung des Magneten auf einer Spitze mit entsprechendem Hütchen bewerkstelligt, so hat man nach Angabe von Neumayer das Hütchen so zu konstruieren, daſs es, mit der Fassung in dem Magnete sitzend, genau parallel mit seiner Achse verschoben werden kann, wodurch es möglich wird, die Lage des Magneten mit der einen Seite bald nach oben, bald nach unten, mit der Spitze über dem Teilkreise schwebend zu beobachten. Einfach, wie die Sache an sich ist, ist es zu ver-

wundern, dafs man nicht früher darauf kam, diese Beobachtungs-
methode zu ermöglichen, welche doch allein die Gewähr bietet,
eine kollimationsfreie Nadelablesung zu erhalten. Diese Anordnung, die auch an den Kompassen von Schiffen für die sogen.
Normalrosen Anwendung fand, wird nun, wie wir sehen werden,
nicht nur bei den Deklinationsbestimmungen, sondern auch bei
der Bestimmung der Horizontalkomponente durch Ablenkung
in Anwendung gebracht; dazu ist es vor allem notwendig, dafs
Pinne und Hütchen zur Aufhängung mustergültig hergestellt
und die ersteren stets gut spitz erhalten werden können. Zu
letzterem Zwecke ist einem Apparate mit dieser Nadelaufhängung
ein einfacher Schleifapparat beizugeben, der bei dem gelegent-
lichen Stumpfwerden der Spitze zur Anwendung gebracht
werden kann, damit die zur leichten und völlig freien Bewegung der Nadel erforderliche Schärfe hergestellt werden kann.

Um einen höheren Grad der Genauigkeit der Einstellung
in der Richtung der Achse der Nadel zu ermöglichen, wendet
man ein Fernrohr an, das am Okularende mit einem Beleuchtungsprisma versehen ist, welches die von oben einfallenden
Lichtstrahlen an einem Faden vorüber nach der Fläche eines
mit dem zu beobachtenden Magneten fest verbundenen kleinen
Spiegels wirft. Steht die Fläche dieses Spiegels (Fig. 6) genau

Fig. 6.

senkrecht auf der magnetischen Achse der Nadel, so mufs das
zurückgeworfene Bild des beleuchteten Fadens mit dem Faden
selbst zusammenfallen. Sonst ist auch in diesem Falle, wie
die obenstehende einfache Zeichnung erweist, eine Kollimation
vorhanden. Die Senkrechtstellung der Spiegelfläche auf die
mechanische Achse der Nadel ist einfach zu bewerkstelligen;
die Abweichung der magnetischen Achse von der mechanischen
mufs auch in diesem Falle ermittelt werden. Bei der Fadenaufhängung des Magneten, wie dies bei den älteren Lamontschen Apparaten der Fall ist, hat dies, wie schon angedeutet,
einige Schwierigkeiten, aus welchem Grunde es vorgezogen
wird, die Umlegbarkeit der Nadel aufzugeben und die Bestimmung des Wertes der Kollimation für die einzig mögliche
Lage durch Vergleichung mit Normalinstrumenten, d. h. mit
solchen, welche die Lage des Magneten frei von Kollimation

zu geben vermögen, nach Größe und Richtung (algebraisches
Vorzeichen), zu ermöglichen. Bei der von Neumayer an-
gegebenen Einrichtung, wonach das dem Fernrohre zugewendete
Ende der Nadel mit einem kleinen, mit derselben fest ver-
bundenen Spiegel versehen ist, ist es auch möglich, mittels
Spitze und Hütchens eine kollimationsfreie Ablesung zu er-
halten, ohne auf die größere Feinheit der Ablesung mittels
Fernrohrs und Spiegels verzichten zu müssen. Der Mechaniker
C. Bamberg in Berlin hat sich zuerst das Verdienst erworben,
Kompaßrosen nach den angegebenen Grundsätzen herzustellen,
während G. Hechelmann in Hamburg diese zuerst bei dem
Lamontschen Reisetheodolit auch für alle Gattungen der Be-
obachtungen eingerichtet hat.

Bei Fadenaufhängung spielt die Torsion, die Drehneigung
und die Richtung der Nulltorsion in dem Faden, eine wichtige
Rolle, weil ohne eine Kenntnis derselben eine Bestimmung der
Ablesung der magnetischen Achse der Nadel nicht möglich ist.
Zur Ermittelung der Torsion müssen an dem Apparate besondere
Vorrichtungen angebracht sein. Hier auf eine Beschreibung
derselben einzugehen, würde zu weit führen, und mag mit
Rücksicht hierauf füglich auf Spezialwerke darüber, wie Lamont,
„Handbuch des Erdmagnetismus“, Seite 110 ff., verwiesen werden.
Dort findet sich auch angegeben, wie aus Ablenkungsbeobach-
tungen der Wert der Torsion zu ermitteln ist, was namentlich
auf Seite 115 des angeführten Werkes angegeben wird. Bei
Theodoliten für Reisezwecke sollte nur die Aufhängung auf
Spitzen in Anwendung kommen, da jetzt die von Lamont
(Seite 107) bei dieser Aufhängung vermuteten Störungen ge-
nügend unschädlich gemacht werden können.

Bestimmung der Lage des astronomischen
Nordpunktes auf einem Teilkreise (Kollimation
des Kreises). Zur Bestimmung der magnetischen Deklination bedarf man der Lage des Nordpunktes auf dem mit
der Magnetnadel verbundenen Teilkreis, damit aus der Differenz
der Lage des astronomischen und des magnetischen Nordpunktes das Gewünschte abgeleitet werden kann. Dieses kann
geschehen:

    1. durch astronomische Beobachtungen,
    2. durch terrestrische Beobachtungen.

1. Bei der Ermittelung der Lage des astronomischen
Nordpunktes des Kreises ist zuerst die Frage, ob das dafür
erforderliche Instrument, wie in der Einleitung bereits hervorgehoben wurde, unabhängig von dem magnetischen Theodoliten
aufgestellt oder damit verbunden ist, zu erwägen. Für den

ersten Fall verweisen wir hinsichtlich der Bestimmung des
Nordpunktes der Nadel auf jenen Teilabschnitt dieser „Anleitung" (Seite 71 ff. oder Seite 90 ff.), wo von den Azimutbestimmungen die Rede ist. Die Übertragung des astronomischen
Meridians auf das magnetische Reiseinstrument hat durch
Visieren von dem einen Instrument zum andern und Einstellen
auf die beiden Fäden zu geschehen, und zwar in beiden Lagen
des Kreises des astronomischen Instrumentes.

Ist die Vorrichtung zu dieser Bestimmung an dem Reisetheodoliten selbst, wobei übrigens nochmals hervorzuheben ist,
daß sorgfältig die Anbringung aller eisenhaltigen Gegenstände
zur Befestigung dieses Instrumentes vermieden werden muß,
so hat man in diesem Falle besonders darauf zu achten, daß
nicht durch eine Beobachtung eines vom Horizonte weit entfernten Gestirnes Fehler der Ablesungen dadurch bedingt
werden, daß sich das Fernrohr nicht in einer genau vertikalen
Ebene bewegt. In Rücksicht hierauf ist es rätlich, bei der
den Lamontschen Theodoliten eigenen Bauart, auf Gegenstände
in der Nähe des Horizontes sich zu beschränken. Hierzu
gehören auch die Bestimmungen des astronomischen Azimuts
eines entfernten Objekts, welches mit dem magnetischen Theodoliten anvisiert werden kann, eine Methode, die häufig bei
nautischen Vermessungen angewendet wird, und worüber in
Werken über Schiffahrtskunde das Nähere nachgesehen werden kann.

Begreiflicherweise hat man darauf zu achten, daß man
die Beobachtung des Azimuts genau von der Mitte des Theodoliten mittels des Reflektionsinstrumentes macht, d. h. daß
die Mitte des letzteren mit dem Zentrum des Theodoliten zusammenfällt.

2. Werden die magnetischen Beobachtungen, und hier im
besonderen die magnetische Deklination, innerhalb eines geo-
dätisch vermessenen Systems, in welchem also die Koordinaten
bestimmt sind, ausgeführt, so kann man durch Anvisieren von
in ihrer Lage genau bestimmten Punkten das Azimut derselben und daraus die Lage des Nordpunktes auf dem Kreis
bestimmen. Es bedarf wohl kaum der Erwähnung, daß die
Lage der hierzu benutzten Punkte nach ihren geographischen
Koordinaten oder nach den Koordinaten des betreffenden
Systemes genauestens gegeben sein muß. Kennt man die Lage
von drei festen Punkten, so kann jene eines jeden vierten
Punktes im allgemeinen durch Rechnung ermittelt werden,
wenn man die Winkel mißt, welchen die Richtungslinien, die
vom vierten Punkte nach den drei ersteren gezogen werden,

einschliefsen. Aufserdem ergibt die weitere Rechnung das
Azimut dieser Richtungslinien gegen den astronomischen Meridian, der durch den vierten Punkt geht, d. h. die Winkel,
welche dieser Meridian mit den drei Richtungslinien bildet.
Näheres über diese Rechnung findet man in „Jordans Taschen-
buch der praktischen Geometrie" Seite 121—129, Kapitel VIII.
Auch findet sich dort die Rechnung nach Pothenot, die hierbei,
wenn auch etwas umständlicher, mit Vorteil angewendet werden
kann. Hat man vier oder mehr Punkte anvisiert, so kann man ein
Ausgleichungsverfahren anwenden, um aus den Koordinaten eines
Systems ohne Hilfe astronomischer Beobachtungen die Lage
des astronomischen Meridians auf dem Kreise und daraus also
die magnetische Deklination abzuleiten. Es ist schon aus
diesem Gesichtspunkte den Reisenden zu empfehlen, sich über
den Stand der geodätischen Vermessungen, die ja heutzutage
in den meisten Kulturländern sehr weit fortgeschritten sind,
zu orientieren und sich in den Besitz eines genauen Koordinaten-
netzes des betreffenden Systems zu setzen. Kennt man die
Lage des Nullpunktes des Systems zu den geographischen
Koordinaten, so ist aus den gegebenen Koordinaten Länge
und Breite nach bestimmten Formeln leicht zu ermitteln.
Wenn beispielsweise die Lage des Nullpunktes des Systems,
des Frauenturmes in München, $48^0\,8'\,20'' = \varphi$ und seine
Länge von Paris $9^0\,14'\,14'' = \lambda$, so ist aus den Koordinaten
x und y:

$$\varphi = 48^0\,8'\,20'' + 1.2616\,x\,(1 + \alpha) - 0.0002563\,y^2$$
$$- 0.000000188\,y^2\,x$$
$$\lambda = 9^0\,14'\,14'' - 1.2565\,y\,\sec\varphi - 0.000000052\,y^3,$$

wo die Koordinaten nach dem Soldnerschen System genommen
sind und α eine kleine Funktion von der Breite φ ist, welche
leicht nach einer kleinen Tabelle berechnet werden kann[1].

Hält sich der Reisende länger an einem Orte auf, so ist
es zweckmäfsig, einen festen Punkt für seine magnetischen Bestimmungen auszuwählen und von diesem aus das Azimut eines
oder mehrerer Punkte genau zu bestimmen und solche Punkte
als Miren für seine Messungen zu benützen. Durch das
Anvisieren mehrerer solcher gut bestimmten Miren kann er
alsdann mit grofser Sicherheit einen Wert für die Mittellage
des astronomischen Meridians auf seinem Theodolitkreis bestimmen.

---

[1] Lamont, Geographische Ortsbestimmungen in Bayern, Seite 19.
Die Soldnerschen Koordinaten sind in bayerischen Ruten gegeben.

Ehe wir diesen Teil der „Anleitung" verlassen, muſs nochmals besonders auf die Bedeutung hingewiesen werden, welche die Bestimmung des Standes der zu den Beobachtungen benützten Uhr, oder der Uhren, für den Wert aller magnetischen Messungen beanspruchen kann. Es kann dem Reisenden nicht genug empfohlen werden, durch genaue Zeitbestimmung, wozu er die Anleitung in diesem Werke (Abschnitt Ambronn, Seite 37—47) findet, und wo er auch über den Gang der Uhr und das Führen eines Journales darüber die erforderliche Anweisung erhält.

2. Die magnetische Horizontalintensität [1]).

Die absolute Bestimmung der Horizontalkomponente H der erdmagnetischen Kraft setzt zwei gesonderte Messungen und dementsprechend auch zwei besondere Apparate voraus.

Der erste Apparat dient zu den Schwingungsbeobachtungen und besteht aus einem Holz- oder Glaskasten mit Glasdeckel und drei Füſsen mit Stellschrauben. In der Mitte des abnehmbaren Glasdeckels ist ein vertikales Messing- oder Glasrohr eingesetzt, das an seinem oberen Ende die in der Höhe etwas verstellbare Befestigsöse für den Seidenfaden, sowie einen kleinen Torsionskreis besitzt. Am unteren Ende des Seidenfadens ist ein Haken mit Schlitz befestigt, an welchen man den Schwingungsmagneten anhängen kann. Ein durch diesen Schlitz des Hakens und entsprechende Öffnungen in der Röhrenwand gesteckter Stift verhindert eine Torsion des Fadens in unbelastetem Zustande. Auf dem Boden des Kastens befindet sich eine einfache Kreisteilung auf Papier — ganze Grade —, ein kleines Thermometer — ganze Grade — und eine kleine, von auſsen zu hebende Platte oder dergl. zur Beruhigung des Magneten.

Der letztere hat eine Länge von höchstens 60 mm und entweder eine genau zylindrische Gestalt mit ganz kleiner Aufhängeöse in der Mitte, um sein Trägheitsmoment aus dem Gewicht und den Dimensionen durch Rechnung ableiten zu können, oder seine Messingfassung ist zur empirischen Bestimmung des Trägheitsmomentes, sei es mit einer kreisförmigen horizontalen Platte zum Auflegen eines genau gearbeiteten Messingringes, oder sei es mit einer Hülse versehen, in welche parallel zum Magneten ein genau gearbeiteter Messingzylinder

---

[1]) Wir folgen hier zum Teil den Ausführungen von Wild in der II. Auflage dieser „Anleitung", I. Band, S. 313 ff. mut. mut.

einzuschieben ist. Zur Aufhebung der Torsion des Fadens
wird an Stelle des Magneten ein gleich schwerer Messingkörper,
auf den man gegebenenfalls den Messingring oder -Zylinder
auflegen kann, befestigt.

Mit dem zweiten Apparate sind die Ablenkungsbeobachtungen auszuführen; es kann dazu ein Azimutalkompaß oder
ein magnetischer Theodolit verwendet werden. Über die Konstruktion des letzteren werden wir in der Folge eingehender
berichten. Die Beobachtungen mit dem Azimutalkompaß lassen
wir hier außer acht.

Beobachtungen[1]) der Schwingungsdauer. Der
Schwingungsapparat wird entweder auf den Theodoliten oder
auf das dazu bestimmte besondere Stativ gestellt, die Torsion
des Anhängefadens annähernd aufgehoben, der Magnet in den
Kasten gehängt und mit den Fußschrauben so justiert, daß
das Magnetzentrum mit dem Zentrum des geteilten Kreises
im Kasten zusammenfällt. Der letztere wird so gerichtet, daß
sein Nullpunkt genau unter den Nordpol des Magneten in
seiner natürlichen Gleichgewichtslage fällt. Bei dieser Ruhelage soll die Längsachse (eigentlich die magnetische Achse)
des Magneten überdies genau horizontal sein, was am besten
durch Biegung der Aufhängeöse erreicht werden kann. Nach
dieser Berichtigung des Instruments wird der Magnet vermittels
eines Hilfsmagneten um ungefähr 8° von seiner Gleichgewichtslage abgelenkt und zunächst die Dauer von 10 Doppelschwin-
gungen desselben, um diese Gleichgewichtslage nach Entfernung
des Hilfsmagneten mit dem Chronometer gemessen. Hieraus
berechnet man sofort einen ersten angenäherten Wert der
Schwingungsdauer des Magneten und damit die ungefähre
Dauer von 5, 10 und 100 einfachen Schwingungen desselben.
Dies setzt uns instand, zum voraus mit einer Genauigkeit von
1—2 Sekunden den Eintritt der 5., 10., 15., usw., sowie der 100.,
105., 110., 115. usw. Schwingung anzugeben, wenn wir zu der
berechneten Dauer von 5, 10, 100 usw. Schwingungen die
Zeit der 0. Schwingung hinzulegen. Nachdem daher der
Magnet stärker als vorher, etwa 10° oder 12°, aus seiner
Gleichgewichtslage abgelenkt worden ist, hat man nur die
schon annähernd bekannte Zeit jedes 5. Durchganges durch
die Gleichgewichtslage nach dem Chronometer genauer zu
notieren, und zwar etwa von der 0. bis zur 45. Schwingung
und dann etwa wieder von der 100. bis zur 145. Schwingung.
Die Differenzen der ersten und entsprechenden letzten Zahlen

---

[1]) Nach Wild, Seite 315. 2. Auflage.

geben dann 10 Werte der Dauer von je 100 Schwingungen des Magneten, die abwechselnd je den geraden und ungeraden einfachen Schwingungen entsprechen, und deren Mittel daher von einer allenfalsigen Veränderung des magnetischen Meridians in der Zwischenzeit unabhängig ist. Summieren wir diese Werte, und teilen wir die Summe durch 1000, so werden wir einen sehr genauen mittleren Wert der einzelnen Schwingungsdauer erhalten. Am Anfang und Ende dieser Schwingungsbeobachtung werden aufserdem noch die Temperaturen im Kasten t' und t'' und die Amplitude der Schwingungen α' und α'' notiert; zum Schlusse ist nur erforderlich, noch den Einflufs der Torsionskraft des Aufhängefadens zu bestimmen. Zu dem Ende wird der Magnet beruhigt und seine Gleichgewichtslage am geteilten Kreise abgelesen, nachdem man den Faden durch eine Drehung des Torsionskreises am oberen Ende einmal um 360^0 nach links und darauf um ebenso viel nach rechts gedreht hat. Die halbe Differenz der abgelesenen Stellungen des Magneten am geteilten Kreise in Schwingungsdifferenz sei $\varDelta$ Grade.

Diese Beobachtungen geben für den unbelasteten Magneten vier Gröfsen, nämlich:

die mittlere Schwingungsdauer $= T$ Chronometer-Sekunden,

bei der mittleren Amplitude $\dfrac{\alpha' + \alpha''}{2} = \alpha$ Bogen-Grade,

bei der mittleren Magnet-Temp. $\dfrac{t' + t''}{2} = t$ Centes-Grade,

und pro 360^0 Torsion eine Ablenkung $= \varDelta$ Bogen-Grade.

Nach Lamonts Vorgehen werden die Schwingungsbeobachtungen in einer etwas andern Weise ausgeführt; es kommt aber das Verfahren im ganzen auf das gleiche heraus, und kann sich jeder Reisende nach einer geringen Übung auch auf diese Methode einüben (Handbuch des Erdmagnetismus von Lamont, S. 70 ff.). Auch wird bei den Reisebeobachtungen nach Lamont auf die jeweilige Bestimmung der Torsion des Aufhängefadens keine wesentliche Beachtung gelegt, zumal auch eine Vorrichtung zum Messen der Umdrehungen an der Aufhängung des Magneten bei den älteren Instrumenten nicht angebracht ist. In diesem Falle ist eine ganz besondere Sorgfalt auf die Austordierung des Fadens vor der Beobachtung zu verwenden.

Um die Schwingungen eines Magneten bei verschiedenen Amplituden untereinander vergleichen zu können, müssen dieselben auf ein gemeinsames Mafs, und zwar auf unendlich

kleine Bogen, zurückgeführt werden. Nennt man die von
der beobachteten Schwingungsdauer (T') stets abzuziehende
Reduktionsgröfse γ, so ist

$$\gamma = - \frac{T'}{1 + \frac{1}{76} a^2 h^2},$$

worin a eine Konstante und h der Schwingungsbogen $= a$ ist[1]).
(Lamonts Handbuch S. 257 und 262.) Zweckmäfsig ist es,
sich für den zu den Schwingungen verwendeten Magneten eine
Tafel zu berechnen, worin $a h$ statt (sin 1⁰)² als Argument
gegeben ist. (Siehe Abschnitt VII dieser Abhandlung.) Die
Zeit, zu welcher der Schwingungsbogen aufzuzeichnen ist, wird
durch Beobachtung ermittelt.

Ablenkungsbeobachtungen. Der magnetische
Theodolit, versehen mit der Ablenkungsschiene, dem Thermometer usw., wird auf das Stativ gebracht und nivelliert. Durch
Auflegen des zu den Schwingungen benützten Magneten auf
die Ablenkungsschiene wird die Nadel des Theodoliten aus
dem magnetischen Meridian abgelenkt. Von Gaufs wurde
diese Ablenkung erzielt, indem der Ablenkungsmagnet stets
senkrecht auf den magnetischen Meridian gerichtet war; nach
Lamont wird der ablenkende Magnet senkrecht auf die Richtung des abzulenkenden Magneten gehalten, und diese Anordnung ist bei den neueren magnetischen Reiseinstrumenten
fast durchweg zur Anwendung gebracht, indem die Anordnung
von Theodolit und Schiene dementsprechend getroffen ist.
Nach Lamont liegt der Magnet östlich oder westlich von der
Nadel in der soeben angegebenen Richtung. Die Verlängerung
des Ablenkungsmagneten geht durch das Zentrum der abzulenkenden Nadel, und es wird die Entfernung der Mitte der
ablenkenden Nadel von der abzulenkenden Nadel bei absoluten
Messungen genauestens in Millimetern gemessen. Die Nadel
übt ein Drehmoment auf diejenige des Theodoliten aus, und
es ergibt sich für die Entfernung, die wir E nennen wollen,
der Ablenkungswinkel φ. Es ist einleuchtend, dafs dieser Ablenkung die erdmagnetische Kraft H entgegenwirkt. Um den
Ablenkungswinkel zu messen, wird nach Lamont der ablenkende
Magnet bald mit dem Nordpol der abzulenkenden Nadel, bald
dem Südpole zugewendet. Bleibt die Entfernung dieselbe, so
wird die Theodolitnadel bald nach Westen, bald um denselben

---

[1]) a ist von 1 nur dann verschieden, wenn die Schwingungen
der Nadel durch irgend eine Ursache behindert sind: Magnete,
Reibung etc. Bei einer Schwingungsdauer von zirka 10⁰ ist der
Schwingungsbogen etwa bei der 60. Schwingung abzulesen.

Betrag nach Osten abgelenkt. Aufserdem legt man den Magneten einmal östlich und einmal westlich auf die Schiene, wodurch zwei Ablesungen erhalten werden: in beiden Lagen auf der Schiene ist einmal das Nordende, und das andere Mal das Südende der freien Nadel zugewendet. Nennt man das Mittel der Ablesung des Theodoliten im ersteren Falle u_1 und im andern das Mittel der Ablesung u_2, so ist $\dfrac{u_1 - u_2}{2} = \varphi =$ Ablenkungswinkel $\dfrac{u_1 + u_2}{2} =$ Ablesung der freien Nadel (des magnetischen Meridians)[1]).

Zur Eliminierung etwaiger Ungleichheiten in der Lage der Nadel zur Schiene wird also der Ablenkungsmagnet einmal rechts und einmal links auf die Schiene aufgelegt, so dafs man also vier Ablesungen zur Bestimmung des Ablenkungswinkels verwendet hat. Wir werden in der Folge sehen, dafs man zu einer absoluten Bestimmung der Intensität des Erdmagnetismus die erwähnten Ablenkungen auch noch in einer kleineren Entfernung e auszuführen hat. Der Grad der Ablenkung hängt bei gleichbleibender Horizontalkraft teils von dem eigenen magnetischen Moment des ablenkenden Magneten, teils aber von seiner Entfernung ab. Die Wirkung ist schwächer bei kleinem Moment und grofser Entfernung, stärker bei grofsem Moment und kleiner Entfernung. Nach dem Gesagten ergibt sich, wenn M das magnetische Moment des ablenkenden Magneten ist, die Gleichung:

$$\frac{M}{H} = \frac{1}{2} \frac{e^3 \sin \varphi}{k};$$

für eine zweite Entfernung e_1 haben wir die anologe Gleichung:

$$\frac{M}{H} = \frac{1}{2} \frac{e_1{}^3 \sin \varphi}{k},$$

worin k eine Gröfse ist, die hauptsächlich von den Poldistanzen

$$\frac{u_1{}^{Ost} + u_1{}^{West} - u_2{}^{Ost} - u_2{}^{West}}{4} = \varphi$$

der beiden Magnete abhängt und im allgemeinen als konstant angenommen werden kann. Aus dieser Gleichung ist H, die Horizontalkomponente des Erdmagnetismus, abzuleiten, wenn aufser k noch e und M bekannt sind, φ aber in der soeben beschriebenen Weise beobachtet wird. Es ist nämlich

---

[1]) Siehe Beispiel am Schlufs.

$$H = \frac{2\,M\,k}{e^3 \sin \varphi},$$ worin $\frac{2\,M\,k}{e^3} = C$ als Konstante bezeichnet

werden mag, also $H = \frac{C}{\sin \varphi}.$

Kennt man in einem Observatorium für magnetische Zwecke die Horizontalkomponente H, und hat man den Ablenkungswinkel φ gemessen, so läfst sich für einen andern Ort die Horizontalkomponente durch Messen des Winkels an derselben Stelle, die Horizontalintensität daselbst in relativer Weise bestimmen. Setzt man $C = H_0 \sin \varphi_0$, so ist:

$$H_1 = H_0 \frac{\sin \varphi_0}{\sin \varphi_1}.$$

Gaufs hat in seiner berühmten Abhandlung über die Bestimmung der Horizontalintensität des Erdmagnetismus in absolutem Mafse es erforderlich erachtet, dafs man die mit einem Magneten beobachtete Schwingungsdauer mit der Ablenkung mittels desselben Magneten zu vereinigen hat, um das magnetische Moment der Nadel ganz zu eliminieren, wodurch die Bestimmung der Horizontalintensität unabhängig von dem magnetischen Moment wird. Man hat nämlich durch die

beiden Beobachtungen zwei Gleichungen $M H = \dfrac{\pi^2\,K}{T^2}$ und

$\dfrac{M}{H} = e^3 \dfrac{\sin \varphi}{k}$, woraus durch Division und Wurzelausziehung

sich ergibt:

$$H = \pi \sqrt{\frac{2\,K\,k}{e^3}} \cdot \frac{1}{T \sqrt{\sin \varphi}},$$

worin $\pi \sqrt{\dfrac{2\,K\,k}{e^3}} = C$ eine Konstante ist, welche, in die obige

Gleichung, substituiert gibt:

$$H = \frac{C}{T \sqrt{\sin \varphi}}$$ oder endlich unter Hinzufügung der von

dem Temperaturunterschied bei den Schwingungen und Ablenkungen abhängigen Korrektionen gleich in für die Berechnung besonders bequemer logarithmischer Form geschrieben:

$$\log H = \log C - \Big(\log T + \tfrac{1}{2} \log \sin \varphi + 0.65\,t_a + 0.4343$$
$$\Big[\beta + \frac{a}{2} \Big](t_a - t_T) \Big).$$

Die beiden letzten Glieder sind in Einheiten der 5. Dezimalen ausgedrückt, und die darin vorkommenden Gröfsen bedeuten:

t_a die Temperatur bei den Ablenkungen,
t_T die Temperatur bei den Schwingungen;
α ist der Temperaturkoeffizient des magnetischen Moments des betreffenden Ablenkungsmagneten,
β der Ausdehnungskoeffizient des Stahls $= 0.0000124$.

Die Gröfse C mufs vor Beginn und nach Schlufs der Reise auf einem erdmagnetischen Observatorium ermittelt werden. Sollte sich, wie dies häufig ist, der Wert von C geändert haben, so mufs dieser Änderung bei der Berechnung der Beobachtungen, die während der Reise angestellt wurden, gebührend Rechnung getragen werden.

Aufser dieser Gröfse C sind auch die Temperaturkoeffizienten der Ablenkungsmagneten nur auf einem erdmagnetischen Observatorium zu bestimmen.

Noch eine andere Temperaturbeeinflussung findet in Beziehung auf die Ablenkungen statt, indem die Schiene (die meistens aus Messing besteht), auf der der ablenkende Magnet in einer bestimmten Entfernung ruht, durch die Temperatur eine andere Entfernung der Magnete von einander bewirkt. Auch hierfür mufs ein Koeffizient, den man als den Ausdehnungskoeffizient für Messing bezeichnet, bestimmt werden. Der Ausdehnungskoeffizient für Messing ist 0.0000180. Diese Korrektion wird eine gleiche wie die, welche aus der Änderung des Trägheitsmomentes der Ablenkungsnadel entspringt und ist in dem Gliede 0.85 t_a enthalten.

Es ist einleitend schon hervorgehoben worden, dafs man bei den Beobachtungen im Freien Sorge dafür zu tragen hat, dafs die Temperatur keinem allzu raschen Wechsel unterworfen wird, weil sonst die Reduzierung der Messung auf einen Normalstand, wie sorgfältig die Beobachtungen auch gemacht sein mögen, nicht den wünschenswerten Grad von Sicherheit erhalten kann.

Werden die Ablenkungen nach Lamont senkrecht auf die abzulenkende Nadel ausgeführt so hat man wieder:

$$\frac{M}{H} = \frac{1}{2} \frac{c^3 \sin \varphi}{k}.$$

Beobachtet man auch in diesem Falle in zwei Entfernungen, c mit Ablenkungswinkel φ und E mit Ablenkung φ', so kann man hieraus die Konstante k bestimmen. (Siehe Lamonts Handbuch des Erdmagnetismus S. 238.)

In der sich hieraus ergebenden Gröfse H_0 erhält man eine Gleichung, in der sich die Konstante findet:

$$C = \pi \sqrt{\frac{2\,k\,K_0}{e^3{}_0}},$$

worin K_0 und e_0 die auf 0^0 der Temperatur reduzierten Werte sind[1]).

---

[1]) Wild gibt in der 2. Auflage, Band I. der „Anleitung", S. 317, die unten stehenden Formeln, worin die Buchstaben die folgende Bedeutung haben:

M_0 bedeutet das magnetische Moment des Schwingungs- bezw. Ablenkungsmagneten bei 0^0.

K_0 bedeutet Trägheitsmoment bei 0^0.

ε ist der lineare Ausdehnungskoeffizient des Stahls für 1^0 C.

μ bedeutet Temperaturkoeffizient für 1^0 C., t Temperatur C, so dafs $M_0\,(1 - \mu\,t)$ das magnetische Moment bei t gibt.

ω bedeutet den Induktionskoeffizient des Magneten.

m bedeutet die lineare Ausdehnung des Messingstückes der Ablenkungsschiene.

$\tau = \dfrac{t' + t''}{2} =$ Mittel der Temperatur des Ablenkungsmagneten am Anfang und Ende einer Messung.

E_0 ist die wahre Länge des Stückes der Ablenkungsschiene, eigentlich die halbe Entfernung des Auflegepunktes bei der östlichen und westlichen Lage des Magneten.

$q = \dfrac{u' + u''}{2} =$ der mittlere Ablenkungswinkel in Graden und Minuten.

H ist die Horizontalkomponente,

T die auf unendlich kleine Bogen reduzierte Schwingungsdauer.

s der tägliche Gang der Uhr in Sekunden.

Wir haben nun unter Berücksichtigung der verschiedenen Umstände nach den obigen Zeichen die Gleichung 1[1]):

$$1)\; H M_0 = \frac{\pi^2\,K_0\,(1 + 2\,\varepsilon\,t)}{T^2\,(1 + 0.00002315\,s - 0.00003808\,a^2 + 0.002778\,\triangle)(1 - \mu\,t + \omega\,H)}$$

$$2)\;\ldots\; \frac{H}{M_0} = \frac{2\,(1 - \mu\,\tau - \omega\,H\sin q)}{E_0{}^3\,(1 + 3\,m\,\tau)\sin q}\cdot\left[1 + \frac{x}{E_0{}^2} + \frac{y}{E_0{}^4} + \ldots\right]$$

Durch Verbindung dieser beiden Gleichungen erhalten wir nach Auflösung die folgende Gröfse:

$$H = \sqrt{\frac{2\,\pi^2\,K_0\,x}{T^2\,E_0{}^3\,\sin q\,k}};$$

Die in obigen Formeln vorkommenden Gröfsen x und y sind Gröfsen, die von den Dimensionen und der Verteilung des Magnetismus in den Magneten abhängig und daher konstant sind. Wird keine allzu grofse Genauigkeit angestrebt, so kann man annehmen, dafs sie sich gegenseitig aufheben, d. h.

$$\frac{x}{E_0{}^2} + \frac{y}{E_0{}^4} = O.$$

Es sollen nun zunächst ausführlich die Operationen beschrieben werden, die man bei der Bestimmung der Horizontalintensität aus Ablenkungs- und Schwingungsbeobachtungen auszuführen hat. Dies geschieht zwar mit besonderer Rücksicht auf die Anwendung des magnetischen Reisetheodoliten von Bamberg, wie dieselbe am Schlusse mit einem Beispiele erläutert werden soll, findet aber auch mutatis mutandis bei den Instrumenten von Lamont, Neumayer-Hechelmann usw. Anwendung.

In der obigen Gleichung zur Berechnung der Horizontalintensität kommt die Größe $T =$ Dauer einer Schwingung des Ablenkungsmagneten bei unendlich kleinem Bogen vor. Da die Schwingungen nur bei verhältnismäßig großen Schwingungsbogen beobachtet werden, so muß man die Reduktion nach den hierfür bekannten Formeln ausführen. (Siehe Lamont, Handbuch des Erdmagnetismus, S. 63 ff. und Tafeln daselbst S. 262 ff.) Für die Reduktion des Logarithmus der beobachteten Schwingungsdauer muß man sich für den betreffenden Apparat eine Tafel oder Kurve[1]) konstruieren. Hierzu braucht man die Länge des Magneten und die Größe eines Skalenteiles der bei dem Bambergschen Instrument in der Schwingungsdose enthaltenen geradlinigen Skala in Millimetern. Hat der Magnet z. B. die Länge von l mm, und ist

Zur näheren Bezeichnung von x diene:
$$x = 1 + 2\,\varepsilon t - 3\,m\,\tau + \mu\,(t - \tau) - \omega H (1 + \sin \varphi)$$
und die Konstante k:
$$k = 1 + 0.00002315.\ s - 0.00003808\ \alpha^2 + 0.002778\ \triangle.$$

Der Ausdehnungskoeffizient für Stahl $= \varepsilon = 0.0000124$
Der Ausdehnungskoeffizient für Messing $= m = 0.0000180$.

Es ist noch zu erwähnen, daß die Temperaturgrade sämtlich nach Celsius gegeben sind und als Einheit in diesen Ausführungen die Gaußsche Einheit verstanden ist.

Als wesentliche Teile der absoluten Bestimmung der Intensität sind zu nennen:

1. die Bestimmung des Trägheitsmomentes des Schwingungsmagneten K_0. Hierfür hat man sich einer der bekannten Methoden zu bedienen. (Siehe Lamont, Handbuch des Erdmagnetismus, Seite 79 u. ff.);

2. die Bestimmung des Temperaturkoeffizienten μ des Schwingungsmagneten. (Siehe Lamont, Handbuch des Erdmagnetismus, Seite 125 u. ff.)

Da diese Bestimmungen unter der Berücksichtigung der Variationen des Erdmagnetismus ausgeführt werden sollten, also mit Zuverlässigkeit nur in einem erdmagnetischen Observatorium auszuführen sind, wird hier auf die Ermittelung dieser Größen nicht eingegangen.

___

[1]) Beispiel Abschnitt VII der Abhandlung.

ein Skalenteil $= s$ mm, so entspricht bei diesem Magneten ein
Ausschlag von einem Skalenteile einem bestimmten Winkel α,
der sich aus der Gleichung

$$\sin \alpha = \frac{2\,s}{l} \text{ ergibt.}$$

Ebenso findet man die Winkelgröfse, die einem Ausschlag
von 2, 3 usw. Skalenteilen entsprechen würde. Am zweckmäfsigsten ist es, die Winkel in Graden und Bruchteilen von
Graden auszudrücken. Die Konstruktion einer Reduktions-
kurve läfst sich danach einfach herstellen.

Sehr zu empfehlen ist es, die Reduktionsgröfsen ein für
allemal für jeden Skalenteil, nachdem er in die entsprechenden
Grade umgewandelt ist, aus einer solchen Kurve zu entnehmen
und in einer Tabelle, bei der man als Argument die ganzen
und halben Skalenteile benutzt, zusammenzustellen. Eine solche
„Tafel zur Entnahme der Reduktion des Logarithmus der
Schwingungsdauer auf unendlich kleine Bogen" (siehe Abschnitt VII dieser Abhandlung), findet sich für das Instrument
Bamberg 8524 am Schlusse des Beispiels abgedruckt.

Die beiden in der obigen Formel enthaltenen Korrektions-
glieder zu tabulieren ist überflüssig; dafür aber ist am Schlusse
noch eine Tafel zur Verbesserung der Ablenkungswinkel wegen
Ungleichheit der Ablenkung zu berücksichtigen. (Siehe auch
Lamont, Handbuch des Erdmagnetismus, S. 29 ff., sowie Tabelle
261.) Der Ablenkungswinkel, wie er sich aus der Beobachtung
ergibt, mufs erst noch wegen Ungleichheit der Ablenkungen
verbessert werden. In der Mehrzahl der Fälle dürfte die
Korrektion so gering ausfallen, dafs sie ganz vernachlässigt
werden kann. Aber es kommen auch andere Fälle vor, bei
denen eine Aufserachtlassung der Verbesserung zu gröfseren
Irrtümern führen würde.

Das Beobachtungsverfahren zur Bestimmung der Horizontalintensität gestaltet sich nun folgendermafsen:

Wenn wir im Nachfolgenden auch das Beobachtungsverfahren eingehend besprechen, so wird dabei doch von der
Ansicht ausgegangen, dafs es höchst wünschenswort, beinahe
unerläfslich ist, dafs die Anweisung unter Leitung eines erfahrenen Beobachters in magnetischen Arbeiten vorgenommen
werde. Die Unterweisung in einem erdmagnetischen Observatorium hilft über viele Schwierigkeiten hinweg und erspart
vielerlei, oft mühsam zu erringende Erfahrungen.

Man setzt zunächst die beiden Ablenkungsschienen so auf
die am Magnetgehäuse angebrachten seitlichen Zapfen, dafs

diese mit Körnerpunkten versehenen Zapfen stets die mit
gleichen Punkten versehenen Schienen erhalten. Man vergesse ferner nicht, die Schienen mittels der beiden konischen
Stifte zu befestigen. In der Entfernung von 200 mm und
264 mm (vom Mittelpunkt des Kastens aus gerechnet) befinden sich in den Schienen kleine Öffnungen, in die der
durch Magnet und Messingteller gehende Stift des Ablenkungsmagneten gesteckt wird.

Beim Auflegen des Magneten auf die Ablenkungsschiene
ist darauf zu achten, daſs der Magnet seiner ganzen Länge
nach aufliegt, und daſs ferner die Magnetenden auf der die
beiden Öffnungen verbindenden schwarz ausgezogenen Linie
liegen.

Ehe man jedoch die Ablenkungsmagnete benutzt, muſs
nach Einstellen der Mire und Notieren der dafür gefundenen
Kreislesung der kleine, nicht umlegbare Magnet, der stets bei
den Ablenkungsbeobachtungen statt des Deklinationsmagneten
Verwendung findet, eingelegt werden.

Bei dem Einlegen des kleinen Magneten in das Magnetgehäuse muſs man alle Vorsicht anwenden, wie es auch bei
dem Deklinationsmagneten erforderlich ist, den kleinen Magneten
so herabzulassen, daſs er die Pinne oder das Hütchen nicht
verletzt. Durch Verschiebung des Gegengewichts muſs, wie
im Falle des Deklinationsmagneten, dafür gesorgt werden, daſs
die Wirkung der Inklination aufgehoben wird und der Magnet
genau horizontal liegt.

Nach Bestimmung der Meridianlage, bei der Zeit und
Kreislesung aufzuschreiben sind, wird einer der beiden Ablenkungsmagnete in der oben beschriebenen Weise auf die
Schiene gelegt. Nehmen wir an, wir hätten Magnet I bei
Entfernung 200 so auf die Schiene gelegt, daſs er sich östlich
vom Magnetgehäuse befinden würde und sein Nordpol dem
Gehäuse zugekehrt wäre, so würde dadurch eine westliche
Ablenkung des Nordpols des kleinen Magneten hervorgerufen
werden. Das Alhidade des Instruments wäre dann so lange
zu drehen, bis das Spiegelbild des Fernrohrfadens mit dem
direkt gesehenen Faden in Deckung gebracht ist. Auch
hier muſs wieder, wie im Falle einer Deklinationsbestimmung,
durch vorsichtiges Kratzen mit dem Reiber oder dem Nagel
die Reibung des Hütchens auf der Pinne überwunden werden.
Die Zeit der Einstellung, die Ablesung am Horizontalkreise
und die an dem in der Ablenkungsschiene eingeschraubten
Thermometer abgelesenen Temperaturen werden aufgeschrieben.
Darauf wird der Magnet vorsichtig von der Schiene aufgehoben

und, ohne dafs eine Drehung mit ihm vorgenommen wird, auf
der andern Seite des Gehäuses in gleicher Entfernung auf der
Schiene wieder eingesetzt. Es befindet sich nun der Magnet
auf der Westseite des Magnetgehäuses und mit seinem Südpol
demselben zugekehrt. Nachdem die oben beschriebenen Verfahren und die erforderlichen Aufschreibungen gemacht sind,
wird der Ablenkungsmagnet um seine vertikale Achse gedreht,
und in der gleichen Entfernung auf der Schiene, nun mit
seinem Nordpol dem Gehäuse zugewendet hingelegt, so dafs
nun eine Ablenkung nach der andern Seite, also nach Osten,
erfolgt. Nach erfolgter Aufschreibung wird der Ablenkungsmagnet wieder auf die östliche Seite gebracht und wiederum
dieselben Ablenkungen gemacht: endlich wird der Magnet
entfernt und nun wieder der unabgelenkte Magnet in freier
Lage eingestellt und die Aufzeichnungen, wie oben angegeben,
ausgeführt. Vor und nach diesen Messungen bezw. Ablenkungen wird eine Mire eingestellt und die unveränderte
Lage des Horizontalkreises dadurch konstatiert. Auf diese
Weise wird auch mit Magnet II verfahren und der Ablenkungswinkel (q) ermittelt. Das am Schlusse gegebene Beispiel
wird das Verfahren genügend erläutern.

Wir haben aus den obigen Erörterungen ersehen, dafs
zur Bestimmung der Horizontalintensität Ablenkungen mit
Schwingungen verbunden werden müssen. Auch wurde oben
schon einiges über das Verfahren bei der Beobachtung der
Schwingungsdauer ausgeführt. Für diese Bestimmung werden
die beiden Magnete I und II benützt, wozu in dem Bambergschen Instrument eine Schwingungsdose nebst Suspensionsrohr zur Fadenaufhängung des schwingenden Magneten beigegeben ist. Hierzu nur einige Winke. Zunächst beachte
man, dafs der den Magnet tragende Faden nicht zu stark
und ferner ohne Torsion sein mufs. Es mufs der Magnet
durch Heben oder Senken des oberen Stiftes am Faden in
der richtigen Entfernung von der an der Dose befindlichen
Skala gebracht werden. Auch mufs darauf Bedacht genommen
werden, dafs die Torsion des Fadens so viel als möglich durch
Austordieren mittels eines kleinen Gewichts, das gleich
schwer wie der Magnet ist, beseitigt werde, was vor jeder
Schwingungsbeobachtung empfehlenswert ist. Alle diese Operationen müssen mit grofser Vorsicht und, wenn möglich,
einige Stunden vor der Beobachtung ausgeführt werden. Man
wähle den Abstand zwischen Magnet und Skala nicht zu gering,
und sorge dafür, dafs in der Ruhelage die Spitze des Ablenkungsmagneten über der Mitte der Skala in der Dose ist,

damit bei den Schwingungen die Ausschläge auf beiden Seiten tunlichst gleich werden. Das bei den Ablenkungen benutzte Thermometer ist in den Glasdeckel der Dose einzuschrauben. Das zur Beobachtung der Schwingungsdauer zu verwendende Chronometer stelle man in einiger Entfernung auf, doch so, daſs die Schläge desselben vom Beobachter noch deutlich vernommen werden können. Keinesfalls sollte dasselbe näher als 1 m an den Theodoliten herangebracht werden. Dann versetze man den Magneten durch einen schwach magnetisierten Schraubenzieher in Schwingungen, warte bis dieselben bis auf etwa 5 Skalenteile verringert sind und beginne sodann die Beobachtung nach der früher schon angedeuteten Weise. Man vergesse nie, den Gang und Stand des Chronometers zu vermerken. Wenn die Zeitangabe desselben zurück war, bezeichne man dies mit dem Vorzeichen +, wenn sie voraus war, mit —.

Aus vorläufigen Beobachtungen ermittle man die angenäherte Schwingungsdauer und berechne den Ausschlag an der Skala bei der 60. (Lamont, Handbuch des Erdmagnetismus, S. 263) und ebenso bei der 100. Schwingung. Das Schema, welches bei den Beobachtungen zu befolgen ist, wird durch das am Schlusse gegebene Beispiel eingehender erläutert werden. Damit die Beobachtungen über die Schwingungsdauer zuverlässiger werden, schütze man den Apparat vor den Einflüssen des Windes, des Regens und der direkten Sonnenstrahlung, namentlich auch davor, daſs der Feuchtigkeitsgrad der Luft den Aufhängefaden schädlich beeinfluſst. Im Falle Schutz durch einen eisenfreien topographischen Schirm gegeben werden kann, sind die störenden Einflüsse dieser Art leicht zu vermeiden; namentlich hüte man sich, durch einen in die Nähe gebrachten Magneten die Schwingungen zu verändern.

3. Die magnetische Inklination.

Dieses Element des Erdmagnetismus kann nach verschiedenen Methoden und mit verschiedenen Instrumenten ermittelt werden, von welchen hier nur genannt werden sollen die Bestimmung mit dem Differentialinklinatorium nach Lamont und die mittels eines Nadelinklinatoriums. Zwar ist namentlich auch in letzter Zeit der Erdinduktor zur Bestimmung der Inklination auf Reisen vielfach verwendet worden, namentlich von Schering, Darmstadt. Es würde uns aber zu weit führen, auf Methode und Apparat, als nicht unmittelbar zu den Reiseapparaten zählend, hier des näheren einzugehen, und es soll sogleich zu den hier besonders in Frage kommenden Methoden und Apparaten übergegangen werden. Es ist schon früher über die Weise der Beobachtung mit dem Nadelinklinatorium gesprochen worden. In dem am Ende dieser Abhandlung gegebenen Beispiele wird alles näher erläutert werden.

Die Beschreibung der magnetischen Inklinatorien, die im nächsten Abschnitte folgen soll, wird dort alles das geben, was zum Verständnis des Nadelinklinatoriums erforderlich ist. Vorgreifend sei erwähnt, daſs das Nadelinklinatorium aus einem Horizontalkreis, der eine genauere Ablesung gestattet, und einem Vertikalkreis, der durch Nonien auf Minuten oder, wie bei Meyerstein, in Viertelgrade geteilt ist, besteht. In der Mitte des letzteren befinden sich die Lager für die Achsen der Inklinationsnadel. Die Beobachtungen mittels derselben können entweder in dem magnetischen Meridian oder in einer Ebene, die mit dem Meridian einen bestimmten Winkel bildet, endlich aber in gleichen Winkelzwischenräumen rund um den Horizont ausgeführt werden. Jede dieser Methoden hat ihre Vorzüge, die letztere namentlich jenen, daſs man die Lage des magnetischen Meridians nicht zu kennen braucht. Eine frei im Raum schwebende Nadel nimmt nur, wenn sie in der Meridianebene schwingt, die genaue Inklination des Ortes an. Dreht man die Nadel aus der Ebene, so nimmt die Neigung der Nadel zu, bis sie endlich gleich einem rechten Winkel wird, was geschieht, wenn die Ebene des Instrumentes senkrecht auf dem magnetischen Meridian steht. Es verschwindet in diesem Falle die Horizontalkomponente des Magnetismus, und die Nadel steht nur unter dem Einflusse der Vertikalkomponente. Durch letztere Tatsache ist man imstande, den magnetischen Meridian zu ermitteln, wenn derselbe nicht anders durch eine Deklinationsnadel bestimmt werden kann. Die Inklination hat nur in dem magnetischen Meridian den richtigen Wert, welcher auch als der kleinste Wert, der bei dem Drehen der Vertikalebene, in welcher eine Nadel schwingt, bezeichnet werden kann. Durch diese einfachen Erörterungen wird die Methode, nach welcher die Inklination beobachtet werden soll, angedeutet. Allein es muſs jetzt schon hervorgehoben werden, daſs die Beobachtungen über Gröſse der Inklination in verschiedenen Lagen des Vertikalkreises, in Beziehung auf den Mittelpunkt der Horizontalteilung, ausgeführt werden müssen. Wir werden ferner in der Folge da, wo von den Nadeln die Rede sein wird, ersehen, daſs die Lage der Nadel mit einer Seite bald nach auſsen, bald nach innen beobachtet werden muſs, und im übrigen ist auch das Nordende der Nadel einmal an eine bestimmte Spitze, zum andernmal an die entgegengesetzte durch Ummagnetisierung zu bringen. Diese verschiedenen Lagen ermöglichen es, daſs die Beobachtungen frei von gewissen Fehlern werden, und nur eine aus allen diesen Lagen abgeleitete Beobachtung ist, wenn sie auf diese verschiedenen Bedingungen Rücksicht nimmt, als eine genaue Bestimmung dieses magnetischen Elementes anzusehen. Daraus ist zu ersehen, daſs die Umkehrung der Pole der Nadel erforderlich ist, um das Nichtzusammenfallen der magnetischen mit der mechanischen Achse der Nadel auszugleichen. Das Umkehren der Pole muſs in sorgfältigster Weise bewirkt werden, um ein Verbiegen der Nadel sowie der Achsen und auch sonst ein Verletzen derselben zu verhüten. Bei der Bestimmung der Lage des magnetischen Meridians mittels einer Nadel müssen die sämtlichen bezeichneten Lagen doch ohne Ummagnetisieren angewendet werden, wenn Zuverlässigkeit gewährleistet werden soll.

Wenn man die Beobachtung der Neigung der Nadel auſserhalb des magnetischen Meridians ausführen will, z. B. in einer Ebene, die mit der Meridianebene einen Winkel (v) bildet, so ist die wahre Inklination (J), wie leicht einzusehen,

$$\operatorname{tg} J = \operatorname{tg} J' \cos v,$$

worin J' die in der betreffenden Lage beobachtete Neigung ist. Bemerkt muſs werden, daſs auch in einem solchen Falle die Neigung J' in allen oben bezeichneten Lagen auszuführen ist. Wie wir sehen, ist man noch immer abhängig von der Lage des magnetischen Meridians. Nur eine groſse Anzahl von Messungen der Nadelneigungen kann ein einigermaſsen zuverlässiges Ergebnis verbürgen.

Wenn man eine Anzahl von auſserhalb des Meridians beobachteten Neigungen so anordnet, daſs der $\angle v$ immer rund um den Horizont um denselben Wert wächst, d. h. also einen solchen Wert, der in $360°$ aufgeht, wodurch gleich Intervalle bedingt werden, so hat man bekanntlich, wenn n die Anzahl der gleichen Intervalle rund um den Horizont bedeutet,

$$\operatorname{cotg}^2 J = \frac{2}{n} \left(\operatorname{cotg}^2 J_0 + \operatorname{cotg}^2 J_1 + \cdots + \operatorname{cotg}^2 J_{n-1} \right),$$

wie dies aus einer einfachen Entwicklung folgt (siehe Lamont, Handbuch des Erdmagnetismus, S. 252 ff.), worin $\angle v$, wie leicht zu ersehen, nicht mehr vorkommt; es wird also die Bestimmung der Inklination auf diese Weise abgeleitet unabhängig von der Lage des magnetischen Meridians.

Wäre beispielsweise $n = 6$ oder der Winkel $\dfrac{360^0}{6} = 60^0$,

so ist:

$$\cot^2 J = \tfrac{1}{3} \left(\cot^2 J_0 + \cot^2 J_1 + \cot^2 J_2 + \cot^2 J_3 \right. $$
$$\left. + \cot^2 J_4 + \cot^2 J_5 \right).$$

Auch in diesem Falle müssen die einzelnen Neigungen J_0, J_1, J_2 usf. jedesmal in allen Lagen, wie diese oben bezeichnet sind, beobachtet werden.

Aus diesen kurzen Ausführungen geht hervor, dafs immer unter der Annahme des sonst fehlerfreien Inklinatoriums, die Bestimmung der Inklination auf diese Weise eine recht komplizierte und zeitraubende ist. Dazu tritt noch der Umstand, dafs die Verletzbarkeit durch den Transport, namentlich die Beschädigung der Achsen der Nadel, sehr schwer zu vermeiden ist. Allerdings hat man in neuester Zeit die Konstruktion der Nadelinklinatorien sehr vervollkommnet und dieselben namentlich von einer festeren Verfassung angefertigt, wodurch die allgemeinere Verwendbarkeit der Nadelinklinatorien erheblich gesteigert und deshalb deren Gebrauch ungleich erleichtert wurde; wichtig, weil zur absoluten Bestimmung der Inklination dieselben kaum entbehrlich sind.

Unter diesen Umständen war es wohl gerechtfertigt, wenn man die Nadelinklinatorien vorzugsweise für feste Observatorien anwendete und das Bestreben nach einer Methode relativer Bestimmung schon um die Mitte des vorigen Jahrhunderts durch Lamont gepflegt wurde. Lamonts Bestreben war darauf gerichtet, einen Apparat zur relativen Bestimmung der Inklination mit dem magnetischen Reisetheodoliten zu verbinden, was durch die Konstruktion des Differentialinklinatoriums auch wirklich erreicht wurde. Man lese darüber Lamont, Beschreibung der an der Münchener Sternwarte zu Beobachtungen verwendeten Instrumente und Apparate (1851, VIII, Differentialinklinatorium, Seite 95 ff.) und auch wieder Lamont, Magnetische Ortsbestimmungen, ausgeführt an verschiedenen Punkten des Königreichs Bayern, I. Teil, Seite 12 und 38. Wenn man unmagnetisches, weiches Eisen, das eine grofse Empfänglichkeit für den induzierenden Einflufs des Erdmagnetismus hat, das also auch die Eigenschaft besitzt, den Magnetismus bei Veränderung der Lage rasch zu ändern, diesem Einflusse aussetzt, so wird in demselben Magnetismus induziert, der auf eine horizontal frei bewegliche Nadel nach den bekannten Gesetzen anziehend oder abstofsend wirkt, je nachdem man auf der Nordhalbkugel das untere Ende eines senkrecht gehaltenen Stabes dem Süd- oder Nordende der freien Nadel nähert. In dem angenommenen Falle eines Vertikalstabes wirkt die Vertikalkomponente des Erdmagnetismus induzierend. Der Grad der Ablenkung, welcher durch einen solchen Stab bewirkt wird, ist ein Maſs für die Stärke desselben und der Stärke der induzierenden Kraft.

Das magnetische Moment des vertikalen Stabes ist proportional der Vertikalintensität (V) und zwar KV; mit dieser lenkt er die Nadel um einen Winkel ψ ab; dem entgegen wirkt die Kraft $H \sin \psi$ der Horizontalkomponente; wir setzen folglich (Eschenhagen, Kirchhoffs Anleitung, Seite 109)

$$KV = H \sin \psi$$

und erhalten, da $\dfrac{V}{H} = \operatorname{tg} J$, die Inklination J nach der Formel:

$$\operatorname{tg} J = \frac{1}{K} \cdot \sin \psi.$$

Die konstante Gröſse $\dfrac{1}{K}$ ist nur durch mehrfache Messung an der Station, an welcher J ganz zuverlässig bekannt ist, bestimmbar.

Selbstverständlich müssen diese Messungen mit denselben Apparaten und denselben weichen Eisenstäben durchgeführt werden, um die Konstante $\dfrac{1}{K}$ zu erhalten, die auch nur für diesen Apparat gilt. Wenn der Ablenkungswinkel an der Station, an der J_0 absolut bestimmt wurde, ψ_0 ist und der Ablenkungswinkel zu der gesuchten Inklination J_1 ψ_1 ist, so ist:

$$\operatorname{tg} J_1 = \frac{\sin \psi_1}{\sin \psi_0} \cdot \operatorname{tg} J_0.$$

Ist $\dfrac{\operatorname{tg} J_0}{\sin \psi_0} = \dfrac{1}{K}$, d. h. die Konstante, so hat man nach der Formel

$$\operatorname{tg} J_1 = \frac{1}{K} \sin \psi_1$$

die Inklination abzuleiten.

Es ist schon betont worden, daſs die Bestimmung der Konstanten erhebliche Schwierigkeiten bietet, besonders wenn die weichen Eisenstäbe nicht sehr frei von induziertem Magnetismus gehalten werden, oder nicht ein bestimmtes Alter bei der Ausglühung erreicht haben (siehe unten), da die Veränderlichkeit dieses Wertes auf die Ergebnisse schädigend einwirken muſs. Allein es hat sich aus längeren Reihen ergeben, daſs bei sorgfältigem Ausglühen der Eisenstäbe eine beträchtliche

Gleichförmigkeit erhalten werden kann, und namentlich ist sehr anzuraten, die weichen Eisenstäbe, etwa beim Verpacken in eine Kiste, nicht unter dem Einflusse starker Magnete zu halten. An und für sich ergibt sich nach der Erfahrung mit Zunahme des $\log \frac{1}{K}$ wahrscheinlich eine Abnahme der Induktionsfähigkeit des weichen Eisens, wie schon Lamont gefunden zu haben glaubte [1]).

Die Messung des Ablenkungswinkels ist mit grofser Sorgfalt und unter Ausführung einer Anzahl von Korrektionen auszuführen. Wie wir bei der Beschreibung der Instrumente sehen werden, werden zwei weiche Eisenstäbe verwendet, die in einem Messingring so befestigt werden, dafs auf der einen Seite des abzulenkenden Magneten der Stab I nach oben, auf der andern Seite der Stab II nach unten geht, wodurch bewirkt wird, dafs beide Stäbe die Nadel nach derselben Seite abzulenken bestrebt sind. Hat man auf diese Weise nach Osten abgelenkt, so hat man das System der weichen Eisenstäbe auf dem Theodoliten nur so zu verlegen, dafs die Ablenkung wieder nach Osten stattfindet, aber nun je durch den andern Eisenstab; sodann dreht man den Ring mit den Stäben so, dafs nun die Ablenkung nach Westen, Stab I nach unten, und durch ein zweites Verlegen die Ablenkung wieder in dem gleichen Sinne stattfindet, Stab II nach unten. Alsdann werden die Stäbe in ihrer Fassung umgekehrt [2]) und die soeben beschriebene Operation nochmals wiederholt. Es werden also auch in diesem Falle acht Ablenkungen bewirkt bezw. beobachtet, wodurch Ungleichheiten in den Stäben und in der Lage derselben zu dem abzulenkenden Magneten möglichst aufgehoben werden. Im Laufe dieser Ablenkungen ist die Temperatur aufzuzeichnen, sowie am Schlusse der Messung der ganzen Reihe die horizontale Lage des Ringes, bezw. die vertikale Stellung der Stäbe genauestens geprüft und durch ein Mikrometerniveau gemessen wird.

Wesentlich ist bei Ausführung dieser Messungen noch, dafs die Zeit, innerhalb welcher die Stäbe in jeder neuen Lage der Wirkung des Erdmagnetismus ausgesetzt sind, gleich erhalten wird, weil durch Ungleichmäfsigkeit hierin die Genauigkeit der einzelnen Ablenkungen nicht mehr gewährleistet

---

[1]) Dr. v. Neumayer, Eine erdmagnetische Vermessung der bayerischen Rheinpfalz. Mitteilungen der Pöllichia, eines naturwissenschaftlichen Vereines der Rheinpfalz, Seite 25.
[2]) Jedoch ohne die Stäbe in der Ringfassung zu verwechseln.

werden kann. Die Erfahrung hat gelehrt, dafs man bei einem
Zeitunterschied von vier Minuten bei den von Lamont kon-
struierten Apparaten sowohl gute Resultate erzielt, als auch
Zeit für die auszuführenden Operationen hat.

In Beziehung auf die auszuführenden Reduktionen des
Ablenkungswinkels bei diesen Operationen müssen wir auf die
Veröffentlichungen Lamonts verweisen [1]). Die Reduktion des
Ablenkungswinkels für die Neigung des Ringes wird, wie schon
angedeutet, durch ein Mikrometerniveau gemessen, und zwar
wird an der Mikrometerschraube zuerst der Nullpunkt des
Niveau in der einen Lage für Ost und West bestimmt, sodann
dieser Nullpunkt durch Ablesung der Mikrometerschraube nach
Süden festgestellt, und zwar für beide Ablenkungslagen, nach
Ost und nach West. Die Lage dieses Nullpunktes wird in
der Folge (siehe Beispiel) mit m bezeichnet. Nach den
Lamontschen Ermittelungen ist die Korrektionsgröfse für die
nach seiner Angabe konstruierten Instrumente:

$$\triangle = 3.77' \cdot \tfrac{1}{2} \left(\sigma + \sigma' \right) + 3.20' \cdot \tfrac{1}{2} \cdot \left(\omega - \omega' \right)$$

(siehe Beispiel in Abschnitt VII dieser Abhandlung). In dieser
Gleichung haben σ und σ', ω und ω' die von Lamont angegebene Bedeutung.

Der Ablenkungswinkel ist auf eine Normaltemperatur
zurückzuführen, und zwar nach den Lamontschen Untersuchungen,
wie folgt:

Die Vergröfserung des Ablenkungswinkels ψ ist für
1^0 R. Temperaturzunahme $= 2.330$ tg ψ: woraus sich ergibt
der reduzierte Ablenkungswinkel $=$ Beobachtete Ablenkung
$- 0.8713' \left(1 + 0.000891 \left(\psi - 20^0 30' \right) \right) (t - 10^0)$.

V. Die Instrumente zu magnetischen Beobachtungen.

Die zur Bestimmung des Wertes der magnetischen Elemente an Land erforderlichen Instrumente lassen sich einteilen in solche, die nur der Bestimmung eines Elementes zu
dienen haben, und in solche, die zur Bestimmung von zwei
oder mehr Elementen verwendet werden. Zu den ersteren
gehören das Deklinatorium, der Azimutalkompafs für Deklination, das Nadelinklinatorium und der Erdinduktor für Inklination.

---

[1]) Beschreibung der an der Münchener Sternwarte verwendeten
Instrumente und Apparate (1851, VIII, Differentialinklinatorium,
Seite 95 ff.), ferner Magnetische Ortsbestimmungen, ausgeführt an
verschiedenen Punkten des Königreichs Bayern, Seite 12 und 38.

Unter den Deklinatorien nimmt das Marine-Deklinatorium den ersten Rang ein, welches zuerst nach Neumayer von C. Bamberg in Berlin konstruiert wurde. Wie schon die Bezeichnung besagt, war dieses Instrument vorzugsweise für die Zwecke der Marine, und zwar bei den Küstenvermessungen zu verwenden. Eine eingehende Beschreibung desselben befindet sich in dem von der k. Marine herausgegebenen Handbuch für Instrumentenkunde. Ein auf Minuten ablesbarer Horizontalkreis, ein Fernrohr mit guten, für terrestrische Messungen geeigneten optischen Eigenschaften, sowie eine auf einer Spitze bewegliche, umlegbare Magnetnadel, die mittels Fernrohr und der oben beschriebenen Spiegeleinrichtung eingestellt und deren Lage auf dem Horizontalkreis mit Nonien abgelesen werden kann, bilden die Hauptteile dieses vielbewährten und oft angewendeten Apparates. Da das Gestell mit kardanischer Aufhängung versehen ist, können mit dem Marine-Deklinatorium auch Beobachtungen auf nicht allzubewegter Unterlage ausgeführt werden. Die astronomischen Bestimmungen zur Ermittelung des Azimuts können nur in der Nähe des Horizontes oder mittels eines Reflektors bei rückwärtiger oder direkter Visierung bestimmt werden. Azimutbestimmungen mittels höher am Himmel befindlicher Gestirne werden zweckmäfsiger durch von dem Deklinatorium unabhängige Instrumente bestimmt: entweder durch Reflektionsinstrumente oder durch gegenseitige Anvisierungen mit einem Theodoliten, auf dessen Horizontalkreis die Nordpunktlage bestimmt ist. Der Azimutalkompafs, wie er vielfach nach Wilds Angabe verwendet wurde, ist einfacherer Natur, wird vorzugsweise bei maritimen Beobachtungen und an Bord als Kompafs verwendet, bedarf aber einer besonderen Beschreibung wohl nicht, nur sei erwähnt, dafs auch in diesem Falle die Umlegbarkeit der Nadel, hier der Rose, zur Gewährleistung zuverlässigerer Ergebnisse sehr zu empfehlen ist. Die Justierung des zu den Peilungen dienenden Prismenapparates ist mit aller Sorgfalt durchzuführen, da sich im andern Falle Fehler einschleichen können, welche die auf diesem Wege erhaltenen Werte der Deklination oft zweifelhaft erscheinen lassen.

Deklinatorium und Azimutalkompafs wurden auch mit Ablenkungsvorrichtungen versehen, um damit die Horizontalkomponente des Erdmagnetismus zu bestimmen; Einrichtungen dieser Art können aber für den Reisenden, da ihm bessere und entsprechendere Apparate für diesen Zweck zur Verfügung stehen, hier nicht in Betracht kommen.

Das Nadelinklinatorium zur Bestimmung der magnetischen

Inklination wurde schon da, wo von den Beobachtungsmethoden gesprochen wurde, eingehend berührt. Eine nähere Beschreibung desselben ist an dieser Stelle wohl kaum erforderlich, da dieselbe bei dem Bambergschen magnetischen Reiseinstrumente berührt werden wird. Nur so viel sei jetzt schon gesagt, dafs das Inklinatorium, wenn es gute Resultate ergeben soll, mit gröfster Sorgfalt behandelt werden mufs. Namentlich hat der Reisende darauf zu achten, dafs die Nadel von Rost und Unreinlichkeit frei bleibt, die zarten Achsen vor Stofs und Biegen verschont und die Achsenlager, meistens von Achat, in ihrer Schärfe und genauen Lage erhalten bleiben. Die Einteilung des Horizontalkreises zur Ermittelung der Lage des magnetischen Meridians wird wohl am zweckmäfsigsten rund um den Horizont ausgeführt und mit Nonius versehen, der mit Lupen usw. genügend scharf abgelesen werden kann. Der Vertikalkreis, der zur Bestimmung der Neigung der Nadel dient, mufs entweder, auf einem Spiegel geteilt, es ermöglichen, dafs man bei der Einstellung durch Parallaxe nicht behindert wird, oder sonst eine Vorrichtung zum Einstellen der Nadel besitzen. Englische Verfertiger haben mikroskopische Ablesung eingeführt, wodurch aber nur Zuverlässiges erzielt werden kann, wenn die Justierung und Einstellung mit der gröfsten Sorgfalt ausgeführt wird. Da, wo von den Methoden der Beobachtung die Rede war, sind die einzelnen Lagen, in welchen die Beobachtungen an der Nadel auszuführen sind, angegeben worden, und dem Reisenden kann nur anempfohlen werden, dafs er bei der Veränderung der Lagen, dem Umlegen der Nadel, die gröfste Sorgfalt darauf zu verwenden hat, dafs die Achsen der Nadel nicht beschädigt werden; aus diesem Grunde ist es anzuempfehlen, dafs man sich dabei eines zweckentsprechenden Zängchens (Pinzette) bedient. Der Veränderung der Lage mufs stets das Aufheben der Nadel von den Achatlagern vorangehen, sowie auch das Herablassen derselben nach Lagenänderung auf die Lager mit gröfster Sorgfalt zu geschehen hat. Da man während des Transportes die Nadel zweckmäfsig mit einer dünnen Fettschicht bedeckt, so mufs vor der Beobachtung diese sorgfältigst abgewischt werden, und man tut gut daran, die Achsen mittels Holundermarkstückchen zu reinigen sowie die Lager sorgfältig abzuwischen. Über die Sorgfalt, die auf die Ummagnetisierung der Nadel verwendet werden mufs, ist oben gesprochen worden.

Der zweite Apparat, der zur Bestimmung der magnetischen Inklination mittels Erdinduktor dienen kann, wird hier nicht näher erläutert, wofür die Gründe oben schon angegeben wurden.

Von Instrumenten, welche nicht nur für die Bestimmung einzelner Elemente, sondern sämtlicher Elemente dienen,

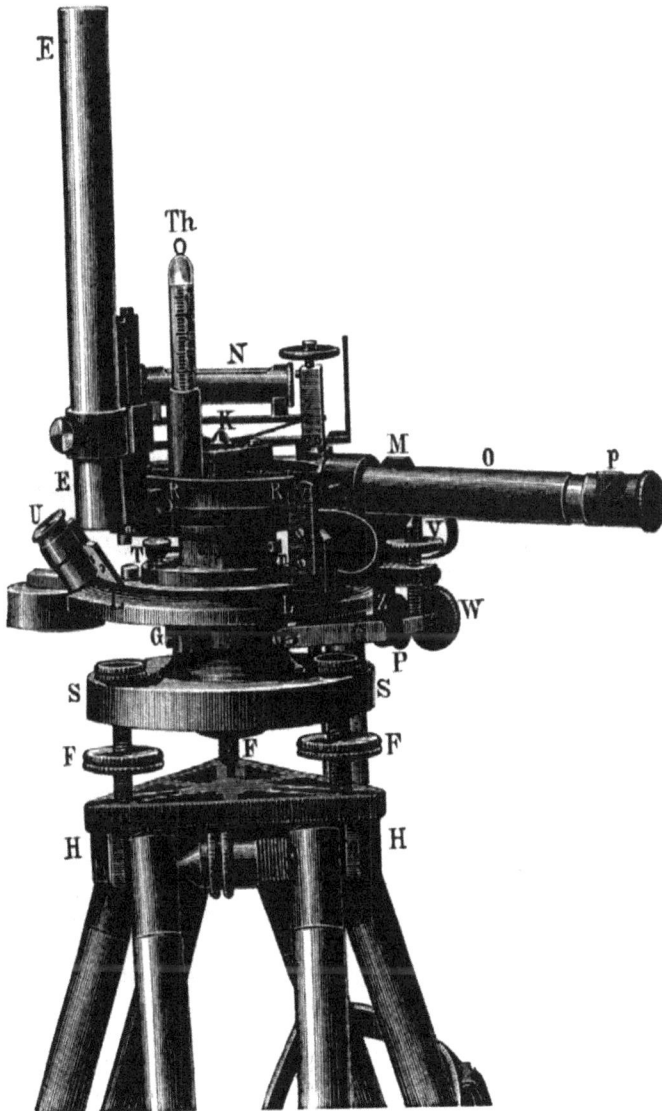

Fig. 7.

teils absolut, teils relativ, betrachten wir nur die folgenden beiden, als vorzugsweise für Reisezwecke geeignet:

I. Der magnetische Reisetheodolit von Lamont, nach Neumayers Vorschlägen abgeändert von H. Hechelmann, Hamburg.

II. Der magnetische Reisetheodolit nach Neumayers Vorschlägen, ausgeführt von C. Bamberg, Berlin.

I. Der magnetische Reisetheodolit von Lamont mit zwei Abbildungen nach Eschenhagen, Kirchhoffs Anleitung Seite 118 ff.

Zu genauen Beobachtungen ist vor allem eine genauere Ablesung der Stellung einer Magnetnadel notwendig, als man sie von den über der Kreisteilung befindlichen Nadelspitze erhält. Bei dem vorliegenden Instrument ist die bereits beschriebene Spiegeleinstellung mittels eines Fernrohrs benutzt, das anderseits auch wieder zur Einstellung terrestrischer Objekte, der Sonne usw., dienen kann.

Fig. 7 zeigt das ganze Instrument, das mittels dreier Fußschrauben F auf dem Stativkopf HH ruht. Diese Schrauben sitzen in einem soliden kreisförmigen Messingstück SS, mit demselben ist fest verbunden der oberhalb befindliche Teller LL mit der verdeckten Kreisteilung (in Silber). Der über diesem Kreise befindliche Teil des Instruments ist vermöge eines in das untere Stück hineinragenden konischen Zapfens drehbar, er trägt in der Mitte den Magnetkasten, dessen oberster Teil bei K sichtbar ist. Dieser Kasten besitzt (hier fast verdeckt) in der Richtung des Fernrohres beiderseits Glashülsen, welche zur Aufnahme des Magnets dienen und beim Einlegen und Herausnehmen desselben abgeschraubt werden müssen. Im Boden des Kastens (Fig. 8) befindet sich in der Mitte die Pinne, auf welcher die Nadel mittels ihres Achathütchens ruht. Dieselbe besteht aus zwei starken Stahllamellen, die fest miteinander verbunden und zur Aufnahme des Hütchens in der Mitte durchbohrt sind. Damit der Magnet umgelegt werden kann, kann das Hütchen von beiden Seiten gebraucht werden (siehe S. 405, wo dies schon beschrieben); es schiebt sich beim Auflegen des Magneten in einer Hülse von selbst nach der oberen Seite. Das eine Ende des Magneten trägt den vertikalen Spiegel, der mit dem Fernrohr eingestellt werden kann. Letzteres ruht mittels einer horizontalen Achse in zwei Lagern MM und kann durch die Schraube V in Höhe etwas verstellt werden. Die Lager MM sind durch einen Arm fest mit der mittleren drehbaren Achse verbunden, so daß Fernrohr und Magnetgehäuse immer in derselben Lage zueinander bleiben. Der Arm ist der Fortsatz eines Tellers TT, der beim Drehen des oberen Teiles auf dem unteren Teller LL hingleitet; vermittels der am Rande des oberen befindlichen beiderseitigen Nonien kann durch Lupen U die Stellung des oberen Teiles, also auch des Fernrohres, auf dem unteren

Fig. 8.

Teilkreise abgelesen werden. Festgehalten wird derselbe durch Anziehen der Schraube P, welche einen Arm GG am unteren Gestell festklemmt, in den der das Fernrohr tragende Arm

vermittels eines Zapfens $\overset{\cdot}{Z}$ eingreift. Vermittels der Schraube
W, die am Zapfen Z angreift, kann noch eine feine Bewegung
hergestellt werden, wobei eine Feder von G Gegendruck
leistet. Das Fernrohr O hat hinter dem Okular das Beleuchtungsprisma p, welches das von oben einfallende Licht
an dem im Brennpunkt des Okulars befindlichen Faden vorüber nach dem Magnetspiegel und von da zurück in das
Okular schickt, in dem dann ein Bild des Fadens gesehen wird.

Der bisher beschriebene Teil des Instruments ist erforderlich zur Bestimmung der absoluten Deklination. Hierzu wird
der Magnetkasten von der Platte, auf deren einer Seite (also
exzentrisch) sich die Fernrohrlager befinden, abgenommen und
das Fernrohr zunächst zur Bestimmung des astronomischen
Meridians, wie beschrieben benutzt. Man stellt dabei, um zu
kontrollieren, daſs das Instrument keine Verschiebung erleidet,
irgendeinen entfernten Gegenstand (Mire) ein, was man zum
Schluſs wiederholt. Sodann wird das Magnetgehäuse wieder
aufgesetzt und der Magnet (mittels Hebelvorrichtung) auf die
Spitze gelegt, so daſs eine z. B. mit A bezeichnete Seite nach
oben kommt; darauf wird die oben beschriebene Einstellung
mittels Fernrohr vorgenommen; die Magnetnadel wird nun
wieder aufgehoben, umgelegt, so daſs A nach unten kommt,
und von neuem eingestellt. Das Umlegen wiederholt man
einige Male. Man wird bei einiger Übung bald die nötige
Sicherheit im Umlegen und Einstellen erwerben. Bei jeder
Einstellung wird die Ablesung der Nonien notiert, daneben
die Uhrzeit (in Minuten); das Mittel aus einer gleichen Anzahl
von Einstellungen bei A oben und A unten gibt die Stellung
des Fernrohrs, in der seine Achse im magnetischen Meridian
liegt. Der Umstand, daſs die Nadel bei diesem Instrumente,
statt an einem Faden zu hängen, auf einer Spitze ruht, und
damit eine Fehlerquelle (Torsion des Fadens), sowie die Erschütterungen durch Wind bei Beobachtungen auf Reisen vermieden sind, ist eine wesentliche Verbesserung, die dasselbe
gegenüber der älteren Lamontschen Einrichtung als Reiseinstrument besonders brauchbar macht[1]). An die Deklinationsbestimmung schlieſst man in der Regel eine Intensitätsbeob-
achtung an, indem man die Nadel im Gehäuse zunächst ablenkt.
Hierzu wird an dem Gehäuse eine Schiene aa (Fig. 8) befestigt, auf welche an den Enden Magnete NN aufgelegt werden
können. Derartige Magnete sind zwei vorhanden, die bei dem

---

[1]) Die Reibung des Hütchens der Nadel auf der Pinne ist durch
vorsichtiges Kratzen an einem der Schraubenköpfe oder mittels einer
Reibscheibe zu beseitigen.

Transport in die Kästchen *NN* (Fig. 8) verpackt werden. Man legt jedesmal einen Magneten auf die am Ende der Schiene befindliche Befestigungsvorrichtung nacheinander auf beiden Enden, und zwar je in zwei Lagen, einmal das Nordende, einmal das Südende der freien Nadel zugekehrt. Bei diesen vier Ablenkungen, von denen zwei die Nadel östlich, zwei westlich ablenken, wird die Nadel mit dem Fernrohre eingestellt und die Stellung der Nonien notiert. Aus der Differenz der östlichen und westlichen Ablenkungen erhält man den doppelten Winkel, um welchen die Nadel aus dem Meridian abgelenkt wird. Gewöhnlich stellt man diese Beobachtungen mit zwei Magneten an und kann damit zugleich eine Deklinationsbestimmung in der Weise verbinden, daß man nach der Einstellung der Miren usw. folgende Beobachtungsreihen anstellt:

Ablesung der Miren:

1. Nadel im Meridian: *A* oben.
2. „ „ „ : *A* unten.
3. Ablenkungsmgt. I-West; Nordende-Ost } östl. Ablenkung.
4. „ Ost; „ Ost
5. „ Ost; „ West } westl. Ablenkung.
6. „ West; „ West
7. Nadel im Meridian: *A* unten.
8. „ „ „ : *A* oben.
9. „ „ „ : *A* oben.
10. „ „ „ : *A* unten.

Ablesung der Miren:

11. Ablenkungsmgt. II-West: Nordende-West } westl. Ablenkung.
12. „ Ost; „ West
13. „ Ost; „ Ost } östl. Ablenkung.
14. „ West; „ Ost
15. Nadel im Meridian: *A* unten.
16. „ „ „ : *A* oben.

Ablesung der Miren.

Dieses Schema für die Beobachtung von Deklination und Intensität, das noch besonders in Abschnitt VII dieser Abhandlung durch Beispiel erläutert wird, kann dadurch noch vervollständigt werden, daß man in jeder Lage der Ablenkungsmagnete noch eine zweite Reihe beobachtet, wodurch begreiflicherweise die Genauigkeit der Beobachtung nicht unwesentlich erhöht wird.

Die Mittel der Ablesungen 1—2, 7—10 und 15—16 geben den magnetischen Meridian, während die Ablenkungswinkel sich durch Bildung von

$$\frac{3+4-5-6}{4} \text{ bezüglich } \frac{13+14-11-12}{4} \text{ ergeben.}$$

Die Temperatur wird bei den Ablenkungen jedesmal notiert. Während der Meridianablesungen, zu welchen die genauen Uhrzeiten zu notieren sind, müssen natürlich die Ablenkungsmagnete genügend weit entfernt werden. An diese Ablenkungsbeobachtungen schliefsen sich die Schwingungsbeobachtungen, zu welchen der Magnetkasten abgenommen und durch den hölzernen Schwingungskasten ss (Fig. 8) ersetzt wird. Der zuletzt zu Ablenkungen benutzte Magnet II wird an einem Häkchen aufgehängt (der Faden mufs vorher durch Einhängen eines gleichen Messinggewichtes gehörig austordiert sein), und man beobachtet die Schwingungen mittels einer Uhr, wie dies bereits früher beschrieben wurde. Hierbei mufs die Temperatur im Kasten und die Gröfse des Schwingungsbogens notiert werden. Über die Weise, wie bei Schwingungsbeobachtungen, wo es sich um gröfsere Genauigkeit handelt, die Gröfse der Torsion bestimmt wird, sowie über die Reduktionsmethoden der Intensitätsbeobachtungen ist schon oben das Erforderliche gesagt worden.

Für den Fall der älteren Einrichtung, d. h. wenn die Nadel an einem Faden hängt und nicht auf Spitzen ruht, ändert sich das vorhin gegebene Schema insofern, als die Umlegbarkeit der Nadel nicht möglich und daher dieser Teil in Wegfall kommen kann, dann aber mufs die Torsion aus den Beobachtungen berechnet und in Ansatz gebracht werden.

Da es auf Reisen doch wünschenswert erscheinen mufs, dafs die Kollimation der Magnetachse bei mit Faden aufgehängten Magneten zeitweise bestimmt werden kann, ist dem älteren Reisetheodolit ein eigenes Magnetgehäuse beigegeben, in dem ein umlegbarer Magnet beobachtet werden kann. In diesem Falle mufs auch die Torsion des Fadens in der üblichen Weise bestimmt werden.

In dem hier beschriebenen magnetischen Reisetheodoliten ist auch ein Nadelinklinatorium enthalten, welches an Stelle der bereits beschriebenen Gehäuse, nach deren Entfernung aufgesetzt wird. Von den Beobachtungsmethoden mit diesem Instrumente ist schon oben die Rede gewesen und mag hier nur das allgemeine Schema der Beobachtung eingefügt werden.

Nehmen wir den einfachsten Fall der Bestimmung der Inklination durch Einstellung der Nadel vermittels des Horizontalkreises in den magnetischen Meridian, so ist derselbe in der bereits oben angegebenen Weise zu bestimmen. Dafür ist das Schema wie folgt:

A. Nordpol.   *B*. Nordpol.

    α. Bezeichnete Seite aufsen
      (d. h. vom Kreis abgewendet)

1. Kreis Ost.   5. Kreis Ost.
2. Kreis West.   6. Kreis West.

    β. Bezeichnete Seite innen
      (dem Kreis zugewendet)

3. Kreis West.   7. Kreis West.
4. Kreis Ost.   8. Kreis Ost.

Hat man mehrere Nadeln zur Verfügung, so läfst sich
nach diesem Schema unter Anwendung der genugsam hervor-
gehobenen Vorsicht ein brauchbarer Wert der magnetischen
Inklination auf absolute Weise bestimmen. Da nun aber auch
mittels der weichen Eisenstäbe, die an diesem Apparate in
der früher bei Erörterung der Methoden beschriebenen Weise
angebracht sind, die Inklination beobachtet werden kann, so ist
man jederzeit, wenn Umstände es gestatten, imstande, die

Konstante $\dfrac{1}{K}$ S. 426 für das benützte Differentialinklinatorium

zu bestimmen.

Der ganze Apparat, mit zusammenlegbarem Stativ, in
einem Kasten verpackt, wiegt 22 kg und wird, mit Spitzen-
vorrichtung von Hechelmann, um den Preis von etwa 1000
Mark hergestellt.

Zur Beleuchtung des Gebrauches des Apparates wird am
Schlusse ein Beispiel für die Beobachtung und Berechnung
gegeben; und zwar wird hierbei ein Fall gewählt, in welchem
die Aufhängung des Magneten mittels Kokonfaden bewirkt ist,
was als die schwierigere Beobachtung gewählt wird, weil die
Aufhängung auf Spitzen sich als das einfachere Verfahren
ohne weitere Anleitung ergibt.

II. Beschreibung des Bambergschen magnetischen Theodoliten nebst Anweisung zu Beobachtungen mit demselben.

Der Bambergsche Theodolit ist in einem Transportkasten
von 38,5 cm Länge, 32 cm Höhe und 28,5 cm Breite untergebracht. Das Gewicht von Theodolit und Kasten beträgt
18,5 kg, das dazu gehörige dreibeinige Stativ von 1,35 cm
Länge wiegt 8 kg.

Der Transportkasten enthält zwei Auszüge, auf die die
einzelnen Instrumentteile festgelagert sind. Auf dem oberen
Auszug befindet sich, von Leisten gehalten: das Inklinations-
gehäuse, mit dem auf halbe Grade geteilten Spiegelkreise, das

Fernrohr, eine Aufsatzlibelle zur Bestimmung der Neigung der Fernrohrachse, ein Kästchen mit zwei 11 cm langen Inklinationsnadeln, ein Kasten, enthaltend Hollundermark, Reservepinnen, Kokonfäden und Lederläppchen, und außerdem auch ein Kasten,

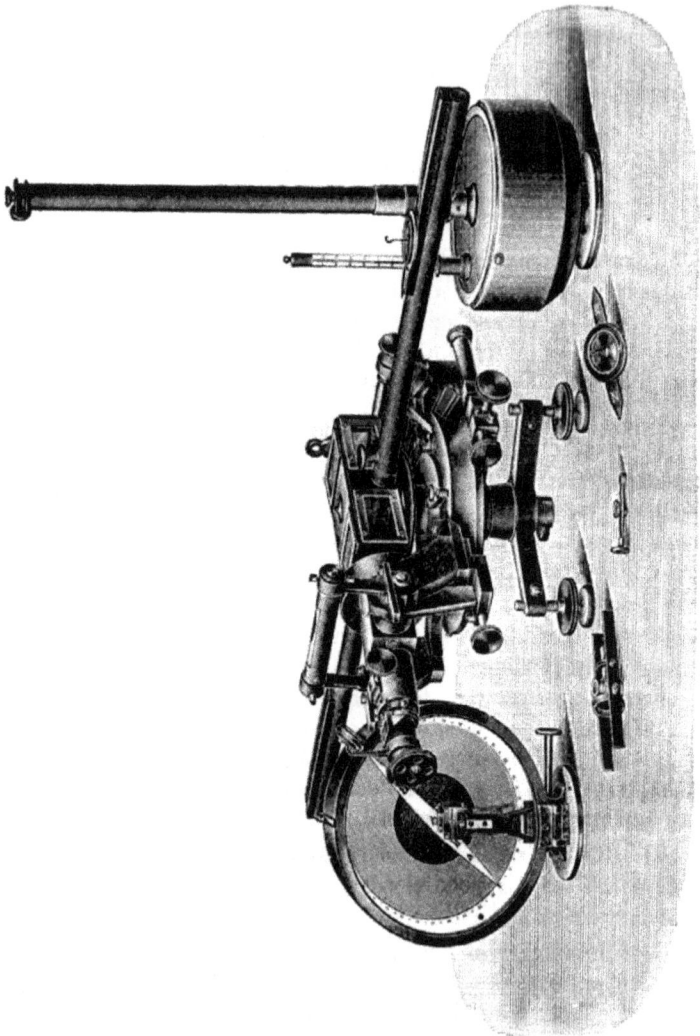

Fig. 9.

in dem der umlegbare Deklinationsmagnet, ein messingener Torsionsstab, Trägheitsring und eine kleine, nicht umlegbare Magnetnadel mit Spiegel, die bei den Ablenkungsbeobachtungen als abgelenkte Nadel dient, untergebracht sind. Der untere

Auszug trägt den magnetischen Theodoliten, dessen verdeckt liegender Horizontalkreis von 13 cm Durchmesser durch zwei einander gegenüberliegende Nonien auf halbe Bogenminuten ablesbar ist. Ferner trägt dieser Auszug die Schwingungsdose, einen Magnetisiertisch, ein Etui mit den beiden 7,8 cm langen Ablenkungsmagneten, das Suspensionsrohr für Schwingungsbeobachtungen, ein Thermometer im Etui, eine Lupe, einen Stiftschlüssel, ein Ölfläschchen, eine Flasche mit Vaselin und einen Haarpinsel.

An dem linken Innenrand des Transportkastens lagern auf einem Träger die beiden 25,5 cm langen Ablenkungsschienen und auf dem Boden des Kastens zwei 15,2 cm lange Streichmagnete, die beim Ummagnetisieren der Inklinationsnadel Verwendung finden. An der Innenseite der Tür endlich sind Pinzette, Reiber zum Erschüttern der Nadel beim Einstellen, Staubpinsel, zwei Stellstifte, zwei Schraubenzieher und die drei Fußplatten des Theodoliten untergebracht. Damit die Teile ihren richtigen Platz im Transportkasten erhalten, sind die einzelnen Stellen mit dem Namen des dahin gehörigen Instrumentteiles bezeichnet. Um zu verhüten, daß durch unzweckmäßige Lagerung eine Schwächung der Magnete eintreten könnte, findet sich in den Magnetkästen und den Etuis angegeben, wo die Nordenden liegen müssen.

Der magnetische Theodolit von Bamberg ist in den wesentlichsten Teilen nach denselben Grundsätzen konstruiert, wie der vorhin beschriebene von Neumayer-Hechelmann, d. h. es ist der Lamontsche Reisetheodolit nach modernen Grundsätzen und mit Spitzenaufhängung eingerichtet. Es befindet sich in Figur 9 eine Abbildung dieses verzugsweise in der kaiserl. Marine verwendeten Instrumentes, die die Konstruktion im einzelnen zeigt. Es bedarf zum Verständnis des ganzen Apparates wohl keiner eingehenden Erklärung. Um auf alle Fälle gerüstet zu sein, ist es wünschenswert, einen völlig eisenfreien Topographenschirm zum Schutze des Instrumentes bei Beobachtungen zu besitzen; ferner muß eine gute Taschenuhr, deren Stand gegen mittlere Ortszeit bis auf Bruchteile der Zeitminute bekannt sein muß, und für die Schwingungsbeobachtungen ein mittlere Zeit anzeigendes Chronometer zum Instrumentarium des zu Zwecken erdmagnetischer Beobachtung Reisenden gehören.

Die schon früher (S. 403) angegebenen Maßnahmen für die Auswahl einer magnetischen Station im Felde und die dabei zu beobachtenden Vorsichtsmaßregeln gelten begreiflicherweise auch für den Bambergschen Theodoliten.

Um das Auffinden des Platzes durch später dorthin
kommende Beobachter zu erleichtern, ist es erforderlich, eine
genaue Beschreibung der topographischen Lage der Beobachtungsstelle (womöglich mit erläuternder Zeichnung) anzufertigen.

Es ist besonders auf geologisch und magnetisch interessante
Punkte bei der Aufstellung des Instrumentes zu achten, wie
beispielsweise auf der Gazellehalbinsel in Neupommern oder
in der Nähe der Kingua-Fjordsstation (1882/83) der Sand
stark eisenhaltig war. Gerade solche Orte sind eingehend
magnetisch zu untersuchen. Sehr häufig kommt es vor, daſs
ein einzelner Bergkegel von basitischem Gesteine, wie Mount
Useful in Südost-Australien (siehe Neumayers magnetische
Vermessung von Australien, einen starken magnetischen Einfluſs ausübt. In einem solchen Falle wird man rings um den
Berg an mehreren passend gelegenen Stellen des Abhanges
beobachten, um aus diesen Messungen die störenden Kräfte
der Gröſse und Richtung nach bestimmen zu können. Allgemeine Regeln lassen sich für solche Fälle nicht aufstellen,
es muſs der Einsicht und dem Interesse der Beobachter überlassen bleiben, die richtige Auswahl zu treffen und das Erforderliche anzuordnen. Im übrigen gelten auch für die Beobachtungen mit diesem Instrumente die für erdmagnetische
Beobachtungen allgemein gültigen Regeln. Vor allem muſs
der Instrumentkasten während der Beobachtungen genügend
weit von der Beobachtungsstelle gelagert werden, und der Beobachter muſs darauf achten, daſs an ihm selbst, seiner Kleidung usw. keinerlei eisenhaltige Objekte, die störend auf die
Beobachtungen einwirken müſsten, sich befinden. Es ist darauf
zu achten, daſs durch Einfetten der Magnete mit säurefreier
Vaseline oder ungesalzenem Schweinefett diese vor Rosten
geschützt werden. Vor dem jedesmaligen Gebrauche müssen
die Magnete durch vorsichtiges Abreiben mit dem Lederläppchen von dem anhaftenden Fett befreit werden. Dies
gilt ganz besonders von den Ablenkungsmagneten und den
Inklinationsnadeln. Bei diesem Instrumente gilt, wie dies
bei jedem andern der Fall ist, daſs durch vorsichtiges Behandeln des Instruments und namentlich der Magnete der
Wert der Beobachtungsergebnisse zu einem groſsen Teile
bedingt wird.

In welcher Reihenfolge man die drei magnetischen Gröſsen
— Deklination, Horizontalintensität und Inklination — vornimmt, ist an sich gleichgültig, doch dürfte es sich empfehlen,

die Inklinationsmessungen im Anschlusse an die Deklinationsbestimmungen auszuführen, da man aus letzteren die Lage des
magnetischen Meridians auf dem Kreise erhält, die in den
meisten Fällen für die Inklinationsbestimmung notwendig ist.

Die früher gegebenen Winke über die Azimutbestimmungen
zur Bestimmung der magnetischen Deklination gelten auch für
den Theodoliten von Bamberg; nur ist dabei zu beachten, dafs
in diesem Falle die Sonne bis zu einer Höhe von 40⁰ direkt
beobachtet werden kann.

Es seien nun zunächst über das Beobachtungsverfahren
einige erläuternde Worte gegeben. Zunächst wird das Stativ
aufgestellt und fest mit den drei Spitzen in den Boden getrieben, wobei man darauf zu achten hat, dafs der Stativkopf
annähernd wagerecht liegt. Nachdem man die drei Fufsplatten
auf den Stativkopf gelegt hat, setzt man den Theodoliten mit
Fernrohr auf und schraubt ihn am Stativ fest. Darauf wird
das Instrument mit Hilfe der Libelle und unter Benutzung der
drei Fufsschrauben in der bekannten Weise gut horizontal gestellt. Zunächst sind nun einige Berichtigungen vorzunehmen,
und zwar zuerst am Fernrohr; dieses ist durch Ausziehen
oder Einschieben des Okulars in den Auszug auf deutliches
Sehen einzustellen. Ob die richtige Stellung erreicht ist,
erkennt man daran, dafs ein an den Faden gestelltes fernes
Objekt beim seitlichen Hin- und Herbewegen des Kopfes seine
Lage zum Faden nicht ändert, auch darf der Faden nicht
doppelt erscheinen. Nach richtiger Einstellung des Okular
auf deutliche Sehweite wird durch Auf- und Niederschrauben
des Fernrohrs mittels der Feinschraube festgestellt, ob bei gut
nivelliertem Instrument der Faden auch senkrecht ist.

Steht der Faden nicht genau senkrecht, so weifs jeder
Beobachter von einiger Erfahrung, was er zur genauen Ad-
justierung desselben zu tun hat. Auch die übrigen Adjustie-
rungen sind bei diesem Instrumente ganz dieselben wie bei
ähnlichen Apparaten und können, da der Beobachter als damit
vertraut angenommen wird, hier übergangen werden.

Um sicher zu sein, dafs während der anzustellenden Beobachtungen keine Drehung des Instrumentes stattfindet, ist
es in diesen wie in allen ähnlichen Fällen unerläfslich, dafs
beim Anfang und beim Schlusse aller Messungen am Horizontalkreise ein fernes möglichst in der Nähe des Horizonts liegendes
und gut sichtbares Objekt — M i r e — eingestellt wird. Nur
die gute Übereinstimmung der Ablesung für die Mire am
Anfange und am Schlusse der Messung ist der Beweis dafür,

dafs die Beobachtungen verwertbar sind. Zeigen sich Unterschiede, die $\frac{1'}{2}$ — 1' überschreiten, so sind die Beobachtungen mit Vorsicht zu verwerten, da man alsdann annehmen kann, dafs das Instrument durch Nachgeben des Stativs oder durch einen Stofs, der nicht immer vom Beobachter bemerkt zu sein braucht, aus der ursprünglichen Lage verschoben wurde.

Man kann alsdann zu den astronomischen Beobachtungen, zur Bestimmung des Nordpunktes des Horizontalkreises übergehen, wobei eine oder die andere der in einem früheren Abschnitte bereits beschriebenen Methoden unter Zuratziehung der in den Ausführungen im Abschnitte über geographische Ortsbestimmungen gegebenen Winke angewendet werden kann.

Zur Bestimmung der Mifsweisung ist noch die Ermittelung der Lage des magnetischen Meridians auf dem Horizontalkreis erforderlich. Der Unterschied des astronomischen und magnetischen Meridians ist, wie wir wissen, die magnetische Deklination oder Mifsweisung. Zur Bestimmung der Lage des magnetischen Meridians bedient man sich bei diesem Instrumente des grofsen, aus vier Lamellen bestehenden umlegbaren Magneten, dessen Magnetpaare an einem aus Aluminium verfertigten Gestelle festgeschraubt sind. Dieses Gestell trägt ferner an der einen Seite einen Planspiegel und an der andern ein kleines Laufgewicht. In der Mitte des Gehäuses, in dem der Magnet sich bewegt, befindet sich die den Magneten tragende Pinne, die stets von vorzüglicher Beschaffenheit sein mufs. Es ist sehr anzuraten, dafs sich der Beobachter jedesmal vor dem Beginne der Beobachtung von dem Zustande der Pinne überzeugt und auch mittels einer feinen Nadel untersucht, ob das Hütchen nicht etwa Sprünge hat oder sonst unbrauchbar wurde. Stumpfe, verbogene oder verrostete Spitzen müssen gegen neue ausgewechselt werden; man findet einen kleinen Vorrat von Spitzen in einer Glasröhre im kleinen Holzkästchen. Ferner mufs darauf geachtet werden, dafs die Spitzen fest in dem Pinnenträger sitzen und nicht etwa schlottern. Sollte letzteres der Fall sein, so ist die Halteschraube zu entfernen und der dann sichtbar werdende viergeteilte Kopf des Pinnenhalters etwas zusammenzudrücken.

Die Beobachtungen beginnen wieder mit der Einstellung der Mire; um diese aber frei von der etwaigen prismatischen Brechung des Glases an der Rückseite des Kastens zu erhalten, mufs dieses Glas während der Mirenbeobachtung entfernt werden.

Um den Deklinationsmagneten auf der Pinne zur Schwebe zu bringen, schraubt man zunächst nach Entfernen des Deckels durch Drehen der unter dem Magnetgehäuse befindlichen Scheibe die Aufhebevorrichtung in die Höhe, legt dann den Magneten darauf und bringt durch vorsichtiges Zurückdrehen den Magneten auf die Pinne. Sollte nun der Magnet nicht genau horizontal liegen, sondern nach vorn oder hinten geneigt sein, so ist derselbe wieder mit Hilfe der Abhebevorrichtung von der Pinne zu entfernen und durch entsprechendes Verstellen des Laufgewichtes dafür zu sorgen, dafs der Magnet eine horizontale Lage annimmt.

Bei diesem, wie bei den Lamontschen Theodoliten überhaupt, wird man beim Durchsehen durch das Fernrohr in den meisten Fällen ein halbes Kreissegment mit Vertikalfaden (das reflektierte Bild von Beleuchtungsprisma und Faden) hin und her schwingen sehen. Beobachtet man unter freiem wolkenlosen Himmel, so erscheint der gespiegelte Faden weifs auf dunklem Hintergrunde, bei bewölktem Himmel oder unter einem Schirm aber schwarz auf hellem Hintergrunde. Legt man auf das Beleuchtungsprisma ein Stück angefeuchtetes, weifses Seidenpapier, so erreicht man dadurch, dafs der gespiegelte Faden schwarz auf hellem Untergrund scharf zum Vorschein kommt.

Hat man das vom Magnetspiegel herrührende Spiegelbild des Fadens aufgefunden, so kann man zur Einstellung schreiten. Zur Überwindung der kleinen Reibung zwischen Pinne und Hütchen ist auf dem Dekelglase des Magnetgehäuses eine kleine Spitze angebracht, mittels welcher man durch zartes Reiben mit dem dem Instrumente beiliegenden „Reiber" eine Erschütterung hervorbringt, was nie beim Einstellen auf den Faden im Spiegel versäumt werden sollte (S. 434). Auch hat man sich zu versichern, dafs, ehe man von der Einstellung bezw. Ablesung der Nonien überzeugt sein darf, der Magnet frei im Gehäuse schwebt.

Der vorhin beschriebene Deklinationsmagnet ist zum Umlegen eingerichtet und deshalb mit dem früher genannten Achat- oder Rubinhütchen versehen. Wie man zu verfahren hat, um das Umlegen ohne Nachteil für die Beständigkeit der einzelnen Teile des Magneten zu vollziehen, ergibt sich am besten aus Erfahrung und Übung. Bei dieser Handlung, die zur Bestimmung bezw. Eliminierung der Kollimationsfehler des Spiegels, wie wir früher gezeigt haben, dient, mufs mit der gröfsten Vorsicht und Zartheit verfahren werden.

Zur Bestimmung der Horizontalintensität mit dem Bambergschen Theodoliten sind besondere Einrichtungen getroffen:

1. ein kleiner mit Spiegel versehener Magnet, auf welchen mittels des Fernrohrs nach den genugsam bekannten Grundsätzen eingestellt werden kann zur Feststellung der Richtung der freien und abgelenkten Nadel; eine besondere Beschreibung erheischt diese kleine Nadel, die schon in der Einleitung angedeutet wurde, nicht;

2. die an den Theodoliten angebrachte Schiene usw. für die Ablenkungen und

3. der Schwingungskasten mit Thermometer und anderm Zubehör, wie gleichfalls in der Einleitung zu dieser Beschreibung erwähnt (S. 438 ff.).

Da, wo von den Beobachtungsmethoden für die Horizontalintensität die Rede war, wurden bereits eingehend die Teile des Bambergschen Theodoliten 8524, die sich auf die Punkte 2 und 3 beziehen, beschrieben; es darf deshalb darauf verwiesen und soll hier nicht weiter darauf zurückgekommen werden.

Wie schon erwähnt, ist ähnlich, wie bei dem Neumayer-Hechelmannschen Theodoliten und bei der obigen Beschreibung dieses Instruments hervorgehoben wurde, ein Nadelinklinatorium vorgesehen, das in keinen wesentlichen Teilen von den bekannten Instrumenten dieser Art abweicht. Da, wo von den Beobachtungsmethoden die Rede war, wurde alles Erforderliche schon hervorgehoben. Über die Größenverhältnisse der Nadeln des Bambergschen Theodoliten Nr. 8524 wurde schon in der Einleitung dieses Abschnittes berichtet.

VI. Verwertung der magnetischen Beobachtungen.

Es ist an jener Stelle dieser Arbeit, wo von den periodischen Schwankungen gesprochen wurde, von einigen charakteristischen Schwankungen in den Elementen die Rede gewesen. In Einzelheiten dieses hochwichtigen Gegenstandes einzugehen, müssen wir uns an dieser Stelle versagen. Es mag genügen, auf das hinzuweisen, was in Neumayers „Atlas des Erdmagnetismus", S. 14 ff., gesagt ist, wodurch derjenige, der sich mit der praktischen Seite dieser Frage zu beschäftigen hat, für die verschiedenen Punkte der Erde sich zu orientieren vermag. Ein gleiches mag gesagt werden von dem von der deutschen Seewarte herausgegebenen Werke „Der Kompaß an Bord", wo auf S. 26—29 durch Diagramme erläutert, die verwickelten Erscheinungen der täglichen Periode der magnetischen Elemente nach dem gegenwärtigen Stande unsrer Kenntnis dargelegt sind. Es erhellt daraus, daß bei der Verwertung der magnetischen Beobachtungen auf die Periode,

innerhalb welcher dieselben gemacht worden sind, Rücksicht
zu nehmen ist, d. h. es sind in Fällen, wo die gleichzeitigen
Lesungen von Variationsinstrumenten nicht zur Verfügung
stehen, die Beobachtungen, also die Elemente des Erdmagnetismus, auf einen Mittelwert des oder der Elemente innerhalb
der Periode zurückzuführen. Unsre Kenntnis dieser Erscheinungen
ist gegenwärtig noch lange nicht in dem Mafse vollständig,
dafs eine Zurückführung auf Mittelwerte, wie soeben angedeutet,
allenthalben und zu allen Zeiten mit der wünschenswerten
Schärfe ausgeführt werden könnte. Es mag hier genügen, auf
die Wichtigkeit der Sache hingewiesen zu haben, namentlich
auch um den Reisenden darauf hinzuweisen bezw. zu veranlassen nachzuforschen, ob etwa innerhalb des gerade in
Rede stehenden Gebietes noch Material, das zu irgendeiner
Zeit zusammengetragen worden, vorhanden ist, um es erhalten
und für seine Zwecke verwenden zu können. Solches gilt
übrigens nicht nur in Beziehung auf die periodischen Veränderungen in den magnetischen Elementen, sondern mag
auch als allgemein gültig und beachtenswert bezeichnet werden.
Von den unperiodischen Schwankungen innerhalb einer Störungsperiode kann man nur sagen, dafs eine Zurückführung auf
einen Mittelwert, wenn nicht als untunlich, so doch als
zwecklos zu bezeichnen ist, dafs es also vermieden werden
sollte, magnetische Beobachtungen innerhalb einer solchen
Periode im Felde auszuführen, da die Verwertung der betreffenden
Beobachtungen nach dem heutigen Stande des Wissens für die
Erweiterung unserer Kenntnis über den exakten Wert der
Elemente kaum von Bedeutung ist. Der geübte Beobachter
bemerkt sofort an den Bewegungen der Magnetnadel, wie in
den einleitenden Bemerkungen zu diesem Abschnitt hervorgehoben, dafs er sich innerhalb einer solchen Störungsperiode
befindet, und wird dadurch veranlafst werden, die Beobachtungen nicht weiter fortzuführen bezw. zu unterbrechen,
wie dies ebenfalls bereits früher empfohlen wurde. Innerhalb
jener Gebiete der Erde, die nahezu beständig von magnetischen Störungen heimgesucht sind, begegnet man in der
Befolgung dieser Weisung besonderer Schwierigkeit. Wie in
solchen Fällen zu verfahren ist, um dennoch verwertbare Beobachtungen zu erhalten, kann hier nicht näher erörtert werden
und mufs vielmehr besonderer Anweisung vorbehalten bleiben.
    Nach dem Ergebnis neuerer Forschungen mufs der geo-
logischen Gestaltung des Gebietes, auf dem die Beobachtungen
ausgeführt werden, eine weit gröfsere Beachtung zugewendet
werden, als dies bisher der Fall gewesen ist. Der Beobachter

wird wohl daran tun, sich über die geologischen Verhältnisse, wo und wann immer dies möglich ist, gründlich zu informieren; dafs diese Information sich nicht nur auf das zu erstrecken hat, was auf der Oberfläche ersichtlich ist, geht aus den Ergebnissen neuerer Forschungen zur Genüge hervor. Die Erstreckung der Formationen in einer gewissen Tiefe, die ja recht beträchtlich sein kann, so dafs sie noch auf die magnetischen Beobachtungen an der Oberfläche eine recht erhebliche Wirkung zu äufsern vermag, ist zu erforschen; es ist deshalb namentlich der Tektonik der Erdkruste an Ort und Stelle eine gründliche Beachtung zuzuwenden, was allerdings wohl nur in seltenen Fällen dem reisenden Beobachter selbst möglich sein wird, wohl aber an der Hand eingesammelten Materials zu erreichen sein dürfte. Es schliefst dies nicht aus, dafs auch durch Einsammeln und Aufbewahren des am Orte der Beobachtung vorhandenen geognostischen Materials für die Forschung Wichtiges erzielt werden kann. Man darf sich nur daran erinnern, dafs in bezug auf Permeabilität und Suszeptibilität der Gesteine hinsichtlich ihres magnetischen Verhaltens nur sehr wenig völlig Zuverlässiges bekannt geworden ist. Es ist in den einleitenden Bemerkungen schon hervorgehoben worden, dafs der erdmagnetische Beobachter seinen Standort mit aller Sorgfalt auszuwählen hat und namentlich darauf Bedacht nehmen mufs, dafs er die Nähe basitischer und Eruptivgesteine vermeidet.

Der Beobachter tut ferner gut daran, sich beim Eintreten in die Arbeiten über Erdmagnetismus zu vergegenwärtigen, welche hohen Ziele die erdmagnetische Forschung zu befolgen hat. Er wird alsdann von der Überzeugung geleitet werden, dafs es nach dem gegenwärtigen Stande nicht mehr genügt, Minderwertiges zur Verwertung zu bringen, und das Beste nur gerade gut genug ist, das Material zu liefern, welches die verwickelten Fragen der erdmagnetischen Erscheinungen einer Lösung entgegenzuführen vermag. Mag es sich darum handeln, auf der Grundlage neueren und besseren Materials in die weitere Entwicklung der Gaufsschen Potentialtheorie einzutreten oder die Erkenntnis über die Beschaffenheit des nächsten Erdinnern zu beleuchten, um möglicherweise daraus für die Bestrebungen der Menschen wichtige Folgerungen ziehen zu können, immer mufs der einsichtsvolle erdmagnetische Beobachter von der Überzeugung getragen sein, dafs es gilt, eine der wichtigsten und höchsten, in der Lösung eine Vertiefung der Erkenntnis verheifsenden Fragen zu fördern.

Diese Erwägungen finden ihre Anwendung sowohl hinsichtlich der Beobachtungen, die an Land oder auf hoher See gemacht werden. Die letzteren, die uns, abgesehen von den Einflüssen an Bord, welche der Beobachter zu bestimmen versteht, weiter von den unmittelbaren Einflüssen der Erdkruste auf die erdmagnetischen Elemente entfernen, versprechen gerade in dieser Beziehung ein besonders günstiges Resultat, so daſs einmal die Frage gestellt werden kann, ob man die erdmagnetischen Beobachtungen von hoher See nicht unabhängig von jenen, mit störenden Einflüssen behafteten Beobachtungen an Land der streng physikalischen Bearbeitung für sich unterwerfen sollte, wie das von geistreicher Seite schon angeregt worden ist. Zu diesem Behufe wird es allerdings der Vermehrung der ozeanischen Beobachtungen in erheblichem Maſse für alle Meere bedürfen, wie es gegenwärtig von seiten der amerikanischen Gelehrten für den nordpazifischen Ozean geplant ist. Auch die erdmagnetische Vermessung rund um die Erde längs eines Breitengrades, etwa des 50., wie es jüngst von deutschen Forschern vorgeschlagen wurde, gehört in dieses Gebiet.

Vor allem muſs das Bestreben darauf gerichtet sein, eine völlig zutreffende, auf eine bestimmte einheitliche Epoche zurückgeführte erdmagnetische Karte für den ganzen Erdball entwerfen zu können. Dazu besteht nun, nachdem in den Nord- und Südpolargebieten in den letzten Jahren gediegenes Material zusammengetragen wurde, begründete Aussicht, ebenso auf Feststellung der Lage der erdmagnetischen Pole und damit auf eine wesentliche Festigung der Grundlagen zur Entwerfung der erdmagnetischen Karten, wie wir diese Grundlagen durch die Forschungen des kühnen Roald Amundsen für den Norden zu erhalten hoffen.

Die Verwertung des erdmagnetischen Forschungsmaterials muſs, was zur Ermutigung dienen mag, zu groſsen, für die menschliche Erkenntnis segensreichen Ergebnissen führen.

VII. Beispiele zur Beleuchtung der Methoden und Berechnung der Beobachtungen.

1. Bestimmung der magnetischen Elemente in Hobart (Tasmanien) durch Dr. von Neumayer, zwischen dem 14. und 16. April 1864.

(Lamonts Reisetheodolit alter Konstruktion.)

Am 14. April 1864 wurde der Reisetheodolit von Lamont in dem Regierungspark in Hobart aufgestellt. Das Stativ wurde so fest in die Erde gerammt, dafs es für einige Tage unverändert bleiben konnte. Die geographischen Koordinaten wurden abgeleitet zu:

42° 52′ 48″ Südl. Breite
147° 26′ 30″ Östl. Länge von Greenwich.

Mittels eines Reflexionskreises von Troughton und Sims, London, wurden die erforderlichen Zeitbestimmungen und die Ermittlung vom Azimut entfernter Objekte durch Distanzen zwischen Sonne und dem Objekte vorgenommen. Das Azimut eines trigonometrischen Signals auf Rumney' Hill (1236 engl. Fufs über dem Meere) wurde ermittelt zu: N 84° 30.24′ O, das eines entfernten Kamins zu N 74° 56.89′ O.

Es wurde darauf das Gehäuse für absolute Deklinationsbestimmung aufgeschraubt und die Lage der magnetischen Achse des Magneten in zwei Lagen auf dem Horizontalkreis festgelegt. Die Bestimmung der Torsion wurde in der gewöhnlichen Weise durch den Torsionskreis an der Aufhängeröhre vorgenommen und zu — 3.80′ gefunden. Daraus und aus den vorhin gegebenen Miren wurde die magnetische Deklination, reduziert auf die Skala der Variationsinstrumente des Observatoriums in Melbourne, zwischen $10^h 55^m$ a. bis $12^h 32^m$ p., bestimmt zu 10° 26.910′ östl.

Am Morgen des 15. April wurde der Intensitätsapparat auf dem Theodoliten aufgesetzt und die Ablenkungsbeobachtungen in der früher angegebenen Weise vorgenommen mit den beiden Nadeln 1 und 2. Die Ablesung der unabgelenkten Nadel (freien Nadel) war

zwischen $11^h 0^m$ und $11^h 24^m$ a. m. 319° 15.8′

und die Ablenkungen mit

Magnet 1 im Mittel aus 8 Ablenkungen nach Osten 294° 20.55′
„   „   „ 8   „   „ Westen 344° 6.08′

bei einer Temperatur von 17.3° R., woraus sich nach Lamonts Verfahren die Torsion zu + 3.06′ ergab und die Kollimation des Spiegels am Magnet in Verbindung mit der Deklinationsbestimmung am Tage vorher (da der Magnet nicht umlegbar ist) zu + 40.00′. Freie Nadel zwischen $11^h 14^m$ und $11^h 26^m$ 319° 5.80′.

Magnet 2 gab im Mittel aus 8 Ablenkungen nach Osten 285° 35.43′,

Magnet 2 gab im Mittel aus 8 Ablenkungen nach Westen 352° 43.77′ bei der Temperatur + 17.4° R.

Aus den Ablenkungen **Magnet 1** ergibt sich der Ablenkungswinkel $\varphi = 24^\circ\ 52.60'$ für Ungleichheit der Winkel korrigiert bei $+ 17.3^\circ$ R. und

Aus den Ablenkungen **Magnet 2** ergibt sich der Ablenkungswinkel $\varphi = 33^\circ\ 33.92'$ für Ungleichheit der Winkel korrigiert $+ 17.4^\circ$ R.

Aus den Ablesungen der freien Nadel und aus dem Mittelwert aus den Ablenkungen ergibt sich eine Differenz, aus der wir die Torsion des Fadens zu $+ 6.44'$ ableiten und unter Anwendung der ermittelten Kollimation des Spiegels am Magnet einen Mittelwert der magnetischen Deklination von $10^\circ\ 26.98'$ östl. auf das Variationsinstrument in Melbourne reduziert.

Darauf wurde der Kasten für Schwingungsbeobachtungen auf den Theodoliten aufgesetzt und mit beiden Magneten je zwei Reihen Schwingungen beobachtet nach einem Chronometer, das mir Herr Abbott, Vorstand des Observatoriums in Hobart, leihweise überliefs. Es wurde nach dem bekannten Schema Lamonts beobachtet, wonach jeder dritte Durchgang notiert und stets eine Reihe von zehn Durchgängen in drei verschiedenen, je 100 Schwingungen voneinander abliegenden Reihen beobachtet wurde. Es ergab sich daraus $\log T_1$, der Log der Zeit für eine Schwingung, nach Notierung des Schwingungsbogens auf unendlich kleine Bogen

für Magnet 1 $\log T = 0.656671$ bei 14.0° R. und ferner
für Magnet 2 $\log T = 0.602514$ bei 13.1° R.

Die Konstanten der Magneten wurden im Observatorium in Melbourne ermittelt zu:

für Magnet 1 $\log C = 0.78115$ und
„   „   2 $\log C = 0.78651$ und

daraus die Formel

für Magnet 1: $\log H = 0.78115 - \log T - \frac{1}{2} \log \sin \varphi - 0.95\, t'$
$+ 8.15\, (t - t')$

für Magnet 2: $\log H = 0.78651 - \log T - \frac{1}{2} \log \sin \varphi - 0.95\, t'$
$+ 8.15\, (t - t')$.

t' und t sind die Temperaturen bei Ablenkungen und bei Schwingungen. Setzt man in die obigen Formeln die betreffenden Werte von φ, den Ablenkungswinkel ein, so ergibt sich

aus Beobachtungen des Magneten 1: $H = 2.05150$ G. E.
„   „   „   „   2: $H = 2.05127$ G. E.

also im Mittel: $H = 2.05138$ G. E. $= 0.205138$ C. G. S. Eine Reduktion wurde in diesem Falle **nicht** auf das Variationsinstrument in Melbourne ausgeführt und gilt daher der Wert für das Mittel der Zeit der Beobachtung am 15. April 1864.

Am 16. April 1864 wurde auf derselben Station die magnetische Inklination mit den Differentialinklinatorium mit weichen Eisenstäben ausgeführt. Vor der Reise, wie auch nachher, wurde der Koeffizient $\frac{1}{K}$ auf dem Observatorium in Melbourne genauestens bestimmt. Nach Lamont (siehe „Handbuch des Magnetismus", Seite 258) nimmt der Koeffizient $\frac{1}{K}$ mit den Jahren zu, d. h. die Induktionsfähigkeit des weichen Eisens nimmt ab. (Siehe auch Neumayer, Erdmagnetische Vermessung der bayerischen Rheinpfalz, Seite 25.) Die absolute Inklination war während der in Rede stehenden Zeit aus zahlreichen Beobachtungen mit dem Nadelinklinatorium ermittelt zu 67^0 7.4' südl. (J_0), der Ablenkungswinkel wurde, wenn genauestens reduziert, zu 28^0 44.66' (ψ_0) erhalten.

Die Ablenkungen mit den weichen Eisenstäben wurden nach dem oben erklärten Schema vorgenommen. Im nachstehenden geben wir die Mittelwerte aller Ablenkungen:

Aus vier Ablenkungen nach Westen ergab sich ein Mittelwert von 354^0 39.31' mit der Temperatur $+ 11.0^0$ R.

Aus vier Ablenkungen nach Osten ergab sich ein Mittelwert von 283^0 13.03' mit der Temperatur $+ 11.0^0$ R.

Daraus ergibt sich der nur für Ungleichheit der Winkel reduzierte Ablenkungswinkel (ψ) zu 35^0 43.14'.

Aus den Ablesungen des Mikrometerniveaus ergibt sich nach den früheren Darlegungen die Korrektion für Abweichung der Stäbe aus weichem Eisen von der senkrechten Lage:

$$\omega = O - m = + 0.27, \; \omega' = O' - m = + 0.17$$
$$\sigma = S - m = - 0.04, \; \sigma' = S' - m = - 0.06 \quad m = 0.47$$

ω und ω', sowie σ und σ' haben die in den Lamontschen Arbeiten über diesen Gegenstand eingeführte Bedeutung; m ist die durch Mikrometermessungen ermittelte Lage des Nullpunktes (siehe oben)

$$\psi = 35^0 \; 43.14'$$
$$\text{Korrektion} = - \quad 0.07$$
$$\psi = 35^0 \; 43.07'$$
$$\text{Red. auf } 10^0 \text{ R.} = - \quad 1.58$$
$$\text{Daher: } \psi = 35^0 \; 41.49 \text{ reduziert}$$

$$\operatorname{tg} J = \frac{\sin \psi}{\sin \psi_0} \cdot \operatorname{tg} J_0 \ldots$$

$J = 70^0$ 49.30′ Süd, Wert der Inklination zwischen $1^h 57^m$ und $2^h 44^m$ p. Am 13. April wurde eine zweite Bestimmung gemacht, die die Inklination ergab zu $J = 70^0$ 45.0′ Süd, an derselben Stelle beobachtet, und zwar zwischen $3^h 1^m$ und $4^h 45^m$ p. Die Reduktion auf 10^0 R. war in diesem Falle von 17.8^0 R. auszuführen.

Die magnetischen Elemente ergeben sich daher für Hobart und die einzelnen Zeiten zu:

magnetische Deklination 10^0 26.910′ östl.
„   Inklination 70^0 49.30 südl.
horizontale Intensität 0.205138 C. G. S.

Ob diese Werte als nahezu unbeeinflufst von der geologischen Formation angesehen werden können, läfst sich nach der Kenntnis der geologischen Verhältnisse um Hobart nicht entscheiden. In nicht gar grofser Entfernung treten gewaltige basaltige Massen zutage, während die Station selbst auf einem Sandsteine sich befand; zu welcher geologischen Epoche dieser Sandstein gehört, war zu jener Zeit noch nicht bestimmt.

Der weiter oben in dieser Abhandlung abgebildete und beschriebene Reisetheodolit hat keine Aufhängung des Deklinations- und Intensitätsmagneten an Kokonfaden; es bewegen sich die Magnete, mit Ausnahme des zu Schwingungen benutzten, auf Spitzen und Hütchen. Dadurch fällt die Beobachtung und Bestimmung der Torsion weg, wodurch die Untersuchung wesentlich vereinfacht wird.

2. Bestimmung der magnetischen Elemente in Wilhelmshaven durch Professor Stück im Juni und Juli 1903.

(Bambergs Reisetheodolit neuester Konstruktion Nr. 7594.)

Der Ort der Beobachtung ist die Südwestecke des Gartens des kaiserlichen Observatoriums. Die geographischen Koordinaten sind:

Geogr. Breite $(\varphi) = 53^0$ 31.89′ N.
„   Länge $(\lambda) = 0^h 32^m 35.2^s$ östl. von Greenwich
Datum: 4. Juni 1903 nachmittags.

Magnetische Deklination.

a) Bestimmung der Mire mit Hilfe der Sonne.

♂ Garnisonkirche 344^0 54.13′ (Mittel aus mehreren Einstellungen).

Es wurden vier vollständige Beobachtungsreihen nach der Mitte der Sonne (☉) mit den entsprechenden Chronometer-

29*

zeiten ausgeführt, woraus sich der Südpunkt des Kreises zu
297 ° 37.8' ergab; dann wurden die Miren eingestellt:

♀ = ... 344 ° 53.69' (Mittel aus mehreren Einstellungen).

b) Bestimmung der Lage des magnetischen Meridians auf
dem Horizontalkreise).

☉ = ... 344 ° 53.44' (Mittel aus mehreren Einstellungen
durch das vordere Glas des Magnetgehäuses).

Der Deklinationsmagnet wird eingelegt:

A oben .... 285 ° 16.08' .... 5^h 27^m 0^s ⎫
B „   ... 285 ° 29.41' .... 5^h 30^m 0^s ⎪ Mittel aus
A „   ... 285 ° 16.09' .... 5^h 32^m 0^s ⎬ mehreren Ein-
B „   ... 285 ° 28.20' .... 5^h 35^m 0^s ⎭ stellungen,

Mittel ..... 285 ° 22.46' Lage des magnetischen Meridians
auf dem Horizontalkreis,

☉ .... 344 ° 53.75' Mittel aus mehreren Einstellungen.

Mittel aus allen Einstellungen des Deklinationsmagneten A
oben 285 ° 16.10

Mittel aus allen Einstellungen des Deklinationsmagneten B
oben 285 ° 28.81'

Kollimation des Spiegels $(C) = \dfrac{A \text{ oben} - B \text{ oben}}{2} = 0 ° 6.35'$.

Aus den Beobachtungen nach der Mitte der Sonne (☉)
ergibt sich der

Astronomische Südpunkt auf dem Horizontalkreis 297 ° 37.8'
Kreisablesung der Mire .... 344 ° 53.9'
Azimut der Mire .... S 47 ° 16.1' W,

wenn Mire durch das vordere Glas des Magnetgehäuses beobachtet wird. Dementsprechend:

Astronomischer Südpunkt 297 ° 37.8' — 0.3 = 297 ° 37.5'
Magnetischer Südpunkt ...... = 285 ° 22.5'
Magnetische Deklination von 5^h p. m. .= 12 ° 15.0' westl.
Instrumentenkorrektion ..... + 1.1'
Verbesserte Magnetdeklination. ... 12 ° 16.1' westl.
Reduktion auf das Tagesmittel ... + 0.8'
Magnetische Deklination auf das Tagesmittel 12 ° 16.9' westl.

Horizontalintensität.

Der Ort der Beobachtung ist auf einer Erdaufschüttung
in der Südwestecke des Gartens des kaiserlichen Observatoriums
zu Wilhelmshaven:

Instrument Bamberg N. 8524 und Chronometer M. 12
Datum und Zeit   1904 Juli 30 $9^h - 10^h$ a. m.
Beobachter N. N.

Es wurden erst Schwingungen und dann Ablenkungsbeobachtungen gemacht.

a) Schwingungsbeobachtungen.

Magnet I.

				Dauer von 100 Schwingungen	
0	7^h 19^m	3.6^s	100	7^h 23^m 13.7^s	$(4^m$ $9.6^s)$
3		11.4^s	103	20.7^s	9.3^s
6		18.5^s	106	28.0^s	9.5^s
9		26.4^s	109	35.7^s	9.3^s
12		33.5^s	112	42.9^s	9.4^s
15		41.2^s	115	50.4^s	9.2^s
18		48.5^s	118	57.7^s	9.2^s
21		56.2^s	121	5.2^s	9.0^s
24		3.7^s	124	12.7^s	9.0^s
27		11.2^s	127	20.4^s	9.2^s
30	20^m	18.7^s	130	24^m 27.5^s	8.8^s

$$4^m\ 9.19^s$$

60. Schwingung 21^m 33.8^s
Schwingungsbogen 4.1 p. 3.7 p.
Temperatur 20.0^0 C.

Dauer einer Schwingung
2.4919^s
$\log (T) = 0.39653$
Reduktion   — 28

Auf unendliche kleine Bogen reduziert $= 0.39625$

				Dauer von 100 Schwingungen	
0	7^h 24^m	42.5^s	100	7^h 28^m 51.5^s	$(4^m$ $9.0^s)$
3		50.3^s	103	59.3^s	9.0^s
6		57.7^s	106	6.7^s	9.0^s
9		5.2^s	109	14.3^s	9.1^s
12		12.6^s	112	21.7^s	9.1^s
15		20.2^s	115	29.3^s	9.1^s
18		27.5^s	118	36.8^s	9.3^s
21		35.2^s	121	44.2^s	9.0^s
24		42.5^s	124	51.5^s	9.0^s
27		50.1^s	127	59.2^s	9.1^s
30	25^m	57.4^s	180	30^m 6.5^s	9.1^s

$$4^m\ 9.08^s$$

60. Schwingung 27^m 12.3^s　　　Dauer einer Schwingung
Schwingungsbogen 2.3 p. 2.0 p.　　　　　2.4908^s
　　Temperatur 20.2^0 C.　　　　　log $(T) = 0.39634$
　　　　　　　　　　　　　　　　Reduktion　$-$ 8

Auf unendliche kleine Bogen reduziert $= 0.39626$
　　　　　Mittel log $(T) = 0.39625$
　　　　　Temp. Mittel $t_T = 20.1^0$. C.

Es wurden sodann die Schwingungen mit Magnet II ausgeführt, und zwar in völlig analoger Weise, so dafs eine ins
einzelne gehende Wiedergabe der Beobachtungen zur Beleuchtung der Methode überflüssig sein würde.

Erhalten wurde im Mittel aus den beiden Reihen
　　　　　log $(T) = 0.38132$
　　　　Mittel der Temperatur $= 20.9^0$.

b) Ablenkungsbeobachtungen.

Stand der Beobachtungsuhr $-$ 30.2^m gegen mittlere
Wilhelmshavener Zeit:

Mire (Schornstein) . . . . . . 192^0 9.75′
M. Meridian (Freie Nadel) . . . 9^h 58.7^m a. m. 20.8^0 C.
Mittel aus mehreren Einstellungen 157^0 51.38′

Magnet II.　Entfernung 200 mm.

Ost	Nordende	Ost	10^h 1.7^m	21.3^0 C.	189^0 46.12′	189^0 33.75′	$\mathit{\Delta}_1 = 0.41^0$[1]
West	„	Ost	3.6	21.4^0	189^0 21.38′		
West	„	West	5.1	21.5^0	126^0 8.88′	126^0 7.38′	$\mathit{\Delta}_2 = 0.05^0$[1]
Ost	„	West	6.5	21.6^0	126^0 5.88′		

　　　　　Mittel　157^0 50.56′ 2[φ] 63^0 26.37′
　　　　　　　　　　　　　　　　　　(φ) 31^0 13.18′
　　　　　　　Korrektion　$-$ 0.03′ $\frac{1}{4}$ log sin $\varphi =$
　　　　　　　　φ_{II}　31^0 13.15′　$= 9.86039$
　　　　　　　　　　　　Temp. $t_a = 21.4^0$.

Magnet II.　Entfernung 264 mm.

Ost		West	10^h 8.6^m a. m.	21.8^0 C.	144^0 45.00′	144^0 46.50′	$\mathit{\Delta}_1 = 0.05^0$
West	Nordende	West	10.0	21.8^0	144^0 48.00′		
West		Ost	11.4	21.9^0	170^0 50.50′	170^0 53.94′	$\mathit{\Delta}_2 = 0.11^0$
Ost		Ost	12.8	22.0^0	170^0 57.38′		

　　　　　Mittel　157^0 50.22′ 2(φ) 26^0 7.44′
　　　　　　　　　　　　　　　　　　(φ) 13^0 3.72′
　　　　　　　Korrektion　$-$ 0.01′　$\frac{1}{4}$ log sin $\varphi =$
　　　　　　　　$\varphi_{II} = 13^0$ 3.71′　$= 9.67706$
　　　　　　　　　　　　Temp. $t_a = 21.9^0$ C.

M. Meridian (Freie Nadel) 10^h 15.0^m 22.0^0 C. 157^0 48.25′.
　　　　　Mittel aus mehreren Einstellungen.

_____

[1] Korrektion wegen Ungleichheit der Winkel. $\mathit{\Delta}_1$ und $\mathit{\Delta}_2$ bedeuten die Differenzen der Kreisablesungen bei Ablenkung der Nadel
nach derselben Seite.

Es folgen nun hier die Ablenkungen mit M a g n e t I und
z w e i Entfernungen, die aber hier, da sie völlig analog mit
den Ablenkungen mit Magnet II ausgeführt wurden, nicht im
einzelnen wiedergegeben werden, da dies zur Beleuchtung der
Methode überflüssig sein würde.

In Entfernung von 200 mm ergibt sich $\varphi_I = 28^0$ 15.01'
$\frac{1}{2}$ log sin $\varphi = 9.83768$ Temperatur $t_a = 22.1^0$

In Entfernung von 264 mm ergibt sich $\varphi_I = 11^0$ 45.34'
$\frac{1}{2}$ log sin $\varphi = 9.65454$ Temperatur $t_a = 22.3^0$

M. Meridian 10^h 30.6^m 22.3^0 C. 157^0 48.75.

Mittel aus mehreren Einstellungen.

Mire (Schornstein): 192^0 9.88'. Mehrere Einstellungen.

Die Berechnung hat zu erfolgen nach den Formeln
S. 415 ff. dieses Abschnittes.

Magnet I.

log $H = 9.49300 - [\log T + \frac{1}{2} \log \sin \varphi_I + 0.65\ t_a + 6.5$
$(t_a - t_T)]$ .. Entfernung 200 mm

log $H = 9.30993 - [\log T + \frac{1}{2} \log \sin \varphi_I + 0.65\ t_a + 6.5$
$(t_a - t_T)]$ .. Entfernung 264 mm

Magnet II.

log $H = 9.50083 - [\log T + \frac{1}{2} \log \sin \varphi_{II} + 0.65\ t_a + 7.1$
$(t_a - t_T)]$ .. Entfernung 200 mm

log $H = 9.31747 - [\log T + \frac{1}{2} \log \sin \varphi_{II} + 0.65\ t_a + 7.1$
$(t_a - t_T)]$ .. Entfernung 264 mm.

In diese Gleichungen werden die oben gefundenen Werte
eingesetzt zur Berechnung der Horizontalintensität.

Es wird dadurch:

Magnet I.

Entfernung 200		Entfernung 264	
log $T = 0.39626$	$t_T = 20.1^0$ C.	0.39626	$t_T = 20.1$
$\frac{1}{2}$ log sin $\varphi_I = 9.83768$	$t_a = 22.1^0$	9.65454	$t_a = 22.1$
$+ 0.65\ t_a = + $	$14 \quad + 2.0$	$+ 14$	$+ 2.0$
$6.5\ (t_a - t_T) = +$	13	$+ 13$	
	0.23421	0.05107	
log $C = 9.49300$		9.30993	
log $H = 9.25879$		9.25886	
$H = 0.18146$		0.18149	

Magnet II.

$$\log T = 0.38132 \quad t_T = 20.9^0 \qquad 0.38132 \quad t_T = 20.9^0$$
$$\tfrac{1}{2} \log \sin \varphi_{II} = 9.86039 \quad t_a = 22.4^0 \qquad 9.67706 \quad t_a = 21.9^0$$
$$+ 0.65 \, t_a = + 14 \qquad + 0.5 \qquad + 14 \qquad + 1.0$$
$$+ 7.1 \, (t_a - t_T) = + 4 \qquad\qquad\qquad + 7$$

$$\begin{array}{ll} 0.24189 & 0.05859 \\ 9.50083 & 9.31747 \\ \hline 9.25894 & 9.25888 \\ 0.18152 & 0.18150 \end{array}$$

Das Mittel ist: $H = 0.15149$ (C. G. S.) von $9^{1}/_{2}{}^{\mathrm{h}}$ mittlere Wilhelmshavener Zeit.

Die Temperaturkoeffizienten der beiden Ablenkungsmagnete waren:

$$\alpha_I = 0.0002756 \qquad \alpha_{II} = 0.0003005$$

Zur Vervollständigung des Beispiels mögen hier noch die beiden Tafeln:

1. zur Reduktion des Logarithmus der Schwingungsdauer auf unendlich kleine Schwingungsbogen gegeben werden und

2. des Faktors F zur Korrektion des Ablenkungswinkels wegen der Ungleichheit der Ablenkungen. Die Korrektion berechnet man nach Formel $- F \left(\varDelta_1{}^2 + \varDelta_2{}^2 \right)$

ad 1. Die Länge der Magnete ist 76.4 m. m. Instrument Bamberg 8524.
Die Reduktion des Logarithmus der Schwingungsdauer (stets negativ).
(Einheiten der 5. Dezimale)

ad 2.

			φ			F
0.0 p.	. . .	0_0 p.	10^0	. . .		0.506
0.5	. . .	0_2	11	. . .		0.462
1.0	. . .	2_2	12	. . .		0.424
1.5	. . .	4_3	13	. . .		0.393
2.0	. . .	7_4	14	. . .		0.366
2.5	. . .	11_5	15	. . .		0.343
3.0	. . .	16_7	27	. . .		0.205
3.5	. . .	23_7	28	. . .		0.199
4.0	. . .	30_8	29	. . .		0.194
4.5	. . .	38_9	30	. . .		0.189
5.0	. . .	47_{10}	31	. . .		0.185
5.5	. . .	57_{10}	32	. . .		0.181
6.0	. . .	67				

Im Anschlusse an die Intensitätsbestimmung wurde mit dem Nadelinklinatorium des Theodolit Bamberg Nr. 8524 noch am 30. Juli 1904 eine Inklinationsbestimmung mit zwei Nadeln ausgeführt.

Es wurden jedesmal die beiden Enden der Nadel abgelesen und davon das Mittel genommen. Aufserdem wurden stets drei Ablesungen in jeder der Lagen genommen und in folgender Zusammenstellung aufgegeben.

Inklinationsbestimmung.

Der magnetische Südpunkt lag bei 157° 49.5′ des Horizontalkreises.

Nadel II		Nadel I	
Gehäuse West		Gehäuse West	
Bezeichnung der Nadel		Bezeichnung der Nadel	
A oben	A unten	A unten	A oben
10^h 42.5′ a. m. Aufsen 10^h 50.2^m		11^h 0.0′ Aufsen 11^h 8.0^m	
67.70°	67.55°	67.80°	67.70°
67.75°	67.65°	67.60°	67.70°
67.60°	67.85°	67.50°	67.65°
Gehäuse Ost		Gehäuse Ost	
68.20° Bez. Aufsen 67.60°		67.50° Bez. Aufsen 67.85°	
68.20°	67.60°	67.50°	67.85°
68.25°	67.55°	67.50°	67.85°
Bezeichnung Innen		Bezeichnung Innen	
67.80°	67.45°	67.55°	67.10°
67.80°	67.45°	67.75°	67.10°
67.85°	67.45°	67.80°	67.15°
Gehäuse West		Gehäuse West	
Bez. Innen		Bez. Innen	
67.80°	67.85°	67.95°	67.90°
67.65°	67.45°	68.00°	67.70°
67 85°	67.50°	67.95°	67.70°
10^h 48.0^m	10^h 58.0^m a. m.	11^h 5.0^m	11^h 12^m a. m.

Werden die sämtlichen Werte gemittelt, so ergibt sich für:

Nadel II	Nadel I
Inklination = 67.72° 10$^{1/4 h}$ a. m.	67.66° 10$^{1/2 h}$ a. m.

Magnetische Beobachtungen an Bord.

Von

Dr. Friedrich Bidlingmaier.

Einleitung.

Unser Wissen von der erdmagnetischen Kraft bleibt ein
Stückwerk, solange wir über den gröfsten Teil der Erdoberfläche, über das Weltmeer, eine so unvollkommene Kenntnis
haben, wie es heute noch der Fall ist. Und doch erscheint
eine systematische erdmagnetische Erforschung des Meeres dazu
berufen, für wichtige Fortschritte im Verständnis des Erdmagnetismus die Grundlage zu schaffen. Es gilt daher, ein
den Landbeobachtungen gleichwertiges Material von See zu
schaffen. An Reisende, welche dieses Ziel vor Augen haben,
wendet sich diese Anleitung und setzt dabei voraus, dafs dieselben mit erdmagnetischen Landbeobachtungen im allgemeinen
vertraut sind.

(Vgl. Neumayer u. Edler, S. 387—457 dieses Bandes.)

I. Kapitel.

Die charakteristischen Schwierigkeiten der magnetischen Beobachtungen an Bord und ihre Überwindung.

Es sind drei Hauptschwierigkeiten, die sich den Beobachtungen, welche an Land verhältnismäfsig so einfach sind,
entgegenstellen, wenn sie an Bord auf hoher See vorgenommen
werden sollen. Sie sind verursacht

1. durch das Schwanken,
2. durch das Drehen,
3. durch das Eisen des Schiffes.

Dazu gesellen sich bei gröfseren Seereisen, z. B. beim Passieren
des Äquators, noch einzelne Schwierigkeiten instrumenteller

Natur, die, an sich nicht charakteristisch für Bordbeobachtungen,
nur bei einer starken Änderung der erdmagnetischen Elemente
hervortreten, die aber bei der Vorbereitung einer grofsen Reise
nicht aufser acht zu lassen sind.

§ 1. Überwindung des Schwankens.

Was zuerst dem Beobachter, der von Land her feste Einstellungen gewohnt ist, an Bord auffällt, ist die Tatsache, dafs
es solche feste Einstellungen nicht mehr gibt. Alles schwankt;
das Schiff auf den Wellen, auf dem Schiff der kardanisch auf-
gehängte Arbeitstisch mit dem Instrument, im Instrument endlich
die Nadel; so schwankt die Magnetnadel gleichzeitig nach ihrem
eigenen Rhythmus, nach dem des Tisches, des Schiffes und
der Wellen. Die das Schlingern verursachenden Kräfte und
damit auch die Abweichungen der Nadel von der gesuchten
idealen Ruhelage ändern innerhalb kurzer Zeit mit einer
gewissen Regelmäfsigkeit Sinn und Stärke. Man mufs also
die Einzelmessungen so oft wiederholen, bis sie sich möglichst
gleichmäfsig auf alle Phasen des ganzen Schwingungszustandes
verteilen. Durch eine solche Häufung der Einzelmessungen
kann man eine fortschreitende Annäherung an die Wahrheit
bis zu einem gewissen Grade erzwingen; durch Häufung der
Messungen wird die Unsicherheit des Schwankens überwunden.
Die Einzelmessung selbst kann auf doppelte Weise gewonnen
werden: das übliche Verfahren ist, dafs man sich in den
Schwingungszustand der Nadel so lange vertieft, bis man sich
nach Schätzung für eine Lage entscheiden kann, bezüglich der
sich die komplizierten Schwingungen symmetrisch abspielen.
Wo es sich nicht um Ablenkungen handelt, kann man aber
auch diese zufälligen, kleineren Schwankungen untergehen lassen
in einem grofsen, regelmäfsigen und ruhigen Schwingen, in das
man die Nadel zu Anfang versetzt, indem man sie beträchtlich
aus ihrer Mittellage entfernt und sich dann selbst überläfst.
Darauf wird ganz exakt eine gröfsere Serie zusammenhängender
Umkehrpunkte abgelesen, welche jedenfalls einige volle Schiffsschwankungen überdauert. Wesentlich ist, dafs die Reihe
der Umkehrpunkte ununterbrochen zusammenhängt. Dieses
Verfahren führt auch unter den schwersten Umständen, z. B. in
den Sturmregionen der südlichen Westwindzone zum Ziel, befreit
völlig von der Willkür des Schätzens und verteilt die Einzelbeobachtungen gleichmäfsig auf alle Phasen des Schwingungszustandes. Es ist jedoch hierbei eine ganz tadellose Justierung
der Lager und Achsen notwendig.

Die Schiffsinstrumente sollen drei fundamentale Bedingungen
erfüllen, was bei den heutigen Instrumenten noch keineswegs
der Fall ist:

1. Sie sollen in allen ihren Teilen möglichst stark und
fest gebaut sein, damit sie die Strapazen, denen sie bei
den regelmäfsigen Beobachtungen auf hoher See und bei
den Landungen ausgesetzt sind, ohne Schaden überstehen
können.

2. Sie sollen das Beobachten auf dem schwankenden
Schiff auf alle denkbare Weise erleichtern und vereinfachen.
Vor allem mufs das Instrument dem Beobachter einen mög-
lichst leichten und sicheren Überblick über den ganzen
Schwingungsverlauf der Nadel gestatten. Zu dem Zweck soll
es eine möglichst deutliche, dem blofsen Auge leicht erkennbare
Kreisteilung besitzen; die Einteilung in ganze, höchstens halbe
Grade genügt vollständig. Besondere Rücksicht ist auf die
Helligkeit des Instruments zu nehmen. Endlich soll die Ab-
lesevorrichtung möglichst einfach gehalten sein; Mikroskope
sind zu vermeiden. Was nützt z. B. beim modernen Lloyd-
Creak-Apparat, den wir unten näher kennen lernen werden,
eine fast nur mit dem Mikroskop erkennbare Einteilung in
$^{1}/_{6}$ Grade, wo doch die Nadel auf See innerhalb 5—10
und häufig noch viel mehr Graden hin und her schwankt!
Sie nützt nichts, sie schadet nur durch ihre allzugrofse
Feinheit, indem sie die Beobachtung ganz beträchtlich erschwert.

3. Endlich sollte bei jedem Schiffsinstrument die exzentrische
Lagerung des Schwerpunkts der Nadel bezüglich ihrer Drehachse
peinlich vermieden werden. Bedenkt man, in welcher Weise oft
das Schiff von der See hin und her geworfen wird, so ist
leicht einzusehen, wie die mechanischen Richtkräfte, welche
an dem exzentrischen Schwerpunkt der Nadel angreifen, die
rein magnetische Richtkraft stören, übertreffen, ja schliefslich
gar nicht mehr zur Geltung kommen lassen. So sind z. B. die
Messungen mit der belasteten Nadel des Lloyd-Creak-Apparates
mitunter ganz problematischer Natur; so leistet andererseits
die Bestimmung der Horizontal-Intensität durch Ablenkungen
in der Nähe des Äquators ganz Vorzügliches, solange die
Nadel zur Kompensierung der Inklination nicht oder nur wenig
einseitig beschwert werden mufs, während bei wachsender
Inklination diese Messung sehr schwierig wird und schliefslich
fast Unmögliches fordert.

§ 2. Überwindung des Drehens.

Eine zweite Hauptschwierigkeit liegt in den fortwährenden Drehungen des Schiffes. Auch ein Dampfer·kann niemals so exakt gesteuert werden, wie es z. B. für die Messung des Ablenkungswinkels einer Horizontalnadel nötig ist; ein Segelschiff, vollends wenn es beim Winde segelt, „giert" oft in kurzer Zeit in mehreren Strichen hin und her, so dafs auch die gegen das Drehen unempfindlicheren Messungen mit dem Inklinatorium wesentlich gestört werden. Trotzdem ist man imstande, in exakter Weise auch dieser Schwierigkeit Herr zu werden. An Land bestehen ja im Grunde dieselben Schwierigkeiten, wenn es sich um die Messung von Gröfsen handelt, deren Ordnung in diejenige der täglichen Variationen fällt: an Land dreht sich die Richtung der Kraft, während das Instrument stille steht; an Bord ist es umgekehrt. Und wie an Land durch gleichzeitige Beobachtung der Variationsinstrumente jene Schwankungen der erdmagnetischen Kraft, so kann man an Bord die Drehungen des Schiffes durch gleichzeitige Beobachtung des Kompasses eliminieren. Der Kompafs ist das unentbehrliche Variationsinstrument an Bord.

Es ist also nötig, bei jeder Einzelbeobachtung den Stand des Kompasses zu notieren; daraus ist es dann in der Weise, die wir im einzelnen später kennen lernen werden, möglich, sämtliche Einzelbeobachtungen, die eine vollständige Messung ausmachen, strenge zu kombinieren und den Einflufs der Schiffsdrehungen exakt zu eliminieren.

§ 3. Schiffseisen.

Der schlimmste Feind der magnetischen Bordbeobachtungen, vor welchem nicht eindringlich genug gewarnt werden kann, ist das Eisen an Bord. Man entzieht sich seinem Einflufs, so gut es geht, durch die Wahl des Beobachtungsplatzes an Bord. Der noch übrig bleibende Einflufs kann auf See durch ein bestimmtes Beobachtungsverfahren in weitgehender Weise eliminiert werden; erlauben dies die Umstände nicht, mufs er durch Rechnung ausgeschieden werden. Die Grundlagen für diese Korrektionen werden durch besondere Untersuchungen an Landstationen gewonnen. Die ganze Deviationslehre ist in Kapitel III entwickelt.

Auf der Reise bleibt es jedoch die stete Pflicht des Beobachters, darauf zu achten, dafs während jeder Beobachtung die Lage der störenden Eisenteile stets dieselbe ist.

§ 4. Vorsichtsmafsregeln.

Vor Antritt einer grofsen Reise mufs man sich durch
Überschlagsrechnung vergewissern, ob die Intensitätsmessungen
bei den gegebenen Momenten der Ablenkungsmagnete und den
gegebenen Entfernungen auch überall auf der geplanten Route
möglich sind, bezw. ob die zu erwartenden Ablenkungswinkel
nicht zu ungünstig ausfallen. So darf man z. B. für die Total-
intensitätsbestimmung mit dem Lloyd-Creak-Apparat bei einer
Reise von Europa über den Äquator als Ausgangswert des
Ablenkungswinkels keinen Winkel wählen, der gröfser als 30⁰
ist, falls immer dieselben Ablenkungsmagnete benutzt werden
sollen. Bei den Inklinatorien achte man darauf, dafs der vordere
Träger des Achsenlagers auf der einen Seite dasjenige Gebiet
der Kreisteilung frei läfst, was er auf der andern Seite verdeckt,
so dafs jede mögliche Inklination der freien oder abgelenkten
Nadel wenigstens mit einer Spitze beobachtet und auch noch
der angrenzende Bereich, in dem sich ihre Schwingungen abspielen, überblickt werden kann. Will man mit der belasteten
Nadel des Lloyd-Creak-Apparates beobachten, ist eine Land-
station in der Nähe des Äquators nötig, um die Belastung der
Pole vertauschen zu können.

Damit haben wir zunächst ganz allgemein die Schwierigkeiten kennen gelernt, auf welche sich der Beobachter gefafst
machen mufs; wir wollen nunmehr die praktischen Hilfsmittel
und Vorbereitungen besprechen, die vor Antritt einer Seereise
zu beschaffen und zu erledigen sind.

II. Kapitel.
Die erforderlichen Hilfsmittel und Vorbereitungen.

§ 5. Schiff und Beobachtungsplatz.

Nach den Ausführungen des letzten Kapitels ist dasjenige
Schiff für eine magnetische Forschungsreise das geeignetste,
welches am wenigsten Eisen enthält und welches am ruhigsten
läuft. Zu letzterem Zweck sind Schlingerkiele dringend erwünscht; sie werden das Beobachten ungemein erleichtern.
Eiserne Schiffe sind für unsern Zweck unbrauchbar, und das
für die Verbände eines hölzernen Schiffes verwandte Eisen
sollte symmetrisch zum mittleren Längsschnitt angeordnet sein.
Bei einem Segler sind auch in der Takelage Stahl und Eisen

möglichst zu vermeiden; bei einem Dampfer bilden natürlich
Maschinenanlagen und Dampfwinden die Hauptgefahr.

So ist denn der erste Gesichtspunkt für die Auswahl eines
Beobachtungsplatzes an Bord die möglichste Entfernung von
allen derartigen Eisenmassen. Von den Schiffen, welchen die
grofsen magnetischen Forschungsreisen zu verdanken sind,
z. B. Erebus und Terror, Challenger, Gazelle, Gaufs, Discovery,
die mit Ausnahme der beiden ersten sowohl zum Segeln als auch
zum Dampfen eingerichtet waren, scheint der „Gaufs" einen
der ungestörtesten Beobachtungsplätze gehabt zu haben (von
der „Discovery" liegen jedoch noch keine Beobachtungen vor).
Es seien deshalb vom „Gaufs" einige charakteristische Zahlen
angeführt: 8 m im Umkreis war alles Eisen vermieden;
die Takelage war so gut wie eisenfrei; die Entfernung bis
zum Beginn der Maschinenanlage betrug ca. 13,5 m; die
Maschine indizierte 325 Pferdekräfte; die nächste Schiffswinde
war 9 m entfernt. Nur in höheren magnetischen Breiten erreichte die Deviation in Deklination die Gröfse von 4⁰, diejenige in Horizontalintensität 4 % ihres Wertes, um sie nur
wenig zu überschreiten; die Deviation in Inklination ging
nur wenig über 1⁰ hinaus.

Für den Beobachtungsplatz ist ferner eine möglichst gute
Rundsicht erforderlich, von wo aus Sonne und Landmarken
möglichst ungehindert gepeilt werden können. Endlich mufs
er mit einem Sonnendach ausgestattet sein, welches die
Instrumente vor den Sonnenstrahlen schützt und doch den
freien Durchzug der Luft nicht behindert. Hat man die Wahl,
und gestattet es die Rücksicht auf Schiffseisen und Rundsicht, so
ist die dem Metazentrum des Schiffes nähere Lage vorzuziehen.

Zur Ausstattung des Beobachtungsplatzes gehören 2 Stücke:
der Schlingertisch und mindestens 3 m davon entfernt ein
Kompafs, gewöhnlich der Regelkompafs an Bord. Am Schlingertisch sollen alle drei Elemente für wissenschaftliche Zwecke
bestimmt werden, während der Regelkompafs nur zum Ablesen
des Kurses und der Schiffsdrehungen während der Beobachtungen dienen soll. Nur für den Ort des Schlingertisches ist
es dann nötig, mit wissenschaftlicher Genauigkeit die Konstanten
des Schiffseisens zu ermitteln. Schon für diesen Zweck mufs
der Schlingertisch mit einem Kompafs, den wir den Haupt-
kompafs nennen wollen, ausgestattet sein; aufserdem aber ist
es zweckmäfsig. wenn der wissenschaftliche Beobachter jederzeit
einen eigenen Kompafs zu Versuchen aller Art zur Hand
hat, wofür der den Zwecken praktischer Navigation dienende
Regelkompafs gewöhnlich nicht zur Verfügung steht.

Die Form des Schlingertisches muſs eine möglichst all-
seitige Zugänglichkeit, wegen des Schlingerns namentlich auch
der unteren Partien des Instruments, gewährleisten. Ein
darunter angebrachtes Pendel mit einem in Höhe verstellbaren
Gewicht soll eine Abstimmung seiner Schwingungsdauer ermöglichen. Die äuſsere Form scheint am zweckmäſsigsten
beim Schlingertisch der „Discovery" zu sein, die neuerdings auch
von der „Coast and Geodetic Survey U. S. A." benützt wird.
(Eine Abbildung siehe in den „Results of magnetic observations
made by the Coast and Geodetic Survey between July 1,
1903 and June 30, 1904 Washington 1904, by L. A. Bauer
pag. 194"). Auf dem Deckel des Hauptkompasses soll sich
eine einfache Einrichtung befinden, welche die Aufstellung der
Instrumente für Inklination und Intensität ermöglicht. Als
Drehachsen der kardanischen Aufhängung scheinen sich runde
Zapfen besser zu eignen als Schneiden, da durch die Zapfen
die Eigenschwingungen des Schlingertisches besser gedämpft
werden. Jederlei Kompensierung des Schlingertisches bezüglich des Schiffseisens ist natürlich zu vermeiden.

§ 6. Die Instrumente.

Auſser dem Kompaſs, dem durch jahrhundertelange Erfahrung zu bewundernswerter Vollkommenheit gelangten Schiffsinstrument zur Bestimmung der Deklination, kommen zum
Gebrauch auf hoher See auch unter schwierigen Verhältnissen
noch drei Instrumente in Betracht, der Fox-Apparat, das
Deviationsmagnetometer von Bamberg und der Lloyd-Creak-
Apparat. Instrumentelle Detailbeschreibungen betreffend Kompasse, Fox-Apparat und Deviationsmagnetometer findet man
z. B. im „Handbuch der Nautischen Instrumente", herausgegeben vom Reichsmarineamt Berlin, während der Lloyd-
Creak-Apparat bisher nur in dem oben erwähnten Bericht der
Coast and Geodetic Survey pag. 192 abgebildet und kurz beschrieben ist. Wir begnügen uns hier damit, die wesentlichen
Merkmale all dieser Instrumente hervorzuheben und demjenigen,
der vor Antritt einer Reise an die Auswahl und Ausstattung
seiner Instrumente geht, einige Erfahrungen und Gesichtspunkte
an die Hand zu geben.

Die Kompaſsrose von Thomson (Lord Kelvin), theoretisch
die beste der existierenden Rosen, bewährt sich auch praktisch
vorzüglich, auch unter den schwierigsten Verhältnissen. Sie
bleibt ruhig selbst bei schwerem Arbeiten des Schiffes und ist
dauerhaft trotz ihres losen Gefüges. Da sie indes vom

Schlingertisch, auf dem auch die Messungen von Inklination und Intensität vorgenommen werden, häufig weggenommen werden mufs, empfiehlt es sich, dem Magnetsystem eine leichte, starre Befestigung zu geben. Der einfachste Peilapparat ist der beste. Die Sonne wird am besten mit Hilfe des Schattenstifts beobachtet. Der geringeren Ablesegenauigkeit steht die gröfsere Einfachheit und Sicherheit der Beobachtung gegenüber; die Genauigkeit des Resultats kann dafür durch Vermehrung der Einzelbeobachtungen beliebig gesteigert werden.

Zur Bestimmung der Inklination und Intensität existieren die drei übrigen schon genannten Apparate. Dem alten Fox-Apparat, den wir mit F. bezeichnen wollen, sind die Ergebnisse aller grofsen magnetischen Seereisen bis zum Jahre 1900 zu verdanken. Als Verbesserung desselben hat Kapitän Creak, Mitglied der britischen Admiralität, den modernen Lloyd-Creak-Apparat (L. C.) konstruiert und für die Lloydsche Methode der Intensitätsbestimmung eingerichtet; seither ist der F. aufser Gebrauch gekommen. Das Deviationsmagnetometer nach Neumayer von Bamberg (D. B.), ein deutsches Instrument, hat erst auf einer grofsen Fahrt, auf der des „Gaufs", neben dem L. C. eine ausgedehnte Verwendung auf hoher See gefunden. F. und L. C. sind weiter nichts als Inklinatorien, die aufser der Inklination auch die Total-Intensität durch verschiedene Ablenkungsarten der Inklinationsnadel zu beobachten gestatten, während D. B. sowohl einen Aufsatz für die Horizontalnadel zur Bestimmung von Deklination und Horizontalintensität, als auch einen solchen für die Inklinationsnadel enthält. Wir wollen an eine vergleichende Betrachtung dieser drei Instrumente die Erörterung aller wesentlichen Punkte knüpfen.

1. Instrumentelles. In der instrumentellen Einrichtung eines Inklinatoriums für den Gebrauch auf hoher See spielt die Lagerung der Nadelachsen eine Hauptrolle. Die sicherste Lagerung derselben enthält der F.: die Enden der Achsen ruhen je in der Spitze eines rings geschlossenen, kegelförmigen Ausschnittes von zwei Steinen, die freilich zum Einlegen und Herausnehmen der Nadel auseinander und zusammengeschraubt werden müssen. Durch diese Art des Einlegens werden im Lauf der Zeit Achsen und Lager stark abgenützt; auch liegt in der Beweglichkeit des einen Lagers eine gewisse Gefahr für seine Zuverlässigkeit, und zudem erweist sich in der Praxis jene feste Fassung der Achsen als unnötig, so dafs Kapitän Creak im L. C. die obere Hälfte jener Steinlager weglassen konnte, ohne dafs die Fixierung der Nadeln irgendwie darunter leiden würde. Dafür können nun

beide Steine ein für allemal fest eingesetzt werden, und diese
gleichzeitige Festigkeit und Sicherheit der Lagerung sowohl
wie der Arretierung bedeutet den instrumentellen Haupt-
fortschritt des L. C., der auch künftig vorbildlich sein wird;
nur sollten die Enden des vorderen Trägers nicht so viel von
der Kreisteilung verdecken. Die loseste Lagerung hat das
Inklinatorium D. B., wo die Nadel, wie an Land, einfach auf
zwei horizontalen Schneiden aus Stein ruht und nur gegen
eine Verschiebung in Richtung der Achsen durch zwei vertikale ebene Steinflächen geschützt ist, gegen welche die spitzen
Enden der Nadelachsen anliegen; dafür ist die Reibung sehr
gering, so dafs mit dem Inklinatorium D. B. die in § 1 vorne
erörterte Methode der Schwingungen mit ausgezeichnetem Erfolg angewandt werden kann. Das Gerüst, welches die Lager
trägt, ist für die starke Inanspruchnahme der Instrumente an
Bord und bei Landungen zu schwach gebaut. Die gröfsere
Reibung der Lagerung von L. C. gegenüber von D. B. empfiehlt
für L. C. das Schätzen der Mittellage, weil bei L. C. die fortwährend schwankungen kräftig gedämpft werden.

Die Nadeln selbst laufen um so ruhiger und gleichmäfsiger auf dem rollenden Schiff, je gröfser ihr Trägheitsmoment ist. Die Achsenenden der Nadeln von L. C. sind für
die mitunter recht schwierigen Situationen an Bord und in
kaltem Wetter gar zu fein. Jedenfalls ist dem Beobachter zu
raten, sich reichlich mit solchen Nadeln zu versehen.

Ein schwieriges, bis jetzt noch nicht in befriedigender Weise
gelöstes Problem bieten die Ableseeinrichtungen eines
Bordinklinatoriums. Was zunächst die Kreisteilung betrifft,
so ist dieselbe, wie schon erwähnt, viel zu fein bei L. C., mit
dem blofsen Auge kaum erkennbar und bis zu $1/6\,^0$ getrieben.
Vollständig genügend ist die Einteilung in ganze oder bei
grofsen Durchmessern in halbe Grade, wie sie F. und D. B.
haben. Für die Ablesung selbst sind bei den drei genannten
Instrumenten drei verschiedene Arten vorgesehen. Am einfachsten ist sie beim D. B., wo das über der Kreisteilung
schwingende Nadelende mit blofsem Auge abgelesen wird. Sie
gewährleistet jedoch in keiner Weise die Vermeidung der
Parallaxe und überläfst sie allein der stetigen Aufmerksamkeit des Beobachters. Den letzteren Mifsstand sucht F. dadurch
zu vermeiden, dafs er das Nadelende zwischen zwei Teilkreisen
schwingen läfst, von denen der innere einen etwas kleineren
Durchmesser besitzt, und die beide bei dem Ablesen zur
Deckung gebracht werden müssen; die Ablesung selbst geschieht
durch eine Lupe. Dieses Verfahren ist bei dem ständigen

Schwanken der Nadel zu kompliziert und anstrengend. Eine dritte, im Prinzip die beste Ablesungsart hat L. C.: die Sehstrahlen des ablesenden Auges werden durch dieselbe senkrecht zur Kreisteilung fixiert; die Nadel selbst schwingt in der Ebene der Kreisteilung, und ein radialer Faden schneidet im Gesichtsfeld durch Nadelspitze und Kreisteilung. Nur ist auch hier die praktische Ausführung des L. C. viel zu fein für Bordgebrauch. Es sind Mikroskope verwandt, welche durch die enge Begrenzung ihres Gesichtsfeldes den Überblick über den Schwingungsverlauf der Nadel ganz erheblich erschweren, wenn nicht gar unmöglich machen und welche aufserdem Schwierigkeiten in der Beleuchtung schaffen, die ohnehin durch den ganzen komplizierten Vorderbau des Instrumentes keine gute ist.

Als zweckmäfsige Ablesevorrichtung möchten wir einen einfachen Diopter etwa folgender Art vorschlagen: er besteht aus zwei radialen Strichen auf zwei Glasplättchen, welche Nadel und Kreisteilung in die Mitte nehmen; die beiden Striche liegen in einer Ebene, welche auf der Kreisteilung senkrecht steht. Die Striche werden so lange verstellt, bis sich die gesamten Schwingungen der Nadel symmetrisch zur Strichebene abspielen. Danach wird unabhängig von der Nadel die Teilung abgelesen. Es ist psychologisch wichtig, dafs dies Einstellen unabhängig von der Kreisteilung geschieht, weil so die Gefahr der Beeinflussung einer Beobachtung durch das Resultat der vorhergehenden vermieden wird, wie sie tatsächlich, namentlich bei dem geringen Gesichtsfeld des L. C., trotz aller Aufmerksamkeit empfunden wird.

2. Methodisches. Zur Bestimmung der Intensität ist bei jedem der drei Instrumente eine andere Methode angewandt. F. und L. C. bestimmen die Totalintensität, D. B. die Horizontalintensität. Auf die Ablenkungsmethoden von F. gehen wir nicht weiter ein, weil sie durch L. C. wesentlich überholt sind und aus theoretischen und praktischen Gründen für die Zukunft nicht mehr empfohlen werden können.

L. C. bestimmt die Totalintensität nach der Lloydschen Methode, d. h. eine Inklinationsnadel wird durch eine zweite Nadel abgelenkt, die senkrecht zu den Mikroskopen montiert, bei der Ablesung also senkrecht zur freien Nadel ist; die Ebenen beider Nadeln sind parallel; die Verbindungslinie ihrer Zentren ist senkrecht darauf. Der so gefundene Ablenkungswinkel gibt mittels einer an Land bestimmten Konstanten das Verhältnis zwischen dem Moment der Ablenkungsnadel und der Totalintensität, falls die abgelenkte Nadel im magnetischen Meridian schwingt. Nunmehr wird die an einem Ende beschwerte

ablenkende Nadel, welche genau die Form einer Inklinationsnadel hat, an Stelle der abgelenkten Nadel eingehängt. Aus
der wirklichen Inklination und der Inklination dieser belasteten
Nadel ergibt sich durch eine zweite an Land bestimmte Konstante das Produkt aus Totalintensität und dem Moment der
Ablenkungsnadel. Das letztere wird durch Kombination beider
Messungen eliminiert. Praktische Schwierigkeit bietet jedoch auf See die Bestimmung der Inklination der belasteten
Nadel aus den in § 1, 3 angeführten Gründen. Von einer Verwendung der Mikroskope kann vielfach keine Rede sein, da
die Schwankungen der Nadel zu stark sind, auf dem „Gaufs"
z. B. mitunter 100° überschritten. Anderseits macht die all-
zufeine Kreisteilung die Ablesung der Umkehrpunkte mit
blofsem Auge sehr schwierig oder mit der Lupe mindestens
recht mühsam. Theoretische Bedenken gegen diese Methode
entstehen, wenn die mechanischen Richtkräfte, welche an dem
exzentrischen Schwerpunkt angreifen, die rein magnetische
Richtkraft nicht mehr recht zur Geltung kommen lassen.

Das D. B. gestattet die relative Horizontalintensität zu
bestimmen, dadurch dafs eine Horizontalnadel auf Pinne nach
Lamonts Methode abgelenkt wird. Es ist sehr zu raten, statt
der üblichen Holzschiene eine solche aus Metall zu verwenden,
welche in drei verschiedenen fixen Entfernungen die Ablenkungsmagnete einzusetzen erlaubt, so dafs überall auf der
Erdoberfläche stets aus zwei Entfernungen beobachtet werden
kann. Das Instrument ist mit einem kleinen Schwingungskasten ausgestattet, so dafs an Landstationen die mit Haken
versehenen Ablenkungsmagnete zu Schwingungsversuchen verwandt, und dadurch ihre Momente kontrolliert werden können.
Die Haken sind jedoch zu schwach und zu lang, so dafs eine
Konstanz des Trägheitsmoments nicht genügend gesichert ist,
und die Schwingungen wertlos werden können. Die Schiffsdrehungen gehen bei den Ablenkungen von D. B. mit ihrem
vollen Betrag ein; wir haben jedoch in § 2 das Prinzip kennen
gelernt, diese Schwierigkeit zu überwinden. Die praktischen
Schwierigkeiten hängen davon ab, wie weit der Schwerpunkt
der Nadel zur Kompensierung der Inklination exzentrisch gelegt werden mufs.

Es steht zu hoffen, dafs die durch Vorversuche auf dem
„Gaufs" erprobte Methode der Horizontalintensitätsbestimmung
mit dem Doppelkompafs, wo aus dem Kurs zweier übereinander
hängender Kompafsrosen ein relatives Mafs der Horizontalintensität gewonnen wird, zu einem brauchbaren Schiffsinstrument führen wird, welches die grofsen Vorzüge des

Kompasses unmittelbar den Horizontalintensitätsmessungen zugute kommen läfst, und dessen Messungen unabhängig von den
Schiffsdrehungen sind.

Fassen wir das Ergebnis dieses Paragraphen kurz zusammen, so ergibt sich, dafs L. C. durch seine Lagerung der
Nadelachsen und durch die Methode der Lloydschen Ablenkung
dem alten F. überlegen ist. Die Beobachtungen mit L. C.
sind jedoch häufig sehr erschwert durch die Feinheit der
Teilung und die Verwendung von Mikroskopen, auch durch
den Mangel an Beleuchtung; die Beobachtungen mit der belasteten Nadel sind unter Umständen zweifelhafter Natur. Sehr
zu empfehlen ist es, neben dem L. C. zur Kontrolle ein D. B. zu
verwenden. Die Horizontalintensitäts-Bestimmungen mit D. B.
ergeben, solange die Inklination nicht zu grofs wird und etwa
unter 40^0 bleibt, mindestens ebenso gute Resultate, als die
Intensitätsmessungen mit L. C.; die Inklinationsbestimmungen
mit D. B. nach der Methode der Schwingungen sind viel leichter
und mindestens ebenso sicher wie diejenigen mit L. C. nach
der Methode des Schätzens der Mittellage.

III. Kapitel.
Deviationslehre.

§ 7. Die charakteristischen Schiffskonstanten.

Es ist beklagenswert, dafs in diejenigen Gebiete, welche
die Natur frei und rein von aller Lokalstörung darbietet, in
·die Gebiete des offenen Meeres, der Mensch selber die Lokalstörung durch sein eisenbergendes Fahrzeug einführt. Wohl
bezwingt die Analyse der magnetischen Eigenschaften des
Schiffes auch diese Schwierigkeit bis zu einem gewissen Grad,
aber in der Veränderlichkeit jener Eigenschaften liegt eine
stete Gefahr und die Mahnung, sie so oft als möglich während
der Reise zu studieren. Von den zahlreichen einschlägigen
Darstellungen der Deviationslehre verweisen wir auf die grundlegenden Arbeiten von A. Smith und F. J. Evans im „Admiralty
Manual for the Deviations of the Compass", London und von
C. Börgen im zweiten Band des Gazelle-Werks; letzterem Autor
verdankt der Verfasser auch persönlich viele wertvolle Anregungen.

Im folgenden sei für den Beobachter, der fern von fremdem
Rat und Hilfe zum Handeln nach eigenem Ermessen gezwungen
ist, eine kurze vollständige Entwicklung der Grundlagen gegeben.

Wir setzen voraus, dafs alles Eisen an Bord sich in zwei
Klassen scheiden läfst, in weiches Eisen, das beim Entstehen

und Vergehen eines magnetischen Feldes „induzierten Magnetismus" annimmt und verliert, und hartes Eisen, das in bestimmter,
dauernder Weise „permanent" magnetisiert ist. In der Natur
haben wir freilich auch zu rechnen mit Eisen, das der Induktion gegenüber eine gewisse Zähigkeit bewahrt, einerseits
beim Einsetzen des äufseren Feldes nicht sofort die maximale
Magnetisierung annimmt, anderseits beim Verschwinden desselben noch einen Teil von „remanentem" Magnetismus zurück-
behält, der erst allmählich sich verliert. Ebenso ist der sogenannte „permanente" Magnetismus langsamen zeitlichen Veränderungen unterworfen. In diesen fliefsenden Verhältnissen
ist die oben erwähnte Gefahr und Mahnung begründet.

    Wir orientieren uns an einem Achsensystem mit zwei
horizontalen und einer vertikalen Achse, dessen Nullpunkt im
Beobachtungsort an Bord liegt, dessen X Achse nach dem
Bug, dessen Y Achse nach dem Steuerbord, dessen Z Achse
nach dem Kiel des Schiffes zeigt, und nennen mit $X\,Y\,Z$ die
Komponenten der ungestörten erdmagnetischen Kraft nach
diesen drei Achsen. Unter dem Einfluſs des Schiffseisens werden
jene Gröſsen etwas verändert, und wir wollen mit $X'\,Y'\,Z'$ die
Komponenten der wirklichen an Bord herrschenden, gestörten
Kraft bezeichnen. Diese setzt sich aus drei Teilen zusammen:

    1. der normalen erdmagnetischen Kraft,
    2. dem von ihr im Schiffseisen induzierten Magnetismus,
    3. dem im Schiffseisen vorhandenen permanenten Mag-
        netismus.

    In einem weichen Eisenstab, der irgendwo an Bord fest-
sitzt, wird von der Totalintensität T ein magnetisches Moment
induziert, das proportional T und dem Cosinus des Winkels
zwischen der Richtung der erdmagnetischen Kraftlinien und
derjenigen des Eisenstabs, proportional $T \cos (T, S)$ ist. Gröſse
und Richtung der von diesem Stab am Beobachtungsplatz aus-
geübten Kraft ist gegeben durch die veränderliche Gröſse
$T \cos (T, S)$ und durch gewisse konstante Gröſsen, die aus der
Natur des Stabs und aus seiner konstanten Lage zum Beobachtungsplatz folgen. Wir können also die Komponenten
seiner Kraft in der Form anschreiben:

X Komponente: $A \times T \cos (T, S) =$
    $A\,T\,[\cos (Tx) \cos (Sx) + \cos (Ty) \cos (Sy) + \cos (Tz) \cos (Sz)]$
Y Komponente: $B \times T \cos (T, S) =$
    $B\,T\,[\cos (Tx) \cos (Sx) + \cos (Ty) \cos (Sy) + \cos (Tz) \cos (Sz)]$
Z Komponente: $C \times T \cos (T, S) =$
    $C\,T\,[\cos (Tx) \cos (Sx) + \cos (Ty) \cos (Sy) + \cos (Tz) \cos (Sz)]$

Summiert man die einzelnen Komponenten über alle Eisenstäbe, in die man sich das gesamte an Bord befindliche weiche Eisen zerlegt denken kann, so erhält man, wenn noch $T \cos (Tx)$ mit X, $T \cos (Ty)$ mit Y, $T \cos (Tz)$ mit Z ersetzt wird, die Komponenten der vom induzierten Magnetismus herrührenden Kraft in der Form:

$$X \text{ Komponente}: \ aX + bY + cZ$$
$$Y \text{ Komponente}: \ dX + eY + fZ$$
$$Z \text{ Komponente}: \ gX + hY + kZ.$$

$a \, b \, c \, .. \, k$ sind konstant, solange Natur und Lage des weichen Eisens konstant bleiben. Dazu kommen noch die Kraftkomponenten des permanenten Magnetismus, die ihrer Definition nach konstante Größen sind, und die wir mit $P \, Q \, R$ bezeichnen wollen. Setzen wir somit die gestörten Komponenten $X' \, Y' \, Z'$ aus ihren einzelnen Teilen zusammen, so haben wir die Fundamentalgleichungen von Poisson:

$$X' = X + aX + bY + cZ + P$$
$$Y' = Y + dX + eY + fZ + Q \qquad\qquad 1.$$
$$Z' = Z + gX + hY + kZ + R.$$

Wir führen statt der horizontalen Komponenten die Begriffe Horizontalintensität und Kurs ein und nennen H die wahre Horizontalintensität und ζ den wahren magnetischen Kurs, nämlich den Winkel zwischen der Richtung nach dem wahren magnetischen Norden und der Richtung nach dem Bug des Schiffes, gerechnet von Nord über Ost von 0 bis 360^{0}; H' und ζ' seien die entsprechenden gestörten Größen an Bord; der Kompaßkurs ζ' rechnet im selben Sinn von Nord der Rose an. D sei die wahre, D' die gestörte Deklination. Man nennt dann $\delta = \zeta - \zeta' = D' - D$ die Deviation des Kompasses, bezw. die Deviation in Deklination; sie ist positiv, wenn die Nordlinie der Rose im oben festgesetzten positiven Drehsinn vom wahren magnetischen Norden abweicht. In Inklination sei analog mit i die wahre, mit i' die gestörte Größe bezeichnet. Demnach gelten folgende Beziehungen:

$$\begin{aligned}
X &= H \cos \zeta & X' &= H' \cos \zeta' \\
Y &= -H \sin \zeta & Y' &= -H' \sin \zeta' \qquad 2. \\
Z &= H \operatorname{tg} i & Z' &= H' \operatorname{tg} i'
\end{aligned}$$

$$\delta = \zeta - \zeta' = D' - D.$$

Setzen wir die Gleichungen 2 in 1 ein, so ergibt sich folgende Form der Fundamentalgleichungen:

$$\frac{H'}{H} \cos \zeta' = (1 + a) \cos \zeta - b. \sin \zeta + c. \operatorname{tg} i + \frac{P}{H}$$

$$-\frac{H'}{H} \sin \zeta' = d. \cos \zeta - (1 + e) \sin \zeta + f. \operatorname{tg} i + \frac{Q}{H} \qquad 3.$$

$$\frac{Z'}{Z} = g. \operatorname{ctg} i \cos \zeta - h. \operatorname{ctg} i \sin \zeta + 1 + k + \frac{R}{Z}$$

Das Bisherige ist abgeleitet unter der Voraussetzung, daſs das Schiff horizontal liegt; aber bei Segelschiffen tritt häufig der Fall ein, daſs sie für längere Zeit mit einer beträchtlichen Neigung fahren. Das an Bord befindliche Eisen wirkt dann natürlich ganz anders. Es seien nun XYZ die wahren, $X'_\nu Y'_\nu Z'_\nu$ die gestörten Komponenten der magnetischen Kraft nach dem Bug, nach Steuerbord in der Horizontalebene und vertikal abwärts, während das Schiff mit einer Neigung von $+\nu^0$ nach Steuerbord überliegt, so sind dieselben durch folgende analoge Gleichungen miteinander verbunden:

$$X'_\nu = X + a_\nu X + b_\nu Y + c_\nu Z + P_\nu$$
$$Y'_\nu = Y + d_\nu X + e_\nu Y + f_\nu Z + Q_\nu$$
$$Z'_\nu = Z + g_\nu X + h_\nu Y + k_\nu Z + R_\nu.$$

Wie sich durch eine leichte Koordinatentransformation ergibt, hängen die neuen mit den alten Konstanten durch folgende Beziehungen zusammen:

$$a_\nu = a$$
$$b_\nu = b \cos \nu - c \sin \nu$$
$$c_\nu = c \cos \nu + b \sin \nu$$
$$d_\nu = d \cos \nu - g \sin \nu$$
$$g_\nu = g \cos \nu + d \sin \nu$$
$$P_\nu = P$$
$$Q_\nu = Q \cos \nu - R \sin \nu$$
$$R_\nu = R \cos \nu + Q \cos \nu$$
$$e_\nu = e - (f + h) \cos \nu \sin \nu - (e - k) \sin^2 \nu$$
$$f_\nu = f + (e - k) \cos \nu \sin \nu - (f + h) \sin^2 \nu$$
$$h_\nu = h + (e - k) \cos \nu \sin \nu - (f + h) \sin^2 \nu$$
$$k_\nu = k + (f + h) \cos \nu \sin \nu + (e - k) \sin^2 \nu.$$

Ist also eine bei der Neigung $+\nu$ des Schiffes angestellte Beobachtung wegen des Schiffseisens zu korrigieren, so brauchen nur statt der $a \ldots R$ die $a_\nu \ldots R_\nu$ in die unten entwickelten Korrektionsformeln eingesetzt zu werden, als bekannte Funktionen der $a \ldots R$ und der Neigung ν. In praxi ergeben sich dabei ganz bedeutende Vereinfachungen, da die meisten

Glieder wegen ihrer Kleinheit ohne Schaden vernachlässigt werden dürfen. Die für die Neigung geltenden Korrektionsformeln unterscheiden sich daher in der Regel von den normalen nur durch einen leichten Zusatz, der von der Neigung abhängt.

§ 8. Ableitung der Schiffskonstanten aus Beobachtungen.

Im letzten Kapitel haben wir gesehen, wie man die Art und die Größe des störenden Schiffseinflusses mit Hilfe von 12 Konstanten darstellen kann; unser nächstes Ziel ist zu zeigen, wie man die numerischen Werte dieser Konstanten aus Beobachtungen ermittelt. Zu dem Zweck stellen wir zunächst eine zweckmäßige Form der Beziehungen zwischen beobachtbaren Größen und den Konstanten her. Wir fassen die beiden ersten Gleichungen des Systems 3 auf zweierlei Weise zusammen; das einemal, indem wir die erste mit $\sin \zeta'$, die zweite mit $\cos \zeta$ multiplizieren und addieren, so daß wir δ als Funktion von ζ und ζ' erhalten; das anderemal, indem wir die erste mit $\cos \zeta'$, die zweite mit $- \sin \zeta$ multiplizieren und addieren, so daß wir das Verhältnis der beiden H als Funktion von ζ und ζ' erhalten. So entstehen die beiden Gleichungen:

$$\left(1 + \frac{a+e}{2}\right) \sin \delta = \frac{d-b}{2} \cos \delta$$
$$+ \left(c \cdot \operatorname{tg} i + \frac{P}{H}\right) \sin \zeta \qquad + \left(f \cdot \operatorname{tg} i + \frac{Q}{H}\right) \cos \zeta'$$
$$+ \frac{a-e}{2} \sin (\zeta' + \zeta) + \qquad \frac{d+b}{2} \cos (\zeta' + \zeta)$$

$$\frac{H'}{H} = \left(1 + \frac{a+e}{2}\right) \cos \delta + \frac{d-b}{2} \sin \delta$$
$$+ \left(c \cdot \operatorname{tg} i + \frac{P}{H}\right) \cos \zeta \qquad - \left(f \cdot \operatorname{tg} i + \frac{Q}{H}\right) \sin \zeta'$$
$$+ \frac{a-e}{2} \cos (\zeta' + \zeta) - \qquad \frac{d+b}{2} \sin (\zeta' + \zeta).$$

Wir wollen nun folgende Abkürzungen einführen:

$$\lambda = 1 + \frac{a+e}{2} \qquad\qquad \mathfrak{B} = \frac{1}{\lambda}\left(c \cdot \operatorname{tg} i + \frac{P}{H}\right)$$
$$\mathfrak{A} = \frac{d-b}{2\lambda} \qquad\qquad \mathfrak{C} = \frac{1}{\lambda}\left(f \cdot \operatorname{tg} i + \frac{Q}{H}\right) \qquad \textbf{4.}$$
$$\mathfrak{D} = \frac{a-e}{2\lambda} \qquad\qquad \mu = 1 + k + \frac{R}{Z}$$
$$\mathfrak{E} = \frac{d+b}{2\lambda}.$$

Endlich setzen wir in die beiden obigen Gleichungen, sowie in die letzte des Systems 3 $\zeta' + \delta$ statt ζ ein und können nunmehr die Poissonschen Formeln durch folgende 3 Fundamentalformeln ersetzen:

I. $\sin \delta = \mathfrak{A} \cos \delta$
$$+ \mathfrak{B} \sin \zeta' + \mathfrak{C} \cos \zeta' + \mathfrak{D} \sin (2\zeta' + \delta) + \mathfrak{E} \cos (2\zeta' + \delta)$$

II. $\dfrac{1}{\lambda} \dfrac{H'}{H} = \cos \delta + \mathfrak{A} \sin \delta$ 5.
$$+ \mathfrak{B} \cos \zeta' - \mathfrak{C} \sin \zeta' + \mathfrak{D} \cos (2\zeta' + \delta) \quad \mathfrak{E} \sin (2\zeta' + \delta)$$

III. $\dfrac{Z'}{Z} = g$ u. $\operatorname{cotg} i \cos (\zeta' + \delta) - h \operatorname{ctg} i \sin (\zeta' + \delta) + \mu.$

Wir diskutieren kurz den Inhalt dieser Gleichungen. Sie eröffnen uns die Möglichkeit, die 9 Koeffizienten $\mathfrak{A} \mathfrak{B} \mathfrak{C} \mathfrak{D} \mathfrak{E} g h \lambda \mu$ zu bestimmen, wenn an einem Ort die wahren Werte der Deklination, Horizontalintensität und Vertikalintensität bekannt sind und an Bord auf verschiedenen Kursen die entsprechenden gestörten Werte beobachtet werden, also die Möglichkeit, durch einfaches Drehen des Schiffes 9 charakteristische Koeffizienten zu ermitteln. Es kann zunächst auffallen, daß statt der 12 Konstanten der Poissonschen Formeln 9 Koeffizienten genügen, die Deviation aller 3 Elemente darzustellen. Der Grund ist leicht einzusehen, wenn wir die 9 Koeffizienten ihrer Natur nach klassifizieren. Sie bestehen

1. aus den 6 der Definition nach konstanten Größen $\lambda \mathfrak{A} \mathfrak{D} \mathfrak{E} g h$,

2. aus den 3 der Definition nach von Ort zu Ort variablen Koeffizienten $\mathfrak{B} \mathfrak{C} \mu$.

Die Gleichungen sagen also, daß man durch Drehen des Schiffes $\lambda \mathfrak{A} \mathfrak{D} \mathfrak{E} g h$ und damit auch $a\, b\, d\, e\, g\, h$, d. h. den Einfluß aller horizontal induzierten Eisenmassen vollständig, außerdem aber nur noch $\mathfrak{B} \mathfrak{C} \mu$, d. h. nur noch eine Kombination von Gliedern zu bestimmen vermag, welche den Einfluß der vertikal induzierten und permanent magnetischen Eisenmassen darstellen. So spricht sich in den Gleichungen die Tatsache aus, daß sich beim Drehen des Schiffes die vertikal induzierten Eisenmassen wie permanent magnetische verhalten. Die Methode des Drehens an einem Ort reicht also nicht aus, die 12 charakteristischen Schiffskonstanten und damit die Deviation aller 3 Elemente für jeden beliebigen Ort zu ermitteln.

Nach der Form der Fundamentalgleichungen I und II pflegt man zu sagen, daß die Deviation in Deklination und Horizontalintensität sich aus 3 Teilen zusammensetzt:

1. aus der „konstanten Deviation",
die $= \mathfrak{A} \cos \delta$ bei der Deklination, $= \lambda (\cos \delta + \mathfrak{A} \sin \delta)$
bei der Horizontalintensität ist. Konstant kann man diese
Anteile deshalb nennen, weil $\cos \delta$ nahe $= 1$, $\mathfrak{A} \sin \delta$
nahe $= 0$ ist. Der konstante Teil der Deviation in
Deklination wird durch $\mathfrak{A}$, bezw. b und d, d. h. durch
die zum mittleren Längsschnitt des Schiffes unsymmetrisch
gelegenen horizontalen weichen Eisenmassen hervorgebracht, der konstante Teil der Deviation in Horizontalintensität dagegen durch λ, bezw. a und e, d. h. durch die
symmetrisch gelegenen horizontalen weichen Eisenmassen.

2. aus der „semizirkularen Deviation",
die $= \mathfrak{B} \sin \zeta' + \mathfrak{C} \cos \zeta'$ bei der Deklination, $= \mathfrak{B} \cos \zeta'$
$- \mathfrak{C} \sin \zeta'$ bei der Horizontalintensität ist. Der Beitrag
dieser „semizirkularen" Glieder zur Gesamtdeviation nimmt
nämlich bei einem vollständigen Kreislauf des Schiffes
zweimal denselben Wert an. Die semizirkulare Deviation
wird durch die vereinigte Wirkung der permanent magnetischen und der vertikalen weichen Eisenmassen hervorgebracht.

3. aus der „quadrantalen Deviation",
die $= \mathfrak{D} \sin (2 \zeta' + \delta) + \mathfrak{C} \cos (2 \zeta' + \delta)$ bei der Deklination, $= \mathfrak{D} \cos (2 \zeta' + \delta) - \mathfrak{C} \sin (2 \zeta' + \delta)$ bei der Horizontalintensität ist. Der Beitrag dieser Glieder zur Ge-
samtdeviation nimmt bei einem vollständigen Kreislauf
des Schiffes viermal denselben Wert an. Die quadrantale
Deviation wird von den horizontalen, symmetrisch und
unsymmetrisch gelegenen, weichen Eisenmassen hervorgebracht. Bei einer guten Wahl des Beobachtungsplatzes
pflegen die Koeffizienten $\mathfrak{A} \mathfrak{C} \mathfrak{C} h$, die von dem unsymmetrisch gelegenen Eisen herrühren, klein zu sein. Die
wichtigsten Koeffizienten sind daher $\lambda \mathfrak{D} g \mathfrak{B} \mu$, die von
dem symmetrisch angeordneten, horizontal und vertikal
induzierten Eisen, sowie den permanent magnetischen
Massen herrühren. Zahlenbeispiele der Koeffizienten
siehe § 12.

Es erübrigt uns noch, die zweckmäfsige Wahl der Art
und Anzahl von Beobachtungen, die zur Kenntnis der 9 Koeffizienten führen, ferner die Berechnung derselben, endlich die
Auflösung der 3 von Ort zu Ort variablen Gröfsen $\mathfrak{B} \mathfrak{C} \mu$ in
ihre einzelnen Bestandteile zu erörtern.

Wenn wir zunächst nach dem Minimum von Beobachtungen
fragen, das eben noch ausreicht, alle 9 Koeffizienten durch

Drehen des Schiffes zu ermitteln, so sehen wir, dafs die
4 Gröfsen $\mathfrak{B}\,\mathfrak{C}\,\mathfrak{D}\,\mathfrak{E}$ sowohl durch δ, wie durch das Verhältnis
der H sich ergeben, dafs dagegen $\mathfrak{A}$ nur aus den δ, λ nur
aus den H gewonnen werden kann. Wir können also sagen:
Das Minimum von erforderlichen Beobachtungen verlangt die
Kenntnis

1. entweder von 5 δ auf 5 wesentlich verschiedenen Kursen
   und von 1 Verhältnis der beiden H,

   oder von 5 Verhältnissen der H auf 5 wesentlich verschiedenen Kursen und von 1 δ und

2. von 3 Verhältnissen der Z auf 3 wesentlich verschiedenen
   Kursen.

Es könnte nach der Formel II scheinen, als ob zur Ableitung der Koeffizienten aus H aufser den H noch die zugehörigen δ wesentlich erforderlich seien, und dafs sich aus
II auch $\mathfrak{A}$ ermitteln lasse. Beides trifft insofern nicht zu, als
in II die δ nur in Gliedern höherer Ordnung vorkommen. $\cos \delta$
kann nämlich in erster Annäherung $= 1$, $\mathfrak{A} \sin \delta = 0$ und die
Funktionen von $2\,\zeta' + \delta = $ den Funktionen von $2\,\zeta'$ gesetzt werden.
Für den Fall also, wo keine δ vorliegen, können $\lambda\,\mathfrak{B}\,\mathfrak{C}\,\mathfrak{D}\,\mathfrak{E}$ aus:

$$\text{II.}\quad \frac{H'}{H} = \lambda \left\{ 1 + \mathfrak{B} \cos \zeta' - \mathfrak{C} \sin \zeta' + \mathfrak{D} \cos 2\,\zeta' - \dot{\mathfrak{E}} \sin 2\,\zeta' \right\}$$

abgeleitet werden. Will man sich mit diesen Näherungswerten
nicht begnügen, so ermittele man mit Hilfe der so gewonnenen
$\mathfrak{B}\,\mathfrak{C}\,\mathfrak{D}\,\mathfrak{E}$ und des bekannten $\mathfrak{A}$ nach I die erforderlichen δ und
leite nunmehr nach der strengen Formel II die richtigeren
Werte $\lambda\,\mathfrak{B}\,\mathfrak{C}\,\mathfrak{D}\,\mathfrak{E}$ ab. Man kann dieses Verfahren beliebig
fortsetzen, es wird sich aber schon beim ersten Mal zeigen,
dafs die neu ermittelten $\lambda\,\mathfrak{B}\,\mathfrak{C}\,\mathfrak{D}\,\mathfrak{E}$ sich von den alten in der
Regel nur um Gröfsen unterscheiden, die von der Ordnung
der unvermeidlichen Fehler sind.

Es wäre natürlich unzweckmäfsig, sich auf dieses Mindest-
mafs von Beobachtungen beschränken zu wollen. Bei der
Wichtigkeit der Deviationsbeobachtungen für das Resultat der
ganzen Reise ist es erforderlich, an jeder Hauptstation, wenn
irgend möglich, die Deviation aller 3 Elemente auf mindestens
8 äquidistanten Kursen zu beobachten. Wir gewinnen damit
$\mathfrak{B}\,\mathfrak{C}\,\mathfrak{D}\,\mathfrak{E}$ auf 2 verschiedene, von einander unabhängige Arten.
Kann eines der beiden horizontalen Elemente nicht beobachtet
werden, ist es erwünscht, dafür das andere auf doppelt so
vielen Kursen zu beobachten. Das ratsamste ist es dann, mit
Hilfe dieser Beobachtungen die 9 Koeffizienten samt ihren
mittleren Fehlern nach den strengen Formeln I—III mittels

der Methode der kleinsten Quadrate zu berechnen. Es ist
durchaus nötig, die Genauigkeit der Koeffizienten und damit
der Korrektionsformeln zu kennen; ihr Fehler soll natürlich
kleiner sein, als der Fehler, welcher den Beobachtungen der
3 Elemente auf See anhaftet.

Nun bleibt noch zu zeigen, in welcher Weise die einzelnen
Bestandteile von $\mathfrak{B} \mathfrak{C} \mu$ ermittelt werden können. Es ist

$$\lambda \mathfrak{B} = c \cdot \mathrm{tg}\, i + \frac{P}{H}$$

$$\lambda \mathfrak{C} = f \cdot \mathrm{tg}\, i + \frac{Q}{H}$$

$$\mu = 1 + k + \frac{R}{Z}.$$

Da in jeder dieser Gleichungen noch zwei Unbekannte vor-
kommen, ist die Kenntnis der $\mathfrak{B} \mathfrak{C} \mu$ an mindestens zwei
Stationen mit möglichst verschiedenen Inklinationen, womöglich
von verschiedenen Seiten des Äquators, erforderlich, um jene
Unbekannten einzeln zu ermitteln. Besser ist es natürlich,
eine ganze Anzahl von verschiedenen Einzelwerten $\mathfrak{B} \mathfrak{C} \mu$ verwenden zu können und nach der Methode der kleinsten Quadrate
die Unbekannten samt ihren mittleren Fehlern zu berechnen.

Wir dürfen nicht unterlassen, darauf hinzuweisen, daſs
dabei die stillschweigende Voraussetzung gemacht wird, daſs
während der ganzen Fahrt die $c P$, $f Q$, $k R$, jedes für sich,
konstant geblieben seien. Das ist nun bei diesen Gröſsen um
so bedenklicher, da die Erfahrung zeigt, daſs gerade die vertikal induzierten Eisenmassen einen ziemlich veränderlichen
Beitrag von remanentem bezw. permanentem Magnetismus
liefern. Es wäre daher sehr erwünscht, auf jeder einzelnen
Station den permanenten Magnetismus getrennt von dem vertikal
induzierten feststellen zu können. Dies ist auch für die Praxis
wichtig, für die Kompensation der Kompasse auf Kriegs- und
Handelsschiffen. Wie wir nun durch das Drehen des Schiffes
um eine vertikale Achse jene sechs horizontalen Glieder
$a\, b\, d\, e\, g\, h$ einzeln erhielten, so können wir zur Kenntnis der
einzelnen vertikalen Glieder $c\, f\, k$ durch ein Drehen des
Schiffes um eine horizontale Achse gelangen. Wir schlagen
daher folgendes Verfahren vor, das eines der einfachsten zu
sein scheint:

Man bestimme Deklination und Vertikalintensität auf
Kompaſskurs O und W bei einer Krängung des Schiffes von
$+\nu^0$ nach Steuerbord und ebenso von $-\nu^0$ nach Backbord.
Man erhält so vier verschiedene Werte von δ und von dem

Verhältnis $Z':Z$, falls die wahre Deklination und Vertikalintensität bekannt sind. Nennen wir

$$\frac{\left(\dfrac{Z'}{Z}\right)_0 - \left(\dfrac{Z'}{Z}\right)_W}{2 \cos \dfrac{\delta_0 + \delta_W}{2} \cos \dfrac{\delta_0 - \delta_W}{2}} = f(Z) \qquad \operatorname{tg} \frac{\delta_0 + \delta_W}{2} = f(\delta),$$

so haben wir natürlich streng zu unterscheiden zwischen $f(Z)_+$, $f(\delta)_+$, die sich aus der Krängung nach St. B. ergeben, von $f(Z)_-$, $f(\delta)_-$, den Werten von B. B. Daraus sowie aus den bereits bestimmten Gliedern $a\ d\ e\ g\ h$ ergibt sich

$$\underline{c} = \left(f(\delta)_+ - f(\delta)_-\right) \frac{1+a}{2 \sin \nu}$$

$$\underline{f} = \left(f(Z)_+ + f(Z)_-\right) \frac{\operatorname{tg} i}{2 \sin^2 \nu} + \left(f(\delta)_+ + f(\delta)_-\right) \frac{g \cos \nu}{2 \sin^2 \nu}$$

$$+ \left(f(\delta)_+ - f(\delta)_-\right) \frac{d}{2 \sin \nu} + h \operatorname{ctg}^2 \nu$$

$$\underline{k} = \left(f(Z)_+ - f(Z)_-\right) \frac{\operatorname{tg} i}{\sin 2\nu} + \left(f(\delta)_+ - f(\delta)_-\right) \frac{g}{2 \sin \nu}$$

$$+ \left(f(\delta)_+ + f(\delta)_-\right) \frac{d}{2 \cos \nu} + e.$$

Wir haben die Formeln ganz allgemein ohne alle Vernachlässigung angeschrieben; in praxi werden sie sich durch die Kleinheit einzelner Glieder ganz erheblich vereinfachen. Bei gegebenen $\mathfrak{B}\ \mathfrak{C}\ \mu$ hat man damit natürlich auch die Komponenten $P\ Q\ R$ und damit sämtliche **12 charakteristischen Schiffskonstanten aus den Beobachtungen einer einzigen Station ermittelt.**

§ 9. Praxis der Deviationsbeobachtungen.

Bei der Festsetzung der Route einer magnetischen Forschungsreise zur See ist es nötig, die Auswahl der Landstationen mit besonderer Berücksichtigung der Deviationsarbeiten zu treffen. Wir erörtern daher zunächst die erforderliche Anzahl und die erforderlichen Eigenschaften der Deviationsstationen. Hauptstation ersten Ranges ist natürlich der Heimathafen, v o r und n a c h der Reise. Die Stationen dazwischen wähle man so, daß auf eine Änderung der Inklination von 30—40° womöglich eine neue Station kommt. Besonders erwünscht ist eine solche am Ort der kleinsten und am Ort der größten erreichten Inklination. Im übrigen sind besonders

dann die Deviationsuntersuchungen zu wiederholen, wenn irgendeine Änderung in der Anordnung des Schiffseisens vorgenommen
werden mufste. Da von jeder dieser Stationen gefordert wird,
dafs sie zu den gestörten Werten $D'\,H'\,Z'$ an Bord die wahren
Werte $D\,H\,Z$ an Land einwandfrei liefert, soll sie an einer
magnetisch ungestörten Küste liegen. Zwingen die Umstände
dazu, die Deviationsuntersuchungen an einer gestörten Küste,
etwa bei einer Insel, vorzunehmen, dann kann nur eine magnetische Vermessung der ganzen Küste als Grundlage dienen.
Die Inseln des freien Ozeans sind immer verdächtig; wir geben
in § 12 Beispiele von Orten, von denen Störungen bekannt
sind. Aber auch auf hoher See ist es dringend erwünscht,
wenigstens von Zeit zu Zeit bei günstigen Verhältnissen das
Schiff zu drehen und seine Deviation zu untersuchen, falls
nicht überhaupt bei den regelmäfsigen Seebeobachtungen
das Eliminationsverfahren von § 11 angewandt wird. Mit
Hilfe der Werte $\mathfrak{A}\,\lambda\,\mu$, welche den Beobachtungen der ein-
schliefsenden Landstationen zu entnehmen sind, erhalten wir
für die maritime Station die wahren Werte der Elemente in
der Weise des § 11 und erzielen damit eine Neubestimmung
der übrigen sechs Koeffizienten $\mathfrak{B}\,\mathfrak{C}\,\mathfrak{D}\,\mathfrak{E}\,g\,h$ auf hoher See.
Hat insbesondere ein Schiff lange den gleichen Kurs gesteuert,
um von da an einen wesentlich verschiedenen Kurs zu nehmen,
so ist es erwünscht, etwas vor und nach dem Knick der Route
je eine Deviationsstation einzulegen, um das Schiff auf rema-
nenten und langsam verschwindenden Magnetismus hin zu
untersuchen.

Wenden wir uns nun zu den Arbeiten der einzelnen
Station, so ist vor allem die grundsätzliche Wichtigkeit hervorzuheben, dafs alle Beobachtungen in ganz genau der gleichen
Weise an Land wie an Bord durchgeführt werden; denn da
es sich bei allen Deviationsgröfsen nur um Differenzen, bezw.
Quotienten der wahren und gestörten Werte handelt, werden
alle Unsicherheiten der Instrumentalkonstanten eliminiert, wenn
sowohl die wahren als auch die gestörten Werte genau in derselben Weise ermittelt werden. Die Erfahrung weist auf eine
Art Zähigkeit der Induktion beim Drehen des Schiffes hin, so
dafs ein und dieselbe Beobachtung, die zunächst am Anfang der
Deviationsarbeiten angestellt und danach am Schlufs wiederholt
wurde, zwei verschiedene Werte ergeben kann, deren Unterschied durch Beobachtungsfehler nicht zu erklären ist. Das
beste ist es daher, alle Beobachtungen doppelt anzustellen, das
einemal bei dem Kreislauf des Schiffes nach B. B., das anderemal rückwärts bei dem Kreislauf nach St. B. Ist eine doppelte

Durchführung der vollständigen Beobachtungen nicht möglich,
so kann man die Beobachtungen zweckmäfsigerweise in zwei
Teile zerlegen und auf jedem Kreislauf je einen derselben
erledigen. Zum Beispiel kann man bei den Beobachtungen mit
L. C. beim Drehen nach B. B. nur mit Kreislage Ost, beim
Drehen nach St. B. nur mit Kreislage West beobachten.

Wir besprechen nun die Beobachtungsmethoden im allgemeinen, indem wir bezüglich der Details auf das nächste
Kapitel verweisen.

Die Deviation in Deklination erhält man, indem man
durch Sonnenpeilungen an Bord die gestörten D' und an Land
das wahre D ermittelt, woraus sich $\delta = D' - D$ ergibt. Oder
aber kann man bei fehlender Sonne die δ direkt ermitteln
durch gegenseitiges Anpeilen eines an Land aufgestellten
Kompasses und des Hauptkompasses an Bord; daraus ergibt
sich $\delta =$ Peilung an Land $+ 180^{0} -$ Peilung an Bord. Es
ist dann nötig, beide Kompasse an Land zu vergleichen.

Man pflegt das Verhältnis der gestörten H' bezw. Z' zu
den wahren H bezw. Z durch die Schwingungsdauer einer
horizontalen bezw. vertikalen Nadel zu bestimmen, nämlich
als das Verhältnis des Quadrats der Schwingungsdauer an
Land zu derjenigen an Bord. Diese Methoden sind sehr ungenau. Die Schwingungsdauer der Nadeln, die mit Reibung
und unter den vielen zufälligen Impulsen durch die Schiffs-
bewegung schwingen, wird zu unsicher, um die verhältnismäfsig kleinen Unterschiede aufzudecken. Sie sind daher
höchstens für Mittelwerte wie λ und μ zu verwenden; aber
auch dies geht dann nicht an, und die Methoden werden direkt
falsch, wenn man Nadeln mit exzentrischem Schwerpunkt verwendet, wie es in der Regel bei der Horizontalnadel der Fall
ist. Es hat sich durch Untersuchungen auf dem „Gaufs"
herausgestellt, dafs die Schwingungen der exzentrisch belasteten
Horizontalnadel unter dem Einflufs der rollenden Schiffs-
bewegung durchweg verlangsamt werden. Ja in einem Falle,
als die Deviationsuntersuchungen bei stark rollendem Schiff
unternommen werden mufsten, zeigten sich deutlich 2 Maxima
der Verlangsamung auf den beiden Kursen, bei denen das
Schiff quer zur Dünung lag und besonders stark rollte, und
2 Minima auf den beiden Kursen senkrecht dazu. Es über-
lagerte sich also dem gesuchten, vom Einflufs des Schiffseisens
herrührenden Gang der Schwingungsdauer ein zweiter, der
in rein mechanischen Gründen seine Ursache hatte.

Statt der Methode der Schwingungen sind Ablenkungsbeobachtungen zu empfehlen, wofür bei dem gegenwärtigen

Stand der instrumentellen Hilfsmittel D. B. für Horizontalintensität, L. C. für Vertikalintensität zu wählen ist. Fehlt
D. B. an Bord, so ist aufser der Vertikalintensität noch die
Inklination mit L. C. zu beobachten und daraus die Horizontalintensität abzuleiten. Man kann sich auch im Notfalle lediglich auf
Totalintensitätsbestimmungen durch Ablenkungen beschränken,
da man dabei nicht nur ein relatives Mafs der Totalintensität
durch die Ablenkungswinkel, sondern auch ein solches der
Inklination durch die Mittellagen der beiderseitigen Ablenkungen
erhält und damit alle Daten zur Ableitung der H und Z gewinnt. Fehlt dagegen L. C. an Bord, so ist entsprechend mit
D. B. aufser der Horizontalintensität noch die Inklination zu
beobachten. Natürlich sind bei allen Ablenkungen auch die
Temperaturen zu notieren, und ihre Unterschiede durch Korrektion unschädlich zu machen.

Besonders machen wir darauf aufmerksam, wie vorteilhaft
es ist, möglichst empfindliche Methoden bei allen Deviationsuntersuchungen zu verwenden, da es sich ja lediglich um Auf-
deckung geringer Differenzen handelt. In der Vergröfserung
der Ablenkungswinkel haben wir ein Mittel in der Hand, die
Empfindlichkeit der H- und Z-Messungen beliebig zu steigern.
Die obere Grenze setzt ganz von selbst die Schwierigkeit des
Beobachtens, die bei den labiler werdenden Einstellungen der
grofsen Ablenkungswinkel an Bord sich bald bemerkbar macht;
aber es sind doch Winkel von mindestens 60° zu verwenden.
Es ist dringend erwünscht, bei der Ausstattung der beiden
Instrumente D. B. und L. C. mit Ablenkungsmagneten hierauf
besondere Rücksicht zu nehmen, so dafs man überall auf der
geplanten Route derartige empfindliche Ablenkungsmessungen
vornehmen kann, die natürlich im allgemeinen nur für Deviationsuntersuchungen zu empfehlen sind.

§ 10. Die Korrektionsformeln der Deviationen.

Bisher war unser Ziel zu zeigen, wie die 12 charakteristischen
Konstanten, durch welche der Einflufs des Schiffseisens dargestellt werden kann, auf dem Weg der Beobachtung zu ermitteln sind. Nunmehr nehmen wir an, dies sei geschehen,
und unsere weitere Aufgabe besteht darin, die bekannten
Konstanten zur Korrektion der regelmäfsigen Beobachtungen
auf See zu verwenden. Wir verlangen von den Korrektionsformeln, dafs sie die mechanische Rechenarbeit möglichst zu
verringern gestatten. Von diesem Gesichtspunkt aus stellen

wir einmal die Korrektionen für die Winkelgröfsen D' und i' in additiver Form dar, so dafs wir die wahren Werte in der Form $D = D' + \delta$ und $i = i' + \delta i$ erhalten, dagegen die Korrektionen für H' und T' in multiplikativer Form, die sich für die logarithmische Berechnung eignet, so dafs wir die wahren Werte in der Form $H = H' \cdot \dfrac{H}{H'}$ und $T = T' \cdot \dfrac{T}{T'}$ erhalten. Aufserdem verlangen wir, dafs alle Korrektionen sich lediglich als Funktionen des Schiffskurses und der bekannten Koeffizienten ergeben. Zu dem Zweck müssen, wenn wir aus den Fundamentalformeln I–III unsere Korrektionsformeln herleiten wollen, auf der linken Seite in I δ statt $\sin\delta$, in II und III die reziproken Werte von den dortigen auftreten; auf den rechten Seiten müssen überall die δ verschwinden und nach I durch die Koeffizienten selbst ersetzt werden. Wir entwickeln daher die Funktionen von δ, sowie die reziproken Werte der Gröfsen II und III nach Potenzen der δ, bezw. der Koeffizienten, die gegenüber 1 kleine Gröfsen sind. Wir geben diese Entwicklung ganz allgemein bis zu den Gliedern zweiter Ordnung, die wir in Form der Restglieder $\mathfrak{R}$ beifügen. So entstehen die 3 fundamentalen Korrektionsformeln:

1. $\delta = \qquad \mathfrak{A} + \mathfrak{B}\sin\zeta' + \mathfrak{C}\cos\zeta' + \mathfrak{D}\sin 2\zeta' + \mathfrak{E}\cos 2\zeta' \quad + \mathfrak{R}_\delta$

2. $\dfrac{H}{H'} = \dfrac{1}{\lambda}\left\{1 - \mathfrak{B}\cos\zeta' + \mathfrak{C}\sin\zeta' - \mathfrak{D}\cos 2\zeta' + \mathfrak{E}\sin 2\zeta'\right\} + \mathfrak{R}_H$

3. $\dfrac{Z}{Z'} = 2 - \mu \quad - g\,\mathrm{ctg}\,i\,\cos\zeta' \quad + h\,\mathrm{ctg}\,i\,\sin\zeta' + \qquad \mathfrak{R}_Z,$

wo $\mathfrak{R}_\delta = \frac{1}{2}(\mathfrak{C}\mathfrak{D} - \mathfrak{B}\mathfrak{E})\cos\zeta' - \frac{1}{2}(\mathfrak{B}\mathfrak{D} + \mathfrak{C}\mathfrak{E})\sin\zeta' + \mathfrak{A}\mathfrak{D}\cos 2\zeta' - \mathfrak{A}\mathfrak{E}\sin 2\zeta'$
$\qquad + \frac{1}{2}(\mathfrak{C}\mathfrak{D} + \mathfrak{B}\mathfrak{E})\cos 3\zeta' - \frac{1}{2}(\mathfrak{C}\mathfrak{E} - \mathfrak{B}\mathfrak{D})\sin 3\zeta' + \mathfrak{C}\mathfrak{D}\cos 4\zeta' - \frac{1}{2}(\mathfrak{E}^2 - \mathfrak{D}^2)\sin 4\zeta'$

$\lambda \cdot \mathfrak{R}_H = -\frac{1}{2}\mathfrak{A}^2 + \frac{1}{4}(\mathfrak{B}^2 + \mathfrak{C}^2) + \frac{1}{4}(\mathfrak{D}^2 + \mathfrak{E}^2)$
$\qquad + 2(\mathfrak{C}\mathfrak{D} - \mathfrak{B}\mathfrak{E})\sin\zeta' + 2(\mathfrak{B}\mathfrak{D} + \mathfrak{C}\mathfrak{E}) \qquad \cos\zeta'$
$\qquad + \frac{1}{2}(2\mathfrak{A}\mathfrak{D} - \mathfrak{B}\mathfrak{E})\sin 2\zeta' + \frac{1}{4}(4\mathfrak{A}\mathfrak{E} + \mathfrak{B}^2 - \mathfrak{C}^2)\cos 2\zeta'$
$\qquad + \frac{1}{2}\mathfrak{D}\mathfrak{E} \qquad \sin 4\zeta' + \qquad \frac{1}{4}(\mathfrak{E}^2 - \mathfrak{D}^2) \qquad \cos 4\zeta'$

$\mathfrak{R}_Z = (\mu - 1)^2 + \frac{1}{2}(\mathfrak{B}\mathfrak{g} + \mathfrak{C}\mathfrak{h}) + \frac{1}{2}(\mathfrak{g}^2 + \mathfrak{h}^2)$
$\qquad + \left\{\mathfrak{A}\mathfrak{g} + \frac{1}{2}(\mathfrak{D}\mathfrak{h} - \mathfrak{E}\mathfrak{g}) - 2\mathfrak{h}(\mu - 1)\right\}\sin\zeta' + \left\{\mathfrak{A}\mathfrak{h} + \frac{1}{2}(\mathfrak{D}\mathfrak{g} + \mathfrak{E}\mathfrak{h}) + 2\mathfrak{g}(\mu - 1)\right\}\cos\zeta'$
$\qquad + \left\{\frac{1}{2}(\mathfrak{C}\mathfrak{g} + \mathfrak{B}\mathfrak{h}) - \mathfrak{g}\mathfrak{h}\right\} \sin 2\zeta' + \left\{\frac{1}{2}(\mathfrak{C}\mathfrak{h} - \mathfrak{B}\mathfrak{g}) + \frac{1}{2}(\mathfrak{g}^2 - \mathfrak{h}^2)\right\}\cos 2\zeta'$
$\qquad + \frac{1}{2}\left\{\mathfrak{C}\mathfrak{g} + \mathfrak{D}\mathfrak{h}\right\} \sin 3\zeta' + \frac{1}{2}\left\{\mathfrak{C}\mathfrak{h} - \mathfrak{D}\mathfrak{g}\right\} \cos 3\zeta',$
$\qquad$ wobei $\mathfrak{g} = g\,\mathrm{ctg}\,i \qquad \mathfrak{h} = h\,\mathrm{ctg}\,i.$

Den Formeln 1 und 2 sind die Korrektionen für D' und H' ohne weiteres zu entnehmen; wir haben nur noch aus 2 und 3 auch die Korrektionen für i' und T' zusammenzustellen; sie ergeben sich in leichter Weise als

$$\delta i = -\frac{1}{2} \sin 2i \left(\frac{Z}{Z'} - \frac{H}{H'} \right)$$

$$\frac{T}{T'} = \frac{1}{2} \left(\frac{H}{H'} + \frac{Z}{Z'} \right) \cos(i - i') + \frac{1}{2} \left(\frac{H}{H'} - \frac{Z'}{Z'} \right) \cos(i + i'),$$

oder da man in den Korrektionen ganz unbedenklich i' durch i ersetzen darf,

$$\frac{T}{T'} = \frac{1}{2} \left(\frac{H}{H'} + \frac{Z}{Z'} \right) + \frac{1}{2} \left(\frac{H}{H'} - \frac{Z}{Z'} \right) \cos 2i.$$

Um den Aufwand an Rechenarbeit möglichst zu verringern, führen wir möglichst viele Vernachlässigungen ein und gehen darin so weit, bis der dadurch entstehende Fehler der Korrektion $\leq$ dem Fehler der Beobachtung ist. Diese Vernachlässigungen können natürlich erst auf Grund der numerischen Werte vorgenommen werden und sind von Fall zu Fall verschieden. Die unmanierlichen Restglieder sind jedoch für alle hier in Betracht kommenden Schiffe in der Regel gänzlich aufser acht zu lassen, und nur in Ausnahmefällen wird es sich bei der probeweisen numerischen Berechnung der Glieder $\Re$ herausstellen, dafs ein oder das andere Glied der obigen Bedingung zufolge in bestimmten Breiten noch in Betracht zu ziehen ist.

Noch deuten wir an, wie das Korrektionsgeschäft in zweckmäfsiger Weise angelegt werden kann. Auch hier ist es ohne Kenntnis der numerischen Werte nur möglich, die allgemeinen Züge zu geben. Wir führen in die Korrektionsformeln 1—3 folgende Gröfsen ein:

$$\mathfrak{B} = \mathfrak{S} \cos \sigma \qquad \mathfrak{D} = \mathfrak{Q} \cos \varkappa \qquad g = \mathfrak{Z} \cos \omega$$

$$\mathfrak{C} = \mathfrak{S} \sin \sigma \qquad \mathfrak{E} = \mathfrak{Q} \sin \varkappa \qquad h = \mathfrak{Z} \sin \omega.$$

Dann schreiben sich die Korrektionsformeln ohne die $\Re$ in folgender Form:

1.' $\quad \delta \;= \mathfrak{A} \quad + \mathfrak{S} \sin (\zeta' + \sigma) + \mathfrak{Q} \sin (2\zeta' + \varkappa)$

2.' $\quad \dfrac{H}{H'} = \dfrac{1}{\lambda} \left\{ 1 - \mathfrak{S} \cos (\zeta' + \sigma) - \mathfrak{Q} \cos (2\zeta' + \varkappa) \right\}$

3.' $\quad \dfrac{Z}{Z'} = 2 - \mu - \operatorname{ctg} i \; \mathfrak{Z} \cos (\zeta' + \omega).$

Die quadrantalen Glieder von 1' und 2' können einer einzigen Tabelle entnommen werden, die man ein für allemal, twa nach 2^0 fortschreitend, anlegt. Analog ist es mit $\mathfrak{Z} \cos (\zeta' + \omega)$. Für $\mathfrak{S} \sigma$ und μ sind Listen je nach dem besonderen

Verlauf der Reise anzulegen; z. B. kann am zweckmäfsigsten
eine Liste sein, die nach 5° in Inklination fortschreitet. So
beruht das ganze Korrektionsgeschäft auf 1 Tabelle $\mathfrak{O}$,
1 Tabelle $\mathfrak{Z}$ und 3 Listen $\mathfrak{S}$ σ und μ; dieselben gestalten sich
z. T. noch sehr einfach. Aus den so ermittelten Einzelbeiträgen
setzen sich dann die Gesamtkorrektionen nach der einfachen
Vorschrift von $1'$—$3'$ zusammen.

§ 11. Elimination des Schiffseinflusses.

Das Korrektionsgeschäft, das wir im letzten Paragraphen
kennen gelernt haben, ist sehr mühsam und beruht aufserdem
auf der mehr oder weniger guten Zuverlässigkeit der Konstanten.
Viel besser ist es natürlich und für Forschungsschiffe dringend
zu empfehlen, soweit als möglich, Rechenarbeit und Unsicherheiten überhaupt zu vermeiden, indem man den Schiffseinflufs
bei jeder einzelnen Hochseebeobachtung möglichst eliminiert.
Unsere 3 Grundformeln I—III in § 8 sind nahezu eine Summe
von trigonometrischen Funktionen des einfachen und doppelten
Kurses. Bekanntlich ist der Mittelwert einer trigonometrischen
Funktion genommen über n äquidistante Kurse $= 0$. Das
heifst also für unsern Fall: Die Mittelwerte der auf n äquidistanten Kursen beobachteten magnetischen Elemente sind
nahezu unabhängig von der semikursalen und quadrantalen
Deviation; sie sind unabhängig von den Gliedern 1. Ordnung,
wenn die Elemente auf 4 äquidistanten Kursen, unabhängig
von den Gliedern 1. und 2. Ordnung, wenn die Elemente auf
8 äquidistanten Kursen beobachtet werden. Höhere Glieder
als diejenigen der 2. Ordnung kommen nicht in Betracht, diejenigen 2. Ordnung nur selten.

Bildet man nach Entwicklung der δ die Mittelwerte der
Formeln I—III, so ergibt sich

$$\text{Mittelwert I:} \quad M(\delta) \quad = \mathfrak{A}$$

$$\text{Mittelwert II:} \quad M\left(\frac{H'}{H}\right) = \lambda\,(1 - \mathfrak{M}_H)$$

$$\text{Mittelwert III:} \quad M\left(\frac{Z'}{Z}\right) = \mu - \mathfrak{M}_Z,$$

wobei $\mathfrak{M}_H$ und $\mathfrak{M}_Z$ die Koeffizienten 2. Ordnung in folgender
Weise enthalten:

$$\mathfrak{M}_H = -\tfrac{1}{2}\,\mathfrak{A}^2 + \tfrac{1}{4}\,(\mathfrak{B}^2 + \mathfrak{C}^2) + \tfrac{3}{4}\,(\mathfrak{D}^2 + \mathfrak{C}^2)$$

$$\mathfrak{M}_Z = \tfrac{1}{2}\,(\mathfrak{B}g + \mathfrak{C}h)\,\operatorname{ctg}\,i.$$

Daraus ergeben sich nun folgende Beziehungen zwischen den wahren Werten und den Mittelwerten der magnetischen Elemente:

$$D = M(D') - \mathfrak{A}$$

$$H = \frac{1}{\lambda} M(H') \left\{ 1 + \mathfrak{M}_H \right\}$$

$$i = M(i') + \tfrac{1}{2} \sin 2 i \left\{ \lambda - \mu - (\lambda \, \mathfrak{M}_H - \mathfrak{M}_Z) \right\}$$

$$T = \frac{1}{\tfrac{1}{2}(\lambda+\mu)} M(T') \frac{1}{1 + \dfrac{\lambda-\mu}{\lambda+\mu} \cos 2 i - \dfrac{\lambda \, \mathfrak{M}_H + \mathfrak{M}_Z}{\lambda + \mu} - \dfrac{\lambda \, \mathfrak{M}_H - \mathfrak{M}_Z}{\lambda+\mu} \cos 2 i}.$$

In der Regel sind die $\mathfrak{M} = 0$ zu setzen; wir brauchen also nur $\mathfrak{A} \lambda \mu$, um aus den Hochseebeobachtungen die wahren Werte abzuleiten. Wollen wir jedoch die Glieder 2. Ordnung berücksichtigen, so genügt eine rohe Kenntnis derselben vollständig. Die Ermittlung von $\mathfrak{A} \lambda \mu$ und der $\mathfrak{M}$ ergibt sich aus § 8.

§ 12. Gestörte Orte. Numerische Werte von Schiffskonstanten.

Wir fügen eine Liste von Orten bei, von denen magnetische Lokalstörungen berichtet sind. Die Liste ist keineswegs vollständig; sie soll mehr nur als Warnung vor den vulkanischen Inseln und Küsten dienen, oder aber für Schiffe, deren Konstanten genau bekannt sind, als Aufforderung, in der Nähe solcher Orte die wahren Werte auf See zu ermitteln und auf dieser Grundlage eine Untersuchung der gestörten Gebiete aufzubauen. Nach den Angaben von Kapitän Creak von der britischen Admiralität und den Vermessungen des „Gaufs" sind starke Störungen gemeldet von den Salomonsinseln, Neumecklenburg, von der Küste Labradors bei Kap St. Francis, de Los, von der Nordwestküste von Australien bei Cossack, der Sumbavainsel, Java, Madagaskar, Réunion; schwächere Störungen von der Bucht von Odessa, von den Sandwichinseln, Juan Fernandez, von den Bermudainseln, Madeira, Teneriffa, St. Vinzent, Ascension, St. Helena, Tristan da Cunha, von den Crozetinseln und Kerguelen.

Endlich geben wir eine Liste der Konstanten von einigen bekannten Forschungsschiffen. Sämtliche Werte aufser λ sind in Einheiten der dritten Dezimale aufgeführt. $P Q R$ sind im C. G. S. - System angegeben.

	Erebus 1839—42	Challenger 1873—76	Gazelle 1874—76	Gaufs 1901—03
λ	0,991	0,999	0,980	1,003
$\mathfrak{A}$	0	+ 2	+ 6	+ 5
$\mathfrak{D}$	+ 7	+ 6	+ 11	+ 21
$\mathfrak{E}$	kl.	0	— 2	0
g	+ 27	0	+ 13	— 5
h	kl.	0	+ 9	0
c	+ 26	+ 8	+ 21	— 12
f	kl.	0	— 7	+ 1
k	+ 3	— 33	— 21	— 13
P	kl.	+ 13	+ 8	+ 2
Q	kl.	0	— 3	0
R	kl.	— 40	— 2	— 2

kl. bedeutet, dafs die Zahlen von 0 nicht wesentlich verschieden sind.

IV. Kapitel.

Vollständiges System der ·Arbeiten einer magnetischen Forschungsreise zur See.

Wir haben nunmehr alle instrumentellen und methodischen
Grundlagen der magnetischen Beobachtungen zur See kennen
gelernt. Gleichsam als Resultat geben wir noch eine systematische Zusammenstellung sämtlicher zu erledigenden Arbeiten,
sowohl derjenigen auf See, als auch derjenigen an Land, auf
welchen die Seebeobachtungen beruhen.

§ 13. Die Arbeiten der Basisstation und der Landstationen.

Alle Messungen mit den Schiffsinstrumenten sind mit Ausnahme der Inklination bislang noch relative und gründen sich
daher auf die Kenntnis gewisser Konstanten, die an Orten,
wo die wahren Werte der erdmagnetischen Elemente bekannt
sind, bestimmt werden müssen. Wir sehen hier ab von der
Aufzählung all der einzelnen Prüfungen, die bei der Abnahme
eines Instrumentes vom Mechaniker anzustellen sind und
welche die Eisenfreiheit der Gehäuse, die Güte der Achsen
und Pinnen, die richtige Justierung der einzelnen Teile usf.
betreffen. Jedenfalls denken wir uns alle derartigen Fehler
so weit beseitigt, dafs sie nur noch innerhalb der Grenzen
der Beobachtungsfehler wirksam sind.

Arbeiten der Basisstation.

Als Basisstation in der Heimat dient ein magnetisches Observatorium ersten Ranges, wo vor und nach der Reise folgende Konstanten zu bestimmen sind:

I. Für Deklination: der Indexfehler $\varDelta$ des Kompasses. Bei jeder Beobachtung mit dem Schattenstift wird der Fehler, der entsteht, weil der Schattenstift nicht ganz vertikal und nicht ganz zentrisch, der Glasdeckel des Kompasses nicht ganz planparallel ist, gleichzeitig eliminiert durch Wiederholung einer Beobachtung nach Drehung des ganzen Glasdeckels um 180°. Trotzdem kann auch bei richtiger Justierung aller übrigen Teile noch eine Abweichung der wahren von der so beobachteten Deklination übrig bleiben, welche durch die Abweichung der magnetischen Achse der Rose von dem $N\text{-}S$-Strich ihrer Teilung entsteht. Man nennt diesen Winkel den Indexfehler des Kompasses.

II. Inklination. Da die Inklinationsmessung stets vollständig nach der absoluten „Gaußsschen" Methode angestellt werden soll, darf bei einem guten Instrument keine Korrektion mehr nötig sein. Die Differenz zwischen dem beobachteten und dem wahren Wert an der Basisstation darf einige Minuten nicht übersteigen. Jede Beobachtung soll mit zwei Inklinationsnadeln angestellt werden. Die Nadeln sind immer in der gleichen Weise umzumagnetisieren und magnetisch gebunden aufzubewahren. Der feinen Achsen wegen ist ein Reservepaar von Inklinationsnadeln sehr erwünscht.

III. Für die Totalintensität mit L. C. ist

1. zu jedem Paar von Intensitätsnadeln eine Konstante,
2. der Temperaturkoeffizient jeder Konstanten

zu bestimmen.

Diese Messung besteht einmal aus Ablenkungen, welche das Verhältnis der Totalintensität zum Moment der ablenkenden Nadel ergeben. Es sei

M_0 das Moment der ablenkenden Nadel bei der Normaltemperatur t_0,

μ deren Temperaturkoeffizient,

e_0 die Entfernung der Zentren der abgelenkten und ablenkenden Nadel bei der Temperatur t_0,

ε der Ausdehnungskoeffizient des Gehäusematerials,

F eine konstante Ablenkungsfunktion, welche von der Verteilung des Magnetismus in beiden Nadeln abhängig ist,

t die bei der Messung beobachtete Temperatur,

φ der beobachtete Ablenkungswinkel.

Zwischen diesen Gröfsen besteht folgende Beziehung:

$$\frac{T}{M_0} = \frac{1}{\sin \varphi} \cdot \frac{1 - \mu\,(t - t_0)}{F\,e_0{}^8\,[1 + 3\,\varepsilon\,(t - t_0)]}.$$

Dazu kommt die Messung der Inklination der belasteten Nadel, die beim Ablenkungsversuch als Ablenkungsnadel diente. Es sei

G_{45} ihr Gewicht auf 45° Breite,

$G_b = G_{45}\,(1 - 0.0027 \cos 2\,b)$ ihr Gewicht in der Breite b,

l_0 der Abstand ihres Schwerpunktes von der Drehachse bei der Temperatur t_0,

λ der Ausdehnungskoeffizient ihres Materials,

i die wahre Inklination,   } beide im selben

j die Inklination der belasteten Nadel } Sinn gemessen.

Dann haben wir

$$T M_0 = \frac{\cos j}{\sin (i - j)} \cdot \frac{l_0\,[1 + \lambda\,(t - t_0)]}{1 - \mu\,(t - t_0)}\; G_{45}\,(1 - 0.0027 \cos 2\,b).$$

Die Kombination beider Messungen ergibt, wenn wir noch

$$A_0 = \sqrt{\frac{G_{45}\,l_0}{F\,e_0{}^8}} \;\text{und}\; \tau = \frac{3\,\varepsilon - \lambda}{2} \;\text{setzen,}$$

$$T = A_0\,[1 - \tau\,(t - t_0)] \cdot (1 - 0.0013 \cos 2\,b)\,\sqrt{\frac{\cos j}{\sin \varphi \sin (i - j)}}.$$

Am Ort der Basisstation sind T, i, t und b bekannt, φ und j bei verschiedenen Temperaturen zu beobachten und daraus A_0 und τ zu ermitteln. Die ablenkende und abgelenkte Nadel bilden zusammen ein Paar von „Intensitätsnadeln", die, sich gegenseitig bindend aufzubewahren und vor jeder Änderung ihrer Magnetisierung ängstlich zu schützen sind. Es ist nötig, zwei Paare von Intensitätsnadeln mitzunehmen.

IV. Für die Horizontalintensität mit D. B. ist

     1. für jeden Ablenkungsmagneten und jede Entfernung eine Konstante,

     2. der Temperaturkoeffizient jedes Magneten zu bestimmen.

Die Messung besteht aus der Lamontschen Ablenkung einer Horizontalnadel. Übernehmen wir sinngemäfs die Bezeichnungen von III. auf diesen Fall und setzen

$$K_0 = \frac{M_0}{e_0{}^8\,F}, \quad \varkappa = \mu + 3\,\varepsilon,$$

so haben wir
$$H = \frac{K_0}{\sin \varphi} [1 - \varkappa (t - t_0)].$$

Am Ort der Basisstation ist H bekannt, φ bei verschiedenen Temperaturen zu bestimmen. Daraus ergibt sich K_0 und $\varkappa$. Diese Konstanten sind für zwei Ablenkungsmagnete in je drei Entfernungen zu bestimmen. Die Ablenkungsmagnete sind sorgfältig gebunden aufzubewahren und vor jeder Änderung ihres Magnetismus ängstlich zu schützen.

V. Die Schiffskonstanten sind im Heimathafen nach Kapitel III zu ermitteln.

Auf allen Landstationen.

welche die Expedition anläuft, sind folgende Untersuchungen zu wiederholen:

1. Bestimmung der Indexkorrektion des Kompasses,
2. Vergleichung der Inklination,
3. Bestimmung der Konstanten A des L. C., } für die jeweilige
4. Bestimmung der Konstanten K des D. B., } Temperatur,
5. Ermittlung der Schiffskonstanten.

Nur selten können die wahren Werte der magnetischen Elemente, die man allen diesen Bestimmungen zugrunde zu legen hat, einem in der Nähe der Station befindlichen magnetischen Observatorium entnommen werden. Auf alle Fälle aber muß eine Expedition mit Instrumenten ausgestattet sein, welche jederzeit unabhängig von fremder Hilfe die wahren Werte der erdmagnetischen Elemente zu bestimmen gestatten. Als solche sind zu empfehlen: ein magnetischer Reisetheodolit zur absoluten Messung der Deklination und Horizontalintensität[1]), sowie ein Erdinduktor nach der Wildschen Nullpunktsmethode zur absoluten Messung der Inklination.

§ 14. Die Arbeiten auf See.

Auf See braucht der verantwortliche Beobachter stets die Hilfe eines zweiten Beobachters, der auf ein bestimmtes Zeichen zu jeder Einstellung am Schlingertisch den Stand des in der Nähe stehenden Regelkompasses beobachtet und alle Beobachtungen zu Protokoll nimmt. Dem Urteil des verantwortlichen Beobachters bleibt es überlassen, festzustellen, wie oft die einzelne Einstellung wiederholt werden soll; am mittleren Fehler mag er sich orientieren, wie weit die gewählte Anzahl

---

[1]) Siehe Seite 451 u. ff. dieses Bandes.

genügt. Um eine gewisse Gleichwertigkeit aller Messungen
zu erzielen, empfiehlt es sich, im allgemeinen stets dasselbe
Schema zu gebrauchen. Das unten durchgeführte Schema
ist ungefähr dasjenige des „Gaufs".

Zu jeder Beobachtung gehören regelmäfsige Angaben,
welche die begleitenden Umstände charakterisieren. Vor allem
eine Angabe über die Neigung des Schiffes. Man lese hierzu
vor oder nach jeder Beobachtung etwa 20 Paare von Umkehr-
punkten am Schlingerpendel ab und leite daraus die mittlere
Neigung des Schiffes her, die, wenn nötig, nach Kapitel III
in den Deviationsformeln zu berücksichtigen ist. Angabe des
Datums und der Zeit von Anfang und Ende der Beobachtung,
wonach die zugehörige Länge und Breite bestimmt wird, sind
natürlich nicht zu vergessen. Endlich sind Bemerkungen über
die Bewegung des Schiffes erwünscht, über Segeln, Dampfen,
über Seegang, Wetter und was sonst noch für die Beobachtung
Bedeutung haben kann.

I. **Deklination.** Morgens oder abends, womöglich um
die Zeit, wenn das Azimut der Sonne sich am wenigsten
ändert, messe man die Deklination, indem man den Teilstrich
der Kompafsrose, auf welcher der Schatten des Sonnenstiftes
einsteht, einige Zeit lang beobachtet, bis man ihn nach Schätzung
aus den leisen Schwankungen bis auf 0.1^0 anzugeben vermag;
derselbe sei S. Gleichzeitig nehme der zweite Beobachter die
Höhe der Sonne oder schreibe man selber den Uhrstand u
einer wohlbekannten Uhr an. Dazu lese man den Kurs ζ' ab,
welchem das Schiff gerade anliegt[1]).

Mittels der Breite b und der Deklination der Sonne d ergibt sich aus der gemessenen Zenitdistanz z das Azimut der
Sonne A_z nach der Formel

$$\sin \tfrac{1}{2} A_z = \sqrt{\frac{\sin (s-b)\,\cos (s-z)}{\cos b \,\sin z}}, \text{ wo } \sin s = \tfrac{1}{2}\,(b+d+z).$$

Aus der Uhrzeit u, dem Stand der Uhr Δu bezüglich der
mittleren Greenwich-Zeit und der Länge λ, in Zeit angegeben,
ergibt sich die wahre Ortszeit $t = u + \Delta u + \lambda + $ Zeitgleichung, und daraus das Azimut der Sonne nach der Formel

$$tg\, A_z = \frac{\sin t}{\sin b \,\cos t - \cos b \, tg\, d}.$$

Rechnet man A_z von astronomisch Nord über Ost von
$0-360^0$, desgleichen S von magnetisch Nord über Ost von
$0-360^0$, so ergibt sich die gesuchte Deklination $D' = A_z - S - 180$.
Wir haben also folgendes Schema:

---

1) Siehe Seite 71 und Seite 88 u. ff. dieses Bandes.

I.				II.			
				Kompafsdeckel um 180° gedreht			
beobachtet			berechnet	beobachtet			berechnet
S_{11}	$z_{11}\,(u_{11})$	ζ_{11}''	D'_{11}	S_{12}	$z_{12}\,(u_{12})$	ζ'_{12}	D'_{12}
S_{21}	$z_{21}\,(u_{21})$	ζ_{21}''	D'_{21}	S_{22}	$z_{22}\,(u_{22})$	ζ'_{22}	D'_{22}
..	...	..		..	...	..	..
S_{51}	$z_{51}\,(u_{51})$	ζ''_{51}	D'_{51}	S_{52}	$z_{52}\,(u_{52})$	ζ'_{52}	D'_{52}
Mittel		ζ_1	$D'_1 + f_1$	Mittel		ζ'_2	$D'_2 \pm f_2$

f_1 und f_2 sind die mittleren Fehler von D'_1 und D'_2, die in bekannter Weise je aus den Abweichungen der Einzelwerte vom Mittel abgeleitet werden. Wir haben also beim Kurse $\zeta' = \frac{1}{2}\,(\zeta_1 + \zeta'_2)$ die Deklination $D' = \frac{1}{2}\,(D'_1 + D'_2)$ mit dem mittleren Fehler $F_D = \frac{1}{2}\sqrt{f_1{}^2 + f_2{}^2}$ gefunden. Daraus ergibt sich mit der dem Kurse ζ' entsprechenden Deviationskorrektion δ und der Indexkorrektion $\varDelta$ die wahre Deklination $= D' + \varDelta + \delta \pm F_D$.

II. Inklination. Die Beobachtung ist stets mit zwei Nadeln je in acht Lagen durchzuführen. Die Nadel wird zuerst mit Bezeichnung oben (Bez. o) und vorne (v) auf Kreis Ost (O) und West (W), danach bei Bez. o hinten (h) auf Kreis W und O beobachtet. Dann wird sie ummagnetisiert, und sämtliche Beobachtungen werden bei Bezeichnung unten (Bez. u) wiederholt.

Häufig mufs das Resultat wegen der Schiffsdrehungen verbessert werden. Der Mann am Ruder hat den Auftrag, den beabsichtigten Kurs ζ_a zu steuern; während der Messung kommen jedoch allerlei Abweichungen vor, so dafs tatsächlich der während der gesamten Messung einer Nadel gesteuerte mittlere Kurs ζ von ζ_a abweichen wird. Nun wird aber diejenige Einstellung a am Horizontalkreis des Inklinatoriums gewählt und während der ganzen Messung beibehalten, welche das Inklinatorium beim Kurse ζ_a in den magnetischen Meridian stellt. a wird sich also von der richtigen Einstellung um ebensoviel unterscheiden wie ζ_a von ζ, um $a = \zeta' - \zeta_a$; daraus entspringt eine Korrektion $\varDelta i$ des Resultats, nämlich $\varDelta i = -\frac{1}{4}\,a^2 \sin 2\,i$.

Der Zusammenhang zwischen ζ_a und a kann jederzeit durch eine besondere Messung in folgender Weise gefunden werden: Das Inklinatorium wird gedreht, bis die Nadel vertikal steht; während dieser Einstellung b_i am Horizontalkreis liege der Kurs ζ_i an. Laufen die Horizontalkreisteilung und Rosenteilung im entgegengesetzten Sinn, so ist die dem Kurs ζ_a

entsprechende Einstellung, welche das Inklinatorium senkrecht zum magnetischen Meridian stellt: $b_\iota + (\zeta'_a - \zeta'_\iota)$, also die beiden zu ζ'_a gehörigen, Kreis O und W entsprechenden $a_\iota = b_\iota + (\zeta'_a - \zeta'_\iota) \pm 90^0$. Diese Messung und Reduktion wird fünfmal je bei Kreis Nord und Kreis Süd angestellt und danach das endgültige, zu ζ'_a gehörige a gefunden. Diese Einstellung wird während der ganzen Messung beibehalten. Das Beobachtungsschema ist folgendes:

Bez. o.

v		h	
E	W	W	E
$\zeta'_{11}\ i''_{11}$	$\zeta'_{12}\ i''_{12}$	$\zeta'_{13}\ i''_{13}$	$\zeta'_{14}\ i''_{14}$
$\zeta'_{21}\ i''_{21}$	$\zeta'_{22}\ i''_{22}$	$\zeta'_{23}\ i''_{23}$	$\zeta'_{24}\ i''_{24}$
$\cdot\cdot\ \ \cdot\cdot$	$\cdot\cdot\ \ \cdot\cdot$	$\cdot\cdot\ \ \cdot\cdot$	$\cdot\cdot\ \ \cdot\cdot$
$\zeta'_{61}\ i''_{61}$	$\zeta'_{62}\ i''_{62}$	$\zeta'_{63}\ i''_{63}$	$\zeta'_{64}\ i''_{64}$
Mittel $\zeta'_1\ i''_1 \pm f_1$	$\zeta'_2\ i''_2 \pm f_2$	$\zeta'_3\ i''_3 \pm f_3$	$\zeta'_4\ i''_4 \pm f_4$

Bez. u.

v		h	
E	W	W	E
$\zeta'_{15}\ i''_{15}$	$\zeta'_{16}\ i''_{16}$	$\zeta'_{17}\ i''_{17}$	$\zeta'_{18}\ i''_{18}$
$\zeta'_{25}\ i''_{25}$	$\zeta'_{26}\ i''_{26}$	$\zeta'_{27}\ i''_{27}$	$\zeta'_{28}\ i''_{28}$
$\cdot\cdot\ \ \cdot\cdot$	$\cdot\cdot\ \ \cdot\cdot$	$\cdot\cdot\ \ \cdot\cdot$	$\cdot\cdot\ \ \cdot\cdot$
$\zeta'_{65}\ i''_{65}$	$\zeta'_{66}\ i''_{66}$	$\zeta'_{67}\ i''_{67}$	$\zeta'_{68}\ i''_{68}$
Mittel $\zeta'_5\ i''_5 \pm f_5$	$\zeta'_6\ i''_6 \pm f_6$	$\zeta'_7\ i''_7 \pm f_7$	$\zeta'_8\ i''_8 \pm f_8$

Daraus folgt $i' = \frac{1}{8}(i'_1 + i'_2 + \cdots i'_8)$ als unkorrigiertes Gesamtresultat mit dem mittleren Fehler $F_i = \frac{1}{8}\sqrt{f_1{}^2 + f_2{}^2 + \cdots f_8{}^2}$ bei dem mittleren Kurs $\zeta' = \frac{1}{8}(\zeta'_1 + \zeta'_2 + \cdots \zeta'_8)$. Dasselbe ist

1. wegen der Schiffsdrehungen durch $\varDelta i = -\frac{1}{4} a^2 \sin 2i$,
2. wegen des Schiffseisens nach Kap. III durch das dem Kurse ζ' entsprechende δi zu korrigieren,

so daß wir als wahre Inklination $i = i' + \varDelta i + \delta i \pm F_i$ haben.

Beim Passieren des magnetischen Äquators achte man auf eine ganz besonders sorgfältige Bezeichnung des Sinnes der Inklination. Stört etwa der horizontale vordere Träger des Lagers zu sehr durch Verdeckung der Kreisteilung, so beobachte man in vier aufeinander senkrechten Azimuten. i''_1 und i''_2 seien die Mittel von je zwei um 180^0 voneinander verschiedenen Azimuten, so ergibt sich die gesuchte Inklination i' nach $\operatorname{ctg} i' = \sqrt{\operatorname{ctg}^2 i'_1 + \operatorname{ctg}^2 i'_2}$.

Wenn nötig, sind i'_1 und i'_2 wegen der Schiffsdrehungen zu korrigieren, indem man sie auf den mittleren während der gesamten Messung gesteuerten Kurs ζ' reduziert, der im allgemeinen von dem mittleren Kurs ζ'_1 während der Messung von i'_1 um $a_1{}^0$ und von dem mittleren Kurs ζ'_2 während der Messung von i'_2 um $a_2{}^0$ abweichen wird. Danach ist

$$i'_1 \text{ durch } \varDelta i_1 = \frac{a_1}{2}\sin 2\,i'_1\,\operatorname{tg} a_1, \text{ wobei } \cos a_1 = \operatorname{tg} i'/\operatorname{tg} i'_1$$

$$i'_2 \text{ durch } \varDelta i_2 = \frac{a_2}{2}\sin 2\,i'_2\,\operatorname{tg} a_2, \text{ wobei } \cos a_2 = \operatorname{tg} i'/\operatorname{tg} i'_2$$

zu korrigieren. Vergröfsern die Abweichungen a den Winkel zwischen Meridian und Nadelebene, ist die Korrektion negativ, im andern Falle positiv. Schliefslich ist das Gesamtresultat i' wie oben durch das dem Kurse ζ' entsprechende δi zu korrigieren.

III. Totalintensität. Wie bei der Inklinationsmessung wird das Instrument mittels des Teilstriches a, der dem beabsichtigten Kurse ζ'_a entspricht, in den Meridian gestellt. Dann wird die ablenkende Nadel in ihr Lager immer mit der gleichen Front eingesetzt und mit der Schutzhülle überdeckt. Danach wird die abzulenkende Nadel mit Bez. v eingehängt und bei Kreis O und W je nach rechts (r) und links (l) abgelenkt; ihre einzelnen Einstellungen seien mit ε bezeichnet. Sehr gut ist es, diese Beobachtungen bei Bez. h der abgelenkten Nadel zu wiederholen; natürlich mufs dann auch auf der Basisstation die Konstante A_0 in derselben Weise ermittelt worden sein. Danach wird statt der abgelenkten Nadel die ablenkende, belastete Nadel eingehängt und ihre Inklination mit Bez. v und Bez. h bei Kreis O und W beobachtet. Bei jeder einzelnen Gruppe ist die Temperatur zu notieren. In genau derselben Weise wird darauf ein zweites Paar von Intensitätsnadeln beobachtet.

Auch hierbei kann eine Korrektion wegen der Schiffs-drehungen nötig werden. Weicht der mittlere Kurs ζ'_a während der Ablenkungen und der mittlere Kurs ζ'_β während der Beobachtungen mit der belasteten Nadel von dem beabsichtigten, der Einstellung a entsprechenden Kurs ζ'_a um a bezw. β Grade ab, so wird aus beiden Gründen die Totalintensität zu klein ausfallen; das Endresultat ist daher mit $[1 + \frac14\,(a^2 + \beta^2)\cos^2 i]$ zu multiplizieren. Das Beobachtungsschema ist folgendes:

I. Ablenkungen.
Bez. v.

0

	r			l	
ζ'_{11}	ϵ_{11}	t_1	ζ'_{12}	ϵ_{12}	t_2
ζ'_{21}	ϵ_{21}		ζ'_{22}	ϵ_{22}	
..	..		..	..	
ζ'_{61}	ϵ_{61}		ζ'_{62}	ϵ_{62}	
Mittel ζ'_1	$\epsilon_1 \pm f_1$		ζ'_2	$\epsilon_2 \pm f_2$	

W

	r			l	
ζ'_{13}	ϵ_{13}	t_3	ζ'_{14}	ϵ_{14}	t_4
ζ'_{23}	ϵ_{23}		ζ'_{24}	ϵ_{24}	
..	..		..		
ζ'_{63}	ϵ_{63}		ζ'_{64}	ϵ_{64}	
ζ'_3	$\epsilon_3 \pm f_3$		ζ'_4	$\epsilon_4 \pm f_4$	

Bez. h.

W

	r			l	
ζ'_{15}	ϵ_{15}	t_5	ζ'_{16}	ϵ_{16}	t_6
ζ'_{25}	ϵ_{25}		ζ'_{26}	ϵ_{26}	
..	..		..	..	
ζ'_{65}	ϵ_{65}		ζ'_{66}	ϵ_{66}	
Mittel ζ'_5	$\epsilon_5 \pm f_5$		ζ'_6	$\epsilon_6 \pm f_6$	

0

	r			l	
ζ'_{17}	ϵ_{17}	t_7	ζ'_{18}	ϵ_{18}	t_8
ζ'_{27}	ϵ_{27}		ζ'_{28}	ϵ_{28}	
..	..		..	..	
ζ'_{67}	ϵ_{67}		ζ'_{68}	ϵ_{68}	
ζ'_7	$\epsilon_7 \pm f_7$		ζ'_8	$\epsilon_8 \pm f_8$	

Wir haben hiermit gefunden:
den Ablenkungswinkel $\varphi = \frac{1}{8}(\epsilon_1 + \epsilon_3 + \epsilon_5 + \epsilon_7 - \epsilon_2 - \epsilon_4 - \epsilon_6 - \epsilon_8)$
mit dem mittleren Fehler $f_\varphi = \frac{1}{8}\sqrt{f_1^2 + f_2^2 + \cdots f_8^2}$
bei der Temperatur $t_\varphi = \frac{1}{8}(t_1 + t_2 + \cdots t_8)$
und dem Kurse $\zeta'_a = \frac{1}{8}(\zeta'_1 + \zeta'_2 + \cdots \zeta'_8)$
und $a = \zeta'_a - \zeta''_a$.

II. Belastete Nadel.
Bez. v.   Bez. h.

0			**W**			**W**			**0**		
ζ'_{11}	j'_{11}	t_1	ζ'_{12}	j'_{12}	t_2	ζ'_{13}	j'_{13}	t_3	ζ'_{14}	j'_{14}	t_4
ζ'_{21}	j'_{21}		ζ'_{22}	j'_{22}		ζ'_{23}	j'_{23}		ζ'_{24}	j'_{24}	
..	..		..	..		..	..		..	..	
ζ'_{61}	j'_{61}		ζ'_{62}	j'_{62}		ζ'_{63}	j'_{63}		ζ'_{64}	j'_{64}	
Mittel ζ'_1	$j'_1 \pm f_1$		ζ'_2	$j'_2 \pm f_2$		ζ'_3	$j'_3 \pm f_3$		ζ'_4	$j'_4 \pm f_4$	

Damit haben wir gefunden:
die Inklination der belasteten Nadel $j' = \frac{1}{4}(j'_1 + j'_2 + j'_3 + j'_4)$
mit dem mittleren Fehler $f_j = \frac{1}{4}\sqrt{f_1^2 + f_2^2 + f_3^2 + f_4^2}$
bei der Temperatur $t_\beta = \frac{1}{4}(t_1 + t_2 + t_3 + t_4)$
und dem Kurse $\zeta'_\beta = \frac{1}{4}(\zeta'_1 + \zeta'_2 + \zeta'_3 + \zeta'_4)$
und $\beta = \zeta'_\beta - \zeta'_a$.

Aus den so gewonnenen Werten φ und j', sowie der Temperatur $t = \frac{1}{2}(t_\alpha + t_\beta)$ erhalten wir in der Breite b die Totalintensität

$$T' = A_0 \left(1 - \tau(t - t_0)\right)\left(1 - 0.0013\cos 2b\right) \sqrt{\frac{\cos j'}{\sin \varphi \sin(i' - j')}}$$

$$\pm F_T = \frac{T}{2} \sqrt{\frac{\cos^2 i'}{\cos^2 j' \sin^2(i' - j')} f_j^2 + \mathrm{ctg}^2 \varphi \, f_\varphi^2}.$$

T' ist noch wegen des Schiffseisens mit dem dem Kurse $\zeta' = \frac{1}{2}(\zeta'_\alpha + \zeta'_\beta)$ entsprechenden Faktor $\frac{T}{T'}$ und wegen der Schiffsdrehungen mit $1 + \varDelta T = 1 + \frac{1}{4}(\alpha^2 + \beta^2)\cos^2 i$ zu multiplizieren. Das i' in der Formel T' bedeutet die Inklination an Bord beim Kurse ζ'_β. Da ζ'_α nahe $= \zeta'_\beta$ ist, kann man sich i', falls es nicht besonders beobachtet wird, auch aus dem Ablenkungsversuch ableiten, als $i' = \frac{1}{8}(\epsilon_1 + \epsilon_2 + \epsilon_3 + \ldots \epsilon_8)$, einen Wert, der eventuell wegen der Exzentrizität des Schwerpunktes der abgelenkten Nadel zu korrigieren ist.

Wir haben demnach

als wahre Totalintensität $T = T'(1 + \varDelta T)\dfrac{T}{T'} \pm F_T.$

IV. Horizontalintensität. Die Horizontalnadel wird der Reihe nach mit zwei Ablenkungsmagneten aus je zwei Entfernungen abgelenkt. Jede einzelne dieser vier Messungen besteht aus vier Gruppen. Die Horizontalnadel wird nämlich auf ihren Nullpunkt eingestellt, während der Reihe nach der Ablenkungsmagnet mit derselben Entfernung eingesetzt wird, nämlich:

1.	auf O mit Nordende	O	$v_{\iota 1}$	entsprechende Ein-
2.	„ W „ „	O	$v_{\iota 2}$	stellungen der
3.	„ W „ „	W	$v_{\iota 3}$	Horizontalnadel.
4.	„ O „ „	W	$v_{\iota 4}$	

Die Schiffsdrehungen gehen voll ein. Jede einzelne Einstellung v_ι wird mittels des zugehörigen Kurses ζ_ι auf das Gesamtmittel ζ' sämtlicher zu einer Winkelmessung gehörigen Kurse reduziert, und man erhält

$$\bar{v}_\iota = v_\iota + (\zeta' - \zeta'_\iota),$$

falls die Teilung des Horizontalkreises und der Kompaßrose im entgegengesetzten Sinne laufen, als diejenigen Einstellungen der Horizontalnadel, die man erhalten hätte, wenn das Schiff während der ganzen Messung den Kurs ζ' gesteuert hätte. v_ι und ζ'_ι sind auf 0.1^0 zu schätzen. Bei jeder Gruppe ist die Temperatur zu beobachten.

Das Beobachtungsschema ist folgendes:

beobachtet	reduz.			beobachtet	reduz.			beobachtet	reduz.			beobachtet	reduz.	
v_{11}	ζ_{11}	t_1	$\bar{v}_{11}$	v_{12}	ζ_{12}	t_2	$\bar{v}_{12}$	v_{13}	ζ_{13}	t_3	$\bar{v}_{13}$	v_{14}	ζ_{14}	t_4	$\bar{v}_{14}$
v_{21}	ζ_{21}		$\bar{v}_{21}$	v_{22}	ζ_{22}		$\bar{v}_{22}$	v_{23}	ζ_{23}		$\bar{v}_{23}$	v_{24}	ζ_{24}		$\bar{v}_{24}$
v_{31}	ζ_{31}		$\bar{v}_{31}$	v_{32}	ζ_{32}		$\bar{v}_{32}$	v_{33}	ζ_{33}		$\bar{v}_{33}$	v_{34}	ζ_{34}		$\bar{v}_{34}$

$v_{10,1}\ \zeta_{10,1}\ \ v_{10,1}$ $v_{10,2}\ \zeta_{10,2}\ \ v_{10,2}$ $v_{10,3}\ \zeta_{10,3}\ \ v_{10,3}$ $v_{10,4}\ \zeta_{10,4}\ \ \bar{v}_{10,4}$

Mittel $\zeta'_1\ \ \bar{v}_1 \pm f_1$ $\zeta'_2\ \ \bar{v}_2 \pm f_2$ $\zeta'_3\ \ \bar{v}_3 \pm f_3$ $\zeta'_4\ \ \bar{v}_4 \pm f_4$

Daraus erhalten wir den Ablenkungswinkel

$$\varphi = \tfrac{1}{4}\left(\bar{v}_1 + \bar{v}_2 - \bar{v}_3 - \bar{v}_4\right)$$

mit dem mittleren Fehler

$$f_\varphi = \pm \tfrac{1}{4}\sqrt{f_1^2 + f_2^2 + f_3^2 + f_4^2}$$

bei der Temperatur

$$t = \tfrac{1}{4}\left(t_1 + t_2 + t_3 + t_4\right)$$

und dem Kurse

$$\zeta = \tfrac{1}{4}\left(\zeta'_1 + \zeta'_2 + \zeta'_3 + \zeta'_4\right),$$

woraus sich

$$H' = \frac{K_0}{\sin \varphi}\left(1 - \varkappa\,(t - t_0)\right) \qquad \pm F_H = H\,\mathrm{ctg}\,\varphi \cdot f_\varphi \text{ ergibt.}$$

H' ist noch wegen des Schiffseisens mit dem dem Kurse ζ' entsprechenden Faktor $\dfrac{H}{H'}$ zu korrigieren. Wir haben demnach

als wahre Horizontalintensität $H = H'\dfrac{H}{H'} \pm F_H.$

Hiermit haben wir für alle Elemente, die man zu beobachten pflegt, die Schemata aufgestellt und dadurch den gesamten Verlauf nicht nur der Beobachtungen, sondern auch deren Berechnungen in kürzester Form zusammengedrängt.

§ 15. Genauigkeit der Beobachtungen. Ausblick.

Die Genauigkeit der Resultate, welche das wissenschaftliche Endergebnis einer magnetischen Forschungsreise enthalten, ist abhängig:

1. von der Genauigkeit der direkten Beobachtungen zur See,
2. von der Zuverlässigkeit der Konstanten der Instrumente,
3. von der Zuverlässigkeit der Konstanten in den Formeln, welche den Einfluß des Schiffseisens eliminieren sollen.

Alle Konstanten beruhen auf den Arbeiten der Heimat, bezw. der Landstationen; sie können in der Regel unter günstigen Umständen ermittelt werden. Auf alle Fälle soll die Unsicherheit, welche s i e in das Endresultat hineintragen, geringer sein als die Unsicherheit, welche aus der Schwierigkeit der Seebeobachtungen selbst, aus ihrem mittleren Fehler entspringt. Soweit man sich bis jetzt überhaupt mit der Frage

der Genauigkeit der Seebeobachtungen beschäftigt hat, scheinen
unter den allergünstigen Umständen folgende Resultate erzielt
worden zu sein: Deklination und Inklination konnte bis auf 0.1^0,
die Intensität bis auf 0.001 ihres Wertes beobachtet werden.
Kann man jederzeit das Eliminationsverfahren von § 11 anwenden, so ist Aussicht, diese Genauigkeit allgemeiner innehalten zu können.

Als Norm für die anzustrebende Genauigkeit der Landbeobachtungen wie der Seebeobachtungen gelte das Ziel, die
drei Komponenten der erdmagnetischen Kraft nach astronomisch
Nord und Ost, sowie vertikal abwärts bis auf 10 γ, d. h. bis
auf 0.0001 absolute Einheiten des C. G. S.-Systems zu bestimmen. Aus den Beziehungen zwischen diesen drei Komponenten, die wir mit XYZ bezeichnen wollen, mit den üblichen
Beobachtungsgröfsen Deklination, Inklination, Horizontal- bezw.
Totalintensität, $D i H$ bezw. T, nämlich:

$$X = H \cos D = T \cos i \cos D$$
$$Y = H \sin D = T \cos i \sin D$$
$$Z = H \operatorname{tg} i \ = T \sin i,$$

ergibt sich die von Ort zu Ort veränderliche Genauigkeit, mit
welcher nach unserer obigen Norm $\Delta X = \Delta Y = \Delta Z = 0.0001$
die einzelnen Elemente zu beobachten sind. Ist diese Norm
für die Seebeobachtungen bis jetzt auch nur ein ideales Ziel,
so ist doch von dem aufstrebenden Interesse, das sich gegenwärtig dem Erdmagnetismus zur See zuwendet, die Erreichung
desselben zu erhoffen.

Das Problem vom Erdmagnetismus zur See im Unterschied von Erdmagnetismus zu Land wird uns wie das
grofse Problem von der säkularen Variation einen jener Pfade
weisen, auf welchen wir uns dem grofsen Ziele nähern,
das Wesen der erdmagnetischen Kraft zu erkennen, sie als
eine der Lebensfunktionen des grofsen Organismus unserer Erde
zu verstehen. Halten wir uns unter solchen Gedanken vor,
dafs wir gewürdigt sind, für die Annalen der Erdgeschichte
Urkunden zu schaffen, so wird es eine Freude sein, die
mancherlei Mühsale einer magnetischen Forschungsreise zur
See auf sich zu nehmen.

Nautische Vermessungen.

Von

P. Hoffmann.

Die Vermessungen, welche in diesem Abschnitt besprochen werden sollen, haben den Zweck, das Material zu beschaffen zur Orientierung auf dem Wasser mit nautischen Hilfsmitteln, d. h. mit Kompafs, Sextant und Tiefenmesser.

Demgemäfs mufs bei Herstellung von Seekarten der Gesichtspunkt gewahrt bleiben, dafs einzutragen vor allem wichtig ist, was dieser Orientierung dient: nämlich 1. leicht erkennbar in ihrer relativen Lage zueinander genau fixierte Landobjekte und 2. Meerestiefen.

Für Vermessungen in heimischen Gewässern liefern die vorhandenen trigonometrischen Landesaufnahmen die erste Grundlage. Die Darstellung des Meeresgrundes durch Tiefenangaben und die Hervorhebung der vom Wasser aus sichtbaren Objekte ist dann die wesentliche Aufgabe. Für nautische Vermessungen auf Reisen mufs ein trigonometrisches Netz in der Regel erst selbstständig beschafft werden. Dann ist die Aufgabe:

1. Die relative Lage einer gröfseren Zahl von Fixpunkten auf dem Lande durch ein Netz von Dreiecken festzulegen. (Triangulation.)

2. Dieses Netz seiner Lage nach zur Nord-Südlinie zu orientieren. (Azimutbestimmung.)

3. Die horizontalen Entfernungen der Punkte untereinander zu bestimmen. (Basismessung.)

Unzertrennlich von jeder nautischen Vermessung ist sodann die astronomische Ortsbestimmung eines oder mehrerer Punkte und die Anstellung magnetischer Beobachtungen.

Von der Darstellung des Landes auf einer Seekarte wird nur verlangt, dafs sie alles das wiedergibt, was man vom

Wasser aus sehen kann. Dies ist das begrenzte Ziel, das sich
in bezug auf die Topographie die nautische Vermessungsarbeit steckt. Was darüber hinausgeht, ist für sie Vergeudung
von Zeit und Arbeitskräften. Der in Aussicht zu nehmende
Maſsstab der Karte ist also von wesentlichem Einfluſs auf die
ersten Dispositionen. Die Wahl desselben ist abhängig von
praktischen Erwägungen und folgt dem Gebräuchlichen und
erfahrungsmäſsig Festgestellten. Hierbei, wie überhaupt bei
der Vermessungsarbeit, geben bereits vorhandene Karten ähnlicher Gebiete den besten Anhalt.

In einer Seekarte ist die relative Lage der einzelnen
Punkte und die Orientierung aller Richtungen in bezug auf
die Nord-Südlinie wichtiger als die Genauigkeit der absoluten
Entfernungen. In gewissen Grenzen ist daher eine einfachere
Methode der Basisbestimmung zulässig, welche bei andern
Vermessungen besonders groſsen Zeitaufwand erfordert. Ab-
gesehen davon, daſs die Weg- und Abstandsbestimmung vom
Schiff aus nur geringer Genauigkeit fähig ist, kommt hier
namentlich in Betracht, daſs Küstenvermessungen, wenn sie
gröſsere Ausdehnung annehmen, sich doch stets astronomischen
Ortsbestimmungen anfügen müssen.

Diese Erwägungen müssen maſsgebend sein für die Auswahl einer nautischen Instrumenten-Ausrüstung. Man
darf nicht von der Meinung ausgehen, daſs die an Bord
eines Schiffes vorhandenen Reflexionsinstrumente für gröbere
Messungen gebraucht werden und darüber hinaus für Vermessungszwecke nur feinere und komplizierte Instrumente beizugeben sind. Gerade für einfache und schnell durchzuführende
Arbeiten ist es wesentlich, weniger feine Instrumente, aber
solche mit fester Aufstellung zum Gebrauch am Lande zu
haben. Ein kleiner Theodolit ohne Höhenkreis, welcher Ablesungen auf volle, höchstens halbe Minuten gestattet, ist das
nützlichste Instrument für nautische Vermessungen und sollte
stets in mehreren Exemplaren vorhanden sein. Erst daneben
wird ein gröſserer Theodolit für weitere Entfernungen willkommen sein. Selbstverständlich kann nur gröſste Sorgfalt
bei der Triangulation eine korrekte Vermessungsarbeit verbürgen. Für weniger geübte Beobachter liegt aber gerade die
Versuchung nahe, von der Feinheit des Instrumentes die
gröſsere Genauigkeit zu erwarten, während umgekehrt ein anscheinend wenig leistungsfähiges Instrument zu gröſserer Sorgfalt anspornt. Bei der Ausrüstung für eine Landreise ist man
oft genötigt, kompendiöse, vielseitig verwendbare Instrumente
zu bevorzugen. Für nautische Zwecke liegt hierzu kein Grund

vor. Instrumente, welche vielen Zwecken zugleich dienen
sollen, sind stets mit Mifstrauen aufzunehmen. Sie bedingen
fast ausnahmslos eine um so gröfsere Übung des Beobachters
und Sorgfalt bei der Behandlung.

Bei dem unmittelbar praktischen Zweck, welchem nautische
Vermessungen dienen, ist es erwünscht, die Resultate der
Arbeit Schritt auf Schritt in einer Form vor Augen zu haben,
welche ein Urteil gestattet in bezug auf das praktisch Brauchbare des Gewonnenen. Deshalb sollte eine gute Ausrüstung
an Zeichnen-Instrumenten und -Materialien in den Stand setzen,
die Vermessung sogleich korrekt zu Papier zu
bringen. Alles, was man auf graphischem Wege genau
erlangen kann, sollte nicht der Rechnung zugeschoben werden,
wo die Vermessung nur die Herstellung einer Karte nach be-
grenztem Mafsstab zum Zweck hat. Das graphische Verfahren belehrt fortlaufend darüber, ob bei den Messungen im
Felde zweckmäfsig verfahren ist. Der Beobachter ist vor-
sichtiger in der Wahl seiner Bestimmungsstücke, wenn er für
graphische Konstruktion, als wenn er für eine Berechnung
arbeitet.

Aus diesen allgemeinen Betrachtungen ergibt sich, dafs
eine nautische Vermessung — ganz abgesehen von den rein
seemännischen Anforderungen, welche bei den Arbeiten in
Booten und vom Schiff aus in den Vordergrund treten — sich
in wesentlichen Punkten von andern Vermessungsarbeiten
unterscheidet. Der Wert der Arbeit wird hier nach dem bemessen, was sie unmittelbar praktisch Verwendbares liefert.
Jahreszeit und Witterung mufs häufig aufs äufserste ausgenutzt
werden, daher Zeitersparnis überall in den Vordergrund tritt.
Anderseits sind Irrtümer mehr als anderswo verhängnisvoll,
was überhaupt geliefert wird, soll auch durchaus vertrauens-
wert sein. Erfahrung und Geschicklichkeit leisten daher hier
alles, und kein Buch wird denjenigen befriedigen, welcher
sich gedruckten Rat sucht, um hiernach eine Vermessung ins
Werk zu setzen. Wir wollen nichtsdestoweniger versuchen,
uns im folgenden in die Stelle eines solchen hineinzudenken.

1. Wahl und Markierung der Fixpunkte.

Zunächst mufs man sich darüber schlüssig machen, welches
Gebiet vermessen werden soll. Wenn eine Abgrenzung von
vornherein nicht angängig ist, so wird doch feststehen, ob
sich die Vermessung auf den Hafen oder Ankerplatz beschränken oder ob sie weiter ausgedehnt werden soll. Ist

letzteres der Fall, so müssen von vornherein weit auseinander liegende Stationen ausgewählt werden. Man arbeitet immer sicherer und einfacher, wenn man von grofsen Dreiecken auf kleine zurückgeht, als umgekehrt. Man weifs, dafs gleichseitige Dreiecke die besten sind, man will ferner eine Basis messen, beides drängt auf kleine Abstände hin. Bei den ersten Dispositionen kann man aber die Wahl einer Basis zunächst auf sich beruhen lassen und richtet sein Augenmerk darauf, gut sichtbar weit voneinander befindliche Stationen durch wenige grofse Dreiecke ohne zu spitze Winkel zu verbinden. Wem eigene Erfahrung nicht zu Gebote steht, der vermeide Winkel unter 25⁰ und ziehe es vor, sogar unzugängliche Punkte einzuschalten, welche nicht als Beobachtungsstationen verwendet werden können. Um sich nicht zu täuschen, besucht man die zu wählenden Beobachtungsstationen selbst und bezeichnet sie so deutlich als möglich. Rekognoszierung und Markierung der Stationen ist also die erste Arbeit, welche, wenn möglich, allen Messungen vorangeht. Azimut- und Entfernungsbestimmungen können auf der Rekognoszierungsfahrt in vorläufiger Weise angestellt werden.

Bei der Wahl der Stationen sowohl, als bei der Aufstellung der Zeichen ist besonders zu berücksichtigen, dafs die Theodolitaufstellung zentrisch erfolgen soll. Die Station mufs also zugänglich sein und die Markierung entweder leicht zu entfernen oder für den Theodoliten nicht hinderlich sein. Eine exzentrische Winkelmessung läfst sich zwar durch Rechnung auf das Zentrum reduzieren, wird auch immer noch oft genug für einzelne Objekte notwendig werden; aber jede Korrektion durch Rechnung ist ein Übel und mufs so viel wie möglich vermieden werden. Steine mit Kalk überschüttet sind ein beliebtes Stationsmark, bei diesen kann man die Beobachtungsstation über demselben etablieren. Demnächst sind dreibeinige Zeichen (Baken) aus Stangen mit Flagge darüber bequem, schliefslich Signalstangen, die nötigenfalls entfernt und wieder auf dieselbe Stelle aufgepflanzt werden können. Immer aber mufs man diese Signalzeichen so grofs und deutlich sichtbar als möglich machen, da leicht erkennbare Hauptstationen den weiteren Fortgang der Arbeit ungemein erleichtern. Die Farben weifs und rot sind am besten sichtbar, daher Kalk und rotes Flaggentuch die ausgiebigste Verwendung finden.

Neben der Auswahl und Bezeichnung der Hauptstationen, welche als Dreieckpunkte unterschieden werden mögen, geht die Markierung von Nebenstationen zum Zweck der Detailaufnahme gleich nebenher. Dieselbe kann von andern Be-

obachtern auf Grund ihnen mitgegebener Anweisungen erfolgen.
Nebenstationen haben auf die Fortführung der Vermessung
keinen Einfluſs. Die Sorgfalt in ihrer Wahl in bezug auf
andre Stationen und die Bedingung der Zugänglichkeit fällt
zum Teil fort. Man hat es daher mit ihrer Bezeichnung
leichter. Wo eine Änderung später nötig wird, ist sie leicht
vorzunehmen. Wünschenswert ist jedoch, daſs die meisten
Punkte so bald ausgewählt werden, daſs sie bei den Winkelmessungen der Hauptstationen, welche nun vorgenommen
werden sollen, mit einvisiert werden können.

2. Triangulation.

Nachdem so das zunächst in Aussicht genommene Vermessungsgebiet rekognosziert und ein System von Signalzeichen
hergestellt ist, beginnt die Triangulation. Wünschenswert ist,
daſs auf allen Hauptstationen Theodolitaufstellungen erfolgen.
Nach Maſsgabe der zur Verfügung stehenden Instrumente
werden mehrere Beobachter entsendet. Jeder erhält eine Anweisung, welche Stationen er besuchen, wie er die Messungen
anstellen soll. Letzteres richtet sich nach dem ihm mitzu-
gebenden Instrument. Für Theodolitenbeobachtung ist das
mindeste, was für die Hauptstationen verlangt werden muſs:
Messung vorwärts und rückwärts, dazwischen Durchschlagen des
Fernrohres. Bei groſsen Dreiecken und wenn gröſsere Instrumente zur Verfügung stehen, wird öfter Wiederholung —
Repetition mit verstelltem Limbus — vorgeschrieben. Abgesehen
von den auf die Instrumentenbehandlung Bezug habenden
Einzelheiten wird bei der Winkelmessung zweckmäſsig folgendes beobachtet:

1. Unter den anzuvisierenden Punkten wird ein besonders
wichtiger und scharf markierter zum Ausgangspunkt der Messung
gewählt. Die Einstellung desselben bildet den Anfang und
das Ende jeder Rundmessung. Es ist dabei zweckmäſsig,
wenn dieselbe nahe bei Null liegt, soweit man bei der Aufstellung des kleinen Theodoliten dies berücksichtigen kann.

2. Die Hauptpunkte werden gesondert in einer Rundmessung vereinigt. Erst nachdem für dieselben die im voraus
bestimmte Anzahl von Einstellungen am Instrument ausgeführt
sind, beginnt man mit Einstellung der nicht zum Dreiecksnetz
gehörenden Objekte.

3. Es ist ratsam, eine Skizze anzufertigen von der
relativen Lage aller anvisierten Objekte, wie dieselbe vom

Beobachtungsort erscheinen. In diese Skizze sind alle bemerkenswerten Wahrnehmungen — z. B. zwei Objekte in Deckung, ein Objekt nahe verschwindend oder nicht sichtbar, Verlauf von Küsten oder Flußmündungen u. dergl. — einzuschreiben.

4. Instrumentenaufstellung und Zielpunkte sind zentrisch, d. h. genau mit den Dreieckspunkten übereinstimmend, zu wählen, damit sofortige Eintragung der Winkel ohne Berechnung stattfinden kann. Je ausschließlicher ein rein graphisches Verfahren durchgeführt werden kann, je besser. Dies gilt besonders für ungeübte Beobachter.

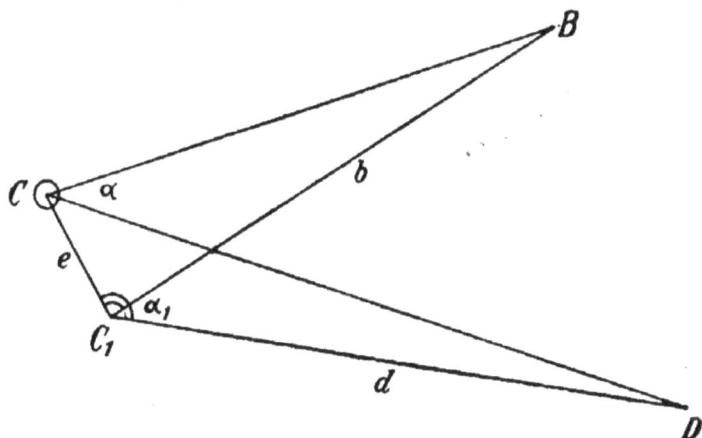

Fig. 1.

Exzentrische Aufstellung.

Ist eine zentrische Aufstellung in C nicht möglich, muß man daher in C_1 beobachten und den beobachteten Winkel α_1 in den für C gültigen α umrechnen, so gilt folgende allgemein gültige Relation

$$\alpha = \alpha_1 - \frac{e\varrho}{b} \sin CC_1B + \frac{e\varrho}{d} \sin CC_1D$$

(die in C_1 gemessenen Winkel von der Richtung C_1C aus immer von links nach rechts 0—360° gezählt). Die Entfernung zwischen C und C_1 gleich e muß genau bekannt sein. Die Entfernungen der Zielpunkte (hier b für den Zielpunkt B und a für den Zielpunkt D) müssen annähernd bestimmt (aus einer Skizze abgegriffen) werden. Die beiden Korrektionen verstehen sich in Sekunden, wenn

$$\varrho = \frac{180 \cdot 60 \cdot 60}{\pi} \text{ oder in Minuten, wenn } \varrho = \frac{180 \cdot 60\,[1]}{\pi} (e \text{ im Verhältnis zu}$$

den Entfernungen der Zielpunkte immer sehr klein angenommen).

---

[1] log. $\varrho'' = 5.314425$; log. $\varrho' = 3.536274$.

5. Die Aufzeichnung der Winkelbeobachtungen, ebenso wie ihre Reduktion und Zusammenstellung auf jeder Station, sollte auch unter den einfachsten Verhältnissen nach einem vorher entworfenen Schema stattfinden.

3. Azimutbestimmung.

Während die Triangulation ihren Fortgang nimmt, ist es an der Zeit, die weiteren Beobachtungen zu bedenken, welche für Niederlegung des Netzwerkes auf dem Papier noch erforderlich sind: die Azimut- und die Basisbestimmung.

Eine Hauptstation des Dreiecknetzes ist als Observationspunkt ausgewählt worden. Derselbe muſs bequem gelegen sein und vor allem möglichst viele andere Dreieckpunkte anzuvisieren gestatten. Hier wird durch astronomische Beobachtungen Breite, Länge und Azimut bestimmt. Für den Fortgang unserer Arbeit ist die Azimutbestimmung zunächst von Interesse.

Die bequemste, wenn auch nicht häufig ausführbare Azimutbestimmung besteht darin, daſs man den Theodolit vormittags auf die Sonne einstellt, wenn die Höhe derselben sich noch stark ändert, den Horizontalkreis abliest und nachmittags dieselbe Sonnenhöhe abwartet, um dann wieder die zugehörige Horizontalablesung zu machen. Das Mittel aus diesen beiden ist die Einstellung des Meridians am Theodoliten, wenn man die Deklinationsänderung der Sonne vernachlässigen kann.

Die Deklinationsänderung der Sonne wird in folgender Weise berücksichtigt: Bezeichnet d die Deklinationsänderung in der Zwischenzeit t, so ist die Korrektion der Azimutdifferenz beider Beobachtungen: korr. $= d \operatorname{cosec} \frac{1}{2} t \sec \varphi$. Diese Korrektion wird zur zweiten (Nachmittags-) Azimutablesung hinzugefügt, wenn die Sonne sich vom zugewandten Pole entfernt, und abgezogen, wenn sie sich ihm nähert.

Man kann ferner durch Rechnung das Azimut eines Zielpunktes finden, indem man nach den in der Nautik üblichen Methoden aus einer mit dem Theodoliten beobachteten Sonnenhöhe das Azimut der Sonne berechnet, welches der zugehörigen Horizontalablesung entspricht. Wenn der Theodolit keinen Höhenkreis hat, so läſst sich mit Hilfe eines Chronometers auch noch das Sonnenazimut aus der Zeit berechnen. (Wenn kein Sonnenglas am Theodoliten vorhanden ist, so läſst sich das Sonnenbild mit dem Fadenkreuz auf einem weiſsen Papier hinter dem Okular auffangen.) Vorzuziehen ist aber die Ableitung aus einer Höhenbeobachtung. Im letzteren Falle sollte man daher eine Sonnenhöhe mit dem Sextanten nehmen und sich von der Zeit unabhängig machen. Mit ausschließlicher Anwendung von Reflexionsinstrumenten mißt man die Distanz (d) zwischen der Sonne und dem terrestrischen Zielpunkte, ferner die gleichzeitige Sonnenhöhe (H) und die Höhe des Zielpunktes (h). Ist letztere sehr gering, so hat man den Azimutalunterschied (a) zwischen Sonne und Zielpunkt als Katheten eines rechtwinkligen sphärischen Dreiecks:

$$\cos a = \frac{\cos d}{\cos H}.$$

Ist h in Betracht zu ziehen, der Zielpunkt z. B. eine Bergspitze, so findet man a aus der Formel:

$$\sin \tfrac{1}{2}\, a = \sqrt{\frac{\sin \tfrac{1}{2}\,(d + H - h)\, \sin \tfrac{1}{2}\,(d - H + h)}{\cos h \, \cos H}}$$

das absolute Sonnenazimut berechnet man daneben aus H und der Breite.

Azimutbeobachtungen kommen im Laufe der Vermessungsarbeit häufig vor und sind schätzbare Beobachtungen sowohl zur Kontrolle der regelmäßigen Triangulation, als auch namentlich in den Fällen, wo die trigonometrischen Messungen auf Schwierigkeiten stoßen und einer Ergänzung bedürfen.

Entfernte scharf markierte Bergspitzen, selbst solche, welche ganz außerhalb des Vermessungsgebiets liegen, aber von demselben aus durch Winkelmessung ihrer Lage nach bestimmt worden sind, geben häufig nützliche Richtungslinien durch Azimutbeobachtungen, namentlich bei den späteren Arbeiten zur See, Lotungen und Positionsbestimmungen von Untiefen etc. Bei der Verwendung solcher Richtungsbeobachtungen muß man aber berücksichtigen, daß die Meridiane des Zielpunktes und des Beobachtungspunktes nicht miteinander parallel laufen, also das Azimut der Richtungslinie nicht in beiden Punkten dieselbe ist. Diese K o n - v e r g e n z d e r M e r i d i a n e und die Art ihrer Berücksichtigung wird weiter unten besprochen werden, wo es sich um die Eintragung der Messungen in eine Karte handelt.

4. Basismessung.

Das Dreiecknetz durch Azimutbestimmungen orientiert kann nun mit einem supponierten Maßstab auf dem Papier konstruiert werden. Inzwischen aber wird man sich darüber schlüssig gemacht haben, auf welche Weise man die Länge einer der Dreieckseiten endgültig zu bestimmen gedenkt. Die direkte Messung einer langen Dreieckseite wird selten möglich und ist zeitraubend und schwierig. Das rationellste Verfahren besteht darin, dafs man in der Nähe des Observationspunktes, welcher gleich mit Rücksicht darauf ausgewählt werden sollte, ein passendes Terrain aussucht und herrichtet, um dort eine gerade Linie von etwa 500 m Länge sorgfältig abzumessen. Diese eigentliche B a s i s wird dann durch eine besondere kleine sehr sorgfältige Triangulation mit der nächsten grofsen Dreiecksseite in Verbindung gebracht. Diese kleine Triangulation wird durchweg b e r e c h n e t und die daraus gewonnene Länge der grofsen Dreiecksseite dient als Basis der Vermessung.

Um eine gerade Linie abzustecken, richtet man mit Hilfe des Theodoliten eine Anzahl vertikal in den Boden gesteckter Markierstäbe aus. Längs dieser Linie wird eine Leine straff gespannt und an derselben entlang mit 5 m langen Holzlatten oder mit einem Stahlmefsband oder mit einer Mefskette die Länge der Basis abgemessen.

Man versuche nicht etwa eine 500 m lang abgemarkte straff gespannte Lotleine direkt als Basislänge anzunehmen. Mefslatten haben den Vorzug, dafs das Terrain bei denselben weniger eben sein kann. Die Latte wird dann bei geneigtem Boden mit der Hand horizontal gehalten und mit einem Lot abgesenkt. Man benutzt zwei verschieden gezeichnete Latten, die eine für die gerade, die andere für die ungerade Zahl, damit Fehler beim Zählen nicht vorkommen können. Sehr viel schneller auf ebenem Boden ist das Messen mit einem Stahlbande. Dasselbe wird an der Leine entlang straff gespannt, das Ende von 20 m durch eine in die Erde gesteckte Stahlpinne bezeichnet, dann von dieser die nächsten 20 m ebenso gemessen und so fort. Die Messung mufs wiederholt werden und wenn sich dabei Differenzen finden, mindestens ein zweites Mal.

Sehr häufig werden die örtlichen Verhältnisse dem Abmessen einer Basis selbst in der dargestellten abgekürzten Weise ungünstig sein. 500 m ebenes Terrain in günstiger Lage zu den Dreiecken der Vermessung ist nicht immer leicht aufzufinden oder erfordert zur Gangbarmachung viel Zeit und Arbeitskräfte. Auch die Messung selbst mit ihren Wiederholungen ist zeitraubend und nur dann von Wert, wenn man sehr grofse Sorgfalt darauf verwenden kann.

Aus diesen Gründen greift man oft zu andern Methoden

einer Basisbestimmung, welche nur die Aufstellung von Beobachtern an den beiden Enden der Basis verlangen. Es sind dies 1. Messung kleiner Winkel, 2. Messung durch den Schall. Die erste Klasse umfafst sehr viele Methoden, die, zum Teil mit Hilfe besonderer Instrumente, alle darauf ausgehen, einen sehr kleinen Winkel in Verbindung mit einer sehr kleinen gegenüberstehenden Kathete zur Berechnung der anliegenden langen Kathete zu benutzen.

Im allgemeinen eignen sich solche Distanzmesser mit Distanzlatten von 2,5—5 m Länge zur Abmessung kleiner Entfernungen sehr gut und können ausgedehnte Anwendung finden bei Feststellung der Küstenumrisse, wo eine fortlaufende Kette kleiner Polygonseiten gemessen wird. Für Erlangung einer Basis, welche mit gröfseren Dreieckseiten verbunden werden soll, ist zu raten, nicht kleinere Winkel als 1^0 und nicht kleinere gegenüberliegende Katheten als 10 m anzuwenden. Bei 500 m Distanz würde für 10 m der Winkel zwischen 1^0 8' und 1^0 9' liegen, und 10" Winkelfehler würden 1 m Distanzfehler ergeben. Einen Vertikalmafsstab von zirka 10 m wird man oft finden an einem Flaggenmast oder an einem Baum. Die genaue Messung desselben kann direkt geschehen, indem man etwa einen Block mit Flaggenleine oben anbringt und ein mit einem Lot unten beschwertes Mefsband an demselben aufhifst. Oben unter dem Block und unten über dem Erdboden, ungefähr in Augenhöhe des Beobachters, müssen dann deutlich sichtbare Horizontallatten angebracht sein, deren Abstand voneinander man mit dem Winkelinstrument mifst. In jedem einzelnen Falle wird sich die passendste Einrichtung von selbst ergeben. Sehr häufig wird man aber keine bessere Methode zur Verfügung haben, als die Messung der Masthöhe. Wenn das Schiff vor kurzer Kette liegt und der Vortop anvisiert wird, wenn ferner der Top durch einen schwarzen oder roten Ball deutlich kenntlich gemacht ist und die vertikale Entfernung der Oberkante desselben von einer scharfen Linie an der Reeling genau abgemessen ist, so kann man recht gute Resultate erhalten. Es empfiehlt sich aber, die Basis gleich auf das Land zu übertragen, indem man von zwei Landpunkten, welche gegenseitig sichtbar sind, die Masthöhen mifst, gleichzeitig mit dem Horizontalwinkel zwischen Mast und zweitem Landpunkt. Aus beiden Messungen erhält man die Basis an Land und ist dann unabhängig von dem Ankerplatz des Schiffes. Zu bedenken ist jedoch, dafs die Messung der Masthöhe stets etwas unsicher bleibt und dafs vorausgesetzt wird, dafs das Schiff ganz gerade

liegt. Die beiden Beobachtungsstationen am Lande müssen
ungefähr mit ihrer Augeshöhe in Höhe der Schiffsreeling liegen.

Alle diese Messungen eines kleinen Winkels lassen sich
mit dem Sextanten ausführen, und zwar in derselben Weise
wie man bei der Indexbestimmung mit Hilfe des Sonnenbildes
verfährt: zu beiden Seiten des Nullpunktes der Teilung. Da
kleine Winkel durch geringe Fehler in der Parallelstellung
der Sextantenspiegel stark beeinflufst werden, so sind Winkel
unter 1^0 zu vermeiden und, wenn möglich, zwei Sextanten zur
gegenseitigen Kontrolle zu benutzen.

Entfernungsbestimmung durch den Schall ist nur für
gröfsere Entfernungen anwendbar. Man wird also damit
mindestens eine der grofsen Dreieckseiten direkt messen. Man
nimmt 3000 m als geringste zu messende Distanz für diese
Methode an, welche Distanz der Schall in ungefähr neun
Sekunden durchläuft. Die Geschwindigkeit v in der Sekunde
berechnet sich aus

$$v = 341,8 \text{ m} + 0,606 \ (t^0 - 15^0),$$

worin t die Temperatur in Celsiusgraden.

Hieraus ergibt sich sogleich, wie grofsen Einflufs ein
geringer Fehler in der Zeitmessung hat. Die Methode ist am
bequemsten dann anzuwenden, wenn zwei Geschütze in Entfernung von mehreren Seemeilen deutlich voneinander sichtbar aufgestellt sind und man die Entfernungsbestimmung beliebig oft wiederholen kann. Gut zu messen würde also eine
Basis auf dem Wasser sein, wenn die Ankerplätze zweier
Schiffe die Endpunkte bilden sollen.

Bei der Zeitmessung bedient man sich am besten eines
sogen. Terzienzählers, dessen Werk durch einen Fingerdruck
in Gang gesetzt und angehalten wird. Das Zifferblatt der
Zeiger ist in der Regel in $\frac{1}{10}$ und $\frac{1}{100}$ Sekunden eingeteilt.
Für den in astronomischen Beobachtungen Geübten ist die
Zählung nach dem halben Sekundenschlag eines Chronometers
und Schätzung der Zehntelsekunden dazwischen nicht schwierig.
Für Vermessungszwecke, bei welchen Distanzmessungen mit
Hilfe des Schalls oft in Frage kommen können, sollte
ein Terzienzähler einen Teil der vorzusehenden Ausrüstung
ausmachen.

Es würde nun noch die Bestimmung einer Basis durch
astronomische Beobachtungen zu besprechen sein. Es sollen
hier nur die Formeln gegeben werden, welche dazu dienen
können, aus der geographischen Länge und Breite zweier
Stationen ihre Entfernung in Metern und das Azimut dieser

Verbindungslinie zu berechnen. Man hält für die kleinste so zu berechnende Basis eine Länge von 15 Seemeilen für notwendig.

Bezeichnet man mit φ und φ_i die Breiten, mit α und α_i die Azimute der Punkte A und B, deren Entfernung a voneinander man errechnen will, λ den Längenunterschied, so erhält man

$$tg\, \frac{\alpha + \alpha_i}{2} = \lambda\, \frac{\cos \frac{1}{2}(\varphi + \varphi_i)}{\varphi - \varphi_i}$$

$$a'' = (\varphi - \varphi_i)\, \sec \frac{\alpha + \alpha_i}{2}\ [(\varphi - \varphi_i)\ \text{und}\ \lambda\ \text{in Bogensekunden}]$$

$$a\ \text{in Metern} = a''\, N \sin 1'',$$

worin N der Radius des mittleren Breitenparallels

$$N = \frac{6\,377\,397{,}15}{\sqrt{1 - 0{,}006674 \sin 2\frac{1}{2}(\varphi + \varphi_i)}}.$$

Wenn zwischen A und B keine regelmäßige Triangulation durchgeführt werden konnte, so gibt Richtung und Länge der Linie a nun einen festen Anhalt, um das an einzelnen Stellen unvollständige Gerippe, beispielsweise mit Hilfe einzelner Richtungslinien entfernter Bergspitzen, zu einem grundlegenden Netz zusammenzufügen.

5. Konstruktion des Dreiecknetzes.

Hat man die Länge und das Azimut einer der Dreieckseiten berechnet, so kann damit angefangen werden, die Triangulation zu Papier zu bringen. Es ist sehr angenehm, wenn hiermit begonnen werden kann, bevor weitere Vermessungsarbeiten im Detail in Angriff genommen werden. Man kann daher unter Umständen die genaue Basismessung nicht abwarten, sondern legt eine vorläufige Entfernungsbestimmung zugrunde. Die Dreieckseite, welche man als Basislinie in die Karte eintragen will, muß recht lang sein; es empfiehlt sich daher oft, die ersten Dreieckseiten zu berechnen und eine größere Entfernung für die Konstruktion zugrunde zu legen. Der erste Punkt, welcher auf der Arbeitskarte bezeichnet wird, ist ein Endpunkt dieser Basislinie. Es erfordert Überlegung, diesen Punkt auf dem Papier richtig zu plazieren, denn durch ihn wird die Lage des ganzen Dreiecknetzes bestimmt.

Durch diesen Punkt zieht man nahe parallel der Papierkante eine gerade Linie als Meridian und trägt an diesem das

Azimut der Basislinie ab. Ist die Basislinie nach Länge und Richtung eingetragen, so ergibt sich die weitere Konstruktion von selbst. Jedoch ist wohl zu beachten, daſs das ganze Dreiecknetz auf diesen ersten Linien und Winkeln aufgebaut wird, daſs also gerade bei weniger strengen Beobachtungsverfahren auf diese Konstruktionen die allergröſste Sorgfalt verwendet werden muſs. Die wichtigsten Winkel müssen nicht mit Winkelinstrumenten direkt abgetragen werden, sondern man muſs die zugehörige Sehne dieser Winkel für einen Radius von mehreren Dezimetern Länge berechnen oder aus Tafeln entnehmen.

Das in solcher Weise auf dem Papier niedergelegte Dreiecknetz stellt eine Karte nach gnomónischer Projektion dar, denn alle Visierlinien oder kürzesten Entfernungen zwischen zwei Punkten sind als gerade Linien dargestellt. Für den Anfang der Konstruktion ist eine gerade Linie als Meridian eingetragen. Es ist nun zu berücksichtigen, daſs kein Meridian des weiter konstruierten Dreiecknetzes mit diesem parallel ist, daſs also kein Azimut, als das im Anfangspunkt, aus dem Dreiecknetze entnommen werden kann. Da aber für viele Zwecke im weiteren Verlauf der Arbeit die Azimute bekannt sein müssen, so ist es nötig, auf die Berücksichtigung der Konvergenz der Meridiane hier einzugehen.

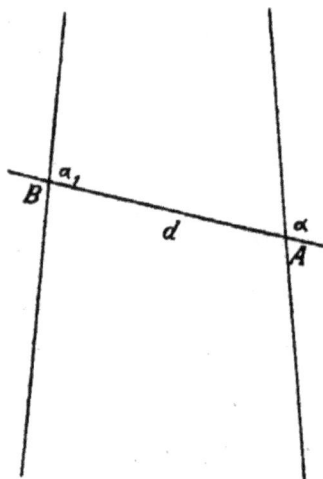

Fig. 2.

Die Konvergenz der Meridiane kann definiert werden als der Unterschied zweier reziproker Azimute.

Wenn das wahre Azimut der Linie AB in der gnomnischen Karte in A mit α, in B mit α_1 bezeichnet wird, so ist $\alpha - \alpha_1$ die Konvergenz der Meridiane und dieselbe berechnet sich mit ausreichender Annäherung nach der Formel:

$$\alpha - \alpha_1 = \lambda \, \sin \frac{\varphi + \varphi_1}{2},$$

d. h. sie ist gleich dem Längenunterschied (λ) multipliziert mit dem Sinus der Mittelbreite.

Die Verbindungslinie AB in einer Merkatorkarte schneidet die Meridiane unter dem konstanten Winkel $\dfrac{a + a_1}{2}$ (Merkator-Azimut).

Ob die Konvergenz berücksichtigt werden mufs — in niederen Breiten ist dies nicht erforderlich — ergibt ein Überschlag nach obiger Formel. Da eine Bogensekunde der Länge in Metern beträgt 30.87 cos φ, so ist der in Metern bekannte Längenunterschied d sin a zu dividieren durch 30.87 cos $\dfrac{\varphi + \varphi_1}{2}$, und man erhält für die Dreieckseite d in Metern die Konvergenz der Meridiane in Bogensekunden aus der Formel:

$$a - a_1 = \frac{d}{30.87} \sin a \; \mathrm{tg} \frac{\varphi + \varphi_1}{2}.$$

Mit dieser Korrektion findet man das Azimut des Endpunktes einer jeden Linie in der Karte aus dem Azimut a ihres Anfangspunktes unter Beobachtung der Regel, dafs die dem Pole nähere Station immer das kleinere Azimut hat. (Das Azimut wird von Nord oder Süd nach rechts herum über O. S. W. bis 180^0 gezählt.)

Mit Berücksichtigung der Korrektion für die Konvergenz der Meridiane ist man im stande, sich für jeden Punkt des Dreiecknetzes das Azimut einer Dreieckseite zu berechnen, und dies ermöglicht dann in diesem Punkte jede Richtungslinie anzutragen, welche aus ungefähr bekannter Entfernung durch Azimutbeobachtung nach dieser Station hin bestimmt wird.

Wenn man aus dem Dreiecknetz einen Teil herausnehmen will, so kann derselbe auch nur für sich bestehen, wenn man Länge und Azimut mindestens einer der darin vorkommenden Dreieckseiten berechnet hat. Eine solche Zerlegung in mehrere Teile findet aber bei jeder ausgedehnteren Vermessungsarbeit statt, sobald man nun daran geht, Lotungen, Küstenlinie und alles weitere Detail in Angriff zu nehmen.

6. Pegelbeobachtungen.

Gleich bei Beginn der Triangulation wird daneben auch die Anstellung von Wasserstandsbeobachtungen eingeleitet. Der Ort für einen Pegel wird nach sehr verschiedenen Gesichtspunkten ausgewählt. Der Ort mufs vor Dünung und Brandung geschützt sein und zugleich für die Beobachtung bequem liegen. Man wird bei Wahl des Observationspunktes auch auf einen Ort für die Pegelstation Bedacht nehmen. In vielen Fällen ist es möglich, den Pegel so aufzustellen, dafs man die Wasserstände an demselben mit einem Fernrohr vom Schiff aus ablesen kann. Einen hierfür günstigen Ort findet man in Korallengegenden, beispielsweise auf einem dem Ankerplatz benachbarten Korallenriff, wenn solches, wie häufig vorkommt, auch bei Niedrigwasser stets untergetaucht bleibt. Eine gute Pegelstation am Lande erhält man oft an einer Landungsbrücke, an einem vor dem Strande liegenden Felsblock usw. Ist der Flutwechsel beträchtlich und der Strand wenig abschüssig, so wird man genötigt sein, mehrere Pegel in verschiedenen Abständen vom Strande zu errichten. Letzteres ist aber unbequem und wegen der erforderlichen Reduktion und Nivellierung zu vermeiden.

Als Pegel empfiehlt sich immer am besten eine einfache Latte, welche eine deutliche mit verschiedenen Farben breit aufgetragene Dezimeter- und Zentimeterteilung trägt. Pegel mit Schwimmern und Zeigern sind bei Vermessungen zu vermeiden. Für die Aufstellung des Pegels empfiehlt es sich, meist einen starken Pfahl aufzustellen, denselben durch seitliche Verankerung zu stützen, überhaupt alle Vorkehrungen zu treffen, welche die unverrückte Stellung desselben sichern können. An diesen Pfahl wird die eigentliche Pegellatte befestigt.

Die Beobachtung erfolgt stündlich und zur Bestimmung der Eintrittszeit von Hoch- und Niedrigwasser bei Herannahen derselben von 10 zu 10 Minuten.

Will man die Gezeitenverhältnisse genauer feststellen, namentlich die tägliche Ungleichheit kennen lernen, so muſs auch Nachts beobachtet werden. Für die Reduktion der Lotungen handelt es sich darum, den niedrigsten Wasserstand festzustellen, welcher das Niveau für die ganze Arbeit abgeben soll. Man kann aber nicht immer gerade zur Zeit der niedrigsten Springebbe Beobachtungen anstellen. Deshalb nimmt man in der Regel das Niveau der Karte um ein willkürlich gewähltes Maſs unter dem niedrigsten beobachteten Wasserstand an. Einen Anhaltspunkt hierbei gewährt häufig die Strandlinie, welche als höchster vorkommender Wasserstand erkennbar ist. Soviel dieselbe über dem höchsten beobachteten Stand bleibt, so viel kann man unter den niedrigsten beobachteten Stand hinabgehen bei Festsetzung des Niveaus, auf welches alle Lotungen reduziert werden sollen. Um die Lotungen bald möglichst definitiv reduzieren zu können, ist es wesentlich, mit den Pegelbeobachtungen früh zu beginnen und sich über die Niedrigwasserlinie bald zu entscheiden.

Ist kein passender Pegelort zu erhalten und bildet bei unzugänglichem Strand das Schiff den wesentlichen Stützpunkt der Vermessung — so auch bei Vermessung einer Untiefe weit

ab vom Lande — so muſs man die Pegelbeobachtungen durch
regelmäſsige Lotungen ersetzen. Bei groſsem Flutwechsel, in
flachem Wasser und auf ebenem Grund, wie z. B. vor einem
ausgedehnten Fluſsdelta, geben solche Lotungen auch be-
friedigende Resultate.

7. Strombeobachtungen.

Bei den Wasserstandsbeobachtungen sind auch sogleich
die Strombeobachtungen zu erwähnen. Dieselben werden der
Regel nach von dem verankerten Schiff aus angestellt. Man
bedient sich dazu eines Logscheites, gröſser als das des gewöhnlichen Schiffslogs und statt der Knoteneinteilung der Log-
leine einer Meterteilung. Man läſst dann je nach Stärke des
Stromes das Log einige Zeit nach einer Sekundenuhr auslaufen
und berechnet darnach die Geschwindigkeit des Stromes, dessen
Richtung man durch Kompaſspeilung feststellt. Von besonderem
Interesse sind bei Gezeitenströmungen die Zeiten des Stillwassers
in ihrer Beziehung zu den Zeiten von Hoch- und Niedrigwasser.

Da, wo die Strömungen ungleichmäſsig und von Fluſs-
mündungen beeinfluſst sind, werden die Ankerplätze des Schiffs
als Beobachtungsstationen nicht immer ausreichen. Es müssen
dann Boote entsendet werden, welche wenigstens zur Zeit des
stärksten Stromes sich verankern und Richtung und Geschwindigkeit an Zwischenpunkten feststellen.

8. Küstenlinie.

Es kann nun zur Feststellung der Küstenlinie, der Topographie und der Tiefen geschritten werden. Man verfährt
dabei nicht immer in gleicher Weise in bezug auf die Verteilung der Arbeit. Wenn kein übergroſser Zeitverlust damit
verbunden ist, wird es sich immer empfehlen, das Dreiecknetz
in Stücke zu zerlegen und jedes Stück einem Beobachter zur
vollständigen Bearbeitung zu überweisen. Dadurch gewinnt die
Arbeit für den Einzelnen an Interesse, denn es ist ebenso ein-
tönig immer nur Küstenlinien abzulaufen, wie viele Tage lang
hintereinander vom Boot aus zu loten. Wenn eine solche
Zerlegung stattfindet, so werden die einzelnen Stücke mit allen
Richtungslinien und festgelegten Punkten, eingeschriebenen
Distanzen und Azimuten von der groſsen Arbeitskarte auf ein
Spezialblatt genau übertragen. Dieses Blatt hat dann der
betreffende Vermesser später, so vollkommen als eben möglich
ausgeführt, wieder zurückzuliefern. Je nach den ihm zu Gebote
stehenden Instrumenten, Booten usw. und mit Rücksicht auf
andere Nebenumstände, z. B. Stille am Morgen und starke

Seebrise am Nachmittag, kann dann die Arbeit in den Booten oder am Lande fortgeführt werden. Am bequemsten für die Vermessung selbst ist es, die K ü s t e n l i n i e zuerst festzulegen und dann mit der Arbeit auf dem Wasser zu beginnen.

Für Festlegung der Küstenlinie hat man verschiedene Methoden, welche nebeneinander in Anwendung kommen. Am wichtigsten und sichersten ist die Methode: von den Dreieckpunkten aus Tangenten an die Küstenlinie, an jeden Vorsprung und jeden Einschnitt usw. zu legen mit Hilfe des Theodoliten. Hierdurch werden eine Menge Punkte der Küstenlinie schon genau festgelegt durch „Vorwärtseinschneiden" von zwei Hauptstationen aus. Die Tangenten aber begrenzen den Verlauf des Küstensaumes. Wenn dieselben sogleich auf dem Reifsbrett in die Detailarbeitskarte eingetragen werden können, so hat man eine Grundlage für die Arbeit gewonnen.

Es folgt sodann das Begehen der Küstenstrecke selbst oder das Verfolgen derselben im Boot und Landen an hervorragenden Punkten. Wenn es das Terrain irgend erlaubt, sollte der ganze Strand b e g a n g e n werden. Vieles Detail wird dabei ans Licht gezogen, Frischwasserplätze, Lagunen usw., was sonst leicht übersehen werden würde.

Häufig wird man dabei wieder Zwischenpunkte festlegen mit Hilfe der Pothenotschen Aufgabe und von diesen Punkten wieder Tangenten legen. Dazwischen aber wird man durch Abschreiten oder durch Mikrometermessung mit einer 8 m Distanzlatte in der von der letzten Station aus festgelegten Richtung den Verlauf des Küstensaumes bestimmen. Hierbei läfst sich auch ein Kompafs (Bootskompafs mit Stativ) am Lande verwenden. So erhaltene Punkte dürfen nicht als Fixpunkte für weitere Bestimmungen verwendet werden. Nichtsdestoweniger ist es nützlich, sie zu markieren, um darauf Lotungslinien in flachem Wasser zu basieren.

Der Fortgang der ganzen Begehung der Küstenlinien wird mit allen Detailwahrnehmungen und Urzeiten im Notizbuch vermerkt, gleichzeitig aber Schritt für Schritt auf dem Reifsbrett sorglich in die Arbeitskarte eingetragen. Der Grundsatz ist festzuhalten, dafs die Karte an Ort und Stelle angesichts des Vermessungsgebiets entstehen soll.

Der Küstensaum, der so auf dem Papier festgelegt wird, entspricht der Hochwasserlinie, während sich die Niedrigwasserlinie des Randes im Allgemeinen durch Reduktion der Lotungen ergeben soll. Das schliefst nicht aus, auch solche Gebiete, die nur bei Niedrigwasser trocken fallen, gleichzeitig in die Aufnahme mit hinein zu beziehen.

9. Topographie.

Die Topographie des eigentlichen Küstensaumes mufs unmittelbar bestimmt und in der Karte vermerkt werden. Dahin gehört die Unterscheidung, ob Flach- oder Steilküste, bei letzterer die Höhe und die Farbe des Gesteins, ferner ob sandig oder bewachsen, die Lage von Häusern und bemerkenswerten Bäumen am Strande und namentlich auch die Angabe von Landungsstellen und Frischwasserplätzen.

Für bergiges Küstenland erlangt die Bestimmung der von See aus sichtbaren Höhen und die Topographie der Berglehnen und Abhänge eine besondere Bedeutung und wird dann Gegenstand besonderer Beobachtungen, welche getrennt von der Festlegung der Küstenlinie ausgeführt werden müssen.

Es empfiehlt sich immer, nahe der Küste gelegene Höhen, welche einigen Ausblick gewähren, zu besteigen und von hier aus Winkel zu messen und Skizzen zu entwerfen. Oft wird man von ihnen aus sogar die Tiefenverhältnisse der Nachbarschaft beurteilen können, da von erhöhtem Standpunkt Entfärbungen des Wassers die Unebenheiten des Meeres oft deutlich zur Anschauung bringen. Dies gilt namentlich von stillem Wasser im Schutz von Korallenriffen.

Höhenmessungen können bei topographischen Arbeiten nicht entbehrt werden. Je ausgiebiger solche in Anwendung kommen, je anschaulicher kann das Küstenbild entworfen werden. Höhenmessungen vermittels eines Höhenkreises von fester Aufstellung in möglichster Nähe des Höhenobjekts sind die sichersten. Höhenwinkel vom Wasser aus über der Strandkimm — die mindestens 1000 m entfernt sein mufs — bedürfen der Korrektion für die möglichst niedrig zu wählende Augeshöhe. In beiden Fällen entnimmt man die Entfernung des Höhenobjekts aus der Karte. In der Regel werden Hilfstafeln für die Berechnung zur Verfügung stehen.

Die allgemeine Höhenformel ist:

$$h = a \; tg \; \gamma + \frac{a^2}{2\,r} - \frac{a^2 k}{2\,r}$$

worin

h die zu berechnende Höhe,
a die Entfernung derselben,
γ der Höhenwinkel,
r der Erdradius (6370000 m)
k die Refraktionskonstante 0,13.

Die Formel lautet, wenn man die Konstanten einsetzt:
$$h = a \, tg \, \gamma + 0{,}0000000682 \, a^2$$
Bei $a = 2000$ beträgt die Korrektion 0,27 m und wächst
von da ab schnell. Bei Entfernungen bis zu 2 km ist daher
keine Korrektion anzubringen, man hat einfach $h = a \, tg \, \gamma$.
Man wird selten in die Lage kommen, barometrische
Höhenmessung vorzunehmen. Bietet sich dazu Gelegenheit, so
fallen die bezüglichen Arbeiten schon aufserhalb des Rahmens
der eigentlichen nautischen Vermessungen. Ohne weitere Reduktion können kleine Höhenaneroide benutzt werden, um
zwischen trigonometrisch gemessenen Höhen zu interpoliren und
dadurch den Topographen in den Stand zu setzen, Höhenkurven
zu entwerfen.

Was im übrigen topographische Eintragungen für Seekarten
betrifft, so dienen dabei am besten als Vorschrift gute Seekarten
gleichartiger Gegenden, welche in der Regel zur Verfügung
stehen werden. Von der zu Gebote stehenden Zeit, der Zugänglichkeit des Landes und dem Geschick oder Willen der
Beteiligten hängt es zumeist ab, wie viel oder wie wenig
topographisches Detail in einer Seekarte Aufnahme finden wird.

Die Benennung der Orte mufs soweit als möglich nach
den Angaben der Eingeborenen eingetragen werden. Nächstdem
sind Namen zu wählen, welche den Ort (Berg, Kap, Klippe usw.)
nach seinem Äufseren kennzeichnen, so dafs man ihn schon
aus seinem Namen beim Anblick zu identifizieren vermag. Dagegen sind Benennungen nach Personennamen als unprak-
tisch und geschmacklos zu verwerfen, sofern damit nicht eine
historische Erinnerung verknüpft ist.

10. Lotungen.

Wenn die Detailvermessung so weit fortgeschritten ist, dafs
die Arbeitskarte die Lage des Küstensaumes mit allen charakteristischen Merkmalen angibt, beginnt die Bestimmung der
Wassertiefen. Bis etwa 5 m Tiefe bedient man sich zweckmäfsig des Peilstocks, darüber hinaus des Lotes. Lotungen
vom Boot werden durchschnittlich bis 30 m Tiefe geführt.
Gröfsere Tiefen werden vom Schiff aus gelotet.

Die zum Loten entsendeten Boote nehmen Peilstangen,
Lote und Lotleinen (letztere bis 20 m in halbe Meter geteilt),
eine Boje mit Verankerung für unvermutete Untiefen und die
nötigen Reflexionsinstrumente, Fernrohr und Uhr mit. Ferner
ist es meist nötig zur selbständigen Errichtung von Zeichen
an Land Pricken, Flaggen, Kalk mit sich zu führen.

Die Lotungslinien werden als Regel normal zur Strandlinie angeordnet. Bei solchen treten die Tiefenabstufungen auf
der Karte am deutlichsten hervor, die 4, 5, 10 usw. Meter-
linien lassen sich am besten ausziehen. Aber in sehr vielen
Fällen, wegen Gezeitenstroms, Seegangs usw. ist man genötigt,
von dieser Regel abzuweichen, weitere Vorschriften lassen sich
dann nicht geben.

Die abzulaufende Lotungslinie muſs, wenn möglich durch
ein Alignement bestimmt werden. Bei sorgfältigen Küsten-
lotungen läſst man, wenn der Strand gangbar ist, einige Leute
am Strande, welche nach bestimmter Anweisung Zeichen aufsetzen und dadurch unter Benutzung natürlicher Merkmale ein
Alignement fixieren. Hat das Boot dann die Linie bis zum
tiefen Wasser abgelaufen, so ankert es und macht ein Signal,
worauf die Zeichen für die nächste Linie versetzt werden.
Inzwischen wird vom Boot aus die Position bestimmt und die
gewonnene Lotungslinie auf dem Reiſsbrett in die Karte eingezeichnet. Neben dem Alignement dienen Winkelmessungen
zur Festlegung der Positionen. Lediglich auf Winkelmessungen
basierte Lotungslinien müssen desto öfter durch Ankern und
genaue Messung von mehr als zwei Winkeln vom verankerten
Boot aus fixiert werden. Das Eintragen in die Arbeitskarte
läſst dann sofort ersehen, ob Lücken ausgefüllt werden müssen
und wie die nächste Linie zweckmäſsig gelegt werden soll.
Auch die zu wählende Entfernung der einzelnen Lotwürfe von
einander ergibt sich sogleich aus der Arbeitskarte. Jeder
Lotwurf wird nicht durch eine Winkelmessung fixiert, sondern
man nimmt regelmäſsige Zeitintervalle oder zählt eine gleich-
mäſsige Zahl Ruderschläge ab. Falls eine Untiefe oder bemerkenswerte Unregelmäſsigkeit der Tiefen entdeckt wird,
verankert man eine Boje, bricht damit die Lotungslinie ab
und rekognosziert die Umgebung. Für genaue Bestimmung
des Lotungsortes in der Nähe der Küste ist ein Verfahren zu
empfehlen, welches sich auf zwei Theodolitstationen am Lande
stützt. Bei jeder Lotung wird ein Signal im Boot gezeigt,
beide Theodoliten schneiden das Boot ein, und auf beiden
Stationen wie im Boot wird die Uhrzeit notiert. Alle Beobachtungen werden mit laufender Nummer versehen. Für die
Wahl der Lotungslinien bleibt dabei aber immer noch das
Innehalten von Alignements usw. unentbehrlich, man macht
daher von dem Verfahren nur Gebrauch, wenn besondere
Genauigkeit erforderlich wird.

Wenn man auch die geloteten Tiefen provisorisch mit
Blei in den Plan einträgt, so bleibt doch noch übrig, dieselben

auf den niedrigsten Wasserspiegel zu reduzieren, und dies kann
in der Regel erst geschehen, wenn man die Aufzeichnungen
des Pegelbeobachters erhalten hat. Man verfährt dann folgendermafsen: Die Pegelablesungen werden in ein Diagramm eingetragen als Ordinaten auf dem als Niveau der Karte angenommenen Wasserspiegel. Die Abszissenachse ist die Zeitskala.
Man erhält so eine Kurve, aus welcher man für jeden Lotwurf
die Reduktion direkt entnehmen kann.

Es kann nun vorkommen, dafs der Pegel umgefallen ist
oder durch sonst eine Unregelmäfsigkeit die Ablesungen eine
Zeitlang ausgefallen sind. Man kann sich dann so helfen,
dafs man die Abszissenachse der Beobachtungen des vorhergehenden Tages um 50 Minuten verschiebt oder die Kurve
zwischen etwa beobachteter Hoch- und Niedrigwasserzeit ein-
schaltet.

Sind nur Hoch- und Niedrigwasser nach Höhe und Zeit
beobachtet worden, so kann man bei regelmäfsig ver-
laufenden Gezeiten die folgende Reduktion anwenden:
1 Stunde vor oder nach Niedrigwasser 0.1   des Flutwechsels,
2   „   „   „   „   „   0.25 „   „
3   „   „   „   „   „   0.50 „   „
4   „   „   „   „   „   0.75 „   „
5   „   „   „   „   „   0.90 „   „
6   „   „   „   „   „   1.   „   „
Man erhält durch diese Reduktion das Niedrigwasser des
Tages, welches unter Anwendung der „halbmonatlichen Ungleichheit in Höhe", die man in nautischen Tafeln angegeben
findet, annähernd auf Niedrigwasser Springzeit reduziert
werden kann.

Die Grundbeschaffenheit ist beim Loten fortwährend zu prüfen, namentlich, sobald man in Tiefen von
mehr als 10 m lotet. Dabei ist Rücksicht zu nehmen auf die
Grundbeschaffenheit als Orientierungszeichen und auf die Grundbeschaffenheit als Ankergrund. In erster Beziehung ist man
darauf angewiesen, sich den bestehenden Bezeichnungsweisen
anzuschliefsen, worüber vorliegende Seekarten Auskunft geben.
Man bedient sich zur Erlangung von Grundproben einfach
eines mit Talg bestrichenen Lotes, da die über die Grundbeschaffenheit anzugebenden Kartenvermerke gleichfalls nur
für solche Beobachter bestimmt sind, welche Grundproben auf
die nämliche Weise zum Vergleich mit der Karte erlangen.
Sollen jedoch Grundproben für wissenschaftliche Untersuchungen
erlangt werden, so wendet man Lote mit Kammern und Ventilen
oder Grundzangen an.

In bezug auf die Geeignetheit des Grundes als Ankergrund ist ein Urteil eigentlich nur durch eigene Erfahrung
zu motivieren, daher überall, wo man nicht mit dem Schiff
vor Anker gelegen hat, Zurückhaltung zu empfehlen ist.
Lotungen in gröfserer Entfernung vom Lande und in Tiefen
über 80 m sind mit Booten sehr mühselig auszuführen. Wenn
irgend angängig, mufs das Schiff hier diese Aufgabe übernehmen. In gröfserer Entfernung vom Lande wird die Positions-
bestimmung unsicherer, man mufs sich oft mit dem einzelnen
Azimut eines Landobjektes begnügen und die gelogte Fahrt,
sowie astronomische Beobachtungen zu Hilfe nehmen. Es
wird erst hier oft der Nutzen zutage treten, welchen entfernte Bergspitzen gewähren können, sobald sie in das Dreiecknetz mit einbezogen worden sind. Bei zunehmenden Tiefen
tut die Dratlotmaschine ausgezeichnete Dienste, weil sie erlaubt,
in voller Fahrt zu loten, wobei die Ortsbestimmung
durch die zurückgelegte Distanz sicherer wird.

In der im vorstehenden beschriebenen Weise geht eine
Vermessung vor sich, welche durch die Natur der Küste begünstigt, ihren regelmäfsigen Verlauf nehmen kann. In der
Praxis werden auf Schritt und Tritt neue Aufgaben zu lösen
sein, welche das Geschick und die Erfindungsgabe des Ver-
messenden auf die Probe stellen. Die Sorge für die Sicherheit des Schiffes, für die Gesundheit der Mannschaft, üben
nicht zum kleinsten Teil Einflufs aus auf den Fortgang der
Arbeit, Witterungs- und klimatische Schwierigkeiten und
mannigfache äufsere Umstände treten hemmend auf, so dafs
es notwendig wird, alle günstigen Gelegenheiten so intensiv
als möglich auszunutzen. Man darf daher niemals grofse Er-
wartungen hegen, wenn Vermessungsarbeiten, selbst mit reichlichen Hilfsmitteln, nicht das alleinige Ziel sind, sondern
nebenher oder bei sich bietender Gelegenheit geplant werden.
In solchen Fällen ist stets auf Selbstbeschränkung Bedacht zu
nehmen. Ein Hafen, eine Flufsmündung, eine kleine Tiefe
oder Untiefe können leicht mit befriedigender Sicherheit auf
einen Plan wiedergegeben werden. Auch eine Skizze vom
Schiffe in Bewegung, eine sogenannte fliegende Vermessung,
kann gelegentlich und ohne viel Zeitverlust aufgenommen
werden, verlangt aber schon gröfsere Umsicht und Erfahrung.
Das Bedürfnis für solche fliegenden Vermessungen ist indessen
nahezu im Erlöschen begriffen.

Einige Spezialfälle für gelegentliche Vermessungen sollen nun noch kurze Besprechungen finden.

Die Vermessung eines Hafens, in dem das Schiff ankert, ist als eine der einfachsten Vermessungsaufgaben anzusehen. Dafs man nicht zu befürchten hat, dafs kleine Fehler sich durch Übertragung auf grofse Entfernungen vervielfältigen, so kann Basismessuug und Triangulation in sehr einfacher Weise vor sich gehen.

Möglichst in Nähe des Ankerplatzes wird eine Observationsstation ausgewählt, wo die astronomischen, magnetischen und Pegelbeobachtungen vorgenommen werden können. Der Be-

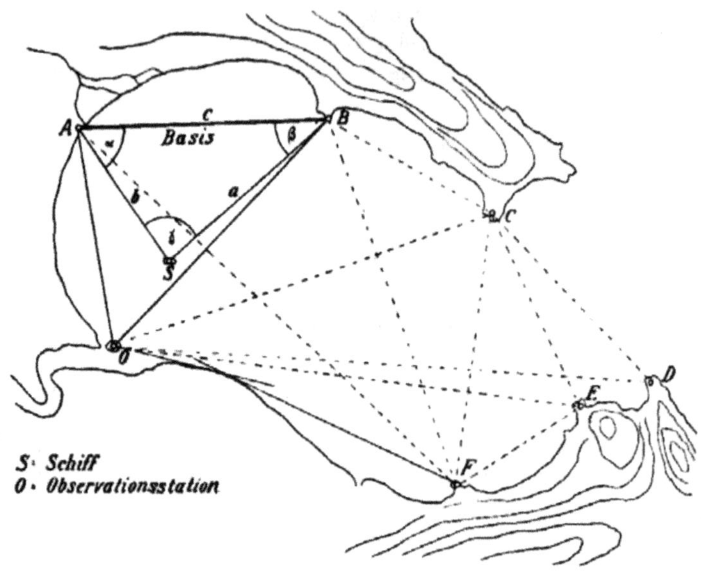

Fig. 3.

obachtungspunkt selbst mufs in mäfsiger Höhe (Deckshöhe des Schiffes) liegen und einen freien Rundblick auf das Vermessungsgebiet haben, damit er mit vielen Uferpunkten durch direkte Visuren verbunden werden kann. Auswahl und Bezeichnung dieser Uferpunkte ist die nächste Aufgabe. Ein grofses Dreieck mit Winkeln nicht unter 20° mufs sich an den Beobachtungspunkt anschliefsen und der Vermessung als Grundlage dienen. Die zu markierenden Uferpunkte sind so zu wählen, dafs von jedem derselben die beiden Nachbarpunkte gesehen werden können.

Liegen˔zwei solcher Stationen so, dafs sie mit dem Schiff ein günstiges Dreieck bilden, so wird zwischen diesen die Basis vermittelst der Methode der Masthöhenmessung bestimmt. Man findet die Entfernungen b und a zwischen dem Schiff und den Stationen A und B als Produkt aus Masthöhe und cotg-Höhenwinkel in A und B gemessen. Dann erhält man

$$A B = \frac{a \sin \gamma}{\sin \alpha} \text{ und}$$

$$A B = \frac{b \sin \gamma}{\sin \beta}$$

worin α und β direkt gemessen, $\gamma = 180 - (\alpha + \beta)$. Die beiden so gefundenen Werte kontrollieren sich gegenseitig. Ihr Mittel ist die Basis, die der Triangulation des Hafens zugrunde gelegt werden kann.

Für ein so geschlossenes Hafengebiet ist es sehr angenehm, einen Theodoliten mit Höhenkreis zur Verfügung zu haben, da man hier die Azimutbestimmung und die Höhenmessungen nur unvollkommen (event. über einen Quecksilberhorizont) mit Spiegelinstrumenten ausführen kann.

Eine Flufsvermessung erfordert, wenn sie genau ausgeführt werden soll, einen erheblichen Arbeitsaufwand. Ein Netz kleiner Dreiecke den Flufs hinauf zu führen und dieses Netz zu orientieren, wenn keine weithin sichtbaren Landmarken vorhanden sind und bewaldete Flufsufer die Landung meilenweit schwierig oder doch nutzlos machen, ist ein zeitraubendes Unternehmen.

Eine nautische Vermessung, die den praktischen Zweck verfolgt, den Verlauf der Fahrrinne zu untersuchen, kann jedoch von einer solchen Dreiecksmessung absehen und sich auf einen Polygonzug in der folgenden Weise beschränken.

Ein schweres A- und ein leichtes B-Boot — am besten natürlich Dampfboot — arbeiten zusammen, von denen das erstere mit Mast und Stange als Winkelmafsobjekt versehen wird. Während B die Station 1 an der Mündung beibehält, nimmt A flufsaufwärts eine Position 2 ein, die von 1 aus eben noch gut sichtbar ist. Beide Boote verständigen sich durch verabredete Signale und nehmen gleichzeitig vor Anker Sextantenmessungen und Kompafspeilungen vor, B mifst die Entfernung 1—2 durch Höhenwinkel der Masthöhe A.

Dann verlegt B den Ankerplatz aufwärts nach 3, eben noch sichtbar von A, auf dem ganzen Wege in regelmäfsigen Zeitintervallen lotend — zwei Lote abwechselnd — und die Flufsufer skizzierend. Zwischen 2 und 3 wird gemessen und

gepeilt wie vorher zwischen 1 und 2. Darauf begibt sich *A*
nach Station 4 stromaufwärts. In dieser Weise setzt sich die
Arbeit weiter fort. Lotungen quer über den Fluſs bei jeder
Station vervollständigen die Vermessung. Wo sich Gelegenheit
bietet, die Station ans Ufer zu verlegen und Azimut zu beobachten, muſs es geschehen.

    Das wichtigste Ergebnis, die Tiefenbestimmung der Fahr-
rinne, hat bei einer Fluſsvermessung nur vorübergehenden Wert. Die Reduktion der Lotungen, ebenso wie die
Stromverhältnisse, können zuverlässig nur durch Beobachtungen
erlangt werden, die längere Zeit hindurch und zu verschiedenen
Jahreszeiten ausgeführt sind. Eine solche Fluſsvermessung
trägt daher in der Regel den Charakter einer Rekognoszierung

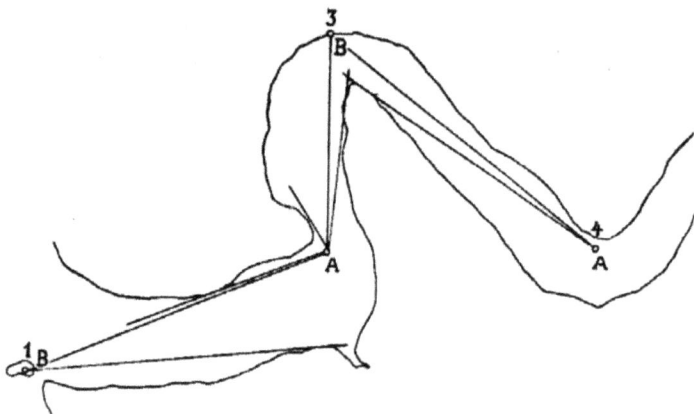

Fig. 4.

für vorübergehenden Gebrauch und muſs nur mit allem Vor-
behalt für Anfertigung einer Karte verwendet werden.

    Fliegende Vermessungen sind speziell solche,
welche sich auf keinerlei feste Punkte stützen, sondern die
zurückgelegten Kurse und Distanzen des Schiffes als Basis
den vom Schiff aus vorgenommenen Winkelmessungen zugrunde
legen. Der zurückgelegte Weg des Schiffes wird durch astronomische Beobachtungen an den End- oder einigen Zwischenpunkten festgelegt. Eine Fahrt des Schiffes nicht über fünf
Knoten und eine Entfernung von der Küste von drei bis vier
Seemeilen wird am günstigsten für diese Vermessungsart sein.
Wesentlich ist, daſs die Fahrt des Schiffes recht gleichmäſsig
sei, damit man die Punkte für die einzelnen Winkelmessungen
nach der Zeit auf der Kurslinie eintragen kann. Ferner

müssen eine Anzahl Beobachter zur Verfügung sein, um
mehrere Winkel gleichzeitig zu messen. Die Schwierigkeit
einer befriedigenden Küstenaufnahme vom bewegten Schiff
liegt zumeist in dem Mangel scharf markierter Zielpunkte, da
sich das Aussehen der Küste fortwährend ändert, und in der
Abhängigkeit des Schiffskurses von Strömungen. Für Dampfschiffe sind solche Aufnahmen unendlich leichter als für
Segelschiffe, jedoch ist das Bedürfnis für solche fliegende
Vermessungen heute verschwunden. Sie haben ein hohes
geschichtliches Interesse insofern, als auf solche Weise ausgedehnte Küstenstrecken zum ersten Male in Karten niedergelegt sind. In den Reisewerken Dumont d'Urville's sind ganze
Bände der Darstellung dieses Verfahrens gewidmet.

Wichtiger sind laufende Vermessungen, d. h. solche,
welche ein Dreiecknetz an der Küste entlang ziehen mittels
Einschalten von Schiff und Booten als Fixpunkte durch öfter
wiederholtes Verlegen des Ankerplatzes. Derartige Ergänzungen
einer regelmäfsigen Triangulation werden an langgestreckten,
wenig zugänglichen Küsten oft nicht zu vermeiden sein. Man
verfährt im Prinzip so, dafs man zwischen zwei Küstenpunkten,
welche sich trigonometrisch anders schlecht verbinden lassen,
einen Ankerplatz auswählt, welcher eine günstige Lage als
Dreieckpunkt bietet. Das Schiff bleibt dann so lange an
dieser Stelle liegen, bis das zwischenliegende Gebiet vermessen
ist, welche Arbeit mit Rücksicht hierauf oft in abgekürzter
Weise vorgenommen werden mufs. Ebenso kann man auch
einen fehlenden Küstenpunkt durch ein in der Nähe der Küste
verankertes Boot ersetzen. Da die Dreiecke bei solchen Aufnahmen oft lang gestreckt sein werden, so sind Azimut und
Entfernungsbestimmungen (durch den Schall, Masthöhen) zur
Vervielfältigung der Bestimmungsstücke oft wesentlich.

Segelanweisungen. Jede nautische Vermessung bedarf als Ergänzung einer „Segelanweisung", in welcher alles
das niedergelegt wird, was sich in der Karte nicht wiedergeben
läfst und doch für ein Schiff, welches sich der Karte bedient,
von Wichtigkeit ist. Bei der Segelanweisung im engeren Sinne
des Wortes ist stets ein Schiff ohne Dampfkraft vorauszusetzen,
dementsprechend ist das Ansegeln von Land, das Ein- und
Aussegeln für Häfen und Rheden zu besprechen und auf Strom,
Wind und Wetter einzugehen. Dampfschiffe finden sich nach
einer guten Karte unabhängiger zurecht. Die Küstenbeschreibung
ist ein integrierender Teil der Segelanweisung. Dieselbe mufs
aus eigener Anschauung bei der Vermessung selbst entworfen
werden, mufs in gedrängtester Kürze die Darstellung der

Karte ergänzen und nicht in den häufigen Fehler verfallen,
mit behaglicher Breite die Daten aus der Karte abzulesen.
Nachrichten über Land und Leute, Statistisches, Proviant- und
Wasserbeschaffung, Hafenverordnungen und dergleichen bilden
willkommene Zugaben zu diesen Segelanweisungen.

Vertonungen. Von besonderem Nutzen für die Orientierung an einer fremden Küste sind Küstenansichten,
sogenannte Vertonungen, welche teils auf der Karte selbst,
teils in der Segelanweisung Aufnahme finden.

Die Vertonung wird unter Zugrundelegung einer Anzahl
Horizontal- und Vertikalwinkel entworfen, als perspektivische
Ansicht von einem in der Karte zu markierenden (gewöhnlich
mit einem grofsen lateinischen Buchstaben bezeichneten) Punkt.
In der Unterschrift der Vertonung wird Kompafsrichtung und
Entfernung des wichtigsten auf dem Bilde erscheinenden
Objekts eingetragen. Man verfährt am besten so, dafs man die
rohen Umrisse im Notizbuch entwirft, dann die markantesten
Objekte, deren Horizontal- und Vertikalwinkel man messen
will, bezeichnet und Bemerkungen über Aussehen und Farbe
des Landes usw. dabei schreibt. Die gemessenen Winkel
werden schliefslich in die Skizze eingeschrieben. Die Vertonung kann hiernach unter Zugrundelegung eines Mafsstabes,
welcher die Winkel als lineare Entfernungen wiedergibt, angefertigt werden, z. B. $1^0 = 4$ mm. Die Höhenwinkel werden
zuweilen in $1^1/_2$—2 fachem Mafsstabe der Horizontalwinkel
wiedergegeben, namentlich bei gröfseren Entfernungen von der
Küste. Beim Entwurf einer solchen Vertonung bedient man
sich zweckmäfsig quadrierten Papieres.

Die in der Kaiserlichen Marine für nautische Vermessungen
eingeführten Rechnungsvorschriften und Schemata sind ausführlich behandelt in der vom Reichsmarineamt herausgegebenen
„Anleitung zu Küstenvermessungen" (Lehrbuch der Navigation,
dritter Band. Berlin 1901). Für die Eintragung der Dreieckpunkte in die Karte ist daselbst durchweg das Prinzip der
Berechnung ebener rechtwinkeliger Koordinaten in Anwendung
gebracht, das vor dem graphischen Verfahren immer da den
Vorzug verdient, wo es sich um Arbeiten handelt, die einen
gröfseren Umfang annehmen und für die Vorbereitungen getroffen sind durch Mitgabe der erforderlichen Formulare,
Tabellen und Rechnungsanleitungen.

Anstellung von Beobachtungen über Ebbe und Flut.

Von

C. Börgen.

Flut und Ebbe oder die Gezeiten nennen wir die Erscheinung des regelmäfsigen Hebens und Senkens des Wasserspiegels, welches sich innerhalb eines Tages in der Regel zweimal vollzieht. Hochwasser heifst der höchste, Niedrigwasser der etwa $6^h 12^m$ später eintretende niedrigste Wasserstand, dem wieder nach ca. $6^h 12^m$ ein neues Hochwasser folgt. Verfolgen wir die Erscheinung näher, so bemerken wir, dafs eine Abhängigkeit des Eintritts von Hoch- und Niedrigwasser von der Stellung des Mondes stattfindet, derart, dafs diese Phasen immer um eine gewisse, freilich innerhalb ziemlich weiter Grenzen wechselnde Zeit später eintreten als der Durchgang des Mondes durch den Meridian.

Man hat daher auch für dieses Zeitintervall eine besondere Bezeichnung eingeführt, nämlich Mondflutintervall, und man nennt das spezielle Mondflutintervall, welches am Tage von Neu- oder Vollmond stattfindet, die Hafenzeit (engl. establishment of the port). Ferner wird sich herausstellen, dafs die Hochwasser an verschiedenen Tagen verschieden hoch sind, und ebenso, dafs die Niedrigwasser in nahe demselben Mafse, in dem das Hochwasser höher wird, weniger hoch ansteigt, oder mit anderen Worten: dafs die Amplitude des Wasserstandes oder der Tidenhub oder Hubhöhe an verschiedenen Tagen ein verschiedener ist, und dafs derselbe gesetzmäfsig zu- und abnimmt. Bringen wir dies in Verbindung mit der Stellung des Mondes zur Sonne, so werden wir sehen, dafs der Tidenhub $1 — 2^1/2$ Tage nach Neumond am gröfsten und $1 — 2^1/2$ Tage nach erstem Viertel am kleinsten ist, dann wieder wächst, um gleiche Zeit nach Vollmond wieder ein

Maximum, und nach dem letzten Viertel wieder ein Minimum zu erreichen. Wir nennen dies Maximum des Tidenhubs, welches also um eine gewisse, an verschiedenen Orten verschiedene Zeit später eintritt als Neu- und Vollmond, die Springflut, und das Minimum des Tidenhubs, welches um die gleiche Zeit später als erstes und letztes Viertel stattfindet, Nippflut (auch wohl Taubeflut).

Bringen wir in ähnlicher Weise auch die Mondflutintervalle an verschiedenen Tagen mit der Stellung von Sonne und Mond in Verbindung, so bemerken wir, dafs das Zeitintervall zwischen dem Meridiandurchgang des Mondes und der Eintrittszeit von Hoch- und Niedrigwasser sich gesetzmäfsig ändert, und dafs dasselbe um einen mittleren Wert herum schwankt. Die Ursache dieser und ebenso der gesetzmäfsigen Änderung der Höhe von Hoch- und Niedrigwasser von einer Springflut zur andern ist demnach in der gegenseitigen Stellung von Sonne und Mond zu suchen, deren Anziehungen sich bald unterstützen, bald wieder einander entgegenwirken, und da sich dieses im Laufe eines halben Monats vollzieht, so hat man die Abweichung des Mondflutintervalls wie der Höhe des Hoch- und Niedrigwassers von ihrem mittleren Wert die **halbmonatliche Ungleichheit in Zeit und in Höhe** genannt. Man wird bei gröfserer Aufmerksamkeit bald entdecken, dafs die halbmonatliche Ungleichheit nicht unbeträchtliche Veränderungen zeigt, welche von der Entfernung des Mondes und der Sonne von der Erde sowie von der Deklination dieser Gestirne abhängen.

Betrachten wir die Aufeinanderfolge der Hoch- und Niedrigwasser nach Zeit und Höhe etwas näher, so werden wir in den meisten Fällen finden, dafs die aufeinanderfolgenden Hochwasser, die an einem und demselben Tage eintreten, nicht zu der gleichen Höhe auflaufen, sondern dafs im allgemeinen in der einen Hälfte des Jahres das Vormittagshochwasser höher ist als das nachmittags eintretende und in der andern Jahreshälfte das Umgekehrte der Fall ist; ferner dafs die Zwischenzeit zwischen dem Eintritt des Vor- und Nachmittagshochwassers bald gröfser, bald kleiner ist als das Intervall zwischen dem Nachmittags- und dem folgenden Vormittagshochwasser. Bei Niedrigwasser treten ganz ähnliche Erscheinungen auf. Diese Abweichungen von dem regelmäfsigen Verlauf der Gezeiten, wie er bisher geschildert worden ist, werden die **tägliche Ungleichheit in Zeit und Höhe** genannt, weil sich nach Ablauf eines Tages das Hoch- und Niedrigwasser wieder in regelmäfsiger Weise einstellt.

Genauere Beobachtung zeigt, daſs die tägliche Ungleichheit veränderlich ist, und daſs dieselbe mit der Deklination des Mondes zusammenhängt, derart, daſs dieselbe einige Zeit nach dem Tage, wo die Deklination ihr Maximum erreichte, am gröſsten, und = 0 ist, einige Zeit nachdem der Mond im Äquator stand. Auch die Sonne bewirkt eine tägliche Ungleichheit, die jedoch erheblich kleiner ist.

Nachdem wir die wichtigsten Erscheinungen kennen gelernt haben, welche sich im Verlaufe der Flut und Ebbe darbieten, wollen wir nun diejenigen Eigentümlichkeiten erwähnen, welche teils durch lokale Verhältnisse hervorgerufen werden, teils einzelnen gröſseren Meeresabschnitten angehören und daher besonders der Aufmerksamkeit empfohlen werden müssen.

In erster Linie haben wir hier solche Erscheinungen zu nennen, die gröſseren Meeresabschnitten angehören. Hierzu gehört ganz besonders das in manchen Gegenden stattfindende Überwiegen der täglichen Flutwelle, welches sich an manchen Orten derart steigert, daſs an den meisten Tagen nur e i n Hoch- und e i n Niedrigwasser stattfindet und nur an wenigen Tagen der gewöhnliche Verlauf der Gezeiten (zwei Hoch- und zwei Niedrigwasser am Tage) beobachtet wird, welches auch dann stets nur schwach ausgeprägt ist. Dieses Überwiegen der täglichen Flut findet im ganzen Indischen Ozean und in den chinesischen Gewässern statt, wo z. B. in dem Golf von Tongking reine Eintagsfluten vorkommen; ebenso ist an der südlichen nordamerikanischen Küste die tägliche Ungleichheit sehr stark, und im Golf von Mexiko ist die eintägige Flut in den allerdings nur niedrigen Gezeiten überwiegend. An der pazifischen Küste der Vereinigten Staaten ist die tägliche Ungleichheit gleichfalls sehr groſs und ebenso auf den Inseln des Stillen Ozeans.

Auch in der halbtägigen Flut sind Unregelmäſsigkeiten beobachtet, die zum Teil wohl ihre Ursache in der Interferenz von zwei auf verschiedenen Wegen an den Ort der Beobachtung gelangenden Wellen haben. Das Verhältnis der fluterzeugenden Anziehungskräfte von Mond und Sonne soll theoretisch wie 1 : 0.34 sein und wird an vielen Orten auch annähernd so gefunden; es sind jedoch einige Lokalitäten bekannt, an denen dieses Verhältnis ein wesentlich anderes ist, in Tahiti z. B. ist nach Belcher und Rodgers Beobachtungen das Verhältnis 1 : 1, und Airy fand für Courtown an der irischen Küste sogar die Mondflut kleiner als die Sonnenflut, während an einer andern Stelle des Irischen Kanals die Gezeiten überhaupt fast verschwinden.

Auf Neu-Guinea und im Bismarck-Archipel zeigt sich eine andere Eigentümlichkeit. Die Gezeiten sind nämlich durchweg Eintagsfluten, welche sich aber überwiegend nach dem Meridiandurchgang der S o n n e , nicht des Mondes richten. Hier sind also die e i n t ä g i g e n Sonnentiden die überwiegenden.

Unter den Erscheinungen, welche lokalen Ursachen ihre Entstehung verdanken, fällt am meisten in die Augen das aufserordentlich hohe Ansteigen des Hochwassers und ebensolches Abfallen des Niedrigwassers, wie es an einigen Orten der Fall ist.

Diese Erscheinung ist in gröfserem oder geringerem Mafse überall dort zu erwarten, wo die Flutwelle in einen längeren breiten, an seinem inneren Ende geschlossenen Meeresarm eintritt, welcher entweder nahezu parallele oder langsam konvergierende Ufer besitzt. Es wird dann stets die Amplitude der Gezeiten wachsen vom Eingange der Bucht bis ins Innere. Mündet im Innern der Bucht ein Flufs, in welchen die Flutwelle hineindringt, so nimmt die Höhe derselben ziemlich rasch ab, es treten aber andere Erscheinungen auf, welche sogleich erwähnt werden sollen, die allen Flufstiden gemeinschaftlich sind. Beispiele solcher Buchten, in denen sehr hohe Gezeiten vorkommen, sind: Fundy-Bay zwischen Nova-Scotia und New Brunswick, in welcher die höchsten Fluten auf der Erde (bis zu 15 m) verzeichnet werden, ferner der Bristol-Kanal (bei Chepstow bis 12 m), die Bucht von St. Malo (bei Granville bis 12 m), Hang-tscheu-Bay (bis 10 m), ferner auf Korea. Dasselbe wird an der Ostküste von Patagonien beobachtet, wo in der Santa Cruz-Bay bei Puerto Gallegos bis 14 m, und in dem östlichen Eingange der Magellans-Strafse, wo 13 m vorkommen. Die vorstehenden Zahlenangaben beziehen sich auf Springtide; bei Nipptide ist die Amplitude der Gezeit natürlich bei weitem geringer. Bemerkenswert ist bei allen diesen Fällen, dafs sich das Hochwasser sehr rasch die Buchten hinauf fortpflanzt; in der Fundy-Bay z. B. ist der Zeitunterschied zwischen Hochwasser am Eingange und ganz im Innern dieser langen Bay nur wenig mehr wie 1 1/2 Stunden; im Bristol-Kanal hat Chepstow $2^h 15^m$ später Hochwasser als Lundy Island.

Diese Erscheinungen bieten grofses Interesse dar; für ein genaueres Studium wird es sich ganz besonders darum handeln aufser zuverlässigen Beobachtungen der Gezeiten an verschiedenen Punkten der Küsten und einer Karte derselben, eine gute Darstellung des Bodenreliefs durch sorgfältige Auslotung der betreffenden Buchten und der vorliegenden Gründe bis zum tiefen Wasser zu erhalten.

Dies kann kaum Gegenstand der Untersuchung für eine einzelne Person oder Expedition sein, für welche diese Anleitung in erster Linie bestimmt ist, sondern mufs besonderer Vermessung überlassen bleiben, deshalb sehen wir hier von genauerer Instruktion ab; es durfte jedoch hier nicht unerwähnt gelassen werden, da gewifs mancher Reisende in der Lage sein wird, hie und da eine Anregung zur Ausführung solcher Arbeiten zu geben. Aber auch abgesehen von einer solchen detaillierten Untersuchung ist jede zuverlässige Angabe über das Vorkommen, die Höhe und den Verlauf von so aufserordentlichen Gezeiten von Interesse, und es sollte nicht versäumt werden, diese Angaben zu sammeln.

Fernere Erscheinungen, welche durch die Form der Küsten, durch das Eindringen der Flutwelle in die Flufsmündungen (die daher auch bis zu dem Punkte, bis wohin sich die Gezeiten bemerklich machen, Ästuarien genannt werden) hervorgebracht werden, sind auch folgende, deren Festlegung sich zum Teil aus der Beobachtung des ganzen Verlaufs der Gezeitenerscheinnng an einem Orte ergibt, deren Beachtung sich jedoch auch da empfiehlt, wo genauere Beobachtung nicht möglich ist. Allgemein ist die Amplitude der Gezeiten an der Küste und in Flufsmündungen erheblich gröfser als im freien Ozean; man wird daher in einem langen Stromschlauch, wie ihn z. B. eine Flufsmündung darstellt, bis zu einer gewissen Entfernung flufsaufwärts von der freien See aus ein Wachsen des Flutwechsels wahrnehmen, welches dann jedoch in ein Abnehmen übergeht, bis in einer gewissen Entfernung von der Mündung infolge der Reibung und des Gegenstaues des Flufswassers die Einwirkung der Gezeiten ganz aufhört. Hiermit steht in Verbindung, dafs das Steigen des Wassers, je weiter den Flufs hinauf, desto kürzere, das Fallen längere Zeit in Anspruch nimmt als auf See. Während an freigelegenen Küstenstationen und auf See das Steigen und Fallen des Wassers gleich lange Zeit (6^h $12,5^m$) in Anspruch nimmt, steigt das Wasser z. B. in Cuxhaven an der Elbmündung 5^h 34^m, und es fällt 6^h 51^m; in Hamburg braucht es zum Steigen nur 4^h 39^m, dagegen zum Fallen 7^h 46^m. An manchen Orten tritt diese Erscheinung in noch viel höherem Mafse ein, so in Newnham am Severn, wo das Wasser nur 1^h 30^m zum Steigen, dagegen 10^h 55^m zum Fallen gebraucht. In Verbindung mit einer so stark durch die Bodenbeschaffenheit entstellten Welle tritt eine Erscheinung auf, die wir mit dem Namen Flutbrandung (Stürmer) bezeichnen wollen. Sie besteht darin, daſs eine hohe Flutwelle, die sehr rasch bis zum Hochwasser anschwillt, bei Beginn des Steigens rasch mit einer sichtbaren Änderung des bisherigen Niveaus des Wassers in den Fluſs eindringt und sich stark brandend über die die Stromrinne einschlieſsenden und bei Niedrigwasser trocken liegenden Bänke ergieſst, eine Erscheinung, die sich mehrmals hintereinander wiederholen kann. Nachdem die einschlieſsenden Untiefen mit Wasser bedeckt sind, geht das weitere Steigen des Wassers in regelmäſsiger Weise ohne Störungen vonstatten. Nach Airy ist zur Entstehung einer Flutbrandung auſser einer rasch ansteigenden Flutwelle das Vorhandensein ausgedehnter Bänke an der Seite der Stromrinne notwendig, wozu nach der Erfahrung im Hugly als dritte Ursache starker Gegenstau des Wassers beim Eintreten der durch die Regenzeit veranlaſsten hohen, mit starker Strömung verbundenen Wasserführung des Flusses hinzugefügt werden muſs; wo die eine oder die andre Bedingung nicht erfüllt ist, tritt auch keine Flutbrandung auf. Die Erscheinung kommt vor im Severn (wo sie „bore" heiſst), in der Seine und Gironde (wo sie unter dem Namen „mascaret" bekannt ist), im Amazonenstrom (wo die Eingeborenen sie „Pororoca" nennen), im Hugly und andern asiatischen Strömen. In Nord-America kommt sie u. a. auch in der von der Fundy-Bay abzweigenden Chignecto-Bay und Bay of mines vor. Es scheint, als ob darüber eine Meinungsverschiedenheit bestehe, ob das Wasser über die ganze Breite des Flusses brande oder nur über die einschlieſsenden Bänke. Airy gibt bestimmt das letztere an und führt als weiteres Zeugnis dafür, daſs in dem tieferen Wasser die Welle ohne zu branden sich fortpflanzt, an, daſs auf dem Hugly Boote in die Mitte des Stromes gerudert werden, um sie aus dem gefährlichen Bereich der herannahenden Flutbrandung zu bringen. Andrerseits wird für die Flutbrandung im Hangtscheu-Fluſs von englischen Seeoffizieren bezeugt, daſs die Brandung sich über die ganze Fluſsbreite erstrecke; jede darauf bezügliche Notiz, sowie jede ausführliche Beschreibung und genauere Beobachtung über die Flutbrandung und die begleitenden Umstände, also: Art und Dauer des Steigens und Fallens des Wassers, Gröſse der Amplitude der Gezeit, Gestalt und Tiefe des Fluſsbettes bei Niedrigwasser, namentlich, ob sich neben der Fahrrinne ausgedehnte Sände befinden u. dergl., ist daher von groſsem Interesse.

    Andre Erscheinungen, die ebenfalls ihren Grund in der Gestaltung und Länge des Fluſsbettes haben, sind die mehrfachen Hoch- und Niedrigwasser innerhalb derselben Tide. In der Regel ist ein Hochwasser das höchste und wird als das eigentliche Hochwasser betrachtet. Nachdem das Wasser eine Zeitlang gefallen ist, hört das Fallen auf, und es beginnt wieder zu steigen, erreicht jedoch in der Regel nicht wieder die frühere Höhe, dann fällt es wieder, und es kann unter Umständen noch einmal wieder steigen, bis es endlich seinen niedrigsten Stand erreicht, von wo es dann wieder in einem Zuge ohne Unterbrechung bis zum Haupthochwasser emporsteigt. Diese Erscheinung tritt auf in längeren engen Gewässern, wie im Firth of Forth (wo sie unter dem Namen „the leaky" bekannt ist), im Tay und vielleicht in der Themse. Auch diese Erscheinungen verdienen die Aufmerksamkeit der Beobachter. Ähnlicher Ursache ist das doppelte Hochwasser, welches am Helder (wo das zweite Hochwasser „Agger" heißt), in Southhampton und den Häfen in der Nähe des Solent (Poole, Christchurch usw.) beobachtet wird, sowie das verlängerte Hochwasser in Havre, welches diesem Hafen den Vorteil eines über $1^{1}/_{2}$ Stunden dauernden, sehr nahe gleichbleibenden Hochwasserstandes gewährt (la tenue du plein). Bei allen diesen Erscheinungen handelt es sich außer um Konstatierung der Tatsache und ihres Verlaufes auch darum, eine Beschreibung der Lokalität, der Tiefenverhältnisse, Vorhandensein und Lage von Bänken, Barren u. dergl. zu erhalten.

Was die Hoch- und Niedrigwasserzeiten betrifft, so wird man an Flüssen eine sukzessive Verspätung des Eintritts dieser Phasen flußaufwärts konstatieren. So hat Hamburg $4^{h} 21^{m}$ später Hochwasser als Cuxhaven und dieses wieder $1^{h} 19^{m}$ später als Helgoland.

Die meisten der im vorgehenden erwähnten Tatsachen werden auf die einfachste Weise dadurch konstatiert, daß man eine längere oder kürzere Zeit hindurch an einer Station gute Wasserstandsbeobachtungen anstellt, stündlich, wo der Verlauf der Flut ein regelmäßiger ist, und in kürzeren Zeitintervallen, wenn Besonderheiten auftreten, wie sie oben erwähnt worden sind.

Diese Beispiele zeigen, wie verschieden die Gezeiten unter Umständen auch an relativ wenig voneinander entfernten Orten auftreten können; es ist deshalb wünschenswert, von so vielen Punkten des Erdballs wie möglich zuverlässige Beobachtungen über die Gezeitenerscheinungen zu erhalten, sowohl um ihre kosmischen, als um ihre terrestrischen und lokalen Ursachen zu erforschen. Hierzu gehört aber eine möglichst genaue Kenntnis des Bodenreliefs, über welches sich die Flutwelle bewegt, weil ihre Gestalt und Fortpflanzung in sehr hohem Mafse davon abhängt; es bilden daher Lotungen sowohl im flacheren Wasser der Küste als im tiefsten Wasser der Ozeane eine notwendige Ergänzung zu den Beobachtungen der Gezeitenerscheinungen, wenn man diese als ein Ganzes auffassen will.

Ehe wir zur Besprechung der Mittel der Beobachtung übergehen, müssen wir die mit den Gezeiten verbundenen Strömungen kurz erwähnen. Es ist eine allgemein bekannte Tatsache, dafs das Steigen und Fallen des Wassers mit einer horizontalen Bewegung desselben, einer Strömung, verbunden ist, welche zuerst in einer bestimmten Richtung, darauf in der entgegengesetzten stattfindet. Zwischen dem Wechsel der Richtung tritt eine kurze Zeit ein, in welcher keine oder eine nur wenig bemerkbare Strömung stattfindet, das Stau- oder Stillwasser. In Häfen und dicht unter der Küste pflegt der Wechsel der Stromrichtung bei oder kurze Zeit nach Hoch- und Niedrigwasser einzutreten, und man pflegt daher die Strömung, welche Hochwasser bringt, die Flutströmung, diejenige, welche Niedrigwasser bringt, die Ebbeströmung zu nennen. Aus dieser Tatsache hat sich die Vorstellung gebildet, dafs überall Stillwasser oder der Wechsel der Stromrichtung nahe gleichzeitig mit Hoch- und Niedrigwasser stattfindet, und es ist daher öfter in Ermangelung anderer Beobachtung aus der Zeit des Stromwechsels auf die Zeit des Hochwassers geschlossen worden. Jedoch kann nicht dringend genug vor solchen Schlüssen gewarnt werden, denn tatsächlich kann der Stromwechsel bis über drei Stunden nach Hoch- und Niedrigwasser eintreten, und dies wird sogar im freien Meere stets der Fall sein müssen, wie sich aus der Natur der Wellenbewegung ergibt, welche gerade bei den extremen Phasen (Hoch- und Niedrigwasser) die stärkste Strömung erzeugt. Mit der Annäherung an die Küste und beim Eindringen der Flutwelle in Flufsmündungen verschiebt sich aber die Zeit des Stromwechsels immer näher nach Hoch- und Niedrigwasser, um in geschlossenen Buchten und ganz dicht unter der Küste ganz mit diesen Phasen zusammenzufallen.

Die Stärke der Strömung hängt von der Höhe der Gezeiten und der Tiefe des Wassers ab und kann unter Umständen sehr erheblich sein. Die Kenntnis der Gezeitenströmungen ist daher für jedes Gewässer und besonders für jeden Hafen von gröfster Wichtigkeit, und es sollte keine Gelegenheit versäumt werden, dieselben genauer zu studieren, sowohl ihrer Richtung als ihrer Geschwindigkeit nach, und ebenso der Art nach, wie die eine Stromrichtung in die andre übergeht. In Häfen und Buchten wird dies in der Regel in der Weise vor sich gehen, dafs, wie schon erwähnt, die eine Stromrichtung allmählich aufhört, dann eine kurze Pause ohne wahrnehmbaren Strom eintritt, und dann der Strom aus entgegengesetzter Richtung wieder einsetzt und bald in voller Stärke auftritt. Es kommt aber in der Nähe der Küsten häufig vor, dafs ein derartiges, sozusagen plötzliches Übergehen der einen Richtung in die andre nicht stattfindet, sondern dafs der Strom allmählich, ohne jemals ganz aufzuhören, aus einer andern Richtung kommt, so dafs im Laufe einer ganzen Tide, d. h. von Hochwasser bis Hochwasser, ein verankertes Schiff (Windstille natürlich vorausgesetzt) auf allen Kursen im Strom von wechselnder Stärke gelegen hat. In der Regel wird der Strom auf zwei entgegengesetzten Richtungen nahe gleiche Stärke haben und zwei Richtungen werden sich durch besonders kräftigen Strom auszeichnen, während derselbe auf allen andern Kursen schwächer und am schwächsten auf den zu der Maximalrichtung senkrechten Kursen sein wird; es kommen auch Fälle vor, wo die Geschwindigkeit des Stromes auf allen Kursen die gleiche ist, doch ist dies wohl eine Ausnahme. Die Drehungsrichtung des Stromes richtet sich nach der Regel: Denken wir uns längs einer Küste segelnd, und zwar mit dem Flutstrom, so dreht der Strom mit dem Uhrzeiger, wenn das Land an der linken Seite, und gegen den Uhrzeiger, wenn das Land auf der rechten Seite ist.

An vorspringenden Kaps, wenn der Flutwechsel in den dahinter liegenden Buchten ein grofser ist, pflegt eine sehr starke Strömung aufzutreten, die unter Umständen gefährlich werden kann.

Als Beispiel, von welcher Wichtigkeit die Kenntnis der Gezeitenströmungen für die Navigation sein kann, mögen hier noch die Strömungen im Englischen Kanal und dem südlichen Teile der Nordsee nach den Untersuchungen des Kapitän Becchey Erwähnung finden. Auf der Strecke von Start Point-Guernsey bis Cromer-Vliessingen richtet sich die Stromrichtung nach dem Wasserstand bei Dover. Bei Niedrigwasser zu Dover fliefst der Flutstrom im Englischen Kanal nach Osten, in der südlichen Nordsee nach Westen; beide Strömungen treffen sich auf einer ziemlich scharf begrenzten Linie, die von Beachey-Head nach Pointe d'Ailly führt. Dies bleibt so bis zur Zeit von Hochwasser bei Dover, nur verschiebt sich die Linie, auf der sich die Strömungen treffen, allmählich bis nach North-

Foreland-Dunkerque. Bald nach Hochwasser bei Dover tritt im Kanal und dem in Rede stehenden Teile der Nordsee Stillwasser ein, mit Ausnahme des Teiles des in Frage stehenden Gebietes, das zwischen Beachey-Head und North-Foreland einerseits und Pointe d'Ailly und Dunkerque andrerseits liegt, wo die Strömung aus Westen sich noch fortsetzt. Diese wird von Becchey „intermediate current" (Zwischenstrom) genannt. Im Englischen Kanal beginnt sodann der Ebbestrom mit rasch zunehmender Geschwindigkeit aus Osten, in der Nordsee aber aus Westen zu laufen; der letztere vereinigt sich mit dem noch aus Westen laufenden Zwischenstrom, und die Scheide beider Strömungen liegt wieder auf der Linie Beachey-Head-Pointe d'Ailly. Die Stromscheide verschiebt sich nun wiederum nach Osten bis zu der obengenannten Grenze, es herrscht also jetzt in der Strafse von Dover ein Zwischenstrom aus Osten, der auch noch fortdauert, nachdem bei Dover Niedrigwasser, im Kanal sowohl wie in der Nordsee Stillwasser eingetreten ist. Im Kanal beginnt dann der Flutstrom wieder aus Westen, in der Nordsee aus Osten zu laufen, letzterer vereinigt sich mit dem östlichen Zwischenstrom in der Strafse von Dover, und die Stromscheide liegt wieder wie zu Anfang in der Linie Beachey-Head-Pointe d'Ailly. Die Geschwindigkeit der Strömung ist eine sehr erhebliche (über 3 bis stellenweise 5—6 Knoten), so dafs, wie man sieht, die Kenntnis dieser Verhältnisse für die Navigation von grofser Wichtigkeit sein kann [1]).

Durch den Wind können die Strömungserscheinungen ebenso wie überhaupt die Fluterscheinungen in mannigfacher Weise abgeändert werden. Längere Zeit anhaltender kräftiger Wind aus derselben Richtung wird je nach der Lage des Beobachtungsortes den mittleren Wasserstand über das gewöhnliche Niveau hinauftreiben, oder ihn unter dasselbe hinunterdrücken. Die kosmischen Ursachen entstammende Flut und Ebbe wird dadurch in Wirklichkeit nicht, sondern nur scheinbar geändert, weil das mittlere Niveau des Wassers bei den verschiedenen Phasen der Gezeiten der verschiedenen Windstärke gemäfs verschieden beeinflufst wird. Das Maximum der Einwirkung des Windes entsteht bei den sogenannten Sturmfluten, bei denen ein Sturm den Wasserspiegel mehr oder weniger in die Höhe treibt. Dabei kann es vorkommen, dafs das Hochwasser um eine Stunde und mehr verfrüht oder verspätet wird, und dafs das Niedrigwasser höher bleibt als sonst Hochwasser zu sein

---

[1]) Siehe hierüber Näheres in Börgen: Die Gezeitenerscheinungen im englischen Kanal usw. Annalen der Hydrogr. 1898.

pflegt. Welche Gefahren mit diesen gewaltigen Fluten für Land, Menschen und Menschenwerk verbunden sein können, davon gibt manche schwere Katastrophe an unserer Nordseeküste Zeugnis.

Auch andre meteorologische Vorgänge haben Einfluſs auf den Wasserstand, wenn auch teilweise in viel geringerem Grade als der Wind. Das Wasser steigt höher an bei niedrigem Barometerstande als bei hohem, und zwar ungefähr um 1,3 cm für jedes Millimeter Luftdruckänderung.

Liegt eine Beobachtungsstation an einem Flusse, so wird der Wasserstand wesentlich von der Wasserführung des Flusses beeinfluſst, welche wiederum von den Niederschlägen im Oberlaufe desselben wie seiner Nebenflüsse abhängt; auch hier wird im allgemeinen nur der mittlere Wasserstand beeinfluſst, während die kosmische Gezeit ungestört sich manifestiert.

Es geht hieraus hervor, daſs die Beobachtung der meteorologischen Verhältnisse eine notwendige Ergänzung der Gezeitenbeobachtungen sein muſs und daher nicht versäumt werden sollte.

Nachdem wir im vorhergehenden die verschiedenen Erscheinungen kennen gelernt haben, welche die Gezeiten der Beobachtung darbieten, wollen wir nun dazu übergehen, die Mittel zu beschreiben, durch welche wir diese Erscheinungen feststellen und der wissenschaftlichen Untersuchung zugänglich machen können. Vorauszuschicken ist die allgemeine Bemerkung, daſs Beobachtungen über die Gezeiten um so wertvoller sind, je vollständiger sie sind, d. h. über einen je gröſseren Zeitabschnitt sie sich erstrecken und in je kleineren Zeitintervallen die Beobachtungen des Wasserstandes aufeinander folgen.

Die Beobachtung der Gezeiten kommt darauf hinaus, eine Reihe von Wasserstandsbeobachtungen auszuführen, die sich über eine Reihe von Tagen, Wochen oder Monaten ausdehnen. Das einfachste Mittel hierzu ist das, einen in Zentimeter oder Dezimeter eingeteilten Maſsstab (Pegel) senkrecht im Wasser zu befestigen, und von Zeit zu Zeit den Wasserstand zu notieren. Hierbei kommt es wesentlich darauf an, daſs man die Ortszeit innerhalb einer Minute genau kennt und immer genau notiert, zu welcher Stunde und Minute eine Ablesung des Wasserstandes gemacht worden ist. Hierbei sollte die gröſste Gewissenhaftigkeit beobachtet werden, da bei hohen Fluten schon ein Irrtum von ein bis zwei Minuten einen erheblichen Unterschied im Wasserstande machen kann. Es ist natürlich am einfachsten, wenn man den ganzen Verlauf der Tide an einem einzigen Maſsstab beobachten kann, bei sehr hohen Fluten wird dies aber nicht immer möglich sein, da der Maſsstab zu lang und dadurch zu wenig stabil werden würde; es wird in diesen Fällen notwendig sein, mehrere kleine Maſsstäbe zu brauchen, die in verschiedenen Entfernungen vom Ufer aufgestellt werden und je nach Bedarf in Benutzung zu nehmen sind. Die Maſsstäbe, deren Teilungen ineinander übergreifen, sind dann durch ein Nivellement miteinander in Verbindung zu setzen und der dem Lande nächste Pegel auf eine feste Marke zu beziehen, deren Höhe über dem Nullpunkt der Pegel somit bekannt wird und als Kontrolle dienen kann, um etwaige Verrückungen der Pegel zu konstatieren und dieselben wieder einrichten zu können. Eine Kontrolle dieses Nivellements ergibt sich dadurch, daſs man zu Zeiten, wo das Wasser den oberen Teil des einen und den unteren des andern Pegels bespült, den Wasserstand an beiden Pegeln gleichzeitig abliest. Dies gibt bei ruhigem Wasser eine sehr gute Bestimmung der Beziehungen der Pegel zu einander.

Ob man an einem Pegel oder an mehreren beobachtet, oder welches Mittel der Beobachtung man immer anwenden möge, man sollte es niemals versäumen, den Nullpunkt, von dem aus man den Wasserstand miſst, mit einer an Land möglichst unveränderlich angebrachten, leicht auffindbaren Marke in Verbindung zu bringen und, wenn möglich, die Höhe der Marke über dem mittleren Wasserstand daneben zu vermerken. Dies gibt ein in später Zukunft höchst wertvolles Mittel, um über die Hebung oder Senkung einer Küste zuverlässige Daten zu gewinnen.

Die Beobachtung des Wasserstandes an einem einfachen ins Wasser gesetzten Maſsstabe hat unter Umständen seine Schwierigkeiten, weil das Wasser bei Seegang an dem Pegel auf und nieder geht und die Schätzung der Mittellage, welche dem ungestörten Niveau entsprechen würde, ungenau wird. Deshalb hat man verschiedene Mittel ersonnen, den Wellenschlag auszuschlieſsen oder doch so weit abzuschwächen, daſs die Schwankungen des Wasserspiegels am Pegel der Genauigkeit der Ablesung keinen Eintrag tun. Die wirksamsten Mittel zur Erreichung dieses Zweckes bestehen darin, einesteils dem Wasser nur auf einem bestimmten Wege den Zutritt zu dem Pegel zu gestatten, andernteils denselben bis zu einem gewissen Grade zu erschweren. Eine Welle, wie sie durch den Wind gebildet wird, entsteht dadurch, daſs die Wasserteilchen um ihre Ruhelage Kreise beschreiben, wobei das folgende Teilchen seine Bewegung später beginnt als das vorhergehende. Diese Bewegung der Wasserteilchen nimmt

nach der Tiefe zu in geometrischer Progression sehr rasch ab,
so dafs dieselbe schon in einer Tiefe, welche der Länge der
Welle (dem Abstand von einem Wellenberg zum nächsten)
gleich ist, auf $1/535$ der an der Oberfläche beobachteten Bewegung verkleinert ist. Wird z. B. an der Oberfläche eine
Wellenhöhe von 1 m und eine Länge von 4 m beobachtet, so
entsteht die Welle wie gesagt dadurch, dafs jedes Wasserteilchen einen Kreis von 1 m Durchmesser beschreibt, jedes
folgende Teilchen aber seine Bewegung etwas später beginnt
als das vorhergehende. Die tiefer gelegenen Wasserteilchen
beschreiben immer kleinere Kreise, und in einer Tiefe von
4 m unterhalb des ungestörten Niveaus ist die Bewegung
bereits so abgeschwächt, dafs die Teilchen nur noch Kreise
von $1/535$ m oder ca. 2 mm Durchmesser beschreiben. Der
Wellenschlag wird hiernach schon dadurch ganz erheblich abgeschwächt, dafs man das Wasser nicht direkt an den Pegel
herantreten läfst, sondern die Zutrittsöffnung möglichst tief
unterhalb der Oberfläche des Wassers verlegt. Eine Wirkung
in gleichem Sinne erzielt man, wenn man die Zutrittsöffnung
möglichst klein macht; doch sollte dies nicht übertrieben werden, auch mufs dafür Sorge getragen werden, dafs sich die
Öffnung nicht durch Sand, Schlamm, Algen u. dgl. verstopfen
kann.

Setzt man daher ein Rohr, welches unten geschlossen und
nur am unteren Ende mit einer oder mehreren kleinen
Öffnungen versehen ist, ins Wasser, so wird dieses sich in
dem Rohr sehr gleichmäfsig und nahezu unbeeinflufst von dem
Wellenschlage nur unter dem Einflusse der Gezeiten heben
und senken. Zum Ablesen des Wasserstandes wird man am
zweckmäfsigsten in das Rohr einen Schwimmer einführen und
die Stellung des Schwimmers in demselben an einem Mafsstabe ablesen. Dies kann auf verschiedene Weise geschehen.
Man könnte mit dem Schwimmer selbst einen Mafsstab verbinden und beobachten, wie weit derselbe aus dem Rohr
herausragt, oder man könnte ein Mefsband an dem Schwimmer
befestigen, dasselbe über eine Rolle nach aufsen führen, es
durch ein Gegengewicht gespannt halten, und nun ablesen,
welcher Teilstrich des Bandes bei einem festen Index steht,
doch erscheinen diese Einrichtungen nicht recht praktisch.
Auch könnte man die letztere Einrichtung so modifizieren,
dafs man anstatt eines Mefsbandes einen Draht über die
Rolle führt und an dem Gegengewicht einen Index anbringt,
welcher über einem festen Mafsstab spielt. Diese Einrichtungen
haben jedoch den Nachteil, dafs der Index bei Niedrigwasser

hoch über dem Niveau des Wassers liegt, bei Hochwasser
aber unter Umständen unter diesem Niveau zu liegen kommen
kann. Deshalb ist die aus untenstehender Zeichnung ersicht-

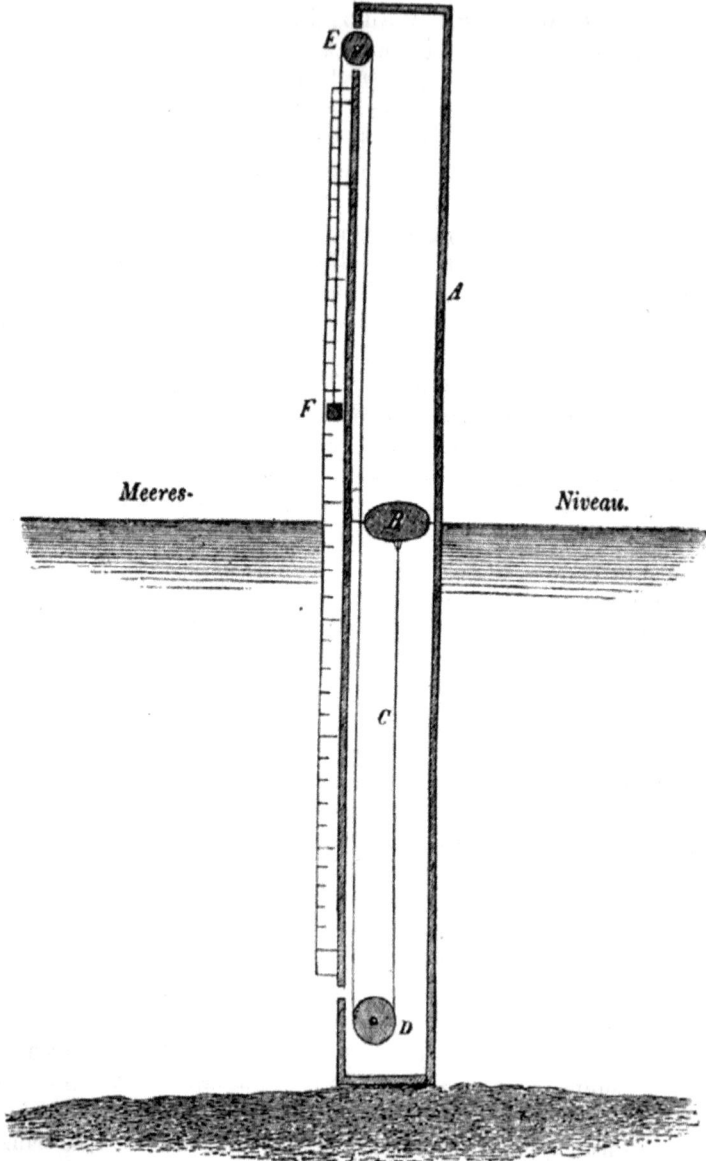

Fig. 1.

liche Einrichtung, welche bei der Küstenaufnahme in den Vereinigten Staaten zur Anwendung gelangt ist, vorteilhaft, weil bei ihr der Index bei jedem Wasserstande in der gleichen Höhe über dem Niveau des Wassers liegt, was besonders bei Beobachtung vom Boote aus bequem ist. In dem Rohr A, welches nur durch eine oder nötigenfalls mehrere kleine Öffnungen in der Nähe des Bodens mit dem Meer kommuniziert, bewegt sich der Schwimmer B auf und nieder. Von demselben geht ein Draht C nach unten über eine Rolle D, und von dieser nach oben über eine zweite Rolle E und wird gespannt gehalten durch ein Gegengewicht F, welches sich in einer an der Aufsenseite von A befestigten Röhre G auf und nieder bewegt. Diese Röhre trägt zu beiden Seiten eines Spalts, durch den ein an dem Gegengewicht befestigter Index tritt, einen Mafsstab, an welchem der Wasserstand abgelesen wird. Die Rollen D und E sollten möglichst leicht drehbar sein und Eisen möglichst vermieden werden. Eine Kette dürfte sich nicht als so praktisch erweisen wie ausgeglühter Messingdraht von mäfsiger Stärke oder ein schmales Kupferband.

Weitaus das beste Mittel zur Erlangung von zuverlässigen und vollständigen Daten über die Ebbe und Flut, welches gleichzeitig für den Beobachter die gröfste Bequemlichkeit gewährt und seine Zeit für andre Arbeiten frei läfst, bietet ein selbstregistrierender Flutmesser. Seine Aufstellung erfordert freilich besondere Vorkehrungen und ist nicht so ohne weiteres auszuführen, indessen sind die damit zu erlangenden Resultate so unvergleichlich viel vollständiger als die durch direkte Ablesung erhaltenen, dafs die Mühe, welche die Aufstellung macht, sich reichlich belohnt, und es aufserordentlich wünschenswert erscheint, an möglichst vielen Orten solche Instrumente, wenn auch nur zeitweise, aufzustellen. Das Prinzip des registrierenden Flutmessers ist bei den bisher zur Anwendung gekommenen Apparaten, abgesehen von kleineren Abweichungen der Konstruktion, das gleiche. In einem vertikalstehenden Rohre, welches entweder direkt oder durch eine Röhrenleitung mit dem Meere, dessen Gezeiten registriert werden sollen, in Verbindung steht, bewegt sich ein Schwimmer (entweder hohler Metallkörper oder ein aus Kork oder Holz hergestellter Schwimmkörper) mit dem Wasser unter dem Einflufs der Gezeiten auf und ab. Die Übertragung der Bewegung des Wassers infolge der durch Wind erzeugten Wellen auf das im Rohre befindliche Wasser sollte durch eines der oben genannten Mittel möglichst abgeschwächt sein. Von dem

Schwimmer führt ein Draht (am besten ausgeglühter Messingdraht oder schmales Kupferband) an die Peripherie eines Rades I, dessen Umfang 1 oder 2 m mifst, und wird durch einen an dem mit dem Rade I fest verbundenen zweiten Rade angreifenden Draht mit Gegengewicht stets gespannt gehalten. Indem der Schwimmer auf und nieder geht, wird das Rad in gleichem Mafse gedreht, da aber meistens die Gezeitenbewegung zu grofs ist, um in natürlichem Mafsstabe aufgezeichnet zu werden, weil alsdann der Apparat zu grofs werden würde, so wird die Bewegung in verkleinertem Mafsstabe auf den Schreibstift übertragen. Auf der Achse des Rades I, an dessen Peripherie der Schwimmer hängt, ist ein kleineres Rad II befestigt, dessen Umfang in einem bestimmten Verhältnis kleiner ist als der des Rades I? Dieses greift in ein Trieb ein, mit welchem auf derselben Achse ein Rad III sitzt, an dessen Peripherie ein biegsames Band befestigt ist, dessen andres Ende den Schreibstift trägt und das durch ein Gegengewicht gespannt gehalten wird. Der Durchmesser des Rades II, des Triebes und des Rades III wird so berechnet, dafs ein Punkt am Umfange von III sich in dem gewünschten Verhältnis weniger dreht als ein Punkt an der Peripherie von I. Der Schreibstift verschiebt sich natürlich um ebensoviel, wie ein Punkt an der Peripherie von III sich gedreht hat. Der Schreibstift sitzt in einem Schlitten, der in den Nuten zweier horizontaler Führungsstangen sich verschiebt, und ruht auf einer Walze, die mit Papier überzogen ist. Diese Walze wird durch eine Uhr in 24 Stunden herumgeführt, und es entsteht durch die doppelte Bewegung, einmal der Walze und dann des Schreibstifts, auf dem Papier die Wasserstandskurve, aus der man nachher den Wasserstand zu jeder beliebigen Zeit entnehmen kann. Bei andern Apparaten, z. B. bei dem Reitz'schen Flutmesser, haben wir an Stelle des Bandes eine Zahnstange, in welche ein Trieb eingreift. An der Zahnstange ist der Schreibstift (ein Diamant, welcher auf geschwärztem Glanzpapier die Kurve einreifst) befestigt. Zur Vermeidung eines etwaigen toten Ganges ist an der Zahnstange ein Gewicht angebracht, welches auf dieselbe einen steten Zug in derselben Richtung ausübt. Diese Einrichtung gibt vollendete Genauigkeit und überaus zierliche Zeichnung der Kurve. Die Einteilung des Bogens in Meter und Stunden geschieht am besten vor dem Einlegen der Walze in den Apparat, und hat man alsdann nachher dafür zu sorgen, dafs der Schreibstift genau auf einer Stundenlinie steht, wenn die Uhr eine volle Stunde anzeigt. In welcher Weise dies be-

werkstelligt wird, läfst sich allgemein nicht sagen, da dies bei
verschiedenen Apparaten verschieden sein wird, meistens wird
wohl eine Vorrichtung vorhanden sein, durch welche die
Walze gegen ihre Achse mittels einer Mikrometerschraube
gedreht werden kann. Um alle Ablesungen der Wasserstände
auf einen und denselben Nullpunkt zu beziehen, ist es notwendig, einen gewöhnlichen Pegel aufzustellen und diesen
unter genauer Notierung der Zeit von Zeit zu Zeit
abzulesen. Es werden dann nachher zu denselben Zeiten die
Wasserstände von der Kurve abgelesen und durch Vergleich
mit den direkt beobachteten Wasserständen eine Korrektion
ermittelt, welche an alle von den auf dem betreffenden Bogen
befindlichen Kurven abgelesenen Wasserhöhen angebracht
werden mufs, um dieselben auf den Nullpunkt des Pegels zu
beziehen, welcher seinerseits durch Nivellement auf einen
festen, stets wieder auffindbaren Punkt bezogen werden mufs.
Auch die Lage des Pegelnulls zu dem festen Punkte ist
öfter zu kontrollieren, namentlich wenn der Pegel an Bauwerken
(Kaimauern, Landungsbrücken u. dgl.), die bezüglich ihrer
Stabilität zu Zweifeln Anlafs geben können, angebracht ist.

Da Hoch- und Niedrigwasser im Mittel jeden Tag um
50 Minuten später eintritt als am vorhergehenden, so ist ein Zusammenfallen der Kurven zweier Tage erst nach Ablauf von
14 Tagen zu befürchten, und es kann daher die Walze
14 Tage stehen bleiben, ohne dafs es nötig wäre, den Bogen
zu erneuern. Dies setzt jedoch voraus, dafs die Kurven sich
als reine klare Linien darstellen, dafs also die durch Wind,
erzeugte Wellenbewegung ausgeschlossen ist. Ist dies nicht
der Fall, so erscheinen die Kurven nicht als Linien, sondern
als schattierte Bänder, und es kann dann unter Umständen
sehr schwer sein, die einzelnen Kurven voneinander zu trennen.
Es ist deshalb in solchen Fällen notwendig, den Bogen häufiger
als alle 14 Tage zu wechseln; wie oft dies geschehen mufs,
hängt natürlich von den Umständen ab und können hier keine
Vorschriften gegeben werden. Alle diese Schwierigkeiten
werden vermieden, wenn die Kurven nicht auf einen einzigen,
um eine Walze geschlungenen Papierbogen, sondern auf einen
kontinuierlichen breiten Papierstreifen aufgezeichnet werden,
welcher sich auf der einen Seite des Schreibstifts von einer
Trommel abwickelt, auf der andern Seite selbsttätig auf einer
andern Trommel wieder aufwickelt. Die vollen Stunden
werden alsdann durch die Uhr auf dem Bogen markiert, und
ein fester Schreibstift zeichnet eine Basislinie, von der aus die
Wasserstände gemessen werden.

Während die im vorhergehenden erwähnten Einrichtungen
an die feste Küste gebunden sind, hat neuerdings Kapitän
z. S. Mensing einen pneumatischen Flutmesser konstruiert,
welcher auf hoher See bis zu Tiefen von 100—200 m gebraucht werden kann. Derselbe besteht aus einem Hohlkörper,
welcher bis auf den Meeresgrund versenkt wird und ein im
wesentlichen aus einem Differentialmanometer bestehendes
Instrument einschliefst, welches Druckdifferenzen selbsttätig aufschreiben kann. Vor dem Versenken wird der Druck der in
dem Hohlkörper enthaltenen Luft auf den am Meeresboden
herrschenden Wasserdruck erhöht und durch ein Ventil, welches
sich erst öffnet, nachdem der Apparat einige Zeit auf dem
Grunde gelegen hat, abgeschlossen. Der Druck der das
Manometer (Bourdonsche Röhre) umgebenden Luft wechselt
mit der Höhe der Wassersäule oberhalb des Apparates,
während in dem Manometer der ursprüngliche Druck erhalten
bleibt.

Beim Betriebe eines registrierenden Flutmessers sind
folgende Punkte zu beachten, welche wir hier erwähnen, ohne
eine ausführliche Instruktion geben zu wollen, die stets an ein
bestimmtes Instrument anknüpfen mufs. 1. Die Uhr mufs
genau reguliert gehalten werden, und wenn dieselbe gestellt
wird, dafür gesorgt werden, dafs die Stellung des Schreibstifts
zu den Stundenstrichen auf der Walze mit der Uhr übereinstimmt, was dadurch erkannt wird, dafs der Schreibstift bei
einer vollen Stunde über einem Stundenstrich stehen mufs.
Bei einigen Apparaten dreht sich die Walze beim Stellen der
Uhr von selbst um ein entsprechendes Stück, so dafs eine einmalige Regulierung genügt; es ist dies aber nicht bei allen
Konstruktionen der Fall. 2. Die Ablesung des Kontrollpegels
sollte für jeden Bogen mehrmals und so viel wie möglich bei
sehr verschiedenen Wasserständen vorgenommen werden. Der
Kontrollpegel sollte aber nicht in dem Schachte des Flutmessers selbst, sondern aufserhalb an einer gegen Seegang
möglichst geschützten Stelle angebracht werden. Der Zweck
des Kontrollpegels ist einesteils, die aus den Kurven ent-
nommenen Wasserstände auf einen und denselben Nullpunkt
zu beziehen, anderseits aber auch etwaige Unregelmäfsigkeiten in dem Apparate, eine Verstopfung der Zuleitungsrohre
u. dergl. möglichst frühzeitig zu entdecken. 3. Bei jeder
Kontrolle des Apparates ist das Datum neben oder besser auf
die Kurve zu schreiben, und nach deren Abnehmen ist auf
jeden Bogen Datum (Jahr, Monat, Tag) und Zeit von Anfang
und Ende der Registrierungen und die Korrektion, welche an

die Kurvenablesungen anzubringen ist, um sie auf den Nullpunkt des Pegels zu reduzieren und alle sonstigen Bemerkungen
zu notieren, welche für die Beurteilung des regelmäfsigen
Verlaufs der Registrierung in der Zeit, während welcher der
Bogen auf der Walze sich befand, von Wichtigkeit sind.
4. Möglichst bald, nach Abnahme eines Bogens, sind die Wasserstände für jede Stunde mittlerer Zeit, sowie die Hoch- und
Niedrigwasserzeiten und Höhen von den Kurven abzulesen und
dieselben auf Null des Pegels zu reduzieren. Die direkten
sowohl wie die reduzierten Ablesungen sind in ein Journal
einzutragen, welches zugleich alle sonstigen zur Reduktion
notwendigen Daten, wie auch die meteorologischen Beobachtungen enthalten sollte.

Neuerdings sind Apparate zum Registrieren der Gezeiten
vorgeschlagen worden, welche auf dem Prinzip des Mano-
meters beruhen; da dieselben jedoch noch nicht genügend erprobt sind, so sehen wir von einer näheren Beschreibung derselben ab. Es scheint jedoch, als wenn dieselben namentlich
den Vorzug haben würden, verhältnismäfsig wenig Schwierigkeiten bezüglich ihrer Aufstellung zu machen, da es sich dabei
hauptsächlich nur um eine wettersichere Unterbringung des
Registrierapparates, nicht aber um Ausführung von Bauten,
durch welche das Wasser Zutritt zu einem Punkte senkrecht
unter dem registrierenden Teile erhält, handeln wird, so dafs
diese Konstruktion sich vielleicht als besonders für Reisegebrauch
geeignet erweisen könnte. Ebenso lassen wir den elektrischen
Flutmesser aufser acht, weil derselbe nur an festen Stationen
brauchbar ist und erhebliche Bauten, Kabelanlage usw. erfordert,
wenn auch der Registrierapparat leicht untergebracht werden kann.

Wir müssen noch kurz die Methoden und Instrumente
erwähnen, welche zur Beobachtung von Strömungen dienen.
Die einfachste Art, die Richtung und Geschwindigkeit einer
Strömung zu beobachten, dürfte die sein, vom verankerten
Boote aus ein Logg zu beobachten, sowohl mit Bezug auf die
Richtung, in welcher das Loggscheit vom Boote aus peilt, als
auch bezüglich der Geschwindigkeit, mit welcher die Loggleine ausläuft. Es ist hierbei zweckmäfsig die Loggeleine
nicht, wie sonst üblich, in Knoten, sondern in Meter ein-
zuteilen und nicht mit dem Loggglase, sondern nach der
Uhr zu beobachten, wie viele Meter der Loggleine in einer
halben oder ganzen Minute auslaufen. Genauere Mittel bieten
der Irmingersche Stromindikator und der Amsler-Laffonsche
Flügel dar, deren Beschreibung hier unterbleiben kann, da
dieselbe sich im „Handbuch der Nautischen Instrumente"

findet[1]). Beide beruhen darauf, die durch die Strömung be-
wirkten Umdrehungen eines rotierenden Körpers (eines
Schraubenflügels) zu zählen und aus der in einer gewissen
Zeit beobachteten Anzahl auf die Geschwindigkeit der Strömung,
durch die sie bewirkt wurden, zu schliefsen. Die Beobachtungen über die Stärke und Richtung der Gezeitenströmungen
sollten mindestens alle Stunden in der Nähe des Stromwechsels öfter angestellt werden, um über die Beziehung
zwischen Hoch- und Niedrigwasser und Stillwasser genaue
Daten zu sammeln. Es genügt nur den allerersten Ansprüchen,
Strombeobachtungen nur während einer oder zwei Tiden anzustellen, denn da die Geschwindigkeit des Stromes mit der
Höhe der Gezeit zusammenhängt, so ist sie während der Periode
von einer Springzeit zur andern veränderlich, und es ist
von Wichtigkeit, die Änderungen festzustellen.

Auch für die Beobachtung der Strömungsrichtung und
Geschwindigkeit hat Kapt. z. S. Mensing Apparate konstruiert,
welche jede nur gewünschte Genauigkeit zu geben versprechen,
auf deren Beschreibung jedoch hier verzichtet werden mufs.

Indem wir nun dazu übergehen, speziellere Ratschläge
bezüglich der Anstellung von Gezeitenbeobachtungen zu geben,
mufs vor allem hervorgehoben werden, dafs man nicht glauben
möge, dafs nur längere Reihen von Beobachtungen, zu denen
häufig keine Zeit vorhanden ist, Wert besitzen. Auch ganz
kurze Reihen von Beobachtungen, die sich z. B. nur über
14 Tage erstrecken, sind von Wert und lassen die Haupt-
daten ermitteln, wenn nur die Beobachtungen sorgfältig und gewissenhaft gemacht sind, und solche
kürzere Reihen von Beobachtungen anzustellen, wird sich
beim Aufenthalt eines Schiffes in einem Hafen sehr häufig
Gelegenheit bieten. Zur sorgfältigen und gewissenhaften Beobachtung gehört vor allem, dafs der Pegel oder Registrierapparat zweckentsprechend aufgestellt und die Uhr, nach
welcher beobachtet wird, richtige Ortszeit gibt, bezw. dafs
ihr Stand gegen Ortszeit innerhalb einer halben Minute bekannt ist.

Es ist bisher meistens Gebrauch gewesen, nur die Zeiten
und Höhen von Hoch- und Niedrigwasser festzustellen. Wenn
auch durch diese Beobachtungen, wenn sie einige Zeit (mindestens 14 Tage) hindurch fortgesetzt worden sind, die Hauptkonstanten, wie mittleres Mondflutintervall, Hafenzeit, an-

---

[1]) Herausgegeben von dem Hydrographischen Amte der Kaiserlichen Admiralität.

genäherte halbmonatliche Ungleichheit, Flutwechsel u. dergl.
erhalten werden können, so ist es doch, um die Gezeitenerscheinungen kennen zu lernen, nicht genügend, nur die
extremen Phasen zu beobachten, man bedarf vielmehr dazu
der Kenntnis der ganzen Welle, wie sie uns durch Registrierapparate geliefert wird. Aber auch ohne solche komplizierten
Apparate läfst sich viel erreichen, wenn man entweder stündliche Beobachtungen des Wasserstandes ausführt, oder wenn
die zur Verfügung stehende Zeit dies nicht erlaubt, doch
wenigstens zwischen den extremen Phasen einmal oder besser
mehrmals zu genau zu noticrenden Zeiten den Wasserstand
beobachtet. Die extremen Phasen, Hoch- und Niedrigwasser,
werden am besten in der Weise beobachtet, dafs man um
diese Phasen herum alle 5—10 Minuten den Wasserstand
notiert und dies von etwa 20 Minuten vor bis 20 Minuten
nach der betreffenden Phase fortsetzt. Liest man dann noch
mindestens einmal, besser aber öfter zu beliebigen, aber genau
notierten Zeiten zwischen den extremen Phasen den Wasserstand ab, so ist man imstande, nachträglich die Kurve des
Verlaufes der Gezeiten zu konstruieren und daraus die stündlichen Wasserstände, deren man zur weiteren wissenschaftlichen
Verwertung bedarf, zu entnehmen, ein Material, welches beinahe ebenso wertvoll ist, wie das durch stündliche Ablesungen
erhaltene. Es versteht sich von selbst, dafs, um wissenschaftlich brauchbares Material zu erhalten, die Beobachtungen auch
in der Nacht angestellt werden müssen. Bietet der Verlauf
der Gezeiten Eigentümlichkeiten, von denen wir oben eine
Anzahl Beispiele kennen gelernt haben, so werden natürlich
Beobachtungen der ebengenannten Art nicht genügen, um
diese Eigentümlichkeiten der wissenschaftlichen Behandlung
zugänglich zu machen; dazu gehören vielmehr systematische
stündlich oder in noch kürzeren Zeitintervallen angestellte, Tag
und Nacht durchgeführte Beobachtungen, die sich aufserdem
über einen längeren Zeitraum erstrecken müssen. Diese Besonderheiten sind indes nicht so häufig, dafs es oft notwendig
sein wird, die Beobachtungen häufiger als alle Stunden zu
machen. Ist kein selbstregistrierender Flutmesser vorhanden,
so sind stündliche Beobachtungen Tag und Nacht hindurch
angestellt am wertvollsten; doch kann hierbei, wenn es wegen
Personalmangel absolut notwendig sein sollte, die Modifikation
eintreten, dafs in der Nacht nur etwa alle 3—4 Stunden eine
Ablesung gemacht wird; doch ist es alsdann gut, aufserdem
noch die extreme Phase zu beobachten, welche innerhalb dieser
Zeit fällt. Als Nachtstunden würden etwa die Stunden von

8^h oder 10^h pm bis 6^h am zu betrachten sein, und es würde
um Mitternacht und um 4^h früh der Pegel abzulesen sein;
aufserdem aber würde es wünschenswert sein, auch noch das
Hoch- oder Niedrigwasser, welches innerhalb dieses Zeitintervalls fällt, zu beobachten; um 6^h früh würden dann die regelmäfsigen stündlichen Beobachtungen wieder beginnen; im Laufe
des Tages brauchen zwar bei Anstellung von stündlichen Beobachtungen die Hoch- und Niedrigwasser nicht beobachtet
zu werden, jedoch ist es nicht unerwünscht, wenn es geschieht.
    Es sei noch kurz erwähnt, dafs ein Vorschlag von
Dr. v. d. Stok, vormals Direktor des Observatoriums in Batavia,
nur dreimal täglich (um 9^h am und 2^h und 6^h pm) eine Wasser-
standsbeobachtung zu machen, sich bei seiner Anwendung in
Niederländisch-Indien und in Kamerun zur Ableitung der
Hauptkonstanten der Gezeiten recht gut bewährt hat. Es ist
aber zu seiner Anwendung erforderlich, die Beobachtungen
über ein ganzes Jahr hindurch fortzusetzen.
    Wir müssen noch auf einen Punkt aufmerksam machen,
der bei Beobachtungen an einem Pegel störend sein kann,
nämlich dafs an manchen Örtlichkeiten, namentlich nach
kräftigen Winden, Wellen aufzutreten pflegen, welche nicht
dem gewöhnlichen Seegang entsprechen, der alle seine Phasen
in wenigen Sekunden durchläuft, sondern eine sehr viel
längere Periode von 1 bis 20 Minuten und mehr haben.
Diese Wellen, deren Amplitude mitunter sehr grofs ist, können
die Beobachtungen an einem gewöhnlichen Pegel recht wesentlich beeinflussen, und es ist daher Aufmerksamkeit erforderlich,
um zunächst das Auftreten dieser Art von Wellen zu konstatieren und nachher die Ablesungen so einzurichten, dafs
dieselben möglichst wenig davon beeinflufst werden. Dieser
Art sind z. B. die durch Erdbeben erzeugten Wellen, die so
häufig im Stillen Ozean beobachtet worden sind.
    Das vollständigste Material erhält man, wie gesagt, durch
selbstregistrierende Flutmesser, die die Flutkurve vollständig
aufzeichnen. Eine detaillierte Instruktion für den Gebrauch
dieser Instrumente zu geben, kann nicht in der Absicht dieser
Anweisung liegen, um so weniger, als dieselbe sich verschieden
gestalten wird für verschiedene Instrumente. Auf das Wichtigste,
was bei allen Apparaten ohne Unterschied zu beachten ist,
haben wir bereits oben aufmerksam gemacht. Die soeben
erwähnten (Seiches-artigen) Wellen werden von einem
registrierenden Flutmesser mitaufgezeichnet und stellen sich
als Auszackungen der eigentlichen Flutkurve dar. Es ist
leicht, die letzere mit genügender Genauigkeit zu erhalten,

indem man eine Kurve durch die Ausbuchtungen hindurch-
legt, so dafs auf beiden Seiten möglichst gleiche Flächen abgeschnitten werden. Ähnlich ist zu verfahren, wenn der
Seegang nicht genügend ausgeschlossen sein sollte und die
Kurven sich als schattierte Bänder darstellen.

Bezüglich des Zeitraumes, über welchen sich die Beobachtungen zu erstrecken haben, ist schon mehrfach gesagt
worden, dafs dieselben um so wertvoller sind, einen je längeren
Zeitraum sie umfassen, dafs jedoch auch ganz kurze Reihen
selbst von nur 14 Tagen die Bearbeitung lohnen. Solche
kurze Reihen können natürlich nur die Hauptkonstanten liefern,
eine Reihe von 30 bis 40 Tagen gibt schon genügendes
Material (stündliche Beobachtungen vorausgesetzt), um auch
schon die wichtigsten der kleineren Tiden zu erhalten, und
die Beobachtungen eines Jahres geben die Möglichkeit, so weit
zu gehen in der Ableitung der Konstanten, wie man will.
Da aber die Konstanten mit der Lage der Knoten der Mondbahn in 19 Jahren veränderlich sind, so ist eine vollständige
Reihe von Beobachtungen durch 19 Jahre hindurch aufserordentlich wünschenswert, jedoch nur durch dauernde Aufstellung von Registrierapparaten zu erlangen.

Anwendungen der Gezeitenbeobachtungen.
Der Zweck, zu dem man Beobachtungen der Ebbe- und Flut-
erscheinung anstellt, kann ein verschiedener sein: entweder
wird beabsichtigt, die zur Vorausberechnung der Hoch- und
Niedrigwasserzeiten und -höhen notwendigen Daten abzuleiten,
oder dieselben sollen dazu dienen, um bei verschiedenen Phasen
der Gezeiten gemachte Lotungen auf dieselbe Phase zu reduzieren oder, mit andern Worten: die Wassertiefe auf dasselbe Niveau (Kartenniveau) zu beziehen. Die letztere Anwendung möge zuerst behandelt werden, worauf noch in Kürze
angedeutet werden soll, in welcher Weise auch die zur künf-
tigen Vorausberechnung der Hauptphasen der Gezeit erforderlichen Daten erhalten werden können.

Reduktion von Lotungen auf das Karten-
niveau. Als Kartenniveau gilt bei den deutschen und englischen Seekarten das mittlere Springniedrigwasser, welches
sehr nahe mit dem von Darwin vorgeschlagenen, die Summe
der harmonischen Hauptkonstanten (welche nachher noch erläutert werden) darstellenden Niveau übereinstimmt. In Frank-
reich wird dagegen als Kartenniveau das niedrigste überhaupt beobachtete Niedrigwasser angenommen. Man könnte
endlich auch eine beliebig gewählte Niveaufläche, z. B. das
für Angabe der Terrainhöhen gebräuchliche „Normalnull", wählen;

jedoch ist dies in Seefahrtskreisen nicht üblich und würde auch nicht dem seemännischen Bedürfnis entsprechen, welches die Kenntnis der geringsten Wassertiefe an dem betreffenden Orte verlangt. Im nachfolgenden soll daher als Kartenniveau das mittlere Springniedrigwasser am Orte der Lotung angenommen werden.

Um eine gelotete Wassertiefe auf das Kartenniveau zu reduzieren, ist es notwendig, zweierlei zu kennen: 1. den Teilstrich, an welchem das Kartenniveau einen in der Nähe der Lotungsstelle befindlichen Pegel schneidet, und 2. den Wasserstand am Pegel zur Zeit der Lotung $+$ Zeitunterschied u, um welchen Hoch- und Niedrigwasser am Pegel später oder früher (im letzteren Fall ist u negativ zu nehmen) eintritt als am Lotungsort.

Es dürfte ohne weiteres klar sein, daß der zur Reduktion der Lotung auf das Kartenniveau benutzte, am Pegel abgelesene Wasserstand derselben Phase der Gezeit angehören muß wie diese: ist bei Hochwasser gelotet worden, so muß die Hochwasserpegelablesung benutzt werden und so für jede andre Phase; es muß daher immer derjenige Pegelstand genommen werden, welcher um u später oder früher als die Zeit der Lotung stattgefunden hat.

Es sei daher:

$K =$ Teilstrich am Pegel, welcher dem mittleren Spring-Niedrigwasser entspricht (Pegellage des Kartenniveaus),

$h =$ Teilstrich, welcher dem Wasserstande zur Zeit der Lotung $+ u$ entspricht;

dann ist

(1) Wassertiefe der Karte $=$ gelotete Tiefe $- (h - K)$.

Dieser einfachste Fall setzt voraus, daß der Pegel, an dem die Wasserstandsbeobachtungen gemacht werden, in so großer Nähe des Lotungsgebietes sich befindet, daß für denselben der Verlauf der Gezeitenbewegung der Größe nach der gleiche wie auf der Lotungsstelle sei, und daß die Pegellage des Kartenniveaus bekannt ist. Diese Voraussetzungen sind aber nicht immer erfüllt, und es fragt sich, wie man sich in solchen Fällen helfen kann. Wenn man alsdann einen entfernten Pegel, den wir als Normalpegel bezeichnen wollen, benutzen kann, für welchen die notwendigen Daten bekannt sind, nämlich Pegellage des mittleren Springniedrigwassers, sowie Dauer des Steigens und Fallens, so sind zunächst diese Größen auf einen in der Nähe des Lotungsgebietes aufgestellten Hilfspegel zu übertragen. Zu dem Ende ist es notwendig, einige Zeit hindurch an beiden Pegeln, den entfernten Normalpegel und den Hilfspegel, die Hoch- und Niedrigwasser nach Zeit und Höhe zu beobachten, dann berechnet man aus diesen Beobachtungen für beide Pegel 1. die Hubhöhen, wobei zu beachten ist, dafs beiderseits dieselben Hoch- und Niedrigwasser kombiniert werden, 2. die Differenzen der Eintrittszeiten von Hoch- und Niedrigwasser an beiden Pegeln. Ist der Verlauf von Ebbe und Flut an beiden Orten derselbe, so wird diese Differenz für Hoch- und Niedrigwasser nahe gleichen Wert haben; ist der Verlauf an beiden Orten verschieden, so wird die Differenz der Eintrittszeiten für beide Phasen verschieden sein.

Es sei nun:

$p =$ dem Verhältnis der Hubhöhen an beiden Pegeln und

u_h und $u_n =$ dem mittleren Unterschied in der Eintrittszeit von Hoch- resp. Niedrigwasser an beiden Pegeln,

dann ist sehr nahe:

$$p = \frac{\text{Mittel der Hubhöhen am Hilfspegel,}}{\text{Mittel der Hubhöhen am Normalpegel.}}$$

$u_h =$ Mittel aus: Eintrittszeit des Hochwassers am Normalpegel — derjenigen am Hilfspegel,

$u_n =$ Mittel aus: Eintrittszeit des Niedrigwassers am Normalpegel — derjenigen am Hilfspegel.

Ist dann ferner:

$M_0 =$ der Pegellage des langjährigen Mittelwassers am Normalpegel,

$M'_0 =$ der Pegellage des Mittels aus sämtlichen an demselben gleichzeitig mit den Beobachtungen am Hilfspegel abgelesenen Hoch- und Niedrigwasserständen,

$m_0 =$ der gesuchten Pegellage des langjährigen Mittelwassers am Hilfspegel,

$m'_0 =$ der Pegellage des Mittels aus sämtlichen beobachteten Hoch- und Niedrigwasserständen am Hilfspegel,

so ist:

(2) $m_0 = m'_0 + p\,(M_0 - M'_0).$

Ferner ist der mittlere Springtidenhub am Hilfspegel t_s:

$$t_s = \cdot p\, T_s,$$

wenn dieselbe Gröfse für den Normalpegel mit T_s bezeichnet wird, und es wird endlich die Pegellage K des mittleren Springniedrigwassers am Hilfspegel:

(3) $K = m_0 - \tfrac{1}{2}\, t_s = m'_0 + p\left\{M_0 - M'_0 - \tfrac{1}{2}\, T_s\right\}.$

und die Wassertiefe ergibt sich dann mit Hilfe der Formel (1), wenn man voraussetzen darf, daſs der Verlauf der Gezeiten am Hilfspegel und am Lotungsort derselbe ist, daſs also die Differenz der Eintrittszeiten der Extremphasen an beiden Orten für Hoch- und Niedrigwasser nicht sehr verschieden ist. Kann diese Voraussetzung nicht gemacht werden, so kann nach dem folgenden Verfahren gearbeitet werden.

Wenn in der Nähe des Lotungsgebietes kein Hilfspegel aufgestellt werden kann, so muſs der Normalpegel direkt benutzt werden, wobei der Allgemeinheit wegen vorausgesetzt werden soll, daſs der Verlauf der Gezeiten an beiden Orten verschieden ist, was zur Folge hat, daſs u_h und u_n voneinander verschieden sind, und daſs man sich für das Lotungsgebiet über diese Werte, sowie über p durch Schätzung, bezw. durch Vergleich verschiedener in der Gegend befindlicher Pegel mit dem gewählten Normalpegel ein Urteil gebildet hat. So kann man z. B. für die südliche Nordsee den Wilhelmshavener Flutmesser als Normalpegel annehmen und für das Lotungsgebiet ein Urteil über die Gröſsen p, u_h und u_n gewinnen durch Vergleich des Verlaufs der Gezeit zu Wilhelmshaven mit denjenigen beim Rote-Sand-Leuchtturm, Kuxhaven und Helgoland, wo derselbe genau bekannt ist.

Ist nun eine Lotung zur Stunde s angestellt worden, und sind s_h, s_n und s'_h die Uhrzeiten resp. des einschlieſsenden Hoch- und Niedrigwassers und des nächsten Hochwassers am Lotungsort, so findet am Normalpegel die gleiche Phase statt nicht zur Stunde s, sondern zur Stunde:

$$(4) \quad \begin{cases} S = s + u_h + \dfrac{s - s_h}{s_n - s_h}\,(u_n - u_h) \text{ bei fallendem Wasser,} \\[2ex] S' = s + u_n - \dfrac{s - s_n}{s'_h - s_n}\,(u_n - u_h) \text{ bei steigendem Wasser.} \end{cases}$$

$s_n - s_h$ und $s'_h - s_n$ sind resp. die Dauer des Fallens und Steigens des Wassers am Lotungsort, welche aus den entsprechenden Zahlen für den Normalpegel erhalten werden durch Subtraktion von $u_n - u_h$ von der Dauer des Fallens und Addition dieses Wertes zur Dauer des Steigens am Normalpegel.

Entnimmt man dann den Beobachtungen am Normalpegel den Wasserstand H zur Zeit S oder S', so ist:

(5) Wassertiefe der Karte = gelotete Tiefe — $p\,(H - K_0)$.

Durch Anwendung dieser Formeln (4) und (5) dürfte eine ausreichend genaue Reduktion der Lotungen auf das

Kartenniveau erhalten werden. Wenn $u_h = u_n$ ist, d. h. wenn der Verlauf der Gezeit am Pegel und am Lotungsort derselbe ist, so reduziert sich (4) auf (1), weil $u_n - u_h = 0$ wird.

Um zu einer angenäherten Kenntnis des Unterschiedes der Eintrittszeiten der Extremphasen am Lotungsort und am Hilfs- oder Normalpegel zu kommen, kann man so verfahren, dafs man aus der wenigstens annähernd bekannten Wassertiefe die Fortpflanzungsgeschwindigkeit der Flutwelle berechnet und hieraus die Zeit ableitet, welche die Welle gebraucht, um vom Lotungsort zum Pegel zu gelangen, oder umgekehrt.

Die Geschwindigkeit v der Fortpflanzung der Flutwelle in einer Zeitsekunde findet sich in Metern nach der Formel:

$$v = \sqrt{g\,k} = \sqrt{9.81 \cdot k},$$

wenn k die Wassertiefe in Meter bedeutet, und die Zeit, welche gebraucht wird, um die in Seemeilen ausgedrückte Strecke D zurückzulegen, ergibt sich in Zeitminuten aus:

$$(6) \qquad u = \frac{1852\,D}{60\,\sqrt{g\,k}} = 30.867\,\frac{D}{\sqrt{g\,k}} \quad \text{und} \quad D = \frac{\sqrt{g\,k}}{30.867}\,u.$$

Dies ist die Zeit, welche die Welle gebraucht, um die Strecke D in ihrer Fortpflanzungsrichtung zurückzulegen. Da nun aber Pegel und Lotungsort nicht immer in dieser Richtung zueinander liegen, so empfiehlt es sich, mit Hilfe des zweiten Ausdrucks von (6) ein System von Linien gleicher Eintrittszeit von Hoch- und Niedrigwasser, etwa von 10 zu 10 Minuten, zu konstruieren und hieraus die Größe u für den Lotungsort zu entnehmen.

Was die Fluthöhe am Orte der Lotung im Vergleich zu der am Pegel betrifft, so gibt die Formel:

$$(7) \qquad p = \sqrt[4]{\frac{k_1}{k_2}},$$

worin k_1 die Wassertiefe in der Nähe des Pegels, k_2 diejenige am Lotungsorte bedeutet, einen angenäherten Begriff von dem Verhältnis beider. Jedoch ist die letzte Formel nur mit Vorsicht zu gebrauchen, und es mufs das Urteil über die Größe von p durch andre Erwägungen ergänzt werden.

Ableitung der Gezeitenkonstanten. Der zur Verfügung stehende Raum erlaubt es nicht, hier ausführlich die Regeln zur Reduktion von Gezeitenbeobachtungen mitzuteilen; wir müssen uns auf einige kurze Andeutungen beschränken, um wenigstens eine Vorstellung von der Art dieser Rechnungen zu geben. Wenn wir den theoretischen Ausdruck für die Höhe des unter dem Einflusse der Gezeiten stehenden Wasserstandes entwickeln, sei es nach der Gleichgewichtstheorie oder nach der hydrodynamischen Theorie Laplaces oder nach Airys Wellentheorie, so gelangen wir unter Einführung von gewissen Erfahrungskonstanten zu folgendem Ausdruck, welcher die Höhe des Wasserniveaus über dem mittleren gibt:

$$(8) \quad H = \frac{M_0}{r^3} \left(\frac{3}{2} \cos \delta^2 - 1 \right) + \frac{S_0}{r_1^3} \left(\frac{3}{2} \cos \delta_1^2 - 1 \right)$$

$$+ \frac{M_1}{r^3} \sin 2\delta \cos (\Theta - \lambda) + \frac{S_1}{r_1^3} \sin 2\delta_1 \cos (\Theta_1 - \lambda_1)$$

$$+ \frac{M_2}{r^3} \cos \delta^2 \cos 2 (\Theta - \mu) + \frac{S_2}{r_1^3} \cos \delta_1^2 \cos 2 (\Theta_1 - \mu_1).$$

Hierin bedeuten M_0, M_1, M_2, S_0, S_1, S_2 konstante Gröfsen, welche resp. der Masse des Mondes und der Sonne proportional sind, ebenso sind λ, λ_1, μ, μ_1, konstante Winkelgröfsen, die von der Lage des Beobachtungsortes abhängen. Ferner bezeichnen r, r_1, die Entfernungen von Mond und Sonne von der Erde, δ, δ_1 die Deklination dieser beiden Gestirne und Θ und Θ_1 ihren Stundenwinkel im Augenblicke der Beobachtung.

Die beiden ersten Glieder ändern sich langsam mit der Deklination und der Entfernung (oder der Parallaxe) des Mondes und der Sonne, sie stellen daher keine eigentliche Tide dar, sondern eine langsame Änderung des mittleren Wasserstandes, die sich in einem halben resp. ganzen Monat bezw. Jahr vollzieht. Die beiden folgenden Glieder stellen eine Gezeit dar, welche alle ihre Phasen innerhalb eines ganzen Tages durchläuft (daher eintägige Tide genannt), während die beiden Glieder der letzten Zeile eine Gezeit repräsentieren, welche ihre Phasen in einem halben Tage durchläuft (daher halbtägige Tide). Der obige Ausdruck ergibt, dafs alle Glieder veränderlich sind, weil sie mit veränderlichen Faktoren, Funktionen der Distanzen und der Deklinationen multipliziert sind.

Die Aufgabe der Reduktion von Gezeitenbeobachtungen ist nun die, die Konstanten zu ermitteln, und sind hierzu verschiedene Methoden ersonnen worden, von denen wir hier nur zwei erwähnen wollen, deren Anwendung sich nach dem gegebenen Beobachtungsmaterial richtet. Die ältere (besonders von Lubbock und Whewell ausgebildet) ist den früher allein vorhandenen Beobachtungen von Zeit und Höhe, von Hoch- und Niedrigwasser angepafst. Beschränkt man sich zunächst auf die halbtägigen Tiden, weil die eintägigen meist hinreichend klein sind, um nur als Korrektionsgröfsen der ersteren behandelt zu werden, so lassen sich die beiden Glieder, durch welche dieselben ausgedrückt werden, in ein einziges zusammenfassen, nämlich:

$$(9) \quad \frac{M_2}{r^3}\cos\delta^2\cos 2(\Theta - \mu) + \frac{S_2}{r_1^3}\cos\delta_1^2\cos 2(\Theta_1 - \mu_1) = H\cos 2(\Theta - \mu - \varphi),$$

worin:

$$(10) \begin{cases} \operatorname{tg} 2\varphi = \dfrac{-\dfrac{S_2}{r_1^3}\cos\delta_1^2\sin 2(\Theta_1 - \Theta - \mu_1 + \mu)}{\dfrac{M_2}{r^3}\cos\delta^2 + \dfrac{S_2}{r_1^3}\cos\delta_1^2\cos 2(\Theta_1 - \Theta - \mu_1 + \mu)} \\[4ex] H = \sqrt{\left(\dfrac{M_2}{r^3}\cos\delta^2\right)^2 + \left(\dfrac{S_2}{r_1^3}\cos\delta_1^2\right)^2 + 2\dfrac{M_2}{r^3}\cos\delta^2\dfrac{S_2}{r_1^3}\cos\delta_1^2\cos 2(\Theta_1 - \Theta - \mu_1 + \mu)} \end{cases}$$

Die Gröfse $\Theta_1 - \Theta$, der Unterschied der Stundenwinkel von Sonne und Mond, ist gleich dem Unterschiede ihrer Rektaszensionen, und dieser wiederum, in Zeit ausgedrückt, ist im Augenblicke der Kulmination des Mondes der wahren Sonnenzeit T dieser Kulmination gleich; wir können daher alles auf die Kulminationszeit des Mondes beziehen, was deshalb bequem ist, weil diese Gröfse in allen nautischen Jahrbüchern und auch in den „Gezeitentafeln" gegeben wird. Da $\Theta_1 - \Theta$ in einem halben Monate von 0^0 bis 180^0 wächst, so ergibt sich aus (10), dafs sowohl φ als auch H in einem halben Monat zu ihrem Anfangswert zurückkehren; deshalb stellt φ die halbmonatliche Ungleichheit in Zeit, und die Abweichung des Wertes von H von dem Mittelwert H_0 die halbmonatliche Ungleichheit in Höhe, oder $\varDelta H$, dar.

Es ist Hochwasser, wenn (9) sein Maximum erreicht, was der Fall ist, wenn:

$$\Theta - \mu - \varphi = 0 \quad \text{oder} \quad \Theta = \mu + \varphi$$

ist. Es ist nun $\Theta_1 - \Theta = T$, also $\Theta = \Theta_1 - T$, und da $\Theta_1 =$ wahre Sonnenzeit ist, so erhalten wir die wahre Zeit des Hochwassers:

$$(11) \qquad \Theta_1 = T + \mu + \varphi,$$

woraus sich die mittlere Zeit durch Hinzufügung der Zeitgleichung findet. Die Höhe des Hochwassers über dem mittleren Niveau ist:

$$(12) \qquad H = H_0 + \varDelta H,$$

und wenn A_0 die Höhe des Mittelwassers über Null des Pegels bedeutet, so ist die Pegelablesung h der Hochwasserhöhe, welche beobachtet wird:

$$(12\,\text{a}) \qquad h = A_0 + H_0 + \varDelta H.$$

Man ersieht aus (10), dafs φ und H resp. $\varDelta H$ mit der Deklination und der Parallaxe der Gestirne veränderlich sind. Da diese Veränderlichkeit jedoch nicht sehr erheblich ist, so kann man sie in Gestalt von Korrektionen an einen Mittelwert darstellen und hat demnach zu obigen Werten von $\varTheta_1$ und h noch diese kleinen Korrektionen hinzuzufügen, um die richtige Zeit und Höhe des Hochwassers zu erhalten. Für Niedrigwasser gelten ganz analoge Ausdrücke.

Die Methode nun, aus den beobachten Zeiten und Höhen von Hoch- und Niedrigwasser die Konstanten μ sowie φ, $\varDelta H$ und die Korrektionen wegen Deklination und Parallaxe der Gestirne zu ermitteln, ergibt sich aus (11), (12 a) und (10) einfach.

Man bildet zunächst, (11), für alle beobachteten Zeiten von Hoch- und Niedrigwasser die Differenz $\varTheta_1 - T$ oder die Differenz zwischen der wahren Zeit der Beobachtung und der wahren Zeit der nächst vorhergehenden Mondkulmination, d. h. die Mondflutintervalle. Das Mittel aus allen Mondflutintervallen, welche sich über eine volle Anzahl von halben Mondmonaten erstrecken, ist $= \mu$ dem mittleren Mondflutintervall, weil die positiven und negativen Werte von φ sich in jedem halben Monat, mindestens sehr nahe, gegenseitig aufheben. Das so gefundene mittlere Mondflutintervall wird um so näher dem wahren Werte entsprechen, je länger der Zeitraum ist, den die Beobachtungen umfassen. Das mittlere Mondflutintervall, weiches wir so erhalten haben, ist aber noch mit den Abweichungen der Mittelwerte der kleinen Korrektionen für Deklination und Parallaxe der Gestirne von denjenigen, welche für die mittlere Deklination und Parallaxe gelten, behaftet, und sind daher dementsprechende kleine Korrektionen an das gefundene μ anzubringen.

In gleicher Weise wird das Mittel aus allen beobachteten Höhen genommen, und erhalten wir für Hochwasser als Resultat die Gröfse $A_0 + H_0$ und für Niedrigwasser $A_0 - H_0$; das Mittel aus beiden ergibt also die Pegelhöhe des Mittelwassers A_0. Auch hier gilt das eben Gesagte bezüglich der Reduktion auf die mittlere Deklination und Parallaxe.

Um die halbmonatliche Ungleichheit zu erhalten, gruppiert man die Mondflutintervalle und Höhen in der Weise, dafs man alle Mondflutintervalle und Höhen, welche den Mondkulminationszeiten entsprechen, die eine Viertelstunde vor bis eine Viertelstunde nach jeder halben Stunde von 0^h 0^m bis 11^h 30^m fallen, zu einem Mittelwert zusammenfafst. Man erhält also 24 Mittelwerte, die sukzessive den Mondkulminationszeiten, $(\Theta_1 - \Theta)$: $0^h\ 0^m$, $0^h\ 30^m$, $1^h\ 0^m$, usw. angehören. Dann gibt die Abweichung dieser Mittelwerte von dem mittleren Mondflutintervall und der mittleren Höhe die mittlere halbmonatliche Ungleichheit in Zeit und Höhe. Hat man nur wenige Beobachtungen zur Verfügung, so wird man die Zusammenfassung anstatt für die halben Stunden für jede Stunde der Mondkulmination machen.

Die halbmonatliche Ungleichheit in Zeit ist $= 0$ und in Höhe ein Maximum, wenn $\Theta_1 - \Theta - \mu_1 + \mu = 0$ ist; $\Theta_1 - \Theta$ ist $= 0$ bei Neumond und $= 180^0$ bei Vollmond; die halbmonatliche Ungleichheit in Zeit verschwindet also nicht, und es ist nicht Springzeit bei diesen Phasen, sondern eine gewisse Zeit später, welche gefunden wird, wenn wir $\mu_1 - \mu$ durch die Bewegung des Mondes in der Zeiteinheit dividieren. Man nennt diese Verspätung das Alter der Gezeit.

Um die kleinen Korrektionen für Deklination und Parallaxe der Gestirne zu finden, wird man am besten tun, zunächst mit der soeben gefundenen mittleren halbmonatlichen Ungleichheit die sämtlichen beobachteten Mondflutintervalle und Höhen zu verbessern, d. h. sie auf das mittlere Mondflutintervall und die mittlere Höhe bei Hoch- und Niedrigwasser zu reduzieren und sie dann nach folgenden Gesichtspunkten zu gruppieren. Behufs Ableitung z. B. der Deklinationskorrektion werden alle verbesserten Mondflutintervalle und Höhen in Gruppen, welche den Deklinationen $0-6^0$, $6-12^0$, $12-18^0$, $18-24^0$ und über 24^0 (ohne Rücksicht auf das Vorzeichen) entsprechen, und innerhalb jeder Gruppe in Untergruppen, die den verschiedenen Stunden der Mondkulmination entsprechen, in Mittelwerte zusammengefaßt, dann gibt die Abweichung dieser Mittelwerte von dem mittleren Mondflutintervall resp. der mittleren Höhe die der mittleren Deklination jeder Gruppe und der betreffenden Stunde der Mondkulmination entsprechende Deklinationskorrektion in Zeit und Höhe. Ganz analog ist das Verfahren für die Parallaxenkorrektion. Hierbei ist zu beachten, daß man die beobachteten Mondflutintervalle und Höhen mit denjenigen Deklinationen, Parallaxen und Mondkulminationen zu kombinieren hat, welche um das Alter der Gezeit früher als die Beobachtung stattgefunden haben. Da die Parallaxenkorrektion meistens die größere ist, so wird man diese am besten zuerst ableiten, dann die Beobachtungen wegen derselben verbessern und hierauf die Deklinationskorrektion ermitteln.

Bis jetzt haben wir vorausgesetzt, daß die tägliche Tide so klein ist, daß sie vernachlässigt werden könne. Dies ist

vielfach auch der Fall, und wo sie sich bemerklich macht, wird
meistens das im nachfolgenden skizzierte Verfahren ausreichen,
um die dieserhalb notwendigen Korrektionen, die unter dem
Namen „tägliche" Ungleichheit" bekannt sind, zu ermitteln.
Man bildet, nachdem man die beobachteten Mondflutintervalle
und Höhen wegen der halbmonatlichen Ungleichheit und der
kleinen Korrektionen verbessert hat, die Differenz zwischen
dem Mondflutintervall (und Höhe), welches dem Vormittagshochwasser, und demjenigen, welches dem Nachmittagshoch-
wasser entspricht, und ebenso die Differenz zwischen den dem
letzteren und den dem folgenden Vormittagshochwasser entsprechenden Gröfsen und gibt der letzteren Differenz das
entgegengesetzte Vorzeichen. Aus diesen Differenzen werden
alsdann   Gruppen   gebildet,   welche   den   Deklinationen
— 3 ° bis + 3 °, ± 3 ° bis ± 6 °, ± 6 ° bis ± 9 ° usw. (nördliche und südliche Deklinationen getrennt) entsprechen, und in
jeder Gruppe die Mittel gebildet. Diese geben dann die
d o p p e l t e tägliche Ungleichheit in Zeit und Höhe für das
Mittel der betreffenden Deklinationen. Das Alter der Gezeit
für die tägliche Tidewelle ist in der Regel erheblich gröfser
als für die halbtägige Welle (beträgt es für die letzteren
2 $1/2$ Tage, so kann es für die erste auf 6 — 7 Tage steigen);
wir haben daher bei der Bildung der Gruppen die Differenzen
der Mondflutintervalle und Höhen mit den Deklimationen zu
kombinieren, welche um das Alter der Gezeit früher stattgefunden haben. Das Alter der Gezeit findet man mit genügender Annäherung dadurch, dafs man an einer Reihe von
Fällen konstatiert, wie lange Zeit später als die Deklination 0 °
die Differenz der Mondflutintervalle und Höhen = 0 wird.
Für Niedrigwasser wird ebenso verfahren.

Hiermit haben wir die wichtigsten Gröfsen gefunden.
Das Mondflutintervall für die Kulminationszeit 0^h 0^m ist die
Hafenzeit, der Unterschied der mittleren Mondflutintervalle für
Hoch- und Niedrigwasser gibt die mittlere Dauer des Steigens
oder Fallens des Wassers, je nachdem das Intervall für
Niedrigwasser kleiner oder gröfser ist als das für Hochwasser.
Aus der Spring- und Nippfluthöhe von Hoch- und Niedrig-
wasser ergeben sich M_2 und S_2, denn es ist die Pegelhöhe:

bei Springflut-Hochwasser $= A_0 + M_2 + S_2 = H_1$
bei Springflut-Niedrigwasser $= A_0 - M_2 - S_2 = h_1$
bei Nippflut-Hochwasser $= A_0 + M_2 - S_2 = h_2$
bei Nippflut-Niedrigwasser $= A_0 - M_2 + S_2 = h_2$

daher:

$$M_2 = \tfrac{1}{4}(H_1 - h_1 + H_2 - h_2)$$
$$S_2 = \tfrac{1}{4}(H_1 - h_1 - H_2 + h_2)$$

und:
$$A_0 = \tfrac{1}{4}(H_1 + h_1 + H_2 + h_2)$$

die Höhe des Mittelwassers über Null des Pegels.

Wir haben diese Methode etwas ausführlicher dargestellt, weil sie sich leicht schon während der Reise und mit den zur Hand befindlichen Hilfsmitteln (nautisches Jahrbuch oder „Gezeitentafeln") ausführen läfst und es immer wünschenswert ist, die Hauptkonstanten für einen Hafen so bald wie möglich zu ermitteln.

Die zweite Methode, die der harmonischen Analyse (zuerst von Sir Wm. Thomson und Roberts aufgestellt und angewendet, später von G. H. Darwin, J. C. Adams sowie dem Verf. dieses bearbeitet), erfordert andres Material, nämlich stündliche Beobachtungen, und bedarf zu ihrer Anwendung einer eingehenderen Auseinandersetzung, als wir hier in dem uns zur Verfügung stehenden Raum geben können. Wir müssen uns daher damit begnügen, das Prinzip der Methode anzudeuten, und verweisen bezüglich genaueren Studiums auf eine Schrift des Verf. dieses: „Die harmonische Analyse der Gezeitenbeobachtungen" (Berlin, Mittler 1885), worin dieselbe theoretisch entwickelt und Anweisung zu ihrer praktischen Ausführung gegeben ist. Die Regeln der Anwendung auf kurze Reihen von stündlichen Beobachtungen sind entwickelt in: „Die Ergebnisse der Beobachtungen der deutschen Polarstationen", Bd. II. Süd-Georgien. Einleitung S. XXXIII [1]).

Gehen wir wieder auf den Ausdruck (1) für die Höhe der Gezeit über mittlerem Wasserstande zurück, so ist es die Aufgabe, die veränderlichen Gröfsen resp. ihre Funktionen, nämlich die Entfernungen r und r_1, die Deklinationen δ und δ_1 und die Stundenwinkel Θ und Θ_1, welche die Rektaszensionen der Gestirne enthalten, auf eine andre, der Rechnung leichter zugängliche Form zu bringen. Es ist nun bekannt, dafs man jede einzelne dieser Gröfsen bezw. ihre in dem Ausdrucke (1) vorkommenden Funktionen in Reihen entwickeln kann, welche nur Glieder enthalten, die aus konstanten Faktoren, multipliziert mit den Kosinus von Winkeln, die gleichmäfsig mit der Zeit wachsen, bestehen. Wir können daher auch die Höhe der Tide in eine Reihe entwickeln, die nur solche „einfach harmonische" Glieder enthält. Wir wollen

---

[1]) Herausgegeben von Prof. Dr. Neumayer und Prof. Dr. Börgen.

in nachstehendem Ausdruck die wichtigsten dieser Glieder anführen. Bezeichnen wir mit γ die Rotationsgeschwindigkeit der Erde, mit σ die mittlere Bewegung des Mondes in seiner Bahn, mit η diejenige der Erde, mit $\tilde{\omega}$ die Bewegung des Perigäums der Mondbahn in der Zeiteinheit (eine mittlere Stunde) und mit t die seit Mittag des Anfangstages verflossene Zeit; ferner mit s_0, h_0, p_0 und p_1 resp. die mittlere Länge des Mondes in seiner Bahn, der Sonne, des Perigäums der Mondbahn und des Perihels der Erdbahn für die Anfangs-epoche; mit ν_0 die Rektaszension des Durchschnittspunktes der Mondbahn mit dem Äquator, mit ξ den Unterschied der Bogenstücke zwischen dem Frühlingspunkt und dem auf-steigenden Knoten der Mondbahn in der Ekliptik einerseits und diesem letzteren Punkt und dem Durchschnittspunkt der Mondbahn mit dem Äquator andrerseits, mit ν' und ν'' gewisse Funktionen von ν_0, und mit μ, ζ, $\varkappa_2$, ν usw. konstante Winkel, welche die Verspätung der betreffenden Tiden darstellen, so wird:

$$
\begin{aligned}
h = {} & M \cos 2 \left\{ h_0 - s_0 - \nu_0 + \xi + (\gamma - \sigma)\, t - \mu \right\} \\
& + S \cos 2 \left\{ (\gamma - \eta)\, t - \zeta \right\} \\
& + K_2 \cos 2 \left\{ h_0 - \nu'' + \gamma t - \varkappa_2 \right\} \\
& + N \cos 2 \left\{ h_0 - \tfrac{3}{2} s_0 + \tfrac{1}{2} p_0 - \nu_0 + \xi + (\gamma - \tfrac{3}{2}\sigma + \tfrac{1}{2}\tilde{\omega})\, t - \nu \right\} \\
& + T \cos 2 \left\{ -h_0 + p_1 + (\gamma - \tfrac{3}{2}\eta)\, t - \tau \right\} \\
& + K_1 \cos \left\{ h_0 - \nu' - \tfrac{1}{2}\pi + \gamma t - \varkappa_1 \right\} \\
& + O \cos \left\{ h_0 - 2 s_0 - \nu_0 + 2 \xi + \tfrac{1}{2}\pi + (\gamma - 2\sigma)\, t - o \right\} \\
& + P \cos \left\{ -h_0 + \tfrac{1}{2}\pi + (\gamma - 2\eta)\, t - \psi \right\}.
\end{aligned}
$$

Man hat die Vorstellung angenommen, daſs jedes Glied seine Entstehung einer besonderen fluterzeugenden Kraft ver-danke und daher als besondere Tide zu betrachten sei, aus deren Zusammensetzung dann die wirklich beobachtete Flut-welle entstehe, und man hat der Bequemlichkeit der Bezeichnung halber die einzelnen Tiden mit einem Buchstaben bezeichnet; die in der vorstehenden Formel vorkommenden Tiden haben der Reihe nach die Buchstaben, welche darin als Koeffizienten der cos. auftreten, und die wir eben deshalb zur Bezeichnung der halben Amplituden der betreffenden Tiden gewählt haben. M und S sind die Haupt-Mond- und Sonnentiden, K_2 die aus den Deklinationen von Mond und Sonne entstehende kleine Tide, N die wichtigste der aus der wechselnden Entfernung des Mondes, T die aus der Entfernungsänderung der Sonne entspringende Tide. Dies sind die wichtigsten halbtägigen Tiden, während K_1 und O die wichtigsten eintägigen Mondtiden, P die wichtigste eintägige Sonnentide ist. Bei einer vollständigen Entwicklung würden aufser diesen 8 noch etwa 16 andre mitzunehmen sein, wobei auch die wichtigsten Störungen des Mondlaufs, die Evektion und die Variation, berücksichtigt werden. Wenn die Gezeit grofs ist im Verhältnis zur Tiefe des Wassers, so treten in Verbindung mit den Tiden M und S kleinere Tiden, die sogenannten „Nebentiden", auf, die das zwei-, drei- und vierfache Argument der oben angeführten Haupttiden, aber andre Verspätungen haben.

Die Ableitung der Konstanten M und μ, S und σ usw. geschieht in folgender Weise. In ein Schema, welches aus einer Reihe von 24 vertikalen Kolumnen, von denen jede einer Tiedestunde, d. h. $^1/_{24}$ des Zeitintervalls von einem Hochwasser der gesuchten Tide bis zum nächsten, entspricht, und einer Anzahl horizontaler Zeilen besteht, werden die beobachteten Wasserstände von Mittag des ersten Tages angefangen sukzessive eingetragen, dabei aber in gewissen Intervallen, die in dem Schema vorher markiert sind, zwei aufeinanderfolgend beobachtete Wasserstände in dieselbe Stundenrubrik eingetragen oder auch, je nach der gesuchten Tide, eine Stundenrubrik übersprungen. Ob ein Doppeleintrag oder eine Auslassung gemacht werden soll, richtet sich danach, ob die stündliche Änderung des Arguments der Tide kleiner oder gröfser ist als 15°. Nachdem alle beobachteten Wasserstände eingetragen sind, werden für die 24 Vertikalkolumnen die Mittelwerte berechnet, und diese stellen um so genauer die gesuchte Tide dar, je länger der Zeitraum der Beobachtung war.

Die Absicht bei den Doppeleintragungen oder Auslassungen in einzelnen Rubriken ist nämlich die, auf bequeme Weise in den Mittelwerten jeder Vertikalspalte die Wirkung der andern Tiden auszuschliefsen und nur die Tide zurückzubehalten, welche man bestimmen will. Wird z. B. die Tide M gesucht, so hat man in der ersten Zeile in Spalte 14^h eine Doppeleintragung zu machen, in der zweiten Zeile in Spalte 18^h, in der dritten in 23^h, in der vierten Zeile findet keine Doppeleintragung statt, in der fünften Zeile ist eine solche in Spalte 3^h, in der sechsten in 7^h zu machen, usw. Wird die S-Tide gesucht, so sind überhaupt keine Doppeleintragungen oder Auslassungen zu machen. Für die N-Tide fällt die erste Doppeleintragung in die erste Zeile Spalte 9^h, die nächsten beiden in Zeile 2 Spalte 3^h und 21^h usf., für jede Tide besonders; bei den K-Tiden kommen Auslassungen vor.

Hat man auf diese Weise die **24 Mittelwerte** erhalten,

so stellt man die Haupttide nebst den zu ihr gehörigen Nebentiden und den aus der vierten Potenz der Entfernung des Mondes entspringenden dritteltägigen Tiden dar durch eine Reihe von der Form:

$$R_1 \cos(nt - \zeta_1) + R_2 \cos 2(nt - \zeta_2) + R_3 \cos 3(nt - \zeta_3) + R_4 \cos 4(nt - \zeta_4) + \cdots$$
$$= A_1 \cos \quad nt + B_1 \sin \quad nt$$
$$+ A_2 \cos 2\ nt + B_2 \sin 2\ nt$$
$$+ A_3 \cos 3\ nt + B_3 \sin 3\ nt$$
$$+ A_4 \cos 4\ nt + B_4 \sin 4\ nt \quad \text{usw.,}$$

wo $n = 15^0$ ist. Die Bestimmung der Koeffizienten A und B ist eine einfache Sache, und es ergeben sich daraus einfach die R und ζ und aus diesen wiederum die auf eine mittlere Lage der Mondbahn reduzierten Koffizienten H und die Verspätungen der Tiden. Man wird nur für die Tiden M und S, aufser dem Hauptgliede R_2 die Glieder R_1, R_3, R_4, R_6 und R_8 ableiten, da nur für diese die Nebentiden bedeutend genug sind, um berücksichtigt werden zu müssen.

Bezüglich weiterer Einzelheiten mufs auf die schon erwähnte Abhandlung verwiesen werden, in welcher man ausführliche Vorschriften sowohl für die Berechnung der Koeffizienten als auch für die Bestimmung der Rubriken, in denen Doppeleintragungen oder Auslassungen gemacht werden sollen, findet.

Ist die Reihe der Beobachtungen nur eine kurze, so trifft die Voraussetzung, dafs in den 24 Mittelwerten alle Tiden mit Ausnahme der gesuchten eliminiert sind, nicht zu, es bleibt vielmehr ein kleiner Einflufs der andern übrig, welcher durch Rechnung nachträglich entfernt werden mufs. Vorschriften hierfür finden sich in dem Nachtrag zu der erwähnten Schrift und in weiterer Ausführung in der Einleitung zum Band II des S. 557 erwähnten Polarwerks bei der Bearbeitung der Gezeiten in Kingua-Fjord und Süd-Georgien.

Literatur.

Laplace, P. S., Traité de mécanique céleste. Tome II, livre 4, Tome 5 livre 13.
— Exposition du système du monde. Chap. XI.
Lubbock, J. W., Elementary treatise on the tides. London 1839.
Airy, G. B., Tides and waves. Encyclopaedia metropolitana.
Ferrel, W., Tidal researches. Washington 1874.
Reports of the committee for the purpose of promoting the extension, improvement and harmonic analysis of tidal observations in: Report of the British association 1868, 1870, 1871, 1872, 1876 und 1878.
Lentz, H., Von der Flut und Ebbe des Meeres. 1873.

Lentz, H., Ebbe und Flut und die Wirkung des Windes auf den Meeresspiegel. 1879.

Reitz, F. H., Wasserstandszeiger.

Reports of the committee for the harmonic analysis of tidal observations in: Reports of the British association 1883, 1884, 1885, 1886.

Hiervon besonders: Report für 1883, welche die vollständige Theorie der harmonischen Analyse von G. H. Darwin enthält.

Darwin, G. H., The Tides and kindred phenomena in the solar system. London 1898.

— Flut und Ebbe sowie verwandte Erscheinungen im Sonnensystem. Leipzig 1903.

Börgen. Die harmonische Analyse der Gezeitenbeobachtungen. 1885. (Separatabdruck aus den „Annalen der Hydrographie" für 1884.)

— Gezeitenbeobachtungen zu Kingua-Fjord und Süd-Georgien in: Die internationale Polarforschung 1882—1883. Beobachtungsergebnisse der deutschen Stationen. Bd. II, Einleitung, enthält die Vorschriften für die Behandlung kurzer Beobachtungsreihen.

— Über eine neue Methode, die harmonischen Konstanten der Gezeiten abzuleiten. (Annalen der Hydrographie. 1894.)

— Ableitung der harmonischen Konstanten der Gezeiten aus drei täglichen Wasserstands-Ablesungen zu bestimmten Stunden, nebst Bearbeitung dreijähriger Beobachtungen zu Kamerun (Methode von Dr. van der Stok). (Annalen der Hydrographie. 1903.)

— Die Gezeitenerscheinungen im Englischen Kanal und dem südlichen Teile der Nordsee. (Annalen der Hydrographie. 1898.)

— Die Gezeitenerscheinungen im Irischen Kanal. (Annalen der Hydrographie. 1894.)

Allgemeine Meeresforschung.

Von

O. Krümmel.

(Hierzu eine Karte der Meeresströmungen.)

———

Wie die meisten andern Beiträge zu dieser Anleitung, so
ist auch der vorliegende im wesentlichen dazu bestimmt, dem
einzelnen Reisenden Fingerzeige zu geben, wie er unterwegs,
in diesem Falle also auf mehr oder weniger ausgedehnten
Seereisen, für die Wissenschaft förderlich arbeiten könne.
Doch erweitert sich der Kreis der vom Verfasser ins Auge
gefaßten Interessenten noch in der Richtung, daß der praktische Seemann auf seinem Dampf- oder Segelschiff oder vielleicht auch der Besitzer einer größeren Yacht auf seinen Kreuz-
fahrten gewisse Anregungen empfangen können, wie sich eine
dargebotene günstige Gelegenheit etwa wahrnehmen ließe, auch
der Wissenschaft zu dienen. An größere wissenschaftliche
Tiefsee-Expeditionen oder ähnliche Unternehmungen, die mit
einem Stabe zahlreicher Fachmänner in See gehen, oder auch
an Kabeldampfer ist hier weniger gedacht; deren Programme
und damit im Zusammenhang auch ihre Ausrüstung dürften
im einzelnen sehr verschieden und im ganzen viel umfassender
ausfallen[1]).

———

[1]) Im voraus bemerkt sei, daß die meisten der im folgenden
beschriebenen Apparate und Instrumente, Methoden und Probleme
teils im Handbuch der nautischen Instrumente, herausgegeben vom
Reichs-Marine-Amt, Berlin 1890, teils in den Handbüchern der Meereskunde (Boguslawski-Krümmel, Handbuch der Ozeanographie, 2 Bde.,
2. Auflage 1907; Krümmel, Der Ozean, Leipzig und Prag 1902; Schott,
Physische Meereskunde, Göschensche Sammlung Nr. 112; Carl Rößler,
Grundzüge der Ozeanographie [für den Unterricht an der k. k. Marine-
Akademie], Fiume 1903; Thoulet, Océanographie statique, Paris 1890;
Thoulet, L'Océan, Paris 1904) ausführlich behandelt und durch Ab-
bildungen erläutert sind.

1. Tiefenlotung und Bodenbeschaffenheit.

Die zur normalen Ausrüstung eines jeden seegehenden Fahrzeuges gehörenden Handlote und noch mehr das allgemein gebräuchliche Thomsonsche Patentlot ermöglichen manchem Reisenden, schon unter gewissen Umständen neue und wichtige Tatsachen beizubringen, z. B. überall da, wo Lotungen auf den flachen Küstenbänken nur lückenhaft vorliegen. Bei geeignetem Wetter Andeutungen von versenkten Flufstälern in einer Schelfbank oder die äufsere Abböschung eines Korallenriffes oder eines Küstenbruchrandes gegen die Tiefsee hin genauer zu untersuchen, wird eine dankbare Aufgabe sein; sie wird sich noch ergiebiger erfüllen lassen, wenn eine kleine Lucassche Lotmaschine an Bord vorhanden ist, die für Tiefen bis zu 800 m ausreicht und auch von einem Boote aus noch gut mit der Hand bedient werden kann[1]).

Besonders nützlich ist es überall im Flachwassergebiet, noch mehr aber in der Tiefsee, den mit dem Lot aufgeholten Bodenproben Aufmerksamkeit zuzuwenden. Die Handlote bringen allerdings nur geringe Mengen davon in ihrer mit Talg ausgestrichenen Höhlung herauf. Schlammgrund wird meist sehr gut erhalten mit Hilfe der sogen. Bachmannschen Röhren (gufseisernen Röhren mit eingeschraubtem Kugelventil am oberen Ende), die auch auf Dampfern leicht mit Bordmitteln hergestellt werden, wenn man einen Vorrat von gewöhnlichen Gasleitungsröhren mitnimmt[2]). — Will man die Schichtung des weichen Bodens deutlich erkennen, so empfiehlt es sich, eine doppelte Röhre zu benutzen, von der die innere in der Länge halbiert und zusammengebunden in die äufsere, als Schutzhülse dienende hineingeschoben wird. Nach dem Aufholen streift man die Schutzröhre ab und legt die Hälften der Innenröhre auseinander. Bei Verwendung entsprechend schwerer Gewichte kann man für den Gebrauch in weichen Böden auch bei Tiefseelotungen die Länge dieser Röhren bis 80 cm steigern.

Sehr empfehlenswert ist auch die von J. Y. Buchanan angegebene Lotröhre; sie liefert mit ihrem Schlammstecher eine 25 cm lange Schlammprobe und mit dem darüber an-

---

[1]) Diese leichten und doch festen kleinen Maschinen sind von der Telegraph Construction and Maintenance Co. in East Greenwich. S. E. zu beziehen (Preis ca. 500 Mark).

[2]) Muster liefert u. a. der Mechaniker der deutschen Seewarte in Hamburg; die Kugel des kleinen Ventils kann auch aus Hartblei gegossen werden.

gebrachten, durch zwei Ventile von Gummiplatten verschliefs-
baren, zylindrischen Schöpfrohr eine reichliche Probe des unmittelbar über dem Boden liegenden Wassers, hat aufserdem
eine in zwei Phasen wirkende Abfallvorrichtung für das Lot-
gewicht, das erst beim Aufholen wirklich abgeworfen wird[1]).

Handelt es sich um lockeren, sandigen oder kiesigen Grund,
so wird es schwierig, reichliche Proben zu erhalten: die aus-
gestochenen Massen fallen gewöhnlich beim Aufholen der Röhre
trotz Kugelventils wieder heraus. Andere Vorrichtungen, wie
Schnapplote oder Trichterlote (spitze Kegel, deren Höhlung
durch eine darüber fallende Glocke verschlossen werden),
halten auch nicht dicht, sobald sich nur ein Steinchen ein-
klemmt. Mit Recht hat daher Thoulet empfohlen, sich in
solchen Fällen eines kleinen Dredgesackes zu bedienen, den
man am Grunde einige Minuten schleppt, wonach meist eine
reichliche Bodenprobe zu erzielen ist. Der Sack ist mit einem
geknoteten Netz gegen äufsere Beschädigung zu schützen; er
darf nicht aus zu dichtem Stoffe bestehen, damit das Wasser
noch gut hindurchfiltrieren kann, ohne jedoch auch wieder
die feineren Schlammteile in erheblichen Mengen mitzunehmen.

Wo eigentlich ozeanische Tiefen, also von 1000 m und
mehr, in Betracht kommen, wird das Loten eine umständliche
Aufgabe, die von Anfang an vorbereitet werden mufs und wo
ohne besondere Tieflotmaschine ein Erfolg nicht erzielt werden
kann. Die von Lucas konstruierte gröfsere Lotmaschine (im
Preise von 1000 Mk.) erfordert den geringsten Raum und wird
sich ohne grofse Kosten mit einem kleinen Dampf-, Elektro-
oder Petroleummotor vervollständigen lassen. Am Klavierdraht
kann aufser dem Tieflot ein leichteres Thermometer oder ein
kleiner Wasserschöpfer befestigt werden. Mehr Raum an Bord
erfordern die Lotmaschinen von Sigsbee und Leblanc; sie
dürften wohl nur auf Expeditions- oder Vermessungsdampfern
eingebaut werden, und hierüber wie über Herrichtungen für
Tiefseefischerei oder Planktonfänge, wo gröfsere Vorräte an
stärkeren und schwächeren Drahtseilen auf schweren Rollen
und starke Dampfwinden zu ihrer Bedienung vorgesehen werden
müssen, sind die unten[2]) verzeichneten Werke nachzusehen,

---

[1]) Zu beziehen von James Milne & Son, Milton House Works,
Edinburgh. Preis 150 Mark.
[2]) Sigsbee, Deep Sea Sounding and Dredging, Washington
1885. — Hensen, Ergebnisse der Plankton-Expedition, B. Methodik.
Kiel und Leipzig 1893. — H. D. Wilkinson, Submarine Cable
Laying and Repairing, London 1896. — Z. L. Tanner, im Bulletin
U. S. Fish Commission vol. 16, Washington 1897 (Beschreibung des

die auch Ratschläge für die Behandlung des Drahtes, der
Bremse, die Schiffsmanöver während der Lotung usw. bringen.
Die gröfste Schwierigkeit und Fehlerquelle für die Tiefen-
lotungen bildet immer die Abtrift des Drahtes. Treibt das
Schiff frei, ohne dafs es durch Manöver mit Schraube und
Ruder auf dem Platz gehalten wird, so steht der Draht
schräg weg, und da man die Kurve des Drahtes in der Tiefe
nicht zu beurteilen vermag, helfen auch die bestgemeinten
Korrektionsrechnungen wenig, auch wenn man den Winkel des
Drahtes gegen den Horizont mifst, wozu der von Schott im Val-
diviawerk beschriebene Zeifssche Neigungsmesser dienen kann.

Die Tiefen durch Registrierung des Wasserdrucks auch bei
Hochseelotungen zu bestimmen, ist anscheinend noch nicht einwandfrei gelungen. Der Rungsche Universaltiefenmesser [1]) benutzt die beim
Hinablassen komprimierte Luft, von der in der Tiefe ein kleines Volum
in einer Metallkammer von wenigen Kubikzentimetern Inhalt eingeschlossen wird, um sich beim Aufholen in eine graduierte Mefsröhre
hinein auszudehnen; hierbei aber treten Störungen dadurch ein, dafs
die atmosphärische Luft in der Metallkammer durch Abkühlung (im
Bereiche der sehr niedrig temperierten Wasserschichten) die in ihr
enthaltene Feuchtigkeit kondensiert und durch diesen Niederschlag
das Luftvolum zu klein wird. — Wie weit die von Schäffer und
Budenberg in Buckau-Magdeburg konstruierten Tiefseemanometer
praktisch brauchbar sind, bedarf noch systematischer Prüfung.

Tiefankervorrichtung. Für die meisten physikalischen Auf-
gaben der Tiefseeforschung (Messung der Temperaturen, Schöpfen von
Wasserproben, Messung von Unterströmen; Planktonzüge usw.) ist es er-
wünscht, das Schiff nicht frei treiben zu lassen, sondern es womöglich vor
Anker zu legen. Die für mäfsige Tiefen (800—1000 m) erforderlichen
Einrichtungen können einfacher sein als für die eigentlich ozeanischen
Tiefen, wo das komplizierte Geschirr in Betracht kommt, dessen sich
Pillsbury [2]) bei seinen Arbeiten im westindischen Golfstromgebiet bediente. Der deutsche Forschungsdampfer „Poseidon" ankert bei gutem
Wetter in der norwegischen Rinne in Tiefen von 500 m mit zwei
hintereinander geschäkelten Warpankern an einer armdicken Hanftrosse der 2½fachen Länge der Wassertiefe, wobei die Trosse über
eine entsprechende im Bug eingebaute starke Rolle läuft und von
der starken Fischereiwinde eingeholt wird. — Freitreibende Schiffe
legen sich mit dem Kiel parallel zu den Wellenkämmen und beginnen
dann heftig zu rollen, wodurch alles wissenschaftliche Arbeiten
erschwert wird, abgesehen von den Fehlern, mit denen die Abtrift
alle Tiefenbestimmungen für versenkte Instrumente und Netze belastet.

„Albatross"). — G. Schott, Wissensch. Ergebnisse der Deutschen
Tiefsee-Expedition. 1. Bd. Ozeanographie und maritime Meteorologie.
Jena 1902.
    [1]) Beschreibung: Annalen der Hydrographie 1899, S. 418;
vergl. 515.
    [2]) Beschreibung nach U. S. Coast & Geod. Survey Rep. 1890,
App. Nr. 10 in Annal. der Hydr. 1896, S. 279.

Untersuchung der Bodenproben. Der minera-
logisch vorgebildete Reisende wird zwar die erhaltenen Bodenproben an Ort und Stelle sofort bestimmen (s. die folg. Seite),
aber trotzdem ist ratsam, jede Probe für sich entweder zu
trocknen (auf einem Teller an der Luft oder im Maschinen-
raum) und dann in Beutelchen von dichtem Stoffe aufzubewahren,
oder aber sie unter Alkohol in Flaschen zu konservieren, so
dafs sie zu späterer Analyse im Laboratorium dienen können.

Hat man lange Schlammsäulen erhalten, so versäume man
nicht, etwaige Schichtungen nach Farbe und Zusammensetzung
(mineralische und organische Teilchen) nach dem frischen Be-
funde genau zu beschreiben und die senkrechte Reihenfolge
zu notieren und die einzeln konservierten Sektionen zu
numerieren. — Gröfsere organische Körper oder Mineralien
gewinnt man durch Abschlämmen oder Dekantieren, nachdem
man die Masse mit reichlichem Wasser vorsichtig geschüttelt
hat: bespült man die Objekte mit Alkohol und läfst diesen
abdunsten oder abbrennen, so steht der weiteren Untersuchung
mit der Lupe oder dem Mikroskop nichts mehr im Wege.
Unter den in getrocknetem Zustande weifs erscheinenden Organismen sind die Globigerinen und Pteropoden die wichtigsten.
Die Globigerinen messen zumeist weniger als 1 mm, die Pteropoden sind gröfser, aber dünnschaliger. Kieselige Gehäuse
von Diatomeen oder Gerüste von Radiolarien sind unter dem
Mikroskop an ihrer Durchsichtigkeit bei grofser Schärfe der
Umrisse leicht zu erkennen. Wird die Grundprobe mit einer
10 %/oigen Salzsäurelösung behandelt, so löst sich der kohlen-
saure Kalk auf, und es bleibt ein Rest von Mineralteilchen
zurück: der Bruchteil des kohlensauren Kalkes am Gesamt-
gewicht einer Grundprobe gehört zu ihren wichtigsten Merkmalen. Unter den Mineralien überwiegen in Landnähe Quarz
und Feldspat, in meist abgerolltem Zustande. Reste vulkanischer Auswürflinge verraten sich bald durch dunkle Farben,
wenn es sich nicht um Bimsstein handelt oder um glasige
Schmelzflüsse. Die reichlich in den gröfseren Tiefen auftretenden Braunsteinbeimengungen lösen sich, mit konzen-
trierter Salzsäure in eine Porzellanschale zusammengebracht und
erwärmt, zu einer schwarzbraunen Flüssigkeit auf. — Gröbere
Mineralteile in den sandigen oder kiesigen Küstenablagerungen
sind durch Absieben nach den Ratschlägen von J. Thoulet[1]
zu klassifizieren, was aber am besten im Laboratorium erfolgt.

----

[1] Annales des Mines, April 1900.

Nach Sir John Murray unterscheidet man zwei Hauptarten von Tiefseesedimenten: die terrigenen oder Küstenablagerungen, und die pelagischen oder Hochseeablagerungen.

Die Küstenablagerungen sind Zerstörungsprodukte des benachbarten Festland- oder Inselgesteins und von dessen mineralischer Zusammensetzung sehr wesentlich abhängig. So wird man in der Nähe von Korallenbänken die Reste und Trümmer der die Riffe aufbauenden Organismen wiederfinden (Korallen, Kalkalgen, Molluskenschalen, Wurmröhren, Echinodermenstacheln, Foraminiferengehäuse usw.); in den geringeren Tiefen hat das Sediment ein sandiges Aussehen (Korallensand), in gröfseren Tiefen bis 3300 m wird es ein feiner Schlamm, der meist rosa gefärbt ist und schliefslich in noch gröfseren Tiefen in den Globigerinenschlamm der Tiefsee übergeht. Der Korallenschlamm hat gewöhnlich mehr als 85% kohlensauren Kalk. — In der Nähe ozeanischer Vulkaninseln bis 5000 m hinab überwiegen tonige Zersetzungsreste der vulkanischen Auswürflinge; die Farbe dieses vulkanischen Schlicks ist grau, braun, schwärzlich. In flacheren Lagen sind Organismenreste (Globigerinen, Pteropoden, Coccolithen, Rhabdolithen) darin erkennbar. — In der Nachbarschaft kristallinischer Küsten herrschen blaue, grüne oder rote Schlickbildungen. — Blauer Schlick bedeckt nicht nur die Randzonen aufserhalb der Schelfplatten, sondern auch meist die abgeschlossenen Mulden der Mittelmeere. Die Schlammröhren zeigen gewöhnlich zu oberst eine dünne rötliche oder bräunliche Schicht (erzeugt durch Ferrioxyde), während die tiefere Masse durch schwefelhaltige Zersetzungsprodukte von organischen Körpern blaugrau oder blauschwarz gefärbt ist, wie sie auch nicht selten nach Schwefelwasserstoff riechen. — Grüner Schlick ist reich an kalkigen Beimengungen organischer Abkunft und hat seine Farbe von den darin gebildeten Glaukonitkörnern. — Roter Schlick kommt namentlich vor den Küsten von Brasilien und Guayana, aber auch in den Tiefen der ostchinesischen Gewässer zur Ablagerung und ist durch den rotbraunen oder ziegelroten Schlamm der grofse Lateritflächen entwässernden Ströme gefärbt; er ist arm an kohlensaurem Kalk (meist nicht über 40%), dafür reicher an Quarzsand. —

Die pelagischen oder Tiefseeablagerungen sind entweder organischen Ursprungs oder bestehen aus amorphem, feinem Ton.

Der Globigerinenschlamm, weifslich bis milchig gelb, rosig, bräunlich oder hellgrau gefärbt, besteht vorzugsweise aus den mehr oder weniger zertrümmerten Schalen von Globigerinen, ist also ein Produkt des Planktons (s. d. Artikel von Dr. Apstein über Planktonforschung). In getrocknetem Zustande liefert dieser Schlamm ein lockeres Pulver. Unter mäfsiger Vergröfserung betrachtet sind darin nicht nur die kalkigen Gehäuse der Globigerinen, sondern auch der pelagisch lebenden Mollusken (Pteropoden, Heteropoden), Coccosphaeren und Rhabdosphaeren erkennbar, sondern auch Reste von Echiniden und Polyzoen. In geringerem Betrage finden sich auch Schalen von bodenbewohnenden Foraminiferen. Der Gesamtgehalt an kohlensaurem Kalk ist selten unter 50, oft beinahe 100%. Kieselige Beimengungen (von Radiolarien, Diatomeen, Spongien herrührend) fehlen zwar selten, überschreiten aber nie ein paar Prozent, ebenso wie die mineralischen Beimengungen (meist vulkanischer Art). Werden die Pteropoden- und Heteropodenreste reichlicher (20—30% des Ganzen), so spricht man von Pteropodenschlamm. Beide Bildungen gehen nur selten in mehr als 3500 m Tiefe hinab. Das-

selbe gilt auch vom Diatomeenschlamm, der sich durch stroh-
oder rahmgelbe Färbung auszeichnet und getrocknet ein lockeres Mehl
liefert, das an den Fingern haftet: er besteht wesentlich aus den
Frustulen der toten Diatomeen, mit geringer Beimengung von Schalen
pelagischer Foraminiferen oder auch von Mineralien. Besonders
typisch ist der Diatomeenschlamm für die höheren südlichen Breiten
im Bereiche des Treibeises; die örtlichen Bedingungen, unter denen
er dort nicht selten von der terrigenen Glazialformation verdrängt
oder überdeckt wird, bedürfen noch der Aufklärung.

Die gröfseren ozeanischen Tiefen (von 4000 m und mehr), also
mehr als die Hälfte der ozeanischen Bodenflur wird eingenommen
von der Formation des roten Tiefseetons. Seine Färbung
wechselt in den verschiedensten Nuancen von rot; am häufigsten ist
sie schokoladenbraun, seltener grau oder bläulich; dabei pflegt die
oberste Schicht blasser zu sein. Der Ton selbst ist sehr zähe und
bindig, klebt fest an den Fingern und wird nach dem Trocknen
steinhart. Organische Reste sind immer nur ganz spärlich vertreten,
meist schlecht erhaltene Globigerinen oder Radiolarien; werden die
letzteren aber häufiger (40—60% der Masse), so spricht man von
Radiolarienschlamm. Der Tiefseeton zeigt unter dem Mikroskop
Fragmente von Bimsstein und andern vulkanischen Auswürflingen
und wird von Murray auch als blofses Zersetzungsprodukt solcher
betrachtet. Als nebensächliche Beimengungen treten Meteor- und
Magneteisenteilchen auf, und namentlich Braunstein in Körnchen
oder in Krusten über allerhand Fremdkörpern, wie Haifischzähnen
und Gehörknöchelchen von Walen oder Schildkröten, die bis zu faust-
grofsen Knollen in Gestalt von Riesenbrombeeren anwachsen und oft über
viele Hunderttausende von Quadratkilometern verstreut liegen können
(wie im zentralen Stillen Ozean). Sekundäre Mineralbildungen (Phillip-
site und andere Zeolithe) finden sich nicht selten. Bemerkenswert ist
die Geringfügigkeit aller kalkigen Beimengungen (meist stark unter
10%); die Hauptmasse ist nichts als amorpher Ton, dessen Entstehung keineswegs als ganz aufgehellt gelten darf. Sir Wyville
Thomson wollte den roten Ton lediglich als Zersetzungsrest des
Globigerinenkalks auffassen, also als eine der terra rossa der fest-
ländischen Kalkformationen ähnliche Bildung; Sir John Murray aber
bestreitet dies lebhaft. Beobachtungen aus den Übergangsregionen
vom Globigerinenschlamm zum roten Ton sind darum sehr erwünscht,
namentlich auch Schlammwasserproben aus den betreffenden Boden-
schichten und einwandfrei geschöpfte Wasserproben unmittelbar über
dem Boden und darauf gegründete Gasanalysen (s. unten).

2. Messung der Temperaturen.

Wie schon Humboldt wiederholt ausgesprochen hat, gehört
es zu den vornehmsten Aufgaben des reisenden Physikers,
überall da, wo er aus dem Binnenlande kommend den Meeres-
strand betritt, die Temperatur des Seewassers mit dem Thermometer zu messen. So einfach diese Aufgabe ist, wie selten
ist sie doch befolgt worden! Noch heute ist es erwünscht,
von den Westküsten des tropischen Afrika oder Amerika sorgfältige Bestimmungen der Meerestemperaturen zu erhalten;

namentlich werden beim Aus- oder Einlaufen in die dortigen Häfen gemessene Temperaturen meist auffällig genug zeigen, dafs das Seewasser näher unter Land merklich kälter sein kann als weiter in See (man messe hier in kurzen Abständen). Natürlich sind länger durch verschiedene Monate und Jahre fortlaufende Reihen solcher Beobachtungen ungleich wertvoller als vereinzelte gelegentliche Messungen.

Gute Thermometer (aus den volumbeständigen Jenaer Gläsern) mit einer Teilung, die das Abschätzen der Zehntelgrade sicher gestatten, sind heute leicht erhältlich; solche mit Papierskala und oben zugeschmolzener Schutzröhre sind billiger und auch weniger zerbrechlich als die mit Milchglasskala versehenen. Regelmäfsig während einer längeren Seereise durchgeführte Messungen der Oberflächentemperaturen sind aus entlegeneren Meeren stets erwünscht. Wo an Bord kein meteorologisches Journal für die Seewarte geführt wird, kann alsdann auch der einzelne Reisende etwas Nützliches tun, indem er regelmäfsig mehrmals täglich Wasser aufschöpfen läfst: es geschieht dies gewöhnlich mit einem Segeltucheimer (sogen. Admiral), und es kommt vor allem darauf an, dafs der Eimer eine Zeitlang nachgeschleppt und dann erst ein oder einige Male gut ausgespült wird, damit seine eigene Temperatur die des Seewassers nicht ändere. Man liest die Temperatur an einer schattigen Stelle ab. Die mit kleinem Schöpfgefäfs von Metall oder mit einer Pinselhülle um die Quecksilberkugel versehenen Wasserthermometer sind für die Ablesung sehr bequem, aber auch entsprechend teuer[1]).

Um Temperaturen in den Tiefen zu messen, sind besondere Thermometer erforderlich. In den Tropenmeeren, wo die Temperaturen von der Oberfläche nach dem Boden hin regelmäfsig abzunehmen pflegen, kann man sich der älteren Indexthermometer (Maximum- und Minimumthermometer nach Six) stets mit Vorteil bedienen und sogar öfter wohl mehrere davon in bestimmten Abständen voneinander mit dem Lotdraht versenken; sie erfordern eine erhebliche Anpassungszeit (meist 7 Minuten) und müssen beim Aufholen möglichst vor Erschütterungen bewahrt bleiben, da sich der Index sonst verschiebt. In den kühleren und kalten Meeren mit ihrer oft recht komplizierten Wärmeschichtung bedient man sich dagegen

---

[1]) Wasserthermometer mit vernickeltem Schöpfgefäfs, Milchglasskala und feiner Teilung ($^1/_{10}°$) liefert die Firma C. Richter in Berlin N, Johannisstrafse 15/16, in vorzüglicher Ausführung (Preis 16 Mark); einfache Wasserthermometer mit Papierskala die Firma Ludwig Steger in Kiel (Preis 3 Mark, Fabrikant ist Dr. Küchler in Ilmenau).

der Kippthermometer, die, mit der Quecksilberkugel normal nach unten gerichtet hinabgelassen, in der gewünschten Tiefe zum Umkippen gebracht werden, so daſs dann die Quecksilberkugel nach oben hin liegt, wobei durch eine geeignete Vorrichtung der Quecksilberfaden abreiſst; die Temperatur läſst sich aus der Länge des abgerissenen Fadens ablesen. Um das Umschlagen zu erzielen, kann man sowohl ein röhrenförmiges Gewicht am Draht entlang in die Tiefe schicken und damit eine Aufhängung lösen, oder man verwendet eine kleine Flügelschraube, die sich beim Hinablassen in die Tiefe festlegt, beim Aufholen aber in Drehung versetzt und die Aufhängung löst, so daſs das Thermometer umkippt. Im letzteren Falle ist besonders darauf zu achten, daſs die Lauflänge der Flügelschraube nicht zu kurz eingestellt ist, da sonst die Bewegungen des Schiffes in starkem Seegang leicht eine vorzeitige Auslösung hervorrufen. Die Kippthermometer besitzen für die tropischwarmen Gewässer den Nachteil, daſs beim Aufholen aus der Tiefe Quecksilber aus der nun oben stehenden Kugel nachflieſsen und nach Füllung des hierfür angebrachten Sicherungssäckchens noch in die Fadenröhre hinabrinnt, wodurch die Temperaturmessung falsch wird. In allen Meeren, wo die Differenzen zwischen der wärmsten und kältesten zu durchlaufenden Schicht 20° übersteigen, bediene man sich ausschlieſslich der Indexthermometer[1]).

Für den sehr häufigen Fall, daſs die Thermometer an einer Drahtleine versenkt werden, ist zu beachten, daſs solche lose im Wasser hängende Leinen die Neigung haben, in Rotation zu kommen (die einzelnen Litzen suchen sich gegen den Drall aufzudrehen); die bei lebhafterer Drehung auftretende Zentrifugalkraft kann so stark werden, daſs auch gut an der Leine verschraubte Instrumente abgeschleudert werden und ganz verloren gehen, oder daſs die Flügelschraube das Umkippthermometer zur Unzeit auslöst. Man soll daher beim Aufspulen der Leine darauf achten, daſs ihr Drall nicht die

---

[1]) Die Indexthermometer, für Tiefseebeobachtungen hergerichtet, sind von Londoner Firmen zu beziehen (L. Casella London E. C. 147 Holborn Bars, oder J. Hicks, London E. C. 8—10 Hatton Garden), die Kippthermometer von Negretti & Zambra in London E. C. (38 Holborn Viaduct) in kräftiger oder von C. Richter in Berlin N. in feiner Ausführung. Die von Chabaud in Paris hergestellten Kippthermometer stehen an Qualität den deutschen und englischen nach. Der Preis eines Instrumentes beträgt 40—50 Mk., der Rahmen mit der Kippvorrichtung je nach Ausstattung 60—80 Mk. Eine Beschreibung der modernen Kippthermometer gibt Dr. F. Grützmacher in der Zeitschrift für Instrumentenkunde 1904, September.

Flügelschraube in Gang setzt, wenn sich die Leine frei im Wasser hängend gegen den Drall aufdreht.

Ein weiteres Hilfsmittel, um die Temperatur in der Tiefe zu messen, gewähren die wärmeisolierenden Wasserschöpfapparate. Schon Lentz verwendete auf seiner Weltumsegelung (1823—26) einen solchen in Gestalt einer mit Ventilklappen versehenen und rings durch dicke Schichten von Pech, Werg und Segeltuch gegen Wärmeleitung unempfindlich gemachten Tonne, und ihm ist Makarof auf seiner Weltumsegelung an Bord des Witjas (1886—89) gefolgt; er hat auch durch eine sehr sorgfältige Diskussion der dabei vorhandenen Fehlerquellen recht zuverlässige Temperaturen bis etwa 800 m hinab erhalten. Eine viel bequemere Form für einen solchen Apparat haben dann F. L. Ekman, O. Pettersson und zuletzt Fr. Nansen, einer den andern verbessernd, gefunden; sie benutzen mehrfach ineinander geschaltete Zylinder von Hartgummi[1]) und vermögen mit sehr fein geteilten Thermometern die Temperatur des in der Tiefe eingeschlossenen und so aufgeholten Wassers angeblich bis auf 0,02° genau zu messen. Voraussetzung aber ist, dafs das Aufholen rasch genug geschehen kann, also die Tiefen nicht über 800 m betragen, und dafs die Temperaturen der durchlaufenen Schichten um nicht mehr als 15° verschieden sind. Nansen hat die Fehlerquellen in seinem grofsen Werk über die Ozeanographie des Nordpolarbeckens ausführlich untersucht; E. v. Drygalski macht aber neuerdings darauf aufmerksam, dafs die im Seewasser suspendierten Gase in der Tiefe bekanntlich unter sehr starkem Druck (mit je 10 m Tiefe wächst der Druck rund um 1 Atmosphäre) im Wasserschöpfer eingeschlossen werden, und dafs die beim Aufholen eintretende Druckentlastung und Volumvergröfserung der Gase deren Temperatur und damit auch die des eingeschlossenen Wassers erniedrigen mufs, wie denn Drygalski in der Tat mehrfach bemerkt hat, dafs auch in wärmeren Meeren die im Pettersonschen Apparat gemessene Temperatur niedriger war als die in derselben Schicht mit Tiefseethermometern registrierte. Doch ist auch diese Fehlerquelle an sich klein und einer Korrektionsrechnung zugänglich.

Die Messung von Tiefentemperaturen auf elektrischem Wege begegnet noch immer gewissen Schwierigkeiten. Zwar ist die von Knudsen angegebene Anordnung der Wheatstoneschen Brücke mit Telephoneinstellung besser als die älteren

---

[1]) Zu beziehen von L. M. Ericsson & Co., Actiebolaget, Stockholm N.; Preis 280 Mk. Die Thermometer liefert genau passend C. Richter in Berlin N.

Konstruktionen, aber auch sie wird, wie alle früheren, wesentlich nur in flachen oder stromlosen Meeresteilen Verwendung finden, da die unentbehrlichen Leitungskabel beim Versenken auch im schwachen Strom seitlich weit abtreiben, so daſs man die tatsächlich erreichte Tiefe zuverlässig nicht angeben kann. Eine Kombination dieser Vorrichtung mit einer die Wassertiefe auf manometrischem Wege messenden dürfte etwas besseren Erfolg versprechen.

Wenn man in bestimmten Abständen vollständige Reihentemperaturen miſst, so werden folgende Tiefen empfohlen: 0, 5, 10, 15, 20, 30, 40, 50, 75, 100, 150, 200, 250, 300, 400, 500, 750, 1000, 1500, 2000, 2500 usf. Jeder Temperatursprung soll dabei durch zwischengelegte Messungen untersucht werden.

Besonders wichtig sind die Bodentemperaturen, die man meist zugleich mit der Tieflotung erhalten kann, indem man mehrere Meter über dem Lot ein Thermometer befestigt. Die Temperatur der untersten Schicht der offenen Ozeane gestattet Schluſsfolgerungen über das Relief des Meeresbodens, indem abgeschlossene Tiefenmulden die Temperatur der tiefsten Stelle in der Randschwelle zu haben pflegen, also unterhalb dieses Schwellenniveaus mit homothermem Wasser erfüllt sind. Bei normaler Anordnung nehmen die Temperaturen in den warmen Meeren von der Oberfläche bis zum Boden hin regelmäſsig ab, zunächst langsam, dann in Tiefen von 30 m an, öfter auch erst von 100 m ab, auf eine kurze Strecke sehr rasch (ozeanische Sprungschicht, mit meistens 1^0 auf $1^{1/2}$ bis 12 m Tiefendifferenz abfallend), dann wieder langsamer bis etwa 800 m und von da sehr langsam bis zum Boden. Die genauere Lage der Sprungschicht in den tropischen Meeren verdient besonders sorgfältig aufgesucht zu werden. Nächstdem bieten die Nebenmeere der höheren Breiten und die vom Treibeis beeinfluſsten Meeresteile Interesse durch ihre oft sehr komplizierte Wärmeschichtung.

3. Untersuchung des Seewassers nach Salz- und Gasgehalt.

Beobachtungen des Salzgehaltes sind nicht bloſs aus den entlegeneren tropischen oder polaren, sondern aus allen Meeren sehr erwünscht; sie sind leider bei den Seereisenden anscheinend wenig beliebt, obwohl keineswegs schwierig auszuführen, wenn nur ein wenig Sorgfalt angewandt wird. Wie sehr unsre Kenntnisse in dieser Hinsicht der Besserung bedürfen, mag aus der einen Tatsache entnommen werden, daſs über den Salzgehalt der westindischen Gewässer, insbesondere des Golfs von Mexiko, aus dem der Florida- oder Golfstrom hervorkommt, noch immer nichts Zuverlässiges bekannt ist, da die zahlreichen amerikanischen Messungen ersichtlich zu hoch sind, aber niemand sagen kann, um wie viel.

Wasserproben von der Meeresoberfläche schöpft man in derselben Weise, wie bereits für die Messung der Oberflächentemperatur angegeben: um etwaige alte Salzreste aus dem Eimer zu entfernen, ist gründliches Ausspülen mit dem zu schöpfenden Wasser unumgänglich und sollte mehrere Male nacheinander geschehen. Manche scheinbaren Unregelmäßigkeiten in der Verteilung des Salzgehaltes an der Oberfläche, die ältere Beobachter vermerken, sind lediglich auf die Mißachtung dieser einfachen Regel zurückzuführen.

Wasser aus bestimmten Tiefen heraufzuholen, ist schwieriger und kann ebenso wie die Temperaturmessung nur vom stehenden oder verankerten Schiffe aus geschehen. Für geringere Tiefen bis zu 30 m bedient man sich der alten Meyerschen Stöpselflasche, die leicht an Bord herzustellen ist; sie muß nach Gebrauch gut mit Frischwasser ausgespült werden und austrocknen. Für die größeren Tiefen sind außer dem bereits beschriebenen Wasserschöpfapparat von Pettersson-Nansen noch die Modelle von H. R. Mill[1]) und J. Y. Buchanan[2]) zu empfehlen. Für beide ist eine Auslösung des Verschlusses in der Tiefe durch Abfallgewicht vorgesehen; für Pettersson-Nansen daneben noch eine Propellerauslösung. Für die kleineren Schöpfapparate von Sigsbee (700 ccm) und Richard-Monaco (400 ccm) ist nur Propellerauslösung vorgesehen. Beim Sigsbeeschen Apparat[3]) kommt sehr viel auf die technische Ausführung an, insbesondere dürfen die beiden fest miteinander verbundenen Ventile nicht zu schwer gearbeitet und die Spielhöhe der Ventile nicht zu niedrig bemessen sein, da sie sich sonst bei der Abwärtsbewegung in die Tiefe nicht stetig und hinreichend geöffnet halten, also unterwegs nicht genügend durchspült werden und schließlich nicht zuverlässig aus der gewünschten Schicht Wasser aufnehmen. Alle diese Apparate müssen nach Gebrauch gut gesäubert werden, damit sich nicht alte Salzreste in toten Winkeln ansammeln.

Die Untersuchung des Salzgehaltes erfolgt stets auf indirektem Wege, d. h. niemals durch Abdampfen eines ge-

---

[1]) Fabrikant: A. Frazer 22 Teviot Place, Edinburgh; Preis 165 Mk.
[2]) Fabrikant: James Milne & Son, Milton House Works, Edinburgh; Preis 220 Mk. Einen dem Nansenschen ähnlichen Schöpfapparat (ohne Wärmeisolierung, aber mit Umkippvorrichtung für Thermometer) liefert der Mechaniker A. Zwickert in Kiel, im Preise von 200 Mk.
[3]) In guter Ausführung von C. Bamberg in Berlin zu beziehen.

wogenen Quantums Seewasser und Auswägen des Salzrück-
standes, da sich gezeigt hat, dafs teils Veränderungen und Ver-
dampfungen der Salze bei Erhöhung der Temperatur über
180⁰ vor sich gehen, teils durch das hygroskopische Verhalten
einzelner Salzkomponenten das Gewicht nachträglich wieder
vergröfsert wird. Man bestimmt also entweder das spezifische
Gewicht nach physikalischen Methoden oder den gesamten
Chlorgehalt auf chemischem Wege. Die Beziehungen zwischen
Salzgehalt, spezifischem Gewicht und Chlorgehalt sind durch
Martin Knudsens gründliche Untersuchungen so klar gestellt,
dafs es mit Hilfe seiner Tabellen[1]) leicht ist, aus dem einen
das zweite oder dritte sofort zu finden. Jedoch ist hierbei
der Begriff des Salzgehaltes etwas enger gefafst als früher,
indem alles Brom durch eine äquivalente Menge Chlor ersetzt,
alles Karbonat in Oxyd umgebildet und alle organischen Stoffe
als verbrannt angenommen werden. Man gibt den Salzgehalt
jetzt regelmäfsig in Promille (die Gramme Salz im Kilogramm
Seewasser), wobei eine Genauigkeit von $\pm$ 0.02 erstrebt wird.

Das spezifische Gewicht des Seewassers kann an Bord
rasch mit dem Glasaräometer bestimmt werden. Aus
gutem volumbeständigen Glase angefertigte Aräometer mit
Teilung von 0.9990 bis 1.0310 hin sind in Sätzen von 5 oder
10 Instrumenten im Handel; für eigentlich ozeanisches Wasser
ist das sogen. Helgoländer Modell (Teilung 1.020 bis 1.029)
zu empfehlen[2]). Die Skala gibt das spezifische Gewicht des
Seewassers bei 17.5⁰, bezogen auf destilliertes Wasser von
17.5⁰ als Einheit; für andere Beobachtungstemperaturen benutzt
man Knudsens Tabellen zur Reduktion auf 17.5⁰. Die Teilung
geht auf 0.0001, die Ablesung an Bord ist bis 0.00005 leicht
möglich. Es ist empfehlenswert, nur solche Aräometer zu benutzen,
die vorher mit Normalinstrumenten verglichen sind, da Stand-
korrektionen im Betrage von $\pm$ 0,0002 bis 0.0003 nicht selten
vorkommen. Empfindlicher sind die Gewichtsaräometer nach
dem von J. Y. Buchanan auf der Challenger-Expedition zuerst
angewandten Modell, jetzt mit sehr klarer Milchglasskala
(Rundteilung in Millimetern) und eingeschmolzenem Thermometer
erhältlich[3]); sie müssen aber für den Gebrauch fertig gemacht

---

[1]) Knudsen, Hydrographische Tabellen; Kopenhagen und Hamburg 1901 (Nachtrag 1904).
    [2]) Diese von J. Küchler in Ilmenau hergestellten Aräometer sind
von Ludwig Steger in Kiel zu beziehen; Stückpreis je 8 Mk. im
kleinen, 10 Mk. im grofsen Satz. Steger liefert auch die passenden
Mefszylinder und Wasserthermometer.
    [3]) Geliefert von C. Richter in Berlin N. aus Borosilikatglas 59 III
zu verschiedenen Preisen.

werden, indem man ihr Gewicht und Volum genau bestimmt
und einen Gewichtsatz von spiralig gewundenem Metalldraht
(am besten vergoldet) zum Aufsetzen auf die Spitze des
Skalenstengels herrichtet[1]). Man mifst dann mit demselben
Aräometer jeden beliebigen Salzgehalt. Natürlich soll man,
um etwaige Verluste decken zu können, sich mit Reserve-
instrumenten genügend versehen. — Das Aräometer ist bei
mäfsigem Seegang noch sehr wohl ablesbar; bei zu heftigem
Schlingern des Schiffes empfiehlt es sich, die Messung auf-
zuschieben und eine genügend grofse Wasserprobe in einer
Standflasche (am besten 2 Liter) aufzubewahren, bis die See
ruhiger geworden ist.

Aräometer liefern nur bei sehr sorgsamer Behandlung brauchbare
Ergebnisse. Erstes Erfordernis ist peinlichste Säuberung nicht nur
des Aräometers selbst, sondern auch des Mefszylinders und Thermometers. Man wasche diese gleich nach dem Einkauf mit einer Sodalösung gründlich ab und spüle mit reichlichem Süfswasser wiederholt
nach und trockne sie mit einem reinen, nicht fasernden Handtuch.
Insbesondere vermeide man, den Skalenstengel mit fettigen Fingern
anzufassen. Vor jeder Beobachtung ist das Aräometer zuerst mit
einer schwachen Sodalösung, sodann mit reichlichem Süfswasser ab-
zuspülen und dann abzutrocknen; etwa am Glase haftende Fasern
sind zu entfernen. Dann ist das ebenfalls gereinigte Thermometer
in das etwa ⁴/₅ gefüllte Mefsglas zu bringen und die Temperatur zu
notieren, darauf das Thermometer zu entfernen und das Aräometer
vorsichtig einzusetzen, wobei man ihm, mit zwei Fingern die äufserste
Skalenspitze fassend, eine leichte Rotation gibt. Nachdem es ablesbar
geworden, notiere man den Stand und gleich darauf noch einmal die
Temperatur im Mefsglase. Das Mittel aus der ersten und zweiten
Thermometerablesung ist die Beobachtungstemperatur; je weniger
beide Temperaturwerte voneinander verschieden sind, um so zuverlässiger wird die Beobachtung. Ein sauber behandeltes Aräometer
zeigt am Skalenstengel eine normal entwickelte Kapillarwelle, und
nur wenn diese sich mit ihrem obersten Rand sehr fein und kaum
sichtbar an der Fläche des benetzten Stengels emporzieht, ist diese
Glasoberfläche richtig gesäubert; andernfalls bleibt die Kapillarwelle
niedrig, oder ihr oberer Rand ist ausgefranst, und sie kann dann
beim Abwärtsschwingen des Aräometers zeitweilig ganz klein werden.
Eine normal entwickelte Kapillarwelle bleibt beim Auf- und Ab-
schwingen des Aräometers gleich grofs. Mangelhaft ausgebildete
Kapillarwellen bewirken, dafs das Aräometer zu hohe spezifische
Gewichte liefert. — Wichtig ist auch ein genügender Temperatur-
ausgleich zwischen dem Seewasser und dem Aräometer, was bei
kaltem Tiefen- oder Polarwasser, das man in tropischer Luftwärme
oder im geheizten Laboratorium untersucht, seine Schwierigkeiten
hat. Die hierbei benutzten Thermometer sollen möglichst empfindlich
und der ganze Wasserinhalt des Mefsglases gleichmäfsig temperiert
sein. Die Ablesung des Aräometerstandes erfolgt bekanntlich so,

---

[1]) Anleitung von Krümmel in den Wissenschaftl. Meeresuntersuchungen, N. F. Bd. 5, Heft 2, Kiel 1900, S. 30 f.

dafs man sich die Kapillarwelle hinweg denkt, sich die Wasseroberfläche durch den scheinbaren Hohlkegel der Kapillarwelle hindurch
verlängert vorstellt; langsam mit dem Auge von unten hinaufgehend
kann man so die betreffende Stelle der Skala einvisieren. Anfänger,
die Stegersche Aräometer benutzen, wollen nicht vergessen, dafs die
Bezifferung von oben nach unten wächst.

Bei den Aräometern des Challengertyps mit Millimeterskala
und Aufsatzgewichten läuft die Bezifferung der Skala bald nach
oben, bald nach unten; man benutze auf jeder Reise nur Instrumente
gleichartiger Bezifferung. Ein solches Aräometer liefert sehr genaue
Werte, wenn man in derselben Wasserprobe nacheinander vier oder
fünf verschiedene Ablesungen dadurch erzielt, dafs man es nacheinander mit Gewichten, die um $1/10$ Gramm steigen, oder besser:
fallen, belastet und hieraus das Mittel nimmt; Voraussetzuug für ein
solches Verfahren ist, dafs die Temperatur während des ganzen
Versuches ziemlich konstant bleibt.

Besonders unempfindlich gegen Schiffsschwankungen und aufserdem vor Störungen der Kapillarität ganz gesichert sind die von
Fridtjof Nansen angegebenen Sinkaräometer mit voller Ein-
tauchung ohne Skalenstengel; es gehören immer mehrere zu einem
Satz (meist drei), und auch für sie ist es nötig, vorher Volum und
Gewicht aufs genaueste zu bestimmen und einen feinen und reich-
haltigen Gewichtsatz (von Platin-Iridiumspiralen) zu beschaffen, so dafs
die Ausrüstung sehr kostspielig wird[1]).

Nächst der aräometrischen Methode, die sich wegen ihrer
Bequemlichkeit an Bord immer erhalten wird, ist das chemische
Verfahren, den Chlorgehalt durch Titeranalyse zu bestimmen, am meisten zu empfehlen, besonders an Bord von
Expeditionsschiffen, wo sich die erforderlichen, sehr einfachen
Einrichtungen leicht treffen lassen. Knudsens Tabellen erleichtern jetzt die Ausführung und Berechnung in einem sehr
erfreulichen Grade. Im Laboratorium bietet die Chlortitrierung
dann, wenn es sich um die Untersuchung sehr zahlreicher
Wasserproben nacheinander handelt, die gröfsten Vorteile vor allen
andern Methoden dar; auch an Bord ist ihre Genauigkeit, wenn
der Arbeitsplatz gegen das Eindringen von Salzstaub gesichert
ist und die Büretten und Pipetten regelmäfsig mit destilliertem
Wasser gereinigt werden, sehr grofs; nur auf sehr langen
Reisen wird es Schwierigkeiten mit sich bringen, genügende
Vorräte von Normalwasser und Silberlösung zu beschaffen.
Man sammelt für nachträgliche Titrierung geeignete Wasserproben in Seltersflaschen mit Patentverschlufs, oder wenn man
mit Raum sparen mufs, in Medizinflaschen von 200 ccm Inhalt: diese werden mit gut ausgekochten Korken zugestöpselt
und numeriert oder mit Anhängeetiketten signiert, auf denen

---

[1]) Zu beziehen von C. Richter in Berlin N.; Preis einschliefslich
Gewichtsatz 150–180 Mk. Vgl. Schetelig in Nyt Magaz. f. Naturw.
Bd. 39, Kristiania 1901, S. 255.

man Schiffsort, Wassertiefe und zugehörige Temperatur vermerkt. Für Postversand eignen sich Kästen mit einem Einsatz
für ein Dutzend solcher Flaschen, wo der Boden und der
Deckel mit weichem Filz gepolstert sind und die Höhe des
Kastens so bemessen ist, daſs die Flaschen sich nach Schlieſsen
des Deckels zwischen den Filzlagern festgeklemmt finden.

Derartig konservierte Proben lassen auch im Laboratorium eine
Bestimmung des spezifischen Gewichts mit einem Pyknometer zu,
wofür die Handbücher der praktischen Physik die genauere Anleitung
zu geben pflegen.

Neben diesen Methoden kommen andre, wie die Bestimmung
des Brechungsexponenten[1]) oder der elektrischen Leitfähigkeit, die
sich beide mit dem Salzgehalt (und der Temperatur) ändern, weniger
in Betracht. Die Leitfähigkeit ist bei destilliertem Wasser ganz
minimal, wächst bei den geringen Salzgehalten zunächst sehr rasch,
bei weiterer Steigerung der Salinität aber langsamer an[2]). Der
Brechungsexponent dagegen steht in einem einfachen Verhältnis zum
Salzgehalt. — —

Die vertikale Verteilung des Salzgehalts ist in den offenen
Ozeanen in denselben Tiefenstufen zu untersuchen, wie vorher
(S. 572) für die Temperaturen angegeben. Bedeutsam ist nament-
lich ein von der deutschen Südpolar-Expedition im brasilischen
Becken entdecktes Minimum des Salzgehalts in der Schicht
zwischen 400 und 1500 m (meist in 800 m mit 34.3 Promille).
Kommt derartiges auch sonst in den Ozeanen der niederen
Breiten vor? Läſst sich diese 3° bis 4° warme Schicht auf
polare Gewässer zurückführen?

Untersuchung des Gasgehalts. Die vom See-
wasser absorbierten atmosphärischen Gase bergen in ihrem Verhalten mancherlei Probleme, die der systematischen Erforschung
durch künftige Expeditionen harren. Nur dem chemisch vor-
gebildeten Reisenden wird die quantitative Analyse der Gase an
Bord selbst möglich sein; am einfachsten ist dabei die Bestimmung
des Sauerstoffs nach Winklers Methode. Auch Messungen des
Stickstoffs und der Kohlensäure sind an Bord möglich, aber
immer so umständlich, daſs man meist vorziehen wird, Wasserproben für diesen Zweck zu konservieren und sie nachträglich
einem Laboratorium an Land zu übergeben.

Man benutzt dazu zylindrische Röhren von 4—5 cm Durchmesser und 12—15 cm Länge, also 200—300 cbm Inhalt, die an dem
einen Ende in eine lange Kapillare, am andern in eine kürzere
Spitze auslaufen; sie müssen mit der Luftpumpe sehr sorgfältig
evakuiert und dann an beiden Enden zugeschmolzen werden. Indem

---

[1]) Schott im Valdiviawerk a. a. O.
[2]) Ruppin in Wissenschaftl. Meeresuntersuchungen. Bd. 9,
Kiel 1906.

man über das Ende der langen Kapillare einen Gummischlauch streift, den man mit dem gröfseren Abflufshahn des Wasserschöpfers fest verbunden hat, kann man die Kapillare zwischen den Fingern im Schlauch abbrechen; oder man führt beim Pettersson-Nansenschen Wasserschöpfer den Kapillarteil der Röhre durch die Öffnung im oberen Ventil ein, wobei man eine (auch vom Fabrikanten dazu gelieferte) Schere benutzt, die die Kapillare an ihrem untersten Ende abbricht. In beiden Fällen sieht man das Wasser stürmisch in der Röhre aufsteigen und diese ausfüllen bis auf eine kleinere oder gröfsere Luftblase an der kurzen Spitze. Die Röhre, mit dem abgebrochenen, nun offenen Ende der Kapillare nach unten, bringt man in das Laboratorium oder sonst einen windstillen Raum und schmilzt die Öffnung über einem kleinen Spiritusgebläse sofort zu. Die Röhren sind aufsen zu signieren oder durch eine eingeätzte Nummer zu kennzeichnen. Die im Meere überall verbreiteten mikroskopischen Organismen werden nun mit dem Seewasser zugleich in die Röhre eingeschlossen, und sie vermögen die Gase durch ihren Stoffwechsel zu verändern: Pflanzen scheiden Sauerstoff ab, Tiere verbrauchen solchen und vermehren die Kohlensäure; gewisse Bakterien können aus den im Seewasser gelösten Nitraten oder Nitriten freien Stickstoff entwickeln. Deshalb ist es notwendig, die Sammelröhre vor dem Evakuieren zu vergiften, am einfachsten so, dafs ein Sublimatkristall vor Ansatz der Kapillarröhre in den zylindrischen Teil der Röhre mit eingeschlossen wird, worauf nach dem Evakuieren und Zuschmelzen der Röhre das Sublimat durch leichtes Erwärmen zur Verflüchtigung gebracht wird, so dafs es sich an den inneren Wänden feinverteilt niederschlägt.

Einer systematischen Bearbeitung bedarf noch besonders die Frage, ob die im Seewasser suspendierte Kohlensäure (zum Teil frei, zum Teil in Form von Karbonaten und Bikarbonaten gebunden) in den gröfseren Meerestiefen unter 4000 m erheblich zunimmt; wie weit sie an der Ausbildung des Tiefseetons etwa dadurch beteiligt ist, dafs sie die herabsinkenden Kalkgehäuse auflöst; ob sie vielleicht in der Nähe vulkanischer Ausbruchspunkte reichlicher auftritt. —

Sollen Proben für die Messung des in abgeschlossenen Mulden der Mittelmeere (so besonders im Schwarzen Meere) oder der Fjorde auftretenden Schwefelwasserstoffs gesammelt werden, so bediene man sich metallener Wasserschöpfapparate nur dann, wenn sie gut vergoldet sind.

4. Die Durchsichtigkeit des Seewassers.

Dafs grofse Verschiedenheiten in der Durchsichtigkeit des Seewassers vorhanden sind, ist allbekannt. Auch ohne besondere instrumentelle Hilfsmittel kann ein aufmerksamer Beobachter feststellen, in welchen Meerestiefen noch helle oder farbige Gegenstände am Meeresgrunde erkennbar sind. Natürlich eignet sich das durch den Schiffsverkehr aufgerührte Wasser belebter Häfen oder Reeden dazu nicht. Namentlich im Gebiete tropischer Korallenbauten aber dürfte zu solchen Untersuchungen häufig Gelegenheit gegeben sein. Beim Loten oder Dredgen in flacheren Meeren heraufgeholte Algen oder Seegräser geben ein weiteres wichtiges Indizium: wenn wir erfahren, dafs im Golf von Neapel festgewachsene Algen noch in 200 m, in den skandinavischen Meeren aber nirgends in mehr als 40 m Tiefe vorkommen, so zeigt dies deutlich die Folgen der verschiedenen Durchgängigkeit des Mittelmeer- und Nordmeerwassers für die Lichtstrahlen.

Immer noch eine einfache und leicht zu handhabende Vorrichtung sind weifslackierte Scheiben, die an einer Lotleine bei stehendem Schiff und ruhiger See versenkt werden, bis sie unsichtbar werden. Seit den Arbeiten von Luksch und Wolff im Mittelländischen Meere gibt man diesen Scheiben einen Durchmesser von 50 oder 45 cm, die man an Bord bequemer unterbringen und bedienen kann als die von Secchi einst benutzten riesigen Segeltuchscheiben von 2 m Durchmesser. Die Sichttiefen sind dann der Durchsichtigkeit des Wassers proportional zu setzen: im östlichen Mittelmeere fand Luksch die gröfsten Sichttiefen mit 55 bis 60 m; in den nordeuropäischen sind solche von mehr als 20 m selten. Man beobachte stets an der Schattenseite des ruhenden Schiffes, wobei natürlich der Schattenkegel des letzteren die Scheibe nicht auch in der Tiefe treffen darf. Ist ein grofser Sonnenschirm, wie ihn die Topographen brauchen, an Bord, so kann man auch an der Sonnenseite die Spiegelung an der Wasseroberfläche hinreichend aufheben. Vorteilhaft ist immer, wenn der Beobachter der Meeresoberfläche möglichst nahe steht, so dafs sich das Auge nicht mehr als 3 bis 4 m über Wasser befindet. Es mufs ferner der Grad der Bewölkung notiert und die Höhe des Sonnenmittelpunkts über dem Horizont (nicht über der Kimm) gemessen werden. Nach stundenlangen wiederholten Beobachtungen im östlichen Mittelmeere fand Luksch die Sichttiefen bei ganz wolkenlosem Himmel deutlich mit wachsendem Sonnenstande zunehmend und bei Sonnenuntergang die Tiefen um 8 bis 10 m kleiner (32 m) als bei 50° Sonnenhöhe (48 m); doch war ein einfaches Verhältnis zwischen Steigen und Fallen der Sichttiefen einerseits und der Sonnenhöhe anderseits nicht vorhanden. Wo Gelegenheit hierzu vorhanden ist, verfehle man nicht, diese Versuche zu wiederholen[1].

---

[1] Luksch in Denkschriften der math.-naturw. Klasse der Kais. Akad. der Wiss., Bd. 59, Wien 1900.

Ein letztes Hilfsmittel gewährt die Versenkung photo-
graphischer Platten in geeigneten Kassetten, von denen verschiedene Modelle versucht sind[1]). Da das Seewasser die
roten Strahlen des Spektrums am stärksten, die blauen,
chemisch wirksamen am wenigsten absorbiert, ist es verständlich, daſs man auf photographischen Platten noch in
Tiefen von 400 bis fast 500 m im Mittelmeere bei Nizza
Spuren von Belichtung erhielt.

5. Die Farbe des Seewassers.

Untersuchungen über die Farbe des Seewassers im reflektierten Licht sind an Bord sehr einfach auszuführen, und man
könnte sich eigentlich nur darüber wundern, wie selten das
trotzdem geschieht. Schon Humboldt ist auf seiner Überfahrt
nach Amerika allen Seereisenden auch in dieser Hinsicht
mit musterhaftem Beispiel vorangegangen. Er bediente sich
dabei des von Saussure angegebenen Kyanometers, das ursprünglich zur Messung der Himmelsbläue bestimmt war und
aus 53 radial am Rande einer Scheibe angeordneten Glas-
streifen in den verschiedensten Nuancen von Blau bestand.
Seitdem hat wiederum ein Schweizer, F. A. Forel, ursprünglich
für die Untersuchung der Binnenseen, ein anderes Hilfsmittel
angegeben, das jeder Apotheker oder Schiffsarzt leicht herstellen kann. Es werden zwei Lösungen, eine gelbe und eine
blaue, bereitet; für die erste löst man 1 g Kaliumchromat in
199 g Wasser, für die zweite 1 g Kupfersulfat mit 9 g Ammoniak in 190 g Wasser auf. Man mischt dann in kleinen
Reagenzgläschen von 1 cm Durchmesser eine Anzahl von Abstufungen vom reinen Blau bis zum satten Grün hin so, daſs
die gelbe Lösung der Reihe nach 0, 1, 2, 3, 5, 7, 9, 12, 15,
20 Prozent der ganzen Mischung ausmacht. Gut zugestöpselt
(oder noch besser: zugeschmolzen), geben sie nebeneinander
eine deutliche Stufenfolge für die vorkommenden Meeres-
farben. Noch besser entsprechen diese Normalmischungen der
Natur, wenn man statt des gelben Kaliumchromats (K_2CrO_4)
das orangerote Kaliumdichromat (K_2CrO_7) benutzt. Die
Lösungen pflegen übrigens wenig haltbar zu sein und müssen
nach einigen Monaten frisch bereitet werden. Für die Beobachtung legt man die Skala auf ein Blatt weiſses Papier
und vergleicht, nach einer beschatteten und nicht spiegelnden

---

[1]) Luksch a. a. O.; Fol in Comptes Rendus Acad. Paris 1889,
t. 109, p. 323.

Stelle des Wassers aufsenbords blickend, die Färbung. Meist wird man entweder die genau passende Mischung oder eine zwischen den Skalenstufen liegende finden. Man bezeichne sie regelmäfsig nach den Prozentanteilen der g e l b e n Lösung: „Forel 8" bedeutet also, dafs 8 % Gelb mit 92 % Blau gemischt die zutreffende Färbung vorstellen. Wenn einzelne Reisende hiervon abweichend den Farbenproben fortlaufende Ziffern gegeben haben (also nach der obigen Reihe I bis X), so kann das die Verständigung nur erschweren. — In seltneren Fällen entspricht keine der Farbenproben der Meeresfarbe, indem schiefergraue, milchige oder olivene Färbungen hineinspielen: dann beschreibe man diese Abweichungen in Worten, versäume aber nicht, wenigstens die Grundfarbe (der Maler würde sagen: die Untermalung) gemäfs der Forelschen Skala aufzusuchen. Die komplizierteren von W. Ule und E. v. Drygalski gelegentlich versuchten Skalen[1]), wo die olivenen Färbungen durch entsprechende Zusätze einer dritten, braunen Lösung von Kobaltsulfat (1 g mit 9 g Ammoniak in 190 g Wasser) erzielt werden, sind für ozeanographische Zwecke entbehrlich.

Es empfiehlt sich, neben der Wasserfarbe jedesmal auch die Wassertemperatur, den Salzgehalt und womöglich auch die Durchsichtigkeit zu bestimmen; ein Planktonforscher wird aus dem Auftreten grünlicher Nuancen in der sonst blauen Tropensee auf besonders reichlich entwickeltes Plankton schliefsen dürfen. Die bisherigen Untersuchungen haben es sehr wahrscheinlich gemacht, dafs zwischen der Durchsichtigkeit und der Farbe eine einfache Beziehung besteht: je durchsichtiger das Wasser, desto blauer ist es[2]).

Abnorme Färbungen, wozu schon die erwähnten olivenen und schiefergrauen gehören, besonders aber die milchweifsen, braunen, gelben, pflegen in der Regel auf Beimengung von organischen Körpern (Algen, Diatomeen, Peridineen, Kopepoden, Fischeiern) zu beruhen, was durch Aufnahme einer Wasserprobe und Untersuchung mit Lupe oder Mikroskop leicht festzustellen ist.

6. Beobachtung der Meereswellen[3]).

Die Beobachtung der Meereswellen gehört zu den Aufgaben, die ein aufmerksamer Seereisender leicht ausführen

---

[1]) Petermanns Mitteilungen 1892, S. 70, 286; 1894, S. 214.
[2]) K r ü m'm e l in den Geophysikalischen Beobachtungen der Plankton-Expedition, Kiel und Leipzig 1893, S. 89.
[3]) Literatur: B o g u s l a w s k i - K r ü m m e l, Handbuch der Ozeanographie Bd. II, Stuttgart 1887, S. 1—101. — G. S c h o t t,

kann, sei es, dafs er allein vorgeht, sei es, dafs er noch andere freiwillige Gehilfen an Bord für diese Sache interessieren kann, was dann die Messungen erleichtert und vervielfältigt. Aber auch an den Küsten sind Arbeiten dieser Art in beschränktem Umfange möglich. Es ist eigentlich zu verwundern, wie selten eines der wichtigsten Grundmafse der Wellen, ihre Periode, am Meeresstrande, z. B. in Seebädern an ozeanischen oder sonst freiliegenden Küstenpunkten, gemessen wird, obwohl jeder im Sekundenzeiger seiner Taschenuhr alles, was an Hilfsmitteln erforderlich ist, jeden Augenblick zur Verfügung hat. Man hört die Schläge der Strandbrandung mit der Uhr in der Hand ab und notiert der Reihe nach die Stände des Sekundenzeigers; hieraus erhält man die Periode τ als die Zeit zwischen je zwei auf den Strand treffenden Wellen. Da die Periode unverändert bleibt, wenn die Wellen von der hohen See auf die Küste zu und schliefslich auf den Strand laufen, hat man in der Wellenperiode τ ein Mafs, um daraus für die auf hoher See in tiefem Wasser vorhandenen Wellen Länge und Geschwindigkeit zu berechnen. Aus der Wellentheorie (s. S. 584) ergibt sich z. B., dafs, wenn am Badestrand von Westerland bei einem Nordweststurm $\tau = 6$ Sekunden ist, in tiefem Wasser die Wellenlänge $\lambda = 103$ m war, oder wenn bei Bournemouth (Poolebucht am Kanal) die mittlere Periode für 139 nacheinander gezählte Wellen 19.35 Sek. war, so berechnet sich daraus als Wellenlänge für den benachbarten tiefen Ozean $\lambda = 554$ m und eine Geschwindigkeit von $c = 30$ m in der Sekunde. Die am Strande brandende Dünung mit ihren rhythmischen Schlägen sei also den an entlegenen Küstenstrecken, namentlich der hohen südlichen Breiten, weilenden Reisenden zu solcher Beobachtung empfohlen.

Wer an Bord eines Seeschiffes selbst Wellen messen will, trifft meist auf die Schwierigkeit, dafs man in See nur selten ein einfaches, vom herrschenden Wind allein erzeugtes Wellensystem erblickt; in der Regel durchkreuzen sich verschiedene Wellensysteme von verschiedener Stärke und Abkunft. Namentlich in abgeschloseneren Meeren sind unregelmäfsige Wellenbewegungen häufig, während auf den gröfseren Wasserflächen

---

Petermanns Mitteilungen, Ergänzungsheft 109, Gotha 1893. Eine ausführliche Anleitung hat Rottok in den Annalen der Hydrographie 1903, Heft VIII ausgearbeitet. Ohne Kenntnis der deutschen Literatur hat Dr. Vaughan Cornish (Geographical Journal, vol. 23, London 1904, p. 623—645) gearbeitet, im übrigen aber gezeigt, wie weit ein einzelner Reisender an Bord das Problem des Meereswellen fördern kann.

in den Passaten oder auch gelegentlich in den hohen südlichen
Breiten nur ein bis zwei Systeme einander durchkreuzen und
„Interferenzen" bilden. Die Ursache ist darin zu suchen, daſs
im Bereiche zyklonaler Luftbewegungen nahe beieinander sehr
verschiedene Windrichtungen und ihnen entsprechende Wellenbewegungen vorkommen, und daſs sich diese Wellen unabhängig
voneinander fortpflanzen. Dazu kommt, daſs stürmische Winde,
namentlich Böen, Wellen von solcher Gröſse und Geschwindigkeit aufwerfen, daſs diese sich weit aus ihrem Ursprungsgebiete
hinaus über den Ozean verbreiten. So aus dem stürmischen
Gebiet bei Neufundland nicht nur in die Stillenregion der
Roſsbreiten, sondern auch in den Passat, ja über den Äquator
hinaus bis nach Ascension hin, wo diese aus NW kommenden
langen Wellen andern begegnen können, die aus der Region
stürmischer Westwinde südlich von 50 ^{0} s. Br. nach N laufen.
Solche vom örtlichen Winde unabhängigen Wellen nennt man
D ü n u n g und unterscheidet sie von den S e e n des am Orte
herrschenden Windes nicht nur durch ihre Richtung, sondern
auch durch ihre groſse Länge und Periode, bei verhältnis-
mäſsig nicht groſser Höhe. Der Beobachter an Bord eines
Schiffes bemühe sich also, zunächst die S e e und etwaige
D ü n u n g e n zu unterscheiden und bei seinen Messungen aus-
einanderzuhalten. In den meisten Fällen wird e i n Wellensystem durch seine Dimensionen die andern übertreffen.
Man hat also zuerst die Richtung, aus welcher diese Seen
kommen, und die etwa noch vorhandenen Dünungen zu
notieren.

     Für die Messungen der Wellen an Bord macht es weiter
einen Unterschied, ob das Schiff in Fahrt ist oder etwa still-
liegt. Nehmen wir zunächst den letzteren Fall als den einfachsten und denken uns die Lage der Wellenkämme senkrecht
zu der des Schiffskiels. Dann ist sehr bequem auch hier die
W e l l e n p e r i o d e zu bestimmen, indem man wie vorher am
Strande verfährt. Weiter kann man die G e s c h w i n d i g k e i t
messen, mit welcher die Welle über die Wasseroberfläche da-
hinschreitet, indem man eine nicht zu kurze Strecke auf dem
Schiffe (an der Reling) absteckt und am bequemsten von zwei
an den Enden der Strecke aufgestellten Beobachtern den Augenblick melden läſst, wo der Wellenkamm die Marken passiert.
Ist die W e l l e n l ä n g e, d. h. der Abstand von Kamm zu
Kamm, kürzer als das Schiff, so läſst sie sich am Schiffskörper
leicht bezeichnen, am besten von zwei Beobachtern auf ge-
gebenes Signal. Ist die Wellenlänge gröſser als das Schiff,
so läſst sie sich bei stillstehendem (verankertem) Schiff nur

dann messen, wenn etwa vorhandener Strom eine ausgeworfene Logge in der Kielrichtung mitnimmt. Macht die Stromrichtung mit der Bewegungsrichtung der Wellen einen Winkel ϑ, so hat man die gemessene Länge mit $cos\ \vartheta$ zu multiplizieren, um die wahre Länge zu erhalten; vorausgesetzt allerdings, dafs der Winkel ϑ kleiner als 45^0 ist, sonst wird das Resultat unsicher.

Befindet sich das Schiff in Fahrt, so ist es notwendig, Kursrichtung und Geschwindigkeit des Schiffes zu kennen; man verwandelt Knoten Fahrt pro Stunde durch Multiplikation mit 0.5144 in Meter pro Sekunde. Die vorher gegebenen Regeln erleiden nur eine einfache Modifikation, wenn Schiff und Wellen in der gleichen oder entgegengesetzten Richtung laufen, indem alsdann nur die Schiffsgeschwindigkeit zu der der Wellen algebraisch zu addieren ist. Nennen wir die Fahrt des Schiffes in m. p. s.: V, die von der Welle zum Passieren der abgesteckten Distanz D (in Metern) gebrauchte Zeit t (in Sekunden), so ist die wahre Wellengeschwindigkeit $c = \dfrac{D}{t} \pm V$, ferner die Wellenlänge $\lambda = t\ (c \pm V)$ und die Periode $\tau = \dfrac{\lambda}{c}$. — Wenn der Kurs des Schiffes nicht rechtwinklig zu den Wellenkämmen, sondern schräg mit dem Winkel ϑ zu denselben liegt (wiederum vorausgesetzt, dafs $\vartheta < 45^0$), so multipliziert man die scheinbare Wellengeschwindigkeit mit $cos\ \vartheta$. — Die Wellenlänge in solchen Fällen direkt zu messen, ist die Logge geeignet; freilich wird dies Verfahren leicht zu grofse Wellenlängen geben.

Nach der Wellentheorie bestehen zwischen den Wellenmafsen folgende allgemeine Beziehungen (abgesehen von $\lambda = c\tau$):

1. $\tau = \sqrt{\dfrac{2\pi}{g} \cdot \lambda} = 0.8\ \sqrt{\lambda}$

2. $\lambda = \dfrac{g}{2\pi} \cdot \tau^2 = 1.56\ \tau^2$ } angenähert.

3. $c = \dfrac{g}{2\pi} \cdot \tau = 1.56\ \tau$

4. $\tau = \dfrac{2\pi}{g} \cdot c = 0.64\ c$

5. $\lambda = \dfrac{2\pi}{g} \cdot c^2 = 0.64\ c^2$ } angenähert.

6. $c = \sqrt{\dfrac{g}{2\pi} \cdot \lambda} = 1.25\ \sqrt{\lambda}$

Hierin bedeutet g die örtliche Beschleunigung der Schwere (9.81 m in 45^0 Br.). Diese theoretischen Beziehungen kann man benutzen, um die wahre Wellenperiode τ aus der während der Fahrt gemessenen scheinbaren Periode τ' zu berechnen. Aus $\lambda = c\tau$ wird zunächst $\lambda = (c \pm V\ cos\ \vartheta)\ \tau'$ und $\dfrac{g}{2\pi}\ \tau^2 = \left(\dfrac{g}{2\pi}\ \tau \pm V\ cos\ \vartheta\right)\ \tau'$ und nach Auflösung der quadratischen Gleichung

$$\tau = \frac{\tau'}{2} \pm \sqrt{\left(\frac{\tau'}{2}\right)^2 \pm \frac{2\pi}{g}\ \tau' \cdot V \cdot cos\ \vartheta}.$$

Schwieriger ist es, die **Wellenhöhe** zu messen, d. h.
den Niveauunterschied zwischen dem höchsten Punkte des
Wellenkammes und dem tiefsten Punkte des Wellentales.
Sind die Wellen von so beträchtlicher Höhe, daſs sie, wenn das
Schiff im Wellental ist, dem Beobachter die Kimm verdecken,
so kann dieser auf den Deckaufbauten oder in den Wanten
mittschiffs eine Höhe aufsuchen, wo er, über die Wellenkämme
hinwegvisierend, diese mit der Kimm in Linie bringt. Die
Höhe seines Auges über der Wasseroberfläche gibt dem Beobachter dann die Wellenhöhe. Freilich ist die Lage der
Wasserlinie mittschiffs wohl meist in solchen Fällen etwas tiefer
als im schlichten Wasser, und es ist ratsam, sich über die
Gröſse dieser Abweichung zu vergewissern [1]). — Mehrfach, so
zuerst von Neumayer, später von Abercromby und Schott, ist
versucht worden, in sehr hohem Seegang die Wellenhöhen
mit feinen Aneroidbarometern zu bestimmen; eine Mikrometer-
ablesung ist dazu notwendig, um die kleinen Schwankungen
zu messen, denn ein Höhenunterschied von 12 m gibt erst
1 mm am Aneroid. Die modernen groſsen und langen Schiffe
folgen dem Wellenprofil jedoch unvollkommener als einst die
kleinen Segler. Auf diesen allein war es nur denkbar, so zu
verfahren, wie Humboldt einmal auf der Fahrt von Guayaquil
nach Acapulco (9.—11. März 1803) getan. Nach seinem
kurzen Bericht (im „Kosmos" Bd. 4. S. 309) maſs er bei hellem
Sonnenschein in der hochlaufenden See mit dem Sextanten den
Winkel zwischen der Sonne und dem nächsten Wellenkamm
zunächst, wenn sich das Schiff auf dem Wellenberg, und sodann, wenn es sich im Wellental befand. Die Differenz δ
beider Winkel gibt dann den Böschungswinkel, d. h. den
spitzen Winkel, mit dem sich der Abhang des Wellenberges
aus der Tiefe des Wellentals erhebt. Hat man auſserdem die
Wellenlänge λ gemessen, so ist die Wellenhöhe $h = \frac{1}{2} \lambda\, tang\, \delta$.
Wenn zwei Beobachter zur Verfügung stehen, kann der
eine die Sonnenhöhen auf den Wellenkämmen, der zweite in
den Wellentälern messen; ein einzelner Beobachter dürfte sich
wohl darauf beschränken, erst eine Serie der Sonnenhöhen
auf den Kämmen, dann eine zweite in den Tälern zu messen
und dann aus den Mittelwerten die Differenz δ zu nehmen. —
Bei kleinen Wellen wird man von hochbordigen Seeschiffen
aus versuchen, die äuſsere Schiffswand aus einem Seitenfenster
oder von einer Treppe aus zu übersehen und danach die

---

[1]) Vgl. Dr. Weitlauer in Mitteilungen aus dem Gebiete des See-
wesens 1902, S. 985.

Wellenhöhen abzuschätzen. Der zur selbsttätigen Registrierung bestimmte Apparat von Pâris und die Meßlatte von Froude, die man in den Handbüchern beschrieben findet, sind sehr kostspielig, unbequem zu handhaben und darum nicht empfehlenswert. Indes wäre ein die Wellenform selbsttätig aufschreibendes Pegel sehr erwünscht, um danach mit den Hilfsmitteln der harmonischen Analyse (s. Dr. Börgen, Beobachtungen über Ebbe und Flut) die einzelnen Wellenelemente gesondert bestimmen zu können. Auch das photogrammetrische Verfahren verdient ernstlichere Anwendung, als ihm bisher zuteil geworden (vgl. die Artikel von Finsterwalder und Hoffmann).

Bloße Schätzungen der Wellenhöhen nach dem Augenmaß sind ohne Wert und führen zu übertriebenen Angaben. Die neueren Messungen haben festgestellt, daß Höhen von 6 m in starken Stürmen nicht immer überschritten werden und Höhen von mehr als 12 m ganz außerordentlich selten sind; die höchste verbürgte Messung geht auf 15 m.

Es liegt in der Natur der Sache, daß Wellenbeobachtungen nur genäherte Werte ergeben können, und auch bei regelmässig entwickelter See wird erst das Mittel aus zehn Werten ein gutes Resultat vorstellen. Doch ist es erwünscht, auch die Maße jeder einzelnen Welle mitzuteilen, denn die Seeleute aller Zeiten haben behauptet, daß namentlich bei höherem Seegang immer einige besonders große Wellen in eine Reihe kleinerer eingeschaltet sind. Bei den Alten ist es bald eine Gruppe von drei Wellen (*Trikymie*), bald jedesmal die zehnte in einer Reihe, die sich vor den andern durch Größe auszeichnen sollen. Auch in der Ostsee kennen die Fischer eine solche Trikymie, die sie die Mutter mit den beiden Töchtern nennen. An den Küsten mit starker Brandung gilt bald die fünfte, bald die siebente als die höchste. Dr. V. Cornish wollte eine solche regelmäßige Anordnung hervorragend hoher Wellen von der oberen Kommandobrücke eines großen Schnelldampfers sogar gesehen haben und hält sie für die Urwellen der später, nach dem Abflauen der kürzeren Windseen, zum Vorschein kommenden Dünung. Ist das berechtigt, und sind nicht auch in der Dünung selbst solche Steigerungen nachweisbar?

Weiter sind Beobachtungen erwünscht über die Tiefe, bis zu welcher die Wellenbewegung hinabreicht. Auch die Art der Bewegung, die die Wasserteilchen im Bereiche einer Welle vollführen, ist anders in sehr tiefem wie in flachem Wasser: im letzteren schieben sie sich mehr wagerecht hin und her. Bei Tauchversuchen gibt sich gute Gelegenheit dazu, dieses

zu verfolgen, auch **Messungen** über das Ausmaſs der horizontalen und vertikalen Schwingung auszuführen. Für Selbst-
registrierung haben **Aimé** und **Nansen** geeignete Apparate
angegeben [1]).

Einen Anhalt, wie tief die Wellenbewegung hinabreicht,
gewährt ihr Verhalten über Bänken, die sich aus ozeanischen
Tiefen erheben. Nach Tizards Beobachtungen soll schon eine
Verminderung der Tiefe von 1200 auf 500 m über dem Wyville Thomsonrücken zwischen Schottland und den Färöer ein
Anwachsen der Wellenhöhen erkennen lassen. Von andern wird
ähnliches von der Groſsen Neufundlandbank, der Agulhasbank
oder den Bänken bei Staten I. erwähnt: exakte Messungen
wären hier wie sonst an ähnlichen Stellen sehr erwünscht. —

Am Strande sollen nach der Theorie die Wellen branden,
sobald die Wassertiefe gleich der Wellenhöhe ist; die Wassertiefe ist dabei nicht nach dem Kartenniveau der Seekarten
(meist Springniedrigwasser), sondern durch Messung im Einzel-
falle festzustellen und als Wasseroberfläche das Niveau in der
Mitte zwischen Wellenkamm und Wellental zu nehmen. Es
kommen von dieser sonst praktisch bestätigten Regel auch
Ausnahmen insofern vor, als brandende Wellen sogar in Tiefen
von mehr als 20 bis 70 m gesehen worden sind: ob es sich
in solchen Fällen um wirkliche Brandung oder nur um das
bei jeder stürmisch bewegten See eintretende Überbrechen der
Wellenkämme handelt, bedarf noch der Nachprüfung.

Besonders interessante Probleme gewährt das Verhalten
der Wellen gegenüber dem Wind und ihre Umformung bei
der Änderung der Windstärke. Die modernen hydrodynamischen Theorien, wie sie auf Helmholtzs Grundlage zuletzt
W. Wien [2]) entwickelt hat, sind nicht immer in Einklang mit
den Beobachtungen an Bord. Entspricht die von **Airy** aufgestellte Behauptung, daſs die Wellen so lange überfallende
Schaumkämme zeigen, als sie die der vorhandenen Windstärke
angemessene Höhe noch nicht erreicht haben, den Tatsachen?
In welchem Maſse nimmt die Wellenhöhe, -länge und -ge-
schwindigkeit zu, wenn der Wind sich gleichbleibt? Wie
ändern sie sich, wenn der Wind zunimmt? Wie, wenn er
abflaut? Nach Pâris soll die Wellenlänge bei zunehmendem
Wind sehr rasch, die Höhe sehr langsam wachsen. Daſs sich

---

[1]) Aimé in Poggendorffs Annalen 1842, Bd. 57, S. 584; Nansen
in Nyt Magazin f. Naturvidenskab. Bd. 39, Heft 2, Kristiania 1901,
S. 163—187.
[2]) Wiedemanns Annalen d. Physik, Bd. 56, 1895, S. 100—130.
Auch Wien, Lehrbuch der Hydrodynamik. Leipzig 1900.

.die langen Wellen sehr zähe halten, also über die weitesten Strecken fortpflanzen können, entspricht der Theorie[1]) und den Beobachtungen in See wie an den Brandungen des Flachstrandes.

Stehende Wellen. — In einigen abgeschlossenen Meeresteilen, Golfen, Baien und Strafsen, auch an ozeanischen Flachküsten, sind regelmäfsige Niveauschwankungen von geringem Ausmafs den Anwohnern bekannt oder an den Aufzeichnungen der registrierenden Wasserstandszeiger bemerkt worden. Die Periode dieser Schwankungen ist zu kurz (5—90 Minuten), um mit dem Gezeitenphänomen unmittelbar in Zusammenhang gebracht zu werden; und andrerseits wieder zu lang, um von dem Seegang oder der Dünung abzuhängen; das Phänomen ist auch viel zu häufig, um es als Folge von Erderschütterungen oder Vulkanausbrüchen zu betrachten. Am nächsten steht die Erscheinung den in Binnenseen so regelmäfsig auftretenden „stehenden Wellen" oder *seiches*, wie sie am Genfer See genannt werden und in ihren Gesetzen von F. A. Forel und seinen Mitarbeitern so klar enthüllt worden sind. In einzelnen Fällen sind sie verantwortlich für periodisch alternierende Strömungen, so in der Strafse des Euripus, wo sie in der Zeit aufserhalb der Springfluten etwa 11—14 mal täglich unter der Brücke von Chalkis die Richtung wechseln; nach vorliegenden Beobachtungen gehen sie dort Hand in Hand mit Niveauschwankungen von 87 Minuten Periode[2]). Im Hafenkanal von Poros an der Nordküste von Argolis fand Makarof ähnliche Niveauschwankungen von 30 Minuten Periode und einer Hubhöhe von 15—40 cm, bei Abwesenheit fast aller Gezeiten. Andre Beobachtungen liegen von Helgoland, Helder, Ymuiden, vom Bristolgolf, aus Auckland, Kerguelen, Südgeorgien, der Fundybai und sonst vor, so dafs es sich offenbar um eine der verbreitetsten Erscheinungen an den Küsten handelt. Entstehung und Ursachen derselben sind jedoch noch in ziemliches Dunkel gehüllt; man kann entweder an Überlagerungen verschiedener Dünungen oder an Differenzwellen (siehe Dr. Börgen, Beobachtungen über Ebbe und Flut) oder an Gezeitenwellen von übergeordneter kurzer Periode (Obertiden) denken oder, wie bei den *seiches* der Binnenseen, an meteorologische Ursachen. Wahrscheinlich sind diese Wellen durchaus nicht überall desselben Ursprungs.

7. Meeresströmungen.|

Es ist nicht nur ein rein wissenschaftliches, sondern auch ein hervorragend praktisches Interesse, das die Erforschung der Meeresströmungen als eine der lohnendsten Aufgaben erscheinen läfst, die sich dem Beobachter in See darbieten. Die Hilfsmittel, einen Einblick in diese grofsartigen Verschiebungen der ozeanischen Wassermassen zu gewinnen, sind sehr viel-

---

[1]) Boussinesq in Comptes Rendus Acad. tome 120 und 121. Paris 1895.

[2]) Petermanns Mitteilungen 1888, S. 331 f.

seitig: die Handbücher der Ozeanographie pflegen sich eingehend damit zu beschäftigen. Hier sollen sie nur in kurzer
Übersicht dargelegt werden.

An erster Stelle steht die sogen. Stromversetzung,
die sich aus der Schiffsrechnung ergibt, als der Unterschied
zwischen dem observierten und gegifsten Besteck. Da den
astronomischen Ortsbestimmungen ein Fehler anhaftet, der sich
etwa durch einen Kreis von drei Seemeilen um den erhaltenen
Schiffsort ausdrücken läfst, werden Stromversetzungen von
weniger als 6 Seemeilen in 24 Stunden in der Regel nicht
als beachtenswert gerechnet und nur, wo absolut sichere Ortsbestimmungen (durch Landpeilungen) vorliegen, nicht als
„Stromstille" registriert. Stromversetzungen enthalten nicht
nur die Fehler der astronomischen Ortsbestimmung, sondern
(im gegifsten Besteck) auch die Fehler in Kurs und abgelaufener
Entfernung, bei Seglern und langsamen Dampfern in der
Schätzung der Abtrift, bei eisernen Schiffen die Fehler in der
Deviation. Man wird deshalb nur solchen Angaben für die
Stromversetzung alles Vertrauen entgegenbringen, die durch
ein sorgfältig geführtes meteorologisches Schiffsjournal, wie es
die Deutsche Seewarte vorschreibt, gestützt werden.

Bei stillstehendem und verankertem Schiff hat man instrumentelle Hilfsmittel, um die Strömung nach Richtung und
Stärke zu messen. Ob sich der in der jüngsten Zeit von
Fridtjof Nansen im Zentrallaboratorium für die internationale
Erforschung der nordeuropäischen Meere (in Kristiania) konstruierte Strommesser im Bordgebrauch bewähren wird, bedarf
noch weiterer Prüfung; er ist dazu bestimmt, gleichzeitig sowohl die Stromrichtung wie auch die Geschwindigkeit in einer
beliebigen Tiefe zu registrieren. Er vereinigt demnach die
bisher von zwei besonderen Instrumenten geleisteten Aufgaben:
die des Stromweisers von Aimé, gewöhnlich Stromindikator
von Irminger genannt, und die eines Flügelradstrommessers
(Woltmann, Amsler-Laffon u. a.), wie sie die Strombautechniker
in Flüssen verwenden, um die Verteilung der Stromgeschwindigkeit in einem bestimmten Durchflufsprofil zu bestimmen. In
der ozeanischen Tiefsee verankerte Schiffe sind namentlich,
wenn ein kräftiger Oberstrom herrscht, einem starken Gieren
und Schwaien ausgesetzt und können sich periodisch bald auf
den Anker hin, bald von diesem weg bewegen (die Periode
wird von der Länge des frei im Wasser hängenden Ankertaues
abhängen), ohne dafs es immer gelingt, diese Störung zu
eliminieren. Das relativ beste Hilfsmittel ist, mit Patent- oder
Relingslogge stetig oder in kurzen Intervallen wiederholt den

Oberflächenstrom zu messen, wobei ein Auf- und Abgieren in der Kielrichtung meist erkannt und gemessen werden wird. Pillsbury, der im westindischen Golfstromgebiet Tiefenströme gemessen hat[1]), versäumte diese Vorsichtsmafsregel.

Unterströme kann man in geringeren Tiefen auch durch Treibbojen messen, indem man zwei genau gleichgestaltete zylindrische Körper in erforderlichem Abstande untereinander durch einen dünnen Lotdraht verbindet und den unteren Körper so beschwert, dafs der obere genau an der Oberfläche schwimmt. Ist in der Tiefe ein nach Stärke und Richtung verschiedener Strom vorhanden, so kann man aus der resultierenden Trift des Oberflächenkörpers nach dem Parallelogramm der Kräfte den Unterstrom für sich finden, wenn der Oberstrom bekannt ist. In hoher See werden solche Messungen nur bei gutem Wetter vom Boot aus ausführbar sein.

Unvollkommener sind die Hilfsmittel, die dem Meeresstrome einen Treibkörper überliefern und es dem Zufall überlassen, wo er nach längerer oder kürzerer Zeit wiedergefunden wird. Hierzu gehören zunächst die Flaschenposten oder Treibbojen, die, in den heimischen Meeren von Leuchtschiffen oder Tourendampfern in kurzen Intervallen ausgeworfen, schon manche sehr wertvolle Aufklärung über Stromvorgänge geliefert haben. Um die treibenden Flaschen der Einwirkung des Windes zu entziehen, hat man teils vorgeschrieben, einen kleinen Sandballast hineinzufügen, teils zwei Flaschen in einem kurzen Abstand (2,5 m) zu verbinden und die untere voll Wasser laufen zu lassen. Nach den Erfahrungen bei den Flaschenposten der Deutschen Seewarte scheinen solche Mafsregeln entbehrlich. Da von ausgesetzten Flaschen nur ein kleiner Bruchteil (etwa $\frac{1}{6}$) wieder zum Vorschein kommt, empfiehlt es sich, an erwünschten Stellen mindestens 7, womöglich 10 Flaschen auf einmal auszuwerfen. Flaschenpostzettel sind von der Deutschen Seewarte zu beziehen; als Treibflaschen besonders geeignet scheinen die stark im Glase gehaltenen Seltersflaschen, die man verkorkt. Wo ein reichliches Material vorhanden ist, wie z. B. für den Nordatlantischen Ozean im Archiv der Seewarte, können Flaschenposten mancherlei wertvollen Aufschlufs über die Zusammenhänge der oberflächlichen Meeresbewegungen liefern. Sonst beweisen sie nur, dafs zwischen dem Anfangs- und Endpunkt der Trift ein zusammenhängender Weg möglich ist.

---

[1]) Annalen der Hydr. 1896, S. 279 f.

Ganz vom Zufall gelieferte Treibkörper können unter
Umständen sehr wichtig werden. So die von den westindischen
Küsten abgerissenen Tange (Sargasso) und Riesenschoten
(Entada gigalobium), die Treibhölzer der nordischen
Meere; ja auch die Triftbahnen von wrack gewordenen und
auf der Ladung treibenden Schiffen gehören hierzu, zumal
wenn sie vielfach in ihren verschiedenen Positionen gemeldet
werden. Solchen Triften pflegt auch der Seemann stets ein
besonderes Interesse entgegenzubringen; der an Bord befindliche
wissenschaftliche Reisende wird nicht versäumen, mit gröfster
Schärfe den Befund zu beschreiben (von den treibenden Tangen
usw. auch Proben mitzunehmen). In den höheren Breiten sind
die treibenden Eisberge ein sehr wichtiges Hilfsmittel, um
die herrschende Meeresströmung zu verfolgen; vermöge ihres
grofsen Tiefganges sind sie vom Winde ziemlich unabhängig.
Auch sonst versäume man nicht, sie und etwaiges Treibeis so
genau als möglich zu beschreiben; Angaben über Schiffsort,
Dimensionen (die Höhe über dem Meeresspiegel kann man
trigonometrisch gut bestimmen, nachdem man den Abstand vom
Schiff auf akustischem Wege mit der Dampfpfeife durch das
Echo gemessen), die Schichtung, Farbe, Reinheit oder Ver-
setzung mit Erde oder Einschlüsse von Steinen, werden sich
meist beibringen lassen. Bemerkt man, dafs ein Eisberg auf
Grund geraten ist, so suche man Angaben über die Wassertiefe zu erhalten; es wird sich daraus auch das Verhältnis
der ausgetauchten Masse zu der unter Wasser befindlichen beurteilen lassen. —
     Indirekte Hilfsmittel, um die Wege der Meeresströmung
zu verfolgen, bieten sich in den Eigenschaften des Wassers
selbst dar: die Temperaturen, der Salzgehalt, die Farbe und
sehr deutlich auch Qualität und Quantität des Planktons liefern
in dieser Hinsicht wichtige Indizien; namentlich die Grenzen
gewisser Strömungen lassen sich aus diesen Merkmalen schärfer
bestimmen, als aus Stromversetzungen oder Strommessungen.
Ebenso sind auch die Tiefenströme durch bestimmte derartige
Merkmale gekennzeichnet.
     Eine auffällige, aber noch wenig systematisch untersuchte
Erscheinung sind die Stromkabbelungen, die nicht nur
an den Grenzen, sondern anscheinend auch im inneren Bereiche
der Strömungen vorkommen: es sind kurze und kleine Wellen,
die sich in einem deutlichen, meist schmalen Streifen, oft
schäumend und geräuschvoll überbrechend, weithin über die
Meeresoberfläche verfolgen lassen. Man vermerke die Richtung,
in der sie liegen, und, wenn es möglich ist, auch die Richtung,

in der sie fortschreiten, untersuche Temperatur, Salzgehalt, Wasserfarbe und Plankton zu ihren beiden Seiten. In nicht zu grofser Entfernung vom Land werden diese Stromkabbelungen auch wohl durch Schmutzstreifen verdeckt, in denen sich oft abgestorbene gröfsere Seetiere, Tange, treibende Baumzweige befinden.

In flacheren Gebieten sind die Gezeitenströme der Beobachtung der eigentlichen Meeresströme sehr hinderlich, am meisten da, wo die Flutwellen hoch sind, was in Meeresbuchten und Strafsen der Fall zu sein pflegt.

Beigegebene Karte stellt das Bild der Meeresströme dar, wie es sich gemäfs den neuesten Untersuchungen ergibt, wobei aber sogleich betont sei, dafs es sich nur um eine schematische Übersicht über das System der Meeresströmungen handelt, sowohl nach ihrer durchschnittlichen Richtung wie nach der Stromstärke. In Wirklichkeit werden beide oft von den Angaben der Karte abweichend gefunden werden; die schwächeren Ströme von weniger als 24 Seemeilen in 24 Stunden wird man überall durch die Richtung und Stärke des örtlich gerade herrschenden Windes beeinflufst finden. Für die Tropenzone, deren Windsysteme im Sommer und Winter verschieden sein können, ist es deshalb nötig gewesen, ein besonderes Bild der allgemeinen Anordnung ihrer Strömungen im Juli und August der Hauptkarte anzufügen; diese selbst gibt das Strombild für Januar und Februar.

Im folgenden mögen die Meeresstriche noch besonders hervorgehoben werden, die unsicher oder strittig oder abweichend gegen sonstige Auffassungen im gegebenen Kartenbilde erscheinen.

Im Atlantischen Ozean. — Der einst auf älteren Karten im Biskaya-Golf eingetragene Rennellstrom ist hier nicht mehr berücksichtigt. Die Triftexperimente des Fürsten Albert von Monaco und des Leutnants Hautreux, sowie die sorgsame Analyse der deutschen Schiffsjournale durch den verstorbenen Abteilungsvorsteher der Seewarte, L. E. Dinklage haben übereinstimmend ergeben, dafs der Strom hier unmittelbar vom Wind beherrscht ist, und dafs die früheren Beobachter teils durch den Gezeitenstrom, teils durch unrichtig beurteilte Kompafsdeviation getäuscht worden sind.

Der Guineastrom bietet noch eine gewisse Unsicherheit in zwei Punkten dar. Seine Ausdehnung zwischen den beiden Äquatorialströmen nach Westen hin im Sommer und sein Verhalten bei der Sierra-Leona-Küste im Winter bedürfen noch gründlicheren Studiums; für die Darstellung auf der Hauptkarte ist das Verhalten der Oberflächentemperaturen mafsgebend gewesen, denn diese zeigen, dafs das kühle Wasser der Kanarienströmung in 12° n. Br. nach Westen von der Küste hinwegströmt, während südöstlich davon um 5° wärmeres Wasser vor der Küste lagert.

Der Labradorstrom über der Neufundlandbank ist nach den Wassertemperaturen und dem Weg der Eisberge gezeichnet; sein weiterer Verlauf im Nordatlantischen Ozean gemäfs den Ergebnissen der Plankton-Expedition (1889) und den Untersuchungen von G. Wegemann (1899).

Im nördlichen Eismeer sind die Untersuchungen Fridtjof Nansens für das nördlich von Sibirien gelegene Gebiet und Petterssons, Nansens und Hjorts für das Nordmeerbecken zwischen Island und den Lofoten benutzt; die äufsersten Ausläufer der sogenannten Golfstromtrift in der Barents-See sind nach Knipowitsch und Breitfufs eingetragen.

In den hohen Breiten des Südatlantischen Ozeans ist die Ausdehnung des Brasilienstroms bis 48° südl. Breite und ebenso das Vordringen des Agulhasstroms bis 12° östl. Länge gemäfs meinen auf das Material der Seewarte gestützten Untersuchungen aus dem Jahre 1888. —

Im Indischen Ozean mufste der bei Kerguelen nach Süden umbiegende Zweig der Westwindtrift, gegen den schon lange Bedenken vorlagen, auf Grund der Erfahrungen der deutschen Südpolar-Expedition an Bord des „Gaufs" verschwinden; die Stromvorgänge der Breiten jenseits 60° südl. Breite sind nach derselben Quelle eingezeichnet.

Die bemerkenswert starken Stromversetzungen unter der Somaliküste haben bei dem Anwachsen des Dampferverkehrs besonderes Interesse; namentlich im Südwestmonsun sind in Küstennähe nach neueren Beobachtungen Versetzungen häufig von 90—100, vereinzelt bis 110 Seemeilen in 24 Stunden verzeichnet, während die Stromstärken im Nordostmonsun 60—80 Seemeilen selten zu überschreiten scheinen.

Noch recht unklar sind die Stromverhältnisse im Gebiet zwischen Java und Nordwestaustralien, das abseits von der modernen Schiffahrt gelegen ist. Hier wären Strombeobachtungen besonders erwünscht.

Das Strombild des Australasiatischen Mittelmeeres ist nach den niederländischen und englischen Arbeiten stark verwickelt; unsre Karte versucht, einen gewissen Zusammenhang in den Wasserbewegungen der beiden Monsunzeiten zum Ausdruck zu bringen. —

Der Pazifische Ozean erscheint gegen die frühere Karte in einem wesentlich veränderten Bilde. Es hält sehr schwer, in den sich sehr widersprechenden Einzelbeobachtungen ein System von Wasserbewegungen zu erkennen, obwohl es notwendigerweise ein solches auch im tropischen Teil geben mufs. Ich habe mich bemüht, für die beiden extremen Jahreszeiten das wahrscheinlichste Bild aus den Atlanten der deutschen Seewarte und des englischen Hydrographischen Amtes zu finden. Das Material ist aber namentlich im zentralen Gebiete zwischen den Hawaii-, Marquesas- und Gilbert-Inseln noch recht lückenhaft und im Bereiche der Salomonen und des Bismarck-Archipels nicht ohne Widersprüche. Hier sind gute Strombeobachtungen besonders erwünscht. Es scheint die Zeit noch nicht sehr nahe, wo man über die Ausdehnung der Äquatorial-Gegenströmung in unsern Wintermonaten etwas Gewisses aussprechen kann.

Für die Gegend westlich von Zentralamerika sind die Arbeiten von Dr. C. Puls (1895), für den Kuro-shio die wichtigen

Untersuchungen von G. Schott (1893) und für die ostasiatischen Randmeere diejenigen Makaroffs (1894) herangezogen. Ist hierdurch auch eine gute Grundlage gewonnen, so bleiben weitere sorgsame Strombeobachtungen, vervollständigt durch die der Temperaturen und des Salzgehaltes, aus den genannten Gegenden immer erwünscht.

Endlich ist das Umbiegen der südlichen Äquatorialströmung südlich von den Samoainseln bis nach Neuseeland und den Chatham-Inseln hin sorgfältiger weiterer Untersuchungen bedürftig; unsere Darstellung beruht auf deutschen Schiffsjournalen aus der Zeit bis 1886 und den neueren englischen Stromkarten. Die Strömungen sind meist recht schwach und grofse Unterschiede in den Wassertemperaturen hier nicht bekannt, abgesehen vielleicht von der Gegend um die Chatham-Inseln und nordöstlich davon (bei etwa 30° südl. Breite, 170° westl. Länge), sowie einer vereinzelten älteren Beobachtung in 48° südl. Breite, 130—125° westl. Länge.

Meteorologische Beobachtungen und Förderung der Meteorologie und Klimatologie überhaupt.

Von

J. Hann.

Der Reisende kann nach vier Richtungen hin im Dienste der Meteorologie und Klimatologie tätig sein: 1. durch eigene regelmäfsige Aufzeichnungen der meteorologischen Erscheinungen mit oder ohne Instrumente; 2. durch Erkundigungen über die allgemeinen klimatischen Verhältnisse der bereisten Landstriche; 3. durch Anregung zu meteorologischen Beobachtungen an Orten, wo sich hierzu geeignete Persönlichkeiten finden, die Interesse dafür zeigen; 4. durch Sammeln schon vorhandener, noch nicht bekannter meteorologischer Aufzeichnungen.

I. Meteorologische Aufzeichnungen auf Reisen.

Zur ersten Orientierung mögen einige Bemerkungen darüber Platz finden, inwieweit die meist zeitlich und örtlich verstreuten meteorologischen Aufzeichnungen eines Reisenden für die Wissenschaft wertvoll sind. Dabei ist zu unterscheiden zwischen meteorologischen Beobachtungen zur See und auf dem Lande.

Über den Ozeanen erleiden die meteorologischen Erscheinungen geringere örtliche Modifikationen, und jede einzelne Beobachtung hat deshalb für einen gröfseren Umkreis Gültigkeit. Aus relativ wenigen solchen Beobachtungen, die z. B. über ein bestimmtes Gradfeld verteilt sind, lassen sich schon Mittelwerte ableiten, welche auf die allgemeinen meteorologischen Verhältnisse dieser Meeresgegend Schlüsse ziehen lassen. Dazu kommt, dafs wir uns überhaupt über die mittleren sowie über die extremen meteorologischen Zustände über den Ozeanen nur durch Beobachtungen auf Reisen, also auf Schiffen, unterrichten können. Die ganze ozeanische Meteorologie kann nur auf Reisebeobachtungen gegründet werden, und die Ozeane bedecken rund Zweidrittel der ganzen Erdoberfläche. Daraus erhellt die aufserordentliche Wichtigkeit meteorologischer Beobachtungen auf Schiffen. Dazu kommt noch die Bedeutung derselben für die Untersuchung von Stürmen usw., also für die sogen. synoptische Meteorologie. Meteorologische Beobachtungen auf Überlandreisen lassen sich schwieriger verwerten, und zwar um so weniger, je kupierter, abwechslungsreicher das bereiste Terrain ist. In diesen Fällen wird sich der Reisende in Beziehung auf instrumentelle Beobachtungen auf jene beschränken, die er im Interesse der Landesaufnahme für wünschenswert hält zur Feststellung der vertikalen Gliederung des Landes. Dazu dienen bekanntlich Beobachtungen des Luftdruckes und der Temperatur an jenen Punkten, deren Seehöhe bestimmt werden soll. Aufzeichnungen über den Zug der höheren Wolken und der gleichzeitigen Windrichtung unten an der Erdoberfläche, sowie über andre meteorologische Erscheinungen, die später noch angeführt werden, sind selbst vereinzelt von Interesse. Führt die Reise auf weiten Strecken durch ebenes Land in bisher mehr oder weniger unbekannten Teilen des Innern der Kontinente, durch flache Wüsten und Steppen oder über Plateauländer, so werden die meteorologischen Aufzeichnungen wertvoller, wenn sie auch örtlich verstreut sind, namentlich wenn sie regelmäfsig zu bestimmten Tageszeiten angestellt werden. Sie lassen sich ähnlich wie jene über den Ozeanen leichter in Gruppenmittel vereinigen und an die Beobachtungsergebnisse andrer Reisenden in der gleichen Gegend anschliefsen. Die meteorologischen Beobachtungen von Rohlfs und Nachtigal in den afrikanischen Wüsten, von Pschrewalski und Sven Hedin in den Wüsten und Steppen Asiens und andre sind ermunternde Beispiele dafür. Ähnliche Aufzeichnungen aus dem Wüstengebiet von Arabien z. B. wären von hohem Werte, ebenso aus dem Innern von Australien und ähnlichen klimatisch unbekannten Erdstrichen von einförmiger Bodengestaltung.

A. Anstellung mehr oder minder vollständiger Beobachtungen an Instrumenten.

Auf der Reise selbst sind die im vorigen aufgestellten Gesichtspunkte zu beachten.

Selbst im günstigsten Falle wird sich der Reisende auf

die Ablesung der Temperatur, des Aneroides, eventuell noch eines Hygrometers beschränken und zugleich stets die Windrichtung und den Grad der Himmelsbedeckung notieren; vielleicht auch noch den Wolkenzug, dies alles, wenn möglich zu festen Tageszeiten, welche natürlich durch die Haltepunkte bestimmt sein werden und dem Morgen, Nachmittag und Abend entsprechen sollten.

Bei längerem Aufenthalte an einem Orte aber sollten diese Aufzeichnungen nicht versäumt und die später empfohlenen Tageszeiten zu den Ablesungen der Instrumente eingehalten werden. Dazu käme dann noch eventuell die Aufstellung der gleichfalls im nachstehenden spezieller empfohlenen meteorologischen Registrierinstrumente. Die Ergebnisse solcher Beobachtungen werden, selbst wenn sie für die allgemeine Meteorologie zunächst keinen besonderen Wert erlangen sollten, doch für die physische Geographie der Gegend von grofsem Interesse sein und dem Geographen und Geologen manche Fingerzeige geben zur richtigen Beurteilung der ihn interessierenden Erscheinungen.

Im nachfolgenden wird nun versucht, Anweisungen zu geben, wie der Reisende bei der Aufzeichnung der wichtigsten meteorologischen Elemente am besten vorgehen mag.

Temperatur. 1. Lufttemperatur. Die benutzten Thermometer sind bewährten mechanischen Werkstätten zu entnehmen (s. darüber am Schlusse) und sind tunlichst vor und nach der Reise an einem meteorologischen Zentralinstitute oder einem Thermometer-Prüfungsamte (Phys. technische Reichsanstalt Berlin, National Physical Laboratory Kew, Normal-Eichamt Wien usw.) einer Vergleichung mit einem Normalthermometer unterziehen zu lassen.

Änderungen des Nullpunktes des Thermometers kommen zwar jetzt seltener vor, weil zu den Thermometern jetzt fast immer Hartglas verwendet wird, es ist aber trotzdem anzuraten, wenn sich eine Gelegenheit dazu bietet, den Nullpunkt zu verifizieren. Dies geschieht dadurch, dafs das Thermometer in tauendes reines Eis (in sehr verkleinerten Stücken) oder tauenden Schnee gesteckt wird, bis der Quecksilberfaden nicht mehr sinkt. Das Thermometer soll dann auf Nullgrad stehen (32° bei Fahr.-Skala), wenn nicht, so wird die Abweichung (ob + oder —) in das Beobachtungsjournal eingetragen. Die daraus ermittelte Korrektion wird aber am besten, falls sie nicht sehr grofs ist, bei dem Eintragen der einzelnen Ablesungen nicht angebracht, weil sonst die Gefahr besteht, dafs dies doch zuweilen unterlassen wird. Bei Ablesungen aller

Instrumente ist es deshalb prinzipiell geraten und in Gebrauch, die direkten Ablesungen in das Beobachtungsjournal ein-zutragen, ohne die bekannten Korrektionen Fall für Fall an-zubringen. Die Korrektion des Instrumentes wird am besten am Eingang jeder Seite des Beobachtungsjournals vermerkt. (S. Formular am Schlusse.)

Abgesehen von einer Nullpunktänderung kann es leicht vorkommen, daß infolge der Erschütterung der Thermometer beim Transport während der Reise sich ein Teil des Queck-silberfadens abtrennt und im oberen Teil der Röhre, vielleicht sogar in der kleinen blasenartigen Erweiterung am oberen Ende derselbe haften bleibt. Wird dies nicht bemerkt, was besonders im letzteren Falle leicht geschehen kann, so be-kommt man leicht fehlerhafte Temperaturablesungen. Um dies zu vermeiden, tut man gut, falls man über mehrere Thermo-meter verfügt, dieselben öfter miteinander zu vergleichen (etwa in einem größeren Wassergefäß, in der Luft ist die Vergleichung zu unsicher); hat man nur eines, so ist öfter sorgfältigste Besichtigung der freien Thermometerröhre zu empfehlen, um etwaigen abgetrennten Quecksilberfäden auf die Spur zu kommen. In den meisten Fällen wird es durch vorsichtiges Stoßen des Thermometergefäßes gegen eine elastische Unterlage (Papier, Buchdeckel) gelingen, den ab-getrennten Faden wieder zur Vereinigung zu bringen. Auch durch vorsichtige langsame Erwärmung des Thermometers, bis der Quecksilberfaden den abgetrennten Teil erreicht, mag die Vereinigung erzielt werden. Gelingt dies nicht, so ist die Länge des abgetrennten Fadens abzumessen und als Korrektion an die Temperaturablesungen anzubringen[1]).

---

[1]) Oft wird es geschehen, daß der abgetrennte Faden sich nicht vollkommen mit dem Hauptfaden vereinigen läßt, es bleibt ein kleiner Zwischenraum. Dies ist immer der Fall, wenn das Thermometer nicht vollkommen luftleer ist. Es ist dann der kleine Zwischenraum, in Graden gemessen, als negative Korrektion an die Ablesungen an-zubringen. Ein solches Thermometer kann aber dann mit Vorteil als Maximumthermometer verwendet werden. Bei steigender Temperatur schiebt nämlich der Quecksilberfaden das abgetrennte Stück mitsamt dem zwischenliegenden Luftpolster vor sich her, sinkt dann die Temperatur, so wird bei horizontaler Lage des Thermometers der kurze abgetrennte Quecksilberfaden liegen bleiben und so den höchsten Stand markieren. Er wirkt als Maximum Index. In der Tat haben Walferdin und Philipps auf diese Tatsache ihr Maximum-thermometer gegründet, in welchem der oben geschilderte Zustand absichtlich herbeigeführt wird. — Nach der Ablesung des Maximums ist der Index (der getrennte Quecksilberfaden) durch sorgfältiges Stoßen gegen eine weiche Unterlage wieder dem langen Quecksilber-

Maximum-Minimumthermometer, auch Registrierthermometer genannt. Wer nicht Zeit hat, regelmäfsig zu bestimmten Tageszeiten die Temperatur abzulesen, der wird
diese Thermometer mit Vorteil verwenden. Sie haben auch
die gute Eigenschaft, die höchste und tiefste Temperatur des
Tages unmittelbar zu liefern, was ja zur Charakterisierung
der Wärmeverhältnisse eines Ortes sehr dienlich ist. Das
Maximumthermometer soll zu einer Zeit abgelesen und wieder
eingestellt werden, zu welcher der Eintritt der höchsten
Temperatur nicht zu erwarten steht, desgleichen das Minimumthermometer zu einer Zeit, welche von dem gewöhnlichen
Eintritt der tiefsten Temperatur entfernt liegt. In den meisten
Fällen wird man das Maximum und das Minimum zu gleicher
Zeit ablesen und das Instrument dann wieder einstellen. Das
kann z. B. um 9^h morgens oder um 9^h abends geschehen.

Empfehlenswerte Extremthermometer werden am Schlusse
angeführt werden. Bei Benutzung der Maximum- und Minimumthermometer sind zwei Vorsichtsmafsregeln nicht aufser acht
zu lassen, wenn man sich vor schlimmen Fehlern schützen
will. Bei dem Weingeist-Minimumthermometer ist sehr darauf
zu achten, dafs der Stand desselben nicht etwa zu niedrig geworden ist, erstlich durch einen abgetrennten Flüssigkeits-
faden im oberen Teile der Röhre oder durch das Überdestillieren
von Weingeist in die obere Endigung der Röhre, was
bei höheren Temperaturen und Wiederabkühlung sehr leicht
eintritt.

Bei den sogenannten Sixthermometern, die auf einer
U-förmig gebogenen Thermometerröhre das Maximum und
Minimum der Temperatur sehr bequem abzulesen gestatten,
hat man darauf zu achten, dafs die Enden des Quecksilberfadens, welche die Indices vor sich herschieben, die gleiche
richtige Temperatur anzeigen, was durch einen Vergleich mit
einem gewöhnlichen geprüften Thermometer festgestellt werden
kann. Etwaige Abweichungen bringe man gleich als Korrektionen
an die Ablesungen an (weil sie nicht immer konstant bleiben).
Die Indices sollen während der Reise (während des Transportes) gegen das obere Ende der Röhre (aber nicht gar zu

---

faden möglichst zu nähern, so dafs das Thermometer zu einer neuen
Registrierung bereit gestellt wird. Diese Wiedereinstellung mufs
natürlich bei einer Temperatur geschehen, welche niedriger ist als
das zu erwartende nächste Maximum.

Die Behandlung eines derartigen Maximumthermometers ist etwas
umständlich und erfordert grofse Aufmerksamkeit. Es funktioniert
aber dann sehr gut und ist deshalb Geübten zu empfehlen.

weit) verschoben werden, damit sie nicht so leicht in den
Quecksilberfaden hineingeraten. Das Verschieben erfolgt durch
langsame Bewegung eines dazu bestimmten Magneten (man
nehme einen Reservemagnet mit, die Anker derselben werden
langsam seitlich abgeschoben, nicht abgerissen, damit der
Magnet nicht geschwächt wird). Die Sixthermometer (Wein-
geistthermometer) sind etwas träge und folgen den Temperatur-
änderungen nur langsam. Bequem ist es, dafs sie aufrecht
aufgehängt oder aufgestellt werden können und leichtere Erschütterungen die Indices nicht verschieben. Nach jeder Ablesung werden diese letzteren mittels des Magneten wieder
in Berührung mit dem Quecksilberfaden gebracht.

Bei dem Maximum- (Quecksilber-) Thermometer nach Hicks
verhindert eine Verengung oder eine Knickung der Röhre unmittelbar vor der Kugel den Rückgang des ausgetretenen
Quecksilbers, so dafs der Quecksilberfaden bei dem höchsten
Stand eingestellt bleibt. Durch Schwingen des Thermometers
mit auswärts gerichteter Kugel oder durch Stofsen der letzteren
gegen eine elastische Unterlage wird der Faden wieder in
die Kugel zurückgebracht und zur nächsten Ablesung vorbereitet.

Dieses Thermometer ist, wie die vorigen (Sixthermometer
ausgenommen), in horizontaler Lage aufzustellen und vor
stärkeren Erschütterungen zu bewahren.

Aufstellung der Thermometer zur Bestimmung
der Lufttemperatur. Auf eine richtige Anbringung der
Thermometer ist die gröfste Aufmerksamkeit zu verwenden.
Das Thermometer mufs gegen den Regen und gegen direkte
Sonnenstrahlung geschützt werden, nicht minder auch gegen
die Wärmestrahlung des besonnten Bodens oder naher be-
sonnter Wände. Die Schutzvorrichtung selbst soll sich nur
sehr wenig über die Lufttemperatur erwärmen, und sie mufs
zugleich der Luft einen möglichst freien Zutritt gestatten.
Die Aufstellung an einem den Winden zugänglichen Ort ist
jedenfalls günstig. An festen Stationen befestigt man die
Thermometer in der Mitte eines weifsangestrichenen Blech-
kästchens mit jalousieartig durchbrochenen Wänden. Diese
Blechkästchen bringt man vor einem Fenster (oder einer Veranda)
auf der Nordseite eines Gebäudes (auf der nördlichen Hemisphäre)
an, wenigstens $1/2$ m von der Hauswand entfernt, am besten
im ersten Stockwerk. Oder man stellt eine Jalousiehütte im
Freien auf, mit doppeltem Dach, über einem rasenbedeckten
Boden und bringt in derselben mindestens $1^{1}/_{2}$ m über dem
Boden das oben erwähnte Blechgehäuse an. Eine solche

Thermometerhütte soll sehr luftig sein. Es besteht aber immer die Gefahr, dafs die Temperatur in derselben um die Mittagszeit, wenn die Sonne scheint, aber auch abends und morgens, wenn die Jalousiewände derselben von der Sonne getroffen werden, zu hoch wird gegen die Lufttemperatur. Kann man sie in Schatten stellen, ohne Mauern zu nahe zu kommen, so ist das günstig. Aufstellung in Hofräumen ist nicht zu empfehlen, Schatten von Laubbäumen gleichfalls nicht (Änderung vom Sommer zum Winter, gröfsere Luftfeuchtigkeit, das Wachsen des Schattenbaumes und damit ein zeitlich geänderter Temperatureinflufs kommt allerdings in unserm Falle nicht in Betracht). Leichter Schatten unter einem hochstämmigen Nadelholzbaume, dem die unteren Äste ganz fehlen, kann als günstig bezeichnet werden, um gute Lufttemperatur zu erhalten.

In den Tropen mufs vor der üblichen Aufstellung der Thermometer innerhalb einer, wenn auch luftigen Veranda gewarnt werden. Wie Danckelman mehrfach nachweisen konnte, liefern solche Verandaaufstellungen eine zu hohe Temperatur. Man passe die Aufstellung den Lokalverhältnissen an mit Beachtung der oben aufgestellten Vorsichtsmafsregeln.

Am besten werden daselbst die Thermometer (und Hygrometer) in einer speziell zu diesem Zwecke errichteten kleinen Hütte angebracht, die durch ein stark übergreifendes Dach gut geschützt ist. Das Dach aus dichtem Schilf sollte doppelt sein, damit die Luft durchstreichen kann, die Hütte vielleicht rund etwa 2 m Durchmesser, Dach 3 m (also übergreifend), die Instrumente 1 m über dem Boden. Die Hütten müssen stark gebaut sein, damit sie nicht durch Gewitterstürme (Tornados) umgeworfen werden. Wünschenswert ist es, dafs der Schutz, den die Hütte gegen Strahlungseinflüsse gewährt, durch Kontrollbeobachtungen mittels eines Afsmannschen Aspirationshygrometers geprüft werden.

Die Instrumente sind ferner in den Tropen durch einen Drahtkäfig gegen mutwillige Beschädigung durch Leute, Affen, Papageien zu schützen.

Das Barometer ist natürlich nicht in der Thermometerhütte im Freien, sondern in einem Zimmer geschützt aufzustellen, so dafs es gutes Licht zum Ablesen hat, aber nicht von der Sonne beschienen wird. Desgleichen gehören auch die Registrierbarometer in das Zimmer, das Registrierthermometer oder Hygrometer natürlich ins Freie, in die Thermometerhütte. Dieselben müssen aber durch engmaschige Drahtschutzkästchen gegen Affen, Mauerwespen, Spinnen usw.

geschützt werden, die letzteren kriechen besonders gerne in das Uhrwerk.

Für die Anbringung der Beschirmung auf dem Schiffsdeck läfst sich nicht leicht eine andre allgemeine Anweisung geben als: Schutz vor Sonnenstrahlung und Rückstrahlung vom erwärmten Deck, auf Dampfern Vermeidung des Zutritts der heifsen Maschinenluft, möglichst unbehinderter Zutritt der Seeluft. Eine gute Aufstellung von Thermometern an Bord eines Schiffes ist stets eine schwierige Sache.

Das Vorstehende gilt für Beobachtungen während längeren Verweilens an einem Orte.

Auf der Reise selbst und bei kurzen Aufenthalten wird man die oben empfohlenen Thermometeraufstellungen nicht benützen können. Es mufs dann dem Reisenden überlassen bleiben, einen schattigen, auch gegen Rückstrahlung geschützten luftigen Ort auszuwählen, wo das Thermometer möglichst richtige Lufttemperatur annehmen kann.

Auf baumlosen Ebenen, in Wüsten oder auch auf Berggipfeln ist es meist unmöglich, richtige Schatten- (Luft-) Temperatur zu erhalten. Die Temperatur unter Schirmen oder in Zelten entfernt sich weit von der Lufttemperatur. In solchen Fällen verwendet man das sogenannte Schleuderthermometer oder noch besser ein Afsmannsches Aspirationsthermometer. Die Temperaturbestimmung mittels des ersteren besteht darin, dafs ein Thermometer mit kleiner Kugel (das auf der Röhre selbst geteilt ist) mittels einer Schnur, die durch eine Öse am oberen Ende des Thermometers geht, rasch im Kreise herumgeschwungen wird (Vorsicht dabei!), bis dessen Stand stationär geworden ist. Durch die Berührung der Thermometerkugel mit gröfseren Luftmengen (reichliche Lüftung derselben) wird der Einflufs selbst der direkten Sonnenstrahlung ziemlich eliminiert. Eine blanke kleine Kugel reflektiert zudem ohnehin den gröfsten Teil der Strahlung. Man hat jetzt auch mechanische Vorrichtungen, welche das Herumschleudern des Thermometers bequem und sicher ausführen. Man kann solche Thermometer auch verwenden, um die Aufstellung der Thermometer in der Beschirmung zu prüfen, ob sie richtige Temperaturen liefert. Sehr genaue Lufttemperaturen erhält man allerdings auf diesem Wege nicht.

Weit vorzuziehen ist deshalb die Benutzung des Afsmannschen Aspirationsthermometers (siehe am Schlusse). In demselben wird ein durch hochpolierte Metallschirme ohnehin gegen die Strahlung geschütztes Thermometer aufserdem einer konstanten Luftströmung ausgesetzt (Ventilationsvorrichtung). Mit diesem Thermometer erhält man auch in der Sonne gute Lufttemperaturen. Man hat nur darauf zu achten, daß die Luftmengen, welche durch den Aspirator dem Thermometer zugeführt werden, nicht etwa schon vorgewärmt sind, indem sie von erwärmten Mauern, von einem erhitzten Sandboden oder über erwärmte Abhänge kommen.

Das Afsmannsche Aspirationsthermometer ist auch das geeignetste Instrument zur Prüfung der Aufstellung der Thermometer in einer der oben erwähnten Beschirmungen.

Beobachtungszeiten. Es ist zu empfehlen, die Thermometer (sowie die Feuchtigkeitsmesser) wenigstens dreimal im Tage abzulesen, zu einer Morgen-, Mittag- und Abendstunde. Diese Zeiten müssen so gewählt werden, daß die zu denselben abgelesenen Temperaturen einen ' Mittelwert liefern, der einem wahren (24 stündigen) Tagesmittel möglichst nahe kommt. Sie sollen auch zugleich von der höchsten und niedrigsten Tagestemperatur eine Vorstellung gestatten.

Als solche Beobachtungszeiten sind zu empfehlen:

6^h 2^h 10^h | 9^h vorm. 9^h abends mit Max. u. Min.

7^h 2^h 9^h | 10^h „ 10^h „   „   „   „

od. 7^h 1^h 9^h | (8^h „ 8^h „   „   „   „)

In den Tropen 6^h, 2^h, 9^h oder auch 6^h, 2^h, 8^h.

Die gebräuchlichsten Termine sind jetzt $7^h, 2^h, 9^h$, das einfache Mittel $1/3$ $(7^h + 2^h + 9^h)$ gibt aber noch zu hohe Temperaturen, wogegen $1/4$ $(7^h + 2^h + 9^h + 9^h)$ sehr nahe richtige Mittelwerte liefert. Dasselbe gilt auch noch für die Termine 7^h, 1^h, 9^h. Von der zweiten empfohlenen Gruppe von Kombinationen, welche die gleichzeitige Benützung eines Maximum-Minimumthermometers voraussetzt, ist die letzte die schlechtere, wie überhaupt zu späte Morgen- und zu frühe Abendstunden (nach 8^h a und vor 9^h p in mittleren und höheren Breiten) möglichst zu vermeiden sind. Die Abendbeobachtung um 9^h ist von besonderen Werte dadurch, daß um diese Stunde das ganze Jahr hindurch (in mittleren Breiten) ziemlich nahe die mittlere Temperatur des Tages eintritt, und Strahlungseinflüsse auf das Thermometer kaum mehr zu befürchten sind. In den äquatorialen Gegenden tritt die mittlere Tagestemperatur abends schon zu einer früheren Tagesstunde ein (um 7^h und selbst etwas vorher).

Beobachtungen über den täglichen Gang der Temperatur unter besonderen Verhältnissen sind noch immer erwünscht. Gegenwärtig, wo die relativ billigen und leicht transportablen

Thermographen, System Richard, dazu verwandt werden
können, kann auch der Reisende Beiträge zur Kenntnis des
täglichen Wärmeganges liefern, wie sie besonders aus dem
Innern der Kontinente unter niedrigeren Breiten, aus Wüsten
oder von trockenen Hochebenen sehr erwünscht sind. Unter
ungestörten Witterungsverhältnissen sind schon einzelne sorgfältig aufgenommene Temperaturkurven von Wert. Die allgemeinen Witterungsverhältnisse der betreffenden Tage sind
zu notieren und den Kurven beizugeben. Die Thermographen
gestatten auch den Einfluß gewisser Lokalwinde und besonderer Witterungsverhältnisse auf den Temperaturgang festzustellen, was allgemein interessante Resultate liefern kann.

    Natürlich muß auf die Aufstellung des Thermo-
graphen besondere Vorsicht verwendet werden, um Besonnung
und andre Wärmestrahlungseinflüsse den ganzen Tag über zu
vermeiden und ungehinderten freien Luftzutritt zu sichern.
Auf die richtige Einstellung der Registrierpapierstreifen ist zu
achten und merkliche Zeitfehler dabei zu vermeiden. Man mache
täglich Zeitmarken durch leichtes Anheben der Schreibfeder.
Letztere muß ganz leicht über das Papier hin-
gleiten, sonst schreibt sie in Staffeln oder bleibt ganz
stecken, liefert jedenfalls fehlerhafte Daten. Also Schreibfeder nicht anpressen!

    Die Registrierstreifen für das feuchte Tropenklima
müssen so präpariert sein, daß in der sehr feuchten Luft die
Farbe nicht zerfließt (s. zu Ende). Der Registrierapparat ist
durch Drahtschutzkästen zu sichern, besonders auch das
Uhrwerk gegen Einkriechen von Tieren.

    Stündliche oder zweistündliche direkte Ablesungen des
Thermometers (des trockenen und nassen Thermometers,
Psychrometers s. später) sind in Ermangelung eines Registrierapparates gleicherweise erwünscht, wenn der Reisende Interesse
dafür hat und sich durch einen zweiten Beobachter zeitweise
vertreten lassen kann. Solche Beobachtungen (aller Elemente)
sollten Tag und Nacht fortgesetzt werden, mindestens (für
Temperatur und Feuchtigkeit) von Sonnenaufgang bis Mitternacht. Natürlich empfiehlt sich eine derartige immerhin ziemlich odiose Beobachtungsserie nur in klimatisch ganz unbekannten Gegenden und unter besonderen interessanten
Witterungsverhältnissen. Der Anempfehlung solcher Beobachtungen in einer früheren Auflage dieser „Anleitung"
verdanken wir die sehr lehrreichen stündlichen Beobachtungs-
serien des Major von Mechow im Innern von Angola (wie
der verdiente Reisende ausdrücklich in seinem Tagebuche

bemerkt), die einen wertvollen Beitrag zur allgemeinen Meteorologie und Klimatologie geliefert haben[1]). Aus 10 bis 14 tägigen Aufzeichnungen unter gleichen oder ähnlichen Witterungslagen lassen sich schon bemerkenswerte Resultate ableiten; es ist dann nicht nötig, dafs die Beobachtungstage sich unmittelbar folgen. Von besonderem Interesse ist es, wenn gleichzeitig mit der Temperatur alle andern meteorologischen Elemente notiert werden, also auch Luftdruck, Feuchtigkeit, Bewölkung, Windrichtung und Stärke. Die gegenseitige Abhängigkeit des täglichen Ganges dieser Elemente voneinander tritt selbst schon aus kürzeren Beobachtungsreihen zutage, und letztere illustrieren die klimatischen Eigentümlichkeiten in bemerkenswerter Weise.

Messungen der relativen Intensität der Sonnenstrahlung. Dazu dienen am besten die Schwarzkugelthermometer im Vakuum (Solarthermometer), besonders wenn sie vorher an einer Normalstation mit einem gleichen Instrument verglichen worden sind. Das Instrument wird ganz im Freien horizontal über einem kurz gehaltenen Rasen aufgestellt und die Angabe des Maximumindex täglich notiert. Nach jeder Ablesung mufs der Index wieder auf das Ende des Quecksilberfadens zurückgebracht werden. Es genügt natürlich (und ist wegen etwaigen Beschädigungen zu empfehlen), das Instrument nur bei Tage zu exponieren. Derartige Beobachtungen sind im trockenen Innern von Kontinenten, auf Hochebenen und auf hohen Berggipfeln besonders zu empfehlen. Die gleichzeitige Ablesung eines blanken (gewöhnlichen), sonst ganz gleich montierten Thermometers (Aktinometer Arago-Davy) gestattet sogar Schlüsse auf die absolute Intensität der Sonnenstrahlung[2]).

Messungen der Intensität des diffusen Tageslichtes (im Interesse der Pflanzenphysiologie und Pflanzengeographie). Es wäre sehr zu wünschen, dafs die Studien über die chemische Intensität des Tageslichtes eine ausgedehntere Pflege als bisher finden würden, nicht um ihrer selbst willen, sondern weil dadurch wichtige Beiträge zur Kenntnis des Lichtklimas erhalten werden könnten.

Die ersten diesbezüglichen Untersuchungen rühren be-

---

[1]) Resultate aus Major von Mechows meteorologischen Beobachtungen im Innern von Angola. Sitzungsberichte der Wiener Akademie, Febr. 1884, Bd. 89. 19 Tage zu Pungo Andongo, 30 Tage in Malange, und später wieder 15 Tage daselbst. Alle Elemente.

[2]) Ferrel, Zeitschrift für Meteorologie XIX (1884) S. 386 u. S. 500, J. Maurer, Bd. XX, S. 18.

kanntlich von Bunsen und Roscoe her. Aber die von ihnen angewendeten Methoden sind so kompliziert und so schwer zu handhaben, dafs sich nur sehr wenige Forscher bereit fanden, nach diesen Methoden zu arbeiten.

Nun ist es J. Wiesner gelungen, die spätere und verhältnismäfsig einfachere Bunsen-Roscoesche Methode ohne Beeinträchtigung der Genauigkeit so zu vereinfachen und so expeditiv zu gestalten, dafs einer ausgedehnteren Anwendung derselben nichts mehr im Wege steht [1]).

Wiesner hat bisher Untersuchungen über das photochemische Klima angestellt in Wien, Kairo, Buitenzorg (Java), im nördlichen Norwegen, in der Adventbai (Spitzbergen), endlich im Yellowstonegebiete, daselbst bis zu Seehöhen von 3000 m. Bis auf die amerikanischen Beobachtungen sind alle übrigen schon veröffentlicht.

Wiesner beschränkt sich nicht darauf, die chemische Intensität des gesamten Tageslichtes zu ermitteln, er bringt auch Daten über das jeweilige Verhältnis des Oberlichtes zum Vorderlicht, über das Verhältnis der Intensität der direkten Strahlung zu der des diffusen Lichtes.

Aufser Wiesner haben sich bereits mehrere Forscher mit Studien über das photochemische Klima beschäftigt. Aber keiner hat den Gegenstand so eingehend studiert als Prof. P. Franz Schwab, Direktor der Sternwarte zu Kremsmünster, welcher die Resultate seiner fünfjährigen, in Kremsmünster angestellten, systematisch durchgeführten Beobachtungen in übersichtlicher Form kürzlich veröffentlicht hat [2]).

Da eine Beschreibung der Methode der Lichtmessung und eine Anleitung zu deren Anwendung auf Reisen hier nicht gegeben werden kann, war es nötig, spezieller auf die Arbeiten zu verweisen, wo die nötigen Auskünfte zu finden sind.

Nächtliche Wärmeausstrahlung. Dieselbe ist ein wichtiger klimatischer Faktor und die Beobachtung derselben ist sehr zu empfehlen. Zur Bestimmung derselben dient ein Minimumthermometer, das frei, unbeschützt, auf kleinen Stützen horizontal unmittelbar über einem kurzgehaltenen Rasen angebracht wird. Das Instrument kann bei Tage wieder aufbewahrt werden, was sich deshalb empfiehlt, weil in voller Sonne der Weingeist verdampft und sich leicht

---

[1]) Die Methode ist genau beschrieben in Denkschr. der Wiener Akad. d. Wiss., Bd. 64 (1896). Daselbst, ferner l. c. Bd. 67 (1898), sind Wiesners bisher ausgeführten Untersuchungen über das photochemische Klima veröffentlicht.

[2]) Denkschrift der Wiener Akad. d. Wiss. Bd. 74 (1904).

dadurch Fehler in der Ablesung einstellen, wenn er sich am oberen Ende in merklicher Menge wieder kondensiert ansammelt. Darauf hat man, wie schon früher bemerkt, bei allen Weingeist-Minimumthermometern zu achten.

Die Differenz zwischen der Angabe des nächtlichen Minimums an diesem Thermometer und dem Minimum der Lufttemperatur, welches an dem beschirmten Minimumthermometer in gröfserem Abstande von dem Erdboden abgelesen wird, entspricht dem Betrage der Abkühlung der Bodenoberfläche unter dem Einflusse der nächtlichen Wärmeausstrahlung. Diese Differenz kann bei heiterem Himmel in trockenen Klimaten recht grofs werden, und deren Feststellung ist von erheblichem Interesse.

An pflanzenleeren Orten kann man das Minimumthermometer unmittelbar auf den Boden legen (und einigermafsen befestigen), um die Erkaltung des festen Erdbodens unter dem Einflusse der Wärmeausstrahlung zu bestimmen. Ist eine Schneedecke vorhanden, so legt man das Minimumthermometer auf die Schneeoberfläche. Die Bestimmung der nächtlichen Erkaltung der Schneeoberfläche unter die Lufttemperatur ist von erheblichem Interesse besonders in Hochtälern oder auf Hochebenen. Die Bewölkung und die Windstärke sind dabei zu beachten, da sie den Grad der nächtlichen Erkaltung der Schneeoberfläche in hohem Grade beeinflussen.

Bodentemperatur. Beobachtungen der Bodentemperatur, wie sie auf einer Reise angestellt werden können, selbst bei längeren Aufenthalten an einem Orte, können sich selbstverständlich nur auf jene Messungen beziehen, welche in klimatischer Beziehung und für pflanzenbiologische Zwecke von Interesse sind. Es sind dies in erster Linie Beobachtungen der Temperatur der Bodenoberfläche selbst, dann vielleicht noch Beobachtungen in 50 oder 60 cm und in 1 m Tiefe. Da in diesen Tiefen die tägliche Wärmeschwankung schon nahezu oder ganz verschwunden ist, so genügt daselbst eine einmalige tägliche Messung. An der Bodenoberfläche selbst wäre das Maximum derselben zu bestimmen, die Messung des Minimums ist schon oben empfohlen worden. Die höchste Temperatur der Bodenoberfläche tritt durchschnittlich bald nach Mittag ein, etwa um 1^h. Hat man kein Maximumthermometer zur Verfügung, so müssen die Ablesungen des Thermometers auf dem Erdboden um diese Zeit gemacht werden. Das auf dem Boden liegende Thermometer sollte mit einer ganz dünnen Erdschicht bedeckt sein, denn die blanke Kugel selbst nimmt nicht die Temperatur der Bodenoberfläche an. Man könnte die Thermometerkugel etwa mit etwas Firnis bestreichen und dann mit gesiebter Erde bestreuen, welche dann vom Regen nicht weggewaschen wird. Man kann auch das Thermometer mit einer Erdschicht von nicht über 1 cm bedecken, es macht dies wenig Unterschied. Solche Messungen der Temperatur der Bodenoberfläche unter verschiedenen Klimaten in verschiedenen Seehöhen haben, verglichen mit der Lufttemperatur, für die Pflanzengeographie erheblichen Wert. Dabei ist die Neigung und die Exposition der Bodenoberfläche anzugeben, wenn der Boden nicht ganz eben ist. Beobachtungen über den Einfluſs der Exposition und Neigung auf die Bodenwärme bis zu 1 m Tiefe etwa sind gleichfalls von groſsem Interesse, namentlich in gröſseren Seehöhen.

Um die Bodentemperatur in ½ und 1 m Tiefe beobachten zu können, sind schon besondere Vorkehrungen nötig, da Thermometer zum Eingraben von der erforderlichen Länge, um die Temperatur auſsen über dem Boden ablesen zu können, nicht gut auf Reisen in Verwendung kommen können. Bequeme zweckmäſsige Bodenthermometer findet man am Schluſs angegeben.

Die Bodentemperatur ist an der ungeschützten, natürlichen Bodenoberfläche zu beobachten, nicht an künstlich beschatteten, oder irgendwie bedeckten Stellen. Es handelt sich ja hier nicht um Beobachtungen zu physikalischen Zwecken, für welche man die einfachsten Verhältnisse herzustellen sucht.

Man hat früher angenommen, daſs die Bodentemperatur in jener Tiefe, in welcher die jährliche Periode schon nahezu verschwunden ist, dem Jahresmittel der Lufttemperatur sehr nahe kommt. Von dieser Voraussetzung ist namentlich Boussingault ausgegangen bei seinen zahlreichen Messungen der Bodentemperatur in den Anden von Südamerika. Diese Annahme hat sich aber als irrig herausgestellt. Die Bodentemperatur ist überall erheblich höher als die mittlere Luftwärme des Ortes, die Differenz zwischen Luft- und Bodenwärme ist zudem nach den örtlichen Verhältnissen so schwankend, daſs man nicht von der einen auf die andre schlieſsen kann.

Es kann daher nur eine Aufgabe für gröſsere wissenschaftliche Expeditionen sein, die Bodentemperatur in Tiefen von 5 und 10 m, wo sie schon nahe konstant geworden, zu bestimmen und sich zu diesem Zwecke mit Erdbohrern und entsprechenden Bodenthermometern zu versehen.

Messungen der Quellentemperaturen und etwa auch des Grundwassers (wo Gelegenheit dazu geboten) können nur mit Vorsicht zur Bestimmung der Bodenwärme verwendet werden. Da aber solche Messungen leicht ausgeführt werden können, sind sie zu empfehlen[1]).

Auch Messungen der Temperatur des Flufswassers können von Interesse sein.

Luftfeuchtigkeit. Die Luftfeuchtigkeit, namentlich die relative Feuchtigkeit (der Grad der Sättigung der Luft mit Wasserdampf) ist ein so wichtiges meteorologisches Element, dafs die Messung derselben, zugleich mit der Lufttemperatur, dem Reisenden, der überhaupt meteorologische Beobachtungen anstellen will, sehr zu empfehlen ist.

Als Instrumente zur Messung der Luftfeuchtigkeit kommen auf Reisen wohl nur in Betracht: das Psychrometer oder (und) das Haarhygrometer. Da das letztere, auf Reisen namentlich, leicht in Unordnung kommen kann, so ist dessen alleinige Verwendung, ohne Gelegenheit, es zuweilen mit einer Feuchtigkeitsbestimmung auf anderm Wege, also mittels des Psychrometers oder eines Taupunkthygrometers, vergleichen zu können, kaum zu empfehlen. Zum mindesten mufs man Gelegenheit haben, sich zuweilen zu überzeugen, dafs das Hygrometer in gesättigt feinster Luft nahezu 100 % Feuchtigkeit anzeigt.

Das Haarhygrometer in guter Ausführung ist das bequemste Instrument zu regelmäfsigen, häufigeren Ablesungen der relativen Feuchtigkeit, die es unmittelbar angibt, was gleichfalls ein Vorteil ist[2]). Bei sehr tiefen Temperaturen unter dem Gefrierpunkt ist es geradezu unentbehrlich.

Das Psychrometer, das gewöhnlichste Instrument zur Bestimmung der Luftfeuchtigkeit, besteht aus einem gewöhnlichen Thermometer, dem ein zweites, ganz gleiches beigegeben ist, dessen Kugel aber feucht gehalten wird. Die Verdampfungskälte erniedrigt die Temperatur desselben, und die Differenz zwischen den Angaben des trockenen Thermometers und

---

[1]) F. v. Kerner hat gezeigt, dafs man aus den Quellentemperaturmessungen ganz gute Resultate über die Bodentemperaturen und deren Änderung mit der Höhe ableiten kann. (Wiener Sitzungsber. April 1903 B. CXII.)

[2]) Man kann aus der relativen Feuchtigkeit und der gleichzeitigen Lufttemperatur den Dampfdruck oder die absolute Feuchtigkeit sehr bequem jederzeit unmittelbar erhalten mittels der „Hygrometertafeln zur Berechnung des Dampfdruckes", Leipzig, Engelmann 1904, 8 Seiten in Quart.

jenen des feuchten, die sogenannte psychrometrische Differenz ist ein Maſs für die Luftfeuchtigkeit, die allerdings aus diesen Angaben erst berechnet werden muſs [1]).

Hat man eine Tabelle der maximalen Spannung des Wasserdampfes zur Verfügung und verwendet man, wie es auch am besten ist, ein Aspirationspsychrometer oder ein Schleuderpsychrometer, so ist bei dem Luftdruck in der Nähe der Erdoberfläche (760 bis 740 mm) der Dampfdruck aus den Angaben des trockenen Thermometers t und des feuchten t' auſserordentlich einfach zu berechnen. Man entnimmt der erwähnten Tabelle die zur Temperatur t' gehörige maximale Dampfspannung e' und zieht davon die halbe Psychrometerdifferenz $(t - t')$ ab. Derart erhält man den herrschenden Dampfdruck e. Dividiert man denselben durch den maximalen Dampfdruck E, der bei der herrschenden Temperatur (t des trockenen Thermometers) möglich wäre, so erhält man die relative Feuchtigkeit.

Die Rechnung nach der erwähnten Formel

$$e = e' - 0,5 \cdot (t - t')$$

ist sehr einfach z. B.:

Es wurde abgelesen (28. März 1892, Budweis).

Trockenes Thermometer $t = 18.6\,^0$, nasses $t' = 12.7\,^0$.

Für $12.7\,^0$ ist die maximale Dampfspannung $e' = 10.92$ mm, somit herrschender Dampfdruck

$$e = 10.92 - 0.5 \cdot 5,9 = 7.97 \text{ mm.}$$

Für $18.6\,^0$ ist E 15.92 mm. Relative Feuchtigkeit somit $7.97 : 15.92 = 50\,^0/_0$.

Weiteres Beispiel:

Temperatur der Luft　　　　　　　$t = 20.5\,^0$
Temperatur des feuchten Thermometers $t' = 15.6\,^0$.

Für 15.6^0 ist die Spannkraft des gesättigten Wasserdampfes 13.2 mm; $t - t' = 4.9$ dividiert durch 2 = 2.5

$$e = 13.2 - 2.5 = 10.7 \text{ mm.}$$

Zu $20.5\,^0$ Luftwärme gehört die maximale Spannkraft 17.9 mm, somit relative Feuchtigkeit $10.7 : 17.9 = 60\,^0/_0$.

Eine kleine Tabelle der Spannkraft gesättigter Wasser-

---

[1]) Jelineks Psychrometertafeln, Leipzig 1903, gestatten mittels der Temperatur des trockenen und des nassen Thermometers, ohne weitere Berechnung direkt den Dampfdruck und die relative Feuchtigkeit aufzufinden.

dämpfe für die gewöhnlichen Lufttemperaturen findet man am Ende dieses Abschnittes [1]).

Da es zuweilen dem Reisenden von Interesse sein mag, sich selbst aus den abgelesenen Psychrometerständen die zugehörige Luftfeuchtigkeit gleich zu berechnen, so dürfte der Hinweis auf die obige einfache Formel und auf die kleine Spannkrafttabelle erwünscht sein.

Die Psychrometerdifferenz ist auch an sich von Interesse, da sie erstlich ein Maſs für das Wärmegefühl ist, je gröſser diese Differenz, um so weniger drückend wird eine hohe Lufttemperatur empfunden und umgekehrt; und zweitens, da sie auch ein Maſs für die Gröſse der Verdunstung abgibt. Die Verdunstung ist der Psychrometerdifferenz einfach proportional. Genähert kann man sagen, daſs einer Psychrometerdifferenz von 1° eine Verdunstungshöhe von etwas mehr als 0.08 mm pro Stunde entspricht.

Die Temperatur des feuchten Thermometers t' hat Harrington als Maſs des Temperaturgefühls genommen und die sensible Temperatur genannt. Wenn, wie es in sehr trockenen Gegenden der Fall sein kann, die Lufttemperatur 35° ist, das feuchte Thermometer aber nur 20° zeigt (in Wüsten kann es bei 40° auch 20° und selbst noch weniger zeigen), so entspricht unser Hautgefühl einer Temperatur von nur 20°, weil die durch Transpiration feuchte Hautoberfläche durch die Verdunstung bis auf 20° abgekühlt werden kann. Diese Annahme trifft zwar nicht völlig zu, es kommt ihr aber immerhin eine reelle Bedeutung zu.

Beobachtungen der Luftfeuchtigkeit am Psychrometer haben deshalb in mehrfacher Beziehung eine gröſsere Bedeutung für die Beurteilung des Klimas einer Erdstelle.

Behandlung des Psychrometers. Das Psychrometer erfordert eine gewisse Aufmerksamkeit, wenn es richtige Angaben liefern soll. Von der Aufstellung gilt das, was früher von der Aufstellung des Thermometers gesagt worden ist, nur ist es beim Psychrometer noch viel nötiger, daſs das feuchte Thermometer einem steten Luftzug ausgesetzt ist, sich nicht in stagnierender Luft befindet. Vorzuziehen wären Thermometer

---

[1]) Für gröſsere Seehöhen, d. h. niedrigeren Luftdruck, muſs der Faktor 0.5 etwas geändert werden, da er dem Luftdruck umgekehrt proportional ist. Die Werte desselben für verschiedene Seehöhen sind:

Höhe	500	1000	1500	2000	2500	3000	3500 m
Faktor	·48	·45	·42	·40	·37	·35	·33

Es muſs aber erwähnt werden, daß die obige so höchst einfache Psychrometerformel nur genähert richtig ist.

mit Aspirationsvorrichtung. In ganz ruhiger Luft gibt das
Psychrometer eine zu hohe Feuchtigkeit an (der Faktor für
$t - t'$ müfste dann auf 0.7 bis 0.8 erhöht werden, bei leicht
bewegter Luft wäre 0.6 zu nehmen).

Die Thermometer des Psychrometers müssen, wenn beide
trocken, ganz genau übereinstimmen, also von bewährten Werkstätten bezogen sein. Es bleibt übrigens immer notwendig,
sich davon zuweilen zu überzeugen, indem man beide in ein
gröfseres Wasserbehälter bringt und die in selbem bewegten
Thermometer gleichzeitig abliest.

Bei niedrigeren Temperaturen namentlich bedingt schon
ein kleiner Fehler in den Zehntelgraden der Psychrometerdifferenz erhebliche Fehler in der daraus bestimmten Luftfeuchtigkeit.

Man darf daher nicht als feuchtes Thermometer ein be-
liebiges Thermometer dem trockenen beigesellen.

Die Kugel des „nassen Thermometers" wird mit d ü n n e m
ausgewaschenen Baumwollenzeug (Musselin) überzogen und
diese stets rein gehaltene Hülle einige Zeit vor der Ablesung
mit reinem Wasser (Regenwasser etwa) befeuchtet. Man
achte sorgfältig darauf, die Ablesung nicht früher vorzunehmen,
bis die Abkühlung oder Erwärmung durch das aufgetropfte
Wasser keinen Einfluss mehr haben kann. Man erkennt dies
daraus, dafs der Stand des feuchten Thermometers konstant
geworden ist. Wenn die Hülle durch Staub usw. verunreinigt
worden ist, ist dieselbe durch eine neue zu ersetzen. Bei
Temperaturen unter dem Gefrierpunkt wird die Behandlung
des Psychrometers schwierig und dasselbe oft unzuverlässig.
Die Eishülle mufs ganz dünn gehalten werden. Am besten
nimmt man dann seine Zuflucht zu einem geprüften Haarhygrometer.

Bei längerer Aufstellung des Psychrometers an einem
Orte kann man die Befeuchtung des Thermometers von Fall
zu Fall umgehen, indem man die Musselinhülle mit einem
zopfartigen Anhang versieht, welcher in ein kleines Wasser-
behältnis eintaucht, und so die Hülle durch Kapillarwirkung
beständig feucht erhält. Der kleine Wassernapf, der am
Psychrometerrahmen montiert ist, wird den Psychrometern
beigegeben. Man versehe sich aber mit dem nötigen Materiale
zum Wechsel passender Hüllen für das nasse Thermometer.

Wissenschaftlichen Expeditionen (für welche allerdings
diese Anleitung nicht geschrieben ist) wäre zu empfehlen, in
sehr trockenen Klimaten und auf grofsen Höhen oder bei
hohen Temperaturen durch gleichzeitige Ablesungen am

(ventilierten) Psychrometer und an einem absoluten Hygrometer (Taupunkthygrometer von Alluard z. B.) Beiträge zur Verbesserung der Psychrometerformel zu liefern.

Luftdruck. Der Reisende wird Luftdruckbeobachtungen hauptsächlich zum Zwecke von Höhenbestimmungen anstellen. An Orten längeren Aufenthaltes ist es allerdings wünschenswert, zugleich mit den Ablesungen der andern meteorologischen Elemente auch das Barometer abzulesen.

Zu hypsometrischen Zwecken sind geprüfte, und öfter wieder zu prüfende Metallbarometer, Aneroide, am bequemsten zu verwenden und genügen dann auch völlig für Höhenunterschiede bis zu 1000 m und mehr. Bei etwas längeren Aufenthalten sollen die Aneroide mit einem Quecksilberbarometer, oder wenn dieses mangelt, mit einem geprüften Thermometer durch eine Bestimmung des Siedepunktes verglichen werden, besonders dann, wenn die Aneroide gröfseren Höhenänderungen ausgesetzt gewesen sind. Geprüfte „Thermohypsometer" können zu diesem Zwecke ein Quecksilberbarometer völlig ersetzen, aber nur, wenn der Reisende sich vorher in genauen Siedepunktbestimmungen gut eingeübt hat; denn die Bestimmung des Siedepunktes des Wassers (besser gesagt, der Temperatur des Wasserdampfes über dem siedenden Wasser, denn diese soll gemessen werden) mufs sehr genau sein; es müssen noch die Hundertstelgrade richtig sein, wenn die Siedepunktbestimmung die Ablesung eines Quecksilberbarometers ersetzen soll. Bei einem Siedepunkt von 100° C. entspricht einem Zehntelgrade C. eine Luftdruckdifferenz von 2.7 mm, demnach ist ein Hundertstelgrad noch fast 0.3 mm Luftdruck äquivalent. Bei einem Siedepunkt von 90° in zirka 3000 m Seehöhe entspricht 0.01° Siedepunktdifferenz einer Luftdruckdifferenz von 0.2 mm.

Siedepunktbestimmungen müssen demnach sehr genau sein, sonst sind sie ganz wertlos. Wenn sich aber der Reisende mit einem gut konstruierten Apparat zu Siedepunktbestimmungen und den dazu gehörigen, genau verifizierten Thermometern (man verlange Prüfungsschein der physikalisch-technischen Reichsanstalt) versehen und an einem Observatorium oder einem physikalischen Institut in genauen Bestimmungen des Siedepunktes sich gut eingeübt hat, so kann er ein Quecksilberbarometer völlig entbehren und sich dadurch einer grofsen Last und Sorge entledigen.

Der Transport des Siedeapparates ist bequem, die Ther-

mometer (ein Reservethermometer nötig!) in ihren Blech-
hülsen ertragen die Reisestrapazen sehr gut, nur bei der Benützung ist Vorsicht nötig.

Die Siedepunktbestimmungen müssen in einem wind-
geschützten Raume mit Muſse vorgenommen werden, und das
benutzte Wasser muſs ganz rein (darf nicht etwa hart) sein
(reines Regenwasser z. B., oder destilliertes Wasser). Dieser
Umstand kann allerdings die Kontrolle der Aneroide auf Berg-
höhen oft schwierig machen.

Die Aneroide müssen von bewährten Firmen bezogen
werden, wenn man verläſsliche Resultate mit ihnen erzielen
will. Sie sollen kleine oder wenigstens sicher bestimmte
Temperaturkoffizienten haben und keine Teilungsfehler aufweisen. Eine Bewegung des Zeigers um 10 Skalenteile z. B.
muſs auch einer Luftdruckänderung um 10 mm entsprechen,
d. i. jeder Skalenteil muſs einem Millimeter äquivalent sein. Will
man das Aneroid für groſse Seehöhen benutzen, so begnüge
man sich nicht damit, daſs die Teilung auf dem Aneroid für
den daselbst zu erwartenden Luftdruck noch ausreicht; man
überzeuge sich selbst, ob das Aneroid bei diesem Luftdruck
auch richtig funktioniert, was zuweilen nicht der Fall ist.
Davon kann man sich durch einen Versuch unter dem
Rezipienten einer Luftpumpe überzeugen.

Die (veränderliche) Standkorrektion des Aneroids (die
sogen. konstante Korrektion!) muſs auch auf der Reise, wie
schon bemerkt, öfter durch einen Vergleich mit einer genauen
Siedepunktbestimmung oder einer Ablesung am Quecksilberbarometer bestimmt werden, da Erschütterungen des Instrumentes
auf der Reise oder gröſserer Höhenänderungen dieselbe ändern
können. Es genügt keineswegs, sich vor der Abreise an einem Observatorium diese Standkorrektion bestimmen zu lassen. Auch wenn sie
nach der Rückkehr konstant geblieben zu sein scheint, ist
man deshalb noch nicht sicher, daſs sie auch auf der Reise
immer dieselbe geblieben, ganz besonders wenn auf derselben
groſse Höhenunterschiede vorgekommen sind.

Es ist sehr vorteilhaft, wenigstens zwei Aneroide mitzunehmen, um stets eine Kontrolle des Standes derselben zu
haben. Bei Bestimmung gröſserer Höhendifferenzen ist dies
besonders von Nutzen, da man die Ablesung vor und nach
einer Bergbesteigung dann am gleichen Instrument, das unten
zurückgelassen worden ist, vornehmen kann. Das andre,
aus einer gröſseren Höhe herabgebrachte Instrument wird in

vielen Fällen noch eine Weile zu n i e d r i g e Ablesungen geben. Höhendifferenzen bis zu und noch etwas über 1000 m kann man fast im Kopfe nach folgender einfacher Regel berechnen.

Die Differenz der Ablesung am Instrument oben und unten (für den unteren Stand das Mittel der Ablesung unten vor und nach der Besteigung eingeführt) wird mit der b a r o m e t r i s c h e n H ö h e n s t u f e multipliziert und gibt dann unmittelbar den gesuchten Höhenunterschied. D i e b a r o m e t r i s c h e H ö h e n s t u f e (in Meter) erhält man, indem man die Zahl 8000 durch das Mittel des Barometerstandes oben und unten (B + b : 2) dividiert. Ganz richtig ist die so gefundene Höhenstufe nur bei einer mittleren Temperatur von 0^0. Bei höheren Temperaturen muſs dieselbe noch um 0.4 Prozent für jeden Grad mittlerer Lufttemperatur (Mittel von oben und unten) erhöht werden[1].

Das Q u e c k s i l b e r b a r o m e t e r als Reiseinstrument. Bleiben hinlänglich genaue Siedepunktbestimmungen auſser Betracht, so müssen die Aneroide zeitweilig mit einem Quecksilberbarometer verglichen werden. Zu den Reisebeobachtungen selbst soll man dann immerhin noch die Aneroide verwenden, um das Quecksilberbarometer leichter vor Schaden zu bewahren, auch der Bequemlichkeit der Ablesungen wegen. An hohen Stationen soll aber dann das Quecksilberbarometer zur Luftdruckbestimmung dienen (wenigstens einmal im Tage neben der Ablesung des Aneroids, das als Beobachtungsinstrument dient).

Als Quecksilberbarometer ist das Reisebarometer von Fueſs (Hellmann) zu empfehlen, oder das Darmersche Barometer (s. am Schlusse). Das Quecksilberbarometer ist vor und nach der Reise (womöglich auch während der Reise) an einem Observatorium mit einem Hauptbarometer zu vergleichen. Die Ablesungen am Barometer und attachierten Thermometer, wenn tunlich wenigstens zehn an verschiedenen Tagen, werden in das Tagebuch eingetragen in den Originalmaſsen, ohne

---

[1] Z. B. Ablesung (eventuell korrigiert) unten: Barometer $(B)'$ = 720.5 mm, Temperatur (T) 20^0, Ablesung oben: Barometer (b) = 630 3 mm, Temperatur (t) = 14^0. Ablesung unten nach Rückkunft B = 719.4, T' = 21^0. Barometrische Höhenstufe: 8000 dividiert durch (720 + 630): 2 = 8000 : 675 = 11.85 m. Korrigiert wegen $(T + t)$: 2 = 17^0 d. i. 17 multipliziert mit 0.4% = 6.8%, 11.75 × 6.8% = 0.80, korrigierte Höhenstufe somit 12.65. Also Höhenunterschied $B - b$ = 719.9 — 630.3 = 89.6 × 12.65 = 1133.5 m.

Reduktion derselben[1]). Auch auf Schiffen findet man jetzt häufig vorher in Hamburg oder Kew verglichene Barometer, die zu Vergleichungen (nur bei ruhiger See, wo die Barometer nicht „pumpen") dienen können.

Einige Bemerkungen über die Ablesungen am Quecksilberbarometer: Dieselben erfolgen immer in der Art, daſs der untere Rand des Nonius auf die Quecksilberkuppe derart eingestellt wird, daſs er den Meniskus eben tangiert. Zu diesem Zwecke wird der Noniusrand von oben herab mit dem Meniskus in optische Berührung gebracht. Das Auge des Beobachters muſs sich dabei genau in der Höhe des Meniskus befinden, was man dann erreicht hat, wenn der hintere untere Rand des Nonius mit dem vorderen in derselben Ebene erscheint, sich also beide zu decken beginnen. Bei Heberbarometern muſs die Einstellung auf dieselbe Weise auch am kürzeren Schenkel erfolgen; die Ablesungen an beiden Schenkeln werden in das Beobachtungsjournal eingetragen. Das attachierte Thermometer wird vor der Ablesung des Barometers abgelesen, weil sonst während der Einstellung und Ablesung des letzteren das Thermometer rascher steigt als das Quecksilber im Barometer. Man vermeide, daſs die Sonne während oder vor der Ablesung das Barometer bescheint, ebenso die Nähe eines geheizten Ofens.

Während der Reise überzeugt man sich von der Unversehrtheit des Vakuums im Barometer durch ein nicht zu schnelles Steigen desselben, so daſs das Quecksilber an das obere geschlossene Ende der Röhre anschlägt. Ist der Ton hell, metallisch klingend, so ist das Barometer noch luftleer, ist er matt und dumpf, so ist wahrscheinlich etwas Luft eingedrungen, auch wenn man noch keine Luftblase bemerkt. Schiffsbarometer mit (unten) verengten Röhren geben aber nie einen starken hellen Ton beim Ansteigen des Quecksilbers. Der Transport des Barometers erfolgt in der Art, daſs man dasselbe langsam neigt, bis das Quecksilber das Vakuum erfüllt hat, und es dann ganz umkehrt. Die gewöhnliche Stellung des Instrumentes beim Ablesen ist die gefährlichste für den Transport in bezug auf das Eindringen von Luft in das Vakuum. In aufrechter Stellung soll das Quecksilberbarometer nie getragen werden.

Die Zeiten für die Ablesungen des Barometers bei einem

---

[1]) Da sonst leicht Irrtümer sich einschleichen. Das englische Barometer z. B. muſs zuerst auf den Gefrierpunkt reduziert werden, dann erst dürfen die englischen Zolle in Millimeter verwandelt werden.

längeren Aufenthalt an einer Station sollen dieselben sein wie jene für die andern Elemente. Da der tägliche Gang der Temperatur (sowie auch jener der relativen Feuchtigkeit, der ersterer nahe gleich, aber entgegengesetzt verläuft) der ausgesprochenste ist und schon wegen der Gewinnung vergleichbarer Mitteltemperaturen die meiste Beachtung erheischt, derselbe überdies fast auf alle andern meteorologischen Elemente bestimmend einwirkt, so mufs sich die Wahl der Beobachtungszeiten nach dem Gange der Temperatur richten, und von diesem Gesichtspunkt aus sind früher einige der günstigsten Beobachtungstermine aufgestellt worden. Der Gang des Luftdruckes weicht nun allerdings von jenem der Temperatur ganz erheblich ab (er hat zwei Maxima um 9^h oder 10^h morgens und abends und zwei Minima um 3^h oder 4^h morgens und nachmittags), erfordert aber auch keine besondere Berücksichtigung. Erstlich ist die tägliche Schwankung gering, die Tropenzone ausgenommen, dann ist kein besonderes Bedürfnis für Tagesmittel des Luftdruckes vorhanden, und schliefslich ist der tägliche Gang so weit bekannt und so übereinstimmend in nahe gleichen Breiten, dafs man aus regelmäfsigen Ab· lesungen zu beliebigen Stunden auch vergleichbare Luftdruckmittel ableiten kann. Man hat früher oft Wert darauf gelegt, die täglichen Luftdruckmaxima und -minima zu bestimmen, und deshalb die Beobachtungstermine nach denselben geregelt. Eine bessere Einsicht in das Wesen des Phänomens der täglichen Barometeroszillation hat aber gelehrt, dafs mit der blofsen Kenntnis der täglichen Extreme des Barometerstandes theoretisch nichts erreicht wird, und praktisch sind dieselben auch von keiner Bedeutung.

Will man die Kenntnis des täglichen Barometerganges wirklich fördern, so kann dies nur durch Aufstellung eines Barographen geschehen, wie sie jetzt zu relativ billigen Preisen zu haben sind und dabei aufserordentlich bequem zu bedienen sind. Es ist daher dem Reisenden sehr zu empfehlen, einen Barographen (System Richard) mitzunehmen und an allen Orten längeren Aufenthaltes funktionieren zu lassen.

Sollen die Aufzeichnungen eines Barographen wissenschaftlichen Wert haben, so sind folgende Punkte zu beachten.

Erstlich mufs der Uhrgang desselben überwacht werden. In vielen Fällen sind die den Barographen beigegebenen Uhren nicht verläfslich, sie gehen schon im Laufe eines Tages stark vor oder bleiben zurück, was dann in den acht Tagen, für welche ein Blatt der Registrierpapiere reicht, zu groben Irrtümern führen kann. Selbst wenn man den Uhrgang kennt, wird die Reduktion der Aufzeichnungen durch gröfsere Fehler desselben sehr erschwert. Man soll deshalb den Uhrgang vor der Reise nach Möglichkeit regulieren lassen. Auf alle Fälle aber, selbst wenn die Uhr gut geht, soll jeden Tag auf dem Papier eine Zeitmarke gemacht werden, was leicht schon durch stärkeres Klopfen auf den Deckel des Instrumentes erreicht wird. Natürlich mufs diese Zeit bekannt sein, weshalb es vorzuziehen ist, jeden Tag zu einer ganz bestimmten (genauen) Zeit die Marke auf dem Papier zu machen.

Zweitens mufs der Wert eines Skalenteils bekannt sein, d. h. geprüft werden, ob die Teilung am Autographenpapier richtig ist. Wo gröfsere Barometerschwankungen innerhalb des Zeitraums, für welchen die Autographenpapiere reichen, vorkommen, genügt es, bei sehr hohen und tiefen Barometerständen die direkten (reduzierten) Ablesungen am Quecksilberbarometer mit den entsprechenden registrierten Werten des Luftdruckes zu vergleichen. Die abgelesene und die aufgeschriebene Luftdruckschwankung mufs übereinstimmen, wenn die Teilung richtig ist. Sonst kann man, wo Gelegenheit, die gröfsere Druckschwankung auch dadurch hervorrufen, dafs man das Instrument auf eine Anhöhe trägt (100 Meter Höhendifferenz wären dazu aber jedenfalls nötig) oder den Stand eines Quecksilberbarometers abliest und mit der Registrierung vergleicht. Es ist aber zu beachten, dafs die Autographenpapiere verschiedener Herkunft immer wieder neu geprüft werden müssen.

Drittens mufs man sich dessen versichern, dafs der Barograph keinen gröfseren Temperaturkoeffizienten hat. Bringt man ihn rasch aus einem wärmeren in einen kälteren Raum und umgekehrt, so soll dies keine Luftschwankung verursachen (es mufs aber dabei die Kassette, in welcher der Barograph sich befindet, geöffnet werden). Man kann auf diese Weise, wenn zugleich die Temperatur in der Barographenkassette abgelesen wird, einen etwaigen merklichen Temperaturkoeffizienten feststellen. In allen Fällen soll aber der Barograph vor gröfseren Temperaturschwankungen bewahrt werden durch zweckmäfsige Wahl des Aufstellungsortes.

Viertens mufs beim Einlegen des Papiers beachtet werden, dafs dasselbe nicht schief eingelegt wird, namentlich dabei darauf gesehen werden, dafs die Autographenpapiere am unteren Rande nicht schief beschnitten sind, sondern dieser Rand der Teilung parallel verläuft. Die Feder mufs zu jener Stunde zu schreiben beginnen, welche der Zeitskala oben am Rande entspricht.

Werden diese Punkte beachtet, so können, selbst ohne weitere Kontrolle, d. h. ohne Rücksicht auf die absoluten Luftdruckwerte, die Autographenstreifen hinterher reduziert und zur Ableitung des täglichen Ganges des Barometers verwendet werden. Empfehlenswert sind allerdings auch Ablesungen am Quecksilberbarometer zur Auswertung der Autographenzeichnungen in richtigen Barometerständen. Aber das Fehlen eines Quecksilberbarometers macht die Autographenzeichnungen nicht wertlos, wenn die obigen vier Punkte beachtet worden sind. Man kann die Aufzeichnungen trotzdem zu einer genauen Feststellung des täglichen Barometerstandes verwerten. Im Innern der Kontinente, an Meeresküsten mit starken Seewinden, auf Hochebenen und in Hochtälern, bei Gewittern und Auftreten spezifischer Lokalwinde usw. wird man manche interessante Barometerkurven erhalten, welche auch wissenschaftliches Interesse beanspruchen können. Wer also Gelegenheit dazu hat, unterlasse nicht, einen guten und geprüften Barographen mitzunehmen und an Orten längeren Aufenthaltes funktionieren zu lassen. Schliefslich mag noch bemerkt werden, dafs bei längeren Ablesungen an einem Quecksilberbarometer (oder auch Aneroiden, die durch genaue Siedepunktbestimmungen kontrolliert werden) es wünschenswert erscheint, dafs, falls der Beobachtungsort an oder in grofser Nähe der Küste sich befindet, die Seehöhe des Barometers mit möglichster Genauigkeit ermittelt werde.

Messung der Niederschläge. Dieselbe wird nur an Orten längeren Aufenthaltes vorgenommen werden können, und nur in Gegenden, wo auch kürzere Beobachtungsreihen Interesse haben, also in klimatisch bisher ganz unbekannten Teilen der Erde[1]). Ist ein längerer Aufenthalt an einem Orte, mindestens einen vollen Monat umfassend, nicht beabsichtigt, so lohnt es sich kaum, einen Regenmesser mitzunehmen. Wegen der grofsen Veränderlichkeit der Niederschläge sind dieselben dasjenige meteorologische Element, dessen Messung für den Reisenden am wenigsten wissenschaftliches Interesse hat.

[1]) Die Regenmessungen von Livingstone auf seinen mehrjährigen Missionsreisen in Zentralafrika 1866/71 sind von Rev. H. Waller zusammengestellt worden und liefern noch jetzt einen schätzbaren Beitrag zu den Regenverhältnissen daselbst. Report British Assoc. 1894. Oxford. Section E. S. 5.

,   Auf leicht transportable Regenmesser wird am Schlusse
hingewiesen werden. Der Regenmesser wird auf ebenem Boden,
etwa 1 höchstens 2 m über dem Boden, so aufgestellt
(Sicherung gegen Umwerfen durch den Wind), dafs Häuser,
Bäume oder andre denselben überhöhende Objekte weit genug
von ihm entfernt bleiben, so dafs der Regen auch bei Wind
nicht abgehalten wird. O r t e m i t h e f t i g e m L u f t z u g s i n d
z u r A u f s t e l l u n g z u v e r m e i d e n. Aufstellungen auf
flachen Hausdächern, Terrassen sind ebenso zu vermeiden, wenn
dort starker Luftzug herrscht. Man erhält an solchen Orten
zu wenig Niederschlag (bei Wind). Für Tropengegenden mit
sehr starken Regen mufs die Aufnahmefähigkeit des Regenmessers berücksichtigt werden, sie soll wenigstens für die
stärksten Nachtregen ausreichen, also für eine Wasserhöhe bis
zu 200 mm.

          Die Regenmessung erfolgt am besten morgens 6^h oder
7^h, und die um diese Zeit gemessene Regenhöhe wird dem
Vortage zugeschrieben (in die Regenrubrik des Vortages eingetragen). Nach starken Regen wird das Mefsglas öfter gefüllt werden müssen, und man wird acht haben müssen, die
richtige Zahl als Regenhöhe einzutragen. Kann man mit dem
Mefsglas auf einmal z. B. 10 mm messen, und ist dasselbe
viermal voll geworden und ein fünftes Mal bis zum Teilstrich 4
etwa, so hat man 44 mm Niederschlag einzutragen. Das
Mefsglas ist bei der Messung horizontal zu halten.

          Auch der Schneefall wird als Wasserhöhe des Nieder-
schlages gemessen. Zu diesem Zwecke bringt man das Auf-
fangegefäs in einen warmen Raum, so dafs der Schnee rasch
schmilzt, und mifst dann das Schmelzwasser mit dem Mefsglas.
Man kann auch, um die bei diesem Vorgehen unvermeidlich
entstehenden Verdunstungsverluste zu vermeiden, den Schnee
durch Übergiefsen mit einer vorher genau mit dem Mefsglas
gemessenen Menge warmen Wassers schmelzen und schliefslich
die zugegossene Wassermenge von dem Messungsresultat wieder
abziehen. Bei Schneefall mit Wind unterliegt die Messung
der Niederschlagsmenge oft grofsen Schwierigkeiten, der
Schnee wird leicht weggeblasen oder zu viel in das Auffang-
gefäfs hineingeweht. Deshalb wird zuweilen blofs die Schnee-
höhe (die Tiefe der frischgefallenen Schneelage) gemessen an
Orten, wo der Schnee ruhig und gleichmäfsig gefallen ist.
Es ist überhaupt sehr zu empfehlen, stets auch die Schnee-
höhe zu messen. Man nimmt an, dafs eine Schneelage von
1 cm Höhe 1 mm Wasserhöhe gibt. Diese Regel ist nur
durchschnittlich ziemlich richtig, nicht in den einzelnen Fällen,

und gilt nur für frischgefallenen Schnee, nicht für ältere
Schneelagen, die stets dichter sind.

Wenn man Zeit und Gelegenheit hat, empfiehlt es sich,
die Niederschlagsmessung zur selben Stunde morgens und
abends vorzunehmen, etwa um 7^h a. m. und 7^h p. m. Es ist von
Interesse zu erfahren, wie sich die Niederschlagsmenge auf
Tag und Nacht verteilt. Auch empfiehlt es sich, nach sehr
heftigen Regen die Niederschlagshöhe sogleich zu messen und
die Dauer des heftigen Niederschlages anzugeben. Bei den
sogenannten „Wolkenbrüchen" können Regenmengen von
60 mm und mehr in einer halben Stunde fallen. Die Ermittlung der gröfsten Regenmengen in kurzer Zeit (in 15, 30 oder
60 Minuten) ist von Interesse. Selbst (und oft gerade) an
Orten, wo im ganzen wenig Regen fällt, können solche
„Wolkenbrüche" vorkommen.

Aus den Passatregionen der Meere sind Nachrichten über
Gewitter und Niederschläge ganz besonders erwünscht, weil
dieselben hier recht selten sein sollen. Man notiere die Tage
mit Niederschlägen, auch jene mit ganz leichten Schauern,
und unterscheide starke Regengüsse und Regenschauer, sowie
anhaltende Regen. Regenmessungen auf hoher See liegen
noch wenig vor, da die Aufstellung des Regenmessers auf
dem Schiffe Schwierigkeiten unterliegt und der Wind oft die
Messung unzuverlässig macht. Hat man auf einer Seereise
einen Regenmesser zur Verfügung, so versuche man denselben
auf einem freien Platz auf dem Schiffsdeck so aufzustellen,
dafs kein Spritzwasser der Wellenkämme hineingelangt und
auch nicht etwa abtropfendes Wasser vom Tauwerk. Anderseits darf er auch nicht im Schutze von Segeln aufgestellt
sein. Der beste Platz ist meist die Kommandobrücke. Man
messe den Regen nach jedem Regenfall.

Natürlich mufs man, wie bei allen Schiffsbeobachtungen, den
Schiffsort nach Länge (Greenwich?) und Breite angeben, und
zwar, soweit möglich, vom Mittag des betreffenden Tages.
Diese Positionsangaben sind bei dem Kapitän oder den Schiffs-
offizieren zu erfahren.

B. Beobachtungen ohne Instrumente.

Der Reisende kann, auch wenn er nicht im Besitz von
Instrumenten ist, Beobachtungen anstellen, welche wertvolle
Beiträge zur Kenntnis des Klimas der durchreisten Landstriche liefern. Im übrigen ergänzen die im nachfolgenden
empfohlenen Aufzeichnungen die vorhin erörterten Beobach-

tungen mit Instrumenten. Sie sind ein wesentlicher Bestand-
teil der regelmäfsigen Beobachtungen an einer meteorologischen
Station.

1. **Die Bewölkung.** Der Grad der Bedeckung des
Himmels mit Wolken wird in der Art in Zahlen angegeben,
dafs man schätzt, wieviel Zehnteile der sichtbaren Himmels-
fläche die Wolken einnehmen. Dabei ist der Bewölkung in
der Nähe des Horizontes (wo die Wolken durch die Perspektive
sich zusammenschieben) wenig Beachtung zu schenken. Ganz
heiterer Himmel wird mit 0 notiert, zur Hälfte bedeckter mit 5,
ganz bedeckter mit 10, wobei aber auch alle Zwischengrade
zu schätzen sind. Die einzelnen derarigen Schätzungen
fallen natürlich nicht sehr genau aus. Die Mittelwerte kommen
aber doch recht zutreffend heraus, weil die Fehler der
einzelnen Schätzungen (bald zu viel, bald zu wenig) sich in
denselben aufheben.

Die Schätzung des Grades der Bewölkung ist zu den oben
empfohlenen Tageszeiten zugleich mit der Beobachtung der
andern meteorologischen Elemente vorzunehmen. Da der
tägliche Gang der Bewölkung grofses Interesse hat,
wenig bekannt ist und den Gang der Temperatur und auch
der andern Elemente wesentlich beeinflufst, so sind jenen,
die Zeit und Lust dazu haben, stündliche Notierungen sehr zu
empfehlen, wenigstens den ganzen Tag über. Es können
mindestens von Zeit zu Zeit solche stündliche Aufzeichnungen
gemacht werden.

Es ist zu empfehlen, neben der Schätzung der Bewölkung
in Zahlen auch die Häufigkeit der ganz heiteren, der wolkigen
und ganz trüben Tage anzugeben.

Besondere Wolken: Leuchtende Nachtwolken
und irisierende Wolken. Seit dem Jahre 1885 ist man
auf die Erscheinung leuchtender Nachtwolken aufmerksam geworden. Spätere Messungen ergaben eine Höhe derselben von
80 km und darüber. Sie sind im Juni und Juli der nördlichen Hemisphäre (Dez., Jan. der südlichen) nachts am nördlichen (südlichen) Himmel zu sehen gewesen, aber nicht
immer. Es ist von Interesse, das zeitweilige Auftreten dieser
merkwürdigen hellen Nachtwolken zu beobachten und zu
notieren, namentlich in höheren südlichen Breiten.

Irisierende Wolken. Mohn in Christiania hat auf Wolken
mit eigentümlichen Farben und zuzeiten auch eigentümlichen
Formen aufmerksam gemacht. Sie können nach ihren am
meisten in die Augen fallenden Kennzeichen als Perlmutter-
wolken oder irisierende Wolken bezeichnet werden, indem sie

sich mit prachtvollen Spektralfarben sowohl in ihrer Mitte als in ihren Rändern zeigen. Diesen Wolken scheint zum Teil eine sehr grofse Höhe zuzukommen, so dafs eine Beachtung derselben wünschenswert ist mit genauer Angabe der Zeit des Auftretens, der Höhe über dem Horizont (in Graden, geschätzt nach Gegend der Sternbilder, oder gemessen) und der mehr oder weniger langen Zeitdauer des Verschwindens nach Ende der Dämmerung. Durchaus nicht alle irisierenden Wolken aber haben eine sehr grofse Höhe (von 100 km und mehr, wie sie Mohn für einige Winterwolken gefunden hat).

Die Nebel (d. i. die Wolken am oder wenig über dem Boden) sind separat zu notieren, womöglich auch ihre Dauer. Ebenso Hochnebel oder der sogen. Höhenrauch, welcher die Durchsichtigkeit der Luft sehr stark beeinträchtigt. Auch Staub- und Rauchtrübungen sind zu beachten und ihr etwaiger Zusammenhang mit den gleichzeitigen Witterungsfaktoren.

2. Beobachtung des Wolkenzuges. Wenn auch die Angabe der Himmelsrichtung, a u s w e l c h e r die unteren und die oberen Wolken ziehen, nur von wenigen Reisenden unter die regelmäfsigen Aufzeichnungen wird aufgenommen werden können, so könnte dieselbe vielleicht doch zu einer Tageszeit erfolgen, und dann tunlichst immer zu derselben, es sei denn, dafs besondere Erscheinungen am Wolkenhimmel zu einer andern Zeit die Aufmerksamkeit des Reisenden auf sich ziehen.

Zur Bestimmung der Richtung des Wolkenzuges eignen sich nur jene Wolken, die nahe dem Zenith vorüberziehen, ja nicht solche in der Nähe des Horizontes, da man sich über die Zugrichtung dieser letzteren stark täuschen kann.

Von den Wolkenarten oder Wolkenformen, deren Zugrichtung besonderes Interesse hat, sind besonders zu nennen:

a) Die Cirrus- und Cirrostratuswolken, d. h. die höchsten, weifsen, federartigen Wolkenstreifen oder Wolkenschichten, Höhe: 9—10 km. Die Richtung des Zuges derselben hat ein ganz besonderes wissenschaftliches Interesse. Die Bestimmung der Zugrichtung wird allerdings zuweilen durch die Langsamkeit der Bewegung erschwert. Auch die Schäfchenwolken, cirro cumuli, gehören zu den höchsten Wolken.

b) Cumulus und strato-cumulus. Die Haufenwolke und die geballte Schichtwolke (oft Gewitter- und Regenwolke). Dieselben gehören (durchschnittlich wenigstens) den tieferen Schichten an, sind Unterwolken. Ihre Zugrichtung gibt die Richtung der Luftströmungen in einem tieferen Niveau (etwa 1.5—2.5 km über der Erdoberfläche) an.

Beobachtet man den Wolkenzug, so ist demnach zu unterscheiden zwischen den sehr hohen Wolken (Cirrusformen, Eiswolken 6—9 km) und den tieferen, unteren Wolken (Wasserwolken 1.5—2.5 km etwa). Man notiere beide besonders.

In den meisten Fällen ist die Richtung des Zuges der hohen Wolken, der unteren Wolken und des Windes an der Erdoberfläche verschieden.

Als Hilfsmittel zur genaueren Bestimmung des Wolkenzuges dient eine auf der Unterseite geschwärzte quadratische Glastafel, welche auf der Oberseite einige parallele, gleichweit abstehende Liniensysteme aufgetragen oder eingeritzt hat, die senkrecht aufeinander stehen. Man legt die Tafel horizontal, nach den Himmelsrichtungen orientiert (z. B. eine Seite möglichst genau $N-S$), und beachtet im Spiegelbilde den Zug der Wolken. Zu genaueren Beobachtungen von Wolkenzug und relativer Geschwindigkeit dienen die Nephoskope (von Braun, Linfs, Finemann usw. siehe am Schlusse).

Man hat gefunden, dafs der Wolkenzug von der unteren Windrichtung in der Art abweicht, dafs, wenn man das Gesicht gegen den Wind kehrt, der Wolkenzug auf der nördlichen Halbkugel von einem Punkt des Horizonts zur Rechten des Beobachters kommt (auf der südlichen Halbkugel zur Linken) und dafs im allgemeinen der Winkel zwischen Wind und Wolkenzug mit der Höhe wächst. Kommt der Unterwind aus S, so kommen vielleicht die Haufenwolken aus Süd 14^0 gegen W, die Cirrostratuswolken aus SSW und die Cirren schon aus SW. (N. Hemisph.). Die Konstatierung dieses Verhältnisses zwischen Unterwind und Wolkenzug ist von besonderem Interesse in der Gegend der Polar- und Äquatorialgrenze der Passate (Nord und Süd), sowie in der Passatregion selbst, ebenso in den Monsungebieten, wobei die Jahreszeit besonders in Betracht kommt.

An den Küsten der tropischen Festländer mit starken Seewinden bei Tag ist desgleichen der untere Wolkenzug zu beachten, der in vielen Fällen die Mächtigkeit der Seebrise wird erkennen lassen sowie das Niveau, in dem der auswärts strömende obere Landwind beginnt.

Beobachtung der Windrichtung. Es genügt in den meisten Fällen, die Richtung des Windes nach acht Himmelsgegenden zu notieren, also N, NE (Nordost[1]), E usw. Nur

---

[1] Um Irrungen zu vermeiden, ist man übereingekommen, die Ostrichtung mit E zu bezeichnen, da O in den romanischen Sprachen die Westrichtung bezeichnet.

bei ganz freier Lage des Beobachtungsortes und Gelegenheit zu schärferer Unterscheidung möge man auch die Zwischen-, richtungen *NNE, ENE* usw. berücksichtigen. Manche Lokalwinde erheischen diese schärfere Bestimmung (z. B. Bora aus *ENE*), da sie in charakteristischer Weise aus einer ganz bestimmten Himmelsgegend kommen. Wird die Himmelsrichtung durch den Kompaſs bestimmt, so gebe man das im Beobachtungsjournal an, da die Miſsweisung der Magnetnadel (Deklination) in manchen Gegenden erheblich werden kann.

Liegt der Beobachtungsort in einem Tale, so haben die lokal beeinfluſsten Winde an sich geringeres Interesse, wohl aber der Wechsel zwischen einem aufsteigenden Talwind (Wind vom unteren Ende des Tales) bei Tag und einem herabkommenden Bergwind (vom oberen Talende) bei Nacht und am Morgen. Da wird es genügen, ein für allemal die Richtung des Tal- oder Bergwindes zu konstatieren und die Aufmerksamkeit besonders der Feststellung der Zeiten des Überganges vom Tal- zum Bergwind und umgekehrt zuzuwenden. Die Konstatierung der Stärke von Berg- und Talwind, namentlich des letzteren (beim Nachtwind ist dies ja schwieriger) und der Abhängigkeit derselben von der Jahreszeit hat Interesse.

Auf groſsen freien Ebenen richte man die Aufmerksamkeit darauf, ob sich eine tägliche Periode der Windrichtung zu erkennen gibt, ein Umgehen des Windes mit der Sonne (von *E* über *S* nach *W* in der Nordhalbkugel; von *E* über *N* nach *W* in der südlichen Hemisphäre) oder ein entgegengesetztes Verhalten zwischen Vormittag und Nachmittag in dieser Hinsicht. An schönen, ungestörten Tagen (ohne Gewitter oder Regenschauer) wird sich eine derartige Tendenz am leichtesten zu erkennen geben.

Die Bestimmung der Windrichtung nach acht Himmelsgegenden ist wohl meist ohne besondere Vorrichtungen zu erzielen. Hält man sich längere Zeit an einem Orte auf, so empfiehlt es sich, eine einfache Windfahne, Stange mit einem frei beweglichen Wimpel, aufzustellen. In Gegenden mit tätigen, rauchenden Vulkanen notiere man regelmäſsig die Richtung der abziehenden Rauchwolken (wobei je nach der Lage des Vulkans perspektivische Verschiebungen zu vermeiden gesucht werden sollen), bei hohen Vulkanen haben solche Beobachtungen ein ganz besonderes Interesse.

Bei Besteigungen hoher Berge, namentlich in den Tropen, notiere man die Windrichtung (u. Stärke), beachte namentlich die Höhe, in welcher etwa ein Wechsel in der Windrichtung

eintritt (z. B. obere Grenze des Passates, Eintritt in die West-
strömung der höheren Luftschichten). Die Jahreszeit ist dabei natürlich von Wichtigkeit. Die Frage, wie hoch reicht der
Passat (die Monsune) in verschiedenen Teilen der Tropen, kann
dadurch weitere Beantwortung finden.

  Windstärke. Neben der Richtung ist auch die Stärke
des Windes zu notieren. Dieselbe wird entweder blofs geschätzt oder gemessen. Zur Schätzung bedient man sich an
den meteorologischen Stationen meist einer zehnteiligen Skala,
in welcher 0 Windstille, 9 und 10 Orkanstärke bezeichnen,
während die Zahlen 1—8 Zwischenstufen zukommen. Einfacher
ist die Schätzung nach der halben Beaufort-(See-)Skala, auch
Landskala genannt, von 0—6, in der 0 Windstille, 1 leichter,
2 mäfsiger, 3 starker, 4 sehr starker Wind und 5 Sturm bezeichnen[1].

  Zur **Messung** der Windstärke in Meter pro Sekunde
oder Kilometer Windweg pro Stunde dienen die Anemometer.
Anemometer nach Robinson, Schalenkreuz-Anemometer, werden
auch für den Handgebrauch gefertigt (s. am Ende). Ihre Verwendung hat nur an solchen Orten einen Wert, wo man annehmen darf, dafs die beobachtete Windrichtung jener der
weiteren Umgebung nahekommt (also nicht lokal modifiziert
ist, wie etwa in Gassen). Man setzt das Anemometer zur Beobachtungszeit dem Winde aus und liest am Zifferblatte die
Zahl der Umdrehungen des Schalenkreuzes etwa pro je 5 Minuten
ab. Die Relation zwischen der Zahl der Umdrehungen und
der Geschwindigkeit des Windes (im allgemeinen ist der Windweg 2 bis $2^1/_2$mal gröfser als der Weg, den die Mittelpunkte
der Kugelschalen zurückgelegt haben, und dieser ist gleich der
Zahl der Umdrehungen multipliziert mit $2\,r\,\pi$, wo r Abstand

---

[1] Die zehnteilige Skala kann etwa so interpretiert werden:
0. Windstille oder kaum merklicher Luftzug.
1. Schwacher Wind, der nur die Blätter der Bäume bewegt.
2. Mäfsiger Wind, der auch die Zweige bewegt.
4. u. 5. Ziemlich starker Wind, der schon die Äste bewegt.
6. u. 7. Starker und sehr starker Wind, der schwache Bäume bewegt und vielleicht auch Zweige abbricht.
8. Stürmischer Wind, welcher Äste bricht und das Gehen im
Freien schwierig macht.
9. Sturm, welcher Bäume entwurzelt, Dächer beschädigt,
Menschen zu Boden wirft.
10. Orkan, der Häuser abdeckt, leichtere Bauten demoliert, ge-
mauerte Schornsteine umwirft usw.
Diese Anweisung wird natürlich an vielen Orten unbrauchbar,
wo Bäume und Häuser usw. fehlen. Auf Reisen wird man sich wohl
am besten mit der sechsteiligen Skala begnügen.

dieser Mittelpunkte von der Drehungsachse) wird am besten vorher an einem Observatorium bestimmt. Es gibt aber auch schon die Zahl der Umdrehungen allein ein relatives Maſs der Windstärke. Notiert man die Anemometer-Type (namentlich die Länge der Arme, den Abstand der Mittelpunkte der Kugelschalen von der Drehungsachse), so kann die absolute Windstärke hinterher berechnet werden.

An festen Stationen kann man sich, wenn man die kostspieligen Anemometer vermeiden will, auch der Windstärketafel nach Wild bedienen, die auf einem Pfosten so frei als tunlich aufgestellt wird. Die um eine horizontale Achse bewegliche Blechtafel dieses Windstärkemessers wird durch den Wind um einen gewissen Winkel aus ihrer vertikalen Lage gebracht. Zur Ablesung dieses Winkels sind an einem Halbkreis, längs welchem ein Rand der Tafel sich bewegt, fixe· Stifte angebracht (nicht in gleichen Abständen), welche die Windstärke angeben. Die Beziehungen zwischen dem Hebungswinkel der Blechtafel, Nummer des Stiftes und der Windgeschwindigkeit in Meter pro Sekunde sind wie folgt ermittelt worden:

Nummer des Stiftes . . .	1	2	3	4	5	6	7	8
Hebungswinkel	0^0	4^0	$15^1/_2{}^0$	31^0	$45^1/_2{}^0$	58^0	72^0	$80^1/_2{}^0$
Windgeschwindigkeit, m. s.	0	2	4	6	8	10	14	20
„ nach zehnteiliger Skala	0	1	2	3	4	5	6	7

Eine Windfahne stellt die Blechtafel (die natürlich, wenn obige Relation gelten soll), von ganz bestimmten Dimensionen und Gewicht sein muſs: 30/15 cm 200 g) immer senkrecht auf die Windrichtung ein und gestattet auch die Windrichtung abzulesen.

Besonders charakteristische Winde. Heiſse und kalte Winde, die für das Klima einer Gegend besonders bezeichnend sind.

Die heiſsen Winde sind entweder Wüstenwinde oder Föhnwinde. Die ersteren kommen aus pflanzenleeren, trockenen, stark erhitzten Niederungen und sind meist staubführend. Solche Winde sind der Chamsin in Ägypten, Samum in Mesopotamien und in der Sahara, Solano in Spanien, der trockene Scirocco in Sizilien und Unteritalien, die Nordwinde aus dem Innern in Victoria und Südaustralien, auch im auſsertropischen Südafrika, die Westwinde in Neu-Süd-Wales usw. Die Trockenheit und Hitze solcher Winde steigert sich noch, wenn sie aus dem heiſsen, wüsten Innern eines Kontinents kommend ein Gebirge überschritten haben, also zugleich Föhnwinde sind. Zur kühlen

Jahreszeit können aus den Wüsten solche trockene, staubführende Winde kommen, die an sich kühl und nur tagsüber
warm sind, wie der Harmattan an der Küste von Guinea. Für
die Umgebung grofser Wüsten, soweit letztere nach vorwiegen-
den Windstrichen zuliegen, sind staubführende Winde charakteristisch (Leste auf Madeira, das sogenannte „Dunkelmeer"
im Westen der Sahara). Dem Auftreten solcher Winde ist
Beachtung zu schenken, deren Richtung und soweit tunlich,
auch deren Temperatur und Feuchtigkeit zu messen.

Die Föhnwinde sind warme und relativ trockene Gebirgs-
winde. Sie kommen von den Gebirgskämmen herab, selbst
wenn diese schneebedeckt und vergletschert sind. Ihre Temperatur und Trockenheit ist am gröfsten in den Tälern, die
dem Kamm des Gebirges naheliegen, verliert sich aber immer
mehr gegen das Flachland hinaus. Auf den Gebirgskämmen
selbst ist der Föhn nicht warm, auf der andern Seite des Gebirges (Windseite) herrscht dann meist trübes, regnerisches
Wetter ohne besondere Temperaturerhöhung. Auch dem Auftreten solcher Winde ist Beachtung zu schenken, ihre Temperatur und Trockenheit zu messen und die Umstände, unter
denen sie sich bemerkbar machen, zu notieren.

Kalte, boraartige, heftige Winde sind ferner ebenfalls für manche Gegenden bezeichnend. Sie treten im Winter
auf und zumeist an den Steilküsten, mit denen ein kaltes
Hinterland gegen ein relativ warmes Meer abfällt. Unten
sind diese Winde trocken, wenngleich auf den Gebirgshöhen,
von welchen sie herabkommen, schwere Wolkenmassen scheinbar unbeweglich lagern.

Stürme. Während derselben sollten die Beobachtungen
in kleineren Intervallen angestellt werden, namentlich, wenn
man über Barometer und Thermometer verfügt. Die Änderungen
des Luftdruckes und der Temperatur mit den Änderungen der
Windrichtung wären dann spezieller zu beachten, das Aussehen
des Himmels und die Bewegungsrichtung der Wolken zu notieren. Bei längerem Aufenthalte an einem Orte können über
folgende Punkte Erfahrungen gesammelt oder Erkundigungen
eingezogen werden: Aus welcher Richtung kommen die meisten
Stürme, welche Winde, welche Witterungserscheinungen gehen
ihnen voraus, springt der Wind während oder nach dem Sturme
in die frühere Richtung zurück, oder durchläuft er die Wind-
rose und in welcher Richtung, mit oder gegen den scheinbaren
Lauf der Sonne, oder anders ausgedrückt, dreht sich der Wind
im Sinne der Drehung des Uhrzeigers oder gegen denselben.
Es ist auch zu empfehlen, Erkundigungen einzuziehen über

das Auftreten des Sturmes nach Zeit, Richtung und Stärke an andern Orten in der Umgebung der Station.

In den Tropen, wo die grofsen Wirbelstürme relativ selten und fast nur in gewissen Gegenden vorkommen, sind Erkundigungen über das Vorkommen (Jahreszeit) oder Fehlen dieser machtvollen Erscheinungen, die sich der Erinnerung dauernd einprägen, einzuziehen, und Daten zu sammeln zur besseren Abgrenzung der Orkangebiete (der Zyklonen).

Die Niederschlagserscheinungen. Dieselben sind zur Charakterisierung des Klimas einer Gegend besonders wichtig.

Man notiere (auch wenn ein Regenmesser fehlt) mit Sorgfalt die Tage, an denen Regen oder Schnee (Graupel, Hagel) gefallen sind. Aus welcher Richtung kommen vorzugsweise die regenbringenden Wolkenzüge? Welchen Charakter haben die Niederschläge, fallen sie zumeist in Form gleichmäfsiger, wenig intensiver sog. „Landregen" und Nebelregen oder in Form von Platzregen. Man könnte am besten notieren: Nebelregen, Landregen, Platzregen. Regelmäfsiger starker Taufall, das Aufhören desselben zu bestimmten Jahreszeiten wäre zu notieren, ebenso das Auftreten von Reif oder von Rauhfrost. Besonderes Interesse hat das etwaige Vorkommen von Hagel in den Niederungen der Tropen (in grofsen Seehöhen sind die Gewitter in den Tropen fast stets von Hagelfall begleitet) oder auf offener See. Bei Hagelfällen in den Tropen gebe man, wenn auch nur näherungsweise, die Seehöhe der Orte an. Man suche von älteren Ansässigen oder von Eingeborenen zu erfahren, ob Hagelfälle vorkommen oder überhaupt bekannt sind. Vom Hagel, gröfseren Körnern mit eisiger Umhüllung, sind zu unterscheiden die Graupeln, kleinere Körner aus zusammengebackenen Schneeflocken, kleinen Schneebällen ähnlich, denen die äufsere eisige Rinde fehlt.

Bei den Hagelfällen verdient Beachtung: Gröfse und Form der Schlofsen, Zeit des Falles, Erstreckung des Hagelwetters, Richtung des Zuges desselben, begleitende elektrische Erscheinungen (besonders bemerkenswert, wenn solche fehlen sollten), Höhe der Hagelwolken, wenn etwa hohe Gebirge die Möglichkeit einer Schätzung derselben darbieten. In manchen tropischen Hochgebirgen (so in Abessinien nach Stecker) rührt deren zeitweilige weifse Hülle nur von Hagelfällen her und nicht von Schneefällen. Bietet sich Gelegenheit zu solchen Wahrnehmungen, so sollten dieselben benutzt werden.

Die Feststellung der genäherten Höhe temporärer Schneegrenzen in tropischen und subtropischen Hochgebirgen, desgleichen jene der Äquatorialgrenzen des Schneefalls in der Niederung ist von Interesse.

In mittleren und höheren Breiten sind Notierungen über die Zeit des Schmelzens der Schneedecke, des letzten und ersten Schneefalls, des Eintritts des ersten und letzten Nachtfrostes sowie der Reifgrenzen, im Frühling namentlich, von Wichtigkeit.

Gewitterbeobachtungen. Als Gewittertage werden jene notiert, an welchen man den Donner hört, daneben kann man die Gewitter, welche über den Beobachtungsort selbst hinwegziehen, als „Nahgewitter" besonders kennzeichnen. Bei entfernten Gewittern notiere man die Himmelsgegend,. z. B. Gewitter in Süd usw. Auch die Tage, an denen blofs Blitze, Wetterleuchten, beobachtet worden sind, sollen notiert werden.

Man notiere bei den Gewittern die Zeit des ersten hörbaren Donners oder den Eintritt des Regens und die Richtung, aus welcher das Gewitter heraufgezogen ist. Es können mehrere Gewitterzüge am selben Tage vorkommen; zur Vergleichung der Häufigkeit der Gewitter an verschiedenen Orten eignet sich aber am besten „der Gewittertag" und nicht die Zahl der Einzelgewitter.

In Gebirgsgegenden richte man die Aufmerksamkeit auf die Höhe der Gewitterwolken, und namentlich auf das etwaige Vorkommen von Gewittern unterhalb des Beobachters auf einem Berggipfel. Nur bei Nahgewittern aber können solche Beobachtungen einwurfsfrei gewonnen werden.

Beobachtungen über seltene Formen von Blitzen, namentlich über das Auftreten von Kugelblitzen (Blitze in Form von Feuerbällen, meist mit langsamer Bewegung, die ohne oder mit Detonationen verschwinden), dann über Blitze von den Wolken nach aufwärts in die Luft, über leuchtende Wolken usw. sind von Interesse. Auch Blitze nahe dem Zenit ohne Donner sind bemerkenswert; sie scheinen in den Tropen zuweilen vor Beginn oder zu Ende der Regenzeit vorzukommen sowie auch in den Gebieten, wo die tropische Regenzeit gegen regenlose oder regenarme Wüsten- und Steppenregionen ausläuft. In den meisten Tropengegenden sollen einschlagende (zündende oder tötende) Blitze selten sein. Bezügliche Beobachtungen oder kritisch gesammelte Erfahrungen anderer sind erwünscht.

Merkwürdig ist die Gewitterarmut mancher regenreicher Tropengegenden. Die Konstatierung solcher Lokalitäten sowie der Form und der Umstände, unter welchen an denselben die Niederschläge eintreten, ist erwünscht.

Elmsfeuer, das ruhige Ausströmen der Elektrizität unter Lichterscheinungen aus Mastspitzen, Kirchtürmen, Bäumen usw. verdient notiert zu werden unter Angabe der begleitenden meteorologischen Zustände.

In manchen Gegenden ist die Leitungsfähigkeit der Luft für Elektrizität so gering, dafs beim Kämmen der Haare, an geriebenen Wollenstoffen, Streicheln von Tierfellen usw. Funken aufleuchten. Auch diese Erscheinung ist nicht ohne Interesse.

Allgemeine Regeln für Beobachtungen mit oder ohne Instrumente.

1. Man verwende zu den meteorologischen Beobachtungen nur geprüfte Instrumente von Werkstätten, die Präzisionsinstrumente liefern. Ist man genötigt, bisher ungeprüfte Instrumente zu verwenden, so benutze man die nächste Gelegenheit, die Vergleichung mit guten Instrumenten nachzuholen.

2. Man notiere die Korrektionen der Instrumente in dem Beobachtungsjournal, trage aber stets nur die unkorrigierten Ablesungen in dasselbe ein. Hat man mehrere Instrumente derselben Art, so sollen dieselben dauerhaft numeriert werden, falls dies nicht ohnehin schon der Fall ist. Die Nummer des benutzten Instrumentes ist im Beobachtungsjournal anzumerken, desgleichen jeder Wechsel in den Beobachtungsinstrumenten.

3. Man bleibe bei den einmal gewählten Beobachtungszeiten und halte dieselben tunlichst genau ein (notiere eine etwaige Abweichung). Ein Wechsel in den Beobachtungszeiten erschwert die Berechnung der Aufzeichnungen und die Ableitung allgemeiner Resultate aus denselben in hohem Grade. Es ist viel besser, blofs dreimal am Tage zu fixen Tageszeiten die Aufzeichnungen zu machen, als häufiger Aufzeichnungen zu wechselnden Tagesstunden.

4. Man lege sich ein dem Umfange der beabsichtigten meteorologischen Aufzeichnungen angepafstes Beobachtungsjournal an. Für längere Beobachtungsreihen an einem Orte kann man auch bei einer meteorologischen Zentralstellen (Meteorologisches Institut in Berlin, in Wien, Deutsche Seewarte in Hamburg) um eine entsprechende Anzahl der daselbst üblichen Beobachtungsjournale ersuchen. Für Reisebeobachtungen eignen sich wohl dazu am besten Notizbücher in Taschenformat mit nach Kolumnen abgeteilten (rastrierten) Blättern. Man versehe die Köpfe der Kolumnen im voraus mit entsprechenden Überschriften, um bei den Beobachtungen

nichts zu vergessen. Am Schlusse dieser Anleitung findet man Formulare von Beobachtungsjournalen, A für umfassendere Beobachtungen, B für Temperatur- und Regenmessungen.

Es muſs dem Beobachter dringend ans Herz gelegt werden, ja nicht die Aufzeichnungen zu v e r s c h i e d e n e n Tageszeiten u n t e r e i n a n d e r zu schreiben. Die Aufzeichnungen zu einer bestimmten Zeit müssen stets in derselben vertikalen Kolumne ohne Unterbrechung sich folgen; die Beobachtungen zu verschiedenen Zeiten müssen n e b e n e i n a n d e r stehen, nicht untereinander. Andernfalls ist man genötigt, zum Behufe der Berechnung das ganze Tagebuch in der erwähnten zweckmäſsigen Form abzuschreiben. Die Erfahrung lehrt, daſs deshalb manche mühsam erworbenen Aufzeichnungen unberechnet und unbenützt bleiben, weil das Umschreiben eine zu lästige und zeitraubende Arbeit ist.

5. Von jenen Orten, an welchen man längere Zeit verweilt und an welchen daher längere Beobachtungsreihen gewonnen werden konnten, liefere man eine ausführliche Beschreibung der Lage und der nächsten Umgebung. Besonders wichtig und unerläſslich sind aber die Angaben über die A r t d e r A u f s t e l l u n g der Instrumente, die zu den Beobachtungen gedient haben.

II. Erkundigungen auf Reisen in Ländern, deren klimatische Verhältnisse noch wenig erforscht sind.

Der Reisende kann den Mangel eigener, ein ganzes Jahr umfassenden Beobachtungen dadurch einigermaſsen ersetzen, daſs er bei vertrauenswerten geeigneten Persönlichkeiten möglichst umfassende Erkundigungen über die allgemeinen klimatischen Verhältnisse der durchreisten Länder einzieht. Von Missionaren z. B. dürften in vielen Fällen wertvolle Mitteilungen darüber zu erhalten sein. Es handelt sich dabei namentlich um Feststellung der Regen- und Trockenzeiten und deren durchschnittlichen Eintrittszeiten, das Vorhandensein oder Fehlen periodischer Winde, die Dauer der „Monsun"-Perioden, die Himmelsrichtung, aus welcher zumeist die Regen und Gewitter aufziehen, die Richtung und den Charakter der Stürme usw. Die vorherrschende Windrichtung ist, wie F r ü h gezeigt hat, häufig durch die Baumformen angedeutet („Die Abbildung der vorherrschenden Winde durch die Pflanzenwelt"). Auch andere Erscheinungen können auf dieselbe hinweisen, z. B. die Form der Dünen usw., doch ist dabei kritisch vorzugehen.

Der Charakter der Jahreszeiten eines Gebietes findet einen besonders kennzeichnenden Ausdruck in den periodischen Erscheinungen der Vegetation (z. T. auch der Tierwelt). Darüber wird man nun leicht das Wesentliche in Erfahrung bringen können. Die Zeiten der Feldbestellung, der Aussaat, Blüte und Reife der wichtigsten Nutzpflanzen geben wertvolle Aufschlüsse über den jährlichen Gang der Witterung im allgemeinen. Die Tatsache, daß gewisse Früchte in dem Lande reifen (und wann), andere aber nicht mehr, gestattet einen beiläufigen Schluß auf die Sommerwärme, z. T. auch auf die Regenverhältnisse. Kommen Reife und Fröste vor, welche Lagen und Örtlichkeiten sind denselben besonders ausgesetzt; kommt gelegentlich Schneefall vor usw. Auch Angaben über die Zeiten der Hochwasserstände der Flüsse und die Zeiten tiefsten Wasserstandes sind von Interesse. Auf andere Elemente (Gewitter, Hagel usw.) ist schon im vorigen Abschnitt hingewiesen worden. Auch über das Auftreten von Nordlichtern in niedrigen Breiten könnten Erkundigungen eingezogen werden, zur besseren Orientierung über die Äquatorialgrenzen des Auftretens derselben. Große Nordlichterscheinungen (meist zur Zeit des Maximums der Sonnenflecken auftretend) werden zuweilen bis und über die Wendekreise hinaus wahrgenommen.

III. Anregung zu meteorologischen Beobachtungen.

Der Reisende, der nur selten imstande sein wird, eine mindestens einjährige Beobachtungsreihe an einem Orte durchzuführen, kann zuweilen in die Lage kommen, auf andere Weise diesem Mangel abzuhelfen. Über alle Erdteile zerstreut, selbst auf den entlegensten Inseln der Südsee leben Europäer und besonders auch Deutsche. Es dürften sich sicherlich darunter auch Männer finden, die Interesse für meteorologische Beobachtungen haben, und deren Beschäftigung und Lebensweise die Anstellung regelmäßiger Aufzeichnungen zuläßt. In der gesellschaftlichen Isolierung und der damit verbundenen Monotonie, welche das Leben an solchen exponierten Punkten des Erdballs mit sich bringt, dürfte manchem die Gelegenheit erwünscht kommen, durch solche wissenschaftliche Aufzeichnungen sich nützlich zu machen, mit dem zivilisierten Leben dadurch wieder Anknüpfungspunkte zu finden und sich dabei zugleich geistig zu beschäftigen. Namentlich unter den Missionaren, Ärzten, Kolonialbeamten, aber auch unter den Pflanzern usw. dürfte man Persönlichkeiten finden, welche sich zur

Führung eines einfacheren oder auch eines umfassenderen Be-
obachtungsjournales herbeilassen.

Um das meteorologische Beobachtungsnetz über die ganze
Erde auszuspannen und die weiten, sehr empfindlich gefühlten
Lücken desselben auszufüllen, sind wir auf die Beihilfe solcher
freiwilligen, selbst interessierten Beobachter angewiesen. Ein
sehr dankbares Feld für meteorologische Beobachtungen bieten
speziell die Inseln der weiten Südsee, auf welchen wohl noch
hier und da ein Beobachter sich finden lassen dürfte. Besonders fühlbar ist der Mangel an Beobachtungen an der Westküste Südamerikas von Panama bis hinab nach Lima; Luftdruck besonders wichtig, auch Temperatur. Eine einjährige
Beobachtungsreihe in Quayaquil z. B. wäre höchst erwünscht.

Hat der Reisende eine zu regelmäfsigen meteorologischen
Beobachtungen geeignete Persönlichkeit ausfindig gemacht, so
ist fürs erste eine Anleitung zu denselben nötig, und es wäre
wünschenswert, dafs auch zugleich wenigstens ein Thermometer
an diese Persönlichkeit abgetreten werden könnte, um den
Eifer nicht erkalten zu lassen, bis weitere Instrumente beschafft werden können. Deshalb wäre es zu empfehlen, einige
Thermometer und einige Exemplare dieser Anleitung auf die
Reise mitzunehmen, um den ersten Bedürfnissen abhelfen zu
können. Andernfalls könnten vorläufig Beobachtungen ohne
Instrumente (Aufzeichnungen von Wind und Wetter im allgemeinen) angestellt und notiert werden, und der Reisende
möge sich brieflich oder nach der Rückkehr an geeignete
Persönlichkeiten oder Institute wenden, um Beobachtungs-
instrumente zu erhalten. Die Deutsche Seewarte in Hamburg,
das k. meteorologische Institut in Berlin (W, Schinkelplatz 6),
eventuell auch die k. k. meteorologische Zentrale in Wien
(XIX. Hohe Warte 38) oder die meteorologischen Gesellschaften
in Berlin, Leipzig, Wien dürften sich in manchen Fällen bereit
finden, die notwendigsten Instrumente zu liefern, wenn für
wenigstens einjährige regelmäfsige meteorologische Beobachtungen an einem meteorologisch interessanten Punkt eine Art
Garantie geboten werden kann.

IV. Sammlung schon vorhandener Beobachtungen.

Der Reisende dürfte vielleicht an einem Orte Gelegenheit
haben, von meteorologischen Beobachtungen zu hören, die von
einem Freunde der Wissenschaft etwa schon seit längerer Zeit
angestellt werden oder angestellt worden sind. Sollten die
Ergebnisse derselben nicht schon irgendwo veröffentlicht worden

sein (in diesem Falle ist es wünschenswert, dafs die betreffende Publikation notiert und wenn nicht leicht zugänglich, zu erlangen gesucht wird) und ist auch keine bestimmte Absicht vorhanden, dieselbe in einem Fachblatte zu veröffentlichen, so ist dringend zu wünschen, mit dem Beobachter ein Übereinkommen zu treffen in betreff der Überlassung des Beobachtungsjournals oder doch der wesentlichsten Beobachtungsergebnisse. Diese letzteren müssen aber möglichst detailliert kopiert werden, z. B. für die Temperatur, den Luftdruck und die relative Feuchtigkeit, die Monatsmittel der einzelnen Beobachtungsstunden und zwar separat für jeden einzelnen Jahrgang, die einzelnen Monatsextreme, die Häufigkeit der Winde in den einzelnen Monaten für acht Richtungen (wenigstens) usw.

Es existieren ferner manchmal von Freunden der Meteorologie mit Sorgfalt an meteorologisch interessanten Orten angestellte Beobachtungen, deren Resultate nur in wenig bekannten Lokalblättern publiziert werden oder publiziert worden sind, den Fachmännern deshalb unbekannt bleiben und darum für den Fortschritt der Meteorologie und Klimatologie nicht verwertet werden können. Gelangt der Reisende zur Kenntnis solcher Publikationen, so lohnt es sich, dieselben möglichst vollständig zu sammeln oder die betreffenden Daten sorgfältig zu kopieren. Stets sind aber in allen solchen Fällen die genauesten Nachforschungen wünschenswert über den Ort, an dem die meteorologischen Beobachtungen angestellt worden sind sowie über die verwendeten Instrumente und deren Aufstellung. Thermometer und Barometer sollen, wo möglich, mit den eigenen Instrumenten sorgfältig mehrmals verglichen und die Differenzen notiert werden. Zum mindesten möge man sich über die Lage des Nullpunktes des verwendeten Thermometers oder eines andern Skalenteils versichern. Die konstante Korrektion älterer Thermometer namentlich ist nicht selten erheblich grofs. Man möge sich die Mühe nicht verdriefsen lassen, sich über alle diese Verhältnisse ausführliche Aufzeichnungen zu machen; ohne eine solche Kontrolle können die sorgfältigst angestellten Beobachtungen oft keine wissenschaftliche Verwertung finden.

Besonders mufs noch darauf hingewiesen werden, dafs Temperaturmittel ohne Angaben darüber, wie dieselben berechnet worden sind, zu welchen Tageszeiten das Thermometer abgelesen worden ist, keine wissenschaftliche Verwertung finden können. Selbst in grofsen wissenschaftlichen Publikationen (z. B. in den Challenger Reports, Narrative, wo solche auf der

Reise gesammelte Beobachtungsergebnisse mitgeteilt werden) bleibt nicht selten diese Hauptregel unbeachtet, zum Schaden der Wissenschaft.

Wenn der Reisende nicht selbst Gelegenheit hat, die derart gesammelten Beobachtungsergebnisse zu veröffentlichen, so erscheint es am geratensten, dieselben der Deutschen Seewarte in Hamburg oder der Redaktion der Meteorologischen Zeitschrift (Geheimrat Professor Hellmann, Berlin W, Schinkelplatz 6, oder Professor Hann in Wien XIX, 1) zur Veröffentlichung einzusenden.

Allgemeine Orientierung über die meteorologischen Instrumente (und deren Preise), welche auf der Reise selbst oder an einer Station bei längerem Aufenthalt in Verwendung kommen könnten.

Einfachste Reiseausrüstung: 2 Schleuderthermometer, einzelnes Thermometer, etwa noch ein Minimumthermometer (zur Konstatierung der Nachtkälte), Taschen-Aneroid-Barometer.

Reichere Ausrüstung: Überdies Taschen-Aspirationspsychrometer, Hypsometer (zu Siedepunktbestimmungen und Kontrolle der Aneroide).

Einfache Stationsausrüstung: Psychrometer, Maximum- und Minimumthermometer mit Träger und Beschirmung.

Leichtes Reiseheberbarometer nach Hellmann oder Darmersches Barometer, sonst gröfseres Aneroidbarometer und Thermohypsometer zur Kontrolle des Aneroids.

Regenmesser nach Hellmann (2 Mefsgläser). Wenn tunlich Thermograph in erster Linie, dann Barograph und dann etwa noch Hygrograph usw.

Fortinsches Barometer, Reiseinstrument mit ein oder zwei gefüllten Reserveröhren.

Wenn tunlich, weitere Instrumente aus der folgenden Liste.

Wenn der Reisende in der Behandlung und Ablesung seiner Instrumente noch nicht geübt ist, so wäre sehr zu empfehlen, vor der Abreise an den eigenen Instrumenten sich etwas einzuüben, und wenn dabei Bedenken und Schwierigkeiten sich einstellen, an einem Observatorium oder einer gröfseren meteorologischen Station sich Rats zu erholen.

In bezug auf die Behandlung der Quecksilberbarometer auf der Reise, den Vorgang des Einsetzens der gefüllten Ersatzröhren usw. kann man sich schon von der Werkstätte selbst eine Anleitung geben lassen. Es ist nicht gut, sich ganz auf die gedruckten Anleitungen zur Behandlung der Instrumente zu verlassen; auch wenn man meint, die Sache nun völlig zu verstehen, gibt es oft Schwierigkeiten, sobald man zur praktischen Anwendung kommt. Will man Quecksilberbarometer benützen, so übe man an einer meteorologischen Station die richtige Einstellung auf die Quecksilberkuppe und die Ablesung des Nonius und beachte die Fehler, die dabei gemacht werden können.

Die folgende Zusammenstellung basiert auf den letzten Spezialkatalogen der mechanisch-optischen Werkstätten von R. Fuefs, Steglitz bei Berlin (Düntherstrafse 7/8).

Eigentliche Reiseinstrumente.

	Preis Mark
Schleuderthermometer in Hartgummi-Etui von 0—60° geteilt (auf halbe Grade)	6
do. von — 30 bis + 40° geteilt (Reserve)	6
Schleuderpsychrometer, Reiseinstrument mit Blechetui (auf halbe Grade geteilt)	30
Taschen-Aspirationspsychrometer in Lederetui mit Tragriemen	120
Aspirationspsychrometer in Blechetui mit Tragriemen	165
Dasselbe, vollständige Tropenausrüstung mit Reserveapparaten	230
Maximumthermometer mit Abreifsfaden nach Negretti und Zambra (½° geteilt)	11
Minimumthermometer mit Toluolfüllung.	10
Einzelne Thermometer auf halbe Grade geteilt . . . . . . à	9
Taschen-Aneroidbarometer mit Thermometer und Temperatur-Korrektionstabelle in Futteral (bis 2500 m)	45
Mit Ledertasche und Riemen 5 Mk. mehr. Dasselbe Aneroid kompensiert 60—75 Mk., für 5000, 6000 und 7000 m je 10 Mk. mehr.	
Hypsometer nach v. Danckelman, mit allem Zubehör in reisegemäfser Packung, in starkem kupfernem Blechetui mit Tasche	75
Einzelne Hypsothermometer zur Reserve . . . . à	21
Prüfungsschein der physikalisch-technischen Reichsanstalt. .	6
Eventuell. Kleines Anemometer mit Schalenkreuz. Tascheninstrument in Blechetui	90
Wasserthermometer mit Schöpfgefäfs in ½ Graden	10

Instrumente zur Einrichtung einer Station.

Psychrometer, in ⅕ Grade geteilt	30
1 Reservethermometer von gleicher Qualität	15
Maximum- und Minimumthermometer wie oben	21
Thermometergehäuse nach Köppen mit Haltern für obige vier Thermometer	30
Haarhygrometer nach Koppe.	36

	Mark
Leichtes Reiseheberbarometer nach Hellmann in Lederetui .	150
Einfaches Heberbarometer auf Holzbrett, auf der Glasröhre geteilt.	60
Fortinsches Barometer, Reiseinstrument zum Höhenmessen mit Metallstativ und Lederetui	220
Gefüllte Röhren zur Reserve verpackt à Stück	20
(Oder Aneroidbarometer, gröfseres „Stationsbarometer" 40 Mk. und Siedethermometer zur gelegentlichen Kontrolle.)	
Regenmesser nach Hellmann mit Sammelgefäfs und für Tropenregen eingerichtet mit zwei Mefsgläsern.	12
Wildsche Windfahne mit Stärketafel	42
Eventuell:	
Wolkenspiegel nach K. Preufs. Met. Institut.	15
Insolationsthermometer mit schwarzer Kugel in luftleerer Glashülle	36
Erdbodenthermometer in $1/8°$ geteilt, für gröfsere Tiefen in $1/10°$ . . . . à	10
Lamontscher Kasten dazu	30

Registrierapparate.

Aneroidbarograph	115
Thermograph	105
Hygrograph.	125
Registrierender Regenmesser Hellmann-Fuefs	176
100 Blatt Registrierpapier dazu	5
Sonnenschein-Autograph (Campell-Stokes).	120

Autographen-Papiere für feuchte Tropenklimate bei
Bohne in Berlin S., Prinzenstrafse 90.

Ferner aus andern Werkstätten:

Hygrometer von Lambrecht in Göttingen, bestes Reiseinstrument (Koppesches für Reise weniger zu empfehlen)	30

Darmers Quecksilber-Reisebarometer. Grofsherzgl.
Sächsische Fachschule und Lehrwerkstatt für Glasinstrumente zu Ilmenau . . . . 40—60[1]
(Mit Messingfutteral und Tragriemen.) Aluminiumfutterale
kosten 3.50 Mk. mehr. (Reparaturen, neue Füllung usw.
$7^{1}/_2—8^{1}/_2$ Mk., neuer Schlauch allein 2 Mk.) Gebrauchsanweisung und Temperatur-Reduktionstafeln werden beigegeben. Gewicht der Instrumente mit Aluminiumfutteral
1.65 kg.

In Wien liefert Instrumente zu meteorologischen Beobachtungen
Kappellers Nachfolger J. Jaborka. IV. 1. Freihaus.

---

[1]) 40 ohne Nonius, 50 mit Nonius ohne Trieb, 60 mit Nonius
und Trieb. Für Höhen über 5000 m um 3 Mark mehr.

Druck (Spannkraft) des gesättigten Wasserdampfes in Millimetern.

Temp.	0.0	0.2	0.4	0.6	0.8	Temp.	0.0	0.2	0.4	0.6	0.8
— 30	0.3	0.3	0.3	0.3	0.3	6	7.0	7.1	7.2	7.3	7.4
— 29	0.3	0.3	0.3	0.3	0.3	7	7.5	7.6	7.7	7.8	7.9
— 28	0.4	0 4	0.4	0.4	0.3	8	8.0	8.1	8.2	8.3	8.4
— 27	0.4	0.4	0.4	0.4	0.4	9	8.5	8.7	8.8	8.9	9.0
— 26	0.5	0.4	0.4	0.4	0.4	10	9.1	9.3	9.4	9.5	9.6
— 25	0.5	0.5	0.5	0.5	0.5						
— 24	0.5	0.5	0.5	0.5	0.5	11	9.8	9.9	10.0	10.2	10.3
— 23	0.6	0.6	0.6	0.6	0.6	12	10.4	10.6	10.7	10.8	11.0
— 22	0.7	0.6	0.6	0.6	0.6	13	11.1	11.3	11.4	11.6	11.7
— 21	0.7	0.7	0.7	0.7	0.7	14	11.9	12.0	12.2	12.4	12.5
						15	12.7	12.8	13.0	13.2	13.3
— 20	0.8	0.8	0.8	0.8	0.7	16	13.5	13.7	13.9	14.0	14.2
— 19	0.9	0.9	0.8	0.8	0.8	17	14.4	14.6	14.8	15.0	15.1
— 18	1.0	0.9	0.9	0.9	0.9	18	15.3	15.5	15.7	15.9	16.1
— 17	1.1	1.0	1.0	1.0	1.0	19	16.3	16.5	16.7	16.9	17.1
—'16	1.2	1.1	1.1	1.1	1.1	20	17.4	17.6	17.8	18.0	18.2
— 15	1.3	1.2	1.2	1.2	1.2						
— 14	1.4	1.4	1.3	1.3	1.3	21	18.5	18.7	18.9	19.2	19.4
— 13	1.5	1.5	1.5	1.4	1.4	22	19.6	19.9	20.1	20.4	20.6
— 12	1.7	1.6	1.6	1.6	1.6	23	20.9	21.1	21.4	21.6	21.9
— 11	1.8	1.8	1.8	1.7	1.7	24	20 1	22.4	22.7	23.0	23.2
						25	23.5	23.8	24.1	24.4	24.7
— 10	2.0	2.0	1.9	1.9	1.9	26	25.0	25.2	25.6	25 9	26.2
— 9	2.2	2.1	2.1	2.1	2.0	27	26.5	26.8	27.1	27.4	27.7
— 8	2.4	2.3	2.3	2.3	2.2	28	28.1	28.4	28.7	29.1	29.4
— 7	2.6	2.5	2.5	2.5	2.4	29	29.7	30.1	30.4	30.8	31.2
— 6	2.8	2 8	2.7	2 7	2.6	30	31.5	31.9	32.2	32.6	33.0
— 5	3.1	3.0	3.0	2.9	2.9						
— 4	3.3	3.3	3.2	3.2	3.1	31	33.4	33.7	34.1	34.5	34.9
— 3	3.6	3.6	3.5	3.4	3.4	32	35 3	35.7	36.1	36.5	36.9
— 2	3.9	3.9	3.8	3.7	3.7	33	37.4	37.8	38.2	38.6	39.1
— 1	4.2	4.2	4.1	4.0	4.0	34	39.5	40.0	40 4	40 9	41.3
— 0	4.6	4.5	4.5	4.4	4.3	35	41.8	42.2	42.7	43.2	43.7
						36	44.2	44.6	45.1	45.6	46.1
0	4.6	4.6	4.7	4.8	4.8	37	46.6	47.2	47.7	48 2	48.7
1	4.9	5.0	5.1	5.1	5.2	38	49.3	49.8	50.3	50.9	51.4
2	5.3	5.3	5.4	5.5	5.6	39	52.0	52.6	53.1	53.7	54.3
3	5.7	5.7	5.8	5.9	6.0	40	54.9	55.4	56.0	56.7	57.3
4	6.1	6.1	6.2	6.3	6 4	41	57.9	58.5	59.1	59.7	60.4
5	6.5	6.6	6.7	6.8	6.9	42	61.0	61.7	62.3	63.0	63.6

Formular B.   Meteorologische Beobachtungstabelle.

Ort ....   Beobachter ....

NB.! Fällt eine Beobachtung aus, so ist an ihre Stelle ein Strich — zu setzen!!

Monat / Jahr	Thermometer			Regenhöhe in Millimetern und Bruchteilen von solchen			Windrichtung und Stärke			Gewitter und Wetterleuchten	Bemerkungen
	a. m.	p. m.	p. m.	Uhr morgens	Uhr abends	Summe	a. m.	p. m.	p. m.		
1											
2											
3											
4											
5											
6											
7											
8											
9 usw.											
30											
31											
Summe											

Der Regenmesser muß frei und mindestens ebenso weit entfernt von Bäumen oder Häusern aufgestellt sein, als diese selbst hoch sind. Die Messung der Niederschläge hat täglich einmal oder, wenn es der Beobachter irgend ermöglichen kann, besser zweimal, morgens und abends zu gleicher Stunde, am besten um 6 Uhr zu erfolgen. Es sollte der Beobachter den Regenmesser regelmäßig täglich nachsehen, weil kleine, namentlich in der Nacht fallende Regenmengen, die auf dem Erdboden leicht verdunsten, seiner Aufmerksamkeit und somit der Aufzeichnung sonst ganz entgehen. Niederschläge, die keinen meßbaren Betrag ergeben, sind mit 0.0 in die Tabelle einzutragen, während an niederschlagfreien Tagen in die betreffende Spalte ein Punkt (.) zu setzen ist. Ausfallende Beobachtungstermine sind durch einen Strich — zu bezeichnen. In solchen Fällen wird man die bei Wiederaufnahme der Beobachtungen in dem Sammelgefäß etwa vorgefundene Regenhöhe selbstverständlich genau zu messen und in der Rubrik „Bemerkungen" anzugeben haben, wie viel Beobachtungstermine ausgefallen sind. Beim Ablesen der Regenhöhe ist darauf zu achten, daß das Meßglas senkrecht steht, und daß das Auge des Beobachters in gleicher Höhe mit der Oberfläche des eingegossenen Wassers sich befindet. Dem Regenmesser sind häufig zwei Sorten Meßgläser beigegeben, das größere Meßglas gestattet meist 25 mm Niederschlag auf einmal zu messen und können Bruchteile von Millimetern, was wünschenswert ist, noch schätzungsweise bestimmt werden. Bei geringeren Regenfällen benutzt man besser das kleinere Meßglas, welches so geteilt ist, daß der Raum zwischen zwei aufeinander folgenden Teilstrichen einem Zehntelmillimeter (geschrieben 0.1 mm) Regenhöhe entspricht. Die ganzen Millimeter sind auf dem Meßglas durch die beigesetzten Ziffern 1—10 gekennzeichnet. Die Notierung der Regenhöhe hat immer auf Zehntelmillimeter genau zu erfolgen. Dezimalpunkt einzusetzen nie zu unterlassen, auch wenn nur ganze Millimeter gemessen worden sind, z. B. 13.0 nicht bloß 13. Würde also z. B. das Sammelgefäß 127.8 mm enthalten, so würde man mit dem großen Meßglas erst viermal je 25 mm abzumessen haben, dann zweimal mit dem kleinen je 10 mm und würde dann bei der sechsten Messung der aus der Sammelflasche in das Meßglas übergeleerte Rest des Wassers in demselben beim achten Teilstrich oberhalb des mit 7 bezeichneten längeren Striches stehen, also $25+25+25+25+10+10+7.8$ mm hat man als 127.8 mm in die Tabelle einzutragen. was 7.8 mm bedeutet. Die Summe dieser Messungsergebnisse.

Formular A.

Meteorologische Beobachtungstabelle.

Höhe der Station über dem Meere .... Meter.   Höhe der Thermometerkugeln über dem Erdboden .... Meter.

Korrektion des Barometers } No.   Korrektion des Maximumthermometers No.
Korrektion des Luftthermometers } No.   Korrektion des Minimumthermometers No.
    Korrektion des Wasserthermometers No.

Ort   **Beobachter**

NB.: Fällt eine Beobachtung aus, so ist an ihre Stelle ein Strich — zu setzen.

Monat Jahr	Quecksilberbarometer No. und daran befindliges Thermometer [1]			Maximum-therm. [2] No.	Minimum-therm. [2] No.	Trockenes Luftthermometer No.		Feuchtes Thermometer des Psychrometers (wenn solches vorhanden) No.		Bewölkung [3]		Windrichtung und Windstärke		Zu welcher Richtung gehört das Gewitter?	Wetter-leuchten Himmels-richtung	Regenmesser [4] mm		Temperatur des Flusses oder der Quelle	Bemerkungen Für allgemeine Witterungs-notizen und besondere Er-scheinungen bestimmt [5]
	Ubr a m	Ubr p m	Ubr p m			a m	p m p m	a m	p m p m	a m p m p m		a m p m p m				Uhr morgens	Uhr abends		

17–24 sind hier gekürzt auf das Druckformat.

Summe [6]

Mittel [6]

[Footnotes at bottom:]

[1] Bei den Barometerablesungen muss auch stets das am Barometer befindliche Thermometer ... — [2] Ist sich das Minimumthermometer morgens abzulesen und erst mittags ... — [3] Ist der Himmel klar und wolkenlos, so darf man die Zahl „0" in die Bewölkungs-rubrik einzutragen. Regnet ... — [4] Es empfiehlt sich, den Regenmesser zweimal ... usw. — [5] Zur Bezeichnung der einzelnen meteorologischen ... — [6] Die Summen- und Mittelwerte ...

Erscheinungen sind: ● = Regen, ⚹ = Schnee, ☰ = Nebel, ☰ = Reif, T = Donner, R = Gewitter, A = Hagel, ⚡ = Wetterleuchten, ... Die besten Beobachtungstunde sind 6 a, 2 p und 9 p oder 7 a, 2 p und 9 p.

Neumayer, Anleitung. 3. Aufl. Bd. I. (Zu Seite 680.)

Drachenaufstiege zu meteorologischen Zwecken.

Von

W. Köppen.

___

1. Unter welchen Umständen ist die Verwendung von Drachen auf Forschungsreisen angezeigt?

Da die meteorologische Drachentechnik erst ein Jahrzehnt alt ist — 1894 wurde der erste Registrierapparat mit Uhrwerk von einem Drachen in die Luft gehoben —, so befinden wir uns auf diesem Gebiet noch in dem anregenden Stadium der Entdeckungsreisen, wo fortwährend neue, nicht vorhergesehene Tatsachen einzuheimsen sind. Was bis jetzt gewonnen ist, bezieht sich fast ausschliefslich auf einige Punkte Europas und Nordamerikas. Im Gegensatz zu den Ballonfahrten ist aber die Drachentechnik verhältnismäfsig so einfach und wenig kostspielig, dafs eine die Erde um-spannende Klimatologie der freien Atmosphäre resp. der vertikalen Verteilung der meteorologischen Erscheinungen nicht mehr eine Utopie ist, sondern die Legung der Grundlagen dafür in Angriff genommen werden kann. Und zwar sind es Expeditionen und Forschungsreisende, von denen wir diese aufklärende Arbeit vor allen erwarten können, weil die Ausbreitung fester Drachenstationen über viele verschiedene Klimate, von der wir später die genauere Feststellung der Tatsachen erhoffen dürfen, naturgemäfs nur langsam und unvollständig vor sich gehen wird. Die Revision aller meteorologischen Lehrsätze von dem erst jetzt möglich gewordenen Standpunkte der freien Atmosphäre aus wird eine Hauptaufgabe der Meteorologie in den nächsten Jahrzehnten bilden. Kürzere Reihen meteorologischer Drachenaufstiege in den verschiedensten Klimaten anzustellen wird daher in den nächsten Jahren und Jahrzehnten eines der lohnendsten Unternehmen im Gebiete der physischen Geographie sein, weil im Anfang schon solche Reihen zur annähernden Feststellung der grofsen Züge hervorragenden Wert haben werden.

Dennoch kann man nicht empfehlen, dafs Forschungsreisende, die andre Zwecke verfolgen, meteorologische Drachenaufstiege nebenbei in ihr Programm aufnehmen. Denn es gehört eine gute Ausrüstung, ein geschultes, wenn auch kleines Personal und eine Menge Zeit und Aufmerksamkeit dazu, um wirklich wertvolles Material auf diesem Wege zu gewinnen, und wer über diese Dinge nicht verfügt, wird möglicherweise die neue Methode mehr diskreditieren als der Sache nützen. Der Gegenstand steht aber an Wert und Interesse hinter keiner andern Aufgabe der Geographie zurück und verdient es wohl, dafs ein Teil der grofsen Opfer an Geld und Arbeit, die heutzutage Expeditionen aller Art zugewendet werden, ihm gewidmet werde. Ist aber einmal diese Gleichwertigkeit zugestanden, so lassen sich recht wohl wertvolle Drachenaufstiege sei es mit ozeanographischen Schiffsreisen oder physikalisch-geographischen Studien in fernen Ländern oder auch und insbesondere mit sportlichen und touristischen Zwecken verknüpfen, und dürfen wir eine Förderung unserer Kenntnisse von der freien Atmosphäre nicht nur von Regierungen und gelehrten Gesellschaften, sondern auch von wohlhabenden Privaten erwarten. Es handelt sich dabei durchaus nicht notwendig um Aufstiege bis in die gröfsten erreichbaren Höhen von 3 bis 6 km; für manche Fragen sind freilich solche unbedingt nötig, viele andre lassen sich aber schon durch Aufstiege innerhalb der untersten 1000 m erheblich fördern. Haben doch die Aufzeichnungen auf dem Eiffelturm in nur 300 m über dem Boden manche Fragen der Meteorologie für die Festländer ganz bedeutend geklärt, über die wir von den Ozeanen noch gar nichts wissen. Beispielsweise ist die tägliche Periode der Lufttemperatur in den untersten 500 m über dem Ozean eine Frage von grofser theoretischer Bedeutung. Nur ist zu beachten, dafs solch ein intensiveres Studium der untersten Luftschichten im allgemeinen genauere Instrumente verlangt, als für hohe Aufstiege nötig sind, wo es sich um gröbere Unterschiede handelt.

2. Ausrüstung.

a) Draht und Haspel.

Um Drachenaufstiege in Höhen von mehr als 500 m in lohnender Weise auszuführen, mufs man als Leine gehärteten Gufsstahldraht — Klaviersaitendraht — anwenden. Schnur von gleicher Festigkeit hat sowohl zu viel Gewicht als insbesondere zu grofsen Querschnitt und wird infolgedessen zu sehr vom Wind herabgedrückt, um bedeutende Höhen erreichen zu lassen. Es werden zu diesem Zweck Drähte von 0.4 bis 1.1 mm Durchmesser verwendet. Für Drachen der weiter unten beschriebenen Gröfsenverhältnisse sind solche von 0.6 bis 0.8 mm Durchmesser am geeignetsten, wenn der Haspel mit der Hand betrieben wird. Bei Motorbetrieb ist, um höhere Aufstiege zu erzielen, für den unteren Teil der Leine Draht von 0.9 und 1.0 mm Durchmesser zu nehmen.

Gufsstahldraht wird in Deutschland in ausgezeichneter Beschaffenheit hergestellt. Die bekanntesten Fabriken sind Felten & Guilleaume (Carlswerk, A. G.) in Mülheim a. Rh. und Moritz Poehlmann in Nürnberg; doch mag auch an andern Stellen ebenso gute Ware zu haben sein. Der Draht ist, auf Spulen aufgewickelt (nicht in „Kränzen"), in Stücken von 1—4 km Länge zu bestellen. Der Preis beträgt 4—5 Mk. pro kg; 1000 m Draht wiegen beim Durchmesser 0.6 mm 2.2 kg, 0.7 mm 3.1 kg, 0.8 mm 4.0 kg, 0.9 mm 5.0 kg. Die Zerreifsfestigkeit des 0.7 mm Drahtes beträgt zirka 110 kg und ist gleich derjenigen einer guten Hanfschnur von zirka 4 mm Durchmesser, von der 1000 m 10—15 kg, also drei bis fünfmal mehr wiegen.

Da die Festigkeit des ganzen Systems gleich derjenigen seines schwächsten Punktes ist, so mufs gröfste Aufmerksamkeit darauf gerichtet werden, dafs keine Stelle des Drahtes durch Rost, Knicke oder gar Kinken geschwächt sei. Zweifelhafte Stellen ist es besser herauszuschneiden und durch eine Splissung zu ersetzen. Gegen das Rosten mufs der Draht nach jedem Nafswerden durch Lappen oder Bäusche gezogen werden, die ihn trocken wischen und ölen. Beim Aufbewahren ist er am besten mit Paraffin oder Talg zu decken. Ferner mufs die Schwächung des Drahtes oder der Schnur in den Verbindungen — in Knoten, Splissungen und Augen — auf ein Minimum reduziert werden. Die Knickung, die der Draht oder die Schnur an diesen Stellen notwendig erhalten müssen und durch welche das Gleiten der Teile aneinander verhütet wird, mufs nicht sofort beim Eintritt in die betreffende Verbindung, sondern erst weiterhin geschehen, wo ein grofser Teil der Spannung durch Reibung auf andre Drahtstücke übernommen ist. Die guten Knoten, wie Pahlstek, Reffknoten (= Kreuzknoten), Schotenstek (=Weberknoten), Webeleinstek entsprechen dieser Forderung; die im Alltagsleben üblichen Knoten dagegen nicht. Man lasse sich gute Knoten von Seeleuten oder

sonstigen Geübten lehren; die drei wichtigsten sind in der
Figur 1 dargestellt, nämlich in a der Reffknoten, in b der
Pahlstek, der eine sich nie zuziehende und, wenn aufser
Spannung, stets leicht zu lösende Schleife gibt; denkt man
sich das Stück *n m* weg, so ist der Rest ein Schotenstek.

Fig. 1 a.

Für die Verbindungen von Schnur mit Draht und von
Draht mit Draht haben sich in der Drachentechnik sogen.
Augen an den Enden der Drahtstücke als das einfachste und
zweckmäfsigste erwiesen. Man schneidet ein etwa 30 cm

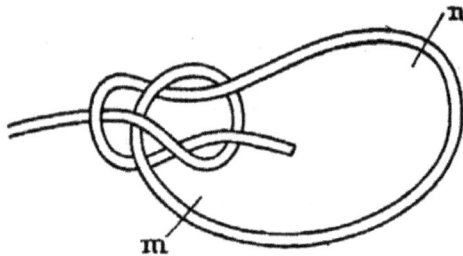

Fig. 1 b.

langes Stück Draht ab, legt dessen Mitte etwa 50 cm vom
Ende des langen Drahtes an diesen und dreht beide einige
Zentimeter weit umeinander herum, wie man eine Schnur
schlägt, legt dann dieses Stück zu einem Auge (Öse *a* in

Fig. 2.

Fig. 2) von etwa 1¹/₂ cm Durchmesser um, fafst das Auge fest
mit Zange oder Feilkloben, mit einem zweiten Feilkloben, der
1 bezw. 2 Rinnen in der Mitte hat, fafst man lose die
vier Drähte bei *b* und schlägt dieselben durch Drehen und Aus-
einanderziehen dieser Feilkloben zu einem nur zirka 4 cm

langen Kabel, worauf man die freien Enden des Ver-
stärkungsdrahtes bei *c* rechtwinklig abbiegt, je zwei- bis dreimal
um das Kabel biegt und dann kurz abschneidet. Die beiden
Äste des Hauptdrahts aber legt man in derselben Weise in je
weiter um so schlankeren Windungen umeinander auf einer
Strecke von 30—40 cm, so dafs schliefslich der lange Ast
fast gerade liegt, und verfährt mit dem kürzeren bei *d* ebenso,
wie mit dem Verstärkungsdraht bei *c*. Um eine Verschiebung
dieses freien Endes der Splissung zu verhindern, ist es ratsam, es auf eine Länge von zirka 10 cm mit klebrigem
sogen. Isolirband zu bewickeln, das festgebunden wird. Da die
Spannung, die auf der Strecke *a — c* auf vier Drähten liegt,
mit der Annäherung an *d* auf einen einzigen übergeht, so
mufs man sich hüten, diesen Hauptdraht durch Knicken
oder Ritzen zu schwächen; der Feilkloben mufs deshalb entweder aus Holz oder mit Kupfer gefüttert sein.

Durch dieses Auge wird nun das anzuknüpfende Schnur-
oder Drahtende geschlagen. Handelt es sich um Draht, so
wird das neue Auge ganz ebenso hergestellt wie das erste.
Die Erfahrung hat gezeigt, dafs diese Verbindungsweise, trotzdem sie roh erscheint, keine Gefahr mit sich bringt. Die
Augen werden allerdings mit der Zeit in die Länge gezogen;
werden sie dabei schliefslich zu eng, um die weiter unten zu
besprechenden Nebenleinen und Haken aufzunehmen, oder
fürchtet man eine Schwächung des Drahts darin, so läfst sich
das Auge mit leichter Mühe wegschneiden und erneuern, auch
wenn dieses während eines Aufstieges geschehen soll, um die
Arbeit des Auf- und Abwickelns zu sparen. Ein solches Erneuern kommt kaum in Frage, wenn man, wie in Grofs-
Borstel stets geschieht, den Draht im Auge nicht doppelt,
sondern dreifach nimmt.

Der Vorteil dieser „Augsplissungen" besteht besonders
darin, dafs sie in der einfachsten und besten Weise An-
heftungsstellen für die Zweigleinen von Hilfsdrachen darbieten.
Fallen die Drachen schnell, so werden beim Einholen diese
Zweigleinen einfach weggeschnitten, und das Einholen braucht
nur für Sekunden unterbrochen zu werden. Die Augen gehen
durch Öffnungen von 8 mm und darüber ohne Schwierigkeit
hindurch.

Es würde zu weit führen, hier die vielen andern Methoden,
Drähte unter sich und mit Schnüren zu verbinden, darzustellen.
Es genüge hier die einfachste, die sich auf den Drachenstationen zu Hald und nachher zu Grofs-Borstel durchaus bewährt hat, beschrieben zu haben. Wie man diese Aug-

splissungen verwendet, um eine Sicherheitsvorrichtung gegen übermäfsiges Anwachsen der Spannung im Draht zu schaffen, und wie man verfährt, wenn ein Hilfsdrache an einer Stelle des Drahtes angebracht werden soll, wo keine Augsplissung in der Nähe ist, dies wird weiter unten beim Besprechen des Arbeitens mit Hilfsdrachen erläutert werden.

Unentbehrlich zum meteorologischen Drachenbetrieb ist ein kräftiger H a s p e l (eine W i n d e), der entweder mit Menschenkraft (mindestens zwei kräftige Männer) oder mittels eines Motors den Draht aufzuwickeln und die Drachen ein-zuholen gestattet. Beabsichtigt man grofse Reihen von Auf-stiegen über 2000 m Höhe, so mufs man sich um eine mechanische Kraft bemühen; Aufstiege bis zu 1500 m lassen sich dagegen bequem mit Handbetrieb ausführen. Auf einem Expeditionsschiff werden sich dieselben Einrichtungen treffen lassen wie für Tiefseelotungen; ist doch überhaupt ein wissen-schaftlicher Drachenaufstieg in vielen Stücken einer Lotung nach oben zu vergleichen. Für einen temporären Motorbetrieb an Land dürfte ein Explosionsmotor — sei es ein stationärer oder ein Automobilmotor — das Geeignetste sein, doch wird dann die Winde im fertigen Zustand schwerlich unter 1500 Mk. herzustellen sein. Eine geeignete Handwinde für Drachen mit gufseiserner Trommel ist in der Eimsbütteler Maschinen-fabrik zu Hamburg für 280 Mk. zu haben. Nimmt man die Trommel aus Gufsstahl, so wiegt die Winde statt 112 kg nur 94 kg und bietet doch gegen eine Zertrümmerung der Trommel durch den Druck der vielen Drahtwindungen bedeutend gröfsere — wohl absolute — Sicherheit; bei Eisengufs ist diese Zertrümmerung bereits wiederholt vorgekommen. Der Preis der Winde erhöht sich aber dann auf 320 Mk. Die Winde läfst sich mittels zweier eingeschobener Stangen von zwei Männern tragen. Während des Aufstiegs mufs sowohl für ihre Befestigung als für gute Ableitung der Luftelektrizität gesorgt sein, die sonst lästig und gefährlich werden kann. Wo der Anschlufs an eine gröfsere Wassermasse nicht mög-lich ist, wird es im allgemeinen genügen, zwei mit der Trommel in leitender Verbindung stehende Stücke sogen. Hundekette von 3—4 m Länge auf den Boden zu legen und Kette und Boden mit einigen Eimern Wasser zu begiefsen. Ist an jeder der Ketten in etwa 1¹/₂ m Abstand von der Winde ein Spaten befestigt, der in den Boden getreten oder geklopft wird, so kann damit nicht nur die Ableitung verbessert, sondern zu-gleich eine Verankerung der Winde gegen den Zug der Drachen hergestellt werden.

Auf einer festen Station ist es am zweckmäfsigsten, den Haspel in einem drehbaren Häuschen aufzustellen, welches das Personal und das Gerät vor Wind und Regen schützt und durch dessen nach lee gedrehte hohe und breite Tür der Draht zu den Drachen geht. Auf Reisen kann ein tragbares

Fig. 3.   Drachenwinde mit Schutzdach.

Zelt dieselbe Aufgabe einigermafsen erfüllen. Ein solches mit doppeltem Dach, von dem sich ein Schutzsegel, wenn nötig, nach hinten bis zum Boden ausspannen läfst, mit leichtem Bambusgerüst ist auf Fig. 3 in Verbindung mit der soeben beschriebenen Winde dargestellt; sein Preis stellt sich auf 45 Mk.

Wichtige Nebenteile eines Drachenhaspels sind das Zähl-
werk, das die Länge des ausgelassenen Drahtes, und das
Dynamometer, das die Spannung im Draht angibt. Diese
sind in den oben angegebenen Preisen mit eingerechnet.

b) Drachen, deren Bau und Reparatur.

Die unerwarteten Erfolge, welche die Verwendung der
Drachen für die Meteorologie seit 1895 gebracht hat, haben
zum Ausgangspunkt die Erfindung des mehrzelligen Kasten-
drachens durch Hargrave, da die älteren Drachen nicht die
für diese Zwecke notwendige Stabilität und Hubkraft hatten.
Unter den mannigfachen Formen, welche dem mehrzelligen
Kastendrachen bisher gegeben worden sind, soll hier diejenige
näher beschrieben werden, die zurzeit auf der Drachenstation
der Seewarte eingeführt ist, weil sie sich bei sehr einfachem
Bau vor andern meteorologischen Drachen dadurch auszeichnet, dafs sie sich vollständig zu einer wenig zerbrechlichen
und leicht wegzustauenden Rolle zusammenlegen läfst, die
ohne Kasten versandt werden kann, also für Reisende besonders geeignet ist.
Der Drache wird in zwei Gröfsen und teils mit elastisch
zurückklappenden Flügeln, teils ohne solche gebaut, also in
vier verschiedenen Ausführungen mit $5^1/_2$, 4, $3^1/_2$ und $2^1/_2$ qm
Tragfläche. Das reicht für die wechselnden Bedürfnisse des
Dienstes aus und gestattet ein schnelles Bauen und leichtes Ersetzen zerbrochener Teile. Figur 4 stellt die am häufigsten benutzte geflügelte Form dar. Die Drachen kosten 30 bis 65 Mark.
Die Stöcke sind meistens aus sehr leichtem, kalifornischem
Rotholz (redwood), nur die am meisten beanspruchten aus
Föhre. Schwere Hölzer, z. B. Esche, sind für Drachenbau ungeeignet.
Bei den grofsen Drachen dieser Form besteht das Gestell
aus zwölf Stöcken von 24 $\times$ 12 mm Querschnitt, die den
Körper bilden, aus zweimal drei dünneren Stöcken, die durch je
ein drehbares Blechscharnier verbunden sind und das Gerippe
der Flügel abgeben, und aus einigen kleineren, minder
wesentlichen Stöckchen. Von jenen zwölf haben die vier
Längsstöcke, an denen das Zeug befestigt ist, je 214 cm Länge;
die acht übrigen — nämlich vier Querstöcke von 160 cm und
vier Streben von 105 cm Länge — sind an ihren Enden mit
hölzernen seitlichen Backen versehen, mittels deren sie auf
die Längsstöcke rittlings aufgeschoben werden. Sie bilden
vier Kreuze, je 10 und 68 cm von den Enden und sind an

den Kreuzungsstellen zusammengebunden.   Bei der kleinen
Form sind alle Mafse ³/₄ der obigen.

Der Bezug der Drachen besteht aus zwei Banden leichten
Baumwollenzeuges von 64 bezw. 48 cm Breite am vorderen
und hinteren Ende, die eine leere Zelle von 80 cm Länge
zwischen sich lassen.   Die freien Ränder des Zeuges tragen

Fig. 4. Geflügelter Kastendrache.

Hohlsäume mit kräftigen Litzen.   Die Flügel sind rechtwinkelige
Dreiecke von ¹/₂ × 96 × 184 cm Fläche, die mit der Hypotenuse
auf den Seitenleisten des Drachens aufsitzen.   Von den vorderen
Enden der Winkelhebel, die ihre Arme bilden (vergl. Fig. 4),
sind dünne Schnüre durch einen Ring am unteren[1]) Längs-

---

[1]) Als untere oder Bauchseite des Drachens wird diejenige bezeichnet, an der die Leine befestigt ist und die im Fluge unten liegt,
als obere oder Rückenseite die entgegengesetzte, und in demselben
Sinne des Fluges sind auch die Ausdrücke vorn und hinten (Kopf
und Schwanz) zu verstehen.

stab in der Höhe dieser Arme nach einer gemeinsamen
elastischen Schnur geführt, deren Ende am hinteren Ende
dieses Stabes befestigt ist. Nimmt der Druck des Windes auf
die Flügel zu, so dehnt sich diese Gummischnur aus, und die
Flügel legen sich, und zwar stets beide gleichmäfsig, zurück,
die Tragfläche des Drachens verkleinernd. Die geflügelten
Drachen brauchen zum Steigen bedeutend weniger Wind als
flügellose, ohne an Stabilität und Haltbarkeit, bei richtigem
Bau, hinter diesen zurückzustehen.

Da sich der Winddruck auf eine Platte proportional dem
Quadrate der Windgeschwindigkeit ändert, so ist eine möglichste Milderung dieser Hauptschwierigkeit des Drachen-
betriebes anzustreben. Mindestens der oberste, das Instrument
tragende Drache sollte deshalb stets, abgesehen von den
eventuellen elastisch zurückweichenden Flügeln, auch eine
„elastische Bucht" erhalten. Als Bucht oder Zügel wird die Ver-
zweigung der Drachenleine unmittelbar am Drachen bezeichnet.
Der eine aus fester Schnur oder Draht bestehende Zweig geht
zum vorderen Ende des Drachens, wo er unmittelbar vor dem
Zeuge an dem untersten Längsstock durch Webeleinstek befestigt ist. Der andre Zweig, aus mehrfach genommener be-
sponnener Kautschukschnur bestehend, ist unmittelbar hinter
dem Zeuge der Vorderzelle festgemacht. Die Vereinigungs-
stelle der Zweige mufs, wenn die Bucht zur Seite gelegt wird,
etwas hinter die Mitte der Vorderzelle fallen. Bei zunehmendem Druck des Windes legt sich der Drache durch Dehnung
der Gummischnur horizontaler.

Der Meteorograph wird an zwei Stöcken in der Mittelachse
des Drachens zwischen den vorderen Kreuzen, nahe am zweiten
Kreuz befestigt.

c) Registrierapparate.

Als Meteorographen, die zum Heben durch Drachen bestimmt sind, kommen vorläufig nur solche in Betracht, die nach
dem Richardschen Prinzip mittels Zeiger auf einer ein Uhrwerk
umschliefsenden Trommel aufzeichnen, da die auf andern Prin-
zipien beruhenden Meteorographen von Afsmann und Dines,
so viel bekannt, noch nicht käuflich zu haben sind.

Jene Meteorographen werden in verschiedener Ausführung
an mehreren Stellen zu Preisen von 200 bis 600 Mk. hergestellt. Ihr Gewicht beträgt 0.4—1.5 kg. Sie zeichnen
teils nur Luftdruck, Lufttemperatur und Feuchtigkeit, teils daneben auch Windgeschwindigkeit auf. Da gerade die vertikale

Verteilung der letzteren grofses Interesse besitzt, ist es nicht zu empfehlen, für Drachenaufstiege Apparate ohne Windmessuug anzuwenden.

Für Stationen, die auf dem Festlande in kultivierter Umgebung gelegen sind, spielt die Anschaffung eines Drachen-Meteorographs die Rolle einer einmaligen Ausgabe; denn wenn derselbe im Drachen angebracht wird, erleidet er auch beim Fortfliegen des Drachens sehr selten eine Beschädigung, und der Verlust eines Apparates ist erfahrungsmäfsig kaum zu fürchten. Der Preis desselben kommt daher gegenüber den andern notwendigen Ausgaben wenig in Betracht, und man kann unbedenklich die teuersten Apparate nehmen, wenn sie die besten Garantien für die Brauchbarkeit der Aufzeichnungen geben. Anders ist es mit Aufstiegen auf dem Meere und in unkultivierten Ländern, wo die Gefahr des Verlustes von Meteorographen beim Abreifsen der Drachen sehr viel gröfser ist. Für Reisende werden sich daher die in Berlin und Hamburg angewandten teuren Apparate von Schneider Bro's in New York nach Marvins System und die wenig billigeren von Richard in Paris weniger empfehlen als die erheblich wohlfeileren von Bosch (nach Professor Hergesell) in Strafsburg, von Teisserenc de Bort — Paris oder von Kusnetzoff in Pawlowsk.

Der Preis eines geprüften Hergesellschen Meteorographs mit Korkkasten und Anemometer beträgt nur 218,50 Mk; dabei ist dieser Apparat der leichteste von allen käuflichen und ist in seinen Angaben bei niedrigen Drucken und niedrigen Temperaturen besonders zuverlässig.

d) Übriges Zubehör.

Aufser einem Haspel und dem nötigen Vorrat an Draht, Drachen und Registrierapparaten mufs der Reisende, um ein erfolgreiches Arbeiten zu sichern, noch eine Reihe von Gegenständen mitnehmen.

Zunächst ist ein kleiner Vorrat an elastischer und an gewöhnlicher Schnur, letztere von 2 und 3 mm Durchmesser, unentbehrlich für die „Buchten" und für andere Zwecke, eventuell auch als Nebenleinen; ebenso Material zur Reparatur beschädigter Drachen: etwas Zeug, Bindfaden oder dünnere Schnur für Lieke usw. und ziemlich viel Holzleisten von den passenden Querschnitten, teils als fertig zugeschnittene Stöcke, die nur in die Drachen zum Ersatz der zerbrochenen eingesetzt zu werden brauchen, teils noch nicht zugeschnittene von 480 cm oder, wenn dies zu unbequem ist, von 214 cm Länge, um solche Stücke, von denen der Vorrat ausgegangen ist, herstellen zu können oder kleinere Schäden durch Leimen und Laschen auszubessern.

Sodann ist einiges Werkzeug erforderlich: ein Hobel, eine kleine Säge, einige feine Bohrer, eine Flachzange, mehrere Beifszangen bester Qualität für den Stahldraht, zwei Feilkloben mit Kupferfüllung für die Splissungen, Feile, Raspel, Schraubenzieher und sog. Engländer.

Ferner zum Gebrauch während der Aufstiege aufser dem nötigen Vorrat an Öl und Lappen oder Twist für Winde und Draht: eine leichte Aluminiumrolle für das Landen, eine stärker gebaute Rolle zum eventuellen Leiten des Drahtes, beide nicht unter 10 cm Durchmesser und mit einer zum Abnehmen vom Drahte eingerichteten Gabel. Sodann einen Höhenmesser, um die Winkelhöhe des Drachens zu messen. Ein Pendelquadrant, der nach meiner Angabe vom Mechaniker Herrn Karl Seemann in Hamburg für 20 Mk. in Hartgummi hergestellt wird, dient für diesen Zweck und zur Messung des Winkels zwischen Draht und Horizont befriedigend.

Um die Angaben der Registrierapparate kontrollieren und auf wahre Werte reduzieren zu können, mufs man einige meteorologische Instrumente haben. Für Temperatur und Feuchtigkeit ist Asmanns Aspirationspsychrometer am geeignetsten. Für die Windgeschwindigkeit kann ein kleines geprüftes Anemometer von Fuefs-Berlin oder von K. Seemann-Hamburg genommen werden. Am schwierigsten ist es, die Luftdruckaufzeichnungen des Meteorographs zu kontrollieren. Mufs von der Mitnahme einer Luftpumpe mit grofsem Rezipienten, in dem man den Meteorograph und ein geprüftes Aneroid unterbringen kann, der Kosten und Umstände halber abgesehen werden, so bleibt, aufser Vergleichung vor und nach der Reise, nur die Kontrolle des Barogramms durch die unabhängige Höhenbestimmung aus der Drahtlänge und dem Höhenwinkel des Instrumentdrachens übrig, die bei sichtiger Luft soweit aufwärts als irgend möglich ausgeführt werden mufs[1]). Zu beachten ist auch die, bisweilen mit der Zeit zunehmende

---

[1]) Der Fehler, der durch die Abweichung des Drahts von der geraden Linie bedingt wird, ist nicht grofs und läfst sich einigermafsen korrigieren; er beträgt, in Prozenten der Drahtlänge, wenn die Höhe des Drachens 30° (40°) ist, bei einem Abgangswinkel des Drahts von 20° 0.5 (1.5)%, bei einem solchen von 10° 1.6 (3.0)%. Beträgt die Differenz beider Winkel weniger als 10°, so ist allgemein die Korrektion weniger als ½ %.

Temperaturkorrektion der Aneroiddosen, die wenigstens bei
dem Luftdruck der Station leicht zu prüfen ist, sowie auch
die elastische Nachwirkung bei diesen Dosen. Bei Berechnung
der Höhen ist natürlich die Temperatur der betreffenden Luft-
schicht sorgfältig zu berücksichtigen, über die ja bei einem
Drachenaufstieg, abweichend von dem gewöhnlichen Falle der
barometrischen Höhenmessung an der Erdoberfläche, kein
Zweifel besteht.

3. Ausführung der Aufstiege.

Vor dem Aufstieg werden die Temperatur- und Feuchtig-
keitsangaben des Meteorographs mit denen des Psychrometers,
natürlich unter möglichst einwurfsfreien Bedingungen, verglichen.

Der Aufstieg geschieht in der Weise, dafs der Drache
von einer oder zwei Personen 50 bis 500 m weit — je schwächer
der Wind, um so weiter — genau nach lee von der Winde
getragen und dort emporgehalten wird, bis der Wind, bei ge-
spanntem Draht, ihn fafst und emporträgt. Ist der Wind zu
schwach hierzu, aber kann man in 200 m Höhe genügenden
Wind erwarten, so schafft man durch minutenlanges schnelles
Aufwickeln des Drahtes den fehlenden Wind für den ersten
Ansprung des Drachens. Ist die Zunahme des Windes mit der
Höhe nur gering, so sucht man durch abwechselnd rasches
Auslassen des Drahtes um einige Hundert und rasches Einholen
desselben um 50 oder mehr Meter den Drachen weiter empor-
zubringen. Es gelingt dies nicht selten, weil der Drache
während des Auslassens nur sehr langsam fällt — auch bei ganz
freiem Fall nur 2—4 m pro Sek. — dagegen von der Luftströmung horizontal fortgeführt wird und so mehr und mehr
Draht für das nachfolgende Steigen zur Verfügung steht.

Bei Aufstiegen vom Dampfer aus fallen diese Schwierigkeiten grofsenteils fort, weil man es in der Hand hat, falls
der Dampfer für solche Manöver disponibel ist, durch mehr
oder weniger schnelles Andampfen gegen den schwachen Wind
sich die nötige relative Luftbewegung zu verschaffen und nur
bei völliger Windstille die Kraft der Maschine auf langsameren
Dampfern dazu nicht ausreicht. Ist der verfügbare relative
Wind nur schwach, so dürfte eine Methode, die auch auf dem
festen Lande häufig mit Nutzen verwendet worden ist, auf dem
Schiff besonders angebracht sein, nämlich das vorherige Auflassen eines kleineren leichten Drachens und Befestigen seiner
Schnur am Rücken des Hauptdrachens (gegenüber dessen

Bucht); Aufstieg und Landung des letzteren gehen dann sehr bequem vor sich.

Der Meteorograph ist entweder schon vor dem Aufstieg im Drachen festgebunden — in der Gegend des hinteren Randes der Vorderzelle — oder er wird, sobald der Drache sicher zum „Stehen" gekommen ist, an den Draht befestigt. Auf dem Lande ist das erstere System entschieden vorzuziehen, namentlich weil beim Abreifsen des Drachens das Instrument bei dieser Anbringung selbst aus mehreren Tausend Metern Höhe unbeschädigt herunterkommt. An Bord, wo wegen mangelnden Raumes das erste Auflassen und Wiedereinfangen des Drachens mehr Gefahren bringt, und wo das Wiedererlangen abgerissener Drachen sehr zweifelhaft ist, dürfte es geraten sein, solange man nicht grofse Erfahrung im Drachendienste gewonnen hat, den Meteorograph erst an den Draht zu befestigen, wenn man den Drachen sicher in der Luft hat. Zur Befestigung dient ein Dinesscher Drahtbund ähnlich dem unten beschriebenen.

Wenn der Winkel, den der Draht bei der Winde mit dem Horizont bildet, unter eine gewisse Gröfse — z. B. 20 oder 15⁰ — herabsinkt, so mufs er, wenn die Spannung im Drachendraht noch gesteigert werden darf, durch Hinzufügung eines Drachens an Zweigleine wieder verbessert werden, da andernfalls durch weiteres Auslassen von Draht nichts an Höhe mehr gewonnen wird. Am vorteilhaftesten geschieht dies Anbringen von Zweigleinen an den Stellen, wo Augsplissungen sich befinden, besonders dort, wo zugleich ein Übergang zu einer stärkeren Drahtsorte stattfindet, da durch Hinzuspannung eines Drachens natürlich der Zug im Draht wächst. Wenn also keine Stärkezunahme des Drahtes an dieser Stelle stattfindet, so ist entweder der Draht über ihr unnötig stark und schwer oder unter ihr gefährlich schwach.

Es ist indessen nicht möglich und, wenn man die unten beschriebene Sicherheitsvorrichtung benutzt, auch nicht nötig, Nebendrachen nur beim Übergang zu stärkerem Draht anzusetzen; vielmehr müssen durchschnittlich, nachdem der erste solche etwa 1000 m vom Hauptdrachen angefügt wurde, weitere in Abständen von etwa 600—1200 m einander folgen, um gute Höhen zu erreichen.

Das gefährlichste Vorkommnis bei einem Aufstieg ist ein Zerreifsen des Hauptdrahtes und Fortfliegen des den Apparat tragenden Drachens; schon in kultivierter Landumgebung ist dieses mit verschiedenen Unkosten und Unannehmlichkeiten verbunden, namentlich mit mehr oder weniger Drahtverlust;

auf dem Meere oder in einer Wüstenei aber droht dabei der
völlige Verlust eines oder mehrerer Drachen und eines Meteorographs, denn wenn auch die Drachen ohne Beschwerung
schwimmen, so können sie doch keine erhebliche Menge Draht
tragen, sind auch, einmal aus Sicht gekommen, schwer aufzufinden.

Es ist daher sehr zu empfehlen, dieser Gefahr dadurch
vorzubeugen, dafs man Vorkehrungen trifft zur automatischen
Ablösung von Nebendrachen, wenn der Gesamtzug in der
Hauptleine an ihrer Anheftungsstelle eine gefährliche Höhe
erreicht. Zu diesem Behufe sind auf der Drachenstation der
Seewarte alle Augsplissungen doppelt gemacht mit einem
30 cm langen Verbindungsstück dazwischen, das an jedem
Ende ein Auge trägt. Dieses Verbindungsstück wird, wenn
es gilt, einen Nebendrachen anzusetzen, durch ein etwas
kürzeres, in die Augen eingehaktes Stück aufser Spannung
gesetzt, in welchem sich ein schwächeres Drahtstück befindet,
bei dessen Reifsen der Nebendrache abfliegt und damit den
Hauptdraht entlastet. Durch diese Vorrichtung ist sicherlich
oft schon die genannte Station vor einem Reifsen des Hauptdrahtes bewahrt geblieben. So einfach die Einrichtung übrigens
in Wirklichkeit ist, so würde sie doch ohne längere Beschreibung und Abbildung kaum verständlich sein. Ich begnüge mich daher mit dem Hinweis, dafs ich gern bereit bin,
eine Probe dieser Vorrichtung Interessenten zuzusenden, und
dafs eine Beschreibung derselben nächstens in den „Annalen
der Hydr. u. Mar. Met." erscheinen wird. Besonders bei denjenigen Splissungen, die innerhalb einer und derselben Draht-
dicke vorkommen — und es sollten solche mindestens eine auf
jede 1000 m angebracht werden —, ist eine solche Sicherheitsvorrichtung nicht zu vergessen.

Mufs man aber, weil der Abgangswinkel des Drahtes gar
zu schlecht und keine Augsplissung in der Nähe ist, einen
Zweigdraht und Drachen an den glatten Draht selbst ansetzen,
so wird auf der Drachenstation der Seewarte gegenwärtig ein
von Dines angegebenes Verfahren eingeschlagen, das den Vorzug grofser Einfachheit hat: ein Stahldraht von $1^1/_2$ mm
Durchmesser und 180 cm Länge wird ca. 5 cm von den beiden
Enden rechtwinklig umgebogen und ca. 30 cm von einem
dieser Winkel zu einem Auge gebogen, das mit Bindfaden
festgebunden wird. Dieser Draht wird 15—20 mal um den
Drachendraht gewunden, das kurze Ende aufwärts, und in das
Auge wird die Schnur des Nebendrachens geschlungen. Auch
zur Befestigung des Apparates, wenn dieser an den Draht ge-

hängt werden soll, kann ein solcher Klemmdraht dienen, jedoch mit einem Auge näher zur Mitte.

Als Zweigleine für den Nebendrachen ist ebenfalls dünner (0.5—0.7 mm) Stahldraht, mit Augen und Schnüren oder Stahlhaken an den Enden, am vorteilhaftesten. Die Zahl der Nebendrachen hängt natürlich von den wechselnden Umständen ab. In der Regel kommt einer auf je 600 bis 1200 m Leine. Ziehen die oberen Drachen gut, und ist in einiger Höhe genügend Wind vorhanden, so kann selbst bei annähernder Windstille unten ein Nebendrache an der Hauptleine hängend bis in den Wind gehoben werden, wo er dann ziemlich plötzlich emporgeht. Natürlich muſs der Drache zunächst, bis er frei vom Erdboden kommt, eine Strecke weit getragen werden, wobei man gelegentlich auch mit Vorteil ihn seitlich vom Hauptdraht ausbringt, damit er beim Auflassen, indem sich letzterer gerade streckt, hinaufgeschnellt wird. Auf dem Wasser dagegen müssen die Nebendrachen einzeln zum Steigen gebracht und dann erst am Hauptdraht befestigt werden.

Ist der Abgangswinkel des Hauptdrahtes so weit herabgesunken, daſs weiteres Auslassen keine erhebliche Höhenzunahme verspricht, und ist entweder die Zeit zu weit vorgeschritten oder die Spannung im Draht zu groſs, um weitere Nebendrachen anzufügen, so beginnt man mit dem Einholen.

Auf Reisen wird man in der Regel keine Winde mit eigenem Motor verwenden können, sondern nur die Wahl haben zwischen einer Handwinde und einer Anpassung an die vorhandene Maschinenkraft, was auch fast nur auf Dampfern in Betracht kommt.

Da für Handbetrieb ein Zug von mehr als 25 kg nicht mehr bequem auf längerer Strecke zu bewältigen ist, und für die Erreichung gröſserer Höhen die Hinzufügung weiterer Drachen[1]), also Zunahme des Zuges, notwendige Bedingung ist, so ist mit Handbetrieb über eine gewisse Höhe — 1500 bis 2000 m — nur unter besonders günstigen Bedingungen hinauszukommen. Mit Maschinenbetrieb dagegen kann man bis über 4 und selbst 5 km hinauskommen, wenn auch mit steigendem Risiko.

Wenn der Drachendraht, wie es bei den Handwinden und bei einem Teil der Maschinenwinden der Fall ist, unter seiner vollen Spannung in vielen Lagen auf dieselbe Trommel gewickelt wird, so üben die keilförmig zwischen

---

[1]) In Hamburg-Groſsborstel kommen durchschnittlich auf je 100 m erreichter Höhe 1 qm Drachenfläche, bei schwachen Winden mehr, bei starken weniger.

einander sich einschiebenden Drahtringe, deren Wirkung sich summiert, schliefslich einen so grofsen Druck auf die Backen der Trommel aus, dafs diese in der Richtung ihrer Achse zerrissen werden kann. Um die Trommel bei einem auf Transport berechneten Apparat nicht unnötig schwer nehmen zu müssen, empfiehlt es sich, beim Aufwickeln des Drahtes wiederholt — etwa alle 1000 m — geölte Pappe auf bezw. zwischen die Drahtlagen zu legen, wodurch diese Summierung der Wirkungen sehr eingeschränkt wird.

An Bord eines Dampfers kann verhältnismäfsig leicht Maschinenkraft für den Drachenbetrieb verwendet werden, wenn sich eine Dampfwinde vorfindet. Der Drachendraht wird von der Trommel, die ihn trägt, mit drei oder vier Schlägen — je nach der Reibung — über die eigentliche Dampfwinde geführt, und diese leistet dann die Arbeit des Aufwindens. Die Trommel, die den Drachendraht trägt, wird durch Handbetrieb nachgedreht, wozu ein Mann genügt. Da die Dampfwinden sich meistens in der Mitte des Schiffes befinden, mufs der Drachendraht durch einige Hilfsrollen, die auf einem Schiff stets vorhanden sind, nach dem Heck geführt werden, wo er über eine nach 'allen Azimuten drehbare Auslaufrolle das Schiff verläfst. Bei den Drachenaufstiegen, die Professor Hergesell auf der Jacht des Fürsten von Monaco eingerichtet hat, diente als Dampfwinde in obigem Sinne die Tieflotmaschine.

Um die Drachen unbeschädigt zu landen, ist einige Übung nötig, besonders weil je nach den Umständen, nach Windstärke und Umgebung, verschieden verfahren werden mufs. Es ist am besten, wenn dieses, sowie viele andre praktische Handgriffe, an einer der vorhandenen Drachenstationen durch Augenschein erlernt wird. Auf dem Meere mufs man beachten, dafs, wenn ein Drache ins Wasser fällt, während das Schiff in Fahrt ist, er in der Regel wegen des ungeheuer viel gröfseren Widerstandes des Wassers (verglichen mit dem der Luft) verloren ist.

Wie für alle andern Aufgaben, so ist es ganz besonders für den meteorologischen Drachendienst durchaus anzuraten, sich vor der Reise die nötige Übung zu verschaffen und diese nicht erst während derselben erwerben zu wollen. Andernfalls wird ein grofser Teil der Zeit und des Materials ergebnislos geopfert. Auch mufs man sich der Hilfe von mindestens zwei geeigneten Personen versichern, von denen mindestens eine bereits in diesem Dienst ausgebildet sein sollte. Die Einübung

mufs sich natürlich nicht nur auf die Drachentechnik selbst,
sondern auch auf die Behandlung der Instrumente erstrecken,
wenn die erhaltenen Aufzeichnungen brauchbar sein sollen.
Sind aber diese Bedingungen erfüllt, so wird sich auf keinem
Gebiete die Meteorologie durch Beibringung neuen Materials
auf Reisen zurzeit mehr fördern lassen als auf demjenigen
der meteorologischen Drachenaufstiege.

Weitere Auskünfte findet man in meinem „Bericht über
die Erforschung der freien Atmosphäre mit Hilfe von Drachen“,
der im Jahrgang 1901 der Zeitschrift „Aus dem Archiv der
Deutschen Seewarte“ erschienen ist, ferner in den „Ergebnissen
der Arbeiten am Aeronautischen Observatorium des K. Preufs.
Meteorol. Instituts in d. J. 1900 und 1901“ sowie in einer
Reihe von Arbeiten in englischer Sprache von Hargrave, Rotch,
Marvin u. a., von denen einige in der erstgenannten Schrift
aufgeführt sind.

Siehe auch Nachtrag zu Band I dieses Werkes: Auflassen von Registrierballons auf Reisen.

Himmelsbeobachtungen mit freiem Auge und mit einfachen Instrumenten.

Von

Dr. Joseph Plassmann.

Allgemeiner Teil.

Die Beobachtungen, zu denen auf den folgenden Blättern die Anleitung gegeben werden soll, würden, einzeln genommen, die Ausrüstung einer wissenschaftlichen Expedition nicht rechtfertigen, weil sie jeder auch daheim anstellen kann, abgesehen freilich von solchen Phänomenen, die an bestimmte geographische Breiten geknüpft sind. Die Beobachtungen werden trotzdem in dieser wie in den früheren Auflagen des Werkes ausführlich behandelt, und zwar wegen ihrer hohen Bedeutung einerseits für den Fortschritt des Gesamtwissens, anderseits für die Person des Reisenden.

Was den ersten Punkt angeht, so handelt es sich um Phänomene, deren Gesetze wir nur durch anhaltende Beobachtung auffinden können, weil meistens die Fehlerquellen ziemlich stark fließen. Bedenken wir nun, wie häufig und auf wie lange Zeit im deutschen Klima der Zusammenhang der Wahrnehmungen durch das Wetter gestört zu werden pflegt, so muß es uns drängen, die Vorteile, welche uns in günstigeren Zonen dargeboten werden, auszunützen. Auch die reine Luft über dem Meere und dem Hochgebirge, die kurze Dämmerung in niedrigen Breiten und die Länge der Winternacht in zirkumpolaren Gebieten gibt Vorteile an die Hand. Erstreckt sich die Reise über ein sehr weites Gebiet, dann kommt besonders die Beschreibung solcher Erscheinungen in Betracht, von denen man nur durch Kombination der in verschiedenen Breiten gemachten Notizen ein Gesamtbild erhalten kann, z. B.

42*

der Milchstrafse. Allgemein aber ist der beständige Wechsel
der äufseren Bedingungen, den man mit dem Worte Luft-
veränderung auszudrücken pflegt, für unsere Beobachtungen
nützlich, weil er dem Aufkommen gröfserer systematischer
Fehler entgegenwirkt.

Die freie Zeit, die dem Reisenden doch meistens, besonders am Abend, zu Gebote steht, wird er gern zur Anstellung leichterer astronomischer und kosmophysikalischer
Beobachtungen ausnutzen. Sie bereichern die Wissenschaft mit
wertvollem Material, tragen auch ihrerseits zur Rechtfertigung
des für die Reise gemachten Aufwandes bei und befriedigen
den Beobachter selbst besonders auch dadurch, dafs sie seine Zeit
nützlich ausfüllen und ihn gegen die Gefahren der Melancholie
und Langeweile schützen, die der längere Aufenthalt in einsamen Gegenden oder unter ungebildeten Menschen mit sich
bringt. Sie schärfen des Beobachters Sinne und befähigen
ihn dann auch zu schwierigeren Arbeiten; sie liefern, wenn
mehrere Reisende aufeinander angewiesen sind, ein unerschöpf-
liches Gesprächsthema und wirken also ihrerseits dem Alko-
holismus und der Spielwut entgegen.

Die Hilfsmittel für die im vorliegenden Abschnitte
zu behandelnden Beobachtungen sind sehr einfach. Zunächst
handelt es sich um eine gewisse Kenntnis des Ortes der Beobachtung. Sie wird in bewohnten und seit längerer Zeit
sorgfältig mappierten Gegenden immer leicht zu erhalten sein;
der wünschenswerte Genauigkeitsgrad hängt von der Art des
beobachteten Objektes ab. Unter der Annahme, dafs die Zeit
schärfer bestimmt werden kann, ist z. B. für die meisten Beobachtungen veränderlicher Sterne der halbe oder ganze
Breitengrad und eine entsprechende Gröfse in geographischer
Länge als Fehler noch immer nicht zu grofs. So auch für
Zählungen der mit freiem Auge sichtbaren Sterne und für
Milchstrafsenzeichnungen. Da jedoch wegen der Extinktion
eine angenäherte Kenntnis der Höhenlage des Beobachtungsortes anzustreben ist, wird man, wo es geht, wenigstens auf
dem Festlande und auf gebirgigen Inseln, genauere Angaben
verlangen müssen. Noch wichtiger sind solche für Nordlicht-
und Sternschnuppenbeobachtungen, auch wohl für Zeichnungen
des Zodiakallichtes, während z. B. bei Kometenschweifen nur
mehr die Höhenlage und eine rohe Kenntnis der Länge und
Breite in Betracht kommt. Es versteht sich, dafs sich der
Beobachter überzeugen wird, ob die von ihm benutzte Karte
für seinen Zweck eingehend und zuverlässig genug ist. Er
wird in seinen Aufzeichnungen nicht nur angeben, ob die

Karte auf Paris, Ferro oder Greenwich bezogen ist, sondern womöglich auch die Herkunft und das Alter der Karte. Teilnehmer an geographischen Forschungsreisen im engeren Sinne sowie Seereisende werden den Ort meistens recht genau haben können, wenn nicht sofort, dann wenigstens nachträglich. Dazu wird allerdings erfordert, dafs die Zeit der Beobachtung immer möglichst genau notiert wird, wenn auch zunächst nur nach der eigenen Taschenuhr.

Den Aufgaben der Orts- und Zeitbestimmung sind andre Abschnitte dieses Werkes gewidmet. Für unsre leichten Beobachtungen kommt bezüglich der Zeit hauptsächlich der Anschlufs an anderweitige Bestimmungen in Betracht, weniger die selbständige Feststellung. In Hafenorten vergleiche man die Uhr mit dem Zeitball, in gröfseren Städten mit der Normaluhr, gegebenenfalls mit der einer Sternwarte. Öffentliche Uhren mit springenden Zeigern sind nicht immer korrekt; sehr zuverlässig sind die Drahtsignale der preufsischen Bahnstationen. Auf See wird man recht oft die eigene Uhr mit dem zur Einhaltung des Kurses dienenden Chronometer vergleichen. Meistens kommt es, wie angedeutet, weniger auf die sofortige Kenntnis der Zeit und des Ortes als auf die Möglichkeit an, sie später zu erhalten. — Man gewöhne sich an die astronomische Stundenzählung, nach welcher der Tag mit dem mittleren Mittag beginnt. Es ist November 16^d 21^h = 9 Uhr morgens am 17. nach bürgerlicher Zählung.

Die Taschenuhr, das wichtigste Instrument für unsre Beobachtungen, erfordert ein besonderes Studium, wenn ihre Angaben zuverlässig sein sollen. Es seien hier mehrere Fehlerquellen erwähnt, mit denen man sich auch bei besseren Instrumenten beschäftigen mufs. 1. Die thermische Kompensation wird meistens entweder nicht ausreichen oder zu stark arbeiten, d. h. die Uhr wird in der Kälte entweder merklich gewinnen oder merklich verlieren. 2. Die Gangdifferenz für verschiedene Lagen wird wohl meistens etwas weniger als der erwähnte Fehler ausmachen. Ist sie bedeutend, so gebe man der Uhr, wenn sie nicht getragen wird, durch Aufhängen die gewöhnliche Stellung. 3. Über die Gangdifferenz der vertikal hängenden Uhr in der Ruhelage und wenn sie getragen wird, liegen unsres Wissens nicht viele Beobachtungen vor. Unsre Leser werden das vielleicht als Anregung zum Anstellen eigener Beobachtungen betrachten. Allerdings wird das auf Reisen nicht ganz leicht sein, da man nicht immer in der Lage sein wird, sowohl vor als auch nach einem längeren Fufsmarsche eine sehr zuverlässige Uhr zum Vergleiche heranzuziehen. Beim Seechronometer wird die Sekunde manchmal unsicher sein. 4. Die Taschenuhr wird in der Regel eine Aufziehkurve haben, d. h. es wird ihr Gang abhängen von der Zeit des letzten Aufzuges. Der Verfasser hat hierüber eine größere Anzahl von Beobachtungen besonders an der eigenen Präzisionsuhr angestellt, denen zufolge die Reduktion der Uhrablesung auf die richtige Zeit von ihrem Mittelwerte infolge dieses Fehlers um mehrere Sekunden abweichen kann. Die Taschenuhr wurde zu diesen Beobachtungen im Eisschranke liegend aufbewahrt, so daß die drei ersten Fehlerquellen abgedämmt waren. Die Aufziehkurve erwies sich als veränderlich. Sie dürfte bei Uhren ohne freien Ankergang erheblich mehr ausmachen als in dem beobachteten Falle; der Fehler ist besonders deshalb schlimm, weil er, wenn man täglich nur einmal und zu derselben Stunde an eine Normaluhr anschließt, gar nicht hervortreten wird. Auf längeren Reisen wird es immer Ruhepausen geben, wo etwa die Witterung alle andern vorgenommenen Arbeiten vereitelt und uns für einen oder mehrere Tage an das Haus fesselt. Solche Tage eignen sich für Beobachtungen über die Aufziehkurve, die dann etwa in zwei- oder vierstündigen Intervallen vorzunehmen sind. Der fehlerlose Stand des verglichenen Chronometers, auch dessen etwaiger Gang kommt hier offenbar wenig in Betracht [1]). Auch auf See wird man zu solchen Beobachtungsreihen hinreichende Zeit haben. Alle die genannten Fehler machen es wünschenswert, daß, wenn man etwa eine Stunde lang Himmelsbeobachtungen irgendwelcher Art, z. B. Lichtschätzungen bei veränderlichen Sternen, anstellen will, die Taschenuhr kurz vor Beginn und kurz nach Schluß der Beobachtungen mit einer besser kontrollierbaren Uhr verglichen werde. 5. Wenn auch für zahlreiche Beobachtungen die Angabe der Minute schon hinreicht, sollte man doch Zehntelminuten angeben, und zwar nach dem Sekundenzeiger. Fast alle käuflichen Taschenuhren haben einen kleinen Exzentrizitätsfehler. Die Zeigerachse durchbohrt das Zifferblatt nicht genau in der Mitte, und wenn nun bei der vollen Stunde der Stand des Minutenzeigers dem des Sekundenzeigers genau entspricht, wird man in der halben Stunde mehr oder weniger großen Abweichungen begegnen. Hat man die Uhr in dieser Hinsicht noch nicht studiert, so kann man über die volle Minute im Zweifel sein. Man wird aber durch wenige Beobachtungen im Laufe einer Stunde leicht

---

[1]) Wenigstens dann, wenn das Chronometer täglich aufgezogen wird.

feststellen können, zu welchen Stellungen des Minutenzeigers die gröfsten Abweichungen vom Sekundenzeiger gehören, und dann wird es leicht sein, dem ersteren eine solche Stellung zu geben, dafs der Fehler immer klein bleibt, die Einheit der Minute also stets gesichert erscheint. Man wird dann bei Himmelsbeobachtungen erst die Sekunde, darauf die Minute ablesen. Stellen soll man im übrigen eine gute Taschenuhr möglichst selten, schon des letzterwähnten Fehlers halber; gehen ihre Abweichungen von der richtigen Zeit über die eine oder andre Minute hinaus, so möge man durch Stellung des Ruckers den Gang entsprechend ändern; es versteht sich, dafs dieses nur zu Zeiten geschehen darf, wo man in der Lage ist, den Stand anderer Uhren zu vergleichen. — Hängt eine Normaluhr sehr hoch, so beachte man, dafs besonders in den Vierteln der Stunde die Parallaxe des Minutenzeigers die Ablesung verfälschen kann.

Welche Zeit man als mafsgebend ansieht, ist an sich gleichgültig, wenn nur jeder Zweifel ausgeschlossen bleibt. Beobachtungsreihen über veränderliche Sterne z. B. werden am besten durchgehends auf eine einzige Zählung bezogen, etwa auf die mittlere Greenwicher Zeit oder in Mitteleuropa auf die um 1^h davon abweichende Stargarder Zeit. Nur wer an einem Orte ansässig ist, wird mit gröfserem Vorteil die Zeit dieses Ortes benutzen, der Reisende immer besser die Einheitszeit. Welche Zeit die zum Vergleichen benutzte Uhr angibt, ist natürlich zu beachten. Erstreckt sich die Reise durch sehr verschiedene geographische Längen, so erscheint es vorteilhaft, bei Beobachtungen eine gute Taschenuhr zu benutzen, die man einfach weitergehen läfst und möglichst oft vergleicht, für die Zwecke des täglichen Lebens dagegen eine wohlfeile Uhr, die man nach Bedarf stellen kann. *Ludwig Hoffmann* in Berlin hat eine Taschenuhr mit Doppelzifferblatt (D. R. P. 47361) in den Handel gebracht, die beiden Anforderungen genügen dürfte. Die äufsere Teilung, Weifs auf Schwarz und mit weifsen Zeigern, geht bis 24^h und soll zur Ablesung der Greenwicher Zeit dienen; die innere, Schwarz auf Weifs und mit schwarzen Zeigern, geht nur bis 12^h, dient für die Orts- oder sonstige bürgerliche Zeit und erlaubt eine selbständige Zeigerstellung, während man anderseits auch beide Zeigerpaare auf einmal stellen kann. Es versteht sich, dafs man den Sekundenzeiger in der oben erörterten Weise auf die gröfsere äufsere Teilung beziehen wird [1]).

---

[1]) Die Uhr, welche in Silber 220 Mark kostet und ein Glashütter Werk hat, findet sich abgebildet in des Verfassers „Himmelskunde".

Zur selbständigen Zeitbestimmung auf Reisen eignet sich, wenn man nicht einen Theodoliten oder ein Reflexionsinstrument zur Bestimmung von Sonnenhöhen mitnehmen kann, am besten das Chronodeik von *Palisa*, wie es von *Stefan Ressel*, dem Mechaniker der Wiener Sternwarte, angefertigt wird. Es erfordert allerdings, daſs morgens und nachmittags an demselben Orte beobachtet werde, sollen nicht die Korrektionen sehr umständlich werden. Genaue Kenntnis des Ortes ist natürlich auch zu verlangen, da selbst am Äquator ein Kilometer östlich oder westlich schon mehr als zwei Sekunden bedeutet und die Rechnung auch von der Breite abhängt.

Eine laut tickende W e c k u h r ist für alle Arten von Differentialbeobachtungen schätzenswert. Schon die Zeitbestimmung nach der genannten Methode wird dadurch unterstützt, da man nicht wohl gleichzeitig die Taschenuhr ablesen und die Fadenantritte beobachten kann. Die Wecker haben meistens den Takt von 0,6 Sekunden, und es ist nicht schwer, sie an eine Taschenuhr anzuschlieſsen und z. B. nach Beginn eines neuen Umlaufes des Minutenzeigers eine Reihe von Schlägen der Weckuhr zu zählen. Bei der Unregelmäſsigkeit des Ganges dieser Instrumente muſs natürlich mehrfach verglichen werden. Sehr zweckmäſsig sind sie bei Sternschnuppenbeobachtungen.

Alle tragbaren Uhren sind vor plötzlichen Wärmeschwankungen zu hüten und, wenn es irgend angeht, täglich um dieselbe Zeit aufzuziehen. Nur wenn man für Beobachtungen, bei denen die Angabe der Sekunde erwünscht ist, kein andres Instrument hat als die Taschenuhr, empfiehlt es sich, sie kurz vor der ersten Vergleichung mit der Normaluhr aufzuziehen und dann die Beobachtungsreihe zu beginnen, weil erfahrungsgemäſs in den ersten Stunden nach dem Aufzuge die Uhr am regelmäſsigsten geht.

Neben der Uhr kommt als zweites Hauptinstrument ein k l e i n e s F e r n r o h r in Betracht. Es macht weit geringere Ansprüche an den Geldbeutel als die Uhr. Zahlreiche veränderliche Sterne lassen sich mit einem kleinen Feldstecher vom Typus des Galileischen Fernrohres beobachten, einem Instrumente, das für 10 bis 15 Mark zu haben ist. Erfordert wird eine kräftige Linse von etwa 40—50 mm Durchmesser. Das Instrument sollte mindestens so gut sein, daſs bei ziemlich klarer Luft die Sterne ε_1 und ε_2 *Lyrae* sicher getrennt erscheinen; denn diese Trennung wird bei sehr guter Luft von ausgezeichnet scharfen Augen ohne Instrument vollzogen. Werden uns mehrere Instrumente zur Auswahl vorgelegt, so haben wir am Vollmonde und an den Plejaden geeignete Probeobjekte. Die grofsen schwarzen Mondebenen *Mare foecunditatis*, *M. nectaris* und *M. Crisium* müssen jedenfalls scharf umgrenzt erscheinen, und in den Plejaden mufs Celäno gut sichtbar sein.

Zweiläufige Instrumente gestatten ein ruhigeres Beobachten als einläufige; allerdings hat, namentlich bei den veränderlichen Sternen, das einläufige Glas andre Vorzüge. Wessen Augen sehr voneinander verschieden sind, darf jedenfalls nur ein solches Binokel auswählen, dessen zwei Teile besonders regulierbar sind. Das wird vorzugsweise bei der besseren Ware der Fall sein. — Die Vergröfserung des ein- oder zweiläufigen Glases kann für die helleren veränderlichen Sterne ziemlich klein sein; die Lichtverstärkung ist die Hauptsache. Immerhin ist mindestens dreifache Vergröfserung zu wünschen, besonders weil dann die Sterne etwas weiter getrennt erscheinen, wodurch bei Lichtschätzungen gewisse Fehler vermieden werden. Die Vergröfserung läfst sich leicht ermitteln, wenn man eine Ziegelmauer mit einem unbewaffneten und einem bewaffneten Auge gleichzeitig betrachtet.

Viel mehr als mit dem Galileischen Fernrohr sieht man bekanntlich mit dem Keplerschen, das auch weit stärkere Vergröfserungen gestattet. Für manche Zwecke ist gewifs ein kleines tragbares Fernrohr dieser Art erwünscht. Man gewinnt bald die Fertigkeit, es mit der einen Hand zu halten und an einen Baum oder Fensterrahmen zu drücken, mit der andern das Okularende zu leiten. Die Umkehrung der Bilder wirkt nur anfangs störend. Sie wird bekanntlich beim Rheitaschen terrestrischen Okular durch Einschaltung zweier Linsen aufgehoben. Die grofse Länge aber, die das Rohr hierdurch erhält, macht es gerade für den Gebrauch am Himmel wenig geeignet, ganz abgesehen von dem bedeutenden Lichtverluste. Für alle terrestrischen Zwecke und auch für viele astronomischen sehr geeignet sind die neuerdings vielfach angefertigten Prismen-Fernrohre (Triëder-Binokel, Pentaprismen usw.) mit ihrer Ersetzung des umkehrenden Linsensystems durch Prismen, die eine starke Verkürzung des Rohres gestatten. Die Vergröfserung geht bis 12, was für die hellsten veränderlichen Sterne schon etwas zu viel ist; doch kann man sich daran gewöhnen. Diese Instrumente haben vermöge ihres Baues eine mehr oder weniger grofse Reliefwirkung, die übrigens, wenn man z. B. tiefstehende Sterne über Gebäude hinweg beobachten mufs, auch störend wirken kann. Sie gestatten die Erkennung einer Menge von Einzel-

heiten auf dem Monde und sind also für die Unterhaltung
des Reisenden immerhin geeignet, wie sie denn auch z. B. in
den Plejaden und andern größeren Sternhaufen viel mehr als
die gewöhnlichen Operngläser zeigen. Neben dem hohen
Preise dieser schönen Instrumente wird manchen freilich auch
die Erwägung abschrecken, daß sie im Beschädigungsfalle
langwierige Reparaturen erfordern, die auf Reisen manchmal
überhaupt unmöglich sind. Einen einfachen Feldstecher dagegen, der z. B. durch einen Fall verbogen ist, kann man
noch weiter benutzen oder notdürftig wieder zurechtmachen;
ja selbst eine kleine Verletzung des Objektivs entwertet ein
solches Fernrohr nicht sofort. Es sei hierbei bemerkt, daß
das Okular im allgemeinen noch sorgfältiger als das Objektiv
vor äußeren Angriffen zu hüten ist. Zum Putzen nimmt man
besser weißes Leder (z. B. die Innenseite eines abgelegten
Handschuhs) als Leinen oder Baumwolle. Dabei ist aber
vorausgesetzt, daß das Leder staubrein ist. Kann das nicht
verbürgt werden, so ist ein gebügeltes Taschentuch jedenfalls
geeigneter. Auch Bürstchen oder Pinsel sind mit Sorgfalt
reinzuhalten.

Für Beobachtungen, wie sie in diesem Abschnitt behandelt
werden, kommen außer den Handfernrohren höchstens noch
kleine geradsichtige Spektroskope in Betracht, wie sie z. B.
Schmidt & Hänsch in Berlin liefern. Doch beschränkt sich
ihre astronomische Anwendung eigentlich auf die hellen Meteore
und hier wieder auf die Nächte, wo viele von diesen zu erwarten sind.

Eine gründliche Kenntnis des gestirnten
Himmels ist das allerwichtigste Hilfsmittel zu allen Beobachtungen. Vermittelt wird sie uns durch Globen, Einzelkarten, Atlanten und Sternverzeichnisse.

Der Globus erheischt eine zu umständliche Verpackung,
als daß er für Reisen zu empfehlen wäre. Wohl aber wird
derjenige, welcher sich einige Wochen auf eine größere Reise
vorbereiten kann und noch nicht über ein gesichertes elementar-
astronomisches Wissen verfügt, neben einem guten Leitfaden
der mathematischen Geographie [1]) besonders den Globus studieren

---

[1]) Empfehlenswert: *S. Günther*, Math. Geographie. München,
Ackermann; *Epstein*, Geonomie. Wien, Carl Gerolds Sohn; *Hoffmann*,
Math. Geographie, vom Verfasser dieser Zeilen neubearbeitet. Pader-
born, F. Schöningh. Alle drei Bücher setzen etwa das mathematische
Wissen des Obersekundaners oder Primaners voraus. Auf die eigentliche populär-astronomische Literatur soll hier nicht eingegangen
werden.

müssen. Als wohlfeil (1,50 Mark, einschliefslich Textbogen, aber ausschliefslich Verpackung, deren Preis, wenn auf viele Exemplare verteilt, mäfsiger wird) empfiehlt sich der *Rohrbach*sche Globus (Verlag von Dietrich Reimer in Berlin). Die Sterngruppen erscheinen auf dem Globus bekanntlich im Spiegelbilde; man lernt sie deshalb schneller nach einer d r e h b a r e n S t e r n k a r t e kennen. Die kleinsten Karten dieser Art (bis zu 50 Pf. herab) sind gar zu dürftig, die gröfsten aus demselben Grunde wie die Globen nur für den Hausgebrauch zu empfehlen; die allbekannte mittelgrofse Karte (Weifs auf Schwarz, 1,25 Mark) ist noch leidlich gut zu verpacken. Man bemerke aber, dafs diese Karten auf eine bestimmte geographische Breite (50⁰) zugeschnitten sind, wenigstens der Horizontalring; auf Reisen, die uns merklich über das mitteleuropäische Gebiet hinausführen, verlieren sie ihren Wert.

Jedenfalls können Globus und drehbare Karte nur eine ganz allgemeine Übersicht vermitteln, also zur ersten Einführung und zur eiligen Orientierung dienen. Darum ist ein A t l a s vonnöten, der in wenigstens relativer Vollständigkeit die dem freien Auge sichtbaren Sterne angibt und eine sichere Identifizierung jedes einzelnen ermöglicht. Die Fortschritte der Technik haben uns in den letzten Jahren mit sehr handlichen Werken dieser Art versehen. Geht eine Reise nach Süden nicht erheblich über den 48. Parallel hinaus, so ist *Messer*, S t e r n a t l a s f ü r H i m m e l s b e o b a c h t u n g e n weitaus das empfehlenswerteste. Das Format, Oktav [1]), mit aufgefalzten Karten und sehr ausführlichem beigebundenen Texte, ist für Gebrauch und Verpackung bequem. Aufser 26 Einzelkarten, bei denen die Aufgabe, die einzelnen Sternbilder möglichst unzerschnitten darzubieten, recht geschickte Lösung gefunden hat, enthält das Werk ein grofses Übersichtsblatt, das separat auch als drehbare Karte verkauft wird. Die Projektion der Einzelkarten verzerrt nur wenig, und die Zeichen für die konstanten und variabeln Sterne sind anschaulich abgestuft. Auch die von *Bayer* u. a. eingeführten griechischen und lateinischen Buchstaben sind angegeben. Man gewöhne sich daran, diese ausschliefslich zu gebrauchen, die arabischen Namen aber mit Ausnahme von Algol grundsätzlich zu verwerfen, weil sie zahlreiche Verwechslungen verursachen und man sich wenig bei ihnen denken kann. Andre Einzelnamen, besonders Sirius, Procyon, Capella, Antares können beibehalten werden. Neben *Messer*s Atlas (Verlag von Carl Ricker in Leipzig und Peters-

[1]) Oktav zu verlangen, weil auch eine Quartausgabe verkauft wird.

burg; Preis 10 Mark gebunden) kommen besonders für
Reisen, die weiter nach Süden gehen, die *Tabulae caelestes* von
Schurig (Leipzig, *Ed. Gaebler*; 8 Mark gebunden) in Betracht.
Es ist unsres Wissens in Deutschland der einzige wohlfeile
Atlas des g a n z e n gestirnten Himmels, abgesehen von den
unten zu besprechenden *Rohrbach*schen Karten. Die *Tabulae*
sind denn auch bei Seeleuten zur Identifizierung hellerer Sterne
sehr beliebt; die Einzelkarten können in der Aufnahme
schwächerer Sterne natürlich nicht so weit gehen wie *Messer*,
der nur den im nördlichen Mitteleuropa sichtbaren Himmel
berücksichtigte. Dieselbe Einschränkung hat sich *Heis* in
seinem *Atlas coelestis novus* (Cöln, Du Mont Schauberg, 1872;
gebunden 24 Mark, einschliefslich Sternverzeichnis) auf-
erlegt; er geht nur ein paar Grade weiter als *Messer*. Ergänzt wird das Werk durch den in demselben Format (Quer-
folio, Leipzig 1874, 10 Mark) erschienenen Atlas des südlichen
gestirnten Himmels von *Behrmann*. — *Houzeau*, *Uranométrie
générale* (Mons in Belgien; etwa 5 Mark) umfafst auf fünf
Karten wieder den ganzen Himmel. Die Projektion verzerrt
etwas stark, und das Hochfolioformat macht ihn weniger bequem als die Atlanten von *Messer* und *Schurig* sind. Schon
etwas alt ist *Argelander*, Neue Uranometrie (Verlag von
Schropp & Co. in Berlin). Doch versäume man nicht, dieses
klassische Werk, das zuweilen antiquarisch angeboten wird, zu
erstehen.

Bei zahlreichen Beobachtungen mufs man i n K a r t e n
e i n z e i c h n e n. Es gibt hierfür ältere, wiederum ab und zu
antiquarisch erhältliche Kartensammlungen; so die „5 Stern-
karten zum Einzeichnen der Sternschnuppen der November-
Periode" von *E. Heis* (Cöln, Du-Mont Schauberg; Preis etwa
80 Pf.), sowie desselben Verfassers *Atlas coelestis eclipticus ad
delineandum lumen zodiacule* (Münster, Aschendorff, etwa 6 Mark).
Aber diese Karten dienen zu speziellen Zwecken, und sie
sind seit einem Jahrzehnt durch die *Rohrbach*schen *V. A. P.*-
Karten ersetzt, die allen Anforderungen an Wohlfeilheit und
Brauchbarkeit entsprechen.

Hier ist Gelegenheit, auf die *V. A. P.* — Vereinigung
von Freunden der Astronomie und kosmischen Physik — die
Benutzer der Anleitung angelegentlichst hinzuweisen. Gegründet im Jahre 1891, steht die *V. A. P.* seit einer Reihe
von Jahren unter der Leitung des Geh. Regierungsrats
Professor D r. W. F o e r s t e r (in Berlin-Westend, Ahornallee 40).
Die *V. A. P.* sucht die leichteren astronomischen Arbeiten im
deutschen Sprachgebiet planmäfsig zu organisieren; sie bietet

ihren Mitgliedern aufser einer Gratiszeitschrift[1]) den wohl-
feileren Bezug einer Reihe von Arbeitsmitteln, z. B. der
*Rohrbach*schen Karten. Es können Private und Korporationen
(Behörden, Vereine, Schulen) der *V. A. P.* beitreten.

Das Gradnetz der *Rohrbach*schen Karten ist in der Weise
entstanden, dafs um die Sphäre ein regelmäfsiges Dodekaeder
beschrieben wurde; auf die 12 Grenzflächen dieses Körpers
wurden die Sterne aus dem Mittelpunkte projiziert. Der
zentrische (gnomonische) Entwurf läfst alle Hauptkreise der
Kugel in der Zeichenebene als gerade Linien erscheinen, was
ihn für Einzeichnungen besonders wertvoll macht. Die Karten
haben kreisförmigen Umrifs, enthalten die Sterne bis zur
4. Gröfse und sind ohne Gradnetz gezeichnet, das nur am
Rande angedeutet ist; sie enthalten auch weder die Namen
der einzelnen Sterne und Sternbilder noch die Grenzen dieser;
nur bei wenigen helleren Sternen ist die Identität in kürzester
Form angedeutet. Der lichte Durchmesser der einzelnen Karte
beträgt 20 *cm.* Verkauft wird die Sammlung in zwei Formen:
entweder als Atlas von 12 verschiedenen Blättern, mit qua-
dratischem Rande von 26,5 *cm* Länge, oder als Block von
12 gleichen Blättern, diese mit kreisförmigem Rande von 22,5 *cm*
Durchmesser. In der zweiten Form sind sie besonders wertvoll für Beobachtung von Sternschnuppen der August- und
Novemberperiode, da jede gerade Linie, die das Auge des
Zeichners beeinflussen könnte, fehlt. — Das Gradnetz ist, wie
gesagt, nur auf dem Umfange angedeutet. Sollen die Karten
als Grundlage für Zahlenablesungen dienen, so bedarf man der
zwei durchsichtigen Netze, die von Herrn Direktor *Dr. Rohrbach* in Gotha zu beziehen sind. Es werden aber gerade für
den Gebrauch des Reisenden diese Netze weniger wichtig sein;
bei ihrer Zerbrechlichkeit und Kostspieligkeit gehören sie in
das Studierzimmer, sie sind für keine Beobachtung nötig oder
erwünscht. Was aber die Karten angeht, so sollte jeder, der
auf eine wissenschaftliche Reise geht, von ihnen einen gewissen
Vorrat besitzen, den er neben einem andern Atlas *(Schurig*
oder *Messer)* mitnimmt. — Von der Atlasform genügen ein
oder zwei Exemplare zur Übersicht; von der Blockform im
allgemeinen je eins für die überhaupt sichtbaren Gebiete. Für
Reisen in Mitteleuropa fallen z. B. die drei südlichsten

---

[1]) Mitteilungen der Vereinigung von Freunden der Astronomie
und kosmischen Physik. Berlin, F. Dümmlers Kommissionsverlag.
Die Zeitschrift wird gratis geliefert für den Mitgliedsbeitrag, der in
den ersten fünf Jahren 6 Mark, später 5 Mark jährlich beträgt, auch
durch eine einmalige Leistung von 60 Mark abgelöst werden kann.

Karten (*Argo, Norma, Phoenix*) weg, für Reisen in Südafrika
oder dem gemäfsigten Südamerika die drei nördlichsten
(*Cygnus, Cepheus, Ursa major*). Da die Karten sehr wohlfeil
(ein Atlas oder Block im Buchhandel 1 Mark, für Mitgliedei
der *V. A. P.* jedoch nur etwa Mk. 0.30) und leicht verpackbar
sind, sollte man eher zu reichlich als zu wenig davon mitnehmen,
um so mehr als man durch gelegentlich verschenkte Exemplare
der Wissenschaft neue Freunde gewinnen und die richtige Aufzeichnung bedeutender Naturerscheinungen sichern kann.

Der gleichförmige Anblick des gestirnten Himmels in den
verschiedensten Jahren wird bekanntlich durch M o n d u n d
P l a n e t e n erheblich geändert. Ephemeriden, die den Stand
dieser Himmelskörper für längere Zeit vorausberechnet angeben, sind darum auch erwünscht. Auf See wird man den
Nautical Almanac, wegen seiner Reichhaltigkeit das wichtigste
Hilfsmittel dieser Art, wohl gewöhnlich leihweise haben,
mindestens einsehen können. Bei seiner Wohlfeilheit wird er
sich auch zur privaten Anschaffung empfehlen; allerdings
nimmt der starke Grofsoktavband von 6—700 Seiten vielen
Raum weg, was sich besonders als störend erweist, wenn dieselbe Reise in zwei Kalenderjahre fällt. Der *Nautical Almanac*
erscheint immer drei Jahre im voraus und kann über Edinburg oder London bezogen werden (Preis 2 *sh* 6 *d* englisch;
in Deutschland einschliefslich Nebenkosten rund 3 Mark).
Das viel kostspieligere Berliner Astronomische Jahrbuch kommt
weniger für unsre Beobachtungen als z. B. für Zeitbestimmungen
sowie für die kleinen Planeten in Betracht, die im ganzen kein
Beobachtungsobjekt für den Reisenden sind. Handlicher,
wennschon weniger reichlich, ist das von der Kaiserlichen
Admiralität herausgegebene Nautische Jahrbuch, das sich,
gleich dem *Nautical Almanac*, dem Meridian von Greenwich
anschliefst. Diese Wahl bedeutet insofern einen grofsen Vorteil, als das Verbreitungsgebiet der in einfacher Weise auf
den englischen Normalmeridian bezogenen Einheitszeiten bereits recht grofs ist und wohl noch anwachsen wird. Scheut
man nicht etwas umständlichere Rechnungen, z. B. für die
Mondörter, so kann als sehr handliche Ephemeride der von
der k. k. Sternwarte in Wien herausgegebene Astronomische
Kalender gelten, der den Wiener Meridian zugrunde legt.
(Etwa 150 Seiten, kl.-8⁰, einschliefslich Notizpapier. Wien,
Carl Gerolds Sohn. 2.40 Mark gebunden). Allerdings erscheint er unsres Wissens ziemlich spät. — Die in sonstigen
Jahrbüchern und Zeitschriften gegebenen Ephemeriden kann
weniger der Reisende als der Stubengelehrte benutzen.

Hat man einen Atlas wie *Heis* oder *Messer*, so ist das Mitnehmen eines Sternverzeichnisses strenggenommen nicht nötig, da man z. B. die für einen hellen veränderlichen Stern ausgewählten Vergleichsterne, wenn sie nicht schon auf der Karte durch lateinische oder griechische Buchstaben bezeichnet sind, leicht mit willkürlichen Benennungen (x, y, z . . .) im Atlas versehen kann. Doch hat das Mitnehmen eines Kataloges manches für sich. Der obenerwähnte von *Heis* hat den Vorzug der Reichhaltigkeit. Ein vorzügliches neueres Verzeichnis ist unter dem Titel *A Catalogue of 1520 bright stars* als Nr. 4 des 48. Bandes der Harvard-Annalen erschienen, und es wird im Vorwort ausdrücklich bemerkt, daß es im Interesse weitester Verbreitung in sehr starker Auflage hergestellt sei. (Zu beziehen durch *E. C. Pickering, Director of Harvard College Observatory, Cambridge, Mass.*) Vermutlich wird auch *A provisional Catalogue of Variable Stars* (Bd. 48, Nr. 3 derselben Sammlung) von derselben Stelle noch bezogen werden können. Beide Kataloge sind dünne Hefte in Großquart.

Vergleicht man ein Sternverzeichnis mit einem Atlas, so werden die Sternörter häufig wegen der Präzession nicht stimmen. Es ist dies die langsame Wanderung des Gradnetzes unter den Sternen, die von der konischen Bewegung der durch Sonne und Mond gestörten Erdachse herrührt. Die Verschiebung eines Sternortes im größten Kreise kann in siebzig Jahren einen Grad betragen, ist also, wenn man z. B. neben den zuletztgenannten amerikanischen Sternverzeichnissen die auf 1855 bezogenen Atlanten von *Argelander* oder *Heis* benutzt, nicht unmerklich. Da sie jedoch die gegenseitige Stellung der Fixsterne, also den Anblick der Sternbilder, nicht ändert, wird sie kaum als lästig empfunden werden; um schnell und zweifellos z. B. einen bei *Heis* stehenden Stern auf ein neueres Verzeichnis beziehen zu können, kann man sich der Umrechnungstabellen bedienen, die in jeder besseren populären Astronomie stehen und leicht für den betreffenden Fall umgestaltet werden können. Jedenfalls gebe man, wenn eine Sternposition nach einer Karte abgelesen wird, immer genau das sogen. Äquinoktium der Karte[1]) an, also das Jahr, auf welches ihr Gradnetz bezogen ist. Ferner ist zu beachten, daß das Sternverzeichnis und die Atlanten für die Helligkeit der noch aufzunehmenden Sterne verschiedene Grenzen ziehen;

---

[1]) Im Zweifelsfalle Verfasser, Verleger und Erscheinungsjahr des Atlas.

z. B. *Heis* die Gröfse 6¹/₂ im Atlas und Katalog, *Messer* im
Atlas 6; die „1520 *bright stars*" gehen nur bis zur 5. Gröfse
herab, die aber für zahlreiche Reisebeobachtungen mehr als
ausreichend ist.

Da astronomische Beobachtungen im Freien anzustellen
sind, hat der Beobachter, zumal in kalten Ländern, aber auch
in den Tropen und überall im Gebirge, für schützende
Kleidung zu sorgen. Hygienische Fragen haben wir hier
nicht zu erörtern. Aus eigener Erfahrung sei aber angeführt,
dafs ein schwerer Winterüberzieher bei Beobachtungen mit
kleinen Fernrohren, z. B. bei Lichtschätzungen veränderlicher
Sterne, ziemlich unbequem ist. Besser ist ein aus leichterem
Stoffe gemachter Havelock (Kaisermantel) mit Kragen, der
noch einen besonderen Vorteil bietet. Indem man den Kragen
(die Pelerine) über den Kopf schlägt, kann man störendes
Licht fernhalten, was auf der Reise, wo man eben von äufseren
Verhältnissen abhängt, sonst nicht immer zu machen ist. Eine
gestrickte wollene Mütze, womöglich mit einem unteren Teil,
der bei strenger Kälte über den Nacken gestreift werden kann,
ist eine sehr geeignete Kopfbekleidung; hinderlich ist dagegen
ein Hut, besonders aus steifem Material. Wollene Hand-
schuhe, die einerseits gut wärmen, anderseits das Schreiben
nicht zu sehr erschweren, gehören im Winter zur notwendigen
Ausrüstung, da das Halten eines, wenn auch kleinen Instrumentes
die Finger rasch erstarren läfst und z. B. Beobachtungen der
helleren veränderlichen Sterne auch dann, wenn kein Minimum
eines Sternes vom Algol-Typus eintritt, leicht eine Stunde in
Anspruch nehmen können. Es ist praktisch, zwei Paar Hand-
schuhe zu haben und das unbenutzte nach Möglichkeit in
einem Zimmer wärmen zu lassen oder in der Tasche selbst
zu wärmen. Gefütterte Stulpen, wie sie für Jäger in den
Handel gebracht werden, sind gleichfalls zu empfehlen (Stauchen,
Pulswärmer). Gegen kalte Füfse hat man wohl grofse Filz-
schuhe, in die man mit den Stiefeln treten kann; auf Reisen
wird man solche aber nicht mitnehmen wollen, vielmehr lieber
mit der Fufsbekleidung ähnlich wie mit den Handschuhen
viertelstündlich wechseln.

Da man im allgemeinen nur im Dunkeln beobachten, anderseits aber jede Beobachtung möglichst bald aufzeichnen soll, liegt
ein gewisser Pflichtenstreit vor, in welchem der einzelne Beobachter je nach der Güte seiner Augen und seines Gedächtnisses
sowie nach den äufseren Umständen Stellung zu nehmen hat. Bei
treuem Gedächtnisse kann man z. B. zwei veränderliche Sterne
nacheinander beobachten und dann erst zur Aufzeichnung

schreiten. Man hat dann den Vorteil, nicht zu oft zwischen Licht und Dunkelheit wechseln zu müssen. Bedenklich ist das Verfahren aber doch zuweilen; denn das Gedächtnis kann trügen, und man verwechselt im Zustande der Übermüdung Buchstaben und Zahlen. Ferner wird das, was sofort nach der Beobachtung aufgeschrieben ist, weit sicherer vom Beobachter vergessen, als wenn er es auch nur eine Minute lang im Kopfe hat behalten müssen. Und das Vergessen des Wahrgenommenen ist eine wichtige Kunst, wenn man objektiv weiterbeobachten will.

Die Fertigkeit, im Dunkeln zu schreiben, nötigenfalls mit Hilfe eines Rahmens mit parallelen Leisten, hinter denen das Papier liegt, ist aus verschiedenen Gründen dem Berufsastronomen zu überlassen. Der Reisende wird ein schwaches, die Augen nicht für weitere Beobachtungen verderbendes Licht vorziehen. Häufig kann man hierzu das des Mondes oder der Dämmerung benutzen. In dunkeln Nächten wird man, wo es angeht, im Garten beobachten und im Hause aufzeichnen oder auch an einer Stelle des Gartens, wohin der Schein einer Hauslampe dringt; die nötige Bewegung läfst manchmal die Kälte besser ertragen. Ein Blendlaternchen zum Mitnehmen ist sehr praktisch; findet man die übliche Mischung von Petroleum und pflanzlichem Öl noch zu schwachbrennend, so kann man sie durch Einwerfen von Kampfer verbessern. Die elektrische Industrie hat neuerdings zahlreiche, mehr oder weniger bequeme Handlämpchen hervorgebracht, die für kurzdauernde Beleuchtung etwa des Kellers oder Speichers recht geeignet sind, weniger jedoch für Reisebeobachtungen, weil man nicht mit der gehörigen Ruhe aufzeichnet, wenn man ein Nachlassen der Lichtstärke befürchten mufs. Auch das Mitnehmen von mehreren Trockenelementen ist lästig; Akkumulatoren kann man nicht überall laden. Radfahrer werden in sicherer Gegend leicht einen Ort erreichen, wo sie, weder durch Zuschauer noch durch fremde Lichtquellen gestört, ihre Beobachtungen anstellen und bei der eigenen Lampe aufschreiben können. Auch an Bord wird man leicht ein Plätzchen finden, wo man hinreichendes Licht hat, desgleichen auf Eisenbahnfahrten, auf denen man überhaupt, wenigstens wenn man allein ist, gut beobachten kann.

Die Bücher und Karten, die wir zur Aufzeichnung unserer Beobachtungen benutzen, sind als Wertpapiere zu bezeichnen und zu behandeln. Man versehe jedes Stück mit Namen und vollständiger Adresse, am besten mit Hilfe eines Stempels, der an mehreren Stellen des Buches angebracht wird. Sehr geeignet sind die kleinen Kontobücher der Kaufleute, da sie senkrecht und wagerecht liniiert sind. Gewöhnlich kann man die ersten Spalten für die rohe und die verbesserte Zeitangabe, die letzten für die Angabe der Himmelsansicht, den breiteren Mittelraum für die Beobachtung selbst brauchen. Es ist wünschenswert, daſs die hierüber getroffene Verfügung in jedem Büchlein zu finden ist, auch soll jedes angeben, auf welche Uhr die angeschriebenen und auf welche Zeit die umgerechneten Zahlen zu beziehen sind. Man vermeide willkürliche, nur dem Aufzeichnenden selbst verständliche Abkürzungen; hat man praktische erfunden, so gebe man ihren Sinn auf dem ersten Blatte an. Von den Ortsangaben gilt ähnliches wie von den Zeitangaben. Ein dickes Anschreibebuch ist leichter mitzuführen als mehrere kleine; der Verlust eines solchen wiegt aber auch schwerer als der eines kleinen. Gut gebundene Bücher von 50, höchstens 100 Blättern sind wohl die besten. Ist ein solches gefüllt, so wird man gut tun, es vor einer gefährlicheren Teilreise mit sicherer Gelegenheit zur Heimat oder an eine sonstige zuverlässige Stelle zu senden. Hält man eine Abschrift für nötig, so setze man diese den Gefahren der Reise aus, nicht das Original. Der Bleistift ist aus verschiedenen Gründen dem Tintenstifte bei der ersten Aufzeichnung vorzuziehen; man führe immer mindestens zwei Bleistifte bei sich, weil es beim Abbrechen oder Verlorengehen fatal ist, vielleicht stundenlang eine Beobachtung im Gedächtnisse halten zu müssen. Zur sofortigen Herstellung eines Duplikates können die bekannten Hilfsmittel (Ölpapier, Kohlenpapier) empfohlen werden; doch vergleiche man bald nach der Beobachtung die direkte Niederschrift mit der indirekten, um zufällige Abweichungen festzustellen. Jede Eintragung soll man gleich nachher mit der Erinnerung prüfend vergleichen, um sich gegen Schreibfehler und andre Flüchtigkeiten zu sichern. Dagegen sind spätere Änderungen des einmal Niedergeschriebenen als Urkundenfälschungen anzusehen, erst recht, wenn sie auf Grund von Rechnungen oder Unterredungen mit andern Beobachtern erfolgt sind. Je gewissenhafter wir beobachten und eintragen, desto ruhiger können wir später von der Feststellung Kenntnis nehmen, daſs die Aufzeichnungen anderer von den unsrigen abweichen. Die Anordnung der Beobachtungen können und sollen wir mit Gleichgesinnten überlegen; was wir notiert haben, sollen wir nicht nur vor jenen, sondern auch vor uns selber geheim halten, d. h. wir sollen nur dann die älteren Beobachtungen nachsehen, wenn wir sie zusammenstellen oder berechnen wollen.

In einzelnen Fällen ist zu wünschen, dafs eine wichtige Entdeckung möglichst bald bekannt gemacht werde; bei Reisebeobachtungen wird es sich meistens entweder um Kometen oder um neue Sterne handeln. Die Zentrale für astronomische Drahtberichte hat ihren Sitz in Kiel; es besteht ein vollständiges System für chiffrierte Telegramme aus den verschiedenen Gebieten der Astronomie. Die Adresse lautet: „Astronom, Zentralstelle, Kiel". Wer sich in Grofsbritannien oder den Vereinigten Staaten von Amerika befindet, wird, wenn er die höheren Kosten scheut, das Telegramm auch an die Sternwarte zu Greenwich oder die zu Cambridge (Mass.) richten können. Es versteht sich, dafs die Telegramme zu unterzeichnen sind. In welchen Fällen die angegebene Form der Benachrichtigung zu wählen ist, wird im speziellen Teile angegeben werden. Gleichzeitig mit einem Telegramm sende man eine ausführlichere briefliche Nachricht.

Die persönliche Disposition des Beobachters hat auf alle Wahrnehmungen grofsen Einflufs. Sind die Wetteraussichten schlecht, so kann es vorkommen, dafs man mit der Möglichkeit des Beobachtens nicht rechnet, andere Arbeiten vornimmt, nachher der geselligen Erholung pflegt und zuletzt, im Begriff, sich zur Ruhe zu begeben, durch plötzliche Aufheiterung des Himmels überrascht wird. Soll man in diesem Falle noch beobachten? Das hängt ja in der Hauptsache von der Macht des Willens über den Körper ab. Mindestens soll man sich einen allgemeinen Überblick über den ganzen Himmel nicht verdriefsen lassen, da Überraschungen, wie etwa durch neue Sterne, niemals ausgeschlossen sind; schon die Feststellung, dafs einem guten Kenner des gestirnten Himmels zu einer bestimmten Zeit nichts Aufsergewöhnliches aufgefallen ist, kann hohen Wert haben. Im übrigen werden alle Beobachtungen, bei denen es auf das Erfassen feiner Intensitätsunterschiede ankommt, wie Zeichnungen des Zodiakallichts oder gar der Milchstrafse, Lichtschätzungen an veränderlichen Sternen, durch die Ermüdung des Beobachters minderwertiger, und die Gewissenhaftigkeit erfordert die ausdrückliche Angabe dieses Umstandes. Ist man bereits durch geistige Anstrengung ermüdet, dann setzen schon sehr mäfsige Gaben alkoholischer Getränke die Rezeptivität herab. Übrigens wird der Gedanke, ein merkwürdiges, vielleicht nicht bald wiederkehrendes Phänomen, etwa ein Polarlicht, beobachtend und zeichnend verfolgen zu dürfen, auf den Freund der Wissenschaft, auch wenn er sehr ermüdet sein sollte, als gutes *Excitans* wirken.

Auch auf Reisen gibt es Tage, an denen man sich die

Stunden der Ruhe einigermafsen auswählen kann. Aufserhalb
der tropischen und subtropischen Gebiete wird man im Winter
ziemlich viel Morgenbeobachtungen erhalten können, ohne all-
zufrüh aufstehen zu müssen. Im Sommer gewährt ein ausgiebiger Mittagsschlaf die Möglichkeit, auch bei recht spätem
Dunkelwerden noch frisch zum Beobachten zu sein. In heifseren
Ländern führen schon die sonstigen Verhältnisse zum Tagesschlafe.

Von den Erscheinungsreihen, die der Verfolgung mit freiem
Auge oder einfachsten Werkzeugen zugänglich sind, werden
wir nunmehr zunächst die der meteorologischen Optik an-
gehörenden betrachten, soweit diese in engerer Beziehung zur
Astronomie stehen; dann unter demselben Gesichtspunkte die
Polarlichter. Von der Erde uns weiter in den Raum hinaus-
wagend, haben wir einzelnes am Monde und an den Planeten
zu beobachten und im Tierkreislichte ein gleichfalls dem
Sonnensystem angehöriges Objekt zu betrachten. Auch Meteore
und Feuerkugeln gehören der Planetenwelt an. Zuletzt wird
dann von der scheinbar so ruhigen und doch in der Tat so
wechselvollen Welt der Fixsterne zu reden sein.

Besonderer Teil.

Die gewöhnliche Angabe, dafs sich der Himmel über uns
als eine Halbkugel zu wölben scheint, gilt nicht im strengen
Sinne. Unsere Instrumente mit Aufsuchungskreisen können
wir allerdings, wenn von der Strahlenbrechung abgesehen wird,
unter der Annahme, dafs die Sterne an einer durch die Horizontalebene halbierten Hohlkugel befestigt seien, die sich in
Wirklichkeit oder scheinbar um uns drehe, vollkommen richtig
den Gestirnen folgen lassen. Dem freien Auge erscheint jedoch das Himmelsgewölbe nur als ziemlich kleine
Kugelhaube und die Linie zum Zenit viel kürzer als
irgendein vom Auge zum Gesichtskreise gezogener Strahl.
Diese Urteilstäuschung, über welche in den letzten Jahrzehnten
besonders Professor *E. Reimann* in Hirschberg wertvolle Untersuchungen angestellt hat, scheint bei Tage stärker als bei
Nacht aufzutreten, und bei weifsem Himmel (*Cirrostratus* und
ähnlichen Wolkenformen) deutlicher als bei blauem. Über die
Gröfse des Fehlens sollten noch viel mehr Beobachtungsreihen,
womöglich aus den verschiedensten Gegenden, eingeliefert
werden, als bisher vorliegen. Allerdings wird man bei Tage
hierzu eines besonderen kleinen Instrumentes bedürfen, während
man zur Nachtzeit in einfacher Weise die Sterne benutzen
kann. Das Instrument ist ein in ganze Grade geteilter Quadrant;

will man ihn nicht aus Metall anfertigen lassen, so kann man
etwa einen für ein paar Groschen käuflichen Winkeltransporteur
auf geeignetes Holz kleben und die Füllung mit der Laubsäge
ausschneiden; Holz ist allerdings hygroskopisch und darum
besonders in trockenen Ländern unzuverlässig. Ein kleines
Lot dient zum richtigen Halten, zwei Ösen aus Draht mit
Fadenkreuzen aus Zwirn, die eine am Mittelpunkte drehbar
und die andere am Umfange verschiebbar, lassen die Höhe
eines Punktes am Himmelsgewölbe erkennen. Wie man sieht,
besitzt ein solches Instrument auch einen gewissen Wert zur
ganz rohen Zeitbestimmung, besonders in niederen Breiten.
Wer aus andern Gründen mit einem Theodoliten arbeiten
muß, wird natürlich diesen auch hier benutzen. Man visiert
nun bei Tage mit freiem Auge einen Punkt an, der gerade
auf halbem Wege zwischen Zenit und Horizont zu liegen
scheint. Die Höhe dieses Punktes über dem Horizonte, also
der Winkel, den die Gesichtslinie mit der wagerechten Ebene
bildet, würde bei Abwesenheit der erwähnten Täuschung genau
45^0 betragen; tatsächlich ist er nur ungefähr halb so groß,
und sein Betrag läßt sich eben durch Messung mit dem Quadranten mit Schätzung der Zehntelgrade feststellen. Zuweilen
ist es möglich, ein langsam bewegtes Wölkchen in dem Zeitpunkte, wo es sich in der angegebenen Höhe zu befinden
scheint, anzuvisieren; hierfür könnten sich zwei Beobachter
vereinigen, von denen der eine im gegebenen Zeitpunkt die
Halbierung feststellt und durch Anruf den andern zum Ablesen
der Höhe veranlaßt. Angabe des Ortes, der Zeit, der Witterung
und des Azimuts (der Himmelsgegend) ist notwendig, wenn die
Beobachtung Wert haben soll. Benutzt man abends die Sterne
als Orientierungspunkte, so ist gar kein Quadrant notwendig,
wenn nur die Zeit auf einige Zehntelminuten verbürgt werden
kann. Man wird dann z. B. auf einer oder mehreren *Rohrbach*schen Karten eine gekrümmte Linie zu zeichnen versuchen,
die den Verlauf des vom Zenit und Horizont gleichweit ab-
stehenden Höhenkreises (Almukantarat) angibt. Hier wie bei
allen Eintragungen ist zu bemerken, daß die Karte immer
das Datum, die Zeit und den Namen des Beobachters enthalten soll, wenn auch all dieses im Buche gleichfalls angegeben ist. Die rechnerische Bearbeitung der Aufzeichnungen
hat hier wie in andern Fällen nicht auf der Reise, sondern
im Studierzimmer zu geschehen [1]).

---

[1]) Man vergleiche zu diesen wie zu andern Zweigen der meteorologischen Optik den II. Band der Geophysik von *S. Günther*. Die in
diesem Werke gewählte Reihenfolge haben wir fast genau beibehalten.

Das Funkeln der Sterne ist ein äußerst verwickelter
Vorgang, und die verschiedenen zu seiner Beobachtung er-
sonnenen Instrumente (Szintillometer) liegen im ganzen außerhalb der uns gesteckten Grenzen. Immerhin kann man versuchen,
den Feldstecher als einfaches Szintillometer zu benutzen, indem man ihn derart konisch vor dem Auge bewegt, daß das
Bild eines hellen Sternes zu einem Kreise ausgezogen wird.
Man sieht dann diesen Kreis nicht gleichmäßig verlaufen;
vielmehr treten vielfache Unterbrechungen und Farbenwechsel
auf. Die Zahl der Unterbrechungsstellen, die zeitlich den
Momenten entsprechen, wo der Stern ausgelöscht erscheint,
ist ein gewisses Maß für die Stärke des Funkelns. Mit Hilfe
einer laut tickenden Weckuhr kann man die Schnelligkeit der
Drehung relativ konstant erhalten. Über die Stärke der Szin-
tillation in verschiedenen Breiten und Seehöhen findet man in
der Literatur vielfach einander wiedersprechende Angaben.
Zu beachten ist natürlich auch die verschiedene Höhe der
Sterne über dem Horizonte. Sind sie genau identifiziert, was
schon mit Rücksicht auf die Verschiedenheit der Spektra verlangt werden muß, so sind bei jeder Orts- und Zeitbestimmung
Azimut und Höhe später leicht zu ermitteln. Vom Funkeln
zu unterscheiden ist das Strahlenwerfen der Sterne, eine
in der Hauptsache physiologische Erscheinung, die Folge des
strahligen Gefüges unserer Kristallinse, auf dem wieder die
Akkomodationsfähigkeit beruht. Wer den gestirnten Himmel
überhaupt liebgewonnen hat, wird auch hierüber, z. B. bezüglich der Zahl und Richtung der Strahlen bei verschiedenen
Sternen wie über die Abhängigkeit des Phänomens vom Gebrauche einer Brille oder eines kleinen Fernrohrs, allerhand
Beobachtungen anstellen und hierdurch der Ophthalmologie
nützen können.

Beobachtungen über atmosphärische Strahlenbrechung oder Refraktion sind im ganzen für den
Reisenden zu schwierig, ja wegen der Notwendigkeit feinster
Messungen unmöglich. Wer indessen einen Theodoliten und
etwas Zeit zur Verfügung hat, wird wenigstens zur eigenen
Belehrung einzelnes beobachten können; z. B. daß das Bild
eines scharf eingestellten, weit entfernten irdischen Objekts
infolge der wechselnden Luftströmungen im Laufe des Tages
ein wenig schwankt, und zwar nicht nur auf und ab, sondern
infolge der sog. lateralen Reflexion auch von rechts nach links.
Das früher vielbesprochene Sternschwanken, dessen
Realität neuerdings stark angezweifelt wird, gehört auch hierher. Es soll in hüpfenden Bewegungen der in der Nähe des

Horizontes befindlichen hellen Sterne bestehen, und zwar in auf- und abwärts gerichteten und auch in seitlichen Sprüngen. Vielleicht wird nur die mit dem Funkeln verbundene zeitweilige Auslöschung vom Auge unrichtig gedeutet; im aufgestellten Fernrohr soll es verschwinden, während man in der älteren Literatur hier und da das gerade Gegenteil liest. Nachprüfung mit Hilfe des Theodoliten, und zwar in verschiedenen Breiten und Meereshöhen, ist immerhin erwünscht; kann man den Ort des Sternes·auf n a h e l i e g e n d e irdische Objekte beziehen, die indessen für einen Feldstecher noch als unendlich fern gelten dürfen, so ließe sich vielleicht schon mit diesem einfachen Instrument der Sachverhalt untersuchen. Weit entfernte Berge und Büsche werden dagegen die etwaige Schwankung großenteils mitmachen.

Beobachtungen über die D u r c h s i c h t i g k e i t d e r A t -m o s p h ä r e erfordern im allgemeinen Hilfsmittel, die über unsern Rahmen hinausgehen; im besonderen wird gelegentlich der Beobachtungen veränderlicher Sterne darauf zu achten sein. Auch die S p e k t r o s k o p i e der Atmosphäre hat auszuscheiden.

Die Atmosphäre der Erdkugel ist bis in ziemlich hohe Schichten hinauf mit feinem Staube erfüllt, der zur Bildung von Wasserbläschen Anhalt gibt. Diese Fremdkörper in dem Medium der Luft stellen eine Wolke von Teilchen dar, die durch sehr viel größere Zwischenräume getrennt sind, also eine durchstrahlbare Masse wie Rauch oder Zimmerstaub. Indem die Sonne die ihr zugewandte Seite der Erdkugel beleuchtet, sendet sie ihre Strahlen offenbar auch den Luftteilchen in dem Grenzgebiete der Nachtseite zu; diese werfen das Licht nach allen Seiten weiter, und die Atmosphäre als Ganzes verhält sich also bei dem Phänomen der D ä m m e r u n g in etwa wie ein selbstleuchtender Körper. Wie weit das Licht in die Nachtseite der Atmosphäre vordringt oder bei welcher negativen Sonnenhöhe der Gesichtskreis noch beleuchtet erscheint, das hängt von der Höhe der Atmosphäre ab, besser gesagt, von der Höhe, in welcher sie zufolge ihres Gehaltes an Fremdkörpern noch durchstrahlbar ist. Mit dieser Bestimmung ist auch sofort eine große Unsicherheit gegeben. Es ist sogar in etwa Sache der Übereinkunft, wo man jene Grenze in der Atmosphäre legen will; hat man sie einmal gelegt, so ergibt sich eine bestimmte negative Sonnenhöhe, also auf der Erdkugel ein bestimmter Winkelabstand des Beobachtungsortes von dem Hauptkreise der Kugel, dessen Anwohner den Sonnenmittelpunkt ohne Refraktion im Horizonte sehen würden. Nach *Lambert* hat man von der a s t r o n o m i s c h e n Dämmerung, die gerechnet wird, solange überhaupt ein beleuchteter Kreis in der Atmosphäre gesehen wird, die bürgerliche Dämmerung zu unterscheiden, die so lange gilt, wie ein im Freien arbeitender Mensch noch hinreichendes Licht findet; nach andrer Angabe, solange man mittelgrofse Druckschrift noch ohne erhebliche Anstrengung im Freien lesen kann. Wenn für die erste eine negative Sonnenhöhe $-\eta = -18^0$, für die andre eine Höhe $-\vartheta = -6^0 28'$ festgesetzt wird, so ist das, wie gesagt, willkürliche Konvention, indem in der einen Zahl eine gewisse Annahme über die Höhe der atmosphärischen Grenzschicht, in der zweiten eine solche über die menschlichen Augen enthalten ist. Die einfache Grundformel

$$\sin h = \sin \varphi \sin \delta + \cos \varphi \cos \delta \cos t$$

aus der sphärischen Astronomie, wo h die Höhe eines Gestirns über dem Horizonte, t sein Stundenwinkel ist, während δ die Abweichung (Deklination) des Gestirns vom Äquator und φ die geographische Breite des Beobachtungsortes bedeutet, gibt uns, indem $h = -\eta$ oder $h = -\vartheta$ gesetzt wird, die Möglichkeit, den Stundenwinkel für Anfang und Ende der Dämmerung zu berechnen. Am Schlusse der astronomischen Abenddämmerung, der bei dem Stundenwinkel t_1 der Sonne eintreten mufs, haben wir

$$-\sin \eta = \sin \varphi \sin \delta + \cos \varphi \cos \delta \cos t_1.$$

$$\cos t_1 = \frac{-\sin \eta - \sin \varphi \sin \delta}{\cos \varphi \cos \delta}$$

Dagegen ist der Sonnenmittelpunkt, ohne Rücksicht auf die Strahlenbrechung, bei einem Stundenwinkel t_0 untergegangen, der durch die Gleichung

$$0 = \sin \varphi \sin \delta + \cos \varphi \cos \delta \cos t_0 \quad \text{oder}$$

$$\cos t_0 = -\tan \varphi \tan \delta$$

bestimmt wird. Hat man t_1 und t_0, und zwar der Einfachheit wegen in Bogengraden und deren Dezimalteilen, so ist $t_1 - t_0$ die Differenz der Stundenwinkel; da dem Bogengrade 4 Zeitminuten entsprechen, so ist $4 (t_1 - t_0)$ die Dauer der Dämmerung in Minuten. Die Formel für t_0 wird im Hochsommer innerhalb der Polarkreise unbrauchbar, die für η bereits in geringeren Breiten: Mitternachtssonne und Mitternachtsdämmerung. Für die kürzeste Dämmerung leitete *Stoll* die Formel

$$\sin \delta = -\sin \varphi \tan \eta$$

ab. Man kann hiernach für jede geographische Breite die Sonnendeklination berechnen, bei welcher die Dämmerung die geringste Dauer hat. Sie tritt zweimal ein, im Frühjahr und im Herbst. Nach vollzogener Rechnung kann man mit Hilfe einer Ephemeride (siehe oben) das Datum feststellen.

Der nur relative Wert der Konstanten η und ϑ legt den Wunsch nahe, daſs sie unter möglichst wechselnden Bedingungen nachgeprüft werden möchten. Die übliche Angabe, daſs die bürgerliche Dämmerung in den Tropen äuſserst kurz sei, auch noch mit Rücksicht auf die Formel, wird neuerdings bestritten. Wer etwa über die Lesbarkeit guter Druckschrift im Freien Beobachtungen anstellte, die möglichst vervielfältigt werden müſsten behufs Ableitung genauer Ergebnisse, könnte zur Beantwortung der Frage, die ein soziales und forensisches Interesse hat, einiges beitragen. Die Zeit ist auf Zehntelminuten anzugeben oder, wenn die Änderung zu unbestimmt ist, auf halbe oder ganze Minuten. Es wäre morgens und abends zu beobachten, einmal weil infolge der verschiedenen Feuchtigkeit der Luft die eine Erscheinungsreihe nicht das vollkommene Spiegelbild der andern ist, dann aber auch, weil psychische Unterschiede mitspielen. Beobachter an verschiedenen Orten können verabreden, mit Exemplaren derselben Bücher, etwa des vorliegenden, die Beobachtungen anzustellen; auch Beobachter, die nur so weit getrennt sind, daſs sie sich nicht direkt verständigen und beeinflussen können. Hier wie auf so vielen andern Gebieten, wo man gezwungen ist, mit roheren Hilfsmitteln zu arbeiten, ist es eine Hauptpflicht, die im Subjekt liegenden Fehler nicht zu hoch anschwellen zu lassen. Das Verderblichste ist das Nachschlagen früherer eigener oder fremder Beobachtungen. Wir möchten bei dieser Gelegenheit eine allgemeine Regel aufstellen, nämlich d a f s i m B e o b a c h t u n g s b u c h e d i e N o t i z e n z e i t l i c h, a b e r n i c h t s a c h l i c h z u o r d n e n s i n d. Je mehr Beobachtungen verschiedener Art durcheinanderstehen, desto sicherer ist man vor der Gefahr, durch zufälliges Erblicken einer älteren Notiz das Urteil zu befangen. Die kleine Unbequemlichkeit, daſs fortlaufende Abkürzungen vermieden werden müssen, wird reichlich durch zwei Vorteile ausgeglichen: einmal, daſs wir mit Hilfe der Wetternotizen, die jeder Beobachter gelegentlich einstreuen wird, über alle Beobachtungen eines Abends oder Morgens ein Urteil ermöglichen, dann, daſs die spätere Verbesserung der angeschriebenen Uhrzeiten in einfacher Weise durch den Beobachter vollzogen werden kann. Zwar müssen gerade Dämmerungsbeobachtungen für die Rechnung in wahrer Ortszeit ausgedrückt werden; hat aber ein Reisebeobachter eine Normalzeit, z. B. Greenwich, zugrunde gelegt, die er mit Hilfe der Schiffsuhr oder des Zeitballs erhalten, so wird das dem

Rechner lieber sein, als wenn er sich noch fragen müfste, ob
die umständliche Reduktion auf wahre Ortszeit richtig vollzogen ist. Das vorgeschriebene Verfahren legt dem Beobachter
die Pflicht auf, ab und zu die Beobachtungen einer Art zu
exzerpieren, am besten zu einer Zeit, wo ihm die laufenden
Wahrnehmungen durch die gewonnene Kenntnis nicht beeinflufst werden können; also bei schlechtem Wetter oder auch,
wenn es sich um veränderliche Sterne handelt, bei der Konjunktion mit Sonne oder Vollmond.

Sofort, nachdem der obere Sonnenrand am westlichen
Horizonte verschwunden ist, beginnt gegenüber am östlichen
der Erdschatten aufzusteigen. Das beleuchtete Gebiet der
Atmosphäre wird kleiner und kleiner, und wenn der Erdschatten den Scheitelpunkt überschritten hat, nennen wir es
das Dämmerungssegment. Je tiefer der Erdschatten noch im
Osten steht, desto deutlicher ist seine Grenze rot gefärbt.
Dieses Rot ist wohl zu unterscheiden von der Gegendämmerung, einem anscheinend auf einer Art von Spiegelung
beruhenden roten Schimmer im Osten gegenüber dem lebhaften
Purpurlichte des Westens. Die Vorgänge, welche das
weitere Aufsteigen des Erdschattens begleiten, gehören zu den
verwickeltsten optischen Erscheinungen; sie sollen hier nicht
ausführlich beschrieben werden. Wer die Zeit und Gelegenheit hat, im Freien eine schöne Abenddämmerung zu beobachten, versäume nicht, über die verschiedenen Farben-
erscheinungen Notizen zu machen, und zwar mit möglichst
genauer Zeitangabe; bei der raschen Änderung ist das Zehntel
der Minute als Genauigkeitsgrenze wenigstens anzustreben.
Das erste, worauf gerade im Augenblick und an der Stelle
des endgültigen Unterganges der Sonnenscheibe zu achten, ist
das Aufblitzen des sog. grünen Strahles, von dem aus
mehreren Beobachtungsgebieten erzählt wird. Er hält eine
äufserst kurze Zeit an und dürfte auf der Verschiedenheit der
Refraktion für Strahlen verschiedener Wellenlänge beruhen.
Für die übrigen Erscheinungen, also den die untergehende
Sonne umgebenden Bishopschen Ring, der manchmal
schon bei Tage hinter *Cumulus*-Wolken hervorlugt, sowie für
die Gegendämmerung und was sonst an farbigen Flächen zu
sehen ist, kann man sich bezüglich der Sichtbarkeit einer Skala
bedienen, die z. B. auch für die gleich zu besprechende
Sichtbarkeit der Sterne in der Dämmerung und bei Tage, des
aschgrauen Mondlichtes, des Tierkreislichtes und andrer Erscheinungen verwendbar ist: 10) auffallend hell, 9) hell, 8) bequem
sichtbar, 7) sehr gut, 6) gut, 5) ziemlich gut, 4) sicher zu sehen,

3) mit Mühe, 2) kaum sichtbar, 1) sicherlich unsichtbar. (Zur internationalen Verständigung vielleicht so: *luculentissimus*, *luculentus*, *commode conspicuus*, *optime*, *bene*, *admodum bene*, *certe*, *aegre*, *vix conspicuus*, *certe non conspicuus*.)

Auffallende Dämmerungserscheinungen, die seit 1883 und wieder seit 1901 aufgetreten sind, werden mit ziemlicher Wahrscheinlichkeit auf die kurz vorher eingetretenen vulkanischen Katastrophen in der Sunda-Strafse und in Westindien zurückgeführt. Man achte also namentlich in Gegenden mit tätigen Vulkanen auf aufsergewöhnliche Dämmerungen. Vergl. noch S. 717.

Das normale Dämmerungssegment ist zuweilen scharf genug abgeschnitten, um auf hellere Sterne bezogen werden zu können. Wir können dann den ungefähren Verlauf seiner Grenze in *Rohrbach*sche Karten eintragen; gehört zu den als Anhalt dienenden Sternen ein Planet, so ist dieser vorher gleichfalls einzutragen. (Hierzu wird man mit Hilfe des *Nautical Almanac* oder einer andern Ephemeride den Ort etwa im *Messer*schen Atlas bestimmen, da dieser Gradnetze hat, und ihn dann mit Rücksicht auf die benachbarten Sterne vorsichtig in die *Rohrbach*sche Karte übertragen. Der aus der Verschiedenheit der Äquinoktien und der Ungenauigkeit der Übertragung hervorgehende Fehler ist dann nicht bedeutend im Vergleich mit der immer noch bestehenden Unsicherheit der Grenze.) Die Lehre von den Dämmerungserscheinungen ist noch keineswegs so abgeschlossen, dafs nicht Beobachtungsreihen dieser Art, besonders längere, einen grofsen Wert hätten. Es ist dann zweckmäfsig, eine und dieselbe Karte nicht an zwei aufeinanderfolgenden Tagen zu benutzen; besser braucht man abwechselnd mehrere Karten von demselben Block und benutzt die erste dann erst wieder, wenn sich der Sternenhimmel schon merklich verschoben hat, um einen Einflufs der älteren Zeichnungen auf die neuere zu verhindern. Dasselbe gilt z. B. auch von Einzeichnungen des Zodiakallichtes. Mit den wechselnden Planetenörtern mufs man sich dann entsprechend abfinden. Den Mond wird man zur Orientierung nicht leicht benutzen können, weil schon eine schmale Sichel auslöschend wirkt. Jedenfalls wäre eine genaue Festlegung seines rasch veränderlichen Ortes auf der Karte, für eine bestimmte Viertelstunde etwa, mit umständlicher Rechnung verknüpft. — Das Einzeichnen der Dämmerungsgrenze mufs mit einer gewissen Schnelligkeit geschehen; am besten vollziehen es nur solche, die bereits im Einzeichnen des Zodiakallichtes geübt sind.

Das Auftauchen erst der helleren, dann der schwächeren Sterne am Abendhimmel und ihr Ver-

schwinden in der Morgendämmerung ist nach der vorhin mitgeteilten zehnteiligen Skala anzugeben. Ausgedehntere
Beobachtungsreihen darüber mit guten Wetternotizen sind
immerhin erwünscht. Der Beobachter muſs jedoch auch über
die Güte seiner Augen berichten. Ein Auge, das nicht einmal, sei es mit oder ohne Brille, das Reiterlein im Himmels-
wagen (*g Ursae majoris* neben ζ) erkennt, kann nicht als
normal gelten, womit nicht gesagt ist, daſs es zu Beobachtungen
dieser Art überhaupt ungeeignet wäre. Als Kennzeichen für
besonders scharfe Augen kann die Unterscheidung von mehr
als sechs Sternen in der Gruppe der Plejaden, die Auflösung von
a Capricorni, δ Lyrae, ε Lyrae, ϑ Tauri (in den Hyaden) in
je zwei Sterne gelten. Morgens kann man einen hellen Stern
etwa von zwei zu zwei Minuten verfolgen, womöglich mit
Orientierung nach irdischen Objekten, und jedesmal den Grad
der Sichtbarkeit in der Skala ausdrücken. Die Zehntelminute
ist als Genauigkeitsgrenze anzustreben. Abends wartet man
am besten, bis einzelne helle Sterne da sind, und man sucht
dann mit Hilfe der Karte oder des Gedächtnisses die übrigen,
was manchmal ziemlich leicht ist. Gute Beispiele liefern
die Sternbilder des Adlers und des Orion. Die heliakischen
Auf- und Untergänge heller Fixsterne, also ihr erstes Auftauchen
in der Morgendämmerung zu bestimmten Jahreszeiten sowie
entsprechend ihr Verschwinden im Tageslichte, sind, mit
Rücksicht auf geschichtliche Fragen, besonders in den Ländern
des klassischen Altertums zu verfolgen. (Präzession!)

Nach der Entdeckung von *Liais* (1858) ist am östlichen
Himmel schon vor Beginn der sichtbaren Morgendämmerung
polarisiertes Licht vorhanden, dessen Polarisationsebene
durch den Sonnenort geht[1]. Dieses Licht, welches aus höheren
Schichten der Atmosphäre kommen muſs als die im gewöhnlichen Dämmerlicht strahlenden, hat beim Beginn der astronomischen Dämmerung bereits den Zenit erreicht und schreitet
nun langsam nach Westen fort. „Bedenkt man, daſs in der
Nähe des Zenites die Grenze des polarisierten Lichtes mit
gleicher Geschwindigkeit fortschreiten muſs wie die Grenze des
Erdschattens, so ersieht man sofort, daſs aus der Zeit, welche
das polarisierte Licht braucht, um eine gewisse Winkelgröſse

---

[1] Der Verfasser hat die in diesem Absatze zu behandelnden
Erscheinungen selbst noch nicht beobachten können; er folgt, zum
teil wörtlich, den Ausführungen des Herrn Hofrats Prof. *Weiſs*,
im I. Bande der 2. Auflage dieses Werkes, Seite 390—391. Bezüglich
der Lichtpolarisation am Tage muſs auf eingehendere Werke verwiesen werden.

im Zenite zu passieren, die Höhe der [merkbar reflektierenden] Atmosphäre berechnet werden kann." In einem von Liais beobachteten Falle ergaben sich 345 km, während der oben angegebene Wert η für die negative Sonnenhöhe bei Beginn der Morgendämmerung nur 70—80 km ergibt. Um die Zenitdistanz des höchsten Punktes mit polarisiertem Lichte zu ermitteln, mufs man allerdings das Azimut der noch unsichtbaren Sonne angenähert kennen und ferner das Polariskop an einem Apparate anbringen, der Höhenablesung, womöglich auf Zehntelgrade, mindestens auf ganze Grade gestattet, also an dem oben beschriebenen Quadranten, noch besser am Theodoliten. „Diese Beobachtungen können schon mit den einfachsten Polariskopen, dem Nicholschen Prisma und der Turmalinplatte [1]), und zwar auf die vorteilhafteste Art ausgeführt werden. Dreht man nämlich eines dieser Polariskope, nachdem man es auf die zu untersuchende Stelle des Himmels gerichtet hat, vor dem Auge, und fixiert man dabei die kleinsten im Gesichtsfelde eben noch sichtbaren Sterne, so werden sich diese während der Drehung mit verschiedener Intensität vom Hintergrunde abzuheben scheinen, sobald dessen Licht polarisiert ist, weil sich in diesem Falle dessen Helligkeit bei der Drehung des Polariskops ändert. Ist jedoch das Licht des Hintergrundes nicht polarisiert, so affiziert die Drehung des Polariskopes seine Helligkeit nicht, und infolgedessen ebensowenig die scheinbare Lichtstärke der Sterne." — Auf etwaige Störung durch den Mond, auch schon durch das Dämmerlicht desselben, ist natürlich wohl zu achten.

In der Nähe von einigermafsen grofsen Städten, besonders auch von grofsen industriellen Anlagen und Bahnhöfen, werden alle Beobachtungen solcher Art mehr oder weniger unsicher. Zahlreiche künstliche Lichtquellen durchstrahlen die Atmosphäre bis zu einer Höhe, über die man eine Vorstellung gewinnt, wenn man den Lichtschimmer aus dem Abstande von mehreren Kilometern betrachtet. Niedrig hängende Wolken, wie *Cumulonimbus* u. a., werfen manchmal das Lampenlicht so stark zurück, dafs der Unkundige den Mond hinter den Wolken vermutet; im Randgebiete einer grofsen Stadt ist diese Erhellung der Wolken leicht wahrzunehmen. Man suche sich von diesen Störungen möglichst freizumachen; wenn das nicht geht, verzeichne man sie im Beobachtungsbuche.

Irisierende Wolken möge man mit Angabe der Zeit,

---

[1]) Der Nichol dürfte wegen des geringeren Lichtverlustes vorzuziehen sein.

des Azimuts und der Höhe, diese Gröfsen wenigstens annähernd genau, verzeichnen. Die in den obersten Luftschichten auftretenden leuchtenden Nachtwolken müssen, wenn etwas dabei herauskommen soll, an mehreren Orten unter möglichst guter Zeitbestimmung photographisch aufgefafst werden; sie scheiden also hier aus. — Über die Klarheit der Luft sollte bei jeder Beobachtung irgendwelche Notiz gemacht werden; ein Schema findet man unten (S. 715—716) bei der Anweisung zum Beobachten der veränderlichen Sterne.

Über die Höhe der Schichten, in denen sich die Erscheinung des Polarlichtes abspielt, hat man sich noch nicht ganz einigen können. Zahlreiche korrespondierende Beobachtungen sind hier vonnöten, und jede gelegentliche Aufzeichnung ist von Wert, wenn nur die Zeit recht gut bestimmt ist. Der Reisende wird nicht, wie der Beobachter an einem Institut, durch die Unruhe der Magnetnadel auf ein bevorstehendes Nordlicht aufmerksam gemacht; wer sich aber gewöhnt hat, auf die Verteilung der Farben und Flächenhelligkeiten am Himmel überhaupt zu achten, dem werden weder Nordlichter noch absonderliche Dämmerungserscheinungen entgehen. In mittleren Breiten wird das Nordlicht gewöhnlich durch eine Rötung des nördlichen Himmels bis etwa 25° Höhe (nach unserer Erfahrung) eingeleitet, die einigermafsen an den Anblick erinnert, den entfernte Hochöfen oder Schadenfeuer darbieten. Erblickt man diese Rötung, die schon des Azimuts wegen kaum mit Dämmerungserscheinungen zu verwechseln ist, so möge man rasch für eine Uhrvergleichung sorgen, die nötigen *Rohrbach*karten in hinreichender Anzahl zur Hand nehmen, einen freien Ausblick nach Norden und Süden zu gewinnen suchen und womöglich einen wenn auch ungeschulten Mitarbeiter heranziehen. Des Notierens wert ist hauptsächlich die Korona des Nordlichtes, die sich bald nach dem roten Schimmer im Norden herausbildet und mehr oder weniger leicht durch Beziehung auf die Sterne eingezeichnet werden kann; dann das Phänomen der aufschiefsenden Strahlen, das der Beobachter desto besser auffassen wird, je mehr er einerseits mit der Lage der Zirkumpolarsterne, anderseits mit leuchtenden Flächen, wie Wolken und Milchstrafse, vertraut ist. Beim Aufschiefsen eines solchen Strahles wird dem Gehilfen ein Zeichen gegeben; er hat die Uhr nach Sekunden und Minuten abzulesen und neben die Zahl im Buche ein ihm zugerufenes Zeichen, etwa den Buchstaben *A* zu setzen. Der Beobachter selbst wird dann die Lage des Streifens unter den Sternen schnell in die Karte eintragen, denselben Buchstaben zusetzen, etwaige Änderungen, z. B. zuckende Verlängerungen des Strahles, gleichfalls vermerken, durch Zuruf eine zweite Zeitnotierung veranlassen usw. Wir haben öfters erfahren, dafs bei der grofsen Schnelligkeit des Aufschiefsens, Verlöschens und Wanderns der Strahlen ein Einzelner nicht folgen kann. Das Wandern ist namentlich noch viel zu wenig beobachtet. Die verschiedenen Lagen eines und desselben Strahles können auf der Karte und in den Notizen des Gehilfen mit A_1, A_2, A_3 . . . bezeichnet werden, verschiedene Strahlen mit A, B, C. Etwaige Änderungen der Korona sind natürlich auch aufzuzeichnen. Wer die Milchstrafse näher kennt, wird aus der besseren oder schlechteren Sichtbarkeit ihrer hohen Maxima (*Cygnus, Scutum*) und tiefen Minima (Kohlensäcke in *Cassiopeia* usw.) einerseits auf den Luftzustand, anderseits auf die Ausbreitung des Polarlichtes schliefsen können. Verfehlt wäre es freilich, die Milchstrafsendarstellung in einem Atlas (*Heis, Easton, Houzeau*) gerade zu diesem Zweck mit dem Himmel zu vergleichen, man habe denn die feste Überzeugung, am Himmel wirklich dasselbe zu sehen wie im Buche. Es versteht sich, dafs auch auf die Mondphase zu achten ist.

Die Überwachung des südlichen Himmels ist notwendig, weil sich an diesem ein zweiter Konvergenzpunkt der Strahlen befindet, und zwar hoch über dem Horizonte; in roher Näherung ist es der Punkt, auf den das Südende der Inklinationsnadel weist. Er wird mitunter durch einen leuchtenden Fleck gekennzeichnet, nicht nur in etwas höheren Breiten (vgl. die im 1. Bande der Kirchhoffschen Erdkunde, Hann-Hochstetter-Pokorny, abgedruckten farbigen Nordlichtbilder aus Edinburg von *Piazzi Smyth*), sondern auch in mittleren. Der Verfasser hat ihn gelegentlich des Nordlichtes vom 9. September 1898 bei Münster recht gut sehen können. Auch dieser Fleck ist in die *Rohrbach*karte, nach Bedarf mehrmals, einzutragen. Es wird die Unbefangenheit fördern, wenn man hierzu mehrere Exemplare derselben Karte nimmt. Hier wie bei den Strahlen und der Korona ist auf die Färbung zu achten. Bei äufserst hellen Nordlichtern wird man auch ein kleines geradsichtiges Spektroskop brauchen können; vermutlich aber wird der Reisende mit mehr Nutzen arbeiten, wenn er sich auf Beobachtungen mit freiem Auge beschränkt.

In höheren Breiten haben die Polarlichter andre Formen. Es treten besonders die sogen. Draperien auf, deren örtliche Beziehung auf die Sterne nicht immer leicht sein wird. — Über gleichzeitige magnetische Beobachtungen handelt ein andrer Teil des Werkes. Beide Erscheinungsreihen, die Polarlichter und die Schwankungen der erdmagnetischen Elemente, hängen bekanntlich eng mit den Sonnenflecken zusammen. Auch diese scheiden im ganzen aus dem Rahmen unsrer Betrachtung aus. Mit jedem kleinen Fernrohr, auch mit dem Feldstecher, läfst sich übrigens leicht ein schwarzes Sonnenglas verbinden; es gehört zu den Gegenständen, die man der Zerbrechlichkeit wegen in mehreren Exemplaren mitnehmen sollte, daneben auch noch in mehreren Absorptionsstärken. Kann der Reisende auch wohl nicht regelmäfsige Fleckenzählungen ausführen, so wird er doch, schon zur eigenen Befriedigung und Belehrung, auf gröfsere Flecken achten, deren wechselnde Lage, schon infolge der täglichen Drehung der Erde, dann auch infolge der Sonnenrotation, interessant genug ist. Nähert sich eine sehr grofse Fleckengruppe dem Zentralmeridian der Sonnenscheibe, dann ist in arktischen Gegenden mit grofser Wahrscheinlichkeit ein Nordlicht zu erwarten. — Bei tiefstehender Sonne sind gröfsere Flecken hier und da mit freien Augen gesehen worden. Solche Beobachtungen sind aber mit Vorsicht anzustellen. — Ein Venusdurchgang findet erst wieder im Jahre 2004 statt. Dagegen treten Merkurdurchgänge öfter ein; ist ein solcher im *Nautical Almanac* angekündigt, so könnte man im Sichtbarkeitsgebiet immerhin mit einem kleinen Fernrohr den Verlauf beobachten, wenngleich man sich davon keine grofsen Resultate versprechen kann. Venus ist während des Durchganges von 1882 anscheinend auch dem freien Auge sichtbar gewesen; Merkur ist dafür zu klein.

Die wechselnde Helligkeit der Planeten Merkur und Venus hat ihren Grund in der Phase, dem stark veränderlichen Abstand von der Erde und in der Störung durch das Dämmerlicht. Über die Sichtbarkeit des bekanntlich schwer auffindbaren Merkur hat man noch nicht genug zusammenhängende Beobachtungsreihen. Seine Bahn ist so exzentrisch, dafs die gröfste Elongation von der Sonne, also der Winkelabstand von ihr, in welchem er uns als Halbmond erscheint, einen sehr veränderlichen Wert besitzt. Findet diese Elongation im Perihelium des Planeten statt, so ist er natürlich viel heller beleuchtet, als wenn sie mit dem Aphel zusammenfällt. Da er aber in letzterer Stellung auch für uns weiter von der Sonne absteht als in ersterer, wird er in jener doch besser zu sehen sein. Einen anderen Einflufs üben die Jahreszeit sowie die Neigung der Merkurbahn gegen die Erdbahn aus. Im ganzen scheinen für die südliche Halbkugel bessere Bedingungen als für die Nordhalbkugel stattzufinden. (Vergl.

Mitteilungen der V.A.P., Jahrgang XII [1902], Seite 1.) Will man den Planeten auffinden, so mufs man sich der Ephemeride im *Nautical Almanac* sowie der Übersicht der Erscheinungen bedienen, die dort als *Phenomena*, im Berliner Jahrbuch und überhaupt in der deutschen Literatur als Konstellationen bezeichnet werden. Da die Umlaufszeit noch nicht ein Vierteljahr beträgt, wird man bald die Zeit herausfinden, zu welcher infolge grofser Elongation, grofsen wahren Sonnenabstandes (nahe dem Aphel), gröfster nördlicher oder für die Südhalbkugel südlicher heliozentrischer Breite sowie steiler Stellung der Ekliptik, nämlich für den Abendstern im Frühjahr, für den Morgenstern im Herbst, die Bedingungen die günstigsten sind. Nahe Konstellationen mit hellen Fixsternen, wie man sie mit Hilfe der Ephemeride und eines ausführlichen Himmelsatlas (*Messer*, *Schurig*, *Heis*) vorauswissen kann, erleichtern die Auffindung; natürlich auch Konstellationen mit dem Monde, wenn sie zu richtiger Zeit stattfinden. Sie werden in den Jahrbüchern auf die Stunde genau angegeben. Schätzenswert wäre namentlich ein Beitrag zur Beantwortung der Frage, wieviel Tage nach einer besonders günstigen Stellung der Planet noch gesehen werden konnte; so auch für Venus, wie lang der um die Zeit ihrer oberen oder unteren Konjunktion mit der Sonne liegende Zeitraum der Unsichtbarkeit ist. Die Konjunktionen finden zuweilen in einer Zeit statt, wo Venus, infolge der Stellung im Tierkreise und manchmal auch noch der heliozentrischen Breite, eine weit höhere nördliche Deklination als die Sonne besitzt. Sie mufs dann lange vor dieser auf- und nach ihr untergehen, d. h. für einige Tage zugleich Morgen und Abendstern sein. Es wäre interessant, zu erfahren, ob das nur geometrisch richtig ist oder auch wirklich gesehen werden kann. — In den hellsten Phasen, die symmetrisch um mehrere Wochen von der unteren Konjunktion entfernt sind, kann Venus, wenn man ihren Ort kennt, mehr oder weniger leicht bei Tage mit freiem Auge gesehen werden. Beobachtungsreihen über den Grad der Sichtbarkeit des in der Morgendämmerung allmählich verschwindenden Planeten sowie der Nachweis, in welchen Phasen sie tatsächlich bei scheinender Sonne sichtbar bleibt, sind erwünscht. (Über die Sichtbarkeitsgrade vergleiche oben S. 682—683.) Für Jupiter, Saturn und Merkur gilt dasselbe. Wenn die Auffindung durch Bäume, Häuser oder eine Mondkonjunktion erleichtert wird, ist das natürlich zu vermerken. Im übrigen sind die Konstellationen hauptsächlich zur Unterhaltung und Belehrung willkommen. Bei sehr engen Zusammenkünften zweier Planeten kann der Besitzer eines kleinen Fernrohrs noch auf die Verschiedenheit der Flächenhelligkeit und Farbe achten, bei Bedeckungen der Planeten und Fixsterne auf die Zeitpunkte des Ein- und Austrittes. Solche Notizen können, wenn die Zeiten gut, mindestens auf die Sekunde genau bestimmt sind, von einigem Werte sein, auch z. B. für die Ortsbestimmung. — Die nach Jahreszeit und geographischer Breite wechselnde Lage der Mondflecken zum Horizonte ist wieder ein gutes Lehrmittel. Auch die Libration des Mondes ist mit kleinen Instrumenten schon leicht nachweisbar; man versuche z. B. in einem Monat die als *Mare Crisium* bezeichnete Ebene bei junger Mondsichel, bei Halbmond und bei vollem Lichte zu zeichnen; man wird die Exzentrizität der Ellipse stark veränderlich finden. — Notizen über die erste Sichtbarkeit der jungen, die letzte der alten Mondsichel, und zwar in verschiedenen Gegenden, können für geschichtlich-chronologische Fragen von Wert sein.

Von den Finsternissen sind, für die Erde als Ganzes betrachtet, die der Sonne die häufigeren, während der einzelne Beobachter mehr Aussicht auf sichtbare Mondfinsternisse hat. Bei partiellen oder ringförmigen Sonnenfinsternissen wird man sich aus den im *Nautical Almanac* gegebenen und ausführlich erläuterten Zahlen verhältnismäfsig leicht ein Bild von dem Verlaufe für den jeweiligen Beobachtungsort machen können. Brauchbar sind genaue Zeitangaben für die Berührungen des Mondschattens mit den Sonnenrändern sowie mit gröfseren Flecken oder Fackeln. Wer das Glück hat, sich in der Totalitätszone einer zentralen Finsternis aufhalten zu dürfen, wird sich für diesen, im allgemeinen vorauszusehenden Fall mit besonderer Anweisung versehen können; kann man sich einer Expedition oder sonstigen gröfseren Beobachtergruppe anschliefsen, so wird man unter Umständen seine Aufmerksamkeit auf bestimmte Vorgänge beschränken und im Interesse der Sache sich den Weisungen anderer fügen müssen. Aber selbst wenn man ganz allein und ohne Fernrohr wäre, könnte man sich durch Aufzeichnungen über die Sichtbarkeit der Korona und der helleren Protuberanzen verdient machen, auch durch Notizen über das Verhalten der Tierwelt während der Totalität, über das Fortschreiten des Mondschattens, das sich vor Beginn und nach Schlufs jener zuweilen in der Atmosphäre bei sehr freier Aussicht beobachten läfst, endlich über die Schattenflüge, „nämlich fliegende, wellenförmige, 10 bis 12 *cm* breite, durch lichte Zwischenräume voneinander getrennte Schattenstreifen, die, wie *Fearnley* im Jahre 1851 zuerst hervorhob, senkrecht auf der Sehne der eben sichtbaren Sichel der Sonne stehen und sich etwa mit der Geschwindigkeit eines mäfsigen Pferdelaufes über die Landschaft bewegen. Diesen regelmäfsig gebildeten Schattenzügen, welche Begleiter jeder totalen Sonnenfinsternis zu sein scheinen, ist zweifelsohne die kurz vor der Totalität über die Landschaft hinwegziehende undulierende Bewegung und die stofsweise Ab- und Zunahme der Helligkeit zuzuschreiben, welche häufig erwähnt wird." (*Littrow-Weifs*, Wunder des Himmels, 8. Aufl., 1897; Seite 189.) Da die Erklärung des anscheinend mit dem Funkeln der Sterne verwandten Phänomens (vergl. a. a. O. S. 190) noch nicht abgeschlossen zu sein scheint, kann sich gerade in unserer Zeit, wo Instrumente zur visuellen oder photographischen Beobachtung verbreiteter sind als früher und somit die Gefahr besteht, dafs jene nur dem freien Auge zugänglichen Erscheinungen weniger gut gebucht werden, ein denkender Beobachter durch freiwilligen Verzicht auf künstliche Hilfsmittel und gespannteste Aufmerksamkeit auf die angegebenen Vorgänge einiges Verdienst erwerben. — Kleine weitwinklige Fernrohre vom Typus des Kometensuchers könnten in einzelnen Fällen zum Nachweise der Sichtbarkeit des Mondschattens auf der Korona, noch aufserhalb der Sonnenscheibe, dienen, die mehrfach behauptet worden ist; es handelt sich hier natürlich nicht nur um totale Finsternisse.

Ähnlich steht es um einen angeblich bei Mondfinsternissen eintretenden Vorgang. Der Erdschatten soll bereits aufserhalb des Mondes sichtbar sein, weil die Sonne im Weltraum verstreute Materie erleuchte, wie schon aus dem Zodiakallicht zu ersehen sei. Der Schattenkegel sei also kein blofs geometrisches Gebilde, und ein gewisser Querschnitt desselben müsse sich uns als kreisförmige Schwärzung des Himmels zeigen. Man mag über diese Vermutung denken wie man will; sie ist jedenfalls der empirischen Prüfung wert, und eine solche kann mit einem weitwinkligen nicht zu stark vergröfsernden Instrument wohl vollzogen werden. — Die eigentliche Mondfinsternis verläuft bekanntlich nicht so exakt wie eine Verdunkelung der Sonne. Wegen des Halbschattens und auch wegen der Dichte der Erdatmosphäre in den unteren Schichten ist man genötigt, die Vorausberechnungen mit einem vergröfserten Erdradius zu machen. Die Atmosphäre wirkt aber nicht nur absorbierend, sondern auch ablenkend auf die Sonnenstrahlen, und als Wirkung dieses Vorganges tritt die Sichtbarkeit der angeblich total verfinsterten Scheibe zutage. Nur in wenigen Fällen, zuletzt am 16. Oktober 1902, ist der Mond mehr oder weniger vollständig verschwunden. Das letzte sichtbare Streifchen erscheint dann für einige Sekunden dem freien Auge geradezu sternartig. Meistens erscheint der Mond im Kernschatten kupferrot infolge der selektiven Absorption der zu ihm hingelenkten Strahlen in der irdischen Atmosphäre. Doch ist diese Färbung, die einen gewissen Schluß auf die Witterungsverhältnisse der Gegenden der Erde gestattet, welche die Sonne und den verfinsterten Mond infolge der Refraktion gleichzeitig über dem Horizonte sehen, keineswegs gleichmäßig über die ganze Mondscheibe ausgebreitet. Wer im Auffassen von Farben geübt ist, kann das Bild von Zeit zu Zeit mit Pastellstiften wiederzugeben versuchen. Ein etwas stärker (von 40 an) vergrößerndes Instrument läßt die Antritte des Schattens an die einzelnen Ringgebirge und Wallebenen gut erkennen; manche dieser Antritte dürften schon in Trièder-Binocles und ähnlichen Instrumenten (Vergrößerung etwa 12 bei den stärksten) recht gut sichtbar sein. Eine Mondkarte, wie man sie für diese und einige der vorhin angedeuteten Beobachtungen braucht, findet man nicht in den mehrerwähnten Himmelsatlanten, aber dafür in den meisten Schulatlanten, und bei dem starken Verbrauch dieser Bücher kann man leicht gelegentlich eine Übersichtskarte des Mondes umsonst erhalten. Bei größeren Ringgebirgen (*Coppernicus, Tycho*) sind die Bedeckungen für den vorhergehenden und nachfolgenden Rand gesondert zu beobachten. Bei kleineren suche man den Augenblick der Halbierung nach der Uhr festzustellen. — Alle Finsternisbeobachtungen sind zeitig vorzubereiten.

Auch in dem aschgrauen Lichte des Supplementes der jungen oder alten Mondsichel erscheinen irdische Verhältnisse auf den fremden Weltkörper projiziert, da es Erdenlicht ist, welches uns der Trabant in diesen Phasen zuwirft. Der sinnreichen Erklärung, welche *Leonardo da Vinci* zuerst gegeben, hat *Galilei*, nachher unabhängig von ihm auch *Schröter* in Lilienthal, die Bemerkung hinzugefügt, daß für den europäischen Beobachter der alte, morgens vor der Sonne sichtbare Mond das aschfarbene Licht heller zeigt, weil die großen Ländermassen der Ostfeste die Lichtquelle abgeben, während der junge, des Abends sichtbare Mond sein Licht hauptsächlich vom Atlantischen Ozean erhält und darum schwächer leuchtet. Nach unsern Beobachtungen hängt, wie zu erwarten, die Sichtbarkeit jenes zarten Lichtschimmers auch vom Zustande der Atmosphäre und von der Höhe des Mondes über dem Horizont ab. Eine größere Zahl von Notizen über die Güte der Sichtbarkeit, im Anschluß an die früher (Seite 682—683) aufgestellte Skala, wäre sicherlich von Wert; man hätte an jedem Abend oder Morgen, wo das Phänomen in Frage kommt, mehrere Aufzeichnungen nach Zehntelminuten zu machen. Ist der Mond nach der einen oder andern Seite über vier Tage von der Konjunktion mit der Sonne entfernt, so ist das Licht der schwarzen Seite mit freiem Auge kaum zu sehen. — Neben dem von *Galilei* und *Schröter* bemerkten Unterschiede, der auf andere Gegenden der Erde sinngemäfs zu übertragen ist, wird die Anhäufung von helleren und dunkleren Flecken im Mondbilde ihre Rolle beim aschfarbenen Lichte spielen.

Die Planetenwelt ist für Beobachtungen mit einfachen Mitteln nicht ganz so unergiebig, wie man wohl denken möchte. Über Merkur und Venus ist schon geredet worden. Kleinere tragbare Fernrohre zeigen die Monde des Jupiter und ihre Verfinsterungen, die allerdings zur Längenbestimmung höchstens noch im Notfall in Betracht kommen. Der *Nautical Almanac* berechnet sie auf die Zeitsekunde im voraus, doch ist die Beobachtung keineswegs von derselben Sicherheit. Zu der oft auftretenden Behauptung von der Sichtbarkeit der Trabanten oder doch des hellsten (des dritten der vier grofsen Monde) für freie Augen kann ein sehr scharfsichtiger Beobachter Beiträge liefern. Es versteht sich, dafs erst am Himmel nachzusehen ist; glaubt man einen Mond zu finden, so macht man eine kleine Zeichnung, der man, unter Hinzuziehung einer Übersichtskarte des Himmels, ein paar Tierkreissterne beifügt, um die Orientierung gegen die Ekliptik zu haben. Dann erst wird man das Schema, das im *Almanac* für eine geeignete Stunde eines jeden Tages im Jahr gegeben wird, zum Vergleiche heranziehen.

Uranus und Vesta sind Planeten, die gemeinhin als teleskopisch gelten, jedoch, wenn man ihren Ort kennt, auch vom unbewaffneten Auge gefunden werden können; namentlich Uranus ist als Stern sechster Gröfse einem guten Auge bequem sichtbar und jedenfalls im Feldstecher leicht aufzufinden. Der Ort, den die Ephemeride angibt, ist ein wenig für Präzession zu verbessern, wenn man sich eines älteren Atlas bedient; doch ist auch in sternreichen Gegenden wenigstens Uranus immer leicht zu identifizieren. Seine Helligkeit läfst sich, nach der bei den veränderlichen Sternen auseinanderzusetzenden Methode, auf die Helligkeit benachbarter kleiner Fixsterne beziehen, die natürlich gut zu identifizieren sind. Besonders in den Stillständen, wo sich der Planet zur Seite fast gar nicht verschiebt, während sein Abstand von der Erde schneller wechselt, möge man solche Beobachtungen machen. Sie können die photometrischen Arbeiten über den Planeten Venus ergänzen, auf Grund deren man eine auch sonst wahrscheinliche periodische Veränderlichkeit des Sonnenglanzes behauptet. (So *Müller* in Potsdam.) Es ist auch möglich, dafs Uranus eigenes Licht entwickelt; eine fortlaufende Überwachung seiner Lichtstärke ist also rätlich, und die einfachste, auch auf Reisen mögliche Art ist eben die Lichtschätzung im Feldstecher oder Opernglase.

Für V e s t a , den hellsten Stern in der Reihe der Asteroiden, steht die Sache insofern weniger günstig, als sie in mittlerer Opposition nur die Sterngröfse 6,5 hat; die Exzentrizität ihrer Bahn ist nicht so grofs, dafs die Helligkeit in Perihel-Oppositionen wesentlich gröfser würde. Trotzdem halten wir es für möglich, mit Hilfe genauer Atlanten (*Heis, Messer, Klein*) und eines Feldstechers sowie der Ephemeride im Anhang zum *Nautical Almanac*[1]) den Planeten zur Zeit einer Opposition sicher zu identifizieren; zeichnet man die umliegenden Sterne sorgfältig ein, so wird ein etwaiger Zweifel schon nach einem Tage durch die Eigenbewegung gelöst sein. Da bei mehreren schwachen Asteroiden, wo allerdings infolge der geringen Schwerkraft eine unregelmäfsige Form wahrscheinlicher als bei grofsen Körpern ist, bereits mit gröfserer oder geringerer Bestimmtheit Lichtschwankungen ermittelt sind, könnte der Versuch bei Vesta, dem einzigen für uns hier in Betracht kommenden kleinen Planeten, vielleicht doch auch Erfolg versprechen. Jedenfalls kann die Lichtabnahme nach der Opposition, wenn die Beobachtungen erst in Zahlen umgesetzt sind, etwas über die Beschaffenheit der Oberfläche lehren.

Wer mit dem gestirnten Himmel sehr gut vertraut ist, könnte gelegentlich in den Fall kommen, auf einer Reise einen K o m e t e n zu entdecken. Der Fall ist recht unwahrscheinlich; aber noch im Juli 1902 ist es vorgekommen, dafs ein Beobachter in Neuseeland (*John Grigg* zu Thames, vergl. Astronomische Nachrichten 3816) einen Kometen mehrfach wahrgenommen hat, dafs ihm selbst eine genäherte Bahnbestimmung gelang, dafs aber, weil er den Fund nicht rechtzeitig mitteilte, das

---

[1]) Der *Almanac* gibt Ephemeriden nur für die vier kleinen Planeten Ceres, Pallas, Juno, Vesta, und zwar für das Jahr, auf welches sich die übrigen Ephemeriden der Sammlung beziehen; das Berliner Jahrbuch berücksichtigt eine weit gröfsere Anzahl von Asteroiden für das zweite Jahr vorher, so dafs z. B. im Jahrbuche für 1908 die scheinbaren Wege der kleinen Planeten für 1906 berechnet sind. Das Jahrbuch erschien zu Ende 1905, und der Grund für das Verfahren ist bekannt.

Objekt verloren gegangen ist, ohne von einem andern Astronomen beobachtet oder photographiert worden zu sein. Sieht man nach mehreren Tagen schlechten Wetters einen auffallenden Kometen am Himmel stehen, von dem man nichts gewußt hat, so ist ja die Annahme, man habe es mit einem auch sonst unbekannten Gegenstande zu tun, kaum erlaubt. Anders, wenn man z. B. in einem lichtstarken Opernglase ein der Sichtbarkeitsgrenze nahes Objekt dieser Art sähe. Plausibler ist natürlich auch hier die Annahme, daß der Komet schon früher in einem schwächeren Stadium mit stärkeren Instrumenten aufgespürt ist. Aber eine durch Verspätung hinfällige Anzeige ist nicht so schlimm wie der soeben aus neuester Zeit mitgeteilte Fall. Natürlich hat man sich erst zu vergewissern, ob nicht ein Nebelfleck vorliegt; das in *Messers* Atlas gegebene Verzeichnis dieser Gebilde kann dabei gute Dienste leisten. Ist das Objekt kein Sternhaufen oder Nebel, so ist es eben ein Komet und wird vermutlich, wenn es überhaupt für ein Opernglas hell genug ist, schon nach einer Stunde eine Verschiebung zeigen; der Ort ist durch Anschluß an beobachtete Sterne scharf festzulegen; im Atlas fehlende Sterne kann man durch geeignetes Alignement nachtragen; der Ort des hellsten Punktes des Kometen ist hiernach zu ermitteln. Man hätte nun nach dem vorgeschriebenen Schema zu telegraphieren, und zwar unter der Adresse „Astronom [1])", Zentralstelle, Kiel". Das gleich zu erklärende Schema gilt für den Verkehr der europäischen Sternwarten, „einschließlich Taschkent und Algier" mit. Kiel. In Asien oder Afrika wird man vielleicht der Kosten wegen lieber an die nächstgelegene Sternwarte telegraphieren und ihr die Weiterbeförderung, wenn sie solche für gut hält, überlassen.

Das Schema wird am besten an einem Beispiel [2]) erklärt.

Comète Borrelly 23 095 juillet 12 500, *Marseille* 04 050 07 809 36 016 35 712 29 182, *noyau petite queue.* — *Loewy.*

Ein Komet, Größe 9,5, wurde entdeckt von *Borrelly*: Juli 23^d 12^h 50^m mittlerer Zeit Marseille; Rektaszension $= 40^0$ 50′, Nordpolardistanz $= 78^0$ 9′; tägliche Bewegung in Rektaszension $+ 0^0$ 16′, in Nordpolardistanz $- 2^0$ 48′. — Kern, kleiner Schweif. — Von *Loewy* gemeldet.

---

[1]) Nicht „Sternwarte".
[2]) Das Beispiel ist der amtlichen Anweisung vom April 1901 entlehnt, ebenso die Erklärung.

Es sind also folgende Angaben zu machen:

a) Objekt, Entdecker eventuell mit Angabe des Beobachtungsortes, wenn der letztere nicht mit dem unter e) angegebenen Meridian übereinstimmt. — b) Gruppe von fünf Ziffern. Die beiden ersten Stellen geben den Monatstag (23), von Mittag zu Mittag gerechnet [2]), in Ziffern, die drei letzten die Helligkeit des Kometen, ausgedrückt in Zehntelgröfsenklassen (09,5). Will der Absender keine Helligkeit angeben, so sind diese Stellen durch Nullen auszufüllen. — c) Angabe des Monats der Entdeckung. — d) Gruppe von fünf Ziffern für die Zeit der Beobachtung in Stunden, Minuten und Zehntelminuten ($12^h 50^m, 0$). Ähnlich würde 09468 bedeuten: $9^h 46,8^m$. Auch hier ist die astronomische Stundenzählung zu beachten. Hat man zwei Beobachtungen, die 1^h auseinanderliegen, so nimmt man für Zeit und Kometenort das Mittel. Rohere Zeitangaben sind wieder durch Nullen zu machen: $13\,000 = 1^h$ nach Mitternacht. — e) Angabe des Meridians (Marseille), auf den sich d) bezieht. — f) Gruppe von fünf Ziffern für Rektaszension in Graden und Minuten. Da die Grade hier bis 360 gehen, war 40^0 durch 040 auszudrücken. Man beachte ferner, dafs z. B. *Messer* die Rektaszension in Zeitmafs angibt; sie ist also umzurechnen nach dem bekannten Verhältnis: $1^h = 15^0$; $1^m = 15'$. Da ferner das Schema mit augenblicklicher „scheinbarer" Rektaszension rechnet, die man aber nur auf Sternwarten gut feststellen kann, wäre in unserm Falle am Schlusse der Bemerkungen zu melden: Sternatlas *Messer* oder Äquinoctium 1880. — g) Gruppe von fünf Ziffern für Nordpolardistanz in Graden und Minuten. Dieser bis 180^0 zählende Winkel (daher die erste Null) hängt mit der Deklination durch die Gleichung $NPD = 90^0 - \delta$ zusammen; für $\delta = -20^0$ ist also $NPD = 110^0$. Der Atlas gibt Deklinationen, was zu beachten ist. — h) Bleibt in unserm Falle und auch bei dem obigen Beispiel weg. — i) Tägliche Bewegung nach Rektaszension in Graden und Minuten, vermehrt um $360^0 00'$. — k) Desgleichen für die Nordpolardistanz (nicht Deklination) $+ 360^0$. Im vorliegenden Falle änderte sich NPD täglich um $- 2^0 48'$, d. h. der Komet kam in 24^h um $2^0 48'$ weiter nach Norden; er ist $360^0 00' - 2^0 48' = 357^0 12'$; wie man sieht, wird durch die Addition von 360^0 sowie durch Ein-

---

[1]) Diese Übereinstimmung gilt für das Beispiel und wird sich auch bei Reisemeldungen weiter durchführen lassen.

[2]) Auf Reisen besonders zu bedenken, da auch auf See meistens bürgerlich gezählt wird. Es ist Donnerstag 4^h *a. m.* bürgerlich $=$ Mittwoch 16^h astronomisch.

.führung der *NPD* statt der Deklination das Minuszeichen vermieden. Kann man die Bewegung feststellen, so ist sie natürlich auf 24^h umzurechnen, z. B. $- 2,3' \cdot 24 = - 55,2'$. Kann man sie nur roh angeben, so wird etwa gemeldet: „Bewegung nordöstlich" (also *NPD* abnehmend, *RA* wachsend) oder „Bewegung südwestlich" (umgekehrt); nötigenfalls „Bewegung unbekannt" oder gar nichts. — 1) Die letzte Zahl, hier 29 182, ist, wie man leicht sieht, die Summe aller vorhergehenden mit Weglassung der vollen Hunderttausende, sie ist Kontrollzahl. — m) Bemerkungen über den Schweif und die Helligkeit, falls diese unter b) durch Nullen ausgefüllt ist; nötigenfalls Angabe über Äquinoctium oder Atlas, sie oben. Die hier etwa auftretenden Zahlen rechnen, weil nicht fünfstellig, bei der Bildung der Kontrollzahl nicht mit. — Daſs eine fünfziffrige Zahl als ein Telegrammwort zählt, ist bekannt. In Amerika besteht ein eigener Schlüssel für wissenschaftliche Telegramme; für vorkommende Fälle wird man sich ihn durch das *Harvard College Observatory, Cambridge Mass.*, verschaffen können.

Da die Geschichte der Kometen reich an Überraschungen ist, sollte man ferner auch mit bescheidenen optischen Hilfsmitteln jeden Schweifstern nach Ort und Aussehen gut überwachen, weil immerhin eine interessante Einzelheit den Astronomen entgehen kann. So bezüglich der vom Kern ausgehenden Strahlen, der ersten Stadien einer Teilung, der Sichtbarkeit von Fixsternen durch die Kometenmaterie hindurch usw. Das letztere Phänomen kann nach der *Argelander*schen Methode (siehe unten bei den veränderlichen Sternen) beobachtet werden, auch die Helligkeit des Kometen selbst, wenn er für freie Augen oder im Opernglase nicht als gröſsere Fläche erscheint. Solche Aufzeichnungen brauchen natürlich nicht telegraphiert zu werden, es genügt die gelegentliche briefliche Mitteilung einer Abschrift.

Die mit den Kometen eng zusammenhängenden S t e r n - s c h n u p p e n und F e u e r k u g e l n stellen das allerleichteste Objekt für brauchbare wissenschaftliche Beobachtungen dar. Ein solches M e t e o r — um mit diesem manchmal nur für die helleren gebrauchten Ausdrucke im Anschlusse an *Heis* das ganze Phänomen zu umfassen — stellt einen kosmischen Körper dar, welcher, in die Erdatmosphäre eingedrungen, hier seine gewaltige Bewegungsenergie in Licht und Wärme umsetzt und dabei der Regel nach vollkommen verbrennt. Was wir aufzeichnen können, ist in erster Linie die B a h n, die sich auf den Fixsternhimmel projiziert. Hat man an zwei benach-

barten Orten dasselbe Meteor gesehen, so stellt sich eine
mehr oder weniger grofse Parallaxe heraus, weil die Sterne
als unendlich fern anzusehen sind, während das Meteor nicht
leicht in gröfserer Höhe als 300 *km* aufgeleuchtet und manchmal in weit geringerer als 100 *km* erloschen ist. Zum Eintragen der Flugbahnen haben wieder die *Rohrbach*schen Karten
zu dienen. Dafs sie kein die Augen beeinflussendes Gradnetz enthalten, ist ein besonderer Vorteil; es ist leicht, eine
Karte so zu richten, dafs sie genau den Anblick eines Gebietes
des gestirnten Himmels wiedergibt, und nun die Bahn so einzutragen, wie sie scheinbar am Himmel durchlaufen ist. Die
genauere Feststellung des Endpunktes und namentlich des
Anfangspunktes ist nicht leicht; schärfer erhält man die
R i c h t u n g der Flugbahn, oder, räumlich betrachtet, die durch
das Auge und die wahre Bahn gelegte Ebene. Denn nach
der zutreffenden Bemerkung von *Heis* mufs es einem an die
Betrachtung geometrischer Figuren gewöhnten Auge leicht sein,
die Richtung, in welcher bekannte Sterngruppen (der Orion,
der Schwan, das Viereck des grofsen Bären oder das des
Pegasus) von der Bahn geschnitten werden, zu bestimmen[1]).
Diese trägt man in die Karte ein, mit einer Pfeilspitze, die
den Bewegungssinn angibt, sowie mit einer Nummer, die auf
die Notizen im Beobachtungsbuche verweist.

Als Beispiel für die Art der Notierung diene der neben-
stehende Ausschnitt aus des Verfassers zweitem Verzeichnis von
Meteorbahnen. Die erste Spalte enthält die laufende Nummer,
die zweite die Zeit. Ob Orts- oder Einheitszeit gewählt wird, ist
an sich Nebensache, es mufs aber gesagt werden. Bei gemeinsamen Beobachtungen wird man meistens die Sekunde
angeben können; im vorliegenden Falle sind, weil der Uhrstand nicht ganz sicher zu ermitteln war, halbe Minuten an-
gesetzt. Die beiden folgenden Spalten geben die Rektaszension (15°; 352° beim ersten Beispiel) und Deklination
(57°; 51,5°, beides nördlich wegen des Pluszeichens) für den
Anfangs- und Endpunkt der Bahn, die hiernach scheinbar
durch das Sternbild der Cassiopeia geführt hat. Diese beiden
Spalten bleiben während der Beobachtungen leer; sie werden
später im Arbeitszimmer mit Hilfe der Karten ausgefüllt. Wie
früher bemerkt, gehören zu den *Rohrbach*schen Karten durch-
sichtige Gradnetze, die man behufs Ablesens der Zahlen auf-

---

[1]) Diese Erwägung spricht gegen den Gebrauch von sogenannten
Meteoroskopen, azimutalen Ablesungsinstrumenten für Anfangs- und
Endpunkte, die übrigens auf Reisen auch schlecht mitzunehmen wären.

Warendorf 1890, August 9.

Nr.	Ortszeit	Anfang	Ende	Größe	Schweif	Farbe	Bemerkungen
670	9h 15m	15° +57	352 +51.5	2	S	bläulich grün[1]	Br.
671	9 37.5	264 +58	34 +46	F	0		F., Br., Pl. — [1]) In rote Funken zerspringende Feuerkugel, langs.
672	9 45	2.5 +58	341 +52.5	2	0	bläulich	Br., Pl.
673	9 46	36 +61	24 +51	1	0	weifs	Br., Pl.
674	9 47	4 +61.5	332.5 +62	3	S	bläulich	Br. — Sehr schnell.
675	9 48.5	20.5 +42.5	8.5 +34	2	S	bläulich	Br.
676	9 53.5	359.5 +18	348 +16	5	S	weifs	Br., Pl. — Schnell.
677	9 55	139 +69.5	155 +53.5	4	0	bläulich	F. — Ziemlich schnell.
678	9 56.5	24 +65	10 +72.5	2	S	bläulich	F., Br. — Langsam, S. anhaltend.
679	10 1.5	28 +44.5	15.5 +32	0+	S	weifs	Br.
680	10 2.5	350 +15	343 +3.5	5	0	bläulich	Br. — Langsam.
681	10 4	200 +60	208 +50	4	S	bläulich	F. — Ziemlich schnell, schwacher S.
682	10 9	151 +77	155 +67.5	5	S	bläulich	F. — Mäßig schnell, kleiner S.
683	10 13.5	358 +66.5	315 +65	2	S	weifs	Br. — Sehr schnell.
684	10 22	265 +27	257.5 +6	2+	S	?	Pl. — S. dauert 2s. — 1890.0.
685	10 22	354 +61.5	32 +64.5	5	0	blau	Br. — Schnell.
686	10 24.5	359 +56	11.5 +54.5	2	0	bläulich	Br. — Sehr kurz.
687	10 27	335.5 +51	326 +39	3	0	gelblich	Ht.
688	10 28.5	9 +62.5	338 +58.5	1	S	gelblich	Br.
689	10 34	7.5 +21	357 +2.5	0+	S	?	Br., L., Pl. — Farbe verschieden angegeben, S. dauert 2s.

legt. Der Reisende bedarf ihrer nicht, und sie wären bei
ihrer Gröfse und Zerbrechlichkeit auch eine lästige Mitgabe.
Es genüge ihm, die Karten nebst einem Auszug aus dem
Beobachtungsbuche an geeigneten Stellen abzuliefern. Die
folgende Spalte „Gröfse" ist der Helligkeit des Meteors gewidmet, die in den bekannten Sterngröfsen ausgedrückt wird.
Die schwächsten, dem freien Auge erscheinenden erhalten die
5. Gröfse[1]); dann steigt die Gröfse auf wie folgt:

$$5 \quad 4 \quad 3 \quad 2 \quad 1 \quad 4 \quad \female \quad F$$

Meteore nämlich, die wesentlich heller als Sirius sind,
erhalten das Zeichen $4 = $ Jupiter; solche die den bekannten
Glanz dieses Planeten übertreffen, werden mit $\female = $ Venus bezeichnet. Sind sie noch heller als Venus im gröfsten Glanze,
so setzt man das Zeichen $F = $ Feuerkugel. Wie die letzte
Spalte zeigt, ist bei den Feuerkugeln gewöhnlich der eine
oder andre Nebenumstand der Aufzeichnung wert. Die hellsten
Feuerkugeln beleuchten deutlich irdische Gegenstände, besonders weifse Mauern, und darum werden sie von Unkundigen
manchmal für näher gehalten als sie sind. Es folgt die Spalte
über die Schweifbildung, die zutreffendenfalls durch S ausgefüllt wird. Aufser der hellen Linie im Gesichtsfelde, wie
sie infolge der Nachwirkung des Lichteindruckes im Auge
z. B. auch eine geschwungene glühende Kohle zeigt, gibt es wirkliche Rückstände, die auf der durchlaufenen Bahn fortleuchten,
manchmal erhebliche Bruchteile der Minute hindurch. Sie
zeigen Farbenwechsel, besonders von Weifs über Gelb nach
Rot, Absplittern einzelner Teile, perlschnurartiges Gefüge,
manchmal auch Krümmungen und fortschreitende Bewegungen.
Diese Vorgänge, die sich im Opernglase, bei schneller Handhabung selbst im Kometensucher verfolgen lassen, sind besonders wichtig für unsre Kenntnis von den Bewegungen der
obersten Luftschichten. Auch die Dauer des Nachleuchtens
ist, gleich der Dauer der Sichtbarkeit des Meteors selbst, von
Interesse. Bei systematischen Beobachtungen, z. B. der
Leoniden und Perseiden, wo man so wie so einen Tisch
braucht, ist es in Ermangelung eines laut tickenden Marine-
Chronometers praktisch, eine der gewöhnlichen wohlfeilen
Weckuhren aufzustellen, natürlich nur für diese Differenz-
beobachtungen. Die Uhren haben meistens den Takt von

---

[1]) Noch schwächere ziehen oft durch das Gesichtsfeld eines
kleinen Fernrohrs; man kann gelegentlich der Beobachtung veränderlicher Sterne viele Meteore im Feldstecher beobachten und manchmal
die Bahnrichtung, wenn auch nicht die Endpunkte, genau festlegen.

0,6 Sekunden, und es wird nicht schwer sein, während man ein aufgeleuchtetes Meteor und dessen Schweifspur mit dem Auge verfolgt, die Sichtbarkeitsdauer ungefähr herauszuhören. Wie bei den Notizen über Gröfse und Schweif, so ist auch bei den auf die Farbe des Meteors bezüglichen eine gewisse Willkür nicht zu vermeiden. Immerhin ist eine leidlich verbürgte Angabe von Wert, bei korrespondierenden Beobachtungen für die Feststellung der Identität, bei längeren Reihen für statistische Zwecke. — Die Abkürzungen in der letzten Spalte beziehen sich auf die Namen der Beobachter; ferner ist, wenn die Karten nicht die üblichen[1]) waren, die Jahreszahl, für welche das Gradnetz derselben galt, angegeben. — Weicht eine Meteorbahn vom gröfsten Kreise ab, so schliefst sie sich doch meistens einem kleinen Kugelkreise an; man verzeichnet in diesem Falle aufser Anfangs- und Endpunkt einen dritten, etwa auf der Mitte der Bahn gelegenen Punkt. Geschlängelte und intermittierende Meteore sind besonders hervorzuheben.

Die meisten Meteore gehören bestimmten Schwärmen an, die gewöhnlich in den Bahnen bekannter Kometen einherziehen. Die Begegnung der Erde mit einem solchen Schwarm bewirkt, dafs dessen Bestandteile in parallelen Bahnen durch die Atmosphäre fahren, wobei die Geschwindigkeit und Richtung nach dem Satz vom Parallelogramm der Bewegungen aus dem eigenen Laufe des Schwarmes und aus der entgegengesetzt zu rechnenden Bewegung der Erde, deren Anziehung übrigens auch noch in Betracht kommt, sich zusammensetzt. Die Perspektive verwandelt dieses Bündel von parallelen in eins von konvergenten Linien, und der Konvergenzpunkt ist der unendliche ferne Punkt der Parallelen, der also mit einem Stern zusammenfällt oder einem solchen sphärisch naheliegt. Bei Polarbanden und Nordlichtstrahlen findet ja ein ähnliches scheinbares Konvergieren statt. In unserm Falle wird der Punkt als Radiationspunkt oder Radiant bezeichnet, und je nach seiner Lage unter den Sternen nennt man die zu gewissen Jahreszeiten auftretenden Meteore Perseiden, Leoniden, Lyriden, Andromediden usw. Besonders reich an Meteoren ist die erste Hälfte des Augustmonats, in welcher aufser dem Hauptradianten im Perseus zahlreiche andre tätig sind. Der Schwarm, der die Erde in dieser Zeit, hauptsächlich vom 7.—12. kreuzt, scheint alljährlich in gleicher Stärke vorhanden zu sein, so dafs wohl anzunehmen ist, dafs

---

[1]) Damals noch nicht die von *Rohrbach*, sondern ältere von *Heis*.

hier eine Verstreuung der Masse über die ganze elliptische Bahn vorliegt. Ist dagegen die meteorische Masse auf einer Stelle angehäuft, so wird dieses Maximum die Sonne umkreisen und der Erde nicht alljährlich, sondern nur in gewissen Fällen begegnen. Dieser Fall scheint bei den Leoniden vorgelegen zu haben, die in den Jahren 1799, 1833 und 1866 hohe Maxima aufwiesen, welche das gewöhnliche Perseidenphänomen weit hinter sich liefsen. In sonstigen Jahren sind die Leoniden recht schwach. Merkwürdigerweise sind sie bei ihrer erwarteten Wiederkunft zu Ende des 19. Jahrhunderts ausgeblieben oder doch mit erheblicher Verspätung und starker Verminderung aufgetreten; vermutlich waren sie in der Zwischenzeit durch gröfsere Planeten gestört worden. Übrigens sind Überraschungen auf diesem Gebiete nicht ausgeschlossen.

Folgende Zeiten des Jahres sind überhaupt durch eine gröfsere Anzahl von Meteoren ausgezeichnet. Januar 1—3, Radianten in der Gegend des Perseus und des Grofsen Bären. — April 18—23: Jungfrau, Grofser Bär. — Juli 25—28: Eidechse, Schwan. — August 1—15: zahlreiche Radianten in verschiedenen Gegenden, besonders stark tätig einer im Perseus. — Oktober 18—24: Cassiopeia, Perseus, Schwan. — November 11—17: Löwe. — November 25—30: Andromeda. — Dezember 8—11: Cassiopeia, Perseus, Luchs.

Dieses Verzeichnis ist sehr unvollständig, namentlich was die Südhalbkugel angeht[1]). Einesteils aus Raummangel, andernteils um das Urteil des Lesers nicht zu befangen, geben wir nicht mehr an. — Es wäre hier wie auf allen Gebieten der Himmelsbeobachtung ein grofser Fehler, die Eintragungen nach vorgefafster Meinung zu vollziehen. Es ist gar nicht nötig, dafs z. B. alle Perseiden eines Abends streng durch einen Punkt gehen. Man redete besser von Radiationsfeldern als von Punkten; diese können nur als Zentren mehr oder weniger ausgedehnter Flächen angesehen werden.

Dafs der Radiant mit den Sternen auf- und untergeht, ist ein sicherer Beweis für die kosmische Natur der Sternschnuppen. Je höher er steigt, desto glanzvoller wird die Erscheinung.

Der Mond stört zwar alle Phänomen dieser Art, kann aber z. B. die Perseiden nicht gänzlich auslöschen.

Gelegentliche Meteorbeobachtungen kann jeder machen, der sich überhaupt mit dem gestirnten Himmel beschäftigt. Be-

---

[1]) Andauernde Beobachtung auch der einzelnen kann hier noch vieles leisten, auch bezüglich der südlichen Radianten, für die ältere Bestimmungen von *Neumayer* vorliegen.

ziehen sie sich auf aufsergewöhnlich helle Feuerkugeln, dann ist eine Bahnbestimmung sehr wichtig. Man suche darum auch Beobachtungen, die an andern Orten gemacht sind, zu sammeln. Ungeschulte beziehen die Bahnen gewöhnlich auf die Himmelsgegenden, stellen sich auch die Gröfse und Nähe eines Meteors unrichtig vor. Ist eine Feuerkugel in der Dämmerung oder bei Tage gesehen worden, so gibt es, wenn nur die Zeit genau feststeht, ein einfaches Mittel, die Wahrnehmungen selbst ungebildeter, aber mit offenen Augen begabter Leute zu verwerten. Sie werden meistens nach ihrer Erinnerung die Bahn noch recht gut auf irdische Objekte, wie Häuser, Schornsteine, Bäume, Berge beziehen können. Begibt man sich dann nach dem Verhör, aber zu einer Zeit, wo die Sterne schon sichtbar sind, an die Stätte, wo das Meteor wahrgenommen ist, so kann man eine Bahn in die Karte eintragen, die ein Meteor beschreiben würde, das j e t z t in bezug auf irdische Gegenstände denselben Weg wie das tatsächlich gesehene beschriebe; die abgelesenen Punkte sind dann offenbar in der Rektaszension um den Zeitunterschied (Sternzeit!) zu verbessern; die Deklinationen stimmen. — Man frage auch über die physikalischen Kennzeichen des Meteors, über den Zeitpunkt einer etwaigen Detonation usw.[1]).

Zu g e m e i n s a m e n B e o b a c h t u n g e n eignen sich die Zeiten des Auftretens gröfserer Schwärme, besonders des Augustschwarmes. Während des Dunkelwerdens orientiere man sich und verteile hiernach die *Rohrbach*-Karten an die Mitbeobachter. Je mehr ihrer sind, desto besser, wenn nur bei allen der nötige Ernst und eine gewisse Subordination vorauszusetzen ist. Wenn je einer eine Haupthimmelsgegend, ein fünfter das Zenit (vom Klappstuhl aus) verwahrt und ein sechster die Schriftführung und die Aufsicht über die Uhr hat, kann man ohne übermäfsige Anstrengung leicht über 100 Eintragungen in wenigen Stunden machen. Jede Karte ist mit Datum und Namen zu versehen.

---

[1]) Das Herabstürzen eines Meteorsteins ist ja für einen gegebenen Ort ein seltenes Ereignis; es versteht sich, dafs, wenn eine sehr laute Detonation wahrgenommen ist, Nachforschungen anzustellen sind. Schleimige, gequollene Massen, die das Volk für meteorische Rückstände (Sterngallert) zu halten pflegt, sind organische Gebilde, nämlich Algen (*Nostoc*) oder von Raubvögeln ausgeworfene tierische Eingeweide (Eileiter von Fröschen u. a.). — Ein Meteorstein ist natürlich, unter schärfster Identifizierung des Fundortes, die auch sonst bei Meteorbeobachtungen nötig ist, sorgfältig aufzuheben und später einem wissenschaftlichen Institut (Sternwarte oder Mineralienkabinett) einzusenden.

Korrespondierende Beobachtungen an benachbarten Orten vermehren nicht nur das zur Bestimmung der Radianten brauchbare Material, sondern liefern auch die Grundlage für Höhenbestimmungen. Sind die geographischen Positionen zweier Punkte nicht sehr genau (mit Hilfe von Mefstischblättern u. a. Karten) zu ermitteln, dann sollte wenigstens die relative Lage, d. h. der Abstand und das Azimut des einen Ortes vom andern aus möglichst scharf ermittelt werden. Für diese kommen die bekannten Orientierungsmittel, wie Fahnen, Bäume, deren Stellung zu bestimmter Zeit auf die Sonne bezogen wird, in Betracht; für den Abstand der Schrittzähler, dessen Angaben allerdings vor- oder nachher durch Anschlufs an bekannte Strecken (numerierte Chausseen) zu prüfen sind. Wie man sieht, denken wir uns die Orte nur wenig, vielleicht nur ein paar Kilometer voneinander abstehend. Gerade solch kleine Abstände, vielleicht von 2 bis zu 5 Kilometern, sind aus mehreren Gründen zu empfehlen, obschon ja die Parallaxe der Flugbahnen nicht so erheblich wird wie bei gröfseren Abständen. Einmal sind die obigen beiden Messungen dann leichter zu machen, wenigstens wenn man keine eingehenden Karten hat. Zweitens sind die beiden Gruppen einander nahe; auf Reisen in abgelegenen Gebieten ist das ja auch sonst wichtig, und jedenfalls erleichtert es die fortlaufende telephonische Verständigung, die in Wüsten oder Heiden und am Meeresstrande überhaupt leichter als in Kulturländern durchzuführen ist. Sie ermöglicht eine gegenseitige Kontrolle der benutzten Uhren, die übrigens im Notfall auch mit Hilfe der gleichzeitig beobachteten hellsten Meteore ($\math21$, $\venus$, F) zu vollziehen ist. Endlich ist zu bedenken, dafs nach *Heis* schon bei relativ geringen Abständen (z. B. 30 *km*) die Zahl der identischen Meteore sehr gering wird. Der kleinste Abstand zweier Stationen, die in dem grofseu Kataloge von *Heis* vorkommen, betrug 12 *km*. Man mufs entschieden viel weiter herabgehen, um ein Urteil über die geringsten Höhen des Aufleuchtens und Erlöschens zu gewinnen.

Der auf sich allein angewiesene Beobachter wird bei mäfsiger Intensität des Schwarmes (wie im Januar, April, Oktober) immerhin eine Reihe von Eintragungen machen können. Bei lebhafteren Phänomenen, wenn z. B. während mehrerer Minuten mehr als ein Meteor auf die Minute kommt, beschränke sich der einzelne auf Zählungen, bei denen Gröfse und Schweifbildung angegeben wird. Ist die Aussicht beschränkt und z. B. von viereckigem Umrifs, so kann man ihre Grenzen ungefähr angeben durch Nennung der in den vier Ecken gleichzeitig (wann?) sichtbaren Sterne. — Über korrespondierende photographische Beobachtungen von Meteoren kann hier nicht geredet werden. Wer über eine gute Kamera verfügt, wird in der Literatur, auch durch Nachfrage etwa bei Herrn *Dr. Pulfrich* in Jena oder Herrn Landesrat *Dr. Kostersitz* in Wien, das Nötige erfahren können. Auch g e l e g e n t l i c h e Meteorphotogramme sind wichtig wegen ihrer objektiven Darstellung der Bahn. Man sende mindestens ein Papierbild mit den nötigen Erläuterungen an eine Sternwarte.

Hier wie auf andern Gebieten haben wir uns mit Anweisungen für die Beobachtung begnügen müssen, da Vorschriften z. B. für die Berechnung der Höhen von korrespondierenden Sternschnuppen aufserhalb der uns hier gesteckten Grenzen liegen. Ähnliches gilt von einer hier kurz zu besprechenden Erscheinung, die mit den Kometen und Meteoren eng zusammenhängt.

Wie das Weltall, oder doch die Weltinsel, der wir angehören, eine Hauptebene, nämlich die der Milchstrafse, besitzt, so hat auch das kleine Sonnensystem seine Hauptebene, welche nicht sehr von der Äquatorebene des Zentralkörpers verschieden sein dürfte. Die Bahnebenen der gröfseren Hauptplaneten, und so auch die Ebene der Erdbahn, bilden mit ihr nur geringe Winkel. Meteorische Massen, die von der Sonne bestrahlt werden, häufen sich in der Nähe dieser Ebene an. In der Nachbarschaft eines mächtigen Planeten, auf den sie in grofser Zahl hinströmen, werden sie besonders dessen Bahnebene aufsuchen. Diese Massen sind, wie die Meteore überhaupt, in beständiger Bewegung. So bildet sich z. B. um die Erde, den gröfsten unter den sonnennäheren Planeten, eine Art von äufserst zartem Kometenschweif. Die Ähnlichkeit mit einem solchen Gebilde geht noch weiter. Nach der Sonne zu wird nämlich, infolge einer Art von Flutwirkung, ein stärkeres Wegströmen von der Erde stattfinden; aber auch auf der Nachtseite, eine Art von Nadirflut. Hier kommt noch hinzu, dafs im Abstande von etwa 1¹/₂ Millionen Kilometern von der Erde auf der der Sonne entgegengesetzten Seite sich ein Punkt befindet, wo, nach dem von Prof. *Gyldén* gelieferten Nachweise, sich die Massen wieder vorzugsweise anhäufen, indem sie um diesen Punkt längere Zeit ihre Bahnen ziehen. Diese Anhäufung wird nicht durch die Erde beschattet, da die Spitze des Schattenkegels bereits 113 000 *km* diesseits jenes kritischen Gebietes liegt.

Wir haben vermutlich hier die Erklärung für die drei wichtigsten Teile des Zodiakallichtes oder Tierkreislichtes, nämlich 1. ein allgemeines, schwaches, verschwommenes Leuchten im Gebiete der Erdbahn, d. h., auf den Himmel projiziert, im ganzen Tierkreise; 2. einen viel stärkeren Glanz zu beiden Seiten der Sonne, der wenigstens in seinen beiderseitigen Enden, wo der atmosphärische Vordergrund nicht mehr beleuchtet ist, unsern Augen als Lichtpyramide sich darstellt; 3. ein schwächeres Maximum am Gegenpunkte der Sonne, z. B. in den Zwillingen, wenn diese im Schützen steht: den von *Brorsen* entdeckten Gegenschein. Vergl. noch S. 717.

Die Pyramide, deren Achse der Ekliptik naheliegt, ist desto besser sichtbar, je steiler die Ekliptik zum Horizonte steht. Diese Stellung beeinflußt ja z. B. auch die Sichtbarkeit des Merkur. Es ergibt sich daraus, daß auf der Nordhalbkugel die Pyramide abends vom Januar bis zum März, morgens vom August bis zum Oktober am besten sichtbar ist; ferner, daß in den Tropen, wo die Neigung der Ekliptik immer groß ist, die besten Bedingungen für die Sichtbarkeit beider Pyramiden vorliegen, der einen vor Beginn der Morgendämmerung, der andern nach Schluß der Abenddämmerung. Der Mond stört das Phänomen; er tilgt es gänzlich, wenn es nach der einen oder andern Seite mehr als etwa $3^{1}/_{2}$ Tage von der Konjunktion mit der Sonne absteht. Ferner stört die Milchstraße, besonders im April, auch schon im März. Vom Luftzustande hängt das Tierkreislicht natürlich auch ab, und auch hier sind wieder die Tropen begünstigt. Von Breite zu Breite ist es, wie *Bayldon* auf Seefahrten zwischen $+ 40^{0}$ und $- 40^{0}$ feststellte, auch an sich wechselnd, abgesehen von den äußeren Umständen.

Um das Tierkreislicht allererst kennen zu lernen, wird man am besten im Januar etwa 1^{h} nach Sonnenuntergang eine Stelle aufsuchen, wo der Westhimmel nicht von künstlichen Lichtquellen erhellt ist. Man versuche dann den Verlauf unter den Sternen zu ermitteln und in eine *Rohrbach*-Karte einzutragen. Sind die Ränder lichtschwächer als das Innere, so kann man nach dem Vorgange von *Eylert* und *Weber* auch wohl zwei Begrenzungen ziehen. Setzt man die Beobachtungen in den nächsten Tagen fort, dann sollte man zunächst nicht dasselbe Exemplar der Karte benutzen, sondern vielleicht erst wieder nach zehn Tagen. Sonst möchte die ältere Zeichnung die jüngere beeinflussen. In zehn Tagen dagegen hat sich die Spitze schon 10^{0} weiterbewegt, und auch die Grenzen sind merklich verschoben. Ort und Datum sind bei den Umrissen nicht zu vergessen, etwa zur Orientierung mitbenutzte Planeten sind vorher nach der Ephemeride einzutragen. Den Luftzustand schätze man (vergl. S. 682—683) nach der Milchstraße ab. Ist man mit der Pyramide erst bekannt, dann wird man auch den allgemeinen Schimmer (1) und den Gegenschein (3) unter günstigen Umständen auffinden können. Der nördlichste Punkt der Ekliptik wird am 21. Juni von der Sonne erreicht, der südlichste am 21. Dezember. An jenem Tage kommt in südlichen, an diesem in nördlichen Breiten der Gegenpunkt und mit ihm der Gegenschein am höchsten; relativ gut ist auf der Südhalbkugel das ganze Vierteljahr um Johanni, auf der Nordhalbkugel das ganze Vierteljahr um Weihnachten. Da beide Punkte dem Durchschnitt mit der Achse der Milchstraße naheliegen, treten vielleicht die Zeiten der besten Sichtbarkeit etwas vor und besonders etwas nach den Solstitien ein. In den Tropen kommt der Gegenschein das ganze Jahr hindurch recht hoch; in den kalten Zonen muß man auf den Anblick des Tierkreislichtes verzichten.

Da für weitere Notizen hier kein Raum ist, solche auch vielleicht befangen wirken möchten, geben wir mit dem dringenden Rate, namentlich auf See und in der Wüste sowie überhaupt in niederen Breiten recht oft das Tierkreislicht zu zeichnen, dem Leser nur noch ein einfaches Hilfsmittel zur leichteren Beobachtung an die Hand. „Mit großem Erfolge habe ich mich sowohl zur scharfen Erkennung des Verlaufes der Milchstraße in ihren schwächsten Partien und zur Festsetzung der Grenzen als auch des Zodiakallichtes eines innen geschwärzten Zylinders aus Pappe von etwa 30 *cm* Durchmesser und Länge bedient, durch welchen hindurch ich den zu erforschenden Teil des Himmels beobachtete. Durch einen solchen das Gesicht umschließenden Zylinder werden alle seitlich störenden Einflüsse eines fremden Lichtes abgehalten" (*Heis*, Zodiakallichtbeobachtungen. Münster 1875). In fertigem Zustande wäre ein solches Gerät ein lästiges Sperrgut; da man aber auf größeren Reisen Packpapier und schwarzes Zeug zur Hand hat, läßt es sich leicht improvisieren.

Wer den V e r l a u f d e r M i l c h s t r a ß e zeichnen will, kommt mit den *Rohrbach*-Karten nicht aus, muß vielmehr ein Exemplar des *Messer*schen Atlas hierfür opfern oder die eigenen großen Einzeichnungskarten von *Dr. Easton* in Rotterdam erbitten. Man kommt mit einem Exemplar aus, weil sich der Anblick der Milchstraße im Laufe eines Menschenlebens kaum ändern wird. Man versuche, nach dem Vorgange von *Heis*,

Easton, *Boeddicker* und *Houzeau*, mehrere Nuancen zu unterscheiden. Durch Sternketten, wie man sie vielfach findet,
darf man sich nicht beirren lassen; auch muſs das Gebilde
am Fixsternhimmel sorgfältig vom Zodiakallicht unterschieden
werden. Für beides darf man nur mit einem schwachen
Lämpchen arbeiten. Da die Milchstraſsenzeichnungen der genannten Astronomen noch groſse Unterschiede aufweisen, ist
eine Wiederholung der Arbeit sehr nützlich. Mindestens
kommt dabei für die Psychophysik und physiologische Optik
etwas heraus. Man arbeite selbständig, sehe sich also die
älteren Darstellungen wenigstens nicht gerade vor der Beobachtung an. — Ob die Kapwolken des Südhimmels *(Nubecula
major, N. minor)* der Milchstraſse zuzurechnen sind, ist fraglich. In der Zeichnung sind sie jedenfalls zu berücksichtigen.
Wann die einzelnen galaktischen Gebiete am höchsten kommen,
ist an der drehbaren Sternkarte leicht festzustellen. — Gute
Augen werden natürlich erfordert.

Ein Forschungsgebiet gibt es dagegen, wo auch der Kurz-
sichtige, wenn er nur irgendwie ein Auge für Intensitätsunterschiede hat, durch fleiſsige Mitarbeit Groſses leisten kann.
Die einzigen Erfordernisse sind: eine brauchbare Taschenuhr,
ein lichtstarker Feldstecher und ein vollständiger Atlas *(Heis,
Messer, Schurig* oder *Klein;* für die Südhalbkugel auch *Behrmann).* Es ist das Gebiet der v e r ä n d e r l i c h e n S t e r n e.
Wenn ein Stern *a* bei oberflächlicher Betrachtung von
seinem Nachbarstern *b* an Helligkeit nicht verschieden zu sein
scheint, bei abwechselndem Fixieren der beiden Sterne jedoch,
und zwar mit freiem Auge oder besser mit dem Feldstecher
(Opernglas, Triëder), sich allmählich ein eben wahrnehmbarer
Unterschied zugunsten von *a* herausstellt, dann sagen wir mit
Argelander, dem Erfinder der S t u f e n s c h ä t z u n g: *a* ist eine
Stufe heller als *b*; und wir schreiben: *a* 1 *b,* während das Umgekehrte durch *b* 1 *a* ausgedrückt wird. Stellt sich sofort und
von selbst („*continuo ac prorsus*") ein kleiner Unterschied
heraus, so reden wir von zwei Stufen und schreiben *a* 2 *b*
oder, je nachdem, *b* 2 *a.* Ein merklicherer Unterschied wird
durch *a* 3 *b* angegeben, ein groſser durch *a* 4 *b,* ein auffallen-
der durch *a* 5 *b.* Immer aber suche man Sterne zu vergleichen,
die einander in der Helligkeit möglichst nahekommen.

Die angegebenen Definitionen sind nicht so scharf wie
etwa die der musikalischen Intervalle. Dennoch, und obgleich
es sich hier nicht um Schwingungszahl, sondern um Schwingungs-
intensität handelt, besteht eine gewisse Analogie. Die groſse
Terz ist nicht eine Differenz, sondern ein Verhältnis zwischen

Schwingungszahlen. So entspricht auch z. B. die zweite Stufe des Lichtunterschiedes einem Verhältnisse der Intensitäten, nicht einer Differenz; sie bleibt deshalb bestehen, wenn beide Sterne in demselben Verhältnisse stärker (z. B. durch Betrachtung im Feldstecher) oder in demselben Verhältnisse schwächer (z. B. durch Absorption in den unteren Luftschichten) gemacht werden. Die Betrachtung einer abstufungsreichen Fläche, z. B. eines Stahlstiches im Lichte des Vollmondes oder in dem mehrhunderttausendmal stärkeren Sonnenlichte, zeigt ähnliches. Es hat sich ferner herausgestellt, dafs die Stufenangaben geübter Beobachter wirklichen Gröfsen in der Natur entsprechen, trotz ziemlich weiter Fehlergrenzen. Das meiste, was wir über den Lichtwechsel der Sterne wissen, beruht jedenfalls auf Stufenschätzungen. Die photometrische Stufe ist von der des einzelnen Beobachters meistens ein wenig verschieden; sie wird als der 10. Teil des als Gröfsenklasse bezeichneten Unterschiedes definiert. Wenn ein Stern m genau von der 3., ein andrer, n, genau von der 4. Gröfse ist, so besteht der Übereinkunft zufolge die Gleichung

$$m = n \times 10^{0,4} = n \times 2,5119 = n \times x^{10} = n \times (10^{0,04})^{10} = n \times 1,0965^{10}.$$

Die Gröfse $10^{0,04} = 1,0965$ ist eben das Intensitätsverhältnis der photometrischen Stufe, dem z. B. bei *Argelander* selbst die geschätzte Stufe nahezukommen scheint. Bei andern Beobachtern ist die Stufenweite gröfser oder kleiner.

Wenn ein Fixstern seine Intensität nach irgendeinem Gesetze ändert, so vergleiche man ihn von Abend zu Abend mit je einem helleren und je einem schwächeren Nachbarsterne, die ihm indessen bezüglich der Helligkeit möglichst nahekommen sollen. Sie sind die Vergleichssterne, und ihre genaue Identifizierung, nötigenfalls durch Hinweis auf einen bekannten Atlas, ist sehr wesentlich; die Nomenklatur ($x, y, z \ldots$, wenn nicht schon Buchstaben nach *Bayer* u. a. vorliegen) ist an sich gleichgültig, wenn nur jeder Zweifel ausgeschlossen ist. Einen Vergleichstern sieht man so lange als konstant an, bis die Gesamtheit der Schätzungen selbst diese Annahme widerlegt. Nennen wir jetzt den veränderlichen Stern v, vier konstante Nachbarsterne in absteigender Reihe $a\,b\,c\,d$, so dafs a heller ist als v im Maximum, d schwächer als v im Minimum, dann mögen etwa Beobachtungen im Herbste 1895 ergeben haben:

September 5. 8^h 31^m $a\,5\,v\,4{,}5\,b$ Ergebnis 21,65
7.   8   0 $b\,4{,}5\,v\,4{,}5\,c$ 13,75
8.   7   53 $b\,4{,}5\,v\,3\,c;\ v\,7\,d$ 12,14
9.   8   19 $c\,3\,v\,6\,d$ 6,55

September 10.	7	55	$c\,4{,}75\,v\,4{,}25\,d$	Ergebnis 4,80
11.	8	12	$b\,3\,v\,4\,c$	14,25
15.	8	8	$b\,5\,v\,1\,c;\;v\,6\,d$	10,9
18.	7	50	$b\,3\,v\,3{,}5\,c$	14,00
20.	8	1	$a\,4{,}5\,v\,5\,b$	22,15
21.	7	36	$a\,5\,v\,1\,b;\;v\,5{,}5\,c$	19,29
22.	7	53	$b\,4\,v\,4\,c$	13,75
24.	7	15	$c\,5\,v\,6\,d$	5,55
. 25.	7	20	$c\,5{,}5\,v\,6\,d$	5,30
26.	7	15	$a\,5{,}5\,v\,5{,}5\,b$	21,90

Die erste Beobachtung ist zu lesen: a 5 Stufen heller als
v; v $4\frac{1}{2}$ Stufen heller als b. Geübte Beobachter kommen
nämlich manchmal zur Angabe von halben Stufen, auch wohl
gar von Viertelstufen, die allerdings nicht sehr sicher sind. —
Die dritte Beobachtung lese man: b 4,5 Stufen heller als v;
v 3 Stufen heller als c; v 7 Stufen heller als d.

Sucht man alle Beobachtungen heraus, wo v zwischen a
und b gestellt wurde, so zeigt sich, infolge der zufälligen
Fehler, die Differenz $a-b$, gemessen durch v, recht schwankend.
Bei der ersten Beobachtung ist sie offenbar $5 + 4{,}5 = 9{,}5$;
später, September 20, wird sie wieder 9,5; im Mittel, wenn
auch September 21 und 26 zugezogen werden, ist $a-b = \frac{1}{4}$
$(9{,}5 + 9{,}5 + 6 + 11) = 9{,}0$. Ebenso ergeben die Beobachtungen September 7, 8, 11, 15, 18, 22 das Mittel $b-c = \frac{1}{6}$
$(9 + 7{,}5 + 7 + 6 + 6{,}5 + 8) = 7{,}3$; für $c-d$ erhält man 9
aus der Beobachtung September 9, und im Mittel $c-d = \frac{1}{4}$
$(9 + 9 + 11 + 11{,}5) = 10{,}1$. Setzt man $d = 0$, so kommt
$c = 10{,}1$; $b = 10{,}1 + 7{,}3 = 17{,}4$; $a = 17{,}4 + 9{,}0 = 26{,}4$.
Das Schema

$$a = 26{,}4$$
$$b = 17{,}4$$
$$c = 10{,}1$$
$$d = 0$$

ist die Skala der Vergleichsterne. Sie müßte übrigens
im Ernstfalle aus einem weit umfangreicheren Material abgeleitet werden; die obige Rechnung soll nur als einfaches
Beispiel dienen. Wir können jetzt für September 5 sagen:
die erste Schätzung a 5 v ergibt $v = 26{,}4 - 5 = 21{,}4$; die
zweite v 4,5 b ergibt $v = 17{,}4 + 4{,}5 = 21{,}9$; im Mittel ist
$v = \frac{1}{2}\,(21{,}4 + 21{,}9) = 21{,}65$. Das ist der Sinn der oben als
„Ergebnis" bezeichneten Zahlen. Auch aus drei Schätzungen
(September 8, 15, 21) kann man einen Mittelwert bilden, wird
dann aber die größte Differenz mit geringerem Gewichte
schätzen; so ist September 8 gerechnet worden: $v = \frac{1}{7}$
$(3 \cdot 12{,}9 + 3 \cdot 13{,}1 + 1 \cdot 7{,}0) = \frac{1}{7}\,(38{,}7 + 39{,}3 + 7{,}0) = 12{,}14$.
Man sieht leicht, daß v in siebentägigen Intervallen tiefe

Minima (September 11, 18, 25) erlebt hat, daſs kurz nach jedem Minimum (September 5 nach dem nicht verzeichneten Minimum September 4; September 13 ausgefallen; 20, 26) ein hohes Maximum eingetreten ist.

Sterne, deren Licht in dieser Weise wechselt, gehören dem Typus der regelmäſsig veränderlichen weiſsen (oder gelben) Sterne an; unter den dem freien Auge und dem Feldstecher bequem liegenden Objekten dieser Art sind besonders β *Lyrae* (Vergleichsterne γ, ζ, $\varkappa$, μ *Lyrae*, auch μ *Herculis*), δ *Cephei* (Vergleichstern β, ι, ζ *Cephei*, 9 *Fl. Cephei*, $a = 7$ *Fl. Lacertae*) und η *Aquilae* (Vergleichstern δ, β, ι, ν *Aquilae*) zu nennen; auch ζ *Geminorum*, wo die Vergleichsterne ungünstig liegen. Bei β *Lyrae* treten in einer knapp 13 tägigen Periode zwei Maxima von nahezu gleicher und zwei Minima von sehr verschiedener Höhe auf; die vier Extreme teilen die Periode ziemlich genau in vier gleiche Teile. Man möge diesen nahezu zirkumpolaren Stern mindestens einmal täglich schätzen. Im Winter der nördlichen Halbkugel kann man Abend- und Morgenbeobachtungen machen[1]). Wenn man abends mehrere Beobachtungen dieses Sternes machen will, sollte man dazwischen zwei oder drei Stunden verstreichen lassen; die Erinnerung verliert sich dann; auch ändert sich durch die Rotation der Erde die Orientierung der Gruppe gegen den Horizont. Die Lichtkurve hat seit ihrer ersten genaueren Feststellung durch *Argelander* in den 40er Jahren des 19. Jahrhunderts bis auf unsere Tage erhebliche Änderungen durchgemacht; darum bedarf der Stern beständiger Überwachung, und man kann bestimmt sagen, daſs bei langjähriger weiterer Beobachtung Wichtiges herauskommt. Ähnlich scheint es um η *Aquilae*, mit etwa siebentägiger, und möglicherweise um δ *Cephei*, mit fünftägiger Periode, zu stehen; bei jenem gehen übrigens mehrere Monate durch die Konjunktion mit der Sonne verloren, während δ *Cephei* dem Nordpol nahesteht und auf der Nordhalbkugel das ganze Jahr hindurch beobachtet werden kann. Man beobachte nicht in groſser Nähe des Horizontes; besonders achte man bei allen Sternen darauf, daſs die etwaige geringe Höhe oder ein anderer störender Einfluſs, wenn er sich schon nicht verhindern läſst, wenigstens den Veränderlichen und die Vergleichsterne in demselben Maſse betreffe. Von den regelmäſsigen Veränderlichen ist die nach Algol

---

[1]) Nur astronomische Stundenzählung! — Genauigkeit auf die Minute ist bei allen Veränderlichen zu wünschen; beim Algol-Typus ist sie unbedingt nötig.

oder β *Persei* benannte Gruppe besonders wichtig. Der Lichtwechsel Algols ist an eine etwa 69 stündige Periode geknüpft; etwas weniger als 60 Stunden verharrt der Stern in vollem Lichte; dann nimmt er innerhalb weniger Stunden rasch zu einem Minimum ab, hierauf in derselben Zeit zum vollen Lichte wieder zu. Von den in Europa dem freien Auge oder dem Feldstecher erreichbaren Sternen gehören hierher noch λ *Tauri* mit etwa viertägiger, δ *Librae* mit etwa siebentägiger Periode und meistens vollem Lichte. Alle diese Sterne sind an Abenden, wo ein Minimum fällig ist, etwa von 10 zu 10 oder von 15 zu 15 Minuten zu beobachten. Kann man die genaue Greenwicher oder mitteleuropäische Zeit, überhaupt eine der auf Greenwich zurückgehenden Zonenzeiten haben, so ist es wünschenswert, daſs sich die Beobachtungen dieser Teilung einigermaſsen anschmiegen, z. B. um 9^h 0^m, 9^h 10^m, 9^h 20^m usw. angestellt werden, wegen leichterer Vergleichbarkeit mit anderen Beobachtungen; wünschenswert, aber nicht notwendig; wenn äuſsere Umstände das Einhalten dieser Regel verhindern, bestehe man nicht darauf.

Die Periode Algols beträgt genauer (nach *Chandler*) 2^d 20^h 48^m $55{,}425^s = 2{,}8673082^d$, und zufolge der Ephemeride der Vierteljahrsschrift der Astronomischen Gesellschaft fällt ein Minimum (Zeit des kleinsten Lichtes) auf 1907 Januar 0^d 6^h 37^m oder $0{,}276^d$ M. Z. Gr. Es ist hiernach leicht, für spätere Zeiten die Minima vorauszuberechnen; sie wiederholen sich nach 3^d—$3\frac{1}{5}^h$. In 23^d—$1\frac{1}{2}^h$ sind sie durch alle Tageszeiten gelaufen. Man beachte ferner, daſs 15 p $= 43{,}009623^d = 43^d$ 0^h $13{,}86^m$; 98 $p = 280{,}9964^d = 281^d$ — $0{,}0036^d = 281^d$ — $5{,}18^m$; 127 $p = 364^d$ 3^h $33{,}26^m = 364{,}14814^d$, wo immer p die oben angegebene Periode ist. Man sieht hieraus, daſs nach einem Gemeinjahr die Minima einen Tag, nach einem Schaltjahr zwei Tage zurück-, aber $3\frac{1}{2}^h$ vorspringen. Hat man also auch keine Ephemeriden[1]), so wird man doch mit einiger Annäherung künftige Minima vorausberechnen können.

---

[1]) Solche werden auf Grund der obenerwähnten hier und da mitgeteilt. Es ist ein Mangel, daſs der so reichhaltige *Nautical Almanac* nicht wenigstens für die hellen Algol-Sterne Ephemeriden bringt. — In den obigen Zahlen bemerkt der Kenner leicht die absichtliche Vernachlässigung der periodischen Glieder. Ihre Berücksichtigung würde hier zu weit führen. Die genaue Formel lautet nach *Pannekoek*:

$$1888 \text{Jan.}3^d 8^h 11{,}2^m \text{ M. Z. Gr.} + 2^d 20^h 48^m 55{,}60^s \text{E} + 147^m \, sin(0^0 \, 024\text{E} + 226^0)$$
$$+ 22^m \, sin(\tfrac{1}{13} \text{E} + 216^0).$$

- Die alte Vermutung, daſs die Algol-Minima durch den Umlauf eines verfinsternden Satelliten hervorgerufen werden, ·ist in neuerer Zeit auf spektrographischem Wege als richtig erwiesen worden. Die Periode unterliegt Schwankungen, die selbst wieder periodisch sind. Ihre genauere Bestimmung, auch die schärfere Zeichnung der Lichtkurve, erfordert noch sehr viel Beobachtungen. Gelegentliche Schätzungen sollte man auch am vollen Lichte des Algol vornehmen. — Man lasse sich niemals durch eigene ältere Schätzungen beeinflussen, glaube auch niemals, der Stern müsse in der letzten Viertel-stunde heller oder schwächer geworden sein. Man beginne, wenn es die Tageszeit und der Stand des Sternes gestattet, 4^h vor dem zu erwartenden kleinsten Lichte und schliefse 4^h nach demselben. Dafs ein Minimum ganz durchbeobachtet werden kann, ist leider eine Ausnahme.

Zahlreiche Sterne gehören zum „Algol-Typus". Von helleren sind zu nennen: 1. λ *Tauri*, Periode $4^d -- 68^m$ oder $3^d 22^h 52^m$; ein Minimum 1906 Dez. $28^d 14^h 2^m$; 2. δ *Librae*, $p = 2^d 7^h 51,7^m$, $3p = 7^d — 25^m$, Minimum 1907 Januar $0^d 5^h 53^m$; 3. *U Ophiuchi*, $p = 0^d 20^h 7,7^m$, Minimum 1906 Januar $0^d 12^h 56^m$; Lichtwechsel nur zwischen den Gröfsen 6 und 6,7. Dieselben Grenzen bei 4. *R Canis majoris*, $p = 1^d 3^h 15,8^m$, Minimum 1906 Januar $0^d 22^h 53^m$; 5. *V Puppis*, 4. bis 5. Gröfse, südlicher Stern, $p = 1^d 10^h 54,5^m$, Minimum 1906 Januar $0^d 15^h 40^m$; alle Zeiten nach Greenwich. Die übrigen Algol-Sterne kommen auch im Maximum nicht über die Gröfse 6.7 hinaus.

Einem weiteren Typus der Veränderlichkeit hat *Mira Ceti* (*o Ceti*) den Namen gegeben. Die Periode dieses Sterns beträgt im Mittel 11 Monate, ist aber starken periodischen Schwankungen unterworfen. In den hellsten Maximis über den Durchschnitt der zweiten Gröfsenklasse hinausgehend, ist ·er in den meisten nur von der 3. bis 4. Gröfse. Die Minima führen ihn regelmäfsig zur 9. Gröfse, also weit unter die Grenze der Sichtbarkeit für freie Augen. Auch bei diesem Stern, der übrigens, gleich Algol, η *Aquilae*, ζ *Geminorum*, λ *Tauri* u. a. alljährlich infolge der Konjunktion mit der Sonne für mehrere Monate ausscheidet, ist bedeutende Vermehrung des Beobachtungsmaterials dringend erwünscht. Wer nicht die Minima beobachten kann, überwache das Objekt wenigstens in den Maximis. Beim Schwächerwerden ist sehr genaue Identifizierung der Vergleichsterne besonders wichtig. Nach der Vierteljahrsschrift trifft ein Maximum auf 1906 Dez. 19, das sich gut beobachten lassen wird. Danach sind die folgenden ungefähr vorauszuberechnen; doch werden sich große Abweichungen herausstellen.

Zahlreiche rote und gelbe Sterne gehören dem Typus der schwach veränderlichen Objekte an. Der Lichtverlust ist unregelmäßig, und je heller solche Sterne im Durchschnitt sind, desto schwieriger ist er zu verfolgen, weil die Vergleichsterne in immer weiteren Abständen zu suchen sind, womit die Störungen durch äußere Einflüsse immer größer werden. Die Veränderlichkeit mancher von diesen Sternen wird denn auch von einigen geradezu bestritten; so von α und δ Orionis. Weitere Sterne dieser Art sind β Pegasi, α Cassiopeiae, α, g, u Herculis, η Geminorum, der Granatstern μ Cephei und viele andere. Durch anhaltende Arbeit ist zweifellos hier noch vieles zu ermitteln.

Die Auswahl der Vergleichsterne bleibt am besten dem Beobachter selbst überlassen. Man beginne seine Übungen an den leichteren regelmäßig veränderlichen Sternen der ersten Gruppen, ehe man zu den roten und besonders den schwach veränderlichen roten Gestirnen übergeht. Gute Verzeichnisse findet man in mehreren Büchern; wir nennen 1. den Katalog zum *Atlas coelestis novus* von *Heis*, zwar schon vor einem Menschenalter erschienen, aber für unsern Zweck noch wohl brauchbar; 2. den Text des Atlas von *Messer*. Während diese nur die in Mitteleuropa sichtbaren, im Maximum die 6. Größe (oder 6,7) mindestens erreichenden Sterne verzeichnen, geht *A provisional Catalogue of Variable Stars* (*Harvard Annals* XLVIII, 3) über den ganzen Himmel[1]), ist daher dem in südlicheren Gegenden Reisenden besonders zu empfehlen.

Noch stärker als bei *Mira Ceti* sind die Lichtschwankungen bei dem südlichen Stern η Argus (η Carinae), der im Minimum unter der 7. Größe bleibt, im hellsten beobachteten Maximum nur wenig schwächer als Sirius gewesen ist. Das Anwachsen scheint sich sprungweise zu vollziehen. Solche Objekte bilden den Übergang zu den neuen Sternen (*Novae*), die plötzlich (*Nova Persei* von 1901 jedenfalls, *T Coronae* von 1866 vermutlich auch, in wenigen Stunden) um viele Größenklassen anschwellen oder gar erst aus der Unsichtbarkeit für die jetzigen Instrumente auftauchen, dann unter heftigen, später geringer werdenden Schwankungen im ganzen abnehmen, bis sie auf einer sehr niedrigen Stufe stehen bleiben.

---

[1]) Wo ein ernstes Interesse vorliegt, wird das *Harvard College Observatory*, Cambridge, Mass., U. S. A., jedenfalls gern dieses Heft gratis abgeben.

Wenn auch der Himmel in unsern Zeiten so eifrig photographisch überwacht wird, dafs manches aus der ersten Geschichte einer *Nova* sich in die Platten einzeichnet, so sind doch, wie gerade die *Novae* der letzten Jahrzehnte erwiesen haben, die visuellen Entdeckungen keineswegs zu vernachlässigen. Wer sich gewöhnt, den Himmel planmäfsig mit guten Karten zu vergleichen, eine Arbeit, womit die Aufstellung einer Helligkeitsreihe für die konstanten oder als konstant geltenden Sterne verbunden sein kann, wird vielleicht einmal, wie *Anderson* zweimal, das Glück haben, einen merkwürdigen neuen Stern zuerst aufzufinden. Es versteht sich, dafs eine solche Entdeckung an eine zuständige Stelle (vergl. S. 695) drahtlich zu melden ist. Dasselbe würde von einem plötzlichen Lichtwechsel, z. B. bei η *Argus*, gelten, auch bei o *Ceti*; ja selbst bei Algol und β *Lyrae* sind Überraschungen nicht ausgeschlossen, weil diese regelmäfsigen veränderlichen Objekte Sternpaare von sehr enger Verknüpfung darstellen. Natürlich ist besonders in der ersten Zeit die *Nova* oder der sonstige Himmelskörper recht oft zu beobachten, und zwar unter genauester Zeitangabe. Es liegt in der Natur der Stufenschätzung, dafs nicht viel unter die Minute als Genauigkeitsgrenze herabgegangen werden kann. Diese sollte man aber auch einzuhalten suchen.

Für die Notierung der Himmelsansicht, die bei Stufenschätzungen nicht fehlen soll, ist das Schema des Verfassers dieser Anleitung von mehreren Beobachtern angenommen worden, so dafs er glaubt, es hier als Vorlage mitteilen zu dürfen. Das Schema kann auch bei Beobachtungen andrer Art verwertet werden.

Erklärung der abgekürzten Angaben für den Luftzustand und die Güte der Beobachtungen.

1	Die Luft ist s e h r k l a r.
2	„ „ „ k l a r.
3	„ „ „ z i e m l i c h k l a r.
4	„ „ „ m ä f s i g k l a r oder e t w a s t r ü b e.
* oder **	Der Luftzustand, die Zeitangabe oder die Stufenschätzung ist u n s i c h e r oder s e h r u n s i c h e r. Das * ist Zusatz; 1* bedeutet also: sehr klar, aber doch unsicher, vielleicht infolge heftiger Strömungen oder kleinster *Cirrus*-Wolken.
A	Der B e o b a c h t e r ist e r m ü d e t oder sonst k ö r p e r l i c h a n g e g r i f f e n.
B oder G	Die Beobachtung eines niedrig stehenden Sternes wird durch B a u m z w e i g e oder G e b ä u d e erschwert.
Bf	Beobachtung während einer E i s e n b a h n f a h r t.

D, D₂, D₃	Die Beobachtung wird auf merkliche, erhebliche, übermäſsige Weise durch das **Dämmerlicht der Sonne** gestört.
Dm	Die Beobachtung wird durch das **Dämmerlicht des Mondes** gestört.
Fld	Irdische Objekte machen es unmöglich, die beiden zu vergleichenden Sterne kurz nacheinander in das **Gesichtsfeld** zu bringen.
Fkl	Starkes **Funkeln** der Sterne.
Fr	Das **Frostwetter** stört die Bewegung des Instrumentes oder trübt die Gläser.
h, H	**Geringe** (h) oder unbequem **groſse Höhe** (H) des Sternes.
L L₂	Störende oder sehr störende **künstliche Lichtquellen.**
M	Sehr schwacher
M₂	Schwacher
M₃	Merklicher
M₄	Störender
M₅	Sehr störender
M₆	Übermäſsiger
N	**Nebel.**
Nl	**Nordlicht.**
r, r₂	Der veränderliche Stern ist **sehr rot** oder **auffallend rot.**
schw.	Die Sterne sind lichtschwach.
S, S₂	Unbequeme oder sehr unbequeme **Stellung** des Beobachters.
w, w₂	Das Wetter ist **windig** oder **sehr windig.**
W, W₂	Nahe gelegene **Wolken** machen die Beobachtung unsicher oder sehr unsicher.
Wttl	**Wetterleuchten.**
Zl	**Zodiakallicht.**
!	Sollte im Original gesetzt werden, wenn die Beobachtung auffallend erscheint, aber ausdrücklich verbürgt werden soll.

Die Klammer bei M bis M₆: **Einfluſs des Mondlichtes.**

Gerade auf diesem Gebiete übrigens, wo die Fehlerquellen sehr reichlich flieſsen, beachte man, daſs jegliche Voreingenommenheit zu vermeiden ist. Dann kann und wird die Stufenschätzung, als einfache und leichte Differenzbeobachtung, ihre Früchte tragen. Die Vergleichsternskalen sind später vom Berechner mit den photometrischen Skalen zusammenzuhalten, die von der Subjektivität des einzelnen Beobachters etwas freier sind als jene, obwohl auch sie mit allen aus den atmosphärischen Verhältnissen hervorgehenden Fehlern behaftet sind.

Endlich können sich Beobachter, die für Farbenunterschiede ein Auge haben, durch Aufzeichnung von Sternfarben verdient machen. Obgleich man seit langer Zeit Spektra beobachtet und photographiert, ist doch auch auf diesem Gebiete, wie z. B. die Arbeiten von H. *Osthoff* beweisen, der Okularschätzung noch mancher Erfolg vorbehalten. Fast alle bei Sternen wahrzunehmenden Färbungen lassen sich in der Skala von *Julius Schmidt* unterbringen, die von Weiſs (0) durch

Zwischenstufen zum reinen Gelb (4) und weiter zum Rot von verschiedener Sättigung (8, 9, 10) hinführt. Auf die astrophysikalische und physiologische Bedeutung dieser Skala kann hier nicht eingegangen werden[1]). Aus zahlreichen Beobachtungen desselben Sternes ergibt sich ein Mittelwert, der in Zehnteln der Skala angegeben wird. Auf Einzelheiten können wir aus Mangel an Raum nicht eingehen. Der Beobachter würde gut tun, sich mit einem Kenner des Gebietes (z. B. *Dr. A. Pannekoek*, Astronom in Leiden, Holland; *Fr. Krüger*, Direktor der Sternwarte in Altenburg; *H. Osthoff*, Mathematiker in Cöln, Barbarossa-Platz) in Verbindung zu setzen.

Wir schliefsen unsre Ausführungen[2]) mit dem Wunsche, dafs recht viele Forschungs- und Vergnügungsreisende den hohen sachlichen und persönlichen Wert der einfacheren Himmelsbeobachtungen schätzen, dafs aus allen Zonen der Erde recht viel brauchbare Beobachtungen einlaufen möchten.

---

[1]) Vergl. den Aufsatz von *A. Pannekoek* im X. Bande, S. 117—182 der Mitteilungen der *V. A. P.* Ferner den Katalog von *H. Osthoff* (Astron. Nachr. 3657) und den von *Fr. Krüger* (Kiel, C. Schaidt, 1893).

[2]) Ein kurzer Nachtrag über die Beziehungen der Cirrus-Wolken zu den Sonnenflecken wird im Nachtrag zu diesem Bande gegeben werden.

Beurteilung des Fahrwassers in ungeregelten Flüssen.

Von

Dr. J. R. Ritter von Lorenz-Liburnau.

Vorbemerkungen.

Der Reisende in unbekannten oder noch wenig erforschten Gegenden ist nicht selten veranlaßt, Flüsse zu befahren, in denen es keinerlei Bezeichnung des Fahrwassers, keine verläßlichen oder auch nur unbedenklichen Lotsen gibt, und wo nur die Kenntnis der Naturgesetze, nach denen die Bewegungen und Veränderungen in Flußbetten vor sich gehen, zur möglichst richtigen Beurteilung des Fahrwassers führen kann.

Außerdem bieten derlei Flüsse nicht selten lehrreiche Beispiele für praktisch wichtige Sätze oder Regeln der Hydrologie, welche der Reisende nicht versäumen soll zu notieren und bekanntzugeben[1]). Mit Rücksicht auf diese Zwecke sind die nachstehenden Anweisungen verfaßt.

Wir betrachten hier die Flüsse als Fahrbahnen von oft sehr veränderlicher Beschaffenheit. Durch diese letztere kommt in die Flußschiffahrt ein eigentümliches Element, welches der Seeschiffahrt fremd ist und ein eigenes Studium und eine besondere Praxis nötig macht.

Die Anforderungen an das Fahrwasser richten sich selbstverständlich nach den Dimensionen des Fahrzeuges, insbesondere nach dem Tiefgange und der Breite desselben sowie nach dem Mechanismus, welcher das Fahrzeug treibt und steuert, endlich

---

[1]) Vergl. hierüber: „Wald, Klima und Wasser", München 1878, bei Oldenbourg; dazu: „Die Geologie von Grund und Boden", 1883 (Wien und Berlin, jetzt Parey) — beide vom Verfasser des Gegenwärtigen; ferner von demselben: „Die Donau, ihre Strömungen und Ablagerungen", Wien, K. Gerolds Sohn. 1890.

auch nach der Richtung der Fahrt (ob stromabwärts oder
stromaufwärts).

Propeller und schnell wendende Boote können bei sonst
gleichen Dimensionen sich mit einem schmäleren Fahrwasser
begnügen als Raddampfer, grosse Ruderboote und schwerfällig
zu steuernde Fahrzeuge.

Bei der Talfahrt sucht man die stärkste Strömung auf,
selbst wenn diese in Kurven verläuft, weil dadurch die Fahrt
am raschesten gefördert.wird, — bei der Bergfahrt hingegen
trachtet man die stärkste Strömung zu vermeiden und Kurven
abzuschneiden, weil dabei an Kraft und Weg gespart wird.
„Fahrwasser" ist also ein relativer Begriff. Wir wollen hier
der Kürze halber direkt nur das Fahrwasser für den stromabwärts fahrenden Schiffer betrachten, wobei sich dem verständigen Leser von selbst auch Folgerungen für die Bergfahrt
ergeben dürften. Auch setzen wir hier nur unregulierte, sich
selbst überlassene Flüsse voraus, sprechen daher gar nicht von
jenen Fällen, die sich auf Strombauten beziehen. —

Zur Beurteilung des Fahrwassers in Flüssen kommen
folgende Punkte in Betracht:

die Tiefe, die Breite, die Geschwindigkeit der Strömung
und die Richtung dieser letzteren.

All dies hängt einerseits von der wechselnden Menge
des vorhandenen Wassers, andrerseits von der oft gleichfalls
veränderlichen Gestalt des Bettes ab, und die ersterwähnten
vier Bestimmungsstücke erleiden überdies Veränderungen durch
Abtragung (Erosion) der Ufer sowie durch die Ablagerung
von Sinkstoffen. Die hier bezeichneten Bestimmungsstücke
wirken aber nicht jedes für sich abgesondert, sondern beeinflussen fortwährend eines das andre, wie denn z. B. das
strömende Wasser wesentliche Veränderungen an den Böschungen
und im Grunde des Bettes hervorbringt und von den Unebenheiten des Bettes hinwiederum die Tiefe und Geschwindigkeit
des Wassers beeinflust werden. Diese verschiedenen Faktoren
sollen nun möglichst in ihrem Zusammenwirken betrachtet
werden.

Ursprung des Flußwassers.

Da vom jeweiligen Wasserstande sehr wesentlich das
Fahrwasser abhängt und nach dem ersteren das letztere auf
einer und derselben Strecke gut oder schlecht sein kann, muß
vor allem hier über Herkunft der wechselnden Wassermengen
gesprochen werden. Das Wasser der Flüsse stammt teils

unmittelbar, teils mittelbar aus den atmosphärischen Niederschlägen, und zwar unmittelbar durch den oberirdischen
Abfluſs der Regen- und Schmelzwässer, mittelbar durch
den Ausfluſs unterirdisch angesammelter Wässer oder Quellen.

Der oberirdische Abfluſs erfolgt zunächst dort, wo der
Regen auffällt oder der Schnee schmilzt, über geneigte Flächen
oder Gehänge entweder ohne bestimmte seitlich begrenzte Bahnen
(durch „Abtraufe" oder „Riesel"), oder er findet kleinste, kleine
und gröſsere Rinnen oder Runsen vor, die meist das Wasser
selbst sich allmählich gebildet hat, „Rinnsale" der verschiedensten
Ordnungen.

Sehr häufig sammelt sich das anfangs bloſs abtraufende
oder rieselnde Wasser später in Rinnsalen, deren je mehrere sich
zu einem gröſseren vereinigen. Es entstehen und vergröſsern
sich dadurch Bächlein, Bäche und Flüsse, die man unter dem
gemeinsamen Namen der „offenen Gerinne" zusammenfaſst.

Im Gegensatze dazu unterscheidet man „bedeckte" oder
„unterirdische" Gerinne, deren Ausflüsse die Quellen sind. Wie
Quellen entstehen, und welche Hauptarten von Quellen vorkommen, soll hier nicht näher auseinandergesetzt werden; es
genügt hier daran zu erinnern,

a) daſs auch die Quellen nur von Niederschlägen herrühren, die sich unter der Erdoberfläche angesammelt haben
und nach kürzerem oder längerem Aufenthalte an den Tag
heraustreten; dann

b) daſs nach der Art jener Ansammlung stetige (peren-
nierende) und aussetzende (intermittierende) Quellen unterschieden werden müssen; endlich

c) daſs auch die stetigen Quellen gewissen Schwankungen
ihres Wasserreichtums unterliegen, welche von den Schwankungen der Niederschlägsmengen sowie von der Natur der
unterirdischen Reservoirs abhängen.

Je mehr die Ausflüsse stetiger Quellen an der Wasser-
lieferung für ein offenes Gerinne — Bach oder Fluſs — Anteil
haben, desto beständiger ist die Wassermenge der letzteren;
je mehr hingegen ein Gewässer auf die direkten Zuflüsse aus
den jeweiligen Niederschlägen angewiesen ist, desto schwankender
pflegt seine Wassermenge zu sein, indem diese nach reichlichen
Niederschlägen stark anwächst, bei Trockenheit aber sehr bedeutend abnimmt oder auch ganz verschwindet. Das Extrem
in dieser Beziehung sind die Torrenten, offene Gerinne ohne
stetige Quellzuflüsse und mit steilem Gefälle, infolgedessen
das Wasser der Niederschläge sehr rasch wieder abflieſst und
ein trockenes Bett zurückläſst.

Übergänge und Mittelformen zwischen diesen beiden Haupttypen sind zahlreich, und mancher Fluſs, der als Quellader
beginnt, erhält weiterhin fast nur Regenzuflüsse, während es
andrerseits Flüsse gibt, die als Gieſsbäche beginnen und
weiterhin sehr bedeutende Quellenzuflüsse erhalten.

Die meisten gröſseren und schiffbaren Flüsse haben Zuflüsse aller Arten, sowohl aus Quellen wie aus offenen Gerinnen
von gröſserer oder geringerer Stetigkeit — und dadurch wird
die Raschheit und Gröſse der Schwankungen im Wasserstande
zufolge gegenseitiger Kompensation vermindert. Günstig in
dieser Beziehung ist es auch, wenn ein Strom sein Gewässer
aus einem sehr weiten Umkreise und aus verschiedenen
Richtungen empfängt; denn in diesem Falle liefert bald der
eine, bald der andre Zufluſs mehr Wasser, wenngleich andere
zur selben Zeit wasserarm sind, indem auf einem weiten
Gebiete bald da, bald dort mehr Niederschläge auftreten, deren
Wasser dann schlieſslich immer wieder zum Strom gelangt.

Da der Wasserstand eines Flusses wesentlich von der
Niederschlagsmenge sowie von der Art, wie diese fortgeführt
wird, abhängt, müssen diese beiden Bedingungen nun noch
näher betrachtet werden.

Um zu beurteilen, wie sich das Fahrwasser zu einer
bestimmten Zeit vermöge der gröſseren oder geringeren Wassermasse verhalten wird, muſs man über die Verteilung der
periodischen und nichtperiodischen Niederschläge nach den
Jahreszeiten, insbesondere über die Zeit der gröſsten Regenmengen sowie der Trockenheit möglichst orientiert sein. Über
diese Verhältnisse und demnach über die atmosphärische Wasser-
lieferung zu den Flüssen nach klimatischen Zonen und gröſseren
orographischen Gebieten geben gute Lehr- und Handbücher
der physischen Geographie und der Klimatologie Aufschluſs,
worunter hier insbesondere auf das „Handbuch der Klimatologie"
von Dr. Jul. Hann (Stuttgart, Engelmann, zweite Auflage 1897)
hingewiesen werden soll.

Achtet man dann auf den Umstand, daſs die Niederschläge
und Schmelzwässer der oberen Aufnahms- oder Sammelgebiete
erst nach einigen Tagen oder selbst Wochen in die unteren
Fluſsstrecken gelangen, so wird man wenigstens im allgemeinen
schon ein vorläufiges Urteil darüber gewinnen, zu welchen
Zeiten bei jedem Flusse ein relativ besserer oder schlechterer
Wasserstand zu finden sein wird.

Hierbei kommt übrigens noch weiter in Betracht, daſs
nicht alles Niederschlags- und Schmelzwasser in die Fluſs-

betten kommt, sondern ein nicht unbeträchtlicher Teil schon
während des Zufliefsens verdunstet, ein andrer in den Boden
einsickert und im letztern Falle entweder gar nicht, oder auf
unterirdischen Umwegen als Quellen in die Flüsse gelangt. Je
heifser und trockener die Luft, je durchlässiger der Boden
des Zuflufsgebietes, desto geringer ist der Anteil an Wasser,
welcher zum Flufsbett gelangt und dem Fahrwasser zugute
kommt. Über die Ermittlung des Verhältnisses, nach welchem
sich in verschiedenen Gegenden die Niederschlagsmengen in
den drei angedeuteten Richtungen (Verdunstung, Einsickerung
und offener Abflufs) verteilen, sind zwar schon mannigfache
Studien gemacht worden, die Resultate sind jedoch nicht so
bestimmt, dafs sie in jener Präzision und Kürze wiedergegeben
werden könnten, wie es an dieser Stelle bei so beschränktem
Raume erforderlich wäre; es kann daher nur im allgemeinen
die Aufmerksamkeit auf diesen Gegenstand gelenkt werden.
Jedenfalls mufs der Schiffer in fremden Gewässern vor allem
darüber ins reine kommen, ob er sich eben in einer Zeit
hohen, mittleren oder niedrigen Wasserstandes befinde, was
man an den Spuren längs der Ufer, sowie an dem mehr oder
minder ausgedehnten Hervortreten der Klippen, Kies- oder Sandbänke und an den daselbst vom Wasser selbst hervorgebrachten
Marken beurteilen kann. Auch der Grad des Eingetauchtseins
oder Hervorragens der Vegetation an Ufern und bewachsenen
Inseln gibt Fingerzeige über den relativen Stand des Wassers.

‡Ursprung und Bau der Flufsbetten.

Nächst der vorhandenen Wassermenge ist für das Fahrwasser die Beschaffenheit des Bettes entscheidend. Über den
Ursprung der Flufsbetten herrscht vielfach die irrige Meinung,
dafs sie von den Flüssen selbst gebildet wurden, was jedoch
nur in beschränktem Sinne gilt.

Ein Gewässer kann sich eine bestimmte Bahn nur dann
ausfurchen und weiter ausbilden, wenn es schon in einer
bestimmten Rinne durch längere Zeit fliefst; denn ein bald
hier, bald dort bahnlos abtriefendes Geriesel hat nicht die
Kraft, in seine Unterlage eine bestimmte Bahn einzugraben.
Damit also das Wasser überhaupt bahnbildend zu wirken an-
fangen kann, mufs schon vorher eine geeignete Furche vorhanden sein, und diese wird dann allerdings von dem Wasser
im Vereine mit seinen Geschieben weiter ausgebildet.

Je nachdem die ursprüngliche Furche entweder im festen
anstehenden Gestein eingesenkt oder eingerissen war, oder sich

in leicht verschiebbarem losem Material, wie Schutt, Gerölle, Sand, Ton, befand, unterscheidet man zwei Haupttypen von Betten, welche sich insbesondere in bezug auf die Veränderlichkeit des Fahrwassers entgegengesetzt verhalten.

Der erste Typus, das feste oder „Felsenbett", wird von dem Wasser weder an den Ufern noch am Grunde rasch und bedeutend angegriffen und kann sonach annäherungsweise als unveränderlich betrachtet werden.

Die Unebenheiten des Grundes, welche als untergetauchte oder auftauchende Klippen, Felsplatten usw. auftreten, hängen lediglich mit dem geologischen Bau (Geotektonik) der Gegend zusammen, sind meistens schwerer zerstörbare Reste jener Gesteinsmassen oder Schichten, deren leichter zerstörbare Teile schon während Jahrtausenden weggeführt wurden, und ihre Verteilung im Flufsbette folgt nicht irgendeinem solchen Gesetze, welches der Flufsfahrer von seinem Standpunkte aus beurteilen könnte. Hier kann also nur Achtsamkeit auf die bekannten äufsern Erscheinungen, durch welche sich schon an der Oberfläche des Wassers das Vorhandensein von Schiffahrtshindernissen verrät, den Schiffer leiten, und wo zahlreiche Klippen und Stromschnellen vorhanden sind, erübrigt oft nichts anderes, als entweder vor dem Versuche einer Durchfahrt womöglich aus einem erhöhten Standpunkte den Verlauf des Wassers zwischen Klippen und Untiefen zu beobachten, oder sich auf die Auskünfte oder Hilfe von Eingeborenen zu verlassen, wofern man Ursache hat, denselben zu trauen.

Der zweite Typus der Flufsbetten, nämlich in beweglichem Terrain, ist derjenige, in welchem fortwährende Veränderungen des Fahrwassers vor sich gehen, deren Gesetze man kennen mufs, und auf welche wir daher hauptsächlich unsre Aufmerksamkeit richten wollen.

Solche Flufsbetten verlaufen in Flutschutt (meistens Jungtertiär oder Diluvial oder auch Recent); dieses Material (Ton, Lehm, Sand, Grus, Kies) wurde in früheren, mehr oder minder entlegenen Zeiten aus dem damals weit mächtigeren oder weiter ausgebreiteten Wasser an ruhigeren Stellen abgesetzt, welche bei dem Zurückweichen des Wassers trocken liegen blieben, und es wurde dann das fliefsende Wasser eben nur auf ein verhältnismäfsig schmales Gerinne, das heutige Flufsbett, beschränkt.

Der Gegensatz von Felsen- und Schuttbetten fällt in der Regel zusammen mit einer zweiten Gegensätzlichkeit. Die ersteren nämlich verlaufen fast durchwegs in Engen, die letztern hingegen in mehr oder minder ausgedehnten Weitungen.

Die meisten Flüsse zeigen in ihrem Laufe eine Abwechslung von Strecken beider Typen und strömen abwechselnd durch Flußengen (oft mit Katarakten) und durch
weite Becken. In den engen Strecken hat in der Regel das
mehr konzentrierte Wasser eine verhältnismäßig größere Tiefe,
während in den Weitungen die Gewässer in der weiter unten
darzustellenden Weise sich ausbreiten und oft in Arme teilen,
so daß das vielfach verzettelte Wasser verhältnismäßig geringere Tiefen zeigt, daher das Fahrwasser oft nur eine sehr
beschränkte Breite besitzt und seine Auffindung um so
schwieriger wird.

Bewegung des Wassers im Bette.

Die Bewegung des Wassers im Bette erfolgt mit einer
Geschwindigkeit, welche hauptsächlich von dem Gefälle des
Bettes abhängt, aber auch durch verschiedene Nebenumstände,
von denen noch die Rede sein soll, beeinflußt wird. Über
die Messungen sowohl der Geschwindigkeit als der Tiefe kann
hier nicht eingehend gehandelt werden, und es sei nur kurz
bemerkt, daß man in Flüssen, besonders in solchen mit starker
Strömung, die Tiefe nicht mit dem Lot (Senkblei) messen
kann, welches zu sehr von der Strömung abgetrieben wird,
sondern daß man sich dazu einer geteilten langen Holzstange
bedient, welche allerdings nicht in sehr große, aber doch
jedenfalls bis in jene Tiefen reicht, welche für den Flußschiffer
mit Rücksicht auf den Tiefgang seines Fahrzeuges von Be-
lang sind.

Die Geschwindigkeit, mit welcher sich das Wasser in
seinem Bette bewegt, ist, sowohl nach der Tiefe, als nach der
Quere und der Länge desselben betrachtet, eine gesetzmäßig
verschiedene.

Betrachten wir zunächst die Verteilung der Geschwindigkeit innerhalb eines und desselben Querschnittes, so sind
folgende Punkte maßgebend.

Die oberste Wasserschicht hat die Reibung mit der Luft
zu überwinden, wodurch ihre Geschwindigkeit vermindert wird,
was insbesondere bei heftigerem Gegenwinde in großem Maße
stattfindet. Aber auch die untersten Wasserschichten werden
verlangsamt, und zwar durch die Reibung am Grunde, welche um
so stärker wirkt, je rauher der Boden ist. Die Wasserteilchen
an den Seitenwänden des Bettes sind gleichfalls durch Reibung
verlangsamt. Den geringsten Widerstand erfahren also jene
Wasserteilchen, welche sich zwischen der Oberfläche und der

untersten Wasserschichte befinden und zugleich von den Seitenwänden des Bettes entfernter sind. Da der Widerstand des
Grundes im allgemeinen stärker ist als jener der Luft, liegt
die gröfste Geschwindigkeit näher an der Oberfläche als am
Grunde, und man kann annehmen, dafs die Schichte des
geringsten Gesamtwiderstandes, also die gröfste Wassergeschwindigkeit, etwa bei $3/10$ der Tiefe (vom Wasserspiegel
an gerechnet) liegt.

Über die verschiedenen Geschwindigkeiten des Wassers
zwischen beiden Ufern lehrt die Erfahrung, dafs die gröfste
Geschwindigkeit im allgemeinen dort stattfindet, wo die Tiefe
am gröfsten ist, wo also bis auf einen bedeutenden Abstand
vom Wasserspiegel hinunter immer nur Wasserschichten auf
Wasserschichten gleiten.

Hiervon findet eine Ausnahme nur dann statt, wenn die
gröfste Tiefe ganz unmittelbar an einem der beiden Ufer
gelegen ist, denn in diesem Falle wirkt die Reibung an der
Seitenwand verlangsamend, und die gröfste Geschwindigkeit
liegt dann ein wenig seitwärts vom Ufer ab. Aus dem
Gesagten ergibt sich auch, dafs sich im allgemeinen die
Geschwindigkeit der obern Wasserschichten, in denen sich die
Schiffahrt bewegt, je nach der Hebung oder Senkung des
G r u n d e s verlangsamt oder beschleunigt.

Wir haben nun die Geschwindigkeitsverhältnisse nach der
Tiefe und nach der Quere (Breite) des Wasserkörpers, also
innerhalb eines und desselben Querprofiles, betrachtet.

Verfolgen wir nun die Wasserteilchen in der Richtung
ihres Fliefsens stromabwärts, in der Richtung des L ä n g e n-
p r o f i l e s, so erzeugt sich die Vorstellung von parallelen Wasser-
strängen, in die man sich die ganze bewegte Masse zerlegt denken
kann. Jener Wasserstreifen, dessen Stränge die gröfste Geschwindigkeit besitzen, heifst der „S t r o m s t r i c h". Man
kann beobachten, dafs der Stromstrich die Eigenschaft besitzt,
die benachbarten Wasserfäden gleichsam an sich zu ziehen;
diese konvergieren also von beiden Seiten gegen den Stromstrich hin, wovon man sich leicht überzeugen kann, wenn
man einen schwimmenden Körper aufserhalb des Stromstriches,
aber doch nicht sehr entfernt von demselben in einen Flufs
wirft; man sieht da, wie der Schwimmer allmählich dem
Stromstriche näher treibt und schliefslich in denselben hineingezogen wird.

Die Lage des Fahrwassers in verschieden gestalteten Betten oder Strecken.

Die Lage des Fahrwassers kann in einem noch nicht hydrographisch aufgenommenen und verzeichneten Flusse nur nach hydrologischen Gesetzen, also nur dort von vornherein beurteilt werden, wo diese Gesetze nicht durch zufällige im Bette befindliche Objekte, wie Felsenklippen, untergetauchte Steinblöcke, Wurzelstöcke, im Flufsgrunde steckende Baumstämme usw., gestört sind. In solchen Fällen kann nur die Achtsamkeit auf alle ungewöhnlichen Oberflächenbewegungen des Wassers (Wellen, Brandung, Bräger) den Schiffer leiten. Unsre Anleitung aber mufs sich auf dasjenige beschränken, was auf ungestörten Naturgesetzen beruht.

Bewegt sich der Flufs in angreifbarem Material, so nimmt er entweder vom Ufer oder vom Grunde oder auch von beiden ablösbare Teile mit sich (Erosion und Abtrag).

Wenn das Material des Ufers leichter beweglich ist als jenes am Grunde, wirkt die Erosion mehr nach den Seiten hin als nach der Tiefe; die Veränderungen des Wasserlaufes bestehen also in Abschweifungen nach den Seiten hin. Umgekehrt, wenn die Sohle leichter angreifbar ist als die Ufer, wird bei hinreichendem Gefälle mehr eine Austiefung als eine Verbreiterung des Gerinnes erfolgen. Das abgetragene Material (Detritus), welches von dem Wasser fortgeführt wird und die „Sinkstoffe" desselben bildet, wird wieder abgesetzt an jenen Stellen, an denen aus irgendeiner Ursache die Geschwindigkeit des Wassers sich vermindert; dabei fallen selbstverständlich die schwereren und gröberen Materialien schon bei der geringsten Geschwindigkeit zu Boden, während die feinsten Teilchen des Detritus am weitesten fortgetrieben und erst an Stellen abgelagert werden, wo die Geschwindigkeit schon nahezu ganz aufgehoben ist.

Es findet also eine fortwährende Sortierung der Sinkstoffe im fliefsenden Wasser durch die wechselnde Geschwindigkeit des letzteren statt. Die dabei erfolgenden Ablagerungen sind es, aus welchen die verschiedenen Anlandungen längs der Ufer, sowie die im Flusse liegenden Kies-, Sand- und Schlammbänke bestehen. Da nun das Fahrwasser hinsichtlich seiner Tiefe, Breite und Richtung einerseits von des Geschwindigkeit der Strömung, andrerseits von der Lage und Ausdehnung der Bänke wesentlich abhängt, ist es wohl am lehrreichsten, die Umstände, unter denen sich die Geschwindigkeit inner-

halb eines Flufsbettes ändert, zugleich mit den daraus hervorgehenden Ablagerungsverhältnissen zu betrachten, und ebenso
jene Rückwirkung zu erwägen, welche die Ablagerungen wieder
auf den Stromstrich ausüben.

A. Bei Strecken mit geradem Laufe und parallelen Ufern.

a) Bei gleichbleibendem Gefälle.

1. Im festen oder Felsenbette.

Hier hängen die Verteilung der Tiefe und die Geschwindigkeiten, folglich der Verlauf des Fahrwassers ganz und gar
von geotektonischen Verhältnissen ab, und es kann von hydrologischen Regeln darüber nur wenig gesagt werden. Vor
allem ist festzuhalten, dafs, wenn das Gewässer Sinkstoffe in
gröfserer Menge mit sich führt, dieselben in Gestalt gestreckter
Bänke sich abwechselnd längs der beiden Ufer absetzen (Fig. 1),

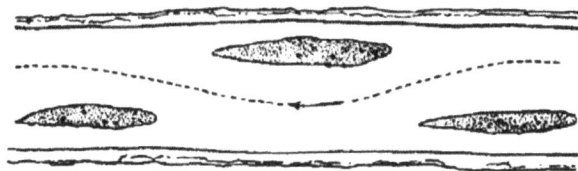

Fig. 1.

weil in der Regel die Geschwindigkeit unmittelbar an den
Ufern geringer wird, oder weil Reflexionen der Strömung an
den festen Ufern stattfinden und dadurch ruhigere Stellen
hinter den Reflexionsstellen entstehen. Man hat also ein
sich schlängelndes (serpentinierendes) Fahrwasser, welches
zwischen den Längsbänken sich durchwindet, und hätte unrecht,
das Fahrwasser ohneweiters in der Mittellinie des Flusses anzunehmen.

Als untrüglich kann man jedoch auch diese Andeutung
nicht betrachten, weil im Felsenbette bisweilen die gröfste
Tiefe und Geschwindigkeit auf längere Strecken an einem und
demselben Ufer sich findet, oder je nach der Lage der mehr
oder minder hervorragenden Gesteinsschichten oder Klippen in
scharfer Wendung von einem Ufer an das entgegengesetzte
geworfen wird. Bei länger anhaltender einseitiger Lage
des Stromstriches befinden sich dann die Ablagerungen —
falls solche überhaupt entstehen — jeweilig auf der entgegengesetzten Seite.

Aufserdem können nebst den etwa im Bette befindlichen festen Klippen oder Felsenbarren sekundäre Bänke vorkommen, die an den ersteren sich ansetzen, indem insbesondere an dem stromaufwärts gekehrten Rande durch Rückstau eine Verminderung der Geschwindigkeit stattfindet (m in Fig. 2) und an der entgegengesetzten Seite (Leeseite der Klippe) der Schutz durch das feste Objekt] die Strömung verlangsamt (n in Fig 2).

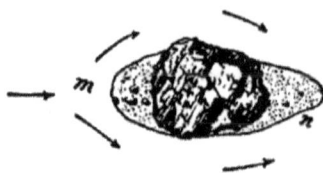

Fig. 2.

[2. In beweglichem Terrain.

Betten, welche in beweglichem Material eingegraben sind, verlaufen höchst selten gerade, und zwar nur dann, wenn bei ziemlich grofsem Gefälle, also bei grofser Stofskraft des Wassers, auf längere Distanzen keine sekundäre Querneigung des Terrains vorhanden ist und das Material der Seitenwände und jenes des Flufsgrundes in gleicher Weise angreifbar ist. In diesem Falle hat das Querprofil annähernd die Gestalt einer Parabel, deren Scheitel am Grunde in der Mitte des Bettes liegt, und deren Äste an den Seitenwänden hinlaufen. Die gröfste Tiefe, sowie die gröfste Geschwindigkeit befinden sich dann in der Mitte des Flusses, und Ablagerungen von unbeweglichem Material kommen in der Nähe des Stromstriches nicht vor; sie können jedoch, wie in dem ersterwähnten Falle (Fig. 1), längs der beiden Ufer entstehen, besonders dann, wenn die Parabel, welche den Querschnitt des Bettes darstellt, sehr flach verläuft, weshalb man sich dann den Ufern nur mit Vorsicht und unter wiederholten Sondierungen nähern soll.

Eine so vollständige Symmetrie wie die hier vorausgesetzte kommt übrigens in Wirklichkeit sehr selten vor; das Bett verflacht sich vielmehr nach einer oder der andern Seite stärker, und eben da sind dann die Ablagerungstätten. Noch häufiger, ja in der grofsen Mehrzahl der Fälle, verläuft bei beweglichem Terrain das Wasser in selbstgebildeten Kurven, wovon weiterhin unter C. die Rede sein wird.

b) [Bei wechselndem Gefälle.

Mag das Bett im festen oder beweglichen Material verlaufen, so entsteht bei einem Gefällsbruch, an welchem die schwächere Neigung des Bodens in eine stärkere übergeht,

eine Vermehrung der Geschwindigkeit; die Sinkstoffe werden
von da an leichter mitgeführt, die Wahrscheinlichkeit von Ablagerungen ist geringer, und der Stromstrich, wo es sich um
bewegliches Terrain handelt, am wahrscheinlichsten in der
Mitte. Wo hingegen das Gefälle sich vermindert, finden wegen
verminderter Geschwindigkeit leicht Ablagerungen quer über
das ganze Bett statt, zwischen denen das Wasser einen oft
vielfach wechselnden Weg sich bahnt. Dieser Weg pflegt
jedoch nicht unregelmäfsig und verworren, sondern derart zu
verlaufen, dafs er Krümmungen abwechselnd nach links und
nach rechts bildet (serpentiniert), und es gelten dann jene
Regeln, welche später bezüglich des Fahrwassers bei ge-
krümmtem Laufe gegeben werden.

B. Auf Strecken mit divergierenden oder konvergierenden Ufern.

Wenn, selbst bei gleichbleibendem Gefälle, sich das Bett
nach seiner ganzen Breite weiter ausdehnt, d. h. die Ufer
weiter auseinandertreten oder ein Übergang aus einer Enge
in eine Weitung stattfindet, vermindert sich die Geschwindigkeit
des Wassers, und die von obenher kommenden Geschiebe lagern
sich am Beginne der Weitung in Gestalt einer mehr oder
minder breiten Bank ab, welche beiläufig in der Mitte zu
liegen kommt, und daher eine Gabelung der Strömung veranlafst,
(Fig. 3). Das Gerinne verläuft dann beiderseits der Bank und

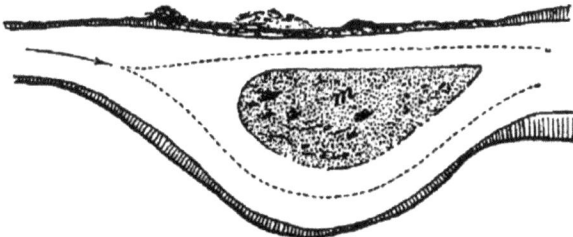

Fig. 3.

nähert sich den beiden Ufern. Wenn man also stromabwärts
fahrend in eine Verbreiterung des Flusses gelangt, hat man
immer eine solche Mittelbank zu vermuten und sich durch
Sondierung über die Lage derselben zu orientieren, falls sie nicht
bereits trocken aus dem Wasser hervorsieht. Welcher von
beiden Armen das bessere Fahrwasser bietet, kann hauptsächlich nach der Stärke der Strömung beurteilt werden, und

ist die gröfsere Tiefe dort zu vermuten, wo die stärkere Strömung ist.

Um wieder diese selbst zu beurteilen, dienen einige der später folgenden Regeln.

Wenn im Gegensatze zu dem eben behandelten Falle eine Weitung in eine Enge übergeht, also die Ufer zu konvergieren beginnen, entsteht bei diesem Übergang ein Rückstau, eine Verminderung der Geschwindigkeit und infolgedessen eine Neigung zu Ablagerungen. Diese finden jedoch meistens in störender Weise nur dann statt, wenn die Ufer nicht ganz allmählich, sondern in ziemlich rascher Biegung sich einander nähern oder auch nur an einer der beiden Seiten ein Ufervorsprung ins Bett hineinragt. In solchen Fällen verhält sich die Strömung und die Ablagerungstendenz in folgender Weise, wobei wir auf die beistehende Figur 4 verweisen.

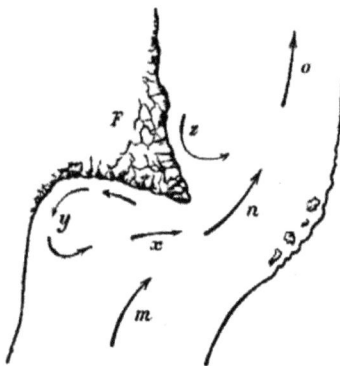

Fig. 4.

Wenn eine starke Strömung längs der Pfeile m, n, o stattfindet, so wird durch diese das in der Bucht bei y befindliche ruhigere Wasser gewissermafsen von der Aufsenströmung abgeschnitten, kann aber vermöge des gesetzmäfsigen Strebens nach Herstellung des gleichen Niveaus sich nicht in der Bucht anhäufen, sondern mufs sich wieder gegen den Stromstrich m, n, o hin entleeren. Dies geschieht dadurch, dafs das Wasser der Bucht eine halbkreisförmige Gegenströmung beschreibt (wie die kleinen Pfeile bei y andeuten), die längs des Ufers von F in der dem Stromstrich entgegengesetzten Richtung zieht und sich zuletzt, wie der kleine Pfeil x zeigt, mit der Hauptströmung vereinigt.

Ganz ähnliches ereignet sich längs des im Lee des Vorsprunges F gelegenen Uferrandes bis z; auch hier zieht, wie der kleine gekrümmte Pfeil bis z andeutet, eine Gegenströmung, die endlich zum grofsen Stromstrich umbiegt.

Solche Gegenströmungen sind zwar immer weniger lebhaft als der Stromstrich, in den sie schliefslich zurückkehren, aber sie sind oft bedeutend genug, um den Schiffer, welcher nicht darauf gefafst ist, in Verlegenheit und selbst Gefahr zu bringen, weil die Manöver ganz verkehrt ausfallen, wenn man sich über die Richtung der Strömung täuscht. Solche Gegenströmungen finden bei felsigen Betten bisweilen auch in grofsen Tiefen statt, ohne dafs sie an der Oberfläche deutlich werden, wenn nämlich derlei Vorsprünge sich nur in der Tiefe befinden und sich nicht weiter nach oben erstrecken. Solche Widerströmungen in der Tiefe lassen sich allerdings bei einer erstmaligen Befahrung vom Schiffe aus nicht erkennen und höchstens dann vermuten, wenn das Terrain im allgemeinen derlei Vorsprünge quer gegen den Flufslauf zeigt.

Auf die Sinkstoffe haben solche Widerströmungen folgenden Einfluß:

Im Innern des mehr oder minder kreisförmigen oder elliptischen Wirbels der Gegenströmung ist das Wasser verhältnismäfsig ruhig; daher entstehen daselbst leicht Ablagerungen, welche annähernd die Gestalt des Wirbels wiedergeben. Die beistehende Fig. 5 zeigt einen solchen sehr häufig vorkommenden Fall.

Die Strömung geht in der Regel auf die Mitte der Enge hin, und man mufs daher die oberhalb der Enge liegenden Buchten vermeiden — nicht nur wegen der Gegenströmung, sondern auch weil dort abgelagerte Bänke (*m*, *n*) zu vermuten sind.

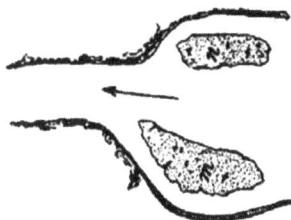

Fig. 5.

C. Bei gekrümmtem Laufe.

Bei Flufskrümmungen ist in der Regel die Geschwindigkeit des Wassers an der konvexen Uferseite, d. h. wo das Land vorspringt, kleiner als an der entgegengesetzten konkaven; der Stromstrich drängt sich, je schärfer die Kurve ist, desto näher an das Hohlufer. Am letzteren werden wegen der entschieden geringeren Wassergeschwindigkeit Sinkstoffe abgesetzt, welche die Konvexität dieses Ufers noch vergröfsern. Dies gilt sowohl in festem als in beweglichem Terrain. Im ersteren weist zwar bisweilen die Lage von Bodenspalten oder Klippen dem Stromstrich eine andre Richtung an, aber die Tendenz geht doch nach dem konkaven Ufer. Wenn also von beiderseitigen Felsenufern eine Flufskrümmung bedingt wird, wie in Fig. 6 dargestellt, bewegt sich der Stromstrich, je näher dem Scheitel der Kurve, desto entschiedener längs des konkaven oder Hohlufers; dagegen ist die Strömung verlangsamt längs

des entgegengesetzten konvexen (vorspringenden) Ufers, und
die mitgeführten Sinkstoffe setzen sich daselbst in Gestalt einer
halbscheibenförmigen Sand-, Schotter- oder Schlammbank ab.

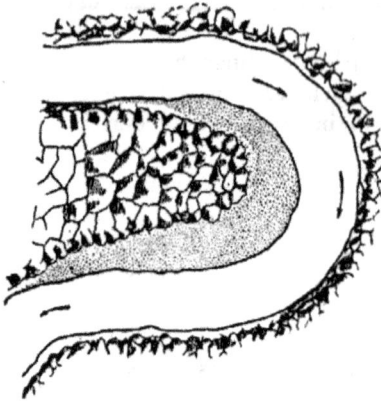

Bei solcher Konfiguration der
Ufer ist also das tiefere Fahrwasser nicht in der Mitte des
Wassers, sondern näher am
konkaven Ufer zu suchen;
und da Bänke wie die hier erwähnte bei höherem Wasserstände oft überronnen sind,
wäre man in Gefahr, festzu-
fahren, wenn man sich nicht
von der Mitte der Flußbreite
ab und mehr nach der Seite
des Hohlufers hielte.

Auf Strecken in beweg-
lichem Materiale bildet sich
das Wasser selbst eine fortlaufende Reihe von Konter-

Fig. 6.

kurven, und diese Gestalt eines Flußlaufes ist die natürliche.
Bei starker Strömung in sehr beweglichem Material werden die
Strömungen sehr exzessiv, und der Stromstrich schweift nach

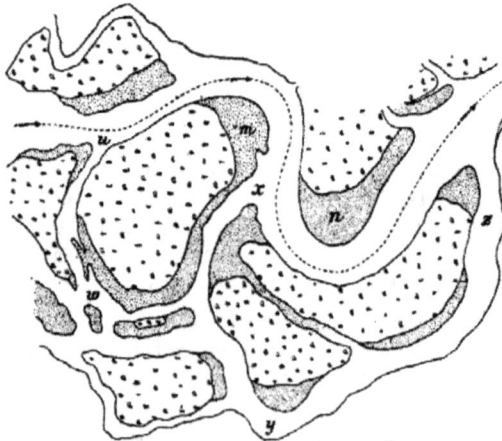

Fig. 7.

beiden Seiten weit ab von der idealen Mittellinie, welche dem
allgemeinen Gefälle des Terrains entsprechen würde; überall aber
findet man die erwähnten Anlandungen an den konvexen Ufern

(Fig. 7 *m*, *n*), bei schwachen Krümmungen halbmondförmig, bei scharfen Krümmungen aber mehr zungenförmig hervortretend (Fig. 8), während die konkaven Ufer je nach ihrer Festigkeit mehr oder weniger vom Wasser angegriffen werden (Bruchufer).

Eine Regel für das Fahrwasser ergibt sich daraus von selbst; man halte sich möglichst nahe am Bruchufer (an der Konkavität des Ufers). Nur bei Hochwasser, wenn die erwähnten Anlandungen tief unter Wasser liegen, kann man insbesondere bei der Bergfahrt mit Vorteil mehr in der Richtung der Sehne der Krümmung, also über die Anlandung

Fig. 8.

hinwegfahren, weil man dadurch nicht allein den Weg abkürzt, sondern auch gegen eine geringere Stromgeschwindigkeit zu arbeiten hat.

Der Typus aufeinanderfolgender Konterkurven ist der weitaus vorwiegende bei unregulierten Flüssen, in Weitungen mit beweglichem Terrain, und erstreckt sich oft mehrere Myriameter, viele Tagreisen weit, bis wieder eine Enge mit festeren Ufern kommt.

Zur noch näheren Erläuterung diene Fig. 7 (S. 732), welche nach einer gänzlich unregulierten wilden Strecke der ungarischen Donau gezeichnet ist. Dort fließt der Strom in einer weithin mit feinem, leicht beweglichem Schotter ausgefüllten Weitung und besitzt noch eine ziemlich wirksame Geschwindigkeit. Zur Zeit der Aufnahme lag der fahrbare Arm in der hier mit Pfeilen bezeichneten feinpunktierten Linie, welche zwei Konterkurven beschreibt mit den charakteristischen gerundeten Konvexbänken *m*, *n*. Außerdem aber erscheinen zahlreiche

alte Gerinne und früher gebildete Sandbänke, angelagert an
alte Auen- und Sumpfmoore, zwischen denen der Strom sich zu
verschiedenen Zeiten den Weg gebahnt hat und in allerlei
Varianten auch noch später bahnen wird, wenn er sich selbst
überlassen wird. Für die Wahl des richtigen Fahrwassers in
einem solchen unsteten Bette beachte man folgende Unterscheidung. An Punkten, wo sich der Fluß in zwei oder
mehrere Arme teilt, wie in Fig. 7 an den mit u, z bezeichneten
Stellen, folge man jenem Arme, welcher die stärkere Strömung
zeigt, und lasse sich nicht verleiten, einfach den breitesten Arm
ohne Rücksicht auf die Strömung zu wählen. Der Grund für
diese Regel liegt darin, daß eine starke Strömung nur dort
bestehen kann, wo weithin stromabwärts die „Vorflut" frei ist,
d. h. dem Weiterfließen des Wassers kein Hindernis querliegt.
Hingegen läßt ein schon mit schwacher Strömung beginnender
Arm vermuten, daß er weiterhin entweder blind endigt oder
wenigstens einengende und rückstauende Ablagerungen enthält, zwischen denen die Weiterfahrt kaum möglich ist.

In Fig. 7 sind die Arme u, w, y, z, dann x, y, z solche
Altwässer, in die man, an den Punkten u oder x angelangt,
die Fahrt nicht lenken, sondern der stärkeren Strömung — hier
durch die Richtung der Pfeile angedeutet — folgen wird.

Bei jeder Schiffahrt in serpentinierenden Strecken, sei es in
den schon oben Seite 727 Fig. 1 und S. 732 Fig. 6 erwähnten,
oder in dem hier behandelten Falle, ist besonders noch auf
folgende Punkte zu achten.

Wenn die abwechselnd an beiden Ufern — daher
schief gegeneinander — liegenden Bänke, zwischen denen der
Stromstrich sich schlängelt, eine größere Breite besitzen, so
nähern sich ihre dem Strome zugekehrten Ränder so sehr, daß
sie am Grunde mehr oder weniger vollkommen sich vereinigen,
wodurch eine das Flußbett diagonal durchziehende Grundbarre
oder Grundschwelle entsteht. Solche Stellen werden auch
„Furten" genannt. Eine Flußstrecke mit zahlreichen derartigen Krümmungen verhält sich wie ein geschlängeltes Tal,
welches von sattelförmigen Querriegeln durchzogen wird.

Je schärfer die Krümmungen sind, desto leichter bilden
sich solche untergetauchte Bänke oder Untiefen, welche das
Fahrwasser einengen, bei Niedrigwasser oft kaum zu passieren
sind und daher besonders die Vorsicht des Schiffers herausfordern.
Man wird also an den Stellen, wo eine Krümmung in die andere
übergeht (Inflexionsstellen) sich möglichst in der Mitte zwischen
den sichtbaren Rändern der beiderseitigen Anlandungen halten,

weil dort am ehesten eine tiefere Senkung der Schwelle, gleichsam ein Pafs, zu erwarten ist.

Ferner ist zu bemerken, dafs die eben geschilderte regelmäfsige Abwechslung des Stromstriches einerseits und der halbmondförmigen oder zungenförmigen Anlandungen andrerseits, dann der Furten bei gekrümmten Flufsläufen nur dann stattfindet, wenn mit der Krümmung des Flufsbettes nicht zugleich eine andere, noch einflufsreichere Konfiguration des Bettes (Abschnitt B.) verbunden ist. Wenn hingegen zugleich eine Verbreiterung oder Verflachung des Bettes gegeben ist, oder der Fall eines Rückstaues eintritt, so wirken diese Umstände gewöhnlich entscheidender als die Krümmung, und es treten in erster Linie jene Ablagerungen auf, welche dem so geänderten Profile entsprechen, wie die schon Seite 725 und 731 betrachteten. So ist die rechtsseitige Kurve in Fig. 3 nicht von einer mit dem entgegengesetzten Ufer zusammenhängenden Anlandung begleitet, sondern es liegt dort eine Mittelbank, weil eben eine Verbreiterung des Bettes beginnt; und in Fig. 5 finden sich Bänke in beiden Konkaven abgelagert, weil der Rückstau dort seine Wirkung übt.

D. Beim Konvergieren zweier Strömungsrichtungen.

Wenn zwei Strömungen, sei es am untern Ende einer Stromspaltung, oder bei der Mündung eines fliefsenden Gewässers, in das andere konvergieren, so resultiert aus dem Zusammentreffen der beiden bewegten Massen eine Richtung, welche zwischen beiden ursprünglichen Strömungsrichtungen liegt und sich, wenn nicht beide gleich stark sind, der Richtung der stärkern nähert. Aber nicht nur die Richtung, sondern auch die Geschwindigkeit wird bei dem Zusammentreffen vermindert, indem jede der beiden Strömungen einen Teil ihrer Kraft durch die seitliche Abdrängung in die neue Richtung verliert.

In der Gegend des Zusammentreffens beider Strömungen mufs also eine mehr oder minder bedeutende Verlangsamung eintreten, wodurch selbstverständlich Anlafs zu einer Ablagerung gegeben ist. Der Stromstrich wird dadurch von der Stelle des Zusammentreffens nach derjenigen Richtung abgedrängt, welche in der Bewegungsrichtung der stärkeren Strömung liegt; wenn aber beide Strömungen die gleiche Stärke haben, so teilt sich das Fahrwasser nach beiden Seiten der langgestreckten Bank, welche zwischen beiden Strömungen sich gebildet hat. In der Mitte eines und desselben Flusses finden solche Fälle nicht

selten dann statt, wenn Klippen oder Blöcke oder auch fest-
gerannte Baumstrünke, Wracks versunkener Fahrzeuge usw.
vorkommen. Daſs an der stromaufwärts gekehrten Seite solcher
Objekte durch Rückstauung eine Ablagerung entsteht, wurde
schon oben Seite 728 (*m* in Fig. 2) angedeutet; aber auch
an der stromabwärts gekehrten Seite tritt eine Ablagerung
deshalb auf, weil daselbst die Strömung, welche nach beiden
Seiten ausweichen muſste, sich wieder vereinigt, daher wenigstens
auf eine kurze Strecke konvergiert und sich dadurch verlangsamt (*n* in Fig. 2). Auf diese Art entsteht oft um ein ursprünglich kleines Hindernis eine langgezogene Bank, die
jedoch nicht immer an der Oberfläche sichtbar ist. Man muſs
daher einem aus dem Wasser auftauchenden Hindernisse schon
aus einiger Entfernung ausweichen, um nicht auf die oberhalb
gelegene Untiefe zu geraten und ebenso unterhalb des Objektes
entsprechende Vorsicht üben.

Bei der Mündung eines flieſsenden Gewässers in ein anderes
treffen sich selbstverständlich auch immer zwei Strömungen
in einem kleinern oder gröſsern Winkel, und aus dem eben-
erwähnten Grunde pflegen daselbst die bekannten Barren oder
Deltabildungen vorzukommen, welche ebenso oder in noch aus-
gedehnterem Maſse an den Mündungen von Flüssen in stehende
Gewässer auftreten.

Bei der Mündung eines Nebenflusses in einen Hauptfluſs
liegt eine Spitze des Deltas gewöhnlich nahezu in der Mitte
des Nebenflusses, der dadurch mindestens in zwei Arme gespalten
wird; die zwei andern Spitzen des Dreieckes liegen bereits im
Hauptstrome, die eine stromaufwärts, die andre stromabwärts
gekehrt; die erstere kürzer und mehr abgerundet, die zweite
mehr in die Länge gezogen, und der Stromstrich des Haupt-
flusses wird selbstverständlich durch das vorgeschobene Delta
nach der entgegengesetzten Richtung abgedrängt.

E. Veränderungen, denen die Ablagerungen unterliegen.

Die Veränderungen, welche an bereits gebildeten Ablagerungen vor sich gehen, können entweder

    die Oberfläche, oder   .
    die Seitenränder, oder
    einen Teil der Substanz durch die ganze Bank hindurch,
endlich
    die gesamte Masse der Ablagerung
betreffen.

Die Oberfläche wird, wenn nachfolgende Hochwässer bei gleichbleibender Stromverteilung neue Sinkstoffe herbeiführen, erhöht. Wenn jedoch eine stärkere Strömung eintritt, werden die Oberflächenschichten der Ablagerung weggeführt; dieselbe wird erniedrigt, und es liegt dann anstatt einer bei mittlerem oder niedrigerem Wasserstande sichtbaren Bank eine untergetauchte oder Untiefe vor.

Die Seitenränder werden am häufigsten bei Mittelbänken angegriffen; selten hingegen ist dies der Fall bei den Anlandungen an den konvexen Ufern.

Eine bedeutendere Veränderung einer Bank tritt dann ein, wenn sie an einer oder mehreren Stellen durchgerissen wird. Dies geschieht durch eine oft nur vorübergehende Ablenkung der Strömung, am häufigsten bei Mittelbänken und bei dem zungenförmigen Typus der Krümmungsbänke (Fig. 8). Wenngleich in solchen Fällen schmale Rinnen durch dergleichen Bänke gehen und es so aussieht, als ob mehrere regellos zerstreute Bänke vorhanden wären, bleibt doch die vorhin dargestellte Gesetzmäßigkeit bestehen; die zwei, drei oder mehreren Stücke der ursprünglichen Mittelbank sind eben nicht als einzelne Inselchen, sondern nur als oberflächlich getrennt erscheinende, unten aber noch zusammenhängende Teile einer gesetzmäßigen Mittelbank oder Krümmungsbank zu betrachten, insbesondere die Stücke, in welche eine zungenförmige Anlandung nicht selten geteilt wird.

Man wird daher beispielsweise in dem Falle, welchen Fig. 8 darstellt, sich nicht verleiten lassen, die obere (dreieckige) Bank *n* als eine besondere Insel aufzufassen.

Was dem ungeübten Auge oft als ein Chaos regelloser Bänke oder Inseln erscheint, wird von demjenigen, welcher mit den Gesetzen der Ablagerung und der Stromrichtungen vertraut ist, in seinem gesetzmäßigen Zusammenhange aufgefaßt.

Schließlich sind noch die Fälle zu betrachten, in denen ganze Ablagerungen von ihren Plätzen verschwinden. Das kann nur durch eine Verstärkung der Strömung bewirkt werden, und diese wieder kann eintreten entweder durch Vergrößerung des lokalen Gefälles oder durch eine sich vollziehende Umlegung des Stromstriches, wodurch dieser über eine Stelle geleitet wird, an welcher bisher eine Bank lag. Der erste dieser beiden Fälle tritt in größerem Maßstabe bei unregulierten Flüssen nur selten ein, — etwa durch Zerbröckelung und Wegschwemmung oder Durchreißen eines festen Hindernisses, welches bisher einen Rückstau verursachte. Am seltensten

geschieht es, dafs das Gefälle am oberen Ende einer Weitung
sich vergröfsert; Mittelbänke verschwinden also am seltensten, —
sie werden höchstens in mehrere Stücke geteilt. In geringem
Mafse aber entsteht naturgemäfs eine Verstärkung der Stromgeschwindigkeit dann, wenn nach Hochwasser das Fallen des
Wassers in einer unteren Strecke früher eintritt als an der
benachbarten oberen, wenn z. B. der Niederschlag und das
Zuströmen der seitlichen Gewässer in der unteren Strecke
früher aufhört als in der oberen, da hierdurch das Ober-
flächengefälle vorübergehend vergröfsert wird. Daher werden
nicht selten die Bänke, welche während des Hochwassers an-
getragen wurden, bei rasch sinkendem Wasserstande teilweise
durchrissen, zerstückelt, an den Rändern angegriffen oder auch
ganz verschoben, welch letzteres jedoch, wie gesagt, bei Mittelbänken am seltensten geschieht — und dasselbe gilt von den
sanfter gerundeten Krümmungsanlandungen in festem Terrain,
wo die Gestalt der Krümmungen durch felsige Ufer unverrückbar
gegeben ist. Dagegen wechselt der Ort der Bänke und des
Fahrwassers allmählich durch Umlegung oder Wandern
in folgenden zwei Fällen: a) Die ufernahen Bänke bei geradem
Verlaufe des Bettes (s. Fig. 1) rücken allmählich, jede an
derselben Stromseite, an der sie bisher lag, stromabwärts; dadurch werden auch die Furten und die Kurven, in denen das
Fahrwasser zwischen den Bänken serpentiniert, verrückt, derart,
dafs nach längerer Zeit gerade dort, wo früher eine Bank lag,
eine Auskrümmung des Stromstriches zu liegen kommt und
die neue Stromstrichlinie mit der alten nach einer gewissen
Zeit und vorübergehend die Gestalt einer Reihe von liegenden
„Achten" (∞) bildet. Die Geschwindigkeit, mit welcher diese
Verschiebung fortschreitet, ist sehr verschieden je nach der
Stromgeschwindigkeit und dem Detritus; an Rhein und Donau
hat man ca. 300 und 200 Meter durchschnittlich für ein Jahr
gefunden. Diese Veränderung hat demnach für die erstmalige
Beurteilung des Fahrwassers keine wesentliche Bedeutung,
ist jedoch von Interesse für den Fall, als man Karten oder
Skizzen solcher Flufsstrecken von früheren Reisenden besitzt,
wobei man es keineswegs als selbstverständlich annehmen
darf, dafs die daselbst etwa verzeichneten Ablagerungen dieses
Typus noch an den gleichen Punkten liegen. b) Der zweite
Fall einer häufig vorkommenden Umlegung des Stromstriches
und Fahrwassers kommt bei den weit abschweifenden Krümmungen in Strecken mit stärkerer Geschwindigkeit und in
beweglichem Bodenmateriale vor. Die Kurven werden da, wie
schon oben gesagt, allmählich schärfer oder mehr zugespitzt

(Typus Fig. 8), und es tritt endlich ein Moment ein, wo bei plötzlich zunehmender Strömung, z. B. bei rasch von obenher anwachsendem Wasserstande, oder auch bei raschem, von untenher beginnendem Fallen, die zungenförmige Anlandung (*m n* in Fig. 8) mehr oder minder nahe an ihrer Basis, d. h. also näher am entgegengesetzten (hier rechten) Ufer, quer durchrissen wird und dann der Stromstrich durch diesen Rifs geht. Der Rifs bleibt jedoch nicht geradlinig, sondern die nach dieser Seite abgewichene Strömung höhlt auch hier wieder das Ufer aus; es entsteht eine der früheren entgegengesetzte Kurve, und das frühere l e b e n d i g e F a h r w a s s e r wird zu einem t o t e n A r m , — der übrigens n i c h t i m m e r g ä n z - l i c h v e r l a n d e t, sondern mehr oder weniger tief und z. T. wenigstens bei Hochwasser fahrbar bleibt (Bayous des Mississippi und seiner Nebenflüsse; ähnlich den Armen *w, y, z* in Fig. 7). Es ergibt sich also auch in diesem Falle ein Wechseln der Krümmungsscheitel von einem Ufer an das entgegengesetzte, ein Sichdurchkreuzen des neuen Stromstriches mit dem alten; der Unterschied besteht aber darin, dafs hier die Umlegung plötzlich und unvorhergesehen eintritt, während im früher betrachteten Falle (*a*) das Wandern der Bänke und des Fahrwassers langsam und in einem für die einzelne Strecke fast gesetzmäfsigen Tempo erfolgt. Ein weiterer Unterschied besteht darin, dafs im vorigen Falle (a und Fig. 1) die B ä n k e ihre Stelle wechseln und die Umlegung des Fahrwassers eine Folge davon ist; im zweiten Falle (b und Fig. 7 und 8) hingegen nur das F a h r w a s s e r wechselt, die Bänke aber liegen bleiben und nur zerstückelt werden.

Es dürfte nun das Wesentlichste von demjenigen angedeutet sein, was zur Orientierung über die Vorgänge in einem unregulierten Flufsbette dient, soweit es sich dabei um die Beurteilung des Fahrwassers handelt. Eigene Beobachtung mufs allerdings diese Andeutungen ergänzen, würde aber ohne derlei Fingerzeige erst nach manchen vielleicht bedenklichen Fehlgriffen zum Richtigen führen.

Einige Winke für die Ausrüstung und die Ausführung von Forschungsreisen.

Von

Georg Wislicenus.

Ein kriegserfahrener Admiral sorgte stets dafür, dafs die Mannschaften seiner Schiffe kräftig zu essen bekamen, ehe die Schlacht begann. Jeder ideale Erfolg ist abhängig von den realen Verhältnissen. Wie manche Forschungsreise hat lediglich darum ihr Ziel nicht erreicht, weil sie nicht gehörig mit allem, „was dazu gehört", versehen war.

Die folgenden kurzen Anleitungen sind nur als Hinweise aufzufassen, welche Gesichtspunkte für die Ausrüstung und die Wahl der Beförderungsmittel ungefähr zu gelten haben; sie können nicht erschöpfend sein, weil sich die Reisemittel fortwährend in allen Ländern verändern, vervollkommnen. Aber weil sie auf älteren Erfahrungen beruhen, können sie dem, der zum ersten Male selbst in fremde Länder reist, nützlich sein und hier und da auch vor Schaden bewahren.

Wahl des Reisewegs wird meist vom Zweck der Reise und der verfügbaren Zeit abhängen. Wer in ferner Gegend Forschungen ausführen will, wird, wenn ihm die Zeit knapp ist, auf den Hauptverkehrswegen dahin zu kommen suchen. Wer die Wahl zwischen Bahnfahrt und Dampferfahrt hat, sage sich, dafs eine lange Seereise stets einer langen Bahnreise vorzuziehen ist, weil das Leben auf dem Dampfer eine Erholung ist, wie sie namentlich Binnenländern nur selten geboten wird.

Seekrankheit ist bei einiger Willensstärke leicht zu überwinden und zeigt sich auf den grofsen Dampfern unsrer Zeit nur als schnell vorübergehendes leichtes Unwohlsein, ähn-

lich wie nach etwas reichlichem Genufs geistiger Getränke.
Je weniger Bedeutung man diesem geringfügigen Übel beilegt,
desto schneller überwindet man es. Es empfiehlt sich, bei un-
ruhigem Schiff den Magen nie ganz leer werden zu lassen,
also auch zwischen den Mahlzeiten Butterbrote, Kakes, Schokolade oder ähnliches zu essen, aber alkoholische Getränke,
aufser Rotwein, zu meiden. Kaffeegenufs führt leicht Explosionen
hervor; dagegen ist Tee mit einigen Zitronenscheiben oder
etwas Zitronensaft sehr wohltätig. Man suche die ersten An-
wandlungen des Übels an Deck in bequemer Ruhelage in der
Längsschiffsmitte zu überwinden, da die unfrische Luft in den
unteren Räumen leicht verhängnisvoll werden kann. Wenn
nötig, zwinge man sich zum Essen, um nicht an Widerstands-
kraft zu verlieren. Den Magen halte man warm, wenn nötig:
mit Leibbinde. Falls das Blut vom Kopfe zurücktritt, sollen
nach Eugen Wolf heifse Umschläge (Handtuch in Wasser von
80° C. getaucht und ausgerungen) fest um die Stirn gewickelt
wohltätig sein; dazu trinke man dünnen bitteren Tee mit Röst-
brot. Sicherster Schutz für willensschwache Personen, die von
der Seekrankheit befallen werden, ist der Aufenthalt in einer
längsschiffs aufgehängten bequemen Hängematte, deren Kopfende
etwas höher als das Fufsende hängen mufs.

    D e u t s c h e D a m p f e r l i n i e n sollten von deutschen
Forschungsreisenden stets bevorzugt werden. Das R e i c h s -
k u r s b u c h gibt genaue Auskunft über die verschiedenen
Linien, ihre Fahrzeiten, Anlaufshäfen und Fahrpreise. Für
nähere Auskunft und wegen besonderer Abmachungen wende
man sich an die Geschäftsstellen der einzelnen Dampferlinien
in Berlin, Hamburg, Bremen. Man beachte, dafs man heutzutage auf regelmäfsigen deutschen Dampferlinien nach allen
wichtigen Häfen Rufslands, Schwedens und Norwegens, Grofs-
britaniens, Frankreichs, Spaniens und Portugals, nach Madeira,
den Kanarien und Kap Verdeschen Inseln, nach Kanada, den
Vereinigten Staaten, Westindien und Mittelamerika sowie nach
allen Seehäfen Südamerikas und der ganzen Westküste von
Amerika gelangen kann; ferner nach allen wichtigen Häfen
des Mittelmeers und des Schwarzen Meeres, nach allen afrikanischen Häfen, nach Ostasien und Australien, unter Anlaufen
einiger indischer Häfen. Wo in nordeuropäischen Gewässern
die deutschen Linien nicht ausreichen, wähle man schwedische,
finnische, norwegische und dänische Dampferlinien, die den
deutschen nicht nachstehen. Im Mittelmeer wird man zuweilen
beim Besuch einzelner Punkte ebenfalls auf fremde Linien
angewiesen sein; dann wird man den Österreichischen Lloyd

(in Triest), die vielen Linien der „Navigazione Generale Italiana"
(Direktion in Genua), die französische „Messageries Maritimes"
(Marseille) oder auch die ägyptischen Postdampfer gegen andre
Linien vorziehen können. Über andre fremde Dampferlinien
hole man sich erst Auskunft beim deutschen Konsul des
Abfahrtshafens, da man manchmal dadurch schlimme eigne Er-
fahrungen sich sparen kann. Besonders die Reinlichkeit und
Verpflegung läfst auf fremden Dampfern zuweilen sehr viel zu
wünschen übrig, aber auch die Zuverlässigkeit in nautischer
Hinsicht. Auf holländischen und englischen Dampfern ist die
Sauberkeit, auf französischen die Verpflegung meistens fast
ebenso wie auf den deutschen; bei allen andern Flaggen wird
man nur geringere Ansprüche stellen dürfen.

Man beachte, insbesondere wenn man mit vielen Instrumenten
und Vorräten aller Art abreist, dafs man für sehr viele über-
seeische Häfen, die von regelmäfsigen (im Reichskursbuch also
nicht angegebenen) deutschen Personendampfern nicht angelaufen
werden, doch mit Bestimmtheit oder je nachdem durch Zufall
darauf rechnen kann, dafs solche Häfen von deutschen
Frachtdampfern, sei es in regelmäfsiger, sei es in so-
genannter wilder Fahrt, angelaufen werden. Man hat dann
Aussicht, verhältnismäfsig billig, wenn auch langsamer als auf
Postdampfern, an seinen Bestimmungsort zu gelangen. Oft
überwiegt der grofse Vorteil, wertvolle und empfindliche Instrumente nicht mehrmals umladen zu müssen, schon den Nachteil einer Verlängerung der Reise auf einem langsameren Frachtdampfer. Die meisten deutschen Frachtdampfer sind darauf
eingerichtet, einige Reisende in der Kapitänskajüte mitzunehmen.
Zuweilen findet man im Auslande auch durch kleinere deutsche
Zwischendampfer oder Frachtdampfer Anschlufs an eine Haupt-
linie. Über diese jahraus, jahrein, ja oft in sehr kurzen
Zeiträumen sich ändernden Fahrgelegenheiten wird man stets
die beste Auskunft bei einer gröfseren Schiffsmaklerfirma in
Hamburg oder Bremen erhalten. Die Wochenschrift: „Schiffs-
nachrichten" (Hamburg) belehrt fortlaufend über die wichtigsten
derartigen Fahrgelegenheiten nach allen Weltgegenden.

Stationsschiffe der deutschen Marine sind bei
besonderen Gelegenheiten schon in einzelnen Fällen angewiesen
worden, deutschen Gelehrten behilflich zu sein, sie auch zuweilen mit ihrer Ausrüstung an Bord zu nehmen und in einen
von ihnen zu besuchenden, dem allgemeinen Verkehr fern-
liegenden Hafen überzuführen. Anfragen für solche Gelegenheit
sind im Auslande stets durch die deutschen Konsulate auszuführen; am besten aber wird man schon vor Aufstellung des

Reiseplans zunächst sich mit der Nachrichtenabteilung des Reichsmarineamts (Berlin) in Verbindung setzen und wird dann, falls von dieser Stelle die Möglichkeit einer solchen Unterstützung in Aussicht gestellt wird, an den Herrn Staatssekretär des Reichsmarineamts einen förmlichen Antrag unter näherer Begründung des Zwecks der Reise einreichen. Da meist verschiedene Behörden über die Zweckmäfsigkeit der Genehmigung zu urteilen haben, dürfen solche Anträge natürlich nicht im letzten Augenblicke kurz vor der Abreise erst gestellt werden. In Ausnahmefällen werden auch fremdländische Kriegsschiffe, insbesondere die stets sehr hilfsbereiten englischen und nordamerikanischen Stations- und Vermessungsschiffe zu gelegentlicher Beihilfe dienlich sein können. Wo die Stationsschiffe der verschiedenen Seemächte sich aufhalten und welche Reisewege sie vorhaben, wird man ebenfalls ausnahmsweise bei genauer Angabe des wissenschaftlichen Ziels der eignen Unternehmung von den fremden Konsulaten oder den Kolonialregierungen ermitteln können.

    B e m e r k u n g e n   ü b e r   d i e   A u s r ü s t u n g   z u r   R e i s e. Je weniger Gepäck, desto besser, besonders wenn man ein Reiseziel hat, das häufigen Wechsel der Fahrgelegenheit bedingt. Gröfsere Gepäckstücke wird man oft billiger als Frachtgut vorausschicken können. Auf den meisten Dampfern kann man nur die Schiffskoffer von besonderer Form mit in die Kabinen nehmen; gröfsere werden im Ladungsraum verstaut, doch den Reisenden auf Wunsch etwa wöchentlich einmal zur Verfügung gestellt, wenn das Wetter es erlaubt. Die Mitnahme von Hunden und andern Tieren erfordert stets besondere Vereinbarung. Zwei bequeme Reiseanzüge, ein leichter, ein wärmerer, sind für Seereisen mindestens erforderlich, am besten aus sehr haltbarem Wollstoff. Für Tropenreisen dazu weifse Waschanzüge; ferner reichlich Unterzeug und Hemdenwäsche. Einzelheiten über die Ausrüstung erfährt man jetzt am zweckmäfsigsten bei den grofsen Firmen, die für unsre Kolonialtruppen arbeiten und daher imstande sind, jede Art von Reiseausrüstung, besonders auch für die Tropenländer, sehr schnell und zweckmäfsig zu liefern, auch zweckmäfsig zu verpacken und zu versenden. Man vergesse dabei weder Gesellschaftsanzug noch Reitanzug sowie praktische, in der Hitze nicht verderbende wasserdichte Regenmäntel, Schlafsäcke und Zelteinrichtung. Schwarzer Frackanzug ist im Auslande viel nötiger als bei uns zu Hause, da fast in allen fremden Ländern bei Besuchen, Einladungen, im Klub und zuweilen auch bei Gasthofsmittagessen viel mehr auf äufsere Formen gegeben wird als bei

uns. Zum Reitanzug werden vielfach tüchtige gelbe Schnürschuhe mit bequemen Gamaschen oder Wickelbändern den
schweren Reitstiefeln vorgezogen. Derbe Reithose ist unentbehrlich, dazu Flanellhemd oder weifse Flanelljacke und Tropenhelm für längere Ritte allenfalls ausreichend. Man beachte, dafs
Glacéhandschuhe schnell verderben in feuchtem, heifsem Klima,
wenn sie nicht in Blechbüchsen verlötet sind. Zigarren und
Tabak müssen in Stanniol verpackt werden, ebenso andre Sachen,
die unter Feuchtigkeit leiden; Chemikalien usw. luftdicht ab-
schliefsen! Vorrat an besten schwedischen Streichhölzern,
Seife, Handtüchern, Klosettpapier, japanischen Papierservietten,
trockener Tinte (die nur mit warmem Wasser angerührt zu
werden braucht), Stahlfedern, Bleistiften, Filtrierpapier, Hosen-
knöpfen, Nadeln und Zwirn, starkem Bindfaden; etwas Draht,
Reserve-Hemdknöpfchen, Wachsstock; reichlich Visitenkarten mit
aufgedruckter heimischer Adresse und Lebensstellung (in lateinischen Buchstaben), Notizblöcke, dünnes überseeisches Briefpapier
mit dünnen, aber undurchsichtigen Briefumschlägen; einige Reifs-
zwecken und Nägel; Tusche und Wasserfarben nebst Näpfchen
und Pinselvorrat; Angelschnur und Angelhaken nach Bedarf;
Gewehr- und Revolverpatronen (nicht zuviel und nicht zuwenig
und vor der Reise geprüfte!); Lichter für eine Sturmlaterne und
eine Zeltlaterne mit Reflektor; Tee, Zucker, Salz, Zitronensäure,
Schokolade und andre Lebensmittel nach Bedarf.

Zu den unentbehrlichen kleinen Gegenständen für eine
Forschungsreise gehören: ein kräftiges Taschenmesser mit Kork-
und Schraubenzieher und Dosenbrecher (für Konservenbüchsen),
ein guter, nicht zu kleiner Revolver, in Ledertasche am Gürtel,
unter der Jacke zu tragen, oder noch besser eine der neuen
Mauserpistolen (Selbstlader); Büchse oder Jagdgewehr ist nach
dem Zweck der Reise sorgfältig auszuwählen. Den Revolver
lege man in unsicherem oder verdächtigem Nachtlager nicht
unter das Kopfkissen, sondern so, dafs man ihn sofort mit der
rechten Hand schufsbereit fassen kann. Im Notfalle zögere
man nicht zu lange damit, einen Alarm- oder Schreckschufs
abzufeuern, schon um nachts die Lage zu beleuchten! Ein
gutes Doppelglas ist unentbehrlicher als ein terrestrisches Fernrohr, weil bei jeder Beleuchtung zu benutzen; sehr zu
empfehlen für Tag- und Nachtgebrauch sind die sogenannten
„Nachtgläser" der Marine. Man kaufe nie ungeprüfte Instrumente; dies gilt auch für den Reisekompafs und den Aneroidbarometer, die für jeden Reisenden (auch wenn er keine Bergbesteigungen unternimmt und keine Wetterbeobachtungen machen
will) unentbehrlich sind. Zelt- und Sturmlaterne, für Kerzen-

und Ölbeleuchtung je nach Bedarf eingerichtet, müssen ebenfalls vor der Reise erprobt sein, wenn man viel Ärger sparen will, ebenso ein zweckmäfsiger Teekocher für Spiritus mit Kessel und Wasservorratsbehälter je nach Art der Reise; Trinkflasche und Trinkbecher, beide unzerbrechlich, am besten aus Aluminium; überhaupt bedenke man, dafs jedes Gerät, das man aus Aluminium herstellen lassen kann, sehr viel Gepäckgewicht spart. Als Zeltstangen ist Bambus am leichtesten und haltbarsten, aber man kann auch Aluminiumröhren dazu verwenden, die ineinandergeschoben werden. Ein heller grofser Schirm, mehr gegen Sonne als gegen Regen, ist für Tropenreisende ganz unentbehrlich; ferner Moskitonetze und Helmschleier sowie für empfindliche Augen Sonnen- und Schneebrillen mit grünen Gläsern. Die Ausrüstung für Polarforscher ist in jedem der neueren Polarwerke sehr ausführlich beschrieben, braucht hier also nicht erwähnt zu werden. Eine wasserdicht verschliefsbare Mappe für Reisekarten, Reisetagebuch und andre Schriftsachen ist ebenso unentbehrlich. Wenn man bei Reisen ins Innere unbekannter oder wenig bevölkerter Länder sein von Trägern oder Lasttieren befördertes Gepäck in luft- und wasserdichten Säcken unterbringen kann, die infolge innerer Hohlräume (durch Reifen im Sack zu gewinnen) auf dem Wasser gut schwimmen, kann man das Gepäck zur Herstellung eines Flofses benutzen, um über Flüsse und Seen zu setzen; die sämtlichen Säcke müssen gut miteinander verkoppelt werden, die Zeltstangen dienen dabei als Verbindungsbalken, einige auch als Ruder und Masten, an denen man das Zelttuch als Segel ausspannen kann. Diese Andeutung möge genügen, um darauf hinzuweisen, dafs eine im voraus gut vorbereitete Auswahl der Gepäckeinrichtung mancherlei Hilfsmittel bietet, um den wissenschaftlichen Zweck der Reise zu begünstigen und zu fördern. Mancher Forschungsreisende ist lediglich infolge unzweckmäfsiger Ausrüstung nicht zu seinem Ziele gekommen oder hat gar seine Unerfahrenheit oder zu geringe Sorgfalt in der Vorbereitung der richtigen Reiseausrüstung mit dem Leben gebüfst. Auch der anscheinend geringfügigste Gegenstand, ein Streichholz, eine Konservenbüchse, ein Medikament oder eine Patrone mehr, kann in schwierigen Lagen, fern von den Stätten europäischer Gesittung zuweilen zum Lebensretter werden! Nach diesem Grundsatz arbeite man einen sorgfältigen Ausrüstungsplan aus und lasse ihn von Sachverständigen, womöglich von Männern der Wissenschaft, die Erfahrung in Forschungsreisen mit ähnlichen Zwecken wie der eigenen haben, nochmals durchprüfen!

Sehr wichtig, und nur mit Hilfe eines sachverständigen
Arztes für jeden einzelnen Fall unter Berücksichtigung des
Reiseziels und der Persönlichkeit des Reisenden aufzustellen,
ist die Ausrüstung mit Medikamenten. Dabei vergesse man
nicht Drogen für die Heilung wundgescheuerter Haut und
Vorbeugemittel gegen endemische und epidemische Krankheiten
der Gegenden, die man besucht.

Reisen in den nordeuropäischen Ländern
gleichen am meisten den Reisen in Deutschland selbst. Beste
Reisezeit von Mitte Juni bis Mitte September, im Hochgebirge
und im hohen Norden aber nur von Mitte Juli bis Mitte August.
Besonders günstig zu Landreisen sind die hellen Sommer-
nächte im Juni und Juli. Mitternachtssonne am Nordkap von
Mitte Mai bis Mitte August. Für Reisen in Lappland und
Finmarken ist auch im Sommer warme Wollkleidung (Flanellhemd, wollene Strümpfe, Lodenmantel) anzuraten; dazu Ruck-
sack für das Handgepäck, Bergstock und Mückenschleier,
genagelte Schnürschuhe mit wasserdichten Gamaschen. Kosten
für eine einmonatige Reise etwa 600 Mark; Reisepaß ist nicht
nötig, Paßkarte zuweilen zweckmäßig. Verkehrssprache ist
leicht anzueignen, soweit für das nötigste Verständnis erforderlich.
Man beachte die zahlreichen billigen Dampferreisegelegenheiten
mit guter Verpflegung. Für Radler bietet Mittelschweden beste
Gelegenheiten. Die Touristenvereine in Christiania und Stockholm geben für Nordlandreisen im Lande Auskunft. Norweger
und Schweden sind sehr höflich und zuvorkommend, erwarten
dabei aber gleiche Lebensart und sind durch herrisches oder
unruhiges Wesen leicht verletzt. Während man in Norwegen
Landreisen meist auf kleinen Wagen ausführen kann, ist man
in Nordschweden und Lappland auf Pferde und Bootsgelegen-
heiten auf Flüssen und Seen angewiesen. Ziemlich beschwerlich
sind Landreisen auf Island, wo z. B. Flüsse zu Pferde durch-
schwommen werden.

Reisen in Rußland. Beste Reisezeit Mitte Juni bis
Ende August für Nordrußland einschließlich Finnland; für
Südrußland Frühsommer und Herbst (Hochsommer ist sehr
heiß); für den Kaukasus Hochsommer sowie bis Oktober; für
Turkestan Mitte März bis Ende April und Mitte August bis
Anfang Oktober; für Sibirien Mitte Mai bis Mitte Juni sowie
August; für die Mandschurei September. Reiseanzug darf
nicht zu leicht sein; man rechne in ganz Rußland zu jeder
Jahreszeit auf sehr starke Unterschiede in der Witterung; auch
im Hochsommer sind kalte Nächte zu erwarten, andrerseits im
Sommer drückend heiße, tropische Tage. Etwas eigenes Bett-

zeug, Kopfkissen und leinene Laken, ist zweckmäfsig. Grofser Vorrat an Insektenpulver ist nötig. Pelzwerk und gefütterte Gummischuhe im Winter unentbehrlich, auch im Sommer der schlechten Landwege halber wasserdichtes Schuhzeug (Gummistiefel, Gummigamaschen). Man meide überall ungekochtes Wasser und trinke gegen Durst nur Tee. Typhus und andre Fieber sind nicht selten, letztere besonders an den Küsten des Schwarzen Meeres. Chinin wird als Vorbeugemittel empfohlen. Als Reisekosten rechne man ohne die Bahnfahrt im europäischen Rufsland 10 bis 15 Rubel täglich, im asiatischen gegen 20 Rubel; man sei stets reichlich mit russischem Kleingeld (der vielen Trinkgelder wegen) versehen, trage aber nicht grofse Summen bei sich, sondern nehme Kreditbriefe für Bankhäuser in gröfseren Plätzen mit. Bei Einkäufen mufs man, besonders im Kaukasus und im asiatischen Rufsland, gehörig herunterhandeln. Man mufs nie merken lassen, dafs man es eilig hat, wenn man um Fuhrlohn und dergl. handelt. Sehr strenge Pafsvorschriften müssen genau beobachtet werden, sowohl für den Eintritt nach Rufsland wie für den Austritt; man erkundige sich darüber vorher genau bei den russischen Berufskonsuln oder Gesandtschaften in Deutschland, die den Pafs ausstellen und beglaubigen; auch die Gepäck- und Zollschwierigkeiten sind kaum irgendwo gröfser als in Rufsland. Den Pafs, der stets nur sechs Monate gültig ist, trage man stets bei sich; bei längerem Aufenthalte mufs man sich einen russischen Aufenthaltsschein von den Landesbehörden ausstellen lassen, aber vor der Abreise dann sich doch noch bei der Polizei abmelden und auf den alten Pafs die Bewilligung zum Verlassen Rufslands eintragen lassen. Auf das Gepäck mufs man gut achten; es nachschicken zu lassen oder vorauszuschicken ist nicht unbedenklich. Vorsicht bei der Auswahl der mitgeführten Bücher und Zeitschriften ist dringend anzuraten; auch sollte man Zeitungspapier nie zum Einwickeln von Reisesachen benutzen, wegen der strengen Zensur. Sobald man die Hauptreisewege und die grofsen Städte verläfst, ist man vollständig auf den Gebrauch der russischen Sprache angewiesen; trotzdem sie schwer zu lernen ist, versäume man nicht, sich das Notwendigste von ihr für den Verkehr vorher anzueignen. Sehr förderlich für den Reisezweck sind gut begründete Empfehlungen an russische Landesbehörden sowie an hohe Staatsbeamte oder Fürstlichkeiten. Bei Schwierigkeiten mit russischen Behörden wende man sich an einen deutschen Konsul oder, wo solcher nicht da ist, an den eines andern europäischen Landes.

In der Krim und im Kaukasus ist man für Landreisen auf

Postwagen, Mietswagen oder Reitpferde augewiesen. Bei Fufsreisen nehme man stets zuverlässige Führer mit Sprachkenntnissen mit; im Kaukasus miete man einen empfohlenen Diener, der aufser Russisch noch Armenisch, Tatarisch oder Grusinisch spricht, und der kochen kann. Zuweilen ist es vorteilhafter, Pferde für die Reise zu kaufen, als sie nur zu mieten; dann ist eigenes Sattelzeug von Nutzen. Wer auf Nebenwegen reist, mufs auch mit Lebensmitteln (Schiffszwieback, Fleischkonserven, Erbswurst, Fleischextrakt, kondensierter Milch, Schokolade, Tee, Zucker) sowie mit Schlafdecken, Laternen, Verbandzeug, Beil (zum Holzhacken) usw. versehen sein, wird also je nach Zeitdauer der Reise auch einige Lastpferde brauchen. Für Bergbesteigungen sind aufserdem Schlafsack, Zelt und Kochgeschirr erforderlich sowie Hammer und Schuhnägel. Im kaukasischen Hochgebirge kommt viel Fieber bei den Eingeborenen vor. Man sorge für warmes wollenes Unterzeug, wegen der starken Abkühlung abends. Schwierigkeiten bereitet das Überschreiten der Gebirgsgewässer; die Gebirgswege sind meist für Pferde passierbar. Man hüte die Pferde nachts gut gegen Diebstahl. Das Gepäck mufs in wasserdichten Säcken untergebracht werden; schweres Gepäck wird auf Fahrstrafsen in zweirädrigen Büffelkarren befördert. Mit der öffentlichen Sicherheit ist es im Kaukasus schlecht bestellt; man meide es, allein zu reisen, und hole sich Erlaubnis zum Waffentragen beim Gouverneur. Auf Gastfreundschaft bei den Gebirgsvölkern ist wenig zu rechnen; man halte aber einige kleine Geschenke für solche Fälle, wo keine Bezahlung angenommen wird, bereit.

In Turkestan ist grofse Vorsicht gegen ungekochtes Wasser nötig; auch das Waschwasser mufs man desinfizieren, wegen verschiedener dortiger Krankheiten. Der Gegensatz zwischen Tag- und Nachtwärme ist sehr grofs; im Sommer sind Hitze und Staub sehr beschwerlich. Reiseanzug aus Khakistoff mit rohseidenem oder wollenem Unterzeug; Staubbrille, Sattel, Bettwäsche, Kopfkissen, Vorrat an Kakes oder Schiffszwieback sind unentbehrlich. Man tut gut, aus Kaukasien einen Persisch sprechenden Dragoman mitzunehmen.

In Sibirien mufs man bei Sommerreisen auch leichten Taganzug mit wollenem Unterzeug und warmem Überrock haben; Mückenschleier und Revolver sind unentbehrlich. Man hüte sich auch während der Bahnfahrt vor Diebstahl. Die Gasthäuser sind schlecht und teuer.

Reisen in der Türkei. Beste Reisezeit Frühling und Herbst; November bis April ist schlecht, Sommer ist heifs; Pafs ist unentbehrlich, mufs vom türkischen Konsul in Deutschland beglaubigt sein. Zollbehandlung sehr schwierig und nachlässig, kann durch Trinkgelder gebessert werden; Waffeneinfuhr verboten, daher darf man den eigenen Revolver nicht sehen lassen. Wo Schwierigkeiten entstehen, suche man sofort beim eigenen oder einem befreundeten Konsul um Abhilfe nach; auch bei der Wahl von Führern, bei Einkäufen usw. beachte man den Rat des Konsuls oder ansässiger Deutscher. Für Ausflüge ins Innere verschaffe man sich Erlaubnisschein durch das Konsulat und beantrage in unsicheren Gegenden Polizeibegleitung. Beförderungsmittel sind Reit- und Lastpferde, seltener Esel, zweirädrige Büffelkarren, stellenweise auch Kutschen mit Pferden bespannt. Man hüte sich auch im Sommer vor Erkältungen, vor Sonnenstich und Fieber. Näheres siehe „Meyers Reiseführer für Türkei, Serbien und Bulgarien" (Leipzig 1902).

Reisen in Ägypten. Beste Zeit November bis März: November ist der schönste Monat; im Dezember und Januar kann man Heizung mit tragbaren Öfen brauchen; Februar und März sind ebenfalls vorzüglich, wie milder europäischer Sommer. Auch Oktober ist gut. Paſs ist mitzunehmen. Bei groſser Hitze trage man leichte Tropenkleidung, Sonnenbrille und benutze den Sonnenschirm. Nach Sonnenuntergang hüte man sich vor Erkältung. Das Klima von Oberägypten ist am gesündesten. Fieber und Dysentrie kommen nur selten vor: rohes Trinkwasser ist zu meiden. Überlandreisen und Nilreisen am besten in gröſserer Gesellschaft. Bei Bootsreisen rüste man sich sorgfältig aus mit Mundvorrat aller Art, Laternen und Lichter, Insektenpulver, Medizinvorrat, Kampfer gegen Ungeziefer, Tabak, Revolver. Einige arabische Sprachkenntnisse sind sehr nützlich. Näheres siehe „Meyers Reiseführer für Unter- und Oberägypten, Obernubien und Sudân" (Leipzig 1904).

Reisen in Palästina und Syrien. Beste Zeit März bis Mai, doch auch Juni und Oktober sind gut. Paſs ist unentbehrlich. Als Goldgeld französische 20 Frcs-Stücke, dazu türkisches Silber- und Nickelgeld. Für Reisen im Innern besorge man sich durch das deutsche Konsulat einen zuverlässigen Dragoman. Man ist viel auf anstrengende Ritte angewiesen, aber selten gezwungen, im Freien zu übernachten. Näheres siehe „Meyers Reiseführer für Palästina und Syrien" (Leipzig 1904).

Reisen in Kleinasien sind nur mit Paſs, Dragoman und in gröſserer, bewaffneter Gesellschaft zu empfehlen, da schon in der Umgegend gröſserer Städte, wie Smyrna, räuberische Überfalle nicht selten sind. Man ist abseits der Bahnlinien meist auf anstrengende Ritte angewiesen. Näheres siehe

„Meyers Reiseführer für Griechenland und Kleinasien"
(Leipzig 1901).

Reisen in Arabien erfordern ebenfalls einen zuverlässigen Dragoman und Anschlufs an eine grofse Pilger-
karawane; in kleiner Gesellschaft die Wüste zu kreuzen, ist
nicht ausführbar, wegen der Feindseligkeit der Bewohner.
Die Ausrüstung mufs Zelt und Zeltbett mit Moskitovorhängen,
wasserdichte Packsäcke, Sattelzeug, Waffen, Sturmlaterne, Kochgeschirr, Wasserfilter, Mundvorräte für mindestens die doppelte
Zeit der vorausberechneten Reisedauer, Insektenpulver, Medizin,
Brennholz u. dergl. umfassen. Empfehlungsschreiben an Behörden sind nützlich. Die Kosten der Wüstenreisen sind hoch.

Reisen von Kleinasien oder Syrien zum Persischen Golf
sind sehr lohnend, aber sehr gefahrvoll; selbst grofse Karawanen haben unter Hitze, Wassermangel und Feindseligkeit
der Beduinen sehr zu leiden. Grofse Vorsicht erfordert der
Umgang mit den Eingeborenen. Zur Reise auf dem Tigris
werden bis Bagdad immer noch, wie zu Moltkes Zeiten und
im Altertum, Flöfse von Schläuchen oder Tierhäuten benutzt.
Näheres gibt Freiherr von Oppenheimers „Durch den Gauran,
die Syrische Wüste und Mesopotamien" (Berlin 1899 u. 1900).

Reisen in Tripolitanien sind ebenfalls sehr gefährlich; erforderlich Pafs und Anschlufs an eine Karawane
zuverlässiger Araber; Reitpferd, Diener; Gepäck auf Kamelen.
Empfehlungen an Behörden erwünscht; zuweilen ist Begleitung
von Polizeisoldaten in sehr unsicheren Gegenden nötig.

Reisen in Algerien und Tunesien. Beste Zeit
September bis Mai. Pafskarte genügt. Ehe man ins Innere
reist, lasse man sich durch Vermittlung des deutschen Konsuls
vom Chef du Bureau Arabe Empfehlungsbriefe an die Orts-
behörden im Innern geben, um gute Unterkunft und gute
Pferde zu bekommen; auch militärische Begleitung wird in
unsicheren Gegenden gestellt. Näheres siehe „Meyers Reiseführer für Riviera, Südfrankreich, Korsika, Algerien und Tunis"
(Leipzig 1904).

Reisen in Marokko erfordern sehr grofse Vorsicht
wegen der Feindseligkeit der Eingeborenen in vielen Teilen
des Landes. Man ziehe vorher genaue Erkundigungen bei
Kennern des Landes und bei der deutschen Gesandtschaft in
Tanger ein. Besonders unsicher sind die Gebirgsgegenden.
Das Klima ist fast überall gesund für Europäer. Arabische
Sprachkenntnisse sind erforderlich. Auch in ruhigen Zeiten
ist militärische, zuverlässige Begleitmannschaft und das Reisen
nur in gröfserer Gesellschaft anzuraten. Man hüte sich vor

dem Betreten von Moscheen; die fanatische Bevölkerung hat auch Mißtrauen gegen Photographieren. Man zeige nicht mit Fingern auf Menschen oder geheiligte Plätze (Grabtürme usw.); man blase kein Licht aus, sondern ersticke es; man sei nie eilig, neugierig oder auffällig unruhig, sondern stets ruhig und gleichgültig und versäume nie die höflichen Anrede- und Danksagewendungen im Arabischen, um Mißhelligkeiten zu meiden. Überhaupt studiere man den Volkscharakter möglichst genau zunächst in einer Küstenstadt, ehe man sich ins Innere wagt. Das Verkehrswesen ist schlecht entwickelt; man ist meist auf Anschluß an Kamel-, Maultier- und Eselkarawanen angewiesen, wenn man viel Gepäck hat: selbst von Tanger nach Fez muß man Zeltgerät und viele Trag- und Reittiere nebst zahlreicher Bedienung mitnehmen. Näheres wird man durch die Marokkanische Gesellschaft in Berlin erfahren können.

Reisen in Westafrika sind beschwerlich und fordern genaue Kenntnis der geographischen Reiseliteratur. Die Westküste Afrikas hat als Reisegegend keinen guten Ruf: ihr Klima ist tropisch und ungesund und bietet für Europäer viel Schwierigkeiten, sobald er das bequeme Schiffsleben hinter sich hat. Die Ausrüstung muß deshalb schon in der Heimat sehr sorgfältig und unter Zurateziehen erfahrener Afrikaforscher gewählt werden. Die folgenden Winke sind daher nur als ganz ungefährer Anhalt zu betrachten. Man muß sich mit allem versehen, was ein Forscher in unbekanntem Tropenland nötig hat, und muß im voraus Vorbeugemaßregeln gegen klimatische Fieber treffen. Im Gebirgslande im Inneren trifft man auf gesündere Gegenden mit weniger Fieber. Trotz allem bietet Afrika für gesunde, kräftige und enthaltsame, kernige Naturen im Vergleich zu andern tropischen Ländern keine besonders großen Gefahren. Manche der allgemeinen, Seite 742 und 743 gegebenen Regeln lassen sich auch für Afrikareisende entsprechend verwerten. Meist ist man auf Neger als Träger angewiesen, die die Europäer und ihr Gepäck in Hängematten (machillas) tragen. Das tägliche Leben muß möglichst so eingerichtet werden, daß Überanstrengungen, übermäßiger Kräfteverlust vermieden werden. Die Hygiene der Reisen in Afrika muß geradezu studiert werden. Nach Möglichkeit muß der Reisende ungesunde, feuchte, Miasmen entwickelnde Gegenden meiden; man schlafe nie in freier Luft oder direkt auf dem Boden. Man trage stets Flanellanzüge und auch, wo nötig, wollene Leibbinden, meide alle Alkoholgetränke und meide auch das durstmachende Rauchen, achte auf das leichteste Unwohlsein und behandle es. Trinkwasser muß stets filtriert und abgekocht werden. Man setze sich nicht zu lange den Sonnenstrahlen aus und wähle zum Ausruhen oder als Nachtlager stets nur hochgelegene, trockene Plätze. Grofse Sorgfalt ist auf Körperpflege zu verwenden; tägliche Bäder und häufige Waschungen im abgeschlossenen Zeltraum in zusammenlegbarer Kautschukbadewanne — Duschen und darauf tüchtiges Abreiben des ganzen Körpers — werden von erfahrenen Afrikareisenden empfohlen. Wasser ist fast stets zu haben. Die Kälte der Nächte im Gegensatz zur Tageswärme fordert besondere Vorsicht, um gefährliche Dysenterieanfälle zu vermeiden, die durch alkoholhaltige Getränke auch hervorgerufen oder verstärkt werden können. Kaffee ist das beste Getränk für Afrika, besonders kalt und verdünnt, auf anstrengenden Märschen. Diät ist bei Dysenterie sehr wichtig; die ersten Anfälle lassen sich oft durch Reiswasser und Opium beseitigen. Auch parasitäre Hautkrankheiten (Ochsenwurm) und Augenentzündungen befallen Europäer im Innern. Man beachte auch, dafs die Neger sehr häufig syphilitisch sind. Zuweilen ruft das Klima auch starke Nervenreizbarkeit hervor, die, vermehrt durch Mifsbrauch von Chinin, sehr gefährlich für die Gemütsstimmung werden kann. Näheres siehe unter anderm in: August Boshart, „Zehn Jahre Afrikanischen Lebens" (Leipzig 1898); v. Wissmann, „Afrika. Schilderungen und Ratschläge zur Vorbereitung für den Aufenthalt und den Dienst in den deutschen Schutzgebieten" (Berlin 1903); v. Liebert, „Neunzig Tage im Zelt" (Berlin 1897); Schwabe, „Mit Schwert und Pflug in Deutsch-Südwestafrika" (Berlin 1899), derselbe, „Dienst und Kriegführung in den Kolonien und auf überseeischen Expeditionen" (Berlin 1903).

Reisen in Südafrika. Die Sommermonate, Oktober bis März, sind wie in Süddeutschland, aber regenreich; die Wintermonate sind im Inneren frisch, klar und kräftig. Gewisse Gegenden haben vorzügliches Klima für Lungenleidende; in einigen Gebieten kommen auch Fieber vor. Um Malaria zu meiden, sollte man das Land nicht während oder kurz nach der Regenzeit bereisen; die Regenzeit ist verschieden; in den östlichen und nördlichen Gegenden (Küste ausgenommen) meist im Sommer, in den westlichen Gegenden und an der Küste meist im Winter. Vorsicht bei Auswahl der Reiseplätze und Nachtlager. Nahrhafte, doch mäfsige Lebensweise. Kleidung stets mit wollenem Unterzeug; Winteranzug wie in Deutschland für den Sommer, dazu leichtere Kleidung und Regenmantel. Reisen ins Innere bieten ausgezeichnete Jagdgelegenheiten; man reist im Postwagen oder in eigenem Ochsenwagen. Ausrüstung für alle Unfälle in unerforschter Gegend vorsehen, für schlechtes Wetter und schwierige Flußübergänge. Nächte sind oft sehr kalt; Regen in schweren Güssen. Mageres Fleisch und Wild ist überall zu haben, Gemüse aber oft schwer zu bekommen und immer teuer. Vergl. Joachim Graf Pfeils Reiseschilderungen in „Auf weiter Fahrt" (Leipzig 1904).

Reisen in Ostafrika sind vorläufig hauptsächlich auf Trägerkolonnen angewiesen; die Auswahl der Träger ist oft für den Erfolg der Unternehmung ausschlaggebend. Ochsenwagen nur in Gegenden mit leidlichen Wegverhältnissen. In tropischem Gebiet sind meist nur die Karawanenstraßen leidlich gangbar, während die Negerpfade der Jäger und Hirten oft dicht bewachsen und kaum zu erkennen sind; dann muß der Weg mit dem Buschmesser gebahnt werden. Trägerkolonnen sind unvermuteten feindlichen Überfällen sehr ausgesetzt. Am schwierigsten sind Märsche in der Regenzeit; Moskitos und Stechfliegen sind dann besonders lästig. In der trockenen (heißen) Zeit sind oft Nachtmärsche der Tageshitze wegen nötig. Nach Wissmann erfordert das Gepäck eines Europäers, nämlich Zelt, Bett und wollene Decken, Anzüge und Wäsche zum Wechseln, Kochgerät und einige Lebensmittel (besonders Kaffee und Zucker), zwei bis vier Trägerlasten. Für den Europäer empfiehlt es sich, ein Maultier mitzunehmen, um abwechselnd zu reiten oder zu gehen. Nach v. Liebert spielt sich jeder Marschtag in der heißen Zeit wie folgt ab: 5 Uhr morgens Aufstehen aus den Betten, Teefrühstück mit Ei, kaltem Huhn u. dergl., Boys verpacken Bett, Bettzeug und Zelte, dann werden Geschirr (aus emailliertem Blech) und Lebensmittel im Frühstückskorb untergebracht. Feldflasche mit kaltem Tee gefüllt, 5 3/4 Uhr Abmarsch; 9 Uhr Marschpause womöglich nahe einer Ortschaft, Frühstückskorb, Feldtisch und Stühle für Europäer bereitgestellt. Weitermarsch je nach dem Wasservorrat der Gegend, Ankunft im Lagerplatz erst nachmittags gegen 2 Uhr ist schon sehr anstrengend für die Träger; Zelte werden sofort aufgeschlagen, Koffer ausgepackt, Mittagessen gekocht und im Schatten gegessen. Dann Siesta im langen Klappstuhl. 5 Uhr nachmittags Bad in der Gummiwanne; nach Sonnenuntergang, gegen 7 Uhr Abendbrot mit Suppe pp. und Tee. Sehr störend sind Wanderameisen im Zeltlager. Zum Bergbesteigen sind die Neger höchstens bis auf 3000 m zu bringen, der Kälte wegen; dazu ist volle Alpenausrüstung erforderlich; Pelzschlafsäcke haben sich gut bewährt. Vergleiche Literaturangabe für Westafrika; außerdem Hans Meyer, „Ost-

afrikanische Gletscherfahrten, Forschungsreisen im Kilimandscharogebiet" (Leipzig 1890); v. Liebert, „Eine Reise zum
Kilimandscharo" in Band III „Auf weiter Fahrt" (Leipzig 1904).

Reisen auf Madagaskar werden mit Trägern, aber
auch mit Pferden und Reitochsen ausgeführt; Fahrstraſsen sind
sehr selten. Europäer benutzen meist Tragsessel, von vier Trägern
im Trab getragen. Zelt und Zeltbett muſs mitgenommen werden,
dazu Ausrüstung ähnlich wie für Ostafrika.

Reisen in Persien. Über den Weg von Kleinasien
und Syrien nach Persien siehe Seite 750; das Verkehrswesen
in Persien ist noch sehr mangelhaft. Die persischen Handelsschiffe im Kaspischen Meere und im Golf von Persien sind
nicht zu empfehlen; man benutze doch lieber die russischen
Dampfer, trotzdem auch diese nicht immer ohne Mängel sind.
Hauptstraſse mit Postwagenverkehr im Anschluſs an die russischen
Dampfer geht von Enseli über Rescht nach Teheran in drei Tagen;
die Wagen sind ähnlich den russischen Troikas. Paſs, vom
persischen Konsul in der Heimat beglaubigt, ist erforderlich;
das Visum kann aber auch in Enseli nachgeholt werden. Persien
ist das Land sehr schroffer Witterungsgegensätze, beste Reisezeit ist für Nordpersien Mitte März bis Mitte Mai und Mitte
September bis Mitte Dezember; der Sommer ist äuſserst heiſs
und trocken. In Enseli und Rescht und dem Küstenlande
am Kaspischen Meere herrscht viel Fieber, man nehme dort
täglich Chinin. Ausrüstung erfordert auch im Frühling und
Herbst wollenes Unterzeug, Tropenhelm, Sonnen- und Staubschutzbrille, Decken, Kissen, viel Insektenpulver, Sattelzeug,
Konserven, Tee, Kakes, Wein, Laterne mit Lichten. Man tut
gut, einen persisch sprechenden Diener aus Baku mitzunehmen
und sich Empfehlungen an eine Gesandtschaft zu verschaffen.
Man achte sehr auf sein Gepäck, Diebstähle kommen häufig
vor. In den Posthäusern übernachtet man und erhält auch
etwas Verpflegung. Ähnliche Postfahrstraſsen führen von Eriwan
über Tabris nach Teheran, von da über Ispahan nach Schuschter
und über Jesd-Kirman nach Bandarabbas, auch von Ispahan
über Schiras nach Buschehr, aber diese Wege und ihre Postwagen sind meist minderwertig. Auch Reitpferde, Maultiere
und Kamele werden auf den Karawanenstraſsen benutzt; im
Gebirge sind Maultiere am sichersten, allerdings auch am langsamsten. Auf den Hauptwegen dienen die leerstehenden Nachthäuser, Karawansereien, als Unterkunft. Besuch der türkischen
Bäder und Moscheen ist nicht erlaubt; das Ansehen verschleierter Frauen reizt die Bevölkerung, auch mit Photographieren sei man sehr vorsichtig. Wenn der Harem des

Schahs ausfährt, muſs man die Straſse verlassen und das Gesicht wegwenden. Jagd auf Vögel (der Storch ist heilig!), im Gebirge auf Steinböcke, in der Ebene auf Gazellen. Die alte Karawanenstraſse von Teheran nach Bagdad wird ebenfalls in eine Postfahrstraſse verwandelt.

Reisen in Indien. Beste Zeit Mitte November bis Mitte März, für den Norden auch etwas früher und etwas später. Die schlimmsten Monate drückender Hitze sind Oktober und April, während im Juli bis September der Regen etwas Abkühlung bringt. Um indisches Leben kennen zu lernen, soll man Indien auch im Sommer sehen, aber meide die Monate April, Mai und Juni, die am ungesundesten sind. Gasthöfe sind mäſsig; das Reisen ist in Indien nicht unverhältnismäſsig teuer, aber man braucht wegen der Hitze viel Fahrgelegenheit, weil das Gehen in der Hitze gesundheitsschädlich ist. Reiseausrüstung wie für jede Tropengegend, weiſse Leinenanzüge oder graue Flanellanzüge sind zweckmäſsig, dazu ein dünner schwarzer Gehrock für Gesellschaften. Für Winterreisen ins Innere sind sehr dicke Überröcke nötig, dazu bequeme wasserdichte Reitmäntel. Man beachte, daſs der Abendtau die Kleidung ganz naſs macht, und daſs Nächte und Morgen sehr kühl sein können, wenn auch der Tag heiſs war. Im südlichen Indien und an der Küste genügt leichtere Kleidung; Kakhianzug zum Reiten und zur Jagd erhält man billig und gut an Ort und Stelle, wo überall tüchtige Schneider und gute Geschäfte für europäische Bedürfnisse sind, die meist billiger als zu Hause sind. Man versehe sich aber reichlich mit Wäsche und Unterzeug (mindestens für drei Wochen). Für Gebirgsreisen ist wollenes Unterzeug und lange wollene Leibbinde („Kummur-bund") unentbehrlich. Derbe Reithosen nicht vergessen; praktischer Tropenhelm ist überall in indischen Häfen zu haben. In Ceylon ist leichteste Kleidung erforderlich, nur in den Bergen ist es etwas kühler. Bettzeug muſs man stets mit sich führen, auch auf der Eisenbahn, und wenn man Bekannte besucht. In den Gasthäusern im Innern findet man meist gar kein oder nur unsauberes Bettzeug. Mindestens nehme man ein Kopfkissen und zwei Steppdecken nebst Laken mit, sowie einige warme Decken; das Ganze muſs in einem wasserdichten Sack verpackt sein. Besser aber, man nimmt ein ganzes Feldbett mit. Wegen der Feuchtigkeit schimmeln verpackte Gegenstände leicht, das gesamte Gepäck, Kleidung, Wäsche, Bettzeug, Schuhzeug muſs also oft in der Sonne an trockenen Tagen gelüftet werden. Vorräte und Medikamente usw. müssen gut luftdicht verpackt sein. Auch Bücher und Papiere sehe man gelegentlich nach, damit sie nicht schimmlig werden. Moskitonetz kauft man in Indien am besten und billigsten. Die Unterkunftshäuser für Reisende (Dâk Bungalows) in den Dörfern gehören der Re-gierung; man erkundige sich vorher, ob sie frei sind, meist muſs man nach 24 Stunden seinen Platz an Neuankommende abgeben; einzelne dieser Häuser auf Hauptwegen haben einen Wärter, der auch Verpflegung liefert sowie Beleuchtung, aber viele sind auch fast ganz leer und ohne Bedienung. Die Ver-pflegung ist in Indien meist nicht gut, Milch ist gefährlich, Wasser muſs filtriert und abgekocht werden. Ein Reisediener ist unentbehrlich, muſs aber mit groſser Sorgfalt, womöglich durch Vermittlung des Konsuls oder eines Bekannten im Lande ausgewählt werden und muſs gute, zuverlässige Zeugnisse bei-bringen. Auch als Dolmetseher muſs er dienen können. Schriftlicher Vertrag, auch über die Höhe des Lohnes und die Dienstobliegenheiten, ist zu empfehlen. Auch verspreche man bei gutem Dienst ein Extrageschenk zum Schluſs. Diener aus dem Innern (Up-country servants) sind oft zuverlässiger und billiger als die in den Hafenstädten. Hat man solchen sprach-kundigen Eingeborenen als Diener, kann man selbst mit eng-lischen Sprachkenntnissen fast überall auskommen. Den vollen Lohn zahle man erst bei der Entlassung.

Lebensweise soll in allem mäſsig sein; nicht zu schwere Fleischkost, nicht zu viel Bier und möglichst wenig Alkohol, nicht zu viel Schlaf; gymnastische Bewegungen zur Förderung des Blutumlaufs auch an heiſsen Tagen nicht versäumen, aber natürlich nur morgens vor der groſsen Hitze; deshalb früh aufstehen, zeitig zu Bett. Morgenspaziergänge und Ritte sind am besten, abends kann man sich im starken Tau leicht er-kälten. Man bade täglich einmal und nie mehr als zweimal am Tage. Wollene Leibbinde sollte man bei Tag und Nacht tragen, aber öfters wechseln; sie schützt gegen Cholera und Dysenterie. Unreife Früchte, rohe Früchte, deren Wirkung man nicht kennt, und sauere Weine sollte man stets meiden. Sehr stärkend für den Magen ist der echt indische Curry mit Reis, auch wenn er dem, der ihn noch nicht aſs, zu scharf schmeckt. Sekt auf Eis („Scrupkin") wird als Mittel gegen Dysenterie empfohlen. Durchfall soll man nicht gleich stopfen, sondern nur durch die Diät mildern; wo ein Arzt am Orte ist, ziehe man ihn rechtzeitig zu Rate, weil er die klimatischen Einflüsse zu beurteilen versteht. Tee genügt als Stimulans völlig. Rohe indische Austern sollte man stets meiden, trotz-dem sie wohlschmeckend sind. Nachts schlafe man in Nacht-anzug (Pyjamas) aus Rohseide oder leichtem Wollstoff; man schlafe nie auf fremden Matratzen oder Kissen ohne reine Bezüge. Man hüte sich vor Zugwind, weil Europäer viel unter Rheumatismus in Indien zu leiden haben. Landreisen sind auf Hauptstraßen im Anschluß an die Bahn mit Postwagen (Dâk) oder andern ortsüblichen Fuhrwerken ausführbar. Wer auf Nebenstraßen reisen will, benutzt Karren, Sänften, Reitkamele, Ponys oder auch Träger. Dazu ist Zeltausrüstung erforderlich, mit Zeltbett, Zeltteppich, Zeltküche und Zeltbad sowie außer dem persönlichen Diener (boy) noch Koch, Wasserträger (bhisti), Pferdeknecht, Kamelführer usw. Die eigene Verpflegung nehme man mit, für die Eingeborenen ist fast in jedem Dorfe das Nötigste zu haben. Moskitonetz: übrige Ausrüstung dem Reiseziel anpassen. Wegen der Medikamentenausrüstung befrage man vorher einen tüchtigen Arzt, der die Gegend kennt; großer Chininvorrat wird stets empfohlen. Empfehlungsbriefe an englische Klubs und an Radjahs sind nützlich und bei Reisen in Birma unentbehrlich.

Reisen auf Ceylon, beste Zeit Mai und September bis November; März und April sind die heißesten, Juni und August die nässesten und Dezember und Januar die stürmischsten Monate. Für die Höhenorte muß man warme Kleidung mitnehmen. Fahrgelegenheit außer mit der Bahn mit Postwagen, Ochsenkarren, Reittieren usw. Ausrüstung ähnlich wie für Ostindien, Zelt, Zeltbett, Kochgerät, Mundvorräte. Jagdgelegenheit auf Elefanten, Leoparden, Büffel usw.

Reisen in Holländisch-Indien. Beste Zeit Mai und Juni; Regenzeit im November bis April, am stärksten Januar und Februar, Reiseanzug im Gebirge wie in Deutschland, da die Nächte kalt sind und der Witterungswechsel oft schroff. An der Küste und in der Ebene ist Tropenausrüstung unentbehrlich, dazu Gesichtsschleier und Reithandschuhe, baumwollenes Unterzeug, reichlich Wäsche, seidene oder leinene Jackettanzüge, dazu Tropenhelm. Abends dünngefütterter Gesellschaftsanzug; für Festlichkeiten leichter Frackanzug ohne Futtereinlagen. Pyjamas und Sarong. In den Hauptplätzen auf Java kann man jede Ausrüstung zu mäßigen Preisen beschaffen. Verpackung der Vorräte muß gegen Feuchtigkeit und Kakerlaken geschützt sein, also am besten in Blechbüchsen. Die Malayische Verkehrssprache ist leicht zu lernen. Lebensweise vorsichtig wie in Indien (siehe Seite 756). Märsche, Ritte nur morgens anzuraten; in der heißesten Zeit bleibe man im Hause oder ruhe im Schatten. Bad morgens und nachmittags.

Reisen auf den Philippinen. Beste Zeit für

Manila ist Januar und Februar; gesund, aber sehr heifs ist die
Zeit von März bis Juli, doch reich an Erdbeben und Taifunen;
Regenzeit von August bis Dezember. Ausrüstung für Reisen
ins Innere mufs wasserdicht verpackt sein, am besten in Blech-
koffern mit Gummiranddichtung; Zelt mit Feldbett, Sattelzeug,
Lebensmittel, Regenmäntel, Vorrat an Tauschsachen (Glas-
ketten, Perlen, Messer, Feilen, Messingdraht usw.). Fahrgelegenheit mit Büffelkarren für Gepäck; Wege sind schlecht,
Brücken selten. Man begrüfse in jedem kleinen Orte, wo
man übernachtet, den Geistlichen und den Alkalden; erstere
sind sehr gastfreundlich und hilfsbereit. Wo die Fahrstrafsen
aufhören, ist man auf Träger angewiesen, die sehr faul sind.
Reitpferde sind meist in gröfseren Orten zu haben. Ein gut
empfohlener malayischer Diener ist unentbehrlich. Nächte im
Gebirge sind kalt; man nehme also wollene Decken mit. In
entlegenen Gegenden ist Polizeibegleitmannschaft erforderlich,
besonders um die eingeborenen Träger zu überwachen. Auch
einige Wasserstrafsen im Innern sind benutzbar. Vergl. Hans
Meyer, „Eine Weltreise" (Leipzig 1885).

Reisen in Französisch-Indochina. Beste Reisezeit für Cochinchina, Annam und Tonkin ist November bis
Februar. Der Sommer ist nur an der Küste oder im Hochgebirge erträglich. Pafs ist nicht unbedingt erforderlich, aber
als Legitimation von Nutzen; chinesische Diener müssen mit
Pafs versehen sein. Als Diener nimmt man Chinesen in
Cochinchina und Annamiten in Tonkin. Für längere Reisen
ins Innere sind mehrere Diener nötig, die sorgfältig ausgewählt
werden müssen; Koch und Dolmetscher der Landessprache ist
nötig. In Annam verschafft man sich Träger beim Ortsvorstand
oder Postverwalter. Europäer finden auch meist im Gemeinde-
haus Unterkunft, wo Gasthäuser fehlen. Bei Schwierigkeiten
mit den Eingeborenen wende man sich zunächst stets an die
annamitischen Behörden und, wenn nötig, an den französischen
Residenten der Provinz. Man reist, wo es keine Pferde gibt,
meist im Tragsessel oder im Palankin, Sessel ist vorzuziehen,
weil man im Palankin ausgestreckt liegen mufs. Zur Ausrüstung gehört Feldbett mit Matratze, Zelt, Moskitonetz, Medikamente gegen Fieber und giftige Stiche, Lebensmittel und
Kochgeschirr. Unterwegs sind Eier und Geflügel zu haben.
Man nutze soviel wie möglich den gut organisierten französischen
Flufsdampferverkehr aus.

Reisen in China. Einen Reisepafs für die chinesischen
Behörden besorgt der deutsche Konsul im Ankunftshafen; man
tut gut, sich auch reichlich mit Visitenkarten in chinesischer

Schrift zu versehen (die Namen, Rang, Heimatsort und Reisezweck angeben). Gepäck möglichst einschränken, weil die Verkehrsverhältnisse schlecht sind. Am bequemsten reist man, wo es das Reiseziel erlaubt, auf Flufsdampfern und Flufsbooten (gemieteten „Hausbooten" oder Dschunken); letztere sind auch bei Kanalfahrten zu brauchen, aber die Reise geht langsam vonstatten, flufsaufwärts mufs man Ziehleute benutzen. Landreisen am besten zu Pferde, viel unbequemer sind die Maultiersänfte und der zweirädrige Reisekarren (ohne Federn!): letzterer ist für gröfseres Gepäck unentbehrlich. Wenn man die Karre mit den eigenen Feldbettstücken polstert, ist sie allenfalls erträglich. Reittiere kauft man am besten, Packtiere (Maultiere) mietet man. v. Richthofen empfiehlt die Benutzung von Reit- und Packtieren für alle Landesteile von Nordchina; man kann mit ihnen auf Fufswegen auch Berge übersteigen. Gute Maultiere leisten die besten Dienste, sind aber auch viel teurer als die ebenfalls ausdauernden und leistungsfähigen mongolischen Ponys. Ein Tier soll bis 120 kg tragen; man richte die Gepäckstücke für gleichmäfsige Verteilung ein. Die Reisekarren werden am besten von zwei hintereinander gespannten Maultieren gezogen. Die Hauptstrafsen haben stets Gasthäuser, in abseits gelegenen Dörfern ist es schwer, Unterkunft und Viehfutter zu finden. In gröfseren Gasthäusern beanspruche man stets das vornehmste Quartier, das Ehrenhaus. Als Bett benutzte v. Richthofen vier mongolische Ziegenfelle, im Winter mit der Haarseite, im Sommer mit der Lederseite nach oben, darüber leinenes Bettzeug. Wasserdichte Unterlage gegen feuchten Fufsboden und als Hülle für das in Bündel gerollte, mit Sattelriemen verschnürte Bettzeug. Jeden Raum lasse man reinigen, bevor man ihn bezieht (Tisch mit kochendem Wasser abwaschen). Moskitonetz im Sommer unentbehrlich. Laterne, grofser Vorrat an Stearinlichten, europäisches Tischgerät, Glas und Porzellan zwischen Filzplatten verpackt; Kochgerät, der Diener mufs europäisch kochen können, denn die chinesische Kost ist ungesund, nur gekochter Reis und Brot sind frisch brauchbar. Hühner und Eier sind überall billig zu haben, Rind- und Hammelfleisch nur in Städten, wo Mohammedaner wohnen; chinesisches Schweinefleisch ist ungeniefsbar. Zum Mundvorrat nehme man reichlich Fleischextrakt, geprefste Gemüse, Kakao, Tee (schwarzen, die Chinesen trinken grünen), kondensierte Milch. Über den Verkehr mit der Bevölkerung hole man sich vorher genau bei Kennern Rat; in Schantung, worüber v. Richthofen berichtet, sind die Bewohner am wenigsten feindselig und aufdringlich, aber auch

dort kann falsche Behandlung und unrichtiges Benehmen sehr
gefährlich werden. Grofse Neugier herrscht in Gegenden, wo
Fremde selten hinkommen. Die geringste Feindseligkeit soll
man sich nicht gefallen lassen, aber auch nie persönlich ein-
greifen; nie eilig zu fliehen suchen, nie in der Volksmenge
die Waffe gebrauchen; womöglich stets den einzelnen Gegner
scharf ins Auge nehmen und keinem ausweichen. Wer in
chinesischer Kleidung reist, ist noch mehr Insulten ausgesetzt,
wenn er als Fremder erkannt wird. Vergl. v. Richthofen
„Schantung und seine Eingangspforte Kiautschou" (Berlin 1898).

In gröfseren Orten mache man dem Tautai oder Gemeinde-
vorsteher Besuch; wenn sie Gastgeschenke schicken, gebe man
dem Hauptdiener ungefähr so viel Silber, als die Lebensmittel
wert sind. Im Winter sorge man für warme Kleidung, Decken
und grofsen, mit Schaffell gefütterten Überzieher sowie derbe,
hohe, wasserdichte Stiefel.

Im Hochlande und in Tibet ist man hauptsächlich auf
sich selbst angewiesen, mufs also reiche Vorräte auf Packtieren
(Yackochsen, Pferden oder Maultieren) mitführen. Für Reisen
in Hochasien (nur mit grofsen Karawanen unter Bedeckung
anzuraten) studiere man die Reisewerke von Sven Hedin,
Bonin, Filchner, Merzbacher, Friederichsen u. a.

Reisen in Japan. Beste Reisezeit der Spätherbst;
Sommer ist heifs und regenreich, September noch nässer.
Februar und März sind am wenigsten zu empfehlen. Für den
Sommer braucht man leichte Kleidung, für den Winter warme
wie in Deutschland; Tropenhelm, Sonnenschirm und Moskito-
schleier sind im Sommer zu gebrauchen. Gasthäuser im Innern
Japans haben selten Heizung. Leichtes Schuhzeug in den Ort-
schaften, und nur solches, das man schnell und bequem aus-
und anziehen kann (also nicht zum Schnüren), weil man bei
jedem Besuch eines Hauses oder Tempels die Schuhe ausziehen
mufs, um die japanischen Sitzmatten nicht schmutzig zu machen.
Man würde einen sehr groben Verstofs begehen und sich grofsen
Unannehmlichkeiten aussetzen, wenn man diese Sitte nicht beachtet. Die japanischen Strohsandalen sind empfehlenswert
auf glattem Gestein; doch mufs man die dazu passenden Socken
tragen und den Strang mit Baumwolle bewickeln, der zwischen
die grofse und zweite Zehe geklemmt wird. Die Westküste
und Nordjapan sind am kältesten im Winter; ins Hochgebirge
gehe man nicht vor dem Mai. Wer von Reis, Eiern und Fisch
allein nicht leben kann, mufs sich ins Innere Lebensmittel
mitnehmen; auch Wein ist nicht zu bekommen, doch mäfsiges
Bier in den meisten Städten. Currypulver und Soya macht

die Reisgerichte schmackhafter. Wasser sollte man stets nur abgekocht trinken, besser aber nur Tee.

In der Ebene benutze man Finrikschahs und gehe abwechselnd zu Fuſs, die Wege sind gut. Mit Reit- und Packpferden hat man viel Schwierigkeiten. Im Gebirge gehe man zu Fuſs und nehme einige Träger für das Gepäck. Radfahren ist nur auf einzelnen Landstraſsen zu empfehlen. Man sorge für möglichst wenig Gepäck in kleinen Stücken, mit Ölpapier gegen Regen geschützt; das sollte für Bergbesteigungen genügen. Man nehme einen zuverlässigen, empfohlenen Diener an. Bei Reisen ins Innere nehme man Insektenpulver, Kampher, Seife, reichlich Lichte und Laterne, Handtücher, Decken, ein Kopfkissen mit. Man beachte, daſs warme Bäder den Europäern in Japan besser bekommen als kalte. Heiſse Bäder werden viel und fast überall genommen. Man sei auch unterwegs stets mit Visitenkarten versehen; selbst in kleinen Landstädtchen wird man gelegentlich deutsch sprechende Ärzte, Apotheker und Techniker finden; doch tut man gut, sich die nötigsten Kenntnisse der Umgangssprache anzueignen. Ich wurde schon vor 25 Jahren mitten in den Bergen Südjapans von einem Wanderer deutsch angesprochen. Man sei stets höflich und zuvorkommend und nie ungeduldig; Heftigkeit macht keinen Eindruck auf die Japaner. Man verschaffe sich Empfehlungen an Behörden und versäume nie, Besuche auch bei Japanern im Gesellschaftsanzug zu machen. Frackanzug ist ebenfalls unentbehrlich.

Reisen im nördlichen Nordamerika fordern auch im Sommer starke Kleidung, Flanellhemden, Regenmantel, Gummistiefel, Decken; im Winter dickes, kräftiges Unterzeug, Pelzkleidung. Reitpferde und Wagen aller Art, im Winter auch Schlitten und Schneeschuhe dienen als Beförderungsmittel, wo weder Bahn noch Fluſsschiffahrt ist.

Reisen in Südamerika sind im tropischen Gebiet denen in Afrika in vielen ähnlich; Ausrüstung dementsprechend. Wo die oft weit ins Innere reichende Fluſsschiffahrt nicht aufhört, ist man auf Postkutschen, Ochsenkarren, Reitpferde, Reit und Packmaultiere oder auch Träger angewiesen. Man hüte sich vor Fieber, besonders an der Nord- und Ostküste. Ausrüstung: Tropenanzug, Sattelzeug, Waffen, Schiefsbedarf, für die Gebirge alpine Ausrüstung mit Pelzschlafsäcken, Zelt und Zeltbett; derben, bequemen Reitanzug mit Sombrero und Mantel.

Reisen in Australien. Ausrüstung muſs ebenfalls dem Klima der zu besuchenden Gegend angepaſst sein. Auch im südlichen Teile von Australien ist die Sommerhitze (November bis Februar) grofs. Die kalte Regenzeit ist im Juli und August. Im ganzen ist das Klima für Europäer sehr angenehm und gesund, besonders an der Küste und im Gebirge. Paradiesisches Klima hat der Illawarradistrikt; Tasmania gilt als gesündester Aufenthalt, besonders für Fieberkranke aus Indien. Ausrüstung je nach dem Reisezweck ungefähr wie für Reisen in Südeuropa; in den Küstenstädten ist alles zu haben, was man für Reisen ins Innere braucht. Beförderungsmittel im Innern: Wagen, Reit- und Packpferde; für Forschungsreisen in die Wüste sind Kamele wünschenswert mit Ausrüstung für Zelte, Waffen, reichlich Lebensmittel und Trinkwasservorrat; man zwinge die Eingeborenen, ihre oft schwer zu findenden Wasserlöcher zu zeigen oder bohre (mit mitgebrachtem Bohrgerät) nach Wasser. Die Kamele hüte man vor giftigen Pflanzen. Zur Besteigung des Kosciuskoberges benutzte v. Neumayer Pferde zum Tragen des Gepäcks bis zur Höhe, wo Schnee lagerte. Er war mit Zelt, wollenen Decken, Lebensmitteln, geodätischen, magnetischen und meteorologischen Instrumenten und Gewehren für sich und seine drei Begleiter (darunter ein deutscher Diener) ausgerüstet. Vergl. v. Neumayer „Eine Besteigung des Kosciuskoberges" im Band III „Auf weiter Fahrt" (Leipzig 1904).

Anhang.

Ergänzungen, Nachträge und Berichtigungen.

Zusammengestellt
von
Dr. G. von Neumayer.

Inhalt.

Hydrographische und maritim-meteorologische Beobachtungen an Bord.

(Maritime Meteorologie.)

Verfaſst, bezw. zusammengestellt von

Dr. G. von Neumayer.

(Mit einer Karte und einem lithographierten Plan.)

I. Hydrographisch-meteorologische Aufgaben und Erscheinungen.

Nachdem in den Abschnitten über Nautische Vermessungen und Allgemeine Meereskunde das Wesentlichste von dem, was daraus zum Gebiete der Hydrographie gerechnet werden kann, bereits behandelt worden ist, soll nun noch einiges zur Ergänzung des in jenen Abschnitten Erörterten, und zwar über hydrographisch-meteorologische Beobachtungen, besprochen werden. Die hierbei zu behandelnden Gegenstände sind der Natur der Sache gemäſs besonders für Reisen zur See berechnet, und zwar sollen nach einzelnen Richtungen der physikalischen Forschung hin, die in diesem Werke vertreten sind, Ergänzungen oder Erläuterungen für die Zwecke der Beobachtung zur See gegeben werden. Es wird das dazu dienen, damit auch der Nichtseemann imstande sei, wertvolles Material zu sammeln, was in diesem Falle mit um so mehr Eifer betrieben werden dürfte, als die Wechselwirkung zwischen Bereicherung der Wissenschaft und Verwertung des Gewonnenen zum Besten der Seefahrt sofort einem jeden einleuchtet. Daſs bei einem solchen Umfang des zu besprechenden Materials an eine gründliche, ins einzelne gehende Behandlung des Gegenstandes nicht gedacht werden darf, versteht sich wohl von selbst. Es handelt sich hier vielmehr darum, in allgemeinen Zügen die Aufgaben zu bezeichnen, die der Pflege des Reisen-

den besonders empfohlen werden sollen, gewisse Fragen zu
stellen, deren eingehendere Bearbeitung anzuregen und in
gewissem Sinne einzuleiten. Wenn es dem Verfasser gelingen
sollte, diesen ausgesprochenen Zwecken gerecht zu werden,
so wird er auch seiner Wissenschaft dadurch einen wesentlichen Dienst geleistet haben. Es beziehen sich diese Bemerkungen vorzugsweise auf jenen Teil dieser Forschungen,
welcher die Lehren der Meteorologie den Zwecken des See-
verkehrs dienstbar zu machen den Beruf hat. Die maritime
Meteorologie und die Ausführung von Reisen unter Benutzung
der von der Natur gebotenen und frei zur Verfügung gestellten Kräfte können auch von dem Reisenden, der nicht in
Verbindung mit einem gröfseren Beobachtungssysteme steht,
gefördert werden. Wie dies am zweckmäfsigsten zu geschehen
habe, werden wir an der geeigneten Stelle im Verlaufe dieser
Auseinandersetzungen des näheren erörtern.

Hydrographisch-meteorologische Verhältnisse; Wirkung des Windes auf den Ozean.

Die gründliche Kenntnis der meteorologischen und klimatischen Faktoren ist zum Verständnis der Hydrographie eines
Meeres, einer Küste oder eines Litorale eine Notwendigkeit.
Daher ist der Reisende vorzugsweise darauf hinzuweisen, sich
diese Kenntnis zu erwerben, und sind die hydrographischen
Aufgaben, die verschiedenen Fragen, welche sich dem Beobachter darstellen, auch von diesem Standpunkte aus zu be-
arbeiten. Dies gilt sowohl von den Beobachtungen zum Vorteile der Seefahrt und auf offener See, sowie von den Erhebungen
an einer Küste, in Buchten und in Strafsen. Unter einer
Beleuchtung dieser Art ergibt sich die Erklärung hydro-
graphischer Verhältnisse in vieler Hinsicht von selbst, während
der Reisende, wollte er ohne dieses Hilfsmittel an die Untersuchungen schreiten, unfehlbar vielfach irrgeleitet würde. Zunächst hat man darüber klar zu werden, in welchem System
der Luftbewegung das der Beobachtung und hydrographischen
Bearbeitung zu unterwerfende ozeanische Areal liegt[1]):

1. Liegt dasselbe im Systeme der durch atmosphärische
   Störungen bedingten alternierenden, vorzugsweise von
   Westen einsetzenden Winde?

---

[1]) Es wird hierzu besonders empfohlen das kleine Werk:
Köppen, Prof. Dr. W., Grundlinien der Maritimen Meteorologie, vorzugsweise für Seeleute dargelegt, im folgenden angezogen mit „K“.

2. Gehört dasselbe zum Gebiet der Monsune, d. h. der jahreszeitlich meist von April—Oktober und November— März wehenden Winde?

3. Liegt es in dem Gebiet beständig wehender östlicher Winde innerhalb der Passatregionen,

4. im Gebiete der Kalmen und zwar welcher: jener zwischen den beiden Passatregionen oder jener an der Polargrenze der Passate in beiden Hemisphären?

5. Welcher Natur sind die auftretenden Stürme, zeigen dieselben innerhalb des Jahres eine Periode, und haben sie mehr den Charakter tropischer Orkane — nämlich den scharfen Gegensatz der sonstigen Beständigkeit des Wetters, die ausgesprochen drehende Bewegung, die Regengüsse und einen Temperaturumschlag — oder den mehr unregelmäfsigen Charakter der Stürme gemäfsigter und höherer Breiten mit nachfolgender Abkühlung?

6. Folgen die Stürme (atmosphärische Depressionen) bestimmten Zugstrafsen (K. Seite 17—21, und K. 42 ff.), mit welcher Geschwindigkeit bewegen sie sich auf denselben, welche Tiefe haben sie, und welche Richtung ist die vorherrschende? Wie grofs ist im Durchschnitt das Depressionsgebiet, und gibt es bestimmte Anzeichen für das Herannahen einer starken Depression (Cirruswolken, deren Gestaltung, Form und Richtung)? (Meteorologie Seite 628 dieses Bandes.)

7. Zeigt der Wind eine ausgesprochene tägliche Periode?

Obgleich diese Fragen in das Gebiet der Meteorologie gehören, mufs der Hydrograph den mit denselben verknüpften Untersuchungen gründliche Beachtung zuwenden und namentlich in einem jeden einzelnen Falle die Orientierung der Küste, die Lage derselben mit Rücksicht auf diese Phänomene in Erwägung ziehen.

Eine andere Frage ist: Verschieben sich die Grenzen eines bestimmten Gebietes, und welchen Einflufs übt eine solche Verschiebung, wenn sie stattfindet, auf die allgemeinen Erscheinungen aus?

Findet in einem Gebiete rasches, plötzliches Umspringen des Windes statt, und wenn so, von welcher und nach welcher Richtung? Knüpft sich dieselbe an eine bestimmte Periode im Jahre, an eine bestimmte Tageszeit, und welcher Art ist ihr' Einflufs auf den Zustand des Meeres?

Man beachte besonders auch lokale Stürme und ihren
Charakter, ihre Richtung und ihren notwendigen Einfluß auf
hydrographische Verhältnisse. Solche Betrachtungen sind von
besonderem Werte für Küstengebiete; man erwäge dabei die
Richtung der Erstreckung der Küste und ihre Höhenprofile
mit Bezug auf die angeführten Systeme der Luftbewegung.
Die Ermittelung der vorherrschenden Windrichtung ist zum
richtigen Beurteilen der hydrographischen Verhältnisse von
großer Wichtigkeit. Der Abschnitt über Meeresforschung
dieses Werkes handelt eingehend über die Wirkung des Windes
auf die Meeresoberfläche und die Strömungen (S. 581 ff.)[1];
hier soll zuerst einiges über die Wirkungen des Windes im
vertikalen Sinne, d. h. von jenen Wirkungen gesagt werden,
welche in der Wellenbewegung erkennbar sind. Fragen über
die Tiefe, bis zu welcher diese Wirkung im Ozean wahrzunehmen ist, sind für die Ausbildung einer allgemeinen Theorie
der Strömungen wesentlich.

Seegang, Dünung (Swell), Richtung und Höhe derselben, namentlich, wenn dieselben, wie in manchen Gegenden
(Westküste von Afrika), einen eigentümlichen Charakter annehmen (Kalema, Kr. 206), verdienen eine ganz besondere
Beachtung. Die Woge, die Welle, ihre Gestaltung und
Höhe, ihre Richtung, Schnelligkeit der Fortpflanzung, Dauer
ihrer einzelnen Schwingungen müssen beobachtet werden (s.
dieses Werk S. 583; auch Krümmel, Der Ozean); wie dies zu geschehen hat, geht aus dem angezogenen Abschnitt hervor (584).
Welche Veränderungen bringen die bezeichneten Elemente in
einzelnen Gegenden auf den Charakter der Wellenbewegung
überhaupt hervor? (Siehe Krümmel, S. 586 dieses Bandes.)

Folgen die Wogen rasch aufeinander; wie weit sind die
Wellenköpfe (Rücken) voneinander entfernt, und sind die aufeinanderfolgenden von gleicher Höhe, oder zeigen sie Ungleichheiten, und wie liegen solche in der allgemeinen Reihe verteilt? Ist jede dritte, vierte usw. höher oder niedriger?

Während diese Wogenerscheinungen und deren Elemente
mehr den regelmäßigen Verlauf bezeichnen, haben wir es auch
mit andern zu tun, die in gewissem Sinne als Störungen, als
unregelmäßig wirkende Momente zu bezeichnen sind.

Kreuzsee, kurze See, wilde, verworrene See.
Scheinbar regellos übereinanderfallend; bilden sich, wo diese
Art der Wellenbewegung sich zeigt, weiße Köpfe? Man be-
obachte, ob es sich hier in Wirklichkeit um eine regellose

---

[1] Siehe auch Krümmel, „Der Ozean", hier angezogen mit „Kr.",
Seite 256 ff., besonders 274.

Erscheinung oder nicht etwa um eine Interferenz der Wellen handelt, wie sie durch einen, mit Wirbelstürmen verknüpften raschen Wechsel der Windrichtung oder durch Reflexion erklärbar wäre.

Überschlagende Kämme, welche durch die Wirkung des dem Wellenschlage entgegengesetzten Windes in das rückwärts gelegene Wellental zurückstürzen, nennen die Seeleute auch „Muhrsee", während sie die durch den auflandigen Wind zerstörten, zurückgeworfenen Wellen „Widersee" nennen.

Kabbelung (ripples) wird durch die widerstreitende Wirkung zweier Ströme — etwa den durch den Wind erzeugten Oberflächenstrom und entgegenwirkende Gezeitenströmungen — erzeugt, d. Bd. 591; es kann diese Bewegung stellenweise sehr heftig und der Aufwallung des kochenden Wassers sehr ähnlich werden. Ist damit jedesmal ein Geräusch verbunden und kann man, je nach den Entstehungsursachen, verschiedene Arten von Kabbelung unterscheiden? Hierfür sind besonders lehrreiche Beobachtungen, die in Strafsen und da ausgeführt sind, wo sich zwei Strafsen (Meerengen) treffen.

Während im offenen Ozean die Erscheinungen, welche im vorhergehenden geschildert wurden, sich zeigen, erkennt man in der Wellenbewegung an Küsten die Folge von Hindernissen, die sich derselben entgegenstellen: die Brandung, das Brechen der Wogen. Dieselben sind an Flachküsten verschieden von jenen an Steilküsten. Im ersteren Falle verursacht die Reibung des bewegten Wassers am Boden des Meeres eine Verzögerung in der Bewegung und ein Überstürzen der Wellenköpfe und daher die eigentümliche Erscheinung der lang ausgedehnten, übereinanderstürzenden und ein stetes Geräusch (Rauschen) verursachenden Wogenreihen. Ist diese Erklärung stichhaltig, oder ist dem von Hagen gegebenen Brandungsvorgang, wonach die Tiefe an der betreffenden Stelle nicht ausreicht, um die volle Schwingung der Welle ungebrochen vor sich gehen zu lassen, der Vorzug zu geben? An Steilküsten, an einzelnen Felsen und Leuchttürmen prallt die ungebrochene Woge gegen das Felsengestade an und erhebt sich als Klippenbrandung zur höchsten Höhe. Je nach der Art der Brandung bietet die See ein eigenes Aussehen, und es ist namentlich auch nach dem Boden des Meeres, ob Sandbänke, Korallengebilde usw. denselben decken, die Farbe desselben verschieden (s. Seite 579/580 d. B.; auch Kr. 130 ff.). Die mächtigen Wogen, die sich dem Gestade zuwälzen und an einigen Küsten ein beständig zu

beobachtendes Phänomen darbieten (Kalema), nennt man
„Roller", und man sollte nicht versäumen die Periode ihrer
Aufeinanderfolge zu beobachten.

Wichtiger als diese äufserliche Erscheinung ist für den
Hydrographen die Wirkung der Brandung auf die Küste,
welche er aufzunehmen und zu beschreiben hat. Die zerstörende, verändernde Wirkung[1]) ist im allgemeinen am stärksten
über der mittleren Wasserlinie und auf der Wetterseite. Man
erkennt aus derselben, ob durch das Hinwegführen (Hinweg-
spülen) von Erdreich Plateaus gebildet werden, wie dies oft
an Leeküsten der Fall ist, während sich an flachen Wetter-
küsten Erdreich ansetzt und Riffe sich bilden. Zur Beurteilung
der Eigenschaften einer Küste mit Rücksicht auf die Anforderungen der Schiffahrt ist die genaue Beobachtung der
bezeichneten Erscheinungen von Bedeutung.

Die Bildung von Terrassen (Plateaus) auf Steilküsten
und von Nehrungen auf Flachküsten mufs vom Hydrographen beobachtet werden, weil davon häufig die Tauglichkeit
derselben für Ankergründe, Häfen usw. abhängig ist (s. Geologie,
S. 355 ff. d. B.).

An Küsten spielen überdies die Niederschlags- und Regenverhältnisse eine Rolle, und zwar mit Beziehung auf die Gestaltung des Gestades; dies gilt vorzugsweise von Flufsmündungen. Hier fragt es sich: Ist der niederfallende
Regen gleichmäfsig über das Jahr verteilt, oder fällt er in
Perioden oder plötzlich und heftig, so dafs dadurch Über-
schwemmungen verursacht werden? Im letzteren Falle ermittle man die Jahreszeit, in welcher solche eintreten.

Auch die Temperaturverhältnisse haben auf Küsten-
bildung einen bestimmenden Einflufs. Welcher Art sind dieselben? Namentlich bedarf das Eis, sowohl das Treibeis, wie
solches, welches sich in Buchten, Flufsmündungen an einer
Küste bildet, einer gründlichen Beachtung. Hierbei ist die
Gestaltung der Küste in Erwägung zu ziehen, sowie die orographischen Verhältnisse im allgemeinen. Welche Wirkung
äufsern die Gebirge im Litorale, und zwar mit Rücksicht auf
die allgemeine Küstenerstreckung und die herrschenden Winde?
Wie weit sind die höchsten Höhen von dem Ufer entfernt;
steigt das Land in Vorgebirgen plötzlich auf, oder erhebt es
sich terrassenförmig nach innen zu? Zeigt das Profil tiefe
schroffe oder flache und abgerundete Einschnitte? Oder bilden
die Höhenzüge allenthalben einen Rücken (Grat) von gleicher

---

[1]) Siehe Geologie dieses Werkes, Nr. 8, Seite 351 ff.

oder nahezu gleicher Höhe? Vertonungen (s. Nautische Vermessungen Seite 524 d. B.) sind von grofsem Werte mit Rücksicht auf die Schilderungen dieser Verhältnisse. Man beachte
die Gesteinsart und besonders, ob die Küste vielfach Gebilde
vulkanischer Natur zeigt.

Eine Gattung der Wellenbewegung mufs hier noch erwähnt werden, obgleich dieselbe nicht im strengsten Sinne
zu den hier darzulegenden klimatologisch - hydrographischen
Verhältnissen gehört; es ist die auf offener See, in Buchten
und an Küsten häufig sich der Beobachtung darbietende E r d -
b e b e n - oder S t o f s w e l l e, die für manche Gegenden (Südamerika) eine grofse Bedeutung hat. Auf offener See kann
sie sich entweder durch einen plötzlichen Stofs in der Nähe
des Schiffsortes oder durch eine aufserordentlich hohe, durch
sonst ein anderes Agens nicht motivierte, schnell verlaufende
Welle zu erkennen geben; an Küsten ist es oft nur eine
einzige sich rasch nähernde und wieder verschwindende Welle,
welche das Wasser zu einer grofsen Höhe erhebt und das
Gestade zeitweise überschwemmt. Treten diese Erscheinungen
auf, so notiere man sofort Zeit, Ort, Mafs und Charakter der
Bewegung. Besonders wertvoll werden solche Aufzeichnungen,
wenn mehrere Schiffe sich zurzeit in kurzen Entfernungen
voneinander befinden; werden in solchen Fällen die Erscheinungen genau nach Zeitmafs und Richtung beschrieben,
so können daraus über Fortpflanzung solcher Wellen, über
ihre Höhe und über die Schnelligkeit der Oszillation und
daraus wieder über die mittlere Tiefe des durchfluteten Wassers
Schlüsse gezogen werden. (S. Kr. Seite 207 ff. u. Seite 584
der allgemeinen Meeresforschung.)

Will man sich mit dem Gegenstand besonders befassen,
so sollte man Sorge dafür tragen, sich mit den Gebieten, die
von solchen Phänomenen heimgesucht werden, bekannt zu
machen; für S e e b e b e n ist hierfür die Arbeit von E. Rudolf
„Über submarine Erdbeben und Eruptionen" zu empfehlen.
Siehe auch Boguslawski und Krümmel, Handbuch der Ozeanographie, Band II, Seite 114 ff.

II. Meteorologische Beobachtungen in ihrer Anwendung auf den Weltverkehr zur See.

Die Bedeutung meteorologischer Beobachtungen zur richtigen Beurteilung ozeanographischer Verhältnisse, vorzüglich
mit Rücksicht auf ihre praktische Verwertung, ist in dem

Vorstehenden genügend hervorgehoben, als daſs es notwendig erscheinen könnte, hier dieselbe des weiteren zu erörtern. Da überdies die Meteorologie schon in einem besonderen Abschnitte (Hann) behandelt wurde, so genügt es für unsere Zwecke, noch einige weitere Gesichtspunkte hervorzuheben. Es wird hier besonders auf das kleine Werkchen von Prof. Dr. W. Köppen, „Grundlinien der maritimen Meteorologie, vorzugsweise für Seeleute dargelegt" hingewiesen; in nachstehendem wird vielfach darauf Bezug genommen (K).

Die vorzüglichsten hierher gehörigen Fragen lassen sich in folgende zwei Punkte zusammenfassen:

1. Welches sind im gegenwärtigen Stadium der meteorologischen Forschung die wesentlichsten Gesichtspunkte, von welchen aus die Anwendung der Ergebnisse auf die praktische Navigation gefördert werden kann?

2. Wie kann die meteorologische Wissenschaft für hydrographische Zwecke weiter entwickelt werden?

ad. 1. Die genaue Erforschung der verschiedenen Gebiete der Winde (s. K. 42 ff.[1]) und der Strömungen des Ozeans (s. Kr. 241 ff.[2]) zu Zwecken der Förderung der Seeschiffahrt muſs allen jenen, welche in Verbindung mit einem wohlorganisierten Systeme maritimer Meteorologie wirken wollen, in erster Linie besonders anempfohlen werden. Allein auch der einzelne Reisende kann auf diesem Gebiete Wertvolles leisten, sei es durch selbständige Beobachtung, sei es durch Sammeln von Material oder durch Anregung bei anderen; es ist jedoch unbedingt erforderlich, daſs er seine Erhebungen in Anschluſs an ein gröſseres System und unter Befolgung der von demselben erlassenen Instruktionen mache. Da die einzelnen Systeme der zivilisierten Staaten nach internationalen Vereinbarungen geleitet werden, so setzt sich der Reisende dadurch mit den allenthalben geltenden Normen in Einklang und vermag so allgemein Verwertbares zu leisten. Sodann lenke man seine Aufmerksamkeit zunächst auf die Veränderungen der Windrichtung innerhalb eines Gebietes und prüfe die Beziehungen dieser Änderungen zu den Änderungen der meteorologischen Elemente, zum Verhalten des Luftdruckes, der Temperatur und der Feuchtigkeit der Luft. Bestätigen sich in allen Fällen die darüber bereits aufgestellten Gesetze und, wenn nicht, wie sind die Ausnahmen zu charakterisieren? Für den Seefahrer sind diese Fragen von besonderem Werte,

---

[1] K. bedeutet Zitat nach Köppen.
[2] Kr. bedeutet Zitat nach Krümmel.

weil er, im Falle er einen für seine Reise günstigen Wind
verloren hat, denselben wieder gewinnen kann, indem er das
für ihn wünschenswerte Gebiet der Winde oder besonderer
Luftströmungen an der Hand der meteorologischen Instrumente
aufsuchen kann. Mit Rücksicht auf diesen Punkt ist es besonders wichtig, die Beziehungen zwischen Windrichtung und
Luftdruck (das Barische Windgesetz, Buys-Ballots Regel usw.)
zum Gegenstand der Untersuchung, Beobachtung und beziehungs-
weise Prüfung zu machen. Wenn der regelmäfsige Verlauf
der Windphänomene so in erster Linie zu beobachten ist, so
ist andrerseits die Natur der in einem Gebiete herrschenden
Stürme oder Böen — namentlich auch das plötzliche Umspringen des Windes von einer Richtung in eine andere (oft
die entgegengesetzte) — für den Seemann von grofser Bedeutung
und sollte deshalb keine Gelegenheit versäumt werden, darüber
Beobachtungen zu machen oder auch nur zu sammeln. Wie
ist in solchen Fällen das Verhalten des Barometers, in welchem
Stadium der Windveränderung tritt ein Steigen oder ein Fallen
des Barometers ein; haben Temperatur- und Feuchtigkeitsverhältnisse dazu eine Beziehung und welche? Vermag man
da, wo es sich um die Beobachtung von Orkanen handelt,
die Windgeschwindigkeiten in den einzelnen Stadien der
Drehung der Windrichtung zu messen (mit Anemometern,
in Verbindung mit der Beaufortschen Skala, K. s. 11), so ist
dies zur Entwicklung einer Theorie der Stürme dieser Art
von grofsem Werte. Man beobachte auch in solchen Fällen,
wo orkanartige Stürme auftreten, die Bewegung der oberen
Luftschichten, den Wolkenzug und den Charakter der Wolken,
um dadurch Aufschlufs über die Luftbewegungsvorgänge in
solchen Phänomenen zu gewinnen. Man verfehle nicht auch
von andern Beobachtern und andern Schiffen Material über
ein Phänomen zu sammeln, wobei man übrigens mit Kritik
verfahren und alles angeben sollte, was sich auf die genaue
Feststellung der meteorologischen Elemente bezieht, damit die
gemachten Beobachtungen untereinander vergleichbar werden.
Eine besondere Beachtung verdienen die Anzeichen eines
herannahenden Sturmes und vernachlässige man hierbei die
Feuchtigkeitsverhältnisse nicht. Sehr zu empfehlen ist zu
diesem Zweck das Studium der Werke von Espy, Redfield,
Piddington, Reid, Dove aus früherer Zeit, von Reye, Mohn,
Meldrum, Clement Ley, Van Bebber, W. Köppen u. a. aus
der Gegenwart. Man richte womöglich sowohl Beobachtungen
als darauf gegründete Untersuchungen nach den in denselben
niedergelegten Grundsätzen ein.

Ein anderer Zweig der praktischen Navigation hat in der jüngsten Zeit einen Aufschwung genommen und verdient daher eine besondere Beachtung; es ist dies die Sturmwarnung an den Küsten nahezu aller zivilisierten Staaten. Der Seefahrer hat vielfach Gelegenheit, in andern Weltteilen Erhebungen zu machen über die Organisation von Sturmwarnungssystemen, welche daselbst in Tätigkeit sind. Es handelt sich hierbei, wenn das System innerhalb der Regionen periodisch auftretender Orkane liegt — also eine Sturmwarnung einfacher und sicherer sein kann — vorzugsweise um die Mittel, welcher man sich zur Mitteilung an die Seeleute und Küstenbewohner bedient; es ist dies wichtig für die Sicherheit der Navigation an einer Küste. An Küsten, welche in ektropischen Gebieten liegen, wo Sturmerscheinungen viel verwickelterer Natur sind, sollte der Reisende darauf Bedacht nehmen, alles zu sammeln, was auf die Grundsätze, nach welchen Sturmwarnungen ausgeführt werden, einen Bezug hat. Werden nur einfache Mitteilungen über Witterungstatbestände gegeben oder auch wirkliche Warnungen hinzugefügt? Sind es nur Wahrscheinlichkeiten, welche mitgeteilt werden oder Vorhersagungen? Wie lange ist das System in Betrieb — nach welchen Grundsätzen ist es organisiert, besteht eine Statistik über den Erfolg, und welches sind die Ergebnisse derselben?

ad. 2. Zur Weiterentwicklung der meteorologischen Wissenschaft mit hydrographischen Zielen ist eine Organisation der Arbeit unerläfslich. Der Einzelne kann bei dem heutigen Stande der Kenntnisse nur wenig zur Förderung derselben beitragen, wenn er nicht nach einem festen Plane in Verbindung mit einem meteorologischen Systeme arbeitet. Daher ist es dem Reisenden, der allein reist und den Wunsch hat, meteorologische Beobachtungen auf See anstellen zu können, sehr anzuraten, dafs er sich vor Antritt der Reise mit einem Institute für maritime Meteorologie in Verbindung setze, nach dessen Instruktionen arbeite und die zu verwendenden Instrumente daselbst mit den Normalinstrumenten desselben vergleiche (s. Hann, Meteorologie). Es empfiehlt sich, dafs er sich spezielle Aufgaben zur Bearbeitung stellen lasse, die solche Gegenstände berühren, welche nur selten eine Berücksichtigung finden können; dahin gehören beispielsweise die Beobachtungen über Feuchtigkeit der Luft mittels Hygrometer, am besten mit Assmanns Psychrometer (s. Hann 610), über Windstärke mittels kleiner Anemometer, welche elektrisch registrieren und luvwärts auf der Kommandobrücke, weit nach auswärts aufgestellt sind, über Luftelektrizität, Charakter und Zug der oberen

Wolken usw. Mit Bezug auf den zuletzt erwähnten Gegenstand nehme man sich die Methode von R. Abercromby[1]) zum Muster, der auf einer Reise um die Erde für meteorologische Zwecke überhaupt und das Studium der Wolken insbesondere (durch zahlreiche Photographien) Grundlegendes geleistet hat.

Meteorologische Beobachtungen auf See und in Verbindung mit einem Systeme und nach gegebenen Instruktionen ausgeführt, bedürfen hier keiner weiteren Erörterung, indem alles Nähere aus diesen Unterweisungen zu entnehmen ist und teilweise im Abschnitte über Meteorologie schon behandelt wurde. Das auf diese Weise Gegebene als bekannt voraussetzend, wird nur Gewicht darauf gelegt, dafs die Beobachtungen an Bord an Instrumenten gemacht werden müssen, die an ein und derselben dafür geeigneten Stelle erhalten werden; dies gilt sowohl mit Rücksicht auf Barometer als auf Thermometer und Psychrometer. Bei der Wahl der Aufstellungsorte hat man sich vielfach, unter Festhaltung der für dieselben geltenden allgemeinen Normen, nach gegebenen Verhältnissen zu richten, und lassen sich dafür nur schwer Regeln aufstellen, die in allen Fällen Anwendung finden können. Die Thermometer sind in einem Jalousiekästchen und an einem Stative befestigt so aufzustellen, dafs sie gegen Sonnenschein, Wind, Zug aus den Segeln und Wetter geschützt werden können und wird für diesen Zweck das von N e u m a y e r auf seinen Reisen gebrauchte, von C. Bamberg, Mechaniker in Berlin, angefertigte meteorologische Stativ empfohlen.

In neuerer Zeit, wo das Assmannsche Psychrometer viel in Anwendung ist, mufs diese Anforderung an die Aufstellung modifiziert werden: Die Unveränderlichkeit des Aufstellungsortes ist nicht festzuhalten, vielmehr kann man seinen Stand je nach den Verhältnissen wählen.

Wenn die Aufstellung des Thermometers a n e i n e r f e s t e n S t e l l e an Bord eines bestimmten Schiffes zur Erlangung guter und vergleichbarer Resultate benutzt wird, so mufs den Beobachtern zur Pflicht gemacht werden, Versuche anzustellen, die darauf abzielen, den für die Thermometeraufstellung gewählten Ort mit andern durch gleichzeitige. Beobachtungen zu vergleichen. Hierbei kann man so verfahren, dafs man der Reihe nach andere, je nach Segelstellung, Sonnenschein usw. gewählte Punkte, die für d i e Z e i t e i n e r B e o b a c h t u n g — V e r g l e i c h u n g — den Anforderungen

---

[1]) R. Abercromby, Weather, London Kegan Paul, Trench & Co. 2 ed. 1888.

einer guten Beobachtungsstelle entsprechen, mit der Normal-
stelle in Beziehung bringt; man bedient sich hierbei eines
einfachen transportablen Jalousiekästchens. Noch schneller
und wohl auch sicherer dürfte man durch Anwendung des
für diesen Zweck zu empfehlenden Rotationspsychro-
meters von Rung zum Ziele gelangen. Hat man dieses
Instrument nicht zur Verfügung, so kann man eine Vorrichtung
nach Art einer Knarre verwenden, wobei das Thermometer
quer zum Griffe mit der Kugel nach auswärts liegt und durch
eine leichte Schwingung der Hand, die den Griff hält, heraus-
geschleudert wird (Köppen).

Auch über Regenfall kann der einzelne Reisende auf See
wichtige Beobachtungen anstellen und wesentliche Lücken in
unserer Kenntnis des Betrages der Niederschläge ausfüllen.
Bei der Aufstellung eines Regenmessers muß aber mit besonderer Sorgfalt verfahren werden, damit einesteils nicht von
Rahe und Tauwerk Wasser in das Auffanggefäß fällt, anderseits nicht durch Segel usw., durch einen zu starken Luftzug
oder gar durch Überdeckung der Niederschlag davon abgehalten
wird. Der Regenmesser, welcher mit kardanischer Aufhängung versehen sein muß, dürfte am zweckmäßigsten auf
einer Kommandobrücke ganz luvwärts aufzustellen sein. Die
Beobachtung der Temperatur des Meerwassers an der Oberfläche in kürzeren Zeitintervallen und, wenn tunlich, ein oder
anderthalb Meter unter der Oberfläche, was sich mittels eigens
dafür konstruierter Gefäße mit Boden, die sich unter einem
gewissen Drucke öffnen, ermöglichen läßt, ist von Wichtigkeit
zur Beantwortung bestimmter klimatologischer Fragen sowohl,
als auch zur Feststellung der Temperatur der Meeresströmungen.
Solche Messungen sollen namentlich dann häufig gemacht
werden, wenn man sich Gebieten nähert, die wegen rascher
Änderung der Temperatur bekannt sind, oder wenn man durch
die eigenen Beobachtungen auf das Herannahen solcher Gebiete aufmerksam gemacht worden ist.

Die Bestimmung des spezifischen Gewichtes des Meerwassers mit gut verglichenen (verifizierten) Instrumenten unter
Angabe der Temperatur des Wassers, des Zustandes der See
und des Wetters (ob Niederschläge) usw. kann nur alsdann
dem Reisenden empfohlen werden, wenn er dabei die größte
Sorgfalt anwendet. Die Aräometer werden am zweckentsprechend-
sten durch Vermittelung der Kommission zur Untersuchung
der Deutschen Meere in Kiel bezogen (s. auch Seite 574 ff.
dieses Bandes).

Zur Weiterentwicklung der meteorologischen Wissen-

schaft mit hydrographischen Zielen ist eine Vertrautheit mit
der synoptischen (K. 12 ff.) Methode der Untersuchung atmosphärischer Vorgänge unerläfslich. Der
Reisende wird wohl daran tun, sich vorher diese Vertrautheit
zu erwerben, teilweise um selbst während der Reise daraus
Nutzen zu ziehen, teilweise auch, um bei den Erhebungen
über meteorologische Vorgänge durch die bei dieser Methode
zur Anwendung gebrachten Gesichtspunkte geleitet zu werden.

In Beziehung auf die soeben erwähnten synoptischen
Arbeiten ist zu bemerken, dafs sich dieselbe in den letzten
25 Jahren sehr entwickelt und vertieft haben. Die synoptischen Karten über den nordatlantischen Ozean,
die von dem Dänischen Meteorologischen Institut und von der
Deutschen Seewarte gemeinsam seit 1884 herausgegeben werden, bilden eine wesentliche Unterlage für die Entwicklung
der meteorologischen Forschung, und es kann nicht genug
empfohlen werden, dafs der Reisende sich mit den Grundlagen
dieser Forschungsweise bekannt macht und bestrebt ist, dieselbe durch eigene Aufzeichnungen nach Möglichkeit zu unterstützen. Für die Seefahrt haben diese Arbeiten einen ganz
besonderen Wert dadurch erhalten, dafs von den verschiedenen
Meteorologischen Instituten der seefahrenden Nationen sogenannte „Monatskarten" über hydrographische und meteorologische Verhältnisse für einzelne Gebiete des Ozeans herausgegeben werden, so von den Vereinigten Staaten für den
Nordatlantischen und Nordpazifischen Ozean, von der Deutschen
Seewarte für den Nordatlantischen Ozean sowie für die Nord-
und Ostsee (in letzterem Falle sind es Vierteljahrskarten),
von Grofsbritannien für den Nordatlantischen Ozean und das
Mittelländische Meer. Diese Karten erhalten für den Forschungsreisenden insofern Wert, als sie stets die neuesten Mitteilungen
über hydrographische oder meteorologische Entdeckungen und
Einrichtungen bringen. Der Forschungsreisende wird wohl
daran tun, sich über diese Karten gründlich zu unterrichten,
um daraus auch für seine Arbeiten wichtige Tatsachen zu
entnehmen. Es wird demselben auch empfohlen, die verschiedenen Veröffentlichungen dieser Art nach Möglichkeit zu
unterstützen, zumal er dadurch auch seine eigenen Bemerkungen
über Länder- und Küstengebiete bereichern kann. Einer mit
der soeben berührten verwandten Einrichtung mufs hier noch
Erwähnung geschehen. Es sind dies die Karten über verschiedene Gebiete der Erde, welche die magnetischen Linien
darstellen. Die Monatskarten der verschiedenen Institute enthalten auch zumeist Darstellungen der isomagnetischen Linien,

welche auch dem Reisenden zum Vorteil gereichen können,
und die er auch durch Mitteilung an die betreffenden Institute
manchmal wesentlich unterstützen kann.

Die wichtigsten Zentralstellen für maritime Meteorologie sind:

die Deutsche Seewarte in Hamburg,
das Meteorologische Amt in London,
das kgl. Niederländische Meteorologische Institut in
Bilt (Utrecht),
das Dänische Meteorologische Institut in Kopenhagen,
das Norwegische Meteorologische Institut in Christiania,
das Hydrographische Departement in Washington,
das Alfred-Observatorium in Mauritius

und andere.

Den optischen Erscheinungen in der Atmosphäre
ist in weiterer Ausführung von dem, was in der Abhandlung
von Hann über Bewölkung und Wolken Seite 622 ff. gesagt
worden ist, seitens der Reisenden und namentlich zur See eingehende Beachtung zu widmen. Auch bei Plassmann wird den
optischen Erscheinungen Seite 682 ff. eingehende Aufmerksamkeit gewidmet, die aber hier im besonderen noch auf die
Höfe, Lichtkränze, Ringe um Mond und Planeten gerichtet
werden soll. Es ist bei diesen namentlich auf die Anordnung
der Farben zu achten. Die eigentlichen Höfe, welche dicht
um das Gestirn sind, haben das Rot nach aufsen gekehrt,
während bei den Ringen, welche einen Durchmesser von
42—47⁰ haben, das Rot nach innen gekehrt ist. Beobachtungen
darüber sind höchst wünschenswert und werden auch Messungen
der Durchmesser der Lichtringe, deren es zwei von verschiedenen Durchmessern gibt, anempfohlen. Die Literatur
über diese wichtigen Erscheinungen, die bei ganz klarem
Himmel nicht vorkommen, wohl aber oft in einem sehr dünnen
cirrusartigen Schleier auftreten, ist wesentlich entwickelt worden
durch Frauenhofer, Airy, Kämtz, Hagenbach, Jordan und vor
allem durch Galle, der in einer klassischen Abhandlung Bahn-
brechendes geleistet hat. (Poggend. Annalen, Band XLIX.)
Von letzterem ist namentlich auch den Nebensonnen (Par-
helien) usw. eingehende Untersuchung gewidmet worden. Die
Beziehung, welche in jüngster Zeit zwischen Cirruswolken und
magnetischen Vorkommnissen durch Herrn Osthoff wahrscheinlich gemacht worden ist, und wodurch namentlich in Verbindung
mit Untersuchungen über die elfjährige Periode der Sonnenflecken des genannten Gelehrten eine festere Begründung er-
langte (s. Anhang zur Abhandlung Plassmann in diesem Werke),

sollten dazu anspornen, eifrigste Beobachtung diesen optischen Erscheinungen in der Atmosphäre zu widmen.

Auch den Beobachtungen über den Regenbogen oder den Nebelbogen möge man Beachtung widmen, da durch die neueren theoretischen Untersuchungen von Pernter (Sitzungsberichte der kaiserl. Akad. der Wissensch. in Wien) nicht unwesentlich modifizierende Anschauungen bewirkt wurden.

Die Frage über die Ursache der blauen Farbe des Himmels ist durch Lord Rayleigh, der den blauen und violetten Strahlen als den kurzwelligsten, der diffusen Reflektion die blaue Farbe zuschreibt, möge in den verschiedenen Zonen der Erde Beachtung zugewendet werden; steht ein Polariskop zur Verfügung, so ist es wertvoll, damit die polarisierte Natur des diffusen reflektierten Lichtes in Verbindung mit der obigen Frage zu prüfen.

Durch anomale Schichtung wird eine Erscheinung erzeugt, die wir Luftspiegelungen (Fata morgana, Kimmung) nennen. Dem Zustand der Atmosphäre, namentlich der Temperatur und Feuchtigkeit in derselben zurzeit des Auftretens der Erscheinung, hat der Reisende häufig Gelegenheit, neue Gesichtspunkte abzugewinnen.

Es empfiehlt sich, aufser den Originalabhandlungen der oben angeführten Autoren, die Werke von Dr. C. F. W. Peters, Johann Müllers Lehrbuch der kosmischen Physik, V. Auflage, Seite 448—470, Dr. Siegmund Günther, Lehrbuch der Geophysik, II. Band, Seite 451—457, Dr. Höfler, Physik, Seite 642—649, und anderen zu studieren.

Mit Beziehung auf die magnetischen Abhandlungen in diesem Werke wird noch bemerkt, dafs es sich empfiehlt, dafs der Reisende eine Kenntnis der in Tätigkeit befindlichen magnetischen Observatorien der Erde besitzt. In einem der nächsten Abschnitte dieser Nachträge wird ein Verzeichnis solcher Observatorien folgen, worauf hier verwiesen werden mag. Es ist diese Kenntnis schon um deswillen wünschenswert, damit der Reisende sich vergewissern kann, ob die von ihm angestellten magnetischen Beobachtungen nicht zu Zeiten gröfserer Störungen in dem Magnetismus der Erde ausgeführt wurden. Hierher gehören auch die seismischen Stationen, deren Aufzeichnung dem Reisenden zur Vervollständigung seiner Notizen erwünscht sein müssen. In dieser Hinsicht verweisen wir auf den Abschnitt über Erdbebenkunde, Seite 374 ff. Dem zur See Reisenden ist oft Gelegenheit gegeben, Seebeben zu beobachten und wird auf den betreffenden Abschnitt dieses Werkes, Seite 381—383 verwiesen.

Von Wichtigkeit ist in den letzten Jahren die Bestimmung
der Schwerkraftskonstante auf hoher See nach der auf Grund
der Mohnschen Untersuchung über die Schwerekorrektion des
Quecksilberbarometers abgeleiteten Methode von Dr. O. Hecker
geworden. Wenn es auch für den Reisenden nicht möglich sein
wird, durch seine eigenen Beobachtungen die diesbezüglichen
Forschungen zu unterstützen, so ist es doch zu empfehlen, dafs
er sich über die Methode und deren Ergebnisse orientiert[1]).
Seit 20 Jahren ist die Forschung auf dem Gebiete der
Schwerebestimmung zu Wasser und zu Land, namentlich durch
die epochemachenden Arbeiten des Geheimrat Helmert in
Potsdam so wesentlich erweitert und vervollkommnet worden,
dafs absolute Bestimmungen von Reisenden nur selten mehr
mit der wünschenswerten Schärfe ausgeführt werden können.
Die berührte Methode „Bestimmung der Schwerkraft durch
Vergleichung von Barometer und Siedethermometer" bedingt,
dafs Quecksilberbarometer in genügender Anzahl und von einem
Präzisionscharakter einer Expedition für Schweremessungen
zur See zur Verfügung stehen. Wir verweisen hier nur deshalb
darauf, weil dadurch einem Reisenden evtl. Gelegenheit geboten
werden kann, beim Begegnen einer solchen Expedition
sein Barometer in zuverlässigster Weise zu vergleichen.

III. Bemerkungen zur Karte der Meeresströmungen.

Entworfen von Dr. O. Krümmel.

In weiterer Ausführung des von Herrn Prof. Dr. Krümmel,
Seite 592—594, Gesagten mögen hier noch einige auf die
Bedeutung der Meeresströme für die praktische Seefahrt be-
zughabende Worte folgen. Nicht nur bei der Segelschiff-
fahrt, sondern auch bei der Dampfernavigation sind die Meeresströmungen von grofser Bedeutung, indem die durch dieselben
verursachten Versetzungen auf die Fahrt nicht nur verzögernd
oder beschleunigend einwirken, sondern auch an Küstenpunkten, wie bei Kap Finisterre oder Kap Oussant, eine erhebliche Gefahr bedingen können.

---

[1]) Einige Bemerkungen über die Schwerekorrektionen für Baro-
meterhöhen von Prof. H. Mohn, Meteor. Zeitschrift 1901, Seite 49 ff.
und wieder über die Konstanz von Siedethermometern aus dem
Glase 59‴ von Dr. O. Hecker, Meteor. Zeitschrift 1901, S. 424 ff.

Die Karte steht auf dem neuesten Standpunkte der Ozeanographie, d. h. sie wurde unter Zuhilfenahme des neuesten
darüber gesammelten Materials entworfen. Für die Grundzüge
der Strömung in den einzelnen Ozeanen unterscheidet sie die
Strömungen in den Monaten Januar und Februar in kalte
und warme Ströme in verschiedenen Abstufungen und die
Geschwindigkeit während des Etmals in 24 Stunden. Auch
sind die Gebiete, in welchen die Gezeitenströme vorherrschen,
durch eine dunkle Schattierung für sämtliche Küsten, die hier
in Frage kommen können, angedeutet.

Im Atlantischen Ozean haben wir im Norden das
Gebiet der nördlichen Äquatorialströmungen, übergehend in
den Kanarienstrom, wodurch nach Süden und Südosten hin
das Gebiet der Stromlosigkeit, das besonders durch die Sargasso-
see bekannt ist, umschlossen wird. Im Norden dieses Gebietes
zieht sich der Golfstrom oder die Golftrift hin, die im Meerbusen von Mexiko ihren Ursprung hat und sich bis weit nach
der Küste von Norwegen hinzieht. Die Umkreisung dieses
Gebietes im Sinne der Bewegung der Uhrzeiger[1]) tritt hier
klar hervor, sowie sich auch die hohe Temperatur der Strömung
erkennen läfst, die nur hier und da an der Begrenzung
durch Eindringen kalter Strömungen, wie des Labrador-
stroms, charakterisiert ist. Ebenso sind die Gezeitenströmungen
beispielsweise um Neufundland, Island, die britischen Inseln
und in der Nordsee sowie an der Küste Norwegens zu erkennen.

Im Süden ist der Äquatorialstrom, der Brasilstrom und
dessen Fortsetzung im Verbindungsstrome bis hinüber nach
der Westküste Südafrikas die Begrenzung des stromlosen Gebietes bildend, um welches die genannten Strömungen im
allgemeinen gegen die Bewegungen des Zeigers der Uhr
kreisen. Auch hier spricht sich hohe Temperatur des Äquatorial-
stromes klar aus und wie sich in einzelnen Gebieten kalte
Strömungen hereindrängen, wie beispielsweise der Kap Horn-
Strom, der in den Brasilstrom übergeht, die Trift in dem Gebiet der Westwinde und der Benguelastrom nahe bei der Küste
von Südwestafrika. Gebiete der vorwaltenden Gezeitenströmungen treffen wir hier an der Nordostküste von Südamerika bei der Mündung des Amazonenstromes, das sich
hier weiter fortsetzt nach Westen hin bis zum Orinoko,

[1]) Man kann sich die Bewegung der Strömungen in diesem Gebiete veranschaulichen, indem man sie als eine Umkreisung des
Wassers um ein zentrales Gebiet auffafst.

ferner beim Kap Horn und der Südostküste von Amerika bis
zum La-Plata.

Der Indische Ozean. Im Norden ist es die grofse Nordost-Monsuntrift, die von dem Meerbusen von Bengalen um Ceylon
nach dem arabischen Meere und von dort an der Somaliküste
entlang zieht und schliefslich in den Äquatorialgegenstrom gerade südlich vom Äquator, von Westen nach Osten fliefsend
übergeht, wodurch auch ein gewissermafsen stromloses Gebiet
abgegrenzt wird. Die Temperaturen der Strömungen sind hier
stellenweise recht hoch, besonders auffallende Gezeitenströmungen
werden hier beobachtet bei den Nordostküsten von Sumatra,
die, sich an der Südwestküste von Hinterindien hinziehend,
auch bei Ceylon und der gegenüberliegenden Küste von Vorder-
indien zu bemerken sind. Im Süden liegt, wie schon erwähnt,
der Äquatorialgegenstrom an der Ostküste von Afrika, die
Fortsetzung der Nordost-Monsuntrift, die einesteils in den
Äquatorialgegenstrom übergeht, andernteils sich fortsetzt der
Südostküste Afrikas entlang bis zum Agulhasstrom, während
sich der Äquatorialstrom an der Ostküste von Madagaskar
hinzieht und gewissermafsen das stromlose Gebiet (oder das
mit variabeln Strömungen) im Sinne der Bewegung gegen
die Uhrzeiger [1]) umkreisend, mit dem westaustralischen Strome
einen Abschlufs desselben bildet. Hochtemperierte Strömung
ist im Osten des Gebietes, während im Westen kältere Strömung
vorherrscht. Die Inseln St. Paul und Amsterdam bilden gewissermafsen einen Abschlufs der warmen Strömungen, da
im Süden das Gebiet der kühleren Westwindtrift liegt. Von
Gezeitenströmungen ist das Gebiet um Sansibar und jenes bei
dem Ausflusse des Sambesi besonders hervorzuheben.

Der Stille Ozean. Im Norden ist von besonderer Bedeutung der aus der Chinasee hervorkommende Kuro-shio-
strom, welcher an der Südostküste von Japan hinzieht und in
der Westwindtrift ausläuft; er umschliefst das Gebiet leichter
und veränderlicher Strömungen. Dieses Gebiet ist im Süden
von dem nördlichen Äquatorialstrom und im Nordosten von
dem Kalifornstrome umschlossen, welche im Sinne der Bewegung der Uhrzeiger dasselbe umkreisen. Gerade nördlich
vom Äquator und zwischen diesem und dem nördlichen Äquatorialstrom ist das Gebiet des Äquatorialgegenstroms, der von
Osten gegen Westen zieht. Von den Gebieten der Gezeitenströmungen sind hier als von besonderer Bedeutung zu erwähnen:

---

[1]) Als eine Veranschaulichung.

die Küste von Hinterindien, das gelbe Meer, die Südostküste
von Japan und Yesso mit Sachalin bis in das Ochotskische
Meer an der Mündung des Amur, ferner bei den Aleuten an
der Küste von Nordamerika, sowie an dieser Küste bis zur
Vankouverinsel. Ein kalter Strom drängt sich aus der Bering-
see gegen den Kuro-shio und die Westwindtrift.

Im Süden wird das Gebiet unbestimmter und schwacher
Strömungen umkreist von dem südlichen Äquatorialstrom im
Norden, im Osten nahe der Küste von Australien der ost-
australische Strom; im Norden zieht von Neuseeland über die
Kermadecinseln und im Osten die warme Strömung in der
Nähe des kalten peruanischen Stromes. Die Umkreisung ist gegen
den Sinn der Bewegung der Uhrzeiger. Südlich von dem Ver-
bindungsstrom von Neuseeland gegen die Ostküste von Südamerika ist das Gebiet der Westwindtrift. Von den Ge-
zeitenströmen sind zu erwähnen, in der Bafsstrafse, der Haravura-
see zwischen Australien und Neuguinea im ostindischen Insel-
gebiete: Sumatra, Malaka, Java, Borneo und Celebes, und
an der Südspitze von Südamerika, von Valdivia bis zum
Kap Horn.

In der Nebenkarte ist die Anordnung der Meeresströmungen
in den Monaten Juli und August gegeben, zwischen dem
Wendekreis des Steinbocks und dem Wendekreis des Krebses.
Die Darstellung gibt für diese Monate in Verbindung mit der
Hauptkarte die wesentlichsten Veränderungen, die ja nur
innerhalb der Wendekreise vorgehen. Im Atlantischen Ozean
sind nur die Strömungsverhältnisse schärfer ausgeprägt. Der
nördliche und südliche Äquatorialstrom treten nun bestimmter
hervor, und ist namentlich auch der Guineastrom in seinem Verlaufe längst der Küste und der Bucht von Benin schärfer abgegrenzt, als dies in der Winterjahreszeit der nördlichen
Hemisphäre der Fall sein kann. Der Benguelastrom dringt,
eine schärfere Begrenzung veranlassend, in das Strömungs-
gebiet in der Nähe des Äquators ein; die Gebiete der Gezeitenströmungen bleiben nahezu unverändert.

Der Indische Ozean zeigt wenig Veränderungen, und
diese sind nun durch die Monsunverhältnisse bedingt. Statt
der Nordost-Monsuntrift tritt nun die Südwest-Monsuntrift
stärker hervor und verbreitet sich weiter gegen den Äquator
zu, wodurch das Gebiet indifferenter Strömungen, anstatt wie
unter dem herrschenden Nordost-Monsun nach Norden hin,
mehr nach Süden vom Äquator verschoben wird; entsprechend tritt der Äquatorialstrom mehr nach der Gegend
zwischen 10 und 20° südlicher Breite zurück; auch die

Temperaturverhältnisse der Strömungen sind dementsprechend verschoben. Die Gezeitenströmungen bleiben nahezu die gleichen,

Der Stille Ozean ist in der Sommerzeit der nördlichen Hemisphäre durch stärkeres Ausgeprägtsein der Strömungen charakterisiert. Nördlicher Äquatorialstrom und südlicher Äquatorialstrom liegen nun nordwärts verschoben und sind klar und bestimmt ausgedrückt. Daſs entsprechend diesen Änderungen auch die kalten Strömungen im Westen des amerikanischen Kontinentes schärfer ausgeprägt sind, dürfte sich von selbst ergeben.

Es ist sonst nichts mehr zu erwähnen, was zum gröſseren Verständnis der Darstellung dienen könnte, und mag daher das vorstehend Gesagte und das in dem Artikel von Krümmel Angeführte zum vollen Verständnis und dementsprechend zur Benützung der Karte genügen.

Alles, was ganz im allgemeinen hier angeführt wurde, zeigt im einzelnen begreiflicherweise zahlreiche Abweichungen, wie dies ausdrücklich hervorgehoben werden muſs: es kann die Darstellung, wie vortrefflich dieselbe auch ist, und wie sehr sie, wie auch nochmals hervorgehoben werden soll, nur bis zu einem gewissen Grade als schematisch aufgefaſst werden.

In der Abhandlung, zu welcher die Karte gehört, werden nur die einzelnen Grundverhältnisse kurz berührt, weshalb es in Anerkennung der hochverdienstlichen Veröffentlichung zweckmäſsig erschien, nochmals des näheren auf die Vorzüge der Darstellung in der Karte zurückzukommen.

IV. Hydrographisches Zeichnen und geographische und topographische Benennungen.

Als Ergänzung zu dem, was in dem Artikel „Nautische Vermessungen" von P. Hoffmann ausgeführt worden ist, sollen hier noch einige Winke über das Niederlegen der Resultate der Aufnahmen von Karten und Plänen angefügt werden. Zur Erläuterung der darauf bezughabenden Ausführungen ist hier eine Zeichnung (Karte) beigegeben. Dabei sei erwähnt, daſs wir uns zu diesem Behufe der von dem k. Reichsmarineamte eingeführten neuesten Bezeichnungen und Abkürzungen bedient haben.

Die Situation dieser Zeichnung ist eine völlig erdachte

Süd Br.

Phrws.

Einf.

Reede

Hochebene

See

STADT

INSEL

Karte
zur Illustration
HYDROGRAPHISCHEN ZEICHNENS
Unter Anwendung der vom Reiche-Marine-Amt
eingeführten Abkürzungen und Zeichen.

Maßstab 1 : 100000

Die Farbangaben beziehen sich auf
mittleres Spring- und Niedrigwasser
Höhen und Tiefen in Metern
Mittelwasser für 1865.

Große Ortschaft

und so gewählt, dafs alle bei der Anfertigung von Seekarten notwendigen Abkürzungen, Signaturen und Seezeichen zur Anwendung kommen konnten. Auch das Kolorit ist das in den kartographischen Arbeiten des Reichsmarineamts verwendete.

Erklärung der Abkürzungen in den von der Nautischen Abteilung des k. Reichsmarineamtes neuestens herausgegebenen Karten.

Für den Reisenden, der sich mit nautischen Aufnahmen beschäftigen will und Karten entwirft, mufs anempfohlen werden, sich dieser Abkürzungen und der in der Karte zur Illustration hydrographischen Zeichnens erklärten Signaturen und Seezeichen bei seinen Arbeiten zu bedienen, wenn er nicht Gefahr laufen will, dafs dieselben unverwendet liegen bleiben. Gegen die früheren in Band I, Seite 620 ff. enthaltenen Abkürzungen, Erklärungen usw. sind die im nachfolgenden zum Abdrucke gebrachten Tabellen (I u. II) nicht unerheblich erweitert und, weil durch die Erfahrung erprobt, auch verbessert. Im nachfolgenden sind dieselben zum Abdrucke gebracht.

I.

Benennungen für Seezeichen und Leuchtfeuer.

Feste Seezeichen.

Bk, Bkⁿ.	Bake, Baken
Dlb.	Dalben
Dev-Bk.	Deviationsbake
Kmpss-Bk.	Kompensierungsbake
Lcht-Bk.	Leuchtbake
Lcht-Tm.	Leuchtturm
Ml-Bk.	Meilenbake
Sperr-Sgn-Bk.	Sperrsignalbake
T-Bk.	Telegraphenbake
Wk-Bk.	Winkbake

Schwimmende Seezeichen.

Anst-Tn.	Ansteuerungstonne
Fstm-Tn.	Festmachetonne
Gl-Tn.	Glockentonne
Hl-Tn.	Heultonne
Lcht-Tn.	Leuchttonne
Ml-Tn.	Meilentonne
Pos-Tn.	Positionstonne
Qrt-Tn.	Quarantänetonne
T-Tn.	Telegraphentonne
Wr-Tn.	Wracktonne

Leuchtfeuer.

F.	Festfeuer, weifs
F.w. & r.	Festfeuer, aus weifsen und roten Sektoren bestehend
Ubr.	Unterbrochenes Feuer, weifs mit Einzelunterbrechungen
Ubr. Grp.	Unterbrochenes Feuer, weifs mit Gruppen von (2—5) Unterbrechungen
Wchs. w. r.	Wechselfeuer mit Einzelwechseln weifs und rot
Wchs.Grp.w.gn.	Wechselfeuer mit Gruppen von (2—5) Wechseln weifs und grün
Blk.	Blinkfeuer, weifs mit Einzelblinken
Blk. Grp.	Blinkfeuer, weifs mit Gruppen von (2—5) Blinken

F. m. Blk.	Festfeuer, weifs mit Blinken	Blz. Grp.	Blitzfeuer, weifs mit Gruppen von (2—5) Blitzen
Blz.	Blitzfeuer, weifs mit Einzelblitzen	Mi.	Mischfeuer
F. m. Blz. Grp.	Festfeuer, weifs mit Gruppen von (2—5) Blitzen	P-F.	Postfeuer
		Gez-F.	Gezeitenfeuer
		F-Sch.	Feuerschiff

Benennungen für Schiffahrtseinrichtungen.

Brf-Tb.	Brieftauben	Schw-D.	Schwimmdock
Eis-S.	Eis-Signalstation	See-T-A.	See-Telegraphenanstalt
Flgmst.	Flaggenmast	Seez-Sgn.	Signale über das Auslegen von Seezeichen
Flgst.	Flaggenstock		
Fnk-T-S.	Funken-Telegraphenstation	Sem.	Semaphor
		Sgnmst.	Signalmast
Gez-S.	Gezeiten-Signalstation	Sgn-S.	Signalstation mit telegraphischer Verbindung
Hfn-Sgn.	Hafensignale		
L-S.	Lotsenstation		
Ld-Sgn-S.	Lloyd-Signalstation	Strom-S.	Strom-Signalstation
M-Sgn-S.	Marine-Signalstation	Strm-S.	Sturmwarnungs-Stelle
N-S.	Nebel-Signalstation	T-S.	Telegraphenstelle oder Fernsprecher
(Gl.)	„ Glocke		
(Gg.)	„ Gong	Tr. D.	Trockendock
(H.)	„ Horn oder Trompete	Wss-Anz.	Wasserstands-Anzeiger
(K.)	„ Kanone oder Knall	Wss-S.	Wasserstands-Signalstation
(Pf.)	„ Pfeife .	W-Sem.	Windsemaphor
(R.)	„ Rakete	Ztbl.	Zeitball
(Sir.)	„ Sirene	Zt-Sgn.	Zeitsignal
R-S.	Rettungsstation	Z-S.	Zufluchtsstation für Schiffbrüchige
(B.)	„ Boot		
(Lt.)	„ Leiter		
(M.)	„ Mörser		
(R.)	„ Raketenapparat		

Nautische Bezeichnungen der Mafse.

Ankpl.	Ankerplatz	Pos?	Position zweifelhaft
Ans.	Ansicht	Spr.	Springzeit
B-B.	Backbord	St-B.	Steuerbord
Br.	Breite	Strom-Kbblg.	Stromkabbelung
D-Adm-K.	Deutsche Admiralitätskarte	Vorh?	Vorhandensein zweifelhaft
H-Wss-H.	Hochwasserhöhe	N, O, S, W	Nord, Ost, Süd, West
Td-Hb.	Tidenhub	Kblg.	Kabellänge
Greenw.	Greenwich	km	Kilometer
Hfn-Zt.	Hafenzeit	m	Meter
H-Wss.	Hochwasser	Sm	Seemeile
Lg.	Länge	h	Stunde
Mifsw.	Mifsweisung	min	Minute
Nd-Wss.	Niedrigwasser	sek	Sekunde
Np.	Nipp-	t	Tonne (Gewicht)

Eigenschafts- und Bindewörter.

auffall.	auffallend	gr.	grau	s.	schwarz
b.	bei	gb.	grob	tr.	trocken
beabs.	beabsichtigt	gfs.	grofs	u.	und
bl.	blau	gn.	grün	unr.	unrein
br.	braun	ht.	hart	U.	Unter
brl.	bräunlich	h.	hell	ubr.	unterbrochen
brt.	breit	kl.	klein	vdklt.	verdunkelt
bnt.	bunt	mw.	mifsweisend	vrsw.	versuchsweise
dkl.	dunkel	mt.	mittlerer	wch.	weich
elekt.	elektrisch	Ob.	Ober	w.	weifs
f.	fein	od.	oder	zrst.	zerstört
fls.	felsig	or.	orange	ztws.	zeitweise
g.	gelb	rw.	rechtweisend	zbr.	zerbrochen
geogr.	geographisch	r.	rot		

Grundbeschaffenheit.

Aust.	Austern	L.	Lehm	Schn.	Schnecken
Fls.	Felsen	M.	Muscheln	Sst.	Seesterne
Frm.	Foraminiferen	Pt.	Pteropoden	Stg.	Seetang
Glb.	Globigerinen	Rdl.	Radiolarien	Sp.	Sprenkeln
Grs.	Gras	Rgd.	Riffgrund	St.	Steine
K.	Kies	Schl.	Schlamm	T.	Ton
Kor.	Korallen	Sd.	Sand		
Kr.	Kreide	Sk.	Schlick		

Geographische und topographische Benennungen.

A.	Amt, Anstalt	Fls.	Felsen
Anl-Brk.	Anlegebrücke	Fj.	Fjord
		Fl.	Flufs
Bhf.	Bahnhof	Frhs.	Forsthaus
B.	Bai, Bucht	Ft.	Fort
Bnk. Bnke.	Bank, Bänke	Fd.	Föhrde
Bar.	Baracke		
Batt.	Batterie	Gbg.	Gebirge
Beob-Pkt.	Beobachtungspunkt	Glt.	Gletscher
Bg. Bge.	Berg, Berge	G.	Golf
Brdg.	Brandung	Grenz-W.	Grenzwache
Bn.	Brunnen	Gd. Gde.	Grund, Gründe
Brk.	Brücke		
Bh.	Buhne	Hfn.	Hafen
		Hkn.	Haken
Dm.	Damm	H-I.	Halbinsel
Dkm.	Denkmal	Hlt-S.	Haltestelle
Drchf.	Durchfahrt	Hs.	Haus
		Hm.	Holm
Einf.	Einfahrt	Hk.	Huk
		Hg.	Hügel
Fbr.	Fabrik	Ht.	Hütte
Fhrwss.	Fahrwasser		
Fh.	Fähre	I. In.	Insel, Inseln

Kan.	Kanal		Plv-Mag.	Pulvermagazin
K.	Kap		Pkt.	Punkt
Kpl.	Kapelle			
Kas.	Kaserne		Rd.	Reede
Kr.	Kirche		R.	Riff
Kr-Tm.	Kirchturm			
Krhf.	Kirchhof		Sd.	Sand
Klp.	Klippe		St.	Sankt
Kpf.	Kopf		Schls.	Schleuse
Krn.	Kran		Schl.	Schlofs
Kst-W.	Küstenwache		Schornst.	Schornstein
			Schp.	Schuppen
Lgr.	Lager		Sp.	Spitze
Ld.	Land		S.	Station, Stelle
Ldg-Brk.	Landungsbrücke		St.	Stein
Laz.	Lazarett		Stbr.	Steinbruch
			Str.	Strafse
Mag.	Magazin		Sd.	Sund
Mb.	Meerbusen			
Mss-S.	Missions-Station		T.	Teich
M.	Mühle		Tp.	Tempel
Mdg.	Mündung		Tm.	Turm
Pv.	Pavillon		Vw.	Vorwerk
Pgl.	Pegel			
Pfl.	Pflanzung		Wss.	Wasser
Pl.	Platz		Wrt.	Wärter
P-A.	Postamt		Zgl.	Ziegelei

Es wird hier noch im besondern bezüglich des hydrographischen Zeichnens auf die diesem Werke beigegebene Karte der Meeresströmungen hingewiesen und dabei hervorgehoben, dafs auch in diesem Falle die Bezeichnungen und Erklärungen in Arbeiten verwandter Natur beizubehalten sind. Auch diese sind aus der Erfahrung und der nahezu allgemeinen Gepflogenheit entnommen. Nur bei Befolgung der darin enthaltenen Normen erhalten bezügliche Arbeiten des Reisenden einen allgemeinen Wert. Durch Abweichen davon laufen oft mühsam errungene Resultate Gefahr, unbenützbar zu sein.

Dieses Blatt gibt in Verbindung mit der Karte der Meeresströmungen von Krümmel alle Anhaltspunkte, die erforderlich sind, um bei hydrographischen oder ozeanographischen Darstellungen möglichste Einheitlichkeit zu erzielen, und es sollten deshalb die hier gegebenen Bezeichnungen in Verbindung mit jenen, die in wissenschaftlichen Arbeiten in Verbindung mit Fauna und Flora gemacht werden können, zur Anwendung kommen. Es bezieht sich dies sowohl auf die Beschreibung der Grundverhältnisse und Grundorganismen, wie namentlich auch auf alle das Plankton usw. betreffenden Strömungsverhältnisse in Kanälen oder beständig in einer Richtung fliefsen-

den Wassermassen oder auch auf alle jene, die der Wechselwirkung von Ebbe und Flut unterworfen sind.

Der Reisende tut wohl daran, sich über alles das, was zur
Vervollständigung des beigegebenen Planes, oder auch zur
klaren Bestimmung eines Gebietes, oder endlich zur Erläuterung
bestimmter vorkommender Naturerscheinungen dienen kann,
sorgfältig zu erkundigen und das Gesammelte kritisch zu beleuchten.

Nachtrag zu der Abhandlung von Richthofen „Geologie",

7. Korallenbauten. Seite 345—351 u. 356, 357.

Von Prof. Dr. Voeltzkow.

Über den Aufbau jener Gebilde, die mit dem
Namen der Korallenriffe bezeichnet werden, ist,
soviel auch schon darüber geschrieben wurde,
eigentlich verhältnismäfsig wenig Zuverläfs·
liches bekannt.

Die Beobachter beschränken sich in der Regel darauf zu
erwähnen, sie hätten da und dort ein Korallenriff gesehen
und besucht, und beschreiben dasselbe dann unter besonderer
Hervorhebung jener Riffpartien, an denen die Korallen am
üppigsten gedeihen, und verallgemeinern später die an derartigen für das Wachstum der Korallen günstigen Stellen gewonnenen Anschauungen für Theorien über den Aufbau des
Riffes in seiner Gesamtheit. Es findet dies darin seine Erklärung, dafs die Mehrzahl der Besucher derartiger Riffe, in
den landläufigen Anschauungen über den Aufbau derselben
befangen, geneigt ist, sowie sie überhaupt lebende Korallen,
noch dazu in besonderer Schönheit und Üppigkeit vor sich
sehen, anzunehmen, es liege ein von Grund aus durch die
Tätigkeit der Korallen aufgebautes Riff vor. In der Mehrzahl
der Fälle hält aber diese Ansicht exakter Forschung nicht
stand, und es findet sich häufig tatsächlich als Grundstock eine
alte massive Kalkbank, gleichviel welchen Ursprungs und
welcher Zusammensetzung vor, und ihr aufgesetzt eine Rinde
lebender Korallen wechselnder Dicke, die aber 1 m selten
übersteigt, also zwei Gebilde, die sowohl in bezug auf Zusammensetzung wie auf zeitliche Entstehung völlig voneinander verschieden sind.

Es liegt jedoch gerade darin der Kernpunkt der Frage,
an dem zukünftige Forschungen in erster Linie einzusetzen
haben, und es kann sich ein jeder, auch ohne besondere Vor-

kenntnisse zu besitzen, durch Prüfung dieser Verhältnisse in
einem gegebenen Falle grofse Verdienste erwerben. Denn
gerade bei dem Widerstreit der Meinungen und der Verschiedenheit der aufgestellten Theorien, ist nur durch Klar-
legung eines jeden Falles, also durch möglichst zahlreiche
Detailforschung ein Fortschritt für die Gesamtheit und eine
Klärung unserer Ansichten über den Aufbau dieser Meeres-
gebilde zu erwarten.

Man hat sich also in erster Linie die Frage vorzulegen,
liegt wirklich ein echtes Korallenriff vor, also ein in seiner
ganzen Mächtigkeit in der Hauptsache durch die Tätigkeit der
Korallen aufgebautes Riff, oder wird nur ein Korallenriff vor-
getäuscht, und haben wir vor uns nur einen Korallengarten,
d. h. zertrennt beieinander stehende, einzelne Blöcke von
Korallen, freilich von oft recht mächtigen Dimensionen, die
auch zu Kolonien verschiedener Arten pilzartig sich zusammen-
schliefsen können, aber immerhin doch nur einzelne Korallen-
stöcke, wie Blumen auf einem ihnen fremden Boden anderer
Zusammensetzung aufgewachsen.

Es ist daher stets eine Prüfung des Untergrundes vorzunehmen, die freilich in der Regel nur mit Brechstangen auszuführen ist und am besten bei tiefster Ebbe an den Wänden
von Kanälen im Riff oder durch Taucher an felsartigen von
Korallen freien Vorsprüngen des Untergrundes auszuführen ist.

Die Riffe im westlichen Indischen Ozean erwiesen sich
ohne Ausnahme als Bestandteile mächtiger massiver Kalk-
bänke wechselnder Zusammensetzung, die durch eine Niveau-
verschiebung, hervorgerufen durch einen über jenes ganze
Gebiet gleichmäfsig ausgedehnten Rückzug des Meeres von
geringem Betrage, trocken gelegt, durch die Gewalt der Wogen
im Laufe der Zeiten bis zur mittleren Flut-Ebbezone abrasiert und
dann an günstigen Stellen von Korallen besiedelt worden sind.

Die auf diesen Riffen aus dem Meer hervorragenden
Inseln, Felsen und Bänke liefsen sich in allen Fällen als letzte
Reste des der Zerstörung anheimgefallenen Mutterriffes nachweisen und bildeten mit ihrer Unterlage ein einheitliches
Ganzes von gleicher Zusammensetzung wie diese, und sind infolge ihrer gröfseren Härte bisher erhalten geblieben, müssen
aber einst gleichfalls dem Untergang anheimfallen. Es mufs
besonders darauf aufmerksam gemacht werden, dafs aus dem
Riff emporragende Partien stets darauf hin zu untersuchen
sind, ob sie mit der Rifffläche ein einheitliches Ganzes bilden,
also an ihrem Fufs, dort freilich häufig spaltförmig unter-
waschen, in die Strandterrasse übergehen. Besondere Be-

achtung verdienen in dieser Hinsicht die von vielen Seiten
beschriebenen Riesenblöcke an der Riffkante, die den gültigen
Theorien nach durch die Gewalt der Wogen vom äufseren Abhang des Riffes losgebrochen und auf die Rifffläche geworfen
worden sein sollen. Stets ist auf das eingehendste zu prüfen,
ob diese Blöcke wirklich lose auf dem Riff liegen, und ob
mechanisch überhaupt die Möglichkeit für eine derartige Herkunft gegeben sein kann, oder ob vielmehr nicht auch in
diesen Fällen nur erhalten gebliebene Partien des einst in
seiner Gesamtheit höheren, aber nunmehr bis zur Flut-Ebbezone abgeschliffenen Riffes vorliegen.

Besonders an Atollen ist mit erhöhter Aufmerksamkeit auf
derartige Blöcke zu achten, ferner auch darauf, ob bei Atollen
die Teile über dem Meeresniveau, also das feste Land stets nur
aus Trümmermaterial besteht, oder ob sich auch hier an einzelnen
Punkten Reste eines älteren Grundriffes auffinden lassen.

Stets ist Gelegenheit zu suchen, den Aufsenrand des Riffes
bei ruhigem Wetter im Boote zu befahren, und zu untersuchen,
ob denn wirklich, wie stets behauptet wird, der Steilabfall
mit Korallen besetzt ist, denn im Kanal von Mozambique ist
dies z. B. nicht der Fall, und die Insel Europa zeigt den
äufseren mauerartigen Abfall gänzlich ohne Korallen.

Ferner ist zu prüfen ob in der Tat der Ort der gröfsten
Wachstumsintensität der Korallen die Brandungszone der Riffkante ist, was für den westlichen Indischen Ozean jedenfalls
nicht zutrifft, oder sich auf die Partien ruhigeren, aber natürlich von Sedimenten freien Wassers innenwärts des eigentlichen
Riffes konzentriert.

Gerade der verschiedenen Höhe der Gezeiten, die infolge von
Strömungsverhältnissen, durch Aufstauung des Meeres in Buchten
und aus anderen Ursachen, auch bei örtlich nicht sehr weit
voneinander entfernten Punkten, eine wesentlich verschiedene
sein kann, mufs erhöhte Aufmerksamkeit zugewendet werden.

Es dürfte in vielen Fällen diese verschiedene Höhendifferenz von Ebbe und Flut vollständig genügen zur Erklärung
des wechselnden Aussehens einzelner Küstenpartien: denn bei
einem Gezeitenunterschied von nur 1 m mufs sich natürlich
eine andere Form der Steilküste herausbilden als bei einem
solchen von 5—6 m Höhe. Während im ersteren Falle die
Ausarbeitung der Steilküste nur eine unbedeutende sein kann,
wird im zweiten Falle die Strandterrasse tiefer abrasiert, die
Hohlkehle der Steilwand erreicht 3—4 m, kurz, die beiden,
durch gleiche Ursachen erzeugten Steilküsten werden ein
wesentlich voneinander verschiedenes Bild darbieten.

Die Bestimmung der Schneegrenze und die Schnee-verhältnisse in Gebirgen.

Über die Lage der Schneegrenze ist bis heute, wenn wir von deren Bestimmung in einzelnen Gebirgsgebieten absehen, wenig Zuverlässiges bekannt. Ein wesentlicher Grund dieser Lücke im geographisch-physikalischen Wissen ist in der Un-bestimmtheit und der daraus sich ergebenden Unklarheit der Definition der Schneegrenze zu erkennen. Für die Erklärung klimatologischer Vorgänge sind aber die Schneeverhältnisse von hervorragender Bedeutung, aus welchem Grunde es denn auch wichtig ist, über die Frage der Schneebedeckung, der Verbreitung des Schnees nach Höhe und Jahreszeit, gute und zuverlässige Angaben zu sammeln. Der Reisende wie der Forscher zu Hause kann sich durch Erhebungen in der an-gedeuteten Richtung grofse Verdienste um klimatologische Forschung und physikalisch-geographisches Wissen erwerben. Professor Ratzel hat sich bemüht, den Sinn für diese Forschungen durch mehrere Aufsätze zu wecken und durch klare und be-stimmte Definition vor irriger Auffassung und nutzlosen Be-obachtungen zu schützen. Folgen wir hier seinen Ausführungen, so sei zuerst erwähnt, dafs man zwei Schneelinien zu unterscheiden hat: die orographische Schneelinie, die Grenze der gesellig auftretenden Schneeflecken und die klimatische Schneelinie, die Grenze der ausgedehnten und nach Möglichkeit zusammenhängenden Schneefelder. Es sollten stets die beiden Linien bestimmt, bei der ersteren die Art der Lagerung des ewigen Schnees besonders genau er-mittelt werden. Ratzel fafst die hierbei zu lösenden Aufgaben in folgender Weise zusammen: „Die Schneegrenze liegt da, wo die ausdauernden Schneelager gesellig oder in gröfserer Ausdehnung, also unter Umständen aufzutreten beginnen, welche grofse allgemeine Ursachen voraussetzen lassen. Diese Ur-sachen liegen entweder vorwiegend in Lage und Gestalt des Bodens, dem der Schnee aufruht, sie sind orographischer Natur, oder in den meteorologischen Bedingungen der Höhen-zone, in der er sich findet; sie sind klimatischer Natur. Beide Gruppen von Ursachen ändern sich je nach der Ex-position, dem isolierten oder zur Gebirgsmasse vereinigten Vorkommen der betreffenden Höhen, auch nach der Unterlage, was bei der Bestimmung besonders in der Richtung zu be-achten ist, dafs mittlere Zahlen von geringerem Werte sind als Zahlen, welche die Extreme an verschiedenen Seiten eines

Berges, eines Gebirges, einer Insel usw. motiviert angeben.
Endlich ist die Zeit der Bestimmung zu berücksichtigen, als
welche der Punkt zu wählen ist, in welchem die Abschmelzung
aufhört, die Flächenausdehnung eines Schneelagers zu verringern."

Es muß besonders darauf aufmerksam gemacht werden,
daß man bei den Grenzbestimmungen die normale Schneedecke
zu berücksichtigen hat, d. h. es dürfen Stellen, welche durch
Abrutschungen oder durch Windwirkung von Schnee bedeckt
oder entblößt worden sind, nicht zu den Bestimmungen benutzt
werden. Wenn wir mit A. von Kerner[1]) als absolute Schneegrenze diejenige Linie bezeichnen, bis zu welcher die normale
Schneedecke am Tage ihrer höchsten Lage im Jahre sich
zurückgezogen hat, und sie genau bestimmen, so werden wir
auch ein wesentliches Moment für die Gletscherbildung gewonnen haben. Die Gestaltung des Bodens, die in einem
jeden Falle genau zu verzeichnen ist, wird über den Verlauf
der Schneegrenze im Detail (in Mulden und Karen usw.) Aufschluß zu geben vermögen. Außer den periodischen Schwankungen der Schneegrenze ist den aperiodischen nachzuforschen
und sind sie, wenn dazu Zeit und Gelegenheit gegeben ist,
nach den mittleren Extremen zu charakterisieren, deren
Differenzen die mittlere Schwankung der Höhe der Schneegrenze in einem bestimmten Monat darstellt. Strengste Beachtung der Himmelsrichtung, nach welcher hin eine genaue
Beobachtung gemacht wurde, muß zur ersten Pflicht gemacht
werden. Oft, und zwar in den meisten Fällen, wird es dem
Reisenden nur möglich sein, gemachte Aufzeichnungen so eingehender Art zu sammeln; sie selbst zu machen, fehlt ihm in
der Regel die Zeit.

Ratzels Fragebogen über die Schneeverhältnisse in Gebirgen.

Die folgenden 22 Fragen über Tiefe, Ausdehnung und
Dauer der Schneedecke sind zur Förderung der Kenntnisse
über Schneegrenze und Schneevorkommen tunlichst eingehend
zu beantworten, weil dadurch Geographie, Geologie und Meteorologie durch wertvolle Resultate bereichert werden würden. Im Anschluß an die auf Seite 629—632 dieses Bandes gestellten Fragen
mögen diese der Beachtung der Reisenden empfohlen werden:

---

[1]) Fr. R. Kerner von Marilaun: Untersuchungen über die Schneegrenze im Gebiete des mittleren Inntales.

1. Wann fällt der erste Schnee auf den Bergen in der Umgebung Ihres Wohnortes? Wie hoch sind diese Berge? Wenn Aufzeichnungen vorhanden sind, bittet man um Angabe des Datums.

2. Von welcher Zeit an liegt die vollständige oder mit Lücken dauernde Schneedecke?

3. Wann bleibt gewöhnlich der Schnee in Ihrem Wohnorte selbst liegen? Wie hoch ist Ihr Wohnort?

4. Werden im Laufe des Winters die Berge Ihrer Umgebung zeitweilig schneefrei? In welcher Höhe und auf welcher Seite geschieht dies am frühesten?

5. Wann verschwindet der gröfste Teil der winterlichen Schneedecke?

6. Wie lange bleiben die letzten Reste derselben liegen?

7. Wie weit erstreckt sich gewöhnlich die bleibende Schneedecke nach unten hin?

8. An welchen Stellen liegt gewöhnlich in Ihrer Gegend der Schnee am tiefsten? Wie tief?

9. Wo häuft der Wind in Ihrer Umgebung die gröfsten Schneewehen an? Wie verhalten sich zu denselben die verschiedenen Abhänge der Berge oder Höhenzüge?

10. Welchen Einflufs haben die Bodenformen auf das Liegenbleiben des Schnees? Man beachte besonders die Abhänge von verschiedener Steilheit, Gipfel, Schluchten, Talhintergründe, Mulden.

11. Welchen Einflufs übt die Beschaffenheit der Oberfläche, je nachdem diese Stein, Geröll, Sand oder Erde ist, auf das Liegenbleiben des Schnees aus?

12. Welchen Einflufs übt die Pflanzendecke und besonders der Wald auf das Liegenbleiben des Schnees?

13. Welchen Einflufs übt die Nähe des Wassers auf das Liegenbleiben des Schnees? Auch Sümpfe und Moore sind dabei zu berücksichtigen.

14. Welchen Einflufs übt die gröfsere oder geringere Durchlässigkeit des Bodens auf das Liegenbleiben des Schnees?

15. Nach welcher Zeit nimmt der Schnee körnige Beschaffenheit an? Unter welchen Verhältnissen geht er in Eis über. Man unterscheide körniges, blasiges und klares Eis.

16. Bemerkt man Risse und Spalten in den Schneefeldern?

17. Beobachtet man Bewegung in den Schneefeldern oder läfst sich auf jene aus Spuren an Gegenständen Ihrer Umgebung schliefsen?

18. Kommen gröfsere Rutschungen des Schnees (Lawinen) in Ihrer Gegend vor? Lassen sich die Ursachen derselben erkennen? Was kann von den Wirkungen derselben auf Boden und Vegetation (Wald) gesagt werden?

19. Welche auffallenderen Formen beobachtet man an der Oberfläche des Schnees als Folge von Wind, Schmelzung oder anderen Ursachen?

20. Treten deutliche Schichtungen im Schnee hervor?

21. Wie grofs ist der Einflufs, den Schneeschmelzen, auch winterliche, auf den Wasserstand der Flüsse und Seen Ihres Gebietes ausüben? In welcher Zeit nach dem Eintritt der Schmelzung macht sich derselbe geltend?

22. An welchen Wasserläufen bemerkt man zuerst die Wirkung der Schneeschmelze? Verhalten sich die verschiedenen Abhänge eines Gebirges in dieser Beziehung verschieden?

Wenn der Boden mit Schnee bedeckt ist, sollte man möglichst häufig und regelmäfsig Beobachtungen an einem auf der Oberfläche des Schnees liegenden Thermometer (ein Alkohol-Minimum-Thermometer ist hierzu am geeignetsten), welches durch eine leichte Schutzvorrichtung vor Zerbrechen, nicht aber vor Strahlung, um deren Bestimmung es sich hierbei handelt, geschützt ist, anstellen. Keine Gelegenheit, die Temperatur des Schnees sowie die Temperatur des Erdbodens gerade unter der Schneedecke zu messen, sollte versäumt werden, wobei denn auch stets die Dicke der Schneeschicht zu ermitteln und anzugeben ist. (Siehe auch Seite 620 d. Bandes.) Indem auf diese Punkte besonders aufmerksam gemacht wird, sei auf die Bedeutung hingewiesen, welche der Schneebedeckung für die Erklärung klimatischer Erscheinungen innewohnt (Wojeikof).

4. Die Bestimmung der Temperatur von Quellen,

wie sie Seite 609 d. Bandes als wichtig bezeichnet wird, sowie auch der Oberflächen von Flüssen, Seen usw. sollte von Reisenden, wenn immer möglich, ausgeführt werden. Zur Bestimmung der Temperatur an der Oberfläche des Wassers (eines Baches, Flusses oder Sees) kann man sich, wenn man nicht mehr als 30 oder 40 cm herabgeht, mit Vorteil des Pinselthermometers von Janssen („thermomètre plongeur à pinceau") bedienen (siehe Seite 569 d. Bandes). Der Gebrauch des Instrumentes ist sehr einfach; man hat nur zu beachten, dafs man, so bald das Thermometer aus derjenigen Schicht, deren Temperatur man beobachten will, herauskommt, die Temperatur rasch abliest. Auch kann man mit Vorteil ein kleines, mit einem Wassergefäfs, welches sich jedesmal in der Schicht, deren Temperatur zu messen ist, füllt, versehenes Thermometer verwenden.

Vermag man während einer längeren Zeit die Oberflächentemperatur eines Baches, eines Flusses oder eines Sees, und zwar zu Zeiten der Terminbeobachtungen (siehe Seite 603 d. Bandes) zu beobachten, so kann man ein Quellen- oder Wasserthermometer an einem festen Gestelle so eintauchen, dafs das Gefäfs desselben 1 oder 2 cm unter der Oberfläche des Wassers sich befindet. Beobachtungen dieser Art bilden wichtige Elemente der Klimatologie. Zur Bestimmung der Temperatur heifser Quellen (Seite 287 d. Bandes) bediene man sich eines Quecksilber-Maximum-Thermometers nach Walferdin (thermomètre à bulle d'air) oder nach Negretti und Zambra (siehe Jelineks Anleitung zur Ausführung meteorologischer Beobachtungen, neu bearbeitet von Dr. J. Hann, Seite 610 und 611, auch Seite 637 ff. d. Bandes).

Es ist sehr verdienstlich, über die Stärke der Tau- und Reifbildung Aufzeichnungen zu machen; es gebricht allerdings noch immer an einem Instrument, welches die Abwägung oder Messung des Taues auf leichte Weise gestattet; allein der Reisende kann durch Aufsammeln des während einer Nacht gebildeten Taues, wozu er ein Wachstuch benutzen kann, und durch Angabe aller begleitenden Umstände wertvolles Material zur Beleuchtung der mit der Taubildung im Zusammenhang stehenden Fragen liefern. Nimmt man stets ein und dasselbe Wachstuch (gleiche Gröfse, gleiche Spannung und gleiche Farbe), so erhält man durch Abmessen des gesamten Wassers Relativzahlen, die in Ermangelung genauer Wägungen immerhin von Wert sind. Von besonderem Interesse sind Beobachtungen dieser Art in Steppen- und Wüstenlanden der tropischen und subtropischen Zone. Durch Reifbildung werden Schneeflächen und Gletscher in erheblicher Weise, die z. B. praktisch die Schlittenfahrt in den Polarregionen beeinflufst, bereichert und verändert.

Nachtrag zum Kapitel:
Drachenaufstiege zu meteorologischen Zwecken.
Von W. Köppen.

Seit das Obige niedergeschrieben wurde, ist der Nachweis geliefert worden, dafs auch die Untersuchung der höchsten Schichten der Atmosphäre durch Entsendung kleiner unbemannter Ballons mit Erfolg auf Forschungsreisen, wenigstens auf solchen zu Schiff, betrieben werden kann. Auf der Yacht des Fürsten von Monaco, „Princesse Alice", hat Prof. Hergesell zuerst im April 1905 im Mittelmeer und dann im August 1905 auf dem Atlantischen Ozean Registrierapparate bis zur Höhe von über 13 000 m emporgesandt und sie in fast allen Fällen durch Verfolgung des Ballons mit dem Dampfer glücklich wieder geborgen. Aufserdem haben sowohl Prof. Hergesell als die Expedition der Herren Rotsch und Teisserenc de Bort mit noch kleineren Ballons, die ohne Registrierapparat aufgelassen und nicht wieder aufgesucht werden (sogen. Pilot-Ballons), Beobachtungen über die Richtung der Luftströmungen in verschiedenen Höhen gemacht.

Für beiderlei Zwecke werden am besten die von Afsmann eingeführten geschlossenen Gummiballons verwendet, die sich beim Steigen ausdehnen, bis sie platzen. Tragen sie einen Registrierapparat, so mufs dessen Fall durch einen Fallschirm oder einen zweiten Ballon gemildert werden. Die Ballons werden von der „Continentalen Kautschuk und Guttapercha-Compagnie" bezogen: gibt man den gröfseren, zum Tragen eines Apparats bestimmten den Durchmesser 150 cm, den kleinen einen solchen von nur 50 cm, so kosten gegenwärtig erstere 60 Mk., letztere 8 Mk. das Stück. Leider ist seit einigen Jahren der Preis des Kautschuks stark gestiegen, während gleichzeitig die Güte abgenommen hat; wenigstens scheint man es dem zuschreiben zu müssen, dafs die Ballons neuerdings häufig, statt zu platzen, das Gas durch feinste Löcher entweichen lassen und so der Ballon zwar auf 12 bis 20 km hochsteigt, aber schliefslich doch in das Schwimmen kommt, das vermieden werden sollte, weil dabei der Termograph viel zu hohe Angaben liefert und der Ballon zu weit vertrieben wird.

Als Füllung dient Wasserstoff, der in Stahlflaschen (Bomben) mitgenommen werden mufs. Die Ballons werden schon beim Füllen mehr oder weniger über ihren normalen Durchmesser hinaus ausgedehnt, die gröfseren auf ca. 5 cbm; je mehr dies geschieht, desto rascher steigen und desto früher platzen sie.

Aufstiege mit Registrierapparat haben nur Zweck, wenn
man erwarten kann, diesen wieder zu erhalten, also in Kulturländern und auf dem Meere in dem Falle, wenn man mit dem
Schiff den Ballons folgen kann. Es werden zu Aufstiegen auf
See zwei Ballons mit 3—5 cbm Wasserstoff gefüllt, ca. 50 m
unter ihnen der Apparat und noch 50 m tiefer ein Schwimmer
angebunden; nach dem Fall bleibt dann das Instrument 50 m
und ein Ballon 100 m über dem Wasser schweben, der weit
sichtbar ist. Das Schiff dampft dem sich entfernenden Ballon
nach, dessen Höhe und Azimut mit Sextant, Kompaß und Uhr
genau aufgenommen wird; kommt er während des Falls aus
Sicht, so findet man den Ort seines Niedergangs unter Berücksichtigung seiner Bewegung während des Aufstiegs. Aus den
genommenen Winkeln und den gleichzeitigen Höhenangaben
des Barogramms berechnet man die Richtung und Geschwindigkeit der Luftströmungen in allen Höhen.

Aufstiege der kleinen „Pilot"-Ballons ohne Apparat können
diese letzteren Angaben ebenfalls wenigstens in ziemlicher Annäherung liefern. Die zur Ortsberechnung des Ballons notwendige Höhe wird dann, auch wenn man nicht Winkelmessungen von zwei passenden Punkten erlangen kann, hinreichend angenähert festgestellt durch die Zeit, die seit dem
Beginn des Aufstiegs verflossen ist. Nach den Ermittlungen
von Prof. Hergesell ist die Steigungsgeschwindigkeit von geschlossenen Gummiballons, die im unausgedehnten Zustande
50 cm Durchmesser hatten und bei der Füllung einen Auftrieb
von 150—200 g erhielten, nach der Formel $v = \sqrt{0{,}08\,A}$ in m/sec
zu berechnen, wenn A der Auftrieb in g ist. Solche Aufstiege
können auch von Schiffen aus gemacht werden, die einen festen
Kurs verfolgen. Scharfe Augen und gute Handhabung des
Sextanten, des Peilkompasses und der Uhr, nebst genauer Berücksichtigung des gleichzeitigen Schiffsweges genügen. Die
50 cm-Ballons werden mit ca. $^1/_5$ cbm Wasserstoff gefüllt. Sie
sind bis etwa 3000 m Höhe sichtbar, wenn die Luft klar und
die Luftströmung nicht zu stark ist.

Bedeutend genauere Messungen erhält man natürlich,
wenn man gleich gute Beobachtungen nicht von einem, sondern
von zwei Punkten aus anstellt, wie dieses neuerdings von den
Herren Clayton und Maurice auch über dem Meere, aber von
einer Insel aus, geschehen ist. Die Methode ist indessen bedeutend umständlicher und gestattet weniger leicht, sich von
lokalen Luftströmungen zu befreien, als die Auflassung der
Ballons vom Schiff aus.

Längen-(Zeit-)Unterschiede einiger wichtigen Orte gegen Greenwich.

Name der Orte	Unterschied in		Charakter ob östlich oder westlich
	Bogen	Zeit	+ —
	° ′ ″	h m s	
Berlin	13 23 44	0 53 34.9	östlich (+)
Wien.	16 20 22	1 5 21.5	östlich (+)
Paris.	2 20 13.4	0 9 20.9	östlich (+)
St. Petersburg (Pulkowa)	30 19 40	2 1 18.7	östlich (+)
Washington . . .	77 3 1	5 8 12.1	westlich (—)
Hamburg	9 58 26	0 39 53.7	östlich (+)
Pola	13 50 48	0 55 23.2	östlich (+)
Wilhelmshaven . .	8 8 48	0 32 35.3	östlich (+)
San Fernando . .	6 12 19	0 24 49.3	westlich (—)
Ferro	17 39 46.7	1 10 39.0	westlich (—)

Wechsel des Datums: Beim Überschreiten des 180. Längengrades vom ersten Meridian (Greenwich) hat man, nach Osten reisend (von Westen kommend), denselben Tag zweimal zu schreiben; von Osten kommend (nach Westen reisend), einen Tag zu überschlagen (Seite 1—3 d. Bandes).

Mitteleuropäische Zeit ist die mittlere Ortszeit desjenigen Meridians, dessen (östlicher) Längenunterschied gegen Greenwich 1 Stunde, osteuropäische Zeit die mittlere Ortszeit des um 2 Stunden (= 30 Grad) östlich von Greenwich gelegenen Meridians, während die westeuropäische Zeit mit der mittleren Ortszeit von Greenwich selbst übereinstimmt.

Nachtrag und Ergänzung zur Abhandlung Vogel, „Aufnahme des Reiseweges und des Geländes".

Zu Seite 100: In Petermanns Mitteilungen 1903, Seite 188—190, Heft VIII, ist Fergusons Pedograph eingehend beschrieben mit Figuren und Plan zu einer Wegaufnahme.

Zu Seite 106: Bekanntlich liegt der Siedepunkt des Wassers um so tiefer, je geringer der darauf lastende Luftdruck ist. Die hier folgende Tabelle sowohl wie die Tabelle IV im Anhang gibt die den Siedepunkten entsprechenden, auf 45° Breite und Meeresspiegel reduzierten Barometerstände.

Zu Seite 149, Zeile 16 von oben ist einzuschalten: „Für die Tropen sind Koffer aus Eisenblech zu empfehlen, welche durch eingelegte Gummistreifen wasserdicht gemacht und mit dicken Filzeinlagen gegen die Hitze versehen sind (Fabrik von F. F. A. Schultze in Berlin N.)."

Zu Seite 157—163: Tafel V ist zu erweitern, wie weiter unten (bei den Tafeln unter Tafel VI) angegeben ist.

Zu Seite 107, Zeile 18 von unten heißt es: „die oben angegebene Tabelle und die Tabelle im Anhang No. IV dient" statt „die oben angegebene Tabelle".

Einige Reduktionswerte, die häufiger vorkommen.

Die deutsche Seemeile (Bogenminute des mittleren Erdumfanges, mittlere Bogenminute des Erdmeridians) = 1852 m = 1.852 km = 6076 engl. Fuß.

Die englische Seemeile = Geographical Mile (Bogenminute des Äquators) = 1855.110 m = 1.855110 km.

Die Statute Mile = 1609.3149 m.

Die russische Werst = 1066.78 m.

Die deutsche geographische Meile = 7420.44 m = 7.42044 km.

Die Kabellänge = 185.2 m.

Der Faden (Fathom) = 2 Yards = 6 engl. Fuß = 1.8288 m.

1 m = 0.5468 Faden.

Zur Reduktion der Werte der magnetischen Intensität dienen die folgenden Konstanten:

Gaufs' Einheit (G. E.) $\times$ 0.1 $\left\{\begin{array}{l}\text{Elektrische Einheiten,}\\ \text{Zentimeter-, Gramm- und Sekunden-Einheit (C. G. S.).}\end{array}\right.$

Englische Einheit (E. E.) $= \dfrac{\text{G. E.}}{0.46108}$;

log E. E. = log G. E. — 9.663776. Siehe auch S. 390 d. Bd.

log G. E. = log E. E. + 9.663776.

log C. G. S. = log E. E. + 8,663776.

Alte willkürliche Einheit (W. E.), wonach Londoner Intensität = 1.372,

log (1000 $\times$ W. E.) + log 0.0034941 = log G. E.

3.1373541 + 7.543335 = log Intensität in London (G. E.).

Ergänzung
zu Bd. I, Seite 387—497, „Magnetische Beobachtungen".

Literaturnachweis.

In dem Beitrage von Bidlingmaier wird auf Seite 465 das Deviationsmagnetometer, von Bamberg konstruiert, erwähnt und in der Folge dasselbe als besonders geeignet für magnetische Beobachtungen an Bord hervorgehoben. Dazu mag bemerkt werden, dafs dieses Instrument schon 1872 nach den Angaben von Dr. Neumayer, der zuerst die Bewegung der Nadeln auf Spitzen und die Umlegbarkeit der Nadel unter Anwendung verschiebbarer Doppelhütchen für Instrumente an Land oder Bord empfohlen hat, konstruiert und von dem verstorbenen K. Bamberg ausgeführt worden ist. In dieser Hinsicht mag auf folgende Werke verwiesen werden: Handbuch der nautischen Instrumente, hydrographisches Amt der kaiserlichen Admiralität, I. Auflage, Berlin 1882, Seite 226 und folgende und: Der Kompafs an Bord, ein Handbuch für Führer von eisernen Schiffen, herausgegeben von der Direktion der Deutschen Seewarte, Hamburg 1889, Seite 39 ff.

Weiter unten folgt der Literaturnachweis für die magnetischen Beobachtungen an Land und an Bord, Bd. I, von Seite 387—497.

Bemerkungen zu Seite 468: Es ist hier auf den Kompafs von Stamkart und die Methode von Heidweiler hinzuweisen.

Verzeichnis einiger vollständiger magnetischer Observatorien.

Ort	Breite	Länge	Ort	Breite	Länge
	° ′	° ′		° ′	° ′
Pawlowsk . . .	59 41 N	30 29 O	Pola	44 52 N	13 51 O
Kopenhagen . .	55 41 N	12 34 O	Perpignan . .	42 42 N	2 53 O
Stonyhurst . .	53 51 N	2 28 W	Rom.	41 54 N	12 27 O
Wilhelmshaven	53 32 N	8 9 O	Madrid . . .	40 25 N	3 40 W
Potsdam. . . .	52 23 N	13 4 O	Washington .	38 55 N	77 4 W
Utrecht (Bilt) .	52 5 N	5 11 O	Lissabon. . .	38 43 N	9 9 W
Kew.	51 28 N	0 19 W	Zi-ka-wei . .	31 12 N	121 26 O
Greenwich . . .	51 28 N	0 0	Hong Kong .	22 18 N	114 10 O
Uccle (Brüssel).	50 48 N	4 21 O	Manila. . . .	14 35 N	120 58 O
Parc St. Maur (Paris). . . .	48 49 N	2 29 O	Batavia . . .	6 11 S	106 49 O
			Mauritius . .	20 6 S	57 33 O
Wien	48 15 N	16 21 O	Melbourne . .	37 50 S	144 58 O
O'Gyalla (Pesth)	47 53 N	18 12 O			

Der neue magnetische Theodolit von Tesdorpf.

Das Bestreben in dieser Anleitung das auf den betreffenden Gebieten erprobte Neuste zu geben, gibt die Veranlassung, zu den in der Abhandlung über „magnetische Beobachtungen an Land" angeführten und beschriebenen Instrumenten auch noch den magnetischen Theodolit, wie er auf der deutschen Südpolarexpedition im Gebrauche sich befand, zu erwähnen und hier eine Abbildung beizufügen.

Der magnetische Theodolit, nach Eschenhagens Angabe von L. Tesdorpf in Stuttgart ausgeführt, hat sich dem Vernehmen nach durchaus bewährt, so dafs auch dieses Instrument dem Reisenden für die Folge zur Verwendung empfohlen sein soll.

Die hier beifolgende Abbildung stellt das Instrument in allen Einzelheiten dar und bedarf wohl zum vollen Verständnisse einer näheren Beschreibung nicht, da dasselbe in allen wesentlichen Teilen mit dem früher beschriebenen Bambergschen Instrumente grofse Ähnlichkeit hat. Da bei demselben neben der Spitzenaufhängung auch die Fadenaufhängung für Deklinationsbestimmung und Ablenkungen vorgesehen ist, so stellt dasselbe im gewissen Sinne ein vollkommeneres Instrument dar und lehnt sich so mehr an die von Lamont früher konstruierten an. Nicht als ob die Spitzenaufhängung dadurch als minder zuverlässig bezeichnet werden soll, vermag man mittels derselben vielmehr in Observatorien eine Kontrolle zu üben.

Ebensowenig wie eine eingehende Beschreibung des Instrumentes zu geben ist, bedarf es einer Erläuterung der Methoden der Beobachtung und der Berechnung der Resultate zu einem vollen Verständnis: Es weichen diese in keinem wesentlichen Punkte von dem in der angezogenen Abhandlung Gegebenen ab. Das Instrument ist nun nach dem Tode von L. Tesdorpf durch die Firma: „Vereinigte Werkstätten für wissenschaftliche Instrumente von F. Sartorius, A. Becker und Ludwig Tesdorpf in Göttingen" zu beziehen.

Zusatz zu v. Neumayers Abhandlung über „Erdmagnetische Beobachtungen an Land".

Zur Erläuterung der Korrektion, die für die Abweichung der Stäbe von der senkrechten Lage anzubringen ist, diene noch folgender Passus, der auf Seite 428 einzufügen ist:

„Die Neigung des Ringes wird, wie schon angedeutet, durch ein Mikrometerniveau gemessen, indem man bestimmt, bei welchem Teilstrich des Mikrometers die Blase des Niveaus auf 0 einspielt, wobei das Mikrometer einmal rechts und einmal links liegt. Diese Bestimmung wird für Ablenkung der Nadel nach Ost und West in zwei Lagen des Niveaus vorgenommen: 1. Niveau parallel mit der Verbindungslinie der Stäbe (Ostneigung ω), 2. Niveau senkrecht auf diese Linie (Südneigung σ)."

Berichtigung zur Abhandlung Fr. Bidlingmaier: „Magnetische Beobachtungen an Bord", S. 458, Bd. I.

Auf Seite 474 ist die Formel III:

$$\frac{Z'}{Z} = g \text{ u. cotg } i \cos (\zeta' + \delta) \text{ usw.}$$

umzuändern in:

$$\frac{Z'}{Z} = g \text{ cotg } i \cos (\zeta' + \delta) \text{ usw.}$$

Ferner Seite 482: In der 2. Formel für die Restglieder ist der Ausdruck $\lambda \cdot R_H$ soweit nach links zu setzen, daß die drei Buchstaben R_δ, R_H, R_Z senkrecht untereinander zu stehen kommen.

Ferner: Auf Seite 489: Auf allen Landstationen unter Nr. 2 ist Vergleichung der Inklinationsinstrumente zu setzen für Vergleichung der Inklination.

Ferner: Auf Seite 491, 1. Zeile von unten: Statt ζ_a muß es heißen ζ'_a.

Literaturnachweis für magnetische Beobachtungen an Bord und an Land.

Airy, G. B., A treatise on Magnetism. London, Macmillan & Co. 1870; deutsch von Fr. Tietjen. Berlin, Oppenheim 1874.

Lamont, J., Handbuch des Erdmagnetismus. Berlin, Veit & Co. 1849.

Kreil, C., Magnetische und geographische Ortsbestimmungen im südöstlichen Europa. Wien 1862.

Lamont, Dr., Beschreibung der an der Münchener Sternwarte zu den Beobachtungen verwendeten neuen Instrumente und Apparate. München 1851.

Neumayer, Dr. G. von, Eine erdmagnetische Vermessung der bayerischen Pfalz, 1855/56, Bad Dürkheim 1905.

Fritsche, H., Geographische, magnetische und hypsometrische Bestimmungen an 22 in der Mongolei und dem nördlichen China gelegenen Orten, ausgeführt in den Jahren 1868 und 1869.
— Bestimmungen an 27 im nordöstlichen China gelegenen Orten, ausgeführt in den Monaten Juli, August, September und Oktober 1871. Petersburg 1873.
Liznar, Anleitung zur Messung und Berechnung der Elemente des Erdmagnetismus. Wien bei Gerold, 1883.
Creak, E. W., On the Changes Which Take Place in the Deviations of the Standard Compass in the Iron Armour-Plated, Iron, and Composite-Built Ships of the Royal Navy on a considerable Change of Magnetic Latitude. 1883.
— On Local Magnetic Disturbance in Islands situated far from a Continent.
— Terrestrial Magnetism in its Relation to Geography 1904.
Sabine, E., Manual of Terrestrial Magnetism (Extracted from the Admiralty Manual of Scientific Enquiry, Third Edition 1859), Revised by G. F. Fritzgerold, Creak and Whipple for the Fifth. Edition 1886. Neubearbeitet für „Antarctic Manual etc.".
Börgen, Die magnetischen Beobachtungen S. M. S. „Gazelle" in „Die Forschungsreise S. M. S. ‚Gazelle' 1874—76"; II. Teil.
Deutsche Seewarte, Der Kompaß an Bord. Hamburg 1889.
Koldewey, Über die Veränderungen des Magnetismus in eisernen Schiffen usw. Aus dem Archiv der Deutschen Seewarte, Jahrgang II. Nr. 4.
Rijckevorsel, Dr. van, Comparison of the Instruments for absolute Magnetic Measurements at Different Observatories. Amsterdam 1898.
Mascart et Moureaux, Conférences sur le Magnetisme Terrestre et l'Electricité Atmosphérique. Paris 1882.
Bauer, S. A., Results of Magnetic Observations Made by the Coast and Geodetic Survey 1902 and 1903. 1904.
Eschenhagen, Dr. Max, „Erdmagnetismus" in Kirchhoffs „Anleitung zur deutschen Land- und Volksforschung".
Haussmann, Die erdmagnetischen Elemente in Württemberg und Hohenzollern. Stuttgart 1903.

Nachtrag zur Abhandlung J. Plassmann: „Himmelsbeobachtungen mit freiem Auge und mit einfachen Instrumenten", S. 659, Bd. I.

Von den Erscheinungsreihen, die mit der elfjährigen Periode der Sonnenflecken zusammenhängen, ist (Seite 687—688) angedeutet worden, daß sie im ganzen der Beobachtung mit freiem Auge oder mit einfachen Instrumenten entzogen seien. Neuestens wird jedoch von einem Phänomen berichtet, das gerade solcher Beobachtung zugänglich ist und dabei zu der Sonnentätigkeit in sehr enger Beziehung zu stehen scheint. Der Mathematiker Herr *H. Osthoff* in Köln, die be-

kannte Autorität für Beobachtung farbiger Sterne, hat während
einiger Jahrzehnte die Form der Cirruswolken aufgezeichnet. Folgendes ist das Hauptergebnis seiner Arbeiten:
Jede Cirruswolke hat ihre Lebensgeschichte; sie beginnt mit
einer zierlichen, strukturreichen Form und wird mit zunehmendem Alter matter und verschwommener. Zur Zeit intensiver
Sonnentätigkeit ist die Anfangsform äußerst zierlich und reich
gegliedert; zur Zeit der Minima sieht dagegen schon der junge
Cirrus alt aus. Wenn die Zeit der Sonnenruhe einmal durch
einen außergewöhnlich großen Fleck unterbrochen wird, treten
auch wohl die „Sonnenformen" des Cirrus auf, aber nicht so
schön wie im Maximum.

Die Beobachtungsreihe ist in Köln a. Rh. entstanden.
Es ist unbedingt nötig, daß die Sache weiter verfolgt werde,
namentlich auch in anderen Kreisen sowie unter besseren
klimatischen Bedingungen, und zwar visuell wie photographisch.
Da jedoch hier im Nachtrage nicht wohl noch eine Anleitung
gegeben werden kann, mögen sich die Benutzer unseres Werkes,
welche sich für Wolkenbeobachtungen überhaupt und besonders
im kosmophysikalischen Sinne interessieren, die eingehende
Abhandlung des Herrn *Osthoff* [1]) zu verschaffen suchen oder
noch besser sich mit ihm selbst in Verbindung setzen. Übrigens
steht zu hoffen, daß die „Mitteilungen des *V. A. P.*" demnächst
eine ausführliche Anleitung aus seiner Feder bringen werden.

Zur Fußnote Seite 682 ist noch zu setzen: „Über das
Zodiakallicht, besonders dessen Gegenschein (Seite 706), sowie
über die Gegendämmerung (Seite 682) sind während des
Druckes dieser Abhandlung Aufsätze von W. Förster in den
„Mitteilungen der Vereinigung von Freunden der Astronomie
und kosmischen Physik" (V. A. P.), Heft 2, Seite 20—24, 1906·
erschienen, die die Frage in neuer Beleuchtung zeigen.

Wissenschaftliche Erhebungen über das Klima der Vorzeit.

Zu den Hypothesen über die Ursachen der bedeutenden
Klimaschwankungen der Vorzeit ist vor kurzem eine neue getreten. Dieselbe nimmt auf Grund zahlreicher Beweismomente
eine zeitweilige langsame Verschiebung der ganzen Erdrinde über
dem Kerne an. Dadurch kämen immer andere Teile der Erdober-

---

[1]) Meteorologische Zeitschrift, August—Oktober 1905.

fläche unter den Äquator und zu den Polen, es würden also Klimaschwankungen eintreten, ohne dafs die Wärme selbst, weder
in ihrem absoluten Betrag, noch in ihrer Beziehung zu den
Breitekreisen sich zu ändern brauchte. Als das wichtigste
Kennzeichen für die jeweilige Stellung der Erdrinde gegen die
Erdachse wurden die Gebirgsreihen erkannt, welche sich in gewissen Perioden über grofse Teile der Erde in zwei zueinander
senkrechten Richtungen ausgebildet haben, von denen eine
diejenige des Äquators war. Die betreffenden Erhebungszeiten
der Gebirge sind nun immer durch lange Zeiträume verhältnis-
mäfsiger Ruhe getrennt, weshalb nur einzelne Phasen des Verlaufes der Äquatorverschiebung bekannt werden. Da es leichter
ist, sowohl auf graphischem Wege wie in der Beschreibung,
den Gang der Verschiebung eines P o l e s zu verfolgen als
jenen des Äquators, so möge hier die Bahn des S ü d poles,
für das Quartär auch jene des N o r d poles kurz gekennzeichnet
werden.

Am Schlusse des Präkambriums finden wir den Südpol
in der Nordwestecke des Indischen Ozeans, etwa am Ausgange
des Golfes von Aden, am Ende des Silurs etwas östlich von
der Nordspitze Madagaskars, im oberen Karbon östlich vom
Kapland, in der oberen Kreide im Süden des Kaplandes
zwischen dem 50. und 60. Breitengrade. Der N o r d pol bewegte
sich in dieser ganzen Zeit vom Präkambrium bis zum Tertiär
innerhalb des Stillen Ozeans und gelangte erst nach Beginn
der Erhebung der neuesten Gebirgszonen (im Süden und Osten
von Eurasien und im Westen Amerikas) beim Beringsmeere
in die unmittelbare Nähe der Kontinente. Wie sich die Pole
in der Zeit zwischen den genannten gebirgsbildenden Perioden
verhalten haben, müssen wir durch anderweitige Kennzeichen
zu erfahren suchen, und zwar eignen sich hierzu am besten
die klimatischen Verhältnisse. Letztere haben nun zwar bis
jetzt nur für die Zeit unmittelbar nach dem Karbon, dann für
Jura und Kreidezeit sichere Resultate geliefert, es liegt aber
doch auch für das Tertiär und Quartär schon so viel Material
vor, dafs wenigstens der allgemeine Gang der Ereignisse
daraus bestimmt werden kann. Als Hauptergebnis kann die
Tatsache angeführt werden, dafs unmittelbar nach einer der
grofsen Gebirgserhebungen die Verschiebung der Erdrinde
am lebhaftesten war und einen aufserordentlichen Umfang angenommen hat, dafs sie aber schliefslich fast ganz aufhörte, bis
die folgende Gebirgsbildung einsetzte. Es braucht zum Belege
nur auf die permokarbone Eiszeit aller Kontinente an den
Grenzen des Indischen Ozeans oder an die ihr in jeder Be-

ziehung gleichzustellende jüngste Eiszeit hingewiesen zu werden. Letztere ging sukzessiv und in verhältnismäfsig kurzer Zeit über die ganze Breite des nördlichen Nordamerika, über den Atlantischen Ozean und über alle nördlichen europäischen Länder hinweg. Die Bahn des Nordpoles während dieser Eiszeit (im Tertiär und Diluvium) scheint am besten durch eine Linie dargestellt zu werden, welche vom Beeringsmeer aus in einer Entfernung von etwa 25 Grad dem Rande der Vereisung in der Neuen und Alten Welt parallel läuft. Die entsprechende Bahn des Südpoles läuft ungefähr um Wilkes- und Viktorialand. Nach den Zeiten dieser beschleunigten Wanderungen finden wir die Pole sowohl im gröfsten Teil der sekundären Periode als auch im Alluvium ohne wesentliche Bewegung.

Die Hypothese der Rindenverschiebung befindet sich mit den geophysikalischen Kräften und vielen geologischen Beobachtungen in so guter Übereinstimmung, sie überwindet auch diejenigen Schwierigkeiten, welche sich früher der einheitlichen Erklärung am meisten entgegenstellten, in so ungezwungener Weise, dafs sich eine Ausdehnung der Prüfung auf die geologischen Verhältnisse bisher wenig bekannter Gebiete besonders empfiehlt.

Als das aussichtsvollste Objekt zur weiteren Prüfung der Hypothese mufs der Verlauf der jüngsten Eiszeit betrachtet werden. Wie schon erwähnt wurde sprechen viele Beobachtungen jetzt schon dafür, dafs die Vereisung vom Westen Nordamerikas ausgegangen, gegen Osten vorgedrungen, die Alte Welt in Schottland erreicht und zuletzt in Finnland sich aus Europa zurückgezogen habe. Die tertiären Ablagerungen im Zentrum und im Westen von Britisch-Nordamerika bieten der Forschung ein aufserordentlich wichtiges und weites Feld, das bis jetzt fast brach gelegen hat. Zum Teil rührt diese Vernachlässigung daher, dafs die tertiären Ablagerungen dort selten und schwer zu erkennen sind, wie es allerdings ganz natürlich erscheint, wenn nicht das Diluvium, sondern ein Teil des Tertiärs die Zeit der Vereisung bildete. Zerstört können diese Ablagerungen nicht sein, denn in den ehemals fast ebenso stark vom Binneneis bedeckten Ebenen Nordeuropas sind die jungtertiären Sedimente sehr zahlreich und leicht zu erkennen. Von ähnlicher Bedeutung wäre das Studium der diluvialen Fauna und Flora in den unteren Amurländern, in Jesso, Sachalin, Kamtschatka und auf den Kurilen. In allen diesen Gebieten sind für einen grofsen Teil des Diluviums Zeichen eines milderen Klimas zu erwarten, wie sie aus dem noch höheren asiatischen Norden schon bekannt sind. In

Alaska und Britisch‐Kolumbien dürfte schon für die oberste Kreide das Herannahen eines rauheren Klimas nachweisbar sein. Auf der südlichen Halbkugel wären es vorzugsweise drei Gebiete, welche wichtige Aufschlüsse über den jüngsten Teil der Polbahn geben könnten, nämlich Viktorialand, Gra‐ hamsland und Feuerland. Ersteres mufs im Tertiär, letztere beiden im Diluvium ein milderes Klima besessen haben als das gegenwärtige. Die Klarstellung der klimatischen Ver‐ hältnisse in diesen drei Ländern müfste von mafsgebendem Einflufs auf die Beurteilung des ganzen Eiszeitproblems werden.

Verfolgt man die Polbahn f r ü h e r e r geologischer Perioden, so findet man, dafs die Prüfung der permischen klimatischen Verhältnisse von Zentralamerika und Mexiko am meisten Erfolg verspricht, denn diese Länder liegen dem Zentrum des permo‐ karbonischen Vereisungsgebietes im Indischen Ozean diametral gegenüber. Dazu kommt, dafs sich in Mexiko so ausgedehnte Reste alten Festlandes finden, dafs es nicht allzuschwer sein dürfte, dort Anhaltspunkte zur Beurteilung des permischen Klimas zu gewinnen. Manche Anzeichen machen sogar gute Hoffnung, dafs selbst die silurischen Wärmezonen nachgewiesen werden können, wenn man sie nur nicht mehr im Zusammen‐ hang mit den h e u t i g e n Breitekreisen sucht. In Ostafrika und in Arabien müfsten sich die gröfsten Unterschiede der Organismen gegen jene der in so weiter Ausdehnung gefundenen fossilreichen silurischen Ablagerungen zeigen. Letztere liegen nämlich der weitaus gröfsten Menge nach innerhalb eines breiten Bandes, dessen Richtung gerade jene ist, welche man aus den silurischen Gebirgen auch für den damaligen Äquator annehmen mufs.

Von ebensogrofsem Werte als die genaue Kenntnis der klimatischen Verhältnisse wäre eine bessere Einsicht in die Zusammenhänge der ältesten Gebirgsruinen, um sie, wie es für die tertiären und die Kohlengebirge gelungen ist, in fort‐ laufende Gebirgsbänder vereinigen zu können. Früher herrschte allerdings die Meinung, die älteren gestauten Gebirge seien in einzelnen isolierten Stöcken entstanden; diese Ansicht ist aber nach den Arbeiten von E. Suess und F. v. Richthofen nicht mehr haltbar. Material zu diesbezüglichen Untersuchungen bieten alle Gebirge und zwar um so mehr, je älter sie schon sind. Einzelne· von ihnen wären jedoch von besonderem Interesse, so die ostafrikanischen Hochgebirge, deren genaues Alter noch nicht bekannt ist. Ferner wären von grofsem Werte Untersuchungen über die Form der ältesten Gebirge an den Ufern des Roten Meeres, ob diese zu den Hochländern der

Balkanhalbinsel, zum Böhmischen Massiv, zu Skandinavien Beziehungen besitzen, ob unter den genannten die Faltengebirge
vorwiegen oder die Schollengebirge. Von der Fortsetzung der
skandinavischen Gebirge gegen Sibirien ist noch sehr wenig
bekannt. Andere gröfsere Gebirge, deren Altersbestimmung
uns Aufschlüsse über das Wesen der Gebirgsbildung geben
könnte, liegen im Innern von Asien und von Australien, an
der südafrikanischen Westküste und längs der Davisstrafse.
Über die Gebirge der südlichen Polarländer liegen noch gar
keine Studien vor, und doch beanspruchen dieselben ein viel-
seitiges Interesse. Es ist nämlich bis jetzt noch nicht gelungen,
die einstigen Zusammenhänge der Länder auf der südlichen
Halbkugel aufzudecken. Aus zoologischen Gründen vermutet
man eine alte Verbindung zwischen Amerika und Australien, auch
zwischen Afrika und Australien, und es scheint, als ob die heute
vereisten antarktischen Gebiete einstmals einen Teil der Brücke
bildeten, worüber der Austausch von Organismen sich vollzog.

Die Hypothese findet endlich auch in der Urgeschichte
des Menschen einzelne Anknüpfungspunkte, deren näheres
Studium Aussicht auf Erfolg bietet. Das Zentrum der Mammut-
zeit wird nämlich von den französischen Prähistorikern auf
Grund der westeuropäischen Funde in den älteren Abschnitt
des Paläolithicums gesetzt, von den österreichischen auf Grund
der zentraleuropäischen Löfsfunde in den mittleren und
von den russischen wegen ihrer einheimischen Studien in
den oberen Abschnitt. Diese sehr auffällige Verschiebung
des Gebietes der Mammutverbreitung von Westen nach Osten
stimmt vollständig mit der Wanderung des Poles von Amerika
gegen Europa und mit der Verschiebung der Eiszeiten von
England über Skandinavien nach Finnland.

Zusatz zur Abhandlung K. Börgen, „Anstellung von Beobachtungen über Ebbe und Flut", S. 525, Bd. I.

Zusatz zu Seite 543. Nach Beendigung des Druckes
erhielt Verfasser von dem Direktor des königl. dänischen
meteorologischen Instituts, Herrn A. Paulsen, einen Aufsatz,
betitelt: Communications du service maréographique de l'institut
météorologique de Danemark (Separatabzug aus: Oversigt over
det kgl. danske Videmkabernes Selstrabs Forhandlinger 1905
No. 6), welcher eine eingehende Beschreibung und Theorie
des pneumatischen Flutmessers, wie er auf acht dänischen

Stationen aufgestellt ist, enthält. Es geht daraus hervor, daſs dies Instrument nach Überwindung mancher Schwierigkeiten nunmehr seit einer Reihe von Jahren tadellos funktioniert und jedenfalls alle Beachtung verdient. Auch auf Island ist ein solches in Gebrauch, wo der Tidenhub erheblich gröſser ist als in den dänischen Gewässern (4 m gegen weniger als 1 m).

Hiernach ist die Bemerkung auf S. 543 über den pneumatischen Flutmesser zu berichtigen.

Nachtrag zu den Abhandlungen über „Seebeben 2", Seite 381, und über „Allgemeine Meeresforschung 6", Seite 384, Bd. I.

Die durch Seebeben verursachten Wellen im Ozean können unter Umständen die Veranlassung dazu geben, die mittlere Tiefe des Ozeans zu berechnen. Ist die Höhe der Welle im Vergleich zur Tiefe des Wassers, worin sie erzeugt ist, sehr klein, so gilt nach Airy und Bache die Formel $H = \dfrac{V^2}{g}$, worin V die Geschwindigkeit, mit welcher sich die Welle fortpflanzt, H die Tiefe des Ozeans und g die Konstante der Gravitation (9,80896 m) ist. Vermag man mittels in zwei Orten aufgestellter Gezeitenmesser das Intervall der Zeit zwischen dem einen Pegel und dem andern, das verflossen ist, zu bestimmen, und hat man die Entfernung zwischen beiden, so vermag man die Geschwindigkeit der Fortpflanzung der Woge zu berechnen, welche in Metern pro Sekunde oder in Seemeilen für die Stunde gegeben wird. Ein Beispiel mag dazu dienen, zu zeigen, wie die mittlere Tiefe aus den verzeichneten Angaben abgeleitet werden kann:

Beim Ausbruch des groſsen Vulkanes Krakatao am 27. August 1883 wurde das Meer in gewaltiger Weise erschüttert und eine Woge erzeugt, die sich auf die weiteste Entfernung hin erkennen lieſs. An allen Gezeitenpegeln des Indischen Ozeans wurde die gewaltige Woge verzeichnet und daraus Berechnungen von der oben angedeuteten Art abgeleitet, unter anderem auch an dem Gezeitenpegel, der zur Zeit der Anwesenheit der deutschen Expedition im Systeme der internationalen Polarforschung 1882/83 auf der Insel Süd-Georgien aufgestellt gewesen war. Das Zeitintervall zwischen der Explosion auf der Krakatao-Insel und dem Moltke-Hafen auf Süd-Georgien, das zwischen der Fortpflanzung der Woge verflossen war, betrug im Mittel mehrerer Beobachtungen 24 Stunden 31 Minuten und die Entfernung zwischen beiden Punkten 6676 Seemeilen. Wird davon wegen der dazwischen liegenden Untiefen, soweit sie bekannt sind, von der Distanz 57 Seemeilen und von der Zwischenzeit 23 Minuten in Abzug gebracht, so berechnet sich die Geschwindigkeit der Woge zu 270 Seemeilen pro Stunde und daraus nach K. Börgen mit der obigen Formel ein mittlerer Wert von H, d. h. der mittlere Wert der Tiefe des dazwischen liegenden Ozeans, zu 2227 m, welcher Wert in ganz leidlicher Übereinstimmung mit den Lotungen, soweit sie vorliegen, sich befindet. (Siehe darüber Dr. Neumayer: „Die deutschen Expeditionen und ihre Ergebnisse", Band I, Seite 119 unten, und „Die Beobachtungsergebnisse der deutschen Stationen im Systeme der internationalen Polarforschung", Band II, Süd-Georgien zu Seite LVI.)

Tafeln.

I. Vergleichung der Thermometerskalen von Celsius und Fahrenheit.

II. Verwandlung von Millimetern in Englisch Zoll und umgekehrt.

III. Verwandlung von Englischen Fuſs in Meter.

IV. Barometerstände für verschiedene Temperaturen des siedenden Wassers.

V_1. Druck gesättigten Wasserdampfes in Millimetern.

V_2. Tabelle zur Berechnung der Spannkraft des Wasserdampfes in der Atmosphäre aus Psychrometer-Beobachtungen.

VI. Barometrische Höhentafel, Ergänzung zu Tafel V in Vogels Beitrag, Seite 161—163.

Tafeln zur Berechnung der jeweiligen Spannkraft des Wasserdampfes und der relativen Feuchtigkeit.

In der Abhandlung über Meteorologie von Herrn Professor Dr. J. Hann ist schon in genäherter Weise der Berechnung der Spannkraft des Wasserdampfes und der relativen Feuchtigkeit gedacht worden (Seite 610); auch ist dort bereits eine Tafel für den Druck (Die Spannung gesättigten Wasserdampfes in Millimetern, Seite 639) enthalten. Die dort gegebene Anweisung bezieht sich auf eine kurze Berechnung des Dampfdruckes. Hier möge noch in Kürze einer ausführlicheren Berechnung des Dampfdruckes gedacht werden, zu welchem Zwecke die hier folgenden Psychrometertafeln mit Beispielen zu deren Anweisung eingefügt sein mögen.

Tafeln V_2[1]) und V_1. Diese Tafeln dienen zur Berechnung der Spannkraft des Wasserdampfes in der Atmosphäre; es wird dieses Element mit σ bezeichnet; alles übrige kann aus den Tafeln selbst entnommen werden.

Tafel V_2; mit der psychrometrischen Differenz $(t' - t'')$ und dem Luftdruck wird e_2 der Tafel entnommen.

Tafel V_1; mit der Temperatur des nassen Thermometers (t'') wird aus dieser Tafel e_1 (Druck des gesättigten Wasserdampfes) ausgenommen.

$e_1 - e_2 = \sigma$; Druck des Wasserdampfes entsprechend der Beobachtung in Millimetern.

$\dfrac{\sigma}{e_1} = F =$ relative Feuchtigkeit, wenn mit 100 multipliziert in Prozenten.

Beispiel: 1) Temperatur der Luft (t') $= 20.5^0$,
Temperatur des feuchten Thermometers $(t'') = 15.6^0$,
Luftdruck (b) $= 748.0$ mm.

$t' - t'' = 4.9^0$; $e_2 = 2.99$ aus Tafel V_2; $e_1 = 13.19$ aus Tafel V_1;
$\sigma = e_1 - e_2 = 10.20$ mm; e_1 für $20.5^0 = 17.94$ mm.

Relative Feuchtigkeit $(F) = \dfrac{10.20}{17.94} \times 100 = 57.2 \ ^0/_0$.

2) Temperatur der Luft (t') $= -5.5^0$,
Temperatur des feuchten Thermometers $(t'') = -6.6^0$,
Luftdruck (b) $= 736.0$ mm.

$t' - t'' = 1.1^0$; $e_2 = 0.56$ aus Tafel V_2; $e_1 = 2.75$ aus Tafel V_1.
$\sigma = e_1 - e_2 = 2.19$; e_1 für $-5.5^0 = 3.00$.

Relative Feuchtigkeit $(F) = \dfrac{2.19}{3.00} \times 100 = 73 \ ^0/_0$.

Diese Tafeln genügen für die Berechnung vorläufiger Werte aus den Psychrometerbeobachtungen; für strengere Durchführung der Berechnung bediene man sich der von Dr. J. Hann im Jahre 1903 herausgegebenen Tafeln in „Jelineks Anleitung zur Ausführung meteorologischer Beobachtungen, nebst einer Sammlung von Hilfstafeln".

---

[1]) Tafel V_1 ist auf S. 639.

Einige Hilfstafeln und Reduktionswerte.

I. Vergleichung der Thermometerskalen von Celsius und Fahrenheit.

C. = Celsius.   F. = Fahrenheit.

F.	C.	F.	C.	F.	C.	F.	C.	F.	C.
+ 104	+ 40	+ 75	+ 23.9	+ 46	+ 7.8	+ 17	− 8.3	− 12	− 24.4
103	39.4	74	23.3	45	7.2	16	8.9	13	25.0
102	38.9	73	22.8	44	6.7	15	9.4	14	25.6
101	38.8	72	22.2	43	6.1	14	10.0	15	26.1
100	37.8	71	21.7	42	5.6	13	10.6	16	26.7
99	37.2	70	21.1	41	5.0	12	11.1	17	27.2
98	36.7	69	20.6	40	4.4	11	11.7	18	27.8
97	36.1	68	20.0	39	3.9	10	12.2	19	28.3
96	35.6	67	19.4	38	3.3	9	12.8	20	28.9
95	35.0	66	18.9	37	2.8	8	13.3	21	29.4
94	34.4	65	18.3	36	2.2	7	13.9	22	30.0
93	33.9	64	17.8	35	1.7	6	14.4	23	30.6
92	33.3	63	17.2	34	1.1	5	15.0	24	31.1
91	32.8	62	16.7	33	+ 0.6	4	15.6	25	31.7
90	32.2	61	16.1	32	0.0	3	16.1	26	32.2
89	31.7	60	15.6	31	− 0.6	2	16.7	27	32.8
88	31.1	59	15.0	30	1.1	1	17.2	28	33.3
87	30.6	58	14.4	29	1.7	0	17.8	29	33.9
86	30.0	57	13.9	28	2.2	− 1	18.3	30	34.4
85	29.4	56	13.3	27	2.8	2	18.9	31	35.0
84	28.9	55	12.8	26	3.3	3	19.4	32	35.6
83	28.3	54	12.2	25	3.9	4	20.0	33	36.1
82	27.8	53	11.7	24	4.4	5	20.6	34	36.7
81	27.2	52	11.1	23	5.0	6	21.1	35	37.2
80	26.7	51	10.6	22	5.6	7	21.7	36	37.8
79	26.1	50	10.0	21	6.1	8	22.2	37	38.3
78	25.6	49	9.4	20	6.7	9	22.8	38	38.9
77	25.0	48	8.9	19	7.2	10	23.3	39	39.4
76	24.4	47	8.3	18	7.8	11	23.9	40	40.0

II. Verwandlung von Millimetern in englische Zoll und umgekehrt.

Milli-meter (m')	Zehntel-Milli-meter		Milli-meter (m')	Zehntel-Milli-meter		Milli-meter (m')	Zehntel-Milli-meter	
	0	5		0	5		0	5
	Engl. Zoll	Engl. Zoll		Engl. Zoll	Engl. Zoll.		Engl. Zoll	Engl. Zoll
690	27.166	27.186	721	28.386	28.406	752	29.607	29.627
691	27.205	27.225	722	28.426	28.445	753	29.646	29.666
692	27.245	27.264	723	28.465	28.485	754	29.686	29.705
693	27.284	27.304	724	28.504	28 524	755	29.725	29.745
694	27.323	27.343	725	28.544	28.564	756	29.764	29.784
695	27.363	27.382	726	28.583	28.603	757	29.804	29.823
696	27.402	27.422	727	28.623	28.642	758	29.843	29.863
697	27.441	27.461	728	28.662	28.682	759	29.882	29.902
698	27.481	27.500	729	28.701	28.721	760	29.922	29.941
699	27.520	27.540	730	28.741	28.760	761	29.961	29.981
700	27.560	27.579	731	28.780	28.800	762	30.001	30.020
701	27.599	27.619	732	28 819	.28.839	763	30.040	30.060
702	27.638	27.658	733	28.859	28.878	764	30.079	30.099
703	27.678	27.697	734	28.898	28.918	765	30.119	30.138
704	27.717	27.737	735	28.938	28.957	766	30.158	30.178
705	27.756	27.776	736	28.977	28.997	767	30.197	30.217
706	27.796	27.815	737	29.016	29.036	768	30.237	30.256
707	27.835	27.855	738	29.056	29.075	769	30.276	30.296
708	27.875	27.894	739	29.095	29.115	770	30.316	30.335
709	27.914	27.934	740	29.134	29.154	771	30.355	30 375
710	27.953	27 973	741	29.174	29.193	772	30 394	30.414
711	27.993	28.012	742	29.213	29.233	773	30.434	30.453
712	28.032	28.052	743	29.252	29.272	774	30.473	30.493
713	28.071	28.091	744	29.292	29.312	775	30.512	80.532
714	28.111	28.130	745	29.331	29.351	776	30.552	30.571
715	28.150	28.170	746	29.371	29.390	777	30.591	30.611
716	28.189	28.209	747	29.410	29.430	778	30.630	30.650
717	28.229	28.249	748	29.449	29.469	779	30.670	80.690
718	28.268	28.288	749	29.489	29.508	780	30.709	30.729
719	28.308	28.327	750	29.528	.29.548	781	30.749	30.768
720	28.347	28.367	751	29.567	29.587	782	30.788	30.808

(0.03937) m' = Englischer Zoll.   log m' = 8.59517.

III. Verwandlung von englischen Fuß in Meter.

Engl. Fuß	Hunderter									
	0	100	200	300	400	500	600	700	800	900
Tausender	m	m	m	m	m	m	m	m	m	m
0	0.00	30.48	60.96	91.44	121.92	152.40	182.88	213.36	243.84	274.32
1000	304.79	335.27	365.76	396.23	426.71	457.19	487.67	518.15	548.63	579.11
2000	609.59	640.07	670.55	701.03	731.51	761.99	792.47	822.95	853.43	883.90
3000	914.38	944.86	975.34	1005.82	1036.30	1066.78	1097.26	1127.74	1158.22	1188.70
4000	1219.18	1249.66	1280.14	1310.62	1341.10	1371.58	1402.05	1432.53	1463.01	1493.49
5000	1523.97	1554.45	1584.93	1615.41	1645.89	1676.37	1706.85	1737.33	1767.81	1798.29
6000	1828.77	1859.25	1889.73	1920.21	1950.68	1981.16	2011.64	2042.12	2072.60	2103.08
7000	2133.56	2164.04	2194.52	2225.00	2255.48	2285.96	2316.44	2346.92	2377.40	2407.88
8000	2438.36	2468.84	2499.31	2529.79	2560.27	2590.75	2621.23	2651.71	2682.19	2712.67
9000	2743.15	2773.63	2804.11	2834.59	2865.07	2895.55	2926.03	2956.51	2986.99	3017.47

Engl. Fuß	Einer									
	0	1	2	3	4	5	6	7	8	9
Zehner	m	m	m	m	m	m	m	m	m	m
0	0.00	0.30	0.61	0.91	1.22	1.52	1.83	2.13	2.44	2.74
10	3.05	3.35	3.66	3.96	4.27	4.57	4.88	5.18	5.49	5.79
20	6.10	6.40	6.71	7.01	7.32	7.62	7.92	8.23	8.53	8.84
30	9.14	9.45	9.75	10.06	10.36	10.67	10.97	11.28	11.58	11.89
40	12.19	12.50	12.80	13.11	13.41	13.72	14.02	14.33	14.63	14.83
50	15.24	15.54	15.85	16.15	16.46	16.76	17.07	17.37	17.68	17.98
60	18.29	18.59	18.90	19.20	19.51	19.81	20.12	20.42	20.73	21.03
70	21.34	21.64	21.95	22.25	22.55	22.86	23.16	23.47	23.77	24.08
80	24.38	24.69	24.99	25.30	25.60	25.91	26.21	26.52	26.82	27.13
90	27.43	27.74	28.04	28.35	28.65	28.96	29.26	29.57	29.87	30.17

1 englischer Fuß = 0.30 479 449 m   (log = 9.4 840 071).
1 m = 3.28 089 917 engl. Fuß   (log = 0.5 159 929).
1 Statute Mile = 5280 englische Fuß = 1609.815 m.
1 Fathom (Faden) = 2 Yards = 6 Fuß = 1.8288 m; also 1 m = 0.5468 Faden.

IV. Barometerstände für verschiedene Temperaturen des siedenden Wassers.

(Regnaults Tafel, verbessert von O. J. Broch.)

Siedepunkt Celsius °	0 mm	1 mm	2 mm	3 mm	4 mm	5 mm	6 mm	7. mm	8 mm	9 mm
86	450.5	452.2	454.0	455.8	457.5	459.3	461.1	462.9	464.7	466.5
87	468.3	470.1	472.0	473.8	475.6	477.5	479.3	481.2	483.0	484.0
88	486.8	488.6	490.5	492.4	494.3	496.2	498.1	500.0	501.9	503.9
89	505.8	507.7	509.7	511.6	513.6	515.6	517.5	519.5	521.5	523.5
90	525.5	527.5	529.5	531.5	533.5	535.5	537.6	539.6	541.7	543.5
91	545.8	547.8	549.9	552.0	554.1	556.2	558.3	560.4	562.5	564.6
92	566.7	568.8	571.0	573.1	575.3	577.4	579.6	581.8	584.0	586.1
93	588.3	590.5	592.7	595.0	597.2	599.4	601.6	603.9	606.1	608.4
94	610.6	612.9	615.2	617.5	619.8	622.1	624.4	626.7	629.0	631.3
95	633.7	636.0	638.3	640.7	643.1	645.4	647.8	650.2	652.6	655.0
96	657.4	659.8	662.2	664.7	667.1	669.5	672.0	674.5	676.9	679.4
97	681.9	684.4	686.9	689.4	691.9	694.4	696.9	699.5	702.0	704.6
98	707.1	709.7	712.3	714.9	717.4	720.0	722.7	725.3	727.9	730.5
99	733.2	735.8	738.5	741.1	743.8	746.5	749.2	751.9	754.6	757.3
100	760.0	762.7	765.5	768.2	771.0	773.7	776.5	779.3	782.1	784.9

V_1. Druck gesättigten Wasserdampfes in Millimetern.

Temperatur	0.0	0.2	0.4	0.6	0.8
°	mm	mm	mm	mm	mm
− 14	1.56	1.54	1.51	1.49	1.46
− 13	1.69	1.67	1.64	1.61	1.59
− 12	1.84	1.81	1.78	1.75	1.72
− 11	1.99	1.96	1.93	1.90	1.87
− 10	2.15	2.12	2.08	2.05	2.02
− 9	2.33	2.29	2.25	2.22	2.19
− 8	2.51	2.48	2.44	2.40	2.36
− 7	2.72	2.67	2.63	2.59	2.55
− 6	2.93	2.89	2.84	2.80	2.76
− 5	3.16	3.11	3.07	3.02	2.98
− 4	3.41	3.36	3.31	3.26	3.21
− 3	3.67	3.62	3.56	3.51	3.46
− 2	3.95	3.89	3.84	3.78	3.72
− 1	4.25	4.19	4.13	4.07	4.01
0 {	4.57	4.50	4.44	4.37	4.31
	4.57	4.63	4.70	4.77	4.84
1	4.91	4.98	5.05	5.12	5.20
2	5.27	5.35	5.42	5.50	5.58
3	5.66	5.74	5.82	5.90	5.98
4	6.07	6.15	6.24	6.33	6.42
5	6.51	6.60	6.69	6.78	6.88
6	6.97	7.07	7.17	7.26	7.36
7	7.47	7.57	7.67	7.78	7.88
8	7.99	8.10	8.21	8.32	8.43
9	8.55	8.66	8.78	8.90	9.02
10	9.14	9.26	9.39	9.51	9.64
11	9.77	9.90	10.03	10.16	10.30
12	10.43	10.57	10.71	10.85	10.99
13	11.14	11.28	11.43	11.58	11.73
14	11.88	12.04	12.19	12.35	12.51
15	12.67	12.84	13.00	13.17	13.34
16	13.51	13.68	13.86	14.04	14.21
17	14.39	14.58	14.76	14.95	15.14
18	15.33	15.52	15.72	15.92	16.12
19	16.32	16.52	16.73	16.94	17.15
20	17.36	17.58	17.80	18.02	18.24
21	18.47	18.69	18.92	19.16	19.39
22	19.63	19.87	20.11	20.36	20.61
23	20.86	21.11	21.37	21.63	21.89
24	22.15	22.42	22.69	22.96	23.24
25	23.52	23.80	24.08	24.37	24.66
26	24.96	25.25	25.55	25.86	26.16
27	26.47	26.78	27.10	27.42	27.74
28	28.07	28.39	28.73	29.06	29.40
29	29.74	30.09	30.44	30.79	31.15
30	31.51	31.87	32.24	32.61	32.99

Nach Jelineks Psychrometertafeln, V. Auflage (1903) Seite 2 und 3.

V_2. Tabelle zur Berechnung der Spannkraft des Wasserdampfes in der Atmosphäre aus Psychrometerbeobachtungen.

$$-0.0008\,(t - t'')\,b = e_2 \qquad\qquad -0.000691\,(t' - t'')\,b = e_2.$$

h	$t - t''$										Wenn das feuchte Thermometer mit Eis bedeckt ist. $t' - t''$.		
	1	2	3	4	5	6	7	8	9	10	1	2	3
400	0.32	0.64	0.96	1.28	1.60	1.92	2.24	2.56	2.88	3.20	0.28	0.55	0.83
420	0.34	0.69	1.02	1.34	1.68	2.02	2.35	2.69	3.02	3.36	0.29	0.58	0.87
440	0.35	0.70	1.06	1.41	1.76	2.11	2.46	2.82	3.17	3.52	0.30	0.60	0.91
460	0.37	0.74	1.10	1.47	1.84	2.21	2.57	2.94	3.31	3.68	0.32	0.63	0.95
480	0.38	0.77	1.15	1.53	1.92	2.30	2.69	3.07	3.46	3.84	0.33	0.66	0.99
500	0.40	0.80	1.20	1.60	2.00	2.40	2.80	3.20	3.60	4.00	0.35	0.69	1.04
520	0.42	0.84	1.25	1.66	2.08	2.50	2.93	3.33	3.74	4.16	0.36	0.72	1.08
540	0.43	0.87	1.30	1.73	2.16	2.59	3.05	3.46	3.89	4.32	0.37	0.75	1.12
560	0.45	0.90	1.34	1.79	2.23	2.69	3.14	3.58	4.03	4.48	0.39	0.77	1.16
580	0.46	0.93	1.39	1.86	2.32	2.78	3.25	3.71	4.18	4.64	0.40	0.80	1.20
600	0.48	0.96	1.44	1.92	2.40	2.88	3.36	3.84	4.32	4.80	0.41	0.83	1.24
620	0.50	0.99	1.49	1.98	2.48	2.98	3.47	3.97	4.46	4.96	0.43	0.86	1.28
640	0.51	1.02	1.54	2.05	2.56	3.07	3.58	4.10	4.61	5.12	0.44	0.88	1.33
660	0.53	1.06	1.58	2.11	2.64	3.17	3.70	4.22	4.75	5.28	0.46	0.91	1.37
680	0.54	1.09	1.63	2.18	2.72	3.26	3.81	4.35	4.90	5.44	0.47	0.94	1.41
700	0.56	1.12	1.68	2.24	2.80	3.36	3.92	4.48	5.04	5.60	0.48	0.97	1.45
720	0.58	1.15	1.73	2.30	2.88	3.46	4.03	4.61	5.18	5.76	0.50	1.00	1.49
740	0.59	1.18	1.78	2.37	2.96	3.55	4.14	4.74	5.38	5.92	0.51	1.02	1.53
760	0.61	1.21	1.83	2.44	3.04	3.65	4.26	4.87	5.48	6.08	0.53	1.05	1.57
780	0.63	1.24	1.89	2.51	3.12	3.75	4.37	5.00	5.63	6.24	0.54	1.08	1.62

$\sigma = e_1 - e_2$, wobei e_1 aus Tabelle V_1 genommen wird.

Eine kleine Tafel für Druck (Spannkraft) des gesättigten Wasserdampfes in Millimetern ist auf Seite 639.

VI. Barometrische Höhentafel.

Ergänzung zu Tafel V in Vogels Beitrag, Seite 161—163.

B	Lufttemperatur		B	Lufttemperatur		B	Lufttemperatur	
	− 10°	− 5°		− 10°	− 5°		− 10°	− 5°
mm	m	m	mm	m	m	mm	m	m
450	4069	4146	485	3489	3556	520	2952	3008
451	4052	4129	486	3474	3540	521	2937	2993
452	4034	4111	487	3458	3523	522	2922	2978
453	4017	4094	488	3442	3507	523	2907	2963
454	4000	4076	489	3426	3491	524	2893	2948
455	3983	4059	490	3410	3475	525	2878	2933
456	3966	4042	491	3394	3459	526	2863	2918
457	3949	4024	492	3379	3443	527	2848	2903
458	3932	4007	493	3363	3427	528	2834	2888
459	3916	3990	494	3347	3411	529	2819	2873
460	3899	3973	495	3332	3895	530	2804	2858
461	3882	3956	496	3317	3380	531	2790	2843
462	3865	3939	497	3302	3364	532	2775	2828
463	3848	3922	498	3286	3348	533	2761	2813
464	3832	3905	499	3270	3333	534	2746	2799
465	3815	3888	500	3255	3317	535	2732	2784
466	3799	3871	501	3240	3301	536	2717	2769
467	3782	3854	502	3224	3285	537	2703	2754
468	3765	3837	503	3209	3270	538	2689	2740
469	3749	3820	504	3193	3254	539	2674	2725
470	3732	3803	505	3178	3239	540	2660	2711
471	3716	3787	506	3163	3223	541	2646	2696
472	3700	3770	507	3147	3207	542	2631	2681
473	3683	3753	508	3132	3192	543	2617	2667
474	3667	3737	509	3117	3176	544	2603	2652
475	3651	3720	510	3102	3161	545	2589	2638
476	3634	3704	511	3087	3145	546	2575	2624
477	3618	3687	512	3072	3130	547	2560	2609
478	3602	3670	513	3057	3115	548	2546	2595
479	3586	3654	514	3041	3099	549	2532	2580
480	3570	3638	515	3026	3084	550	2518	2566
481	3554	3621	516	3011	3069	551	2505	2553
482	3537	3605	517	2996	3053	552	2490	2537
483	3521	3588	518	2982	3038	553	2477	2524
484	3505	3572	519	2967	3023	554	2462	2509

Barometrische Höhentafel.

B	Lufttemperatur		B	Lufttemperatur		B	Lufttemperatur	
	— 10°	— 5°		— 10°	— 5°		— 10° bezw. 35°	— 5°
mm	m	m	mm	m	m	mm	m	m
555	2449	2496	590	1976	2014	625	1531	1560
556	2434	2481	591	1963	2001	626	1519	1548
557	2420	2466	592	1950	1987	627	1506	1535
558	2407	2452	593	1937	1974	628	1494	1522
559	2393	2438	594	1924	1961	629	1482	1510
						¹)	35°	
560	2380	2425	595	1911	1948	630	1721	1498
561	2365	2410	596	1898	1934	631	1707	1485
562	2351	2396	597	1885	1921	632	1692	1473
563	2338	2382	598	1872	1908	633	1678	1460
564	2325	2369	599	1869	1895	634	1664	1448
565	2310	2354	600	1847	1882	635	1650	1435
566	2296	2340	601	1834	1869	636	1635	1423
567	2283	2326	602	1821	1856	637	1621	1411
568	2269	2312	603	1808	1842	638	1607	1398
569	2257	2300	604	1795	1829	639	1593	1386
570	2243	2286	605	1782	1816	640	1579	1374
571	2230	2272	606	1769	1803	641	1565	1361
572	2216	2258	607	1757	1790	642	1550	1349
573	2202	2244	608	1744	1777	643	1536	1337
574	2189	2231	609	1732	1765	644	1522	1323
575	2176	2217	610	1719	1752	645	1508	1312
576	2162	2203	611	1706	1739	646	1494	1300
577	2149	2190	612	1694	1726	647	1480	1288
578	2135	2176	613	1681	1713	648	1466	1276
579	2122	2162	614	1668	1700	649	1452	1264
580	2109	2148	615	1655	1687	650	1438	1251
581	2095	2135	616	1643	1675	651	1424	1239
582	2082	2122	617	1631	1662	652	1411	1227
583	2069	2108	618	1618	1649	653	1397	1215
584	2056	2095	619	1605	1636	654	1383	1203
585	2042	2081	620	1593	1624	655	1369	1191
586	2029	2068	621	1581	1611	656	1355	1179
587	2016	2054	622	1568	1598	657	1341	1167
588	2003	2041	623	1556	1586	658	1328	1155
589	1989	2027	624	1544	1573	659	1314	1143
						¹)630	1470 bei — 10°	

Barometrische Höhentafel.

B	Lufttemperatur		B	Lufttemperatur		B	Lufttemperatur	
	35^0	-5^0		35^0	-5^0		35^0	-5^0
mm	m	m	mm	m	m	mm	m	m
660	1300	1131	695	833	724	730	388	337
661	1287	1119	696	·820	713	731	376	327
662	1273	1107	697	807	702	732	363	316
663	1259	1096	698	794	690	733	351	306
664	1246	1084	699	781	679	734	339	295
665	1232	1072	700	768	668	735	326	284
666	1218	1060	701	755	657	736	314	273
667	1205	1048	702	742	646	737	302	262
668	1191	1036	703	729	634	738	290	252
669	1178	1025	704	716	623	739	277	241
670	1164	1013	705	703	612	740	265	230
671	1151	1001	706	691	601	741	253	220
672	1137	989	707	678	590	742	241	209
673	1124	978	708	665	578	743	229	199
674	1110	966	709	652	567	744	216	188
675	1097	954	710	640	556	745	204	177
676	1084	942	711	627	545	746	192	167
677	1070	931	712	614	534	747	180	156
678	1057	920	713	601	523	748	168	146
679	1043	908	714	589	512	749	156	135
680	1030	897	715	576	501	750	144	125
681	1017	885	716	563	490	751	132	115
682	1004	873	717	551	479	752	120	104
683	990	862	718	538	468	753	108	94
684	977	850	719	526	457	754	96	83
685	964	839	720	513	446	755	84	73
686	951	827	721	500	435	756	72	63
687	937	816	722	488	424	757	60	52
688	924	804	723	475	414	758	48	41
689	911	793	724	463	403	.759	36	31
690	898	781	725	450	392	760	24	20
691	885	769	726	438	381	761	12	10
692	872	758	727	425	370	762	0	0
693	859	747	728	413	359	763	−12	−11
694	846	736	729	401	348	764	−24	−21
						765	−36	−31

In der Abhandlung von Herrn Professor Vogel sind auf Seite 157—163 die barometrischen Höhentafeln nach Jordan zum Abdruck gebracht, und zwar zwischen 0° und 30° Temperatur und Luftdruck von 450—765 mm. Es dürfte für die meisten Zwecke dieser Umfang der Tabellen genügen. Nach genauerer Erwägung schien es jedoch zweckmäfsig, eine Erweiterung des Umfanges der Temperatur nach der negativen Seite, nämlich von — 5° bis — 10° zu geben und von Luftdruck 630 mm an die Erweiterung auch über 30° hinaus bis zu 35° durchzuführen, was in der vorstehenden Tabelle geschehen ist; für Luftdruck von 630 mm an ist in derselben an Stelle von — 10° entsprechend der Höhe von 1470 m + 35° gesetzt mit 1721 m und in der nebenstehenden Reihe — 5° weitergeführt entsprechend 1498 m. Eine besondere Erklärung über den Gebrauch dieser Tafeln ist nicht erforderlich; die Interpolierung, die in den Tabellen von Vogel nach den Differenzen gegeben, ist für diese Erweiterung der Tabelle leicht zu ergänzen.

Nachtrag zu den Abhandlungen Ambronn: „Geogr. Ortsbestimmung" Seite 73, und Plassmann: „Himmelsbeobachtungen usw." Seite 717.

Verzeichnis aller Sterne bis zur 6.5 Gröfse. Bearbeitet und zusammengestellt von J. u. R. Ambronn; mit erläuternder Einleitung herausgegeben von Dr. L. Ambronn, Professor der Astronomie an der Universität Göttingen. Berlin, J. Springer, 1906.

Zu Seite 73, Bd. I.

Als literarisches Hilfsmittel kann neben W. F. Wislicenus noch das eben erschienene „Handbuch der geogr. Ortsbestimmung" von Dr. A. Marcuse empfohlen werden.

Nachtrag. Zu Seite 708 und 714.

Von dem grofsen Atlas der veränderlichen Sterne, den Prof. *Hagen* in Washington herausgibt, ist der zu Ende Februar 1906 erschienene fünfte Teil ein gutes Hilfsmittel für Reisebeobachtungen. Auf 21 Karten, deren Blattgröfse 25 × 30 qcm, sind 47 Veränderliche, nämlich alle, die im Minimum noch über der 7. Gröfse bleiben, einschliefslich Mira u. ähnl., nebst den Vergleichssternen dargestellt. Hierbei ist auch der südlichste Teil des Himmels, der gerade in diesem Punkte noch dringend der Beobachtung bedarf, vollständig berücksichtigt. Zu jeder Karte gehört ein Textblatt, das die Bezeichnungen, Positionen und Helligkeiten der vorkommenden Sterne nach den besten Quellen angibt, überdies auch mitteilt, welche Vergleichssterne die bekannteren Beobachter ausgewählt haben. Karten und Textblätter sind lose in eine Mappe gelegt. (*Atlas stellarum variabilium. Series V.* Berlin W. 62, Landgrafen Str. 12, Verlag von *Felix L. Dames*. Preis dieses, für Reisebeobachtungen zunächst in Betracht kommenden Bandes 37.20 Mark).

Sach- und Namenregister.

Fundamentalgleichungen 474.
Fundy bay 528, 530.
Funkeln der Sterne 678.
Furche 722.
Furten 734.

Gabbro 241.
Gaebler, Ed., Leipzig 668.
Gangdifferenz 661.
Gangmittel 304.
Gasgehalt, Untersuchung des-
selben 577.
Gaufs 390, 392, 393, 413, 415, 593.
— Potentialtheorie 446.
— Absolutes Mafssystem 390.
Gazellehalbinsel, Neupommern
440.
Gebirgsbau, innerer 229.
— oberflächlicher 225.
G. E. 390. 800.
Gefälle, gleichbleibendes 727.
— wechselndes 728.
Gefällmesser 76, 146.
Geflügelter Kastendrachen 649.
Gegendämmerung 682.
Gegenströmung 730, 731.
Gehängelehm 316.
Geländeaufnahme 123, 124.
Gelegentliche Meteorbeobachtun-
gen (sporadisch) 702.
Gemeinsame Beobachtungen 703.
Genauigkeit der Bordbeobachtun-
gen 496, 497.
Genauigkeitsgrad astronomischer
Beobachtungen 42 ff., 660.
Genetisch-morphologische Erfor-
schung 361.
Geodätische Vermessungen, deren
Stand (Orientierung) 409.
Geognostisches Material, wichtig
446.
Geologisch und magnetisch inter-
essante Punkte 440.
Geologische Karte für den Be-
obachtungsort 394.
— Verhältnisse des Erdinnern
393.
Geosynklinale 253.
Gepäckseinrichtungen 745.
Gerinne, bedeckte oder unter-
irdische, offene 720.
Geröile in Bächen 224.
Geschätzte Stufe, photometrisch
709.
Geschwindigkeit von Flüssen 735.

Gesteine, metamorphische 238.
— Schiefer-, kristallinische 238.
— Sediment- 237.
Gesteinscharakter 268.
Gesteinzertrümmerung 318.
Gestirnter Himmel, gründliche
Kenntnis desselben 666.
Gezeit, Alter der 555.
Gezeitenbeobachtungen, Anwen-
dung derselben 547.
Gezeiten-Flut und -Ebbe 525.
Gezeitenkonstanten 551, 554.
Gezeitentafeln 553.
Gewässer, fliefsende u. stehende
des Festlandes 321.
Gewicht und Preis des ganzen
Reisetheodoliten 437.
Gewitterbeobachtung 630.
Gewitter u. Niederschläge, Nach-
richten darüber 621.
Geysir 287.
Gipfelhöhe 234.
Glasareometer 574, 575.
Glazialschotter 335.
Glazialzeit 335.
Gleichgewichtsfläche 362.
Gletscher 331, 332, 333, 334.
Gletscherzunge 332.
Glintlandschaft 365.
Globigerinenschlamm 567.
Gneis, Ur- 236.
Gold 304.
Goldführende Schwemmgebilde
308.
Granit, Gneis 236, 293, 294.
Graphit 310, 311.
Grenzen der Genauigkeit der Be-
obachtungen an Bord 476, 477.
Grofs-Borstel 645.
Grundbarre 734.
Grundbeschaffenheit 518.
Grund- oder Kerngebirge 237.
Grundwasser 320.
Grünsteine 290.
Grünsteintrachyt 290.
Grüne Strahlen 682.
Guano 312.
Guineastrom 592.
Gufsstahldraht, gehärteter 642, 643.
Gyldén, Professor 705.

Hafen, Vermessung eines 520, 521.
Hafenzeit 525, 544.
Halbmonatliche Ungleichheit 526.
Halbschatten 691.

Druckfehler, Berichtigungen und Ergänzungen im I. Bande.

(Siehe auch Anhang.)

Seite 50, Zeile 13 v. o. ist der Gleichung für $T_1 - T$ noch „$= \sigma$" hinzuzufügen.

„ 51, „ 20 v. o. fehlt „die".

„ 59, Der Anmerkung unten ist beizufügen „Methode nach Dr. Meyermann".

„ 65, Zeile 4 v. o. lies „in Richtung" statt „Richtung".

„ 79, „ 22 v. u. „ „den Hilfspunkt" statt „dem . . .".

„ 81, „ 2 v. u. „ „$\varrho^0 = \dfrac{180^0}{x} = 57.29578$" statt . . . 57.2978".

„ 81, „ 4 v. u. „ „$x = \dfrac{l\varrho^0}{\varepsilon^0} \dfrac{l\varrho'}{\varepsilon'} \dfrac{l\varrho''}{\varepsilon''}$"

„ 81, „ 3 v. u. „ „3437.75" statt „3475.75".

„ 95, „ 10 v. o. „ „werden" statt „wurden".

„ 103, „ 2 v. u. „ „Nesselwang" statt „Kempten".

„ 104, „ 4 v. u. „ „Tafel V" statt „Tafel VI".

„ 120, „ 1 v. u. „ „auf Figur 8" statt „auf Seite 117".

„ 141, „ 1 v. o. „ „Im Anhange V" statt „ . . . IV".

„ 148, „ 6 v. u. „ „Punkt" statt „Punkte".

„ 212, „ 14 v. u. und wieder 9 v. u. lies „Stand" statt „Gang".

„ 271, „ 4 v. o. lies „und wird sie" statt „und sie".

„ 289, „ 18 v. o. „ „Zersetzung" statt „Zerstetzung".

„ 340, „ 17 v. u. „ „desto" statt „besto".

„ 370, „ 4 v. u. „ „Eduard Brückner" statt „Ernst Brückner".

„ 374, „ 3 v. u. „ „Seismometer" statt „Seismonometer".

„ 379, „ 1 v. u. „ „Mistpoeffers" statt „Mistoepfer".

„ 399, „ 4 v. u. „ „magnetische Störung" statt „elektrische Störung".

„ 412, „ 18 v. o. „ „im Schwingungskasten" statt „in Schwingungsdifferenz".

„ 420, „ 10 v. u. „ „die" statt „das".

„ 456, „ 10 v. o. „ „$H = 0.18149$ statt „0.15149".

„ 565, „ 7 v. u. hinter Hanftrosse fehlt „von".

„ 681, „ 1 v. u. lies „eines Zeitballs" statt „des Zeitballs".

„ 691, „ 21 v. o. „ „der Mondscheibe" statt „des Mondschattens".

„ 726, „ 2 v. u. „ „von der Geschwindigkeit der Strömung" statt „von des . . . . .".

„ 735, „ 6 v. o. „ „anderseits, der Furten" statt „anderseits, dann der . . .".

„ 779, „ 6 v. o. ist hinter „Wien" hinzuzufügen: „Bd. CXIV Abt. IIa. Juni 1905."

„ 784, im dritten Absatz v. o. fällt „und wie sehr sie" weg. Ferner lies „bis zu einem gewissen Grade" statt „nur bis zu einem . . .".

„ 805, Zeile 18 v. o. lies „Fitzgerald" statt „Fritzgerold".

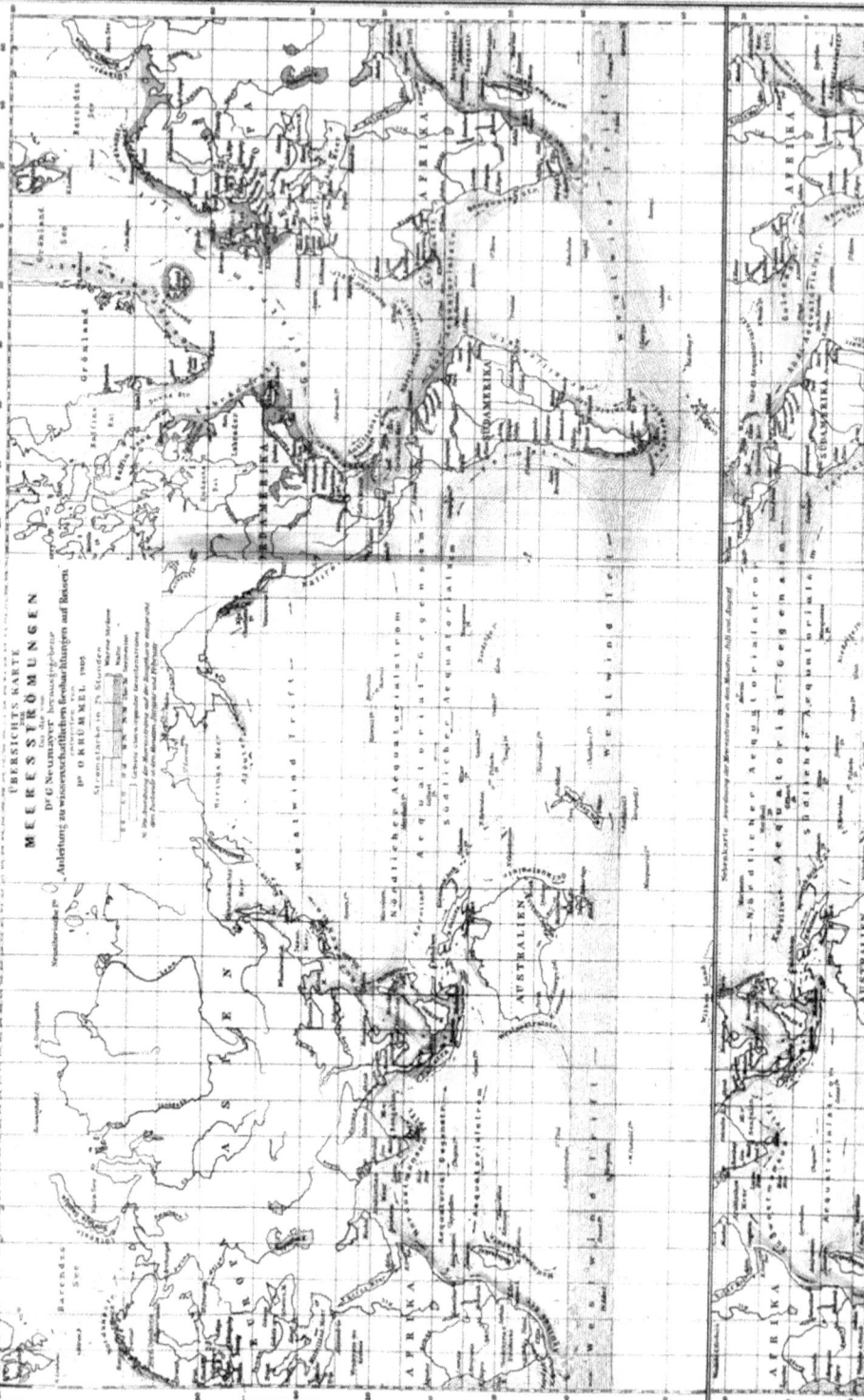

ÜBERSICHTS-KARTE

MEERESSTRÖMUNGEN

Dr. G. Neumayer's

Anleitung zu wissenschaftlichen Beobachtungen auf Reisen

bearbeitet von

Dr O. KRÜMMEL, 1905

Stromstärke in 24 Stunden

Nördlicher Aequatorialstrom

Aequatoriale Gegenströmung

Südlicher Aequatorialstrom

Westwind Trift

Nördlicher Aequatorial-Gegenstrom

Südlicher Aequatorialstrom

GRÖNLAND

AFRIKA

SÜDAMERIKA

AUSTRALIEN

Nebenkarte: Anordnung der Meeresströme in den Monaten Juli und August

Nördlicher Aequatorialstrom

Aequatoriale Gegenströmung

Südlicher Aequatorialstrom

AUSTRALIEN

AFRIKA

SÜDAMERIKA